MINGUO JIANZHU GONGCHENG QIKAN HUIBIAN

民國建築工程期刊匯編

24

《民國建築工程期刊匯編》編寫組 編

GUANGXI NORMAL UNIVERSITY PRESS
广西师范大学出版社
·桂林·

第二十四册目録

工程界

工程界

第二卷　第五期　　三十六年三月號

中國技術協會出版

資源委員會中央電工器材廠
供應全國電工需要
製造一切電工器材
主要出品
變壓器
電動機
發電機
電話機
交換機
裸銅單綫
裸銅絞綫
橡皮包綫
電燈花綫
軟硬銅皮
蓄電池
甲電池
乙電池
單電池
電燈泡
營業處
南京：東海路八號
上海：廣東路一三七號
重慶：四德里一號
漢口：北京街鹽業銀行二樓
天津：羅斯福路二九八號
北平：崇文門內大街四八號
瀋陽：鐵西區篤工街三段一號

通俗化的工程月刊

工 程 界

第二卷　第五期　　**中華民國三十六年三月十日出版**

主　編　者

仇啓琴　楊臣勳　欽湘舟

發　行　者

工程界雜誌社

代表人　鮑熙年

上海中正中路597弄3號

出　版　者

中國技術協會

代表人　宋名適

上海中正中路597弄3號

印　刷　者

中國科學公司

上海中正中路649號

總　經　售

中國科學公司

上海中正中路649號

POPULAR ENGINEERING

Vol. II, No. 5, March 1947

Published monthly by

THE TECHNICAL ASSOCIATION OF CHINA

本期定價一千五百元

直接定戶半年六册平寄連郵九千元

全年十二册平寄連郵一萬八千元

目　錄

封面說明

噴射推進機

噴射推進式飛機是現代最新型的高速飛行機，牠的尾部有一支高速噴射管，翼後也有八支噴射管，向飛機前進的反對方向噴射，產生一個反作用力，使飛機不斷前進。

電機工程師學會籌建愛迪生學術館

大發明家愛迪生氏，生於1847年2月66日，今年適逢愛氏百年誕辰，中國電機工程師學會上海分會特假美商俱樂部舉行紀念會為永久紀念愛氏起見，即席由該會會員發起籌建愛迪生學術館。

北洋大學在美校友參加世界礦產會議

美礦冶工程學會，定本年三月十七日，舉行七十五週年紀念大會，同時召開世界礦產會議，我國北洋大學已應邀派遣在美之校友王龍佑，孫守全兩氏，代表參加。

橡膠原料存底枯薄

本市橡膠業同業公會近以滬市原料存底枯薄。而輸管會限額分配處，最近許可臨時進口之八百噸橡膠內，製成品及舊車胎，已佔半數生膠僅佔四百噸，尚不敷本市各橡膠廠一週之用，大部工廠，勢將被迫停工，故該公會代表洪念祖等十餘人曾攜同書面呈文。向輸管會限額分配處，要求寬放橡膠進口限額。分配處沈副處長當據呈分為解答：(一)製成品與原料分開辦理，當允照辦。(二)一月份橡膠週口之限額，當於本月十五日以後發表。其限額是否可循請求寬放，則尚待考慮。(三)香港存膠運滬一點，分配處以限額業已分配予本市各進口商，而本市各進口商又未必與港地存膠有關，故此點亦尚待考慮。

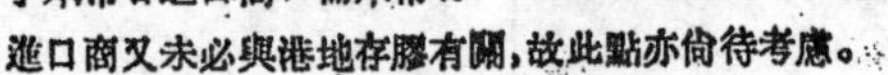

鞍山生鐵日內運抵滬

頃自工商輔導處方面獲悉：(一)東北鞍山生鐵一千八百噸，業已抵達秦皇島，日內即將啓運來滬。(二)台灣鋼鐵公司月產電煉生鐵四百噸，最近可望增產至每月五百噸，其中大部均係運銷上海、現首批定貨約五十噸，業於日前抵埠。(三)浦口永利廠之硫酸定貨，均已陸續交貨。

修理松花江鐵橋

交通部吉林鐵路局，已着手以四個月之時間及六千萬元流通券之預算，進行全長四百四十公尺為東北第三長橋之第一松花江大鐵橋復興工程，由吉林搶修工程總隊及交通部瀋陽橋樑廠聯合組織之第一松花江鐵橋修復工程事務所，已在吉成立，全部工程預計本年六月末可完成。該橋工程浩大，距吉林東北三里，為長圖(長春至圖們間)鐵路上最重要之孔道(興建於民十五年，經一年半竣工，高廿三米共九孔，每孔距離達五十公尺。

錢江海塘工程近況

水利委會主委薛篤弼來杭視察塘工，今去海甯視察沿江險要塘工。據云，錢江海塘為國內僅次於黃河之工程，切關江南生命財產，故亟望早日完成，惟扼於經費，治本計劃之實施猶待時日，國內如能早日安全，則計劃亦能提早實現，中國之建設事業，足須五十年苦工始克現代化，目前惟有忍耐努力。至塘工動劃歸中央事，行政院批示仍屬省府，惟地方財力不足，必須中央援助，故將與建設廳長皮作瓊聯袂晉京，俾與政院洽商。

接收敵僞工廠繼續發售出租

本市敵僞工廠，經接收管理後，除標售外，均已次第按優惠辦法，由後方工業家優先承租或承購。最先有經濟部接管之敵僞工廠二十二家，委託有功績之後方工業經營者，業已按優惠辦法，售與各該後方工業家，茲悉第二批二次標售未經售出敵僞工廠共三十四單位，亦已決定由後方工業家優先承租或承購，仍由遷川桂工廠聯合代辦，現申請手續，均已遵囑辦理完峻，并於二月五日該會召開第十六次委員會議審核揭曉。此三十四單位工廠中，有復工價值者，計有九廠，其餘均為物資，審定實格承租承購之後方工廠，計一九九家，非後方工廠九家，機關一家。據悉，此次估價辦法，已有改善，接管手續簡易，不似第一次之曠日持久，故後方工業家成表滿意。目前尚在整理中之敵僞工廠，尚有二百餘單位，包括紡織，化工機器等工業，均在加速處理中。

化工原料進口困難

據化工原料商業某負責人稱，自輸管會將化工原料列入第二類後，化工原料之進口，大致已成影響，凡申請輸入者，許可證多未發下，致化工原料之價格，在供不應求中，普遍上漲，然一般價格與美鈔黑市相較，仍未漲足，各商行深恐將存貨售罄後無法補進，故大宗交易清淡異常，目前燒鹼價格，已較前漲起二倍，硫酸亦漲起一倍餘，其他如紅礬鉀凡士林。過氧化鈉等亦均漲起一二倍不等，燒鹼我國雖有製造，然因數量不多，與運輸困難，除中紡公司訂購一百萬噸外，以不足供各廠商之需求，酒精我國亦有自製者，故價格比較平穩，然製造不精，品質不純，鮮能與外貨相比，一般而論，我國化工原料多需仰給於外國，如輸入辦法不能改善，則我國化學工業所遇之困難，當逐日加重云。

發展和平時期的原子能應用，並不是一件比發明原子彈還要容易的工作

和平時期的原子能應用問題

美國通用電器公司副經理兼研究所所長
蘇茲 (C. G. Suits) 原著
安弦 譯

一九四五年八月六日原子炸彈大規模地應用以後，產生了不少原子能應用於和平時期的推想。假如我們從應用自動車的動力機關推想起，到船艦的推動，一直到可以溝通行星交通的火箭，都能一一實現，可見一切可疑的物理與化學因素，如果考慮得樂觀一點，並且完全撇開經濟問題不談，那末原子能的應用是完全可能的。那一樁應用可能實現跟什麼時候能夠實現，這都要根據將來研究的程度，與工程上致力於這些工作的努力情形來決定。本文的目的，就是在考慮幾樁原子能應用的可能性，並說明在實現這些理想時應採取的步驟，而主要還是關於研究方面的。

原子能應用的起始

原子核分裂可以產生能力，早在五十年前倍格勒(Becquerel)發現自然輻射能的時候已經知道了。多年以前，有人能從一磅鐳獲得大量仟瓦小時 (KwH) 的能力。所困難的就是鐳在過去和現在都不能以磅來計算。它是用瓱(Mg)來計算的，價格大約是每瓱美金廿元。

一九三九年原子核分裂成功，稱為均等分裂(Fission) 是一種新的發現。均等分裂可能在鈾，釷等元素中發生，鈾是一種大量出產的元素，可用磅來計算，價格只合幾元美金一磅，所困難的却是因為只有一種同位素U_{235}能進行均等分裂，而這種同位素在天然鈾中，祇有不到百分之一的成份。幸好大量的天然鈾經過精煉後，是能夠轉變為可以進行均等分裂的元素U_{235}的，因此，大部份的鈾，就可以利用來產生原子能了。大概一磅U_{235}能產生一千萬仟瓦小時的能力。

精煉後的鈾，可裝在一種鍊狀反應堆(Chain-reacting Pile)內，來產生有控制性的熱能。只要構造的材料許可，堆內原子核的反應可以在任何溫度下產生。這種構造材料包括可以發生分裂的元素，緩和劑(Moderators，或 Slower-downers) 傳熱媒介劑，各種控制用的機械零件，以及防止輻射罩(Radiation Shield)等。在作用的過程中，產生分裂的元素，逐漸會消耗掉。原子反應的產物，有些是毒氣，慢慢的會積聚起來，這時工作人員必須隔離起來，避免極強烈的輻射，尤其是一種中子輻射(Neutron Radiation)。同時因為有一種表面對於體積的效應 (Surface-to-Volume Effect)，堆中必須包含一些最低量的分裂物質，才能得到滿意的收獲。一個鍊狀反應堆需要的整個機械，以及在作用過程中的一些問題，很像一具用火伕管理的鍋爐，分裂物質和燃料一樣的必須送入，作用後的產物和灰渣一樣的必須除去，有毒性的氣體必須排出，而一切的機械部份則必須能忍受因輻射和溫度所產生的種種應力。

把反應堆內的輻射能封閉起來，比較把蒸汽封閉在一具普通的鍋爐內要困難得多，要達到這種程度的封閉，必須使用幾尺厚的鋼板，而且在普通情形下，暫時還不可能減薄。由於這原因，小型的分裂原子能動力機關現在看來是不大會成功的，最低限度也許需要五十噸大小。

現在讓我們來考慮鍊狀反應堆當作熱能來源是否經濟的問題。一磅U_{235}的分裂能等於一千噸煤產生的熱能。但是產生U_{235}與94號元素 (鈈 Plutonium)的設備，其建造費與使用費都非常昂貴，格羅佛斯將軍(General Groves) 曾提起過，美國政府在華盛頓的奧克立琪 (Oak Ridge)，德尼西(Tennessee) 以及漢福特(Hanford) 諸地的投資總數達十萬三千億美金，每年的運轉費用則達二億五千八百萬美金之多。他並未說明在這些製造廠內究竟有若干分裂性物質產生。因為這種U_{235}以及其他在堆內所用高度精煉的物質，在目前非常昂貴，同時堆的構造及屬件並不經濟價廉，而又需要技術高明的人員來管理，這樣，從一個堆

內來獲得熱能，在今天是競爭不過那種燒普通燃料的熱力機器的。

原子能應用的確定

現在我們可以考慮幾個關於原子能方面有前途的應用問題，即關於鍊狀反應堆方面的問題，因為它們必須是巨型的，所以就排斥了大批小動力方面的應用，例如自動機方面（飛機汽車等）。至於大型的船艦推進方面，則看上去不但可能，而且在戰略的基點看來，比之競爭的關係，更為引人入勝。需要裝燃料的地位是省了下來，可是一部份却給隔離輻射能關係所需要的空間來代替了，很明顯的，要確定這種應用還需要詳細的研究與工程方面的了解才行。也許我們還可以利用來在某些地區發動大規模的發電廠，例如澳洲，那裏實際上沒有什麼普通應用的燃料，只有很多天然的富源。在將來，或者可以用原子能來作發電之用，並且能够與煤油以及水力發電的動力廠競爭而超過牠們 事實上，這個可能性也是對於天然油及煤礦的完全消耗的一個很重要的預防。可是，我們應該記住，在目前的原子能研究情形之下，還沒有事實說明直接從原子核轉變為電能是有希望的。因此，這種要和普通燃料競爭的問題，就如今日所知，必須根據熱能的產生是作為轉變循環（Conversion Cycle）的一個步驟來考慮才能確定。

如果要使原子能可以和普通燃料競爭，我們應該採取怎樣的步驟呢？很清楚的，主要的還是研究。我們必須研究同位素分離的基本問題及反應堆的物理與化學反應，其目的即在於熱的產生，關於在中子力線（Neutronflux）劇烈的影響下，各種合金的强度，韌性及輻射等許多有聯繫性的嚴重的冶金問題，必須解決。健康與保護的問題必須把它立成系統，並使之簡單化。最重要的還是：基本的科學智識必須變成工程實用的經驗。這許多事，都需要一種範圍廣大的研究，發展與有遠見的工程方面的努力。

應用原子能來發電的種種計劃應得到政府的協助。每一個動力廠都要起來研究，而且不能存着希望早期成功可以和普通燃料競爭的心理。為了支持這種長距離的計劃，關於原子核與一切有關部門的基本研究還需要大量地舉辦。因為在今日研究原子核所用的種種設備，如迴轉加速器（Cyclotrons）和倍泰益能器（Betatrons）等都是非常昂貴的，所以如果希望這種研究在一種合理的速度下進行，必須要政府來支持這個計劃。

在戰爭的過程中，我們已用盡了大部份積聚着的原子核基本智識。它的收獲就是原子炸彈。為了原子能動力的產生，我們現在必須迅速地把這種智識復員起來，準備為和平時期的重要工作。

合作努力的要素

發展這種經濟的原子能，並不是一種單把研究原子炸彈時獲得的智識附加一點上去的簡易工作。它是一種嶄新的，並且很艱鉅的計劃，需要極大的努力才能有滿意的成就。必需使現在國會考慮的原子政策立法案承認這種和平時期工作的特點，不單要准許而且要獎勵工業界，政府機關，大學試驗室共同合作為這一項事業而努力。

科學家們大都能想像，要預言科學的將來情形，是一椿困難的工作。大胆的預言家在遠期實現時常常要失望。這個理由，可以用很多例子來說明，因此我很懷疑原子核以後的潛在力量，究竟是否已有人清楚地看到了。

不久的將來，原子反應的技術與材料將大大的刺激人研究物理，化學，冶金及生物學等各種科學。然而我却疑惑，如果這些事是重要的，不知能否與原子能的最終可能性比較，我很確信恰像愛迪生效應剛發現時所感到電子時代的印象一般，原子時代將來的輪廓，現在所能感到的印象是很模糊的。

在一個反應堆內的原子反應，其能力範圍大概在一千萬電子伏特（Electron Volts）以下。即使在最近，那從輪子器可產生最有力量的實驗輻射還不能超過四千萬電子伏特。我們在許耐克泰台（Schnectady，按即通用電器公司所在地）正從事於開創一個完全嶄新的能力範圍，即撰用我們巨大的培泰益能器來產生五千萬到一萬萬電子伏特的能力。我們還需要學習如何來發生更强的宇宙射線能力質點——大概可到一百萬億的電子伏特——因為它們可以在原子核中開闢出新的領土。現在有的是廣大的未知數，無窮盡的前線正待開拓。原子核研究的目的，便是在探求原子中所儲藏着的廣大能力，即每磅十萬億仟瓦小時的能力。在今日，我們應用原子分裂，祇獲得了這種潛在能力的千分之一。但以後，也許我們將會得到較多的能力吧！

上圖爲飛機場中的雷達天線專爲飛行安全而設置

怎樣在惡劣天氣之下保證飛行安全？

盲目飛行和盲目降落設備

·新 知·

自民航飛機接一連二發生失事慘案以來，一般國人對於航空安全問題開始密切的注意起來，上期本刊中有一篇從技術觀點來檢討中國民航飛機失事慘案的文章，很引起讀者的反響，要求把裏面的許多術語，尤其關於航行安全設備方面的，更詳盡地解釋一番，所以，本刊特約新知君撰作此文，以饗讀者。

清晰的地面是飛機駕駛員最好的依據物。不獨爲了尋覓地面的機場，爲了避開地面的障礙物，或者爲了尋覓飛航的路線，就是爲了保持飛機的平衡，或者爲了更變前進的方向，亦要依據地面上的地平線，才能正確無誤。

假使雲霧遮蓋了地面，機身的高低，機場和障礙物的位置，自然無法看到。這時，雖然有正確的指南針，也無法使方向飛得正確。因爲橫裏吹來的風，會把飛機吹離正道。一只機身向正北的飛機，會不知不覺地給西風吹得向東北飛去。

還有，當雲霧遮蓋了地面以後，駕駛員看不出機頭是朝上還是朝下，兩翼是否一高一低。身體上的各種感官，非但不能有正確的指示，反而帶來了許多錯覺。這樣，他不能發覺方向的漸變，因此，一只上昇的飛機，一只合格地轉灣的飛機，和一只平飛而遭着上昇的氣流衝擊的飛機，駕駛員都同樣地有身體貼緊座位的感覺。一個剛從左傾恢復到平飛的駕駛員感覺到機身的右傾。一個剛從劇烈的右螺旋(Spiral)恢復到平飛的駕駛員却感覺到機身正在劇烈地向左打螺旋。這許多錯覺會使很多飛機失了事。

爲了克服雲霧中飛行的困難，人們創造了多種新的依據物——飛行儀器。這些儀器日新月異，隨飛機型式更是變化多端，但是原則上無非爲了飛行安全，試看圖一，這是一架飛機儀器板上的儀器，下面再加以詳細的說明：

1. 氣壓表式高度表(Sensitive Altimeter)。用來測度飛機離開海平面有多少高。它是一只空盒式氣壓表(Aneroid Barometer)刻上高度的尺數，根據海拔愈高，氣壓愈低的原理，表示出高度來，可是因爲地面氣壓，隨時隨地不同，使用這種高度表前，先要向附近地面電台詢得那台內高度表的氣壓度數，撥在表上，才能得到正確的高度。此外，有種無線電高度表，可直接測得飛機和地面間的距離。它利用調頻電波(Frequency modulated wave)着地後反射回來，這一回來的電波和原來的電波週率不同，即根據其差別，而算出距離。普通飛機並不裝備這種儀器。

2. 人造地平線(Artificial Horizon)，

3. 迴轉方向儀(Directional Gyro)，和

4. 轉折表(Turn and Bank Indicator)這三個儀器都應用自由轉動的迴轉儀(Gyroscope)不會變動它軸心方向的原理。迴轉儀用壓縮空氣或電力不停地轉動。人造地平線的迴轉儀照地平線較正後，永遠和地平線平行。表上畫着的一只小飛機却跟了機身變動，靈敏地指出飛機和地平線間之角度。但在飛機轉灣時，人造地平線的指示可能略有差誤。那時要參考高度表和轉折表來校正。迴轉方向儀中有一只迴轉儀在某一擬定方向的垂直平面內轉動。這方向經駕駛員擬定後，永不會變，

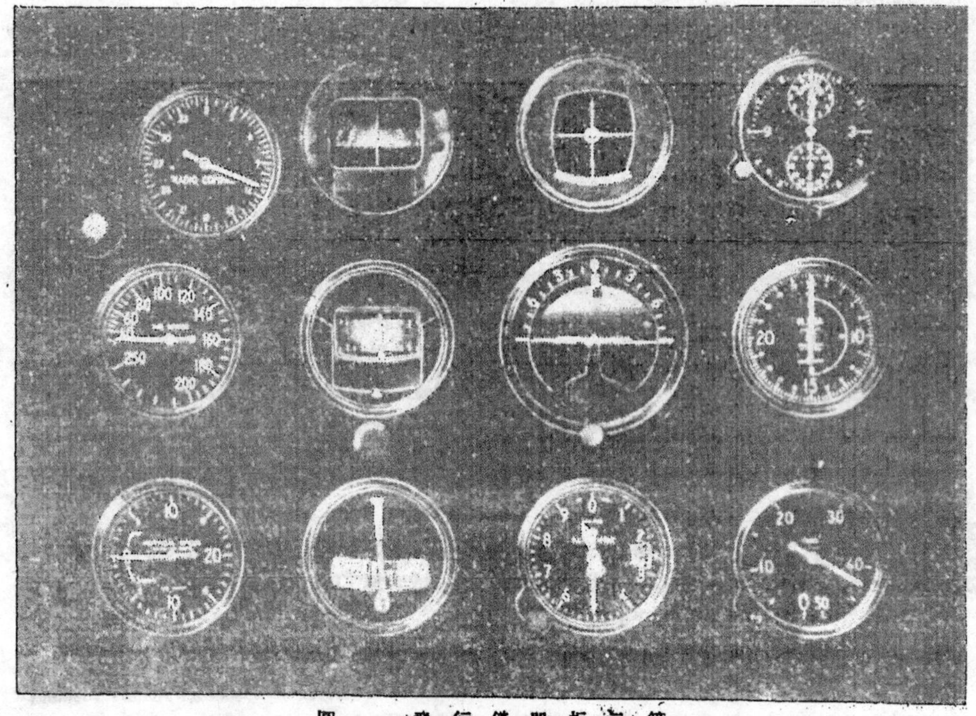

圖一 飛行儀器板示範

第一排自左起　無線電標誌燈；無線電定向器(正指在112°)，指南針指在56°：0°北，90°東，180°南，270°西；跑道滑翔道確定器；時針。

第二排自左起　空氣速度表；迴轉方向儀；人造地平線；發動機旋轉速度表。

第三排自左起　垂直速度表；轉折表；高度表(9500呎，29.92吋氣壓)；油量表。

不像指南針那樣會跟機身搖擺。所以能精確地指出機身的方向。同時轉折表的指針，根據迴轉儀進動(Precession)的原理，指出飛機轉彎的方向和約略速度。轉折表上玻璃管中的圓球，在直飛時跟着左右兩翼的高低而向左右移動；在合格的轉彎中，地心吸力和離心力合併起來，便使圓球停在玻管正中，這樣可以確定正確的方向了。

5. 測量儀和正確的時計。駕駛員測得二三個天體(日月星辰)的高度角和方位，配合測星時的正確時間，就可以從適當的計算表（Air Almanac）上查出飛機的方位而在地圖上確定飛機的經緯度。測算出來的位置和實際的位置比較，相差至多半英里。足供長距離飛航之用。

6. 電脈(Range)。在機場附近或者航線中途，裝設有特種定向天線的長波電台，向某某兩個相反方向的象限（Quadrant）發射A字 •—•— 的訊號，向另外兩個相反方向的象限發射 N字 —• —• 的訊號。飛機飛在這幾個象限內，用普通收報機，就可聽到•—或—•的聲音，飛在兩種象限交界處，•—和—•合併成一長聲。這一束約有3°角闊長聲的地帶，名叫脈肢(LEG)。每一電脈有四個脈肢，有效射程25到100英里。沿航線裝設多個電脈，脈肢互相銜接，飛機就可沿着脈肢飛到目的地上空。目的地的電脈，有一脈肢伸向機場跑道，飛機可以沿這脈肢下降。

7. 無線電定向器(Radio Compass)。是裝在飛機上的特種收報機。它有一個環形天線（Loop Antenna）裝在機背上或機腹下一只流線形的壳子裏。當環形天線的平面和電波前來的方向平行時，收到的電力最强；和電波前來的方向成直角時收到的電力最弱。從電力最弱時環形天線的方向，決定電波前來的方向。自動定向器自動地把環形天線轉到電力最弱的方向，它的指針指着電台的方向。電台在飛機前方時，指針指度0.；右面

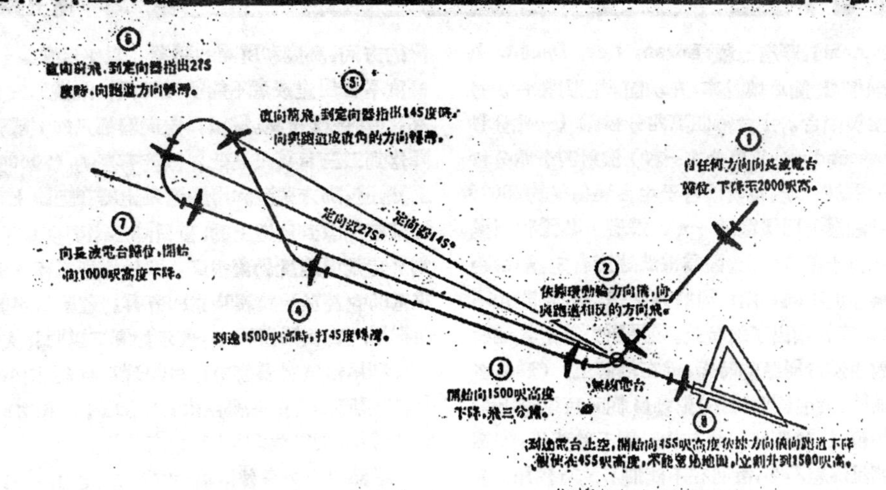

圖二　某機場利用無線電定向器的盲目降落方法

時，90度；後面180度；左面270度。根據這個儀器轉動飛機以維持指針在零度而到達電台上空，名叫歸位法 (Homing)。這一種定向器可以利用普通長波發報台或廣播電台，用處最廣。即使它的環形天線不能轉動時也可設法使用它來定向。地面上裝置這種定向器，收取飛機上發出的長波訊號，可以尋出飛機的方向。在飛機上，它除了確定地面電台的方向外，還可以確定斜風給于飛機的影響，計算離地面電台的距離，確定飛機的經緯度，指出到達地面電台上空的一剎那，和幫助在雲霧中降落。圖二所示的是某機場利用此器降落的詳圖。

8. 無線電指向標(Marker Beacon)。用超短波(75 mc.)向天頂定向發射。飛機飛經它的上空時，機內超短波收報機，收到訊號，使得機內標誌燈放出適當的燈光引起駕駛員注意。這種標誌普通裝在電脈中心，兩個脈影的交叉點，跑道的末端和機場的外圍。

9. 跑道確定器(Runway Localizer) 在卡車上裝置超短波(108—111 mc.)發射機，停在跑道上風離跑道末端約一千英尺處，把電波依照跑道的方向發射出去，飛機上跑道確定器的電表指針會靈敏地指出飛機是對準跑道(針在虛線上)，在藍色區域或者黃色區域。

10. 滑翔道確定器(Glide Path Localizer)。在卡車上裝置超短波(335 mc)發射機，停在跑道左右五百尺離跑道下風末端約一千英尺的地方，放射高度角約二度半的電波。飛機上確定器指針會指出飛機滑翔下降時，機身是否太高或太低。

除了上面這些通用的儀器之外，尙有幾種還在試用和研究中的儀器：

11. 雷達(Radar)。在地面用不停地變換方向的定向天線，放射强力短促的超短波。在某一方向，電波碰到飛機反射回來。用陰極管指出電波來回所需的時間，由此算出飛機離地的角度和距離這就是雷達。地面上有經驗的駕駛員根據這些角度和距離，用無綫電話指揮飛機高下左右。這叫做地面指揮降落法 GCA (Ground Control Approach)。爲了操縱迅速和增加飛機駕駛員的信心起見，最新發明的 Teleran 更把雷達陰極管上的圖様，用電視方法發送到飛機上去。這些方法在實際應用上困難尙多，雖然有許多人迷惑於雷達的大名。美國民航局電子研究部主任麥茨君 (Metz) 認爲它尙未能供給民航指揮台以可靠的指示，美國標準局台麦蒙君 (Diamond) 亦以爲它可能比滑翔道跑道確定器的方法來得成本貴而効力差。無論如何，美軍已用過了 GCA 方法降落了；美國民航公司方面新近也撥欵卅萬美元試驗第一架民航用雷達，成績如何，將來當可明白。

12. 自動降落器。電子自動駕駛器依滑翔道跑道確定器的指針駕駛飛機，不用人力，安全降落。美國民航局曾試行多次。然尙無製成品出售。

13. 改良電脈。改良了的電脈，有一種用超短波的，有一種能够指示各種方向的(Omni directional)，有一種能够在千餘英里距離指示各種方向的(Naviglobe)，都在試驗中。

14. 雙曲線系長距離無線電測位器(Hyperbo

lic System)。現有三種:Loran, Gee, Decca. 基本原理相同。簡單地說來:在地面設兩對電台。每對分主僕兩台。主台每四萬兆分秒鐘(一兆分秒 microsecond = 一百萬分之一秒)發射四十兆分秒鐘長的電波一次。每次僕台于主台發射後約28000兆分秒鐘發射同樣電波一次。飛機上裝置收報機收錄訊號于陰極管上。因為電波速度有定,兩台距離飛機遠近不同,兩台訊號到達飛機的時間也不同。陰極管就指出了這時差。如果預先算定各地收取每對主僕台訊號的時差,畫在地圖上。(形成多對雙曲線,故名雙曲線系)駕駛員從而可以查出飛機的地位。這種測位器的有効射程千餘英里,準確性和測星儀差不多,故可在不能測星的時候用。可惜必要的特種地面電台,現尚裝得不多。

上述各種儀器都有缺點和錯處,需要常加校正。無線電波更會受地形,天電的干擾和離子層變化的影響,以致歪曲波道或者完全失効。駕駛員應熟悉它們的性能。他更要熟悉機場地形和障礙物的高低位置,熟諳當地降落程序(Letdown procedure),時行實地練習。在濃霧中降落要萬分小心,降近地面時所發生的錯誤,極危險而極難改正

盲目降落的程序是經有經驗的駕駛員詳細研究機場設備和障礙物後訂定的。它不外乎規定下降的方向,高度和所需的轉灣。假使飛到某一點,高度不合規定或者不能望見地面,飛機即刻要拉高,從新依樣再試。電脈,定向器都只能引導飛機降落到二三百英尺高低。假使有長的(7000呎以上)跑道,那末跑道和滑翔道確定器在理論上可以把飛機引導到跑道上的。盲目降落需要長跑道,因為那時飛機速度仍舊很高,飛機需要這種高速度來幫助它於發現錯誤時立即高昇。茲舉美民航局所採用的盲目降落程序,表示如圖三以明其大概。

利用儀器於雲霧中盲目起飛和航行比較稍易。起飛時需要的是高度表,人造地平線和方向儀等,航行時則需要測星儀,定向器等。

雖然有上列各種儀器的製造或發明,在目前民航仍不能在惡劣氣候中十分安全飛行。民航最發達的即以美國而論,美國民航局在1946年夏季才能在105個主要機場上裝置滑翔道跑道確定器并且要到同年冬季才能利用這些儀器幫助降落。

我國民航機一般均有上述1,2,3,4,5,7. 六項設備。戰時飛越駝峯和在短小跑道上降落都靠這些儀器。6 8,9,10,11等儀器只有在極少數軍用機場上裝設。綜上所述,我國民航設備所亟需改的恐怕是加長跑道,加裝無線電指向標,跑道滑翔道確定器以及大量多設測候台備用機場和長波電台吧。

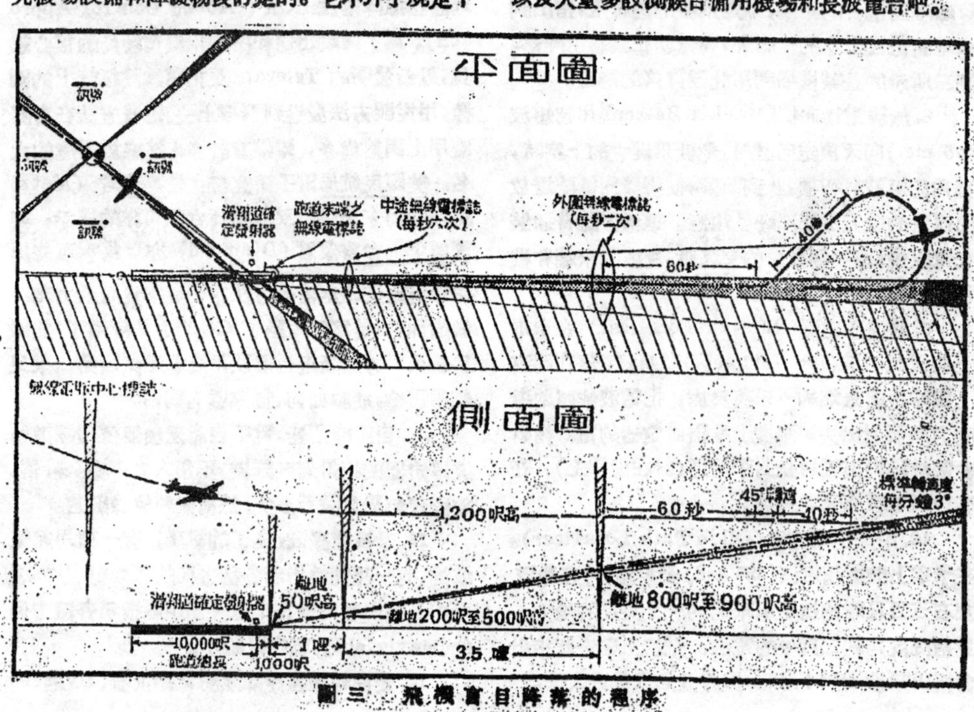

圖三 飛機盲目降落的程序

飛機失事能夠避免嗎

凌之鞏

——從航空技術的立場來檢討航空安全問題——

這幾個月中，眞是航空界的厄運日子：三十五年十二月廿五日在上海一地有三架民航機失事，本年一月五日在青島又有一架民航機失事，新年前後十一天裏，一共死傷百餘人，社會人士爲之震驚，成爲我國民航史上最大的慘劇，交通部下令客機停航一星期，十三日復航後，廿五日穗渝班機失蹤，廿八日滬渝班機又在漢口附近天門縣境失事，交通部不得不再下令客機停航。民航機的連續失事，使一般人民對於空中旅行發生了一種恐懼心理，甚至有許多人不願享用這二十世紀的交通利器了。可是航空安全究竟是否能安全獲得保障却是每個人所關心的。——本刊上期有一篇檢討失事的文章，已經把幾個要點提出了，只是關於航空技術的問題，還不够詳盡，筆者願以有限的知識，儘量提供一下，來研究飛機的失事是否可以避免，同時，也希望讀者大家來多多討論和質疑！

飛機是一種什麼樣的機械？

飛機不像其他的機械結構，如橋樑，房屋和機器等等，在設計的時候可放入安全數值，因爲飛機要在天空中飛，越輕越好，材料在設計時就負擔了最大的强度。但飛機是各種工程精心合作的出品，除機身和發動機是結構學與機械學的傑作外，還包括電器，無線電，儀器和液壓等設備，用的都是最好的材料。但在工程智識發達的今日，飛機在製造上應該是絕對安全的。關於飛機製造的專門技術問題，我們暫時不加討論。此地只想分析一些飛機失事的偶然原因。歸納起來，可以分爲三方面講：

一 機件的損壞有幾種可能？

一。飛機的結構——雖然飛機零件都被設計負擔最大强度，但因爲材料製造，和力學研究的進步，飛機設計可萬無一失。飛機因爲設計不健全，而致飛行的時候斷了一隻機翼，或斷了一葉螺旋槳，那都是十多年前的事。飛機設計後，必先經多次試驗保證，然後才大量生產。雖然材料經長時間使用會腐蝕或疲勞變弱，但在仔細檢查制度下，有危險的飛機，早經被制定超逾服務年限了。飛機有因高速度俯衝，震動過大，致翼尖損毀而失事的，但現在的飛機都有俯衝最高速度限制，（民航機不做俯衝動作的）這種危險很可以避免。所以現在的飛機結構不大會因損壞而致飛機失事的。

二。發動機——機械損壞的可能性，最大還是在發動機。發動機因爲材料製造，和力學研究的進步，安全性也大增。同時現在的巨型飛機，都有兩個或兩個以上的發動機，有一個發動機在天空損壞，不致影響到飛機的安全。不過，發動機是一個機器，有許多零件不斷地用高速度運動着，隨便那一個零件失靈，或一小小油管塞住或破裂了，都會使整個發動機失去作用。而且在發動機設計上，巡航用的馬力只是最大馬力的百分之六十左右，但起飛時却要用最大馬力，而最大馬力在設計上只准用二分鐘，軍用的可以到五分鐘。假如雙發動機飛機在起飛的時候，有一個發動機損壞失去作用，而飛機尙未達到規定高度及速度，不能用單發動機航行，只好强迫降落。飛機起飛的時候，要用最大馬力，又須特殊操縱技術，比較危險，這是爲什麼乘客在起飛的時候要扣好安全帶的理由。

三。火災——汽油箱或汽油管，因長久震動而疲勞或腐蝕，檢查的時候未及注意，經飛行一段時間後，發生破裂而漏汽油，或銜接兩管的橡皮套，設接的時候不够仔細，經飛行震動後，鬆脫而漏汽油，都可能有發生火災危險。如果在發動機隔火牆外着火，普通飛機都有滅火裝置，可能救滅，損壞的發動機停閉不用就是了，雙發動機的飛機仍可用一個發動機飛行。如果汽油箱或汽油管在隔火牆後漏汽油着火，飛機就可能在天空中爆炸。但是飛機在天空中着火爆炸的可能性是很小的，所以乘客都准許在飛機座艙內吸烟。只是飛機在起飛和降落的時際不准吸烟，那是因爲飛機起飛和降落的時候有其他危險的緣故。

四。其他設備——飛機上其他的設備，如果有損壞，危險性較輕。巨型飛機爲了安全關係，常常有附加設備。無線電發報收報機不只一套，重要的儀器也有兩隻，平時各司所用，若有一個損壞了，另一個就可以代替應用。只有液力系統的損壞可以說是比較嚴重的，因爲巨型飛機起落架是用液力操縱的，起落架不能安全放落，飛機降落的時候就會發生危險，起落架如不能安全放落，有警燈和警號通知飛機師，有時候液力系統的機動幫浦有損壞，可以用手幫浦代替，或用其他機械辦法，仍可以使起落架安全放落。

二 氣候惡劣有幾種情形？

一.結冰——天空中會有這麼一個地方，因爲空氣的溫度和濕度，發生結冰現象。如果結冰發生在化氣器，那就會堵住空氣進入發動機，發動機的馬力因而減小，甚至停止。如果結冰發生在螺旋槳的前緣，那就會影響螺旋槳的性能，減小或消滅拉力。如果結冰發生在機翼前緣，更會影響機翼的性能，減小或消滅舉力。如果結冰發生在機翼和機身上面，飛機載重增加，又影響了飛機的性能，使飛機速度減少，不能爬高。如果結冰發生在皮氏管(Pitot Tube，用以測量空氣的動靜壓力的儀器。)那就會使高度表指示錯誤，飛機或會因而撞山。結冰是大自然給飛行的一種障礙，人工現在還沒有驅除大自然結冰的能力，飛行想避免結冰的危險，可能時還是不飛行於結冰的天空領域；可以飛高一點，飛低一點，或在這領域以外飛，多飛一點距離。氣象報告可以決定飛行路線的計劃。如果一定要飛過這領域，或飛行時偶然遇到結冰氣候，化氣器有加熱設備和去冰液體裝置，螺旋槳也有去冰液體裝置，機翼的安定面，和直尾翅的前緣，都有除冰橡皮裝置，空氣動靜壓力量管也有加熱設備。不過，結冰總是一種危險，有時因飛機師沒有及時注意到，有時除冰設備不能驅除大量的結冰，以致造成了飛機失事。

二.雲霧——雲霧都是阻礙視線的東西。在雲層裏或雲層上飛行，飛機師不能看見地形來認路。普通飛機上均裝有磁性指南針，大飛機裝有三個，一個飛行駕駛用的，一個指示航行路線用的，一個裝在靠近翼尖，避免發動機和機身鋼鐵部份對磁性的騷擾，然後用電傳方法把方向指示到駕駛室來，地磁線的偏差，地圖上有指示。但如果有風，飛行的時候雖然把方向校正對了，風會把飛機帶到另一個地方去。譬如由漢口飛上海，應該向東，有北風的話，如果飛機仍向東，飛機就會飛到杭州去。飛機應偏一點向北，然後才能糾正北風的影響，這個偏角的大小要看風向和風的强度來決定的。氣象報告雖可以供給風向和風力强度的資料，但風向和風力强度常常會改變的，在雲層裏或雲層上飛行，決定偏角不見得絕對有把握。飛機上另有一個以上的無線電定向設備，它不受風向影響。如果我國有周密的航空站無線電網，飛機實在是不難找到目標的。

若目標一帶有霧，飛機師看不見機場，降落便困難。英國多霧，在大戰時派出一千幾百架飛機到歐洲作戰，飛機回來的時候，機場跑道兩旁就噴出了高壓汽油燃燒，把跑道上的霧驅散，使飛機師看見跑道，而得安全降落。這個設計的使用，平均每架飛機降落一次要耗一千元美金以上。後來經改良用高壓柴油，平均每架飛機降落一次也要耗幾十美元。民航機場在一定時間內是沒有大量飛機降落的，所以在經濟上不容許應用這個方法，有許多人責問航空公司當局爲什麼不採用同樣方法使在大霧中的飛機降落，這樣一看，也可以明白其原委。因此通常降落起來，是應用無線電來引導的，方法是在飛機場上放出「A」「N」兩種無線電電信號在四個象限內，兩個不相鄰的象限用電信記號「A」(「·——」)，另外兩個象限則用電信號「N」(「——·」)，那末在象限的交界線就會發出「A」「N」合起來的一種連續不斷的聲音，飛機師可由此而辨別出跑道位置，再由無線電指向標(Beacon)指示出離跑道頭的距離，飛機師就可用航行術降落到機場跑道。又有一種無線電儀器能領導飛機依一串無線電波的外切線降落，這外切線就是一條最適合的降落飛行路線。機場開放有最低雲層高度，和最短可視距離的標準，無線電引導降落的方法，把飛機引導到雲層下，飛機師可以清楚地看見跑道，於是操縱降落便更有把握。雷達應用也能幫助盲目降落，但雷達在這次大戰中才發明，戰時一直保守秘密，戰後各國的民航機還沒有這種裝置，也許是還沒有到安全使用的地步。(編者按：關於盲目飛行和盲目降落的詳情，本期另有專文介紹請參閱頁5。)

三.風——風對於飛行方向和路線的影響，在前一段討論雲霧的時候已提出過。現在要說明的如有側面風，那末對飛機降落有什麼影響。欲使飛機昇空，機翼對空氣要有一定的相對速度，才能發生舉力，把飛機維持在空中，所以在有風的時候，最好使飛機逆着風起飛或降落，因有了逆風，飛機對地面的速度，可以比對空氣的速度小，飛機師在跑道上容容易操縱飛機，因而飛機在跑道上滑走的距離也較短。完善的飛機場都有兩條約成直角的跑道，目的就在儘可能使飛機以逆風起飛或降落，雖然仍不能避免有偏斜的側風。如果降落的時候有側風，操縱飛機就不容易。譬如要向東降落，而有了北風，如前所述，飛機頭應該要偏向北方，然後飛機才能得到一條由西向東的飛行路線，但如用這種偏向北方的機頭方向着陸，以左輪為支點，飛機重心向東的衝量，就會使飛機向左打轉。所以在有北風時飛機要向東降落，那末在空中的時候，機頭就要偏向北，而在快着陸之前，飛機師即須將機頭改向正東，同時壓低向北的左翼，使飛機在空中維持一條和跑道方向相同的飛行路線，着陸後機頭可以對準跑道方向，不致發生在跑道打轉的危險。由於飛機降落需要特殊技術，有側面風更增加了降落操縱的困難，所以飛機降落時，比較危險，乘客還要像起飛的時候一樣扣好安全帶。

三　飛機駕駛師怎樣會錯誤的

一．飛機師的冒險心理——飛機是一個很複雜的東西，飛行又是一件很專門的技術，操縱飛機的飛機師應該謹慎從事，絕對不能有冒險心理。需要有正飛機師，副飛機師和報務員三個飛行人員的飛機，如果缺乏副飛機師或報務員，正飛機師不要冒險起飛，飛機設備如有損壞，不要因為有可以代替的設備，就冒險起飛。飛行時遇有氣候障礙，或機械損壞，即判明其危險性，如果應該把飛機折回，或降落附近機場，就不要存着冒險心理，繼續飛行。因為飛機師冒險而發生失事是最不值得的事。飛行上有這麼一句警語：「有經驗的飛機師，有勇敢的飛機師，但不要有靠着經驗而冒險的飛機師。」("There are old pilots, there are bold pilots; but there is no old bold pilot")

二．判斷的錯誤——飛機師對所駕駛飛機的性能，以及發動機，儀器，無線電，與其他設備的使用，應該是很嫻熟的。飛行前應仔細研究將要飛行的路線距離，飛行經過的地形，各地的氣候，沿線附近各飛機場位置，跑道方向，無線電標幟符號，和盲目降落的方法等等，對飛機載重和汽油量也應查明，然後決定航行計劃。那些飛行迷失方向，半途撞山，或在跑道頭前或頭後降落，而致飛機失事，很多都是因為飛機師判斷的錯誤。

三．操縱的疏忽——構造複雜的飛機，設計時有許多人，會詳細地去作過力學分析，製造後又經多次試驗，保證安全。經過養護修理的飛機，也有檢驗員逐步仔細檢查，負責保證安全。一架檢驗過後的飛機，交到飛機師手裏，就只有由他一個人的操縱來保證安全了。飛機師操縱飛機應該絕對小心。一架飛機有許多零件，起飛前檢查飛機，不要單憑記憶，一定要攜帶檢查表格，檢查一件，勾銷一件；有許多操縱包括一連串動作，不要粗心苟且。起飛或降落的時候操縱調整片 (Tab) 不在正中位置。起飛或降落的時旋螺候槳用了高距；低空飛行用了高壓增壓器 (High Blower Supercharger)；氣缸太熱，滑油溫度過高，滑油壓力太低，未注意調整；化氣器結了冰才發現，來不及加熱排除；降落前未將起落架安全放落；降落中試圖升高，而將襟翼 (Flap)收起太快；有側面風，降落的時候，在着陸前未及糾正機頭方向；這些因操縱錯誤而致飛機失事，完全是飛機師的責任。

從技術觀點上看，一架設計好的飛機，或經過養護修理的飛機，都應該是絕對安全的。空中旅行不應該是一件危險的事，本文所分析飛機失事的原因都是偶然的。要求減少那些飛機偶然的失事，筆者提出下列十二項補救辦法：

(一)材料標準的規定。

(二)設計方法的規定。

(三)飛機應有設備的規定。

(四)修理飛機應有設備的規定。

(五)機場設備應有的規定。

(六)詳細和準確的氣象預測及報告。

(七)設立完善的航空站無線電網。

(八)加强飛行人員和地面工作人員的訓練。

(九)經常檢查飛機師的體格。

(十)嚴密組織空運機關。

(十一)飛機檢查制度的規定。

(十二)航行規則的規定。

這些補救辦法如果沒有完善實行，也可以成為飛機失事的原因。但這是人事上的責任，我們不希望有不盡人事責任的飛機失事原因發生。

銑床工作法的基礎

跑到機械工場中去一瞧，除了車床鉋床以外，就要算到銑床爲最重要了。本來，銑床也是特種工作機之一，普通是專用來銑製齒輪的；可是，在近代的機械工場中，對於製造齒輪，常由更專門的工作機，如滾床(Hobbing Machine)，角尺齒輪鉋床(Bevel Gear Shaper)，以及齒輪鉋床(Gear Shaper)等等去担任了；照目前的趨勢看來，銑床很有代替鉋床工作的可能，因爲用銑床來產生平面，非但產量能增加，而且精密度可以提高許多，配合時的加工，當可省却不少。

所以，現代的銑床，誠如作者所說，確爲僅次於車床的重要工作機。本文譯自 Popular Mechanics，一九四六年十月號，內容雖然簡單，但很實用，只有關於銑刀的整磨方法，還不够詳盡，可是在沒有工具磨床的設備或車床上的研磨附件之時，也可算是很好的辦法了。

H.J. Chamberland 著　林威譯

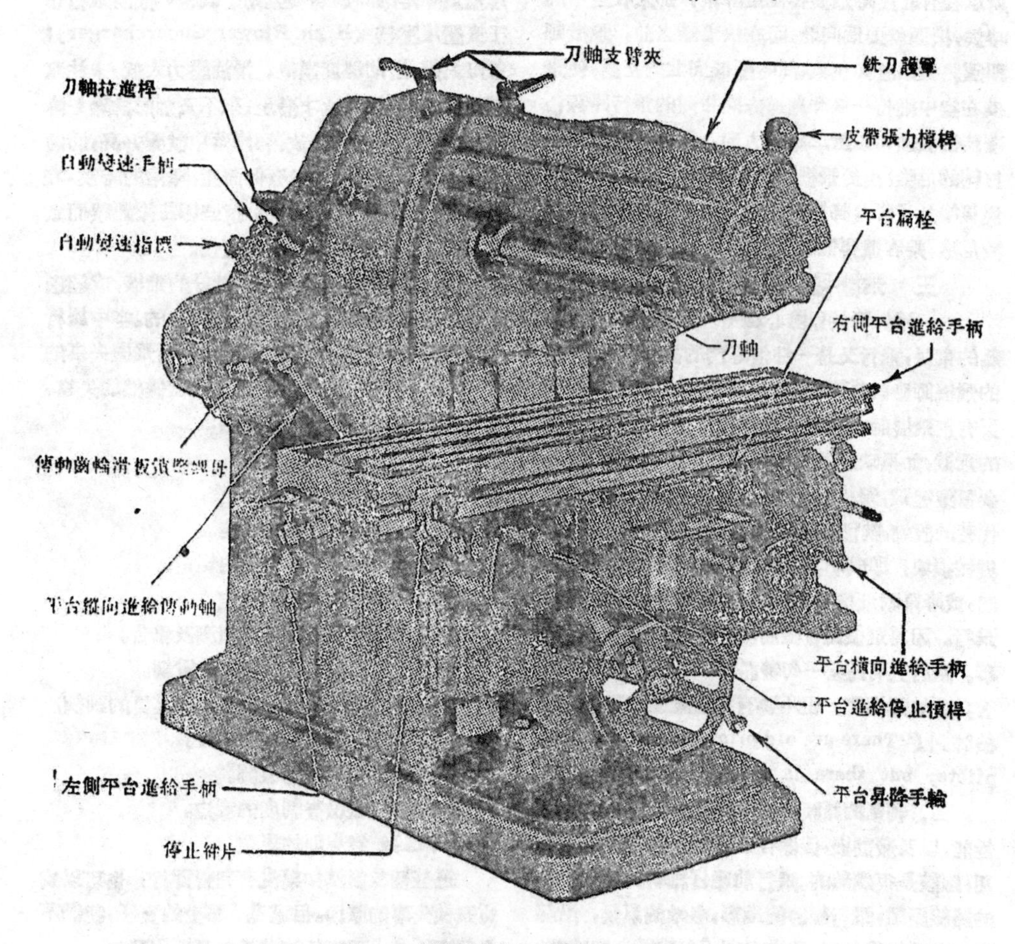

圖一——新型銑床的運用機件

在許多機械工場中，銑床是僅次於車床的重要工具，就工作法的立場而言，現代銑床所以有這樣的效率，百分之八十五是由於工作者的經驗而得。因此，在目前，就是桌上式的小銑床，牠的一切零件結構，幾乎和落地式的大機器完全相同。而一般小型機械工場，修車處，以及家庭工場中的人們，對銑床也像車床一樣地發生極大的興趣。雖然本文主要是寫給對於這種機械加工方法不十分懂的人看的；但是，一向在車床上用慣了銑工附件而有些經驗的，也不無一看的價值。

銑床工作的技術

在做銑床工作之前，最主要的一步就是認識這機器上各部分不同的結構，(如圖一所示)，各部分機件的動作，以及槓桿和手柄的功用和其種種操縱的方法。最要記住的是工作物台橫向及縱向進給的千分刻度盤每一格是 0.001″，同時，銑製工作要做得準確是和大多數的機械工作法一樣，主要靠了切削工具的選擇和當心，並且還在銑刀的轉速(Speed)和進給量(Feed)，要和工作的性質相符合。

銑刀的認識

在這裏只講到裝在迴旋老虎鉗(Swivel vise)和角鈑(Angle plate)上的工作物是如何銑製的。所以對於銑刀的認識也祗以應用於這上面者為限。銑刀的材料，平常大都採用高速鋼(High speed steel)，因為在正常情形之下，牠的鋒口能保持很長久之故。圖二中所用的叫作平面銑刀(Plain or slabbing mill)，那是用來切削和牠一樣闊或略狹的工作物，因為這種銑刀上祗周圍有齒，所以只能用於銑製平面，這種工作是很容易遇到的。

圖三所示則為側面銑刀(Side mill)，牠的兩邊都有鋒口，可以用來銑製一樣闊狹和相當深度的表面，或重覆切削成任何所需的寬度。

圖四所示為普通稱作割刀(Slitting saw)的銑刀，在小規模機械工場，牠主要用來切斷材料或工作物。如圖七和圖八所示的殼形銑刀(Shell end mill)也是最普通的銑刀之一，如果在適當的切削條件之下，牠可能是效率最高的工具，因為牠是裝在刀軸頭(Spindle nose)上的，這樣可以產生最大的切削功率。和牠相似而較輕的銑刀，則為圖九所示的頂端銑刀(End mill)，牠底作用大部分靠頂端的齒鋒，而不是圓周上的齒鋒。這種銑刀

圖二——在迴旋老虎鉗上作平面銑削的工作物

圖三——側面銑刀正在切削等於刀寬的槽形

圖四——割刀正在切斷一根方鐵

有許多用法，其中之一如圖十所示，目的是把裝在角鐵上的小鋼片挖穿。還有一種很有用的銑刀是角形或鳩尾銑刀 (Angular or dovetail mill)，圖十一中是在銑製一個陽尾鳩形(Male dovetail)。這種銑刀在側面亦有齒鋒，要很小心使用和保護那些細小的尖角。圖十二是同式的銑刀正在銑製陰鋒尾形(Female dovetail)。

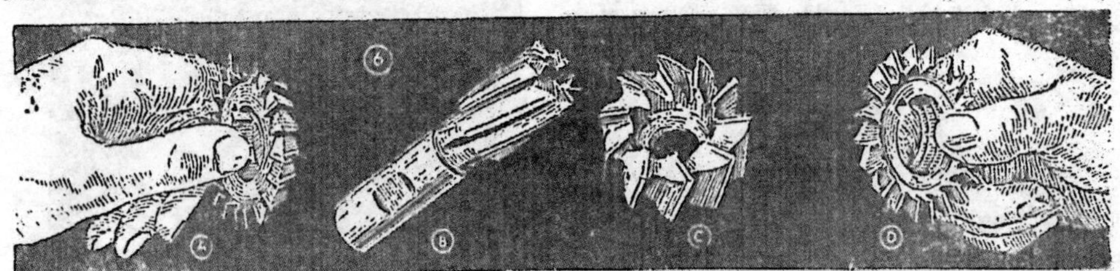

右向銑刀和左向銑刀

無論銑刀軸向那一方面旋轉，都可以做銑製工作。在大多數的銑床上，工作物的移動方向必須與銑刀旋轉方向相反。但是，現代銑床的設計，是依據工作物進給方向與銑刀旋轉方向相同的原則。在輕式的銑床上，如果不照這方法工作，那末，機器本身和切削工具都要受到損害。圖二，三，四及五中的銑刀，是兩個方向都可以使用的，祇要將刀軸(Arbor)的旋轉方向變換就可以。但是，其他的許多銑刀是不能這樣兩用的，因為牠的齒鋒是做成單方向切削的緣故。要確定銑刀切削方向，可以把銑刀齒鋒的頂面向着你自己，像圖六—A所示，如果看到齒形是向左傾斜的，那是告訴你這是一把左向的角形或鳩尾銑刀。圖六—D的銑刀則恰巧相反，所以可知是右向的，同樣如圖六—B所示的頂端銑刀，六—C的殼形銑刀，則都是右向的。

實際上，在普通有限的幾種銑削工作法中，是不需要備齊左右兩種的銑刀，祇要有其中之一就可以了。

保持銑刀的鋒利

保持銑刀鋒利的方法是沒有什麼秘訣可言的，簡單的方法祇要常用一塊中級油石去磨就可以了。假使你用一架放大率很高的顯微鏡去看一個鋒口，如果牠是非常的粗糙，並且高低不平的話，

圖七——般形銑刀的頂面和圓周上的鋒口

圖八——般形銑刀正在切削工作物

圖九——頂端銑刀在切削一個45°V字槽。

圖十——頂端銑刀在切削裝於角鈑上的工作物

那末所造成的許多凹處，會把削下來的金屬細屑帶起了，以致使銑刀捲口。但是，經過了油石修磨之後，鋒口可能成為一條平直而沒有缺口的線。所以，用油石磨過以後，就能使那些細屑沒有機會嵌進鋒口。因此常用油石去修磨，可以使銑刀好一些。

修磨各種銑刀沿圓周上的齒時，要裝在刀軸上，並且留心保持齒鋒的原有餘隙（Clearance）；油石把持的角度要正確，以避免損壞鄰齒。磨殼形銑刀側面上的齒鋒時，要把牠放在一小平台上，或者相似的小平面上，如圖十三—A所示。對於側面銑刀的側齒，可以比較隨便一點。即側齒的修磨，大約祇須待周齒磨過四遍之後，才磨一次。校驗側齒的一個好方法，可以看圖十三—B，祇需有一枝鉛筆，用牠來輕刮一個鋒口，便可以知道這鋒口是否良好了。

頂端銑刀的主要處理是在頂端的一些齒鋒上，牠所有的端齒必須在同一平面上且和周齒垂直。如經過了像圖十三—C上那樣磨過以後，要知道牠是否方正，可以把牠放在一個平面上來決定，如圖十三—D所示。假使有一點動搖不穩的現象，就表示出了端齒的高低不等，當必須把牠再修磨，總要等牠不要扶持，能夠垂直立在平面上，同時還要齒的鋒口與平面的接觸處，不露光線。

雖然到現在還有些銑刀的齒形，仍舊是根據正切（Cut on center）的原則來製造的，像圖十四—A所示，但是，大多數已經是做成下切（Under cut），如圖十四—B所示的了。在銑刀的製造過程中，先把銑刀坯子移轉一角度或偏置至某一預定界線，如圖十四—A中之X，那末，當鋒口正在中心線上時，如圖十四—B所示，可以得到10°的下

圖十一——鳩尾銑刀正在切削一個陽鳩尾榫

圖十二——鳩尾銑刀正在切削一個陰鳩尾榫

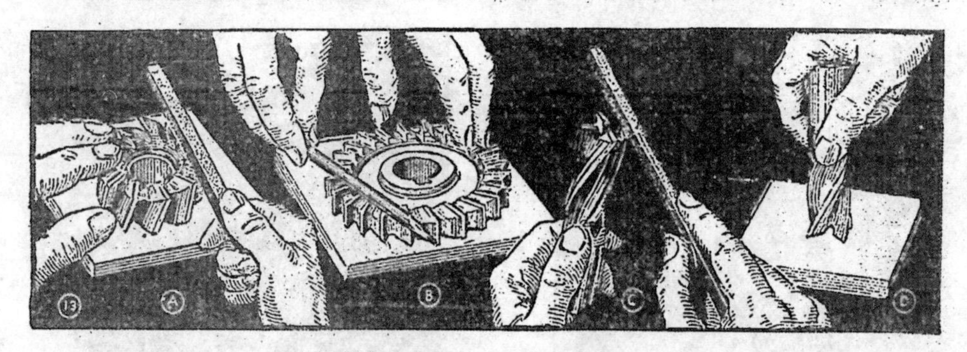

圖十三——各種銑刀的修磨方法

切角(Undercut)。假使齒面是如圖十四一A的正切情形時，這齒的餘隙角(Clearance)是5°爲標準，範圍自4°至6°爲止。但是，若像圖十四一B所示的下切銑刀，也祗有5°的餘隙角，那末這鋒口就要與中心線成一5°的倒角。因此，爲了要抵消10°的下切角，B圖中的銑刀就必須要有15°的餘隙角，如圖中的角度規所指出的一般，實在這一角是由5°加10°所成的，而事實上的餘隙角亦祗有5°。

側面或頂面上齒的餘隙角約爲圓周上齒的一半，即2½°至3°。當用油石去修磨側面或頂面上齒的時候，要留心避免減少了餘隙角，或改變了鋒口的形狀。

刀軸的轉速和工作物的進給量

這裏所稱的速率(Speed)就是刀軸或銑刀的轉數，進給量(Feed)則是工作物向銑刀移動的快慢。關於銑刀速率的決定，所切削工作物的質料，銑刀的品質，及切削的深淺闊狹等都是重要因素。而工作物進給的快慢，則視機械本身的强度及動力的大小，工作物的準確及加工程度而決定。普通的銑刀速率可自附表中得到。

刀軸的轉數是由銑刀周圍線速度(每分鐘的

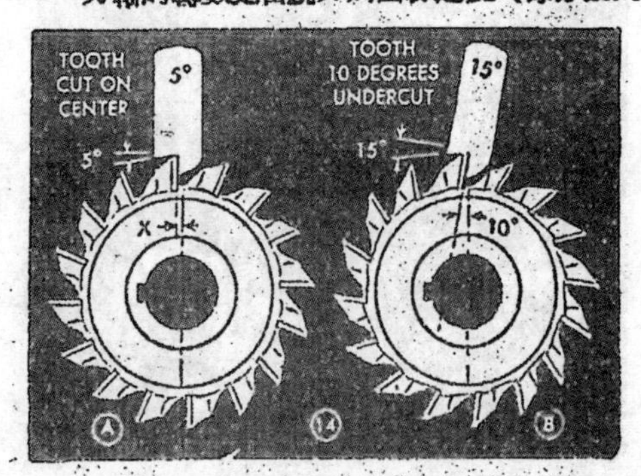

圖十四——正切角銑刀和下切角銑刀

呎數)推算而定，平台或工作物的進給量則以每分鐘的吋數計。因此銑刀的直徑和轉數是有關於圓周的線速度。例如：假使銑刀的直徑是2″，牠的圓周約爲6″(2″×3.1416)，當牠每分鐘迴轉500次時，牠的線速度是每分鐘3000吋或是250呎。後面的附表是一張很有用的表。切削深淺的問題，則需要由你自己解答了。表中各種不同的切削速度，則是祗適合於正確深淺的切削，就是在不過重載荷(Overload)的情形之下，工作物的生產率最高。

在決定速率及進給量之前，必須知道銑刀的直徑及齒數，牠們的公式在附表中中可以得到。銑刀速率的算法是以銑刀的圓周長(呎數)，去除切削該種物質所需的速度(每分鐘的呎數)。工作物每分鐘的進給量是由每齒每轉的切削深淺乘齒數再乘轉數。這五個公式使一切的計算都變得很容易。所得的數字當然不是恰巧等於機器上刻度盤的數字，但是，必須選擇最近似而可靠的。在大多數需要比較準確的工作物，預先計算速率與進給量的比例，就可以避免過重荷載的情形了。

附表——銑刀應用之普通切削速率

切削物的種類	用高速鋼銑刀的速率(每分鐘呎數)	
	最小	最大
軟鋼	60	90
中硬鋼	50	80
硬鋼	30	50
軟鑄鐵	50	80
硬鑄鐵	30	50
皮硬鑄鐵	20	40
韌性鑄鐵	70	100
軌黃鋼	70	175
硬青銅	65	130
極硬鋼	30	.50
鋁	500	1000

注意：如用碳鋼銑刀，可將表中速率減少40%至50%。

速度及進給的簡單計算方法

1. 銑刀速率每分鐘呎數＝銑刀直徑(吋)×3.1416×每分鐘轉速÷12
2. 每分鐘銑刀轉速＝銑刀圓周(呎)÷銑刀速率(每分鐘呎數)
3. 銑刀每轉進給量(吋)＝每分鐘銑刀轉速÷每分鐘進給量(吋)
4. 銑刀每齒進給量(吋)＝每分鐘進給量(吋)÷每分鐘銑刀齒數(銑刀之齒數×每分鐘銑刀轉數卽得每分鐘齒數。)
5. 每分鐘進給量＝每轉每齒進給量×銑刀齒數×每分鐘銑轉速　＝每轉進給量×每分鐘轉速。

高速飛行之風筒試驗

要知道高速飛行時，飛機之構造是否完美，祗有先做了模型，在風筒中用高速的風吹着，實地試驗。但是此風必須作穩定流動，不可打旋，否則試驗結果將難於推算。

探測高空氣象之雷達探測器

下圖內風筒之風速最高可達每小時七百五十哩。球形之屋係防止風作騷擾流動者。

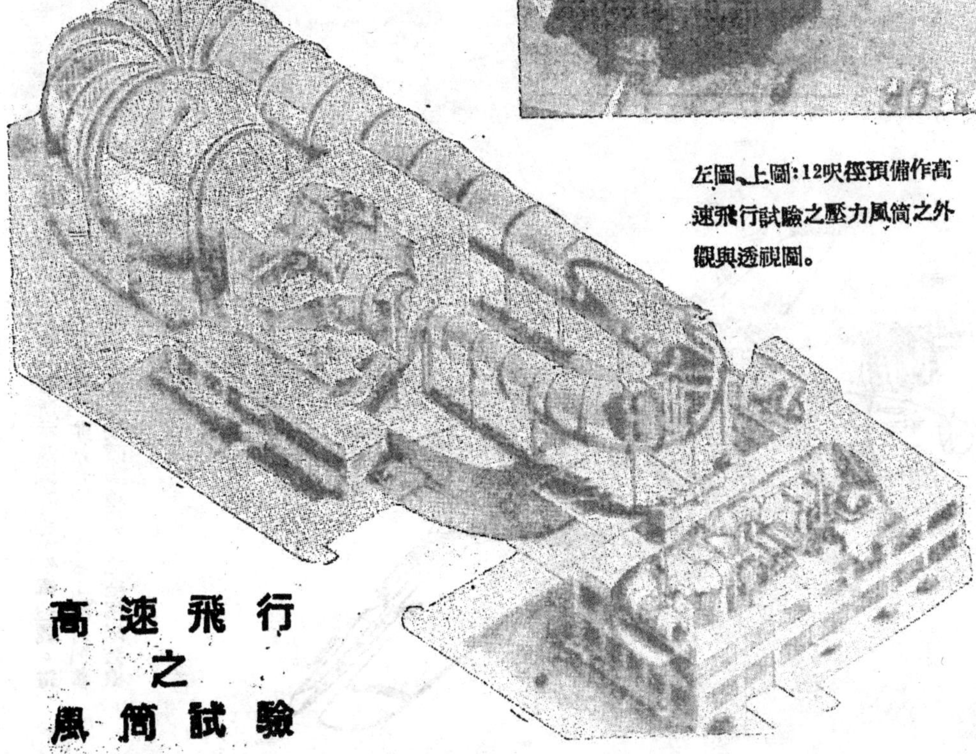

左圖、上圖：12呎徑預備作高速飛行試驗之壓力風筒之外觀與透視圖。

噴射推進式飛機

左圖：氣渦輪之剖面模型，爲研究噴射推進時所特製

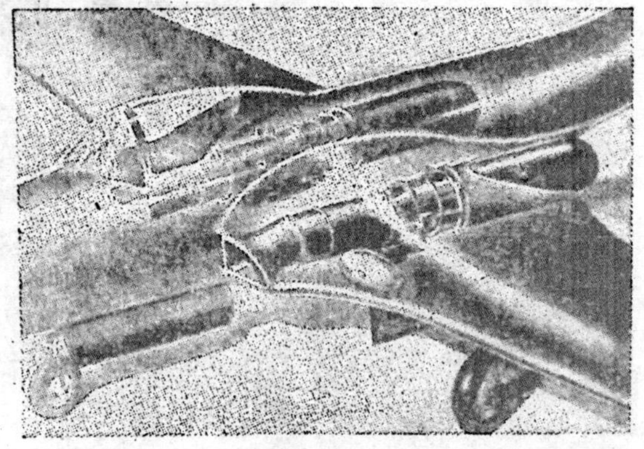

噴射推進，簡單些講，就像船在水中，把水排向後方，使船身別進一樣，是用汽油混和了空氣，在燃燒室燃燒成氣，以高速度向機尾噴出，機身 即向前進行。右圖：噴射引擎在飛機內之裝置情形，前端顯示空氣之入口。

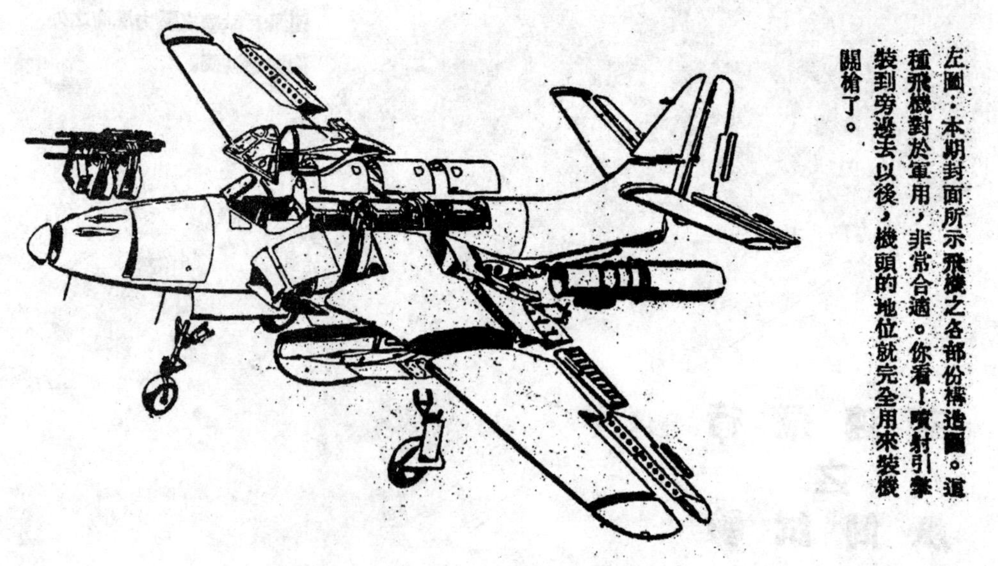

左圖：本期封面所示飛機之各部份構造圖。這種飛機對於軍用，非常合適。你看！噴射引擎裝到旁邊去以後，機頭的地位就完全用來裝機關槍了。

原子時代的交通器具

原動力大革命——

最新型的縮地長方——噴射推進

上圖表示英國格勞斯推(Gloster) F 9/40型飛機，裝置的是羅像廠(Rover)製的W2B式渦輪噴射發動機。

憑藉了渦輪噴射推進機，世界變得更小，人壽相對增長，一天可見兩次日出，一年可過兩次聖誕

馮懿民

一 什麼東西像流星一樣的快？

一九四六年最新式的汽車在你身旁輕輕地擦過，使你抽口冷氣，暗暗地說聲："好險！"車子早已一聲不響溜得無影無蹤，留下一陣捲揚起的泥灰。哼！假使我騎在自由車上，一定追上它。快！每個人都希望，每個人都感到痛快。

你愛騎馬疾馳嗎？你恨不恨那電車司機把電車開得像牛步一樣慢嗎？我告訴你，美國飛行家正在希望與太陽賽跑而尚未成功，你失望嗎？還有許多科學家和工程師正在設法使普通飛機速率增加每小時五十哩，雖然絞盡了腦汁，還是束手無策。因為在高速進行時空氣阻力的急增與推進器效率的銳減，使他們一時想不出好的解決方法。自然界為什麼要安排了這一個傷腦筋的難題，來限制人類的速率呢？可不令人掃興！

抬起頭來一望，聳入雲霄的摩天大廈 青天碧落，白雲悠悠；偶而有架飛機，振着一對銀翅，翱翔逍遙，像在白雲中散步。突然銀光一閃，亮眼眩目像飛鳥也似的掠過了太空，留下霹雷似怒吼。擦擦眼睛，看看那飛機已降落機場，似乎在那兒爬不動了。是做夢嗎？什麼東西像流星般快？

這種新型的飛機就叫P-80型的「流星」！雖不是常見的航空器，但在戰後已逐漸發展起來了。它沒有討厭的推進器，也用不到複雜的舊式內燃機。就靠氣體噴射推進，一飛每小時就是六百哩。雖然還不足與太陽比賽，但也相差不遠了。這一個新飛機的出現，就使許多科學家和工程師們轉變方向，不再為在高速度時推進器效率的銳減而傷腦筋，從此將開始為每小時一千五百里以上的速度而努力了，的搭之間就是半哩路，你能想像嗎？還有我必需告訴你，在超過每小時一千五百哩的速率飛行時，空氣阻力又奇妙地減低得很小很小了。

二 高速度飛行會使人頭暈眼花心臟碎裂而死麼？

對於速率的大小，你有正確的觀念嗎？噴射推進飛機最高速率要達每小時七百六十哩，要叫你咋舌不下。有人担憂，這速率使人難受，心臟跳動得特別活潑，幾乎要從口裏跳出來，眼睛休想睜得開，閉了起來還是不行呢！頭暈腦昏，這還了得？但是這種想法，跟從前醫生說每小時六十哩的速率就要毀人心臟一樣地荒謬。現在，汽車每小時四十五哩已成了家常便飯，火車每小時有近百哩的速率也毫不足奇。在高速行進的火車上，旅客們好好地談笑，悠閒地抽煙，專心地看報，倒還沒有聽見過，心臟破裂而死的新聞。那種每小時六十哩就要毀人心臟的謬論，早已不攻自破。

還有一點告訴你：每天，在地球上的人們，自然你也在其內，事實上是一刻不停地以每小時一千哩的速度跟着地球在旋轉的，還不止此，整個的地球，帶着男男女女，老老少少，以每小時五十萬哩的速度瘋狂地繞着太陽兜圈子，你會因此而頭暈眼花嗎？心臟破裂嗎？一樣地事實告訴我們人體所能忍受的速率是無限的。每小時一千五百哩，根本就算不了一回事，現在你可以相信了吧！

三 渦輪噴射發動機

什麼東西使飛行速率突進了每小時七百六十哩的新境域？那就是了不起的渦輪噴射發動機(Turbo-jet Engine)。這東西說穿了也不怎樣希奇。你走馬燈大概總看見過的吧！那末氣渦輪這東西的原理，你一定就會很容易的明瞭，因爲它恰巧與走馬燈原理一樣。再有，如果你還不健忘總記得起，第二次世界大戰時曾使英國人喪胆的火箭砲V_2吧！我們放慣了高升爆仗的中國人照理是不會不熟悉火箭砲推行的原理的！有趣的就是，人家能把氣渦輪與火箭砲巧妙地放在一起，就變成了這個打破人類速率記錄的渦輪噴射發動機。要把渦輪噴射發動機的構造，大概知道一點的話，頁22的附圖明顯地表示了出來，這一個機械包括一個空氣壓縮機與裝在同一軸上的氣渦輪，一個燃燒室，和一個噴射管。當空氣衝進導管，經過壓縮機，送入燃燒室，火油不停地在那兒燃燒，空氣馬上變成熱氣，猛烈地吹在氣渦輪的葉片上，使渦輪不斷地轉動就產生了動力，再繼續轉動空氣壓縮機，(注意推進飛機的動力並非由氣渦輪產生)，一方面氣渦輪中排出的熱氣，又經噴射管以極高的速度在飛機的尾部噴出；就靠了這種熱當噴射出去所產生的反動力，飛機可以向前推進。原理大致既明，下面的分析，更清楚地告訴你空氣從前面進去到尾部噴出這一段過程中所經過的熱力變化。

四 空氣在噴射發動機中有什麼變化？

(1)吸入空氣——假定有一架噴射推進飛機，在絕對壓力P_a(磅/平方吋)，絕對溫度T_a(華氏度數)的空氣中，以V(呎/秒)的速度向前飛行時，空氣與飛機的相對速度即爲V(呎/秒)。當空氣進入了壓氣機的進口以後，與飛機的相對速度就由V變成了零。所有的動能則都變爲熱能，如果未入壓氣機時每磅空氣的總能是E_a，則

$E_a=K_{pi}T_a$(熱能)$+V^2/2g$(動能) (單位：呎磅)

此處K_{pi}爲空氣的定壓比熱(單位呎磅/磅•華氏度數)

空氣於進入壓氣機之進口後，相對速度消失，絕對溫度則升至T_1，絕對壓力升至P_1(磅/平方吋)，此時空氣之總能爲：$E_1=K_{pi}T_1$，

因 $E_1=E_a$

$$\therefore\quad T_1=T_a+V^2/2K_{pi}g$$

與 $$P_1=P_a\left\{1+\frac{e_iV^2}{2K_{pi}gT_a}\right\}^{\frac{1}{\beta_i}}\quad[註]$$

上式中 e_i＝吸入空氣時斷熱壓縮效率，

γ_i＝吸入空氣時定壓與定積比熱之比

$\beta_i=(\gamma_i-1)/\gamma_i$

(2)壓縮——空氣經壓氣機壓縮後，壓力升至P_2，溫度升至T_2。設R爲壓縮比，

則 $P_2=RP_1$

$$T_2'/T_1=(P_2/P_1)^{\beta_c}$$

上式 $\beta_c=(\gamma_c-1)/\gamma_c$

$$T_2=T_1R^{\beta_c}$$

$$(\Delta T)_c'=T_2'-T_1=T_1(R^{\beta_c}-1)$$

$$(\Delta T)_c=T_2-T_1=(\Delta T)_c'/e_c$$
$$=T_1(R^{\beta_c}-1)/e_c$$
$$=(T_a+V^2/2gK_{pi})(R^{\beta_c}-1)/e_c$$

$$T_2=T_1+(\Delta T)_c$$
$$=T_1+(T_a+V^2/2gK_{pi})(R^{\beta_c}-1)/e_c$$

[註]P_1求得的方法如下

$$\frac{T_1'}{T_a}=\left(\frac{P_1}{P_a}\right)^{\frac{\gamma_i-1}{\gamma_i}}=\left(\frac{P_1}{P_a}\right)^{\beta_i}$$

$$(\Delta T)_i'=T_1'-T_a=T_a\left\{\left(\frac{P_1}{P_a}\right)^{\beta_i}-1\right\}$$

$$(\Delta T)_i=T_1-T_a=(\Delta T)_i'/e_i$$

$$=\frac{T_a}{e_i}\left\{\left(\frac{P_1}{P_a}\right)^{\beta_i}-1\right\}=\frac{V^2}{2K_{pi}g}$$

但 $(P_1/P_a)^{\beta_i}=1+e_iV^2/2gK_{pi}T_a$

$$\therefore\quad P_1=P_a\left\{1+\frac{e_iV^2}{2gK_{pi}T_a}\right\}^{\frac{1}{\beta_i}}$$

$$=1(T_a+V^2/2gK_{pi})(R^{\beta_c}+e_c-1)/e_c$$

又壓縮空氣時所加在每磅空氣之功,呎磅,爲:

$$W_c=K_{pc}(\Delta T)_c$$
$$=K_{pc}(T_a+V^2/2gK_{pi})(R^{\beta_c}-1)/e_c$$

(3)燃燒——壓縮空氣進入燃燒室,火油或其他燃料不斷地在那裏燃燒,在等壓下空氣熱至T_3。設每磅空氣需燃料m磅,每磅之熱值爲C呎磅,則

$$T_3=T_2+mC/K_{pb}$$
$$=(T_a+V^2/2K_{pi})(R^{\beta_i}+e_c-1)/e_c+mC/K_{pb}$$

因磨擦損失,與空氣燃燒後密度的變化,使燃燒並不能在絕對定壓下進行,故如 e_b=燃燒室壓力損失因數,則

$$P_3=e_bP_2=e_bRP_1=e_bRP_a\left\{1+\frac{e_iV^2}{2gK_{pi}T_a}\right\}^{\frac{1}{\beta_i}}。$$

(4)膨脹與噴射速率——燃燒後之熱氣,即在氣渦輪中膨脹一次,再在噴射管中膨脹一次。在全部膨脹的過程中,

$$(\Delta T)_t=e_tT_3\left\{1-\frac{1}{\left(\frac{P_3}{P_a}\right)^{\beta_t}}\right\}$$

$$=e_tT_3\left\{1-\frac{1}{\left(e_bR\left[1+\frac{e_iV^2}{2gK_{pi}T_a}\right]^{\frac{1}{\beta_i}}\right)^{\beta_t}}\right\}$$

以所壓氣機所吸入的空氣,每磅可作$(1+m)K_{pt}(\Delta T)_t$呎磅的功。此功的一部份由氣渦輪來產生,用來轉動壓氣機之用,依照前面求得的公式爲,

$$W_c=\frac{K_{pc}}{e_c}\left(T_a+\frac{V^2}{2gK_{pi}}\right)(R^{\beta_c}-1)\text{呎磅}$$

其另一部份是在噴射管中膨脹時變爲氣體本身之動能。若氣體噴射之速度爲V_j,則噴射氣之動能爲$(1+m)V_j^2/2g$,因此得

$$(1+m)K_{pt}(\Delta T)_t=\frac{K_{pc}}{e_c}\left(T_a+\frac{V^2}{2gK_{pi}}\right)(R^{\beta_c}-1)+(1+m)V_j^2/2g$$

或 $$\frac{V_j^2}{2g}=K_{pt}e_tT_3\left\{1-\frac{1}{\left[e_bR\left(1+\frac{e_iV^2}{2gK_{pi}T_a}\right)^{\frac{1}{\beta_i}}\right]^{\beta_t}}\right\}-\frac{K_{pc}}{(1+m)e_c}\left(T_a+\frac{V^2}{2gK_{pi}}\right)(R^{\beta_c}-1)$$

$$\therefore V_j=\sqrt{2g\left\{K_{pt}e_tT_3\left[1-\frac{1}{\left\{e_bR\left(1+\frac{e_iV^2}{2gK_{pi}T_a}\right)^{\frac{1}{\beta_i}}\right\}^{\beta_t}}\right]-\frac{K_{pc}}{(1+m)e_c}\left(T_a+\frac{V^2}{2gK_{pi}}\right)(R^{\beta_c}-1)\right\}}$$

上式實在太複雜,如果寫成這樣,就比較的簡單:

$$\frac{V_j}{\sqrt{2gT_a}}=\sqrt{K_{pt}e_t\left(\frac{T_3}{T_a}\right)\left\{1-\frac{1}{\left[e_bR\left(1+\frac{e_i}{2gK_p}\frac{V^2}{T_a}\right)^{\frac{1}{\beta_i}}\right]^{\beta_t}}\right\}-\frac{K_{pc}}{(1+m)e_c}\left(1+\frac{1}{2gK_{pi}}\frac{V^2}{T_a}\right)(R^{\beta_c}-1)}$$

因爲上式包括T_3/T_a,R及V^2/T_a三個變數而已,更簡單地寫的話,就是:

$$V_j\sqrt{T_a}=\Phi\{T_3/T_a\ R,V^2/T_a\}$$

五　噴射能怎樣使飛機推進?

記得渦輪噴射發動機尚守秘密的時候,許多人有種錯誤的觀念以爲噴射推進就是以噴射出來的氣體,噴在大氣上,大氣還給飛機的一個反作用力才使它推進的,其實,這一個反作用力的產生,還是從噴射氣體發出來的。舉例以明之,如果嘗試過實彈射擊的朋友,一定知道在槍彈發射時,有一股極大的反動力;看見過戰爭電影中砲戰的場面,也一定瞭解當砲彈放射出去時,砲身會退後,那也是因爲受到了很大的反作用力。現在設想把裝在戰鬥機尾部的機關槍不斷地向後放射,那末飛機本身就不斷地會受到一個向前的力,這力如果大得可以,當然會使飛機向前推進。在噴射推進飛機的尾部就有一支噴射管代替了機關槍,噴射出極高速度的氣體,這樣產生的反作用力就會使飛機推進了。

有人這樣想:噴射推進力在空氣稀薄的地方也許會小點,在沒有空氣的地方,也許會一點也沒有。這也是錯誤的觀念。噴射推進力既將氣體以極高速度噴射出去時,所產生的反作用力,並不是一

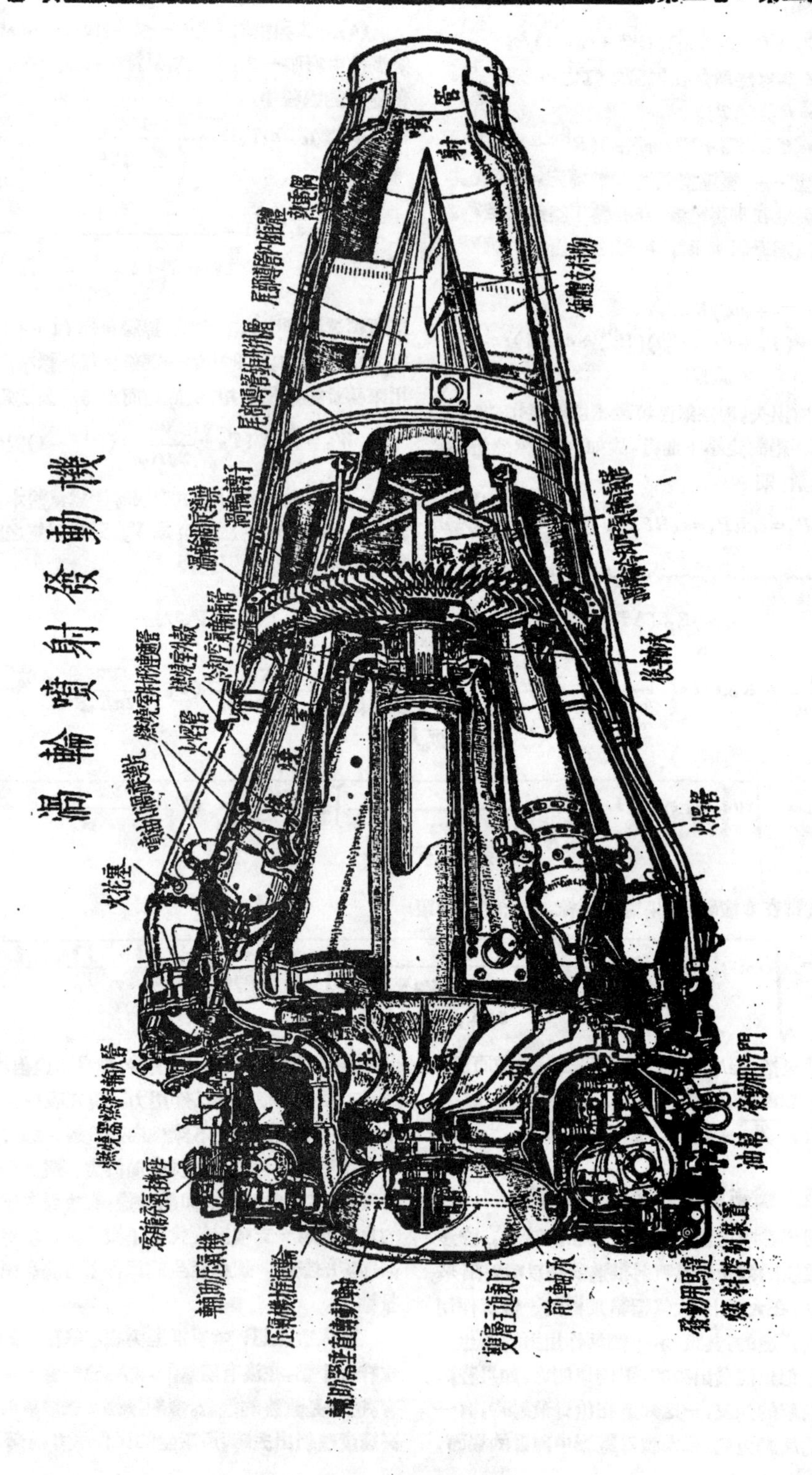

渦輪噴射發動機

種由於氣體噴在大氣上而產生的反作用力。所以無論在水裏也好，在氣中也好，即使在眞空中也好只要飛行速率和每秒鐘噴射出去的氣體，速率及容量毫不變化，噴射推進力是不會變更的。還有人這樣說：哦！你所講的噴射推進方法，就是同汽車後面的一支排氣管差不多。你看汽車是不是可以靠了這支排氣管噴射出去的氣體向前走呢？當然，汽車上的排氣管所出的廢氣是不能產生多大推進力，可是渦輪噴射機中能產生的動力是不是僅僅這一點呢？下面的例子，就告訴了你一個事實：

(1) 噴射推進力——設氣體自飛機上噴射出來的速率爲V_j呎/秒飛機飛行的速率爲V呎/秒，則空氣自前面吸入至尾部排出經過發動機所起的動能變化率，即爲一部之推進力，爲

$$T_1=\frac{q_1}{g}(V_j-V)\text{磅}$$

上式q_1爲每秒鐘經過發動機的空氣重量，磅/秒：還有燃料燃燒後亦以V_j呎/秒之速率向後噴出，其動能之變化率，即另一部分之推進力，爲

$$T_2=\frac{mq_1}{g}(V_j-0)\text{磅}$$

上式m爲每秒鐘一磅空氣所需燃料之重量，磅/每秒空氣磅數：此外噴射管口壓力之相差，亦能產生推進力，爲

$$T_3=A(p_a'-p_a)\text{磅}$$

上式A爲噴射管口內之斷面積，平方吋；

p_a'爲噴管口內之氣體壓力，磅/平方吋；(即氣體在噴射管內膨脹後之壓力比大氣壓力稍大)

p_a爲噴射管口外之氣體壓力（與大氣壓等）磅/平方吋

則總推進力爲

$$T=\frac{q_1}{g}(V_j-V)+\frac{mq_1}{g}V_j+A(p_a'-p_a)\text{磅}$$

而推進力所產生之馬力爲

$$HP=\frac{TV}{550}=q_1(V_j-V)V/550g$$

但自上節得：

$$\frac{V_j}{\sqrt{T_a}}=\Phi\left\{\frac{T_3}{T_a},R,\frac{V^2}{T_a}\right\},$$

故 $$HP=V\sqrt{T_a}\left\{\Phi\left[\frac{T_3}{T_a},R,\frac{V^2}{T_a}\right]\right\}/550,$$

$$=V\sqrt{T_a}\left\{\Phi'\left[\frac{T_3}{T_a},R,\frac{V^2}{T_a}\right]\right\}。$$

如以數字代入，因通常

$V_j=1800$呎/秒$V=800$呎/秒，$q_1=45$磅/秒，

那末就是第一種推進力便有，

$$T=\frac{q_1}{g}(V_j-V)=\frac{45}{32.2}\times(1800-800)$$

$=1400$磅了，其所產生之馬力便有：

$$HP=\frac{TV}{550}=\frac{1400\times800}{550}=2000,$$

實際上常還超過此值。

(2) 推進效率——所謂推進效率的意義就是推力所產之馬力，與使氣體以V_j呎/秒之速率噴出時所需馬力之比，這是一個明顯的效率比，計算時如省去後面二種推進力不計，則因推進力所產生之馬力爲

$$HP_1=q_1(V_j-V)V/550g,$$

但如使氣體以V_j呎/秒之速率噴出，所需之馬力爲，$HP_2=\frac{1}{2}q_1(V_j^2-V^2)/550g$，

則 推進效率 $\eta=\frac{HP_1}{HP_2}=\frac{2V/V_j}{1+V/V_j}$。

考察上式，當$\frac{V}{V_j}=0$時，或$\frac{V}{V_j}=1$時，η皆爲0。但如噴射速率爲1600呎/秒，速率爲600哩/小時(或880呎/秒)時，η達71%，這一個數字表示這一種推進方法，要比螺旋推進器在同一飛行速率時之效率大得多。

六 十年之後將有什麼一種速度？

噴射發動機還有許多優點。除了它能使高速飛行成功外，構造簡單是它最大的好處。構造旣簡單，設計工作也簡單製造也容易了，再加上維持費的減少，控制駕駛的方便，日常檢查也容易，使得這種發動機再好不過。更妙的是整個發動機拆裝極快，有毛病馬上可以拆下再換一座好的，飛機就立刻繼續飛行，同時修理工作可毫不妨礙地進行。

十年之後，地球再繞太陽兜十個圈子，噴射推進將大出風頭。噴射式汽車，火車，輪船，飛機，快，穩，輕巧，而舒適；現在的汽車飛機將會落伍。世界開始變得更小，人壽相對增長。浪費於路程上的時間大減。週末旅行到舊金山，紐約是毫不希奇的事。這樣一天可見太陽從東方上升兩次；在上海進了聖誕晚餐再到倫敦參加聖誕夜的狂歡，也可以來得及，但是人類決不到此而滿足，速率上的野心永無止境。你看許多科學家工程師不是正在爲每小時一千五百哩而努力嗎？

調味品製造的經驗談

怎樣用廉價原料釀造醬油

靜 倩

醬油是中國人的主要調味品，菜餚中缺少了它就感覺到淡而無味，但是吃慣了醬油的我們，對于醬油的釀造，也許還是不大清楚的，本文作者對于斯道素有研究，現在正主持著中國技術協會的生產事業之一，上海釀造廠全部釀造工程，該廠出品成績早爲人稱道，這裏，他更貢獻了一些經驗之談：

醬油釀造和醱酵工業

醬油醸造是一種重要的醱酵工業，在中國已有幾百年歷史，但是到現在大部份還是依靠一班沒有科學知識的工人一代一代傳崙，他們取祖傳古法，憑自已經驗，沒有研究，沒有改進，更談不到興趣，只不過拿這一些秘訣作爲獲利的法寶吧了。對於中國醸造工業前途作進一步的改良，他們連夢也沒有做到過。

日本醱酵工業的開始雖是遠在我們的後面，然而是很足以引起國人的汗顏。醸造工業，無論在歷史上，氣候上，地理上，我們都有優越的條件：原料是我國特產，操作又不需要巨大機器相助，照例我們應該老早處於世界領導地位的，只要研究工程的同志，尤其是對醱酵工程有興趣的，化一點時間和心血來研究改良，這一種民族工業是可能在將來放一異彩的！

在此地我想用一種研究的態度來報告一點關於以廉價原料試釀醬油的心得，以引起國人的興趣，不過在本文之前，我們先來讀一讀醸造醬油的基本理論：

醬油醪的醱酵及成熟作用

醬油的原料是大豆和小麥，大豆的主要成份是蛋白質。小麥的主要成份是澱粉質。醬油是由於多種微生物(細菌，酵母，黴菌三類)所分泌出來的。酵素作用於蛋白質原料(大豆，豆餅等)和澱粉質原料(小麥，高粱，米糠，麩皮等)之混合物上經相當日期在一定適當溫度下醸成的芳香鮮美調味品。其化學變化至今尙未確實明瞭，大概是蛋白質因酵素之水解成氨基酸再和鹽現作用後成鮮味之麩酸鈉(味精)。澱粉質因酵素之水解成葡萄糖由葡萄糖至五碳糖(pentose)再變爲醋酮丙醛(acetopropaldehyde)更與有機酸類結合成爲芳香的酯，所以要研究醸造首先要研究(一)那幾種微生物對醸造才有功能，(二)在什麼條件下牠的生殖和生存最得當，(三)怎樣培養純粹而强力的品種？這三個問題，我以爲是醸造研究的基礎，

菌類微生物在植物學上的地位和它們的特性

醬油醸造用的菌類微生物，是屬于隱花植物菌藻門的，菌藻門尙可分爲絲狀菌類和分裂植物類等，如酵母和麴菌都屬於絲狀菌類的子囊菌類，但乳酸菌和醋酸菌則均屬於分裂植物的細菌類，我們現在要加以研究的就是對醸造方面有關的這幾種微生物，即細菌，酵母，黴菌和酵素，現在分別把它們的特性略述如後：

甲、細菌(Bacteria)：大多數的細菌是沒有害的，且對人類生存有很密切的關係，如在地下蛋白質類必須經過細菌的作用變爲肥料供給植物的生長，在人類大腸內細菌生殖很多，健康人的糞便中每毫克含26,000,000個細菌，把未消化的物質分解，醬油醪中的細菌是從空氣中混入的大牛爲乳酸菌和醋酸菌二種，其特性如下：

(1) 形態：爲單細胞生物，其大小直經約0.1μ (μ＝千分之一毫米)

(2) 種類：大別有四，即桿狀菌，球狀菌，螺旋菌，線狀菌。

(3) 功能：我們日常生活所遇的如乳酸菌，醋酸菌等，能將乳糖分解成乳酸，乙醇變成醋酸。

(4) 生殖方法：為直接分裂法，在絕對優越環境中，一克細菌能在24小時內繁殖至 79,228×162,514噸之重。

乙、酵母(yeast)：的特性為：

(1)形態——大小直經約3-12μ。

(2)種類——分二種一為野生一為培養。培養酵母可分四種：a.啤酒酵母，b.酒精酵母，c.麵包酵母，d.醬油酵母

(3)功能——分泌酵素分解澱粉質等。

(4)生殖方法——可分三種 (1)芽生生殖(2)接合生殖(3)芽胞生殖。

丙、黴菌(Mould)：黴菌在醬油釀造上佔最重要的地位，醬油中之黴菌稱麴菌(Aspergillus Oryzae)，其特性為

(1) 形態——為多細胞生物分營生殖及營養。

(2) 種類——有(a)配尼西林(Penicillin)，(b)毛黴菌(Mucor)(c)根黴菌(Rhizopus) (d)麴菌(Aspergillus)等多種。

(3) 功能——分解澱粉質和蛋白質等。

(4) 生殖方法——胞子生殖。

(5) 生育要素——麴菌生育的時候必須依賴蛋白質和澱粉質為營養物，此外尚有下例條件為麴菌生育所必需即：

(a)無機物：如燐酸，鉀，鈉鎂，鈣等之存在。

(b)氧氣：麴菌生育時有吸氧呼碳之呼吸作用，故供給新鮮空氣，為助長麴菌發育的一大要素，麴室的換氣為製麴工程中的必要工作。

(c)濕度：麴菌發育必須要有適當濕度。

(d)溫度：麴菌發育最適當的溫度為33°C至38°C。

丁、酵素(Enzyme)：為動植物細胞內分泌出來之液體，黴菌酵母，細菌自身不能作用於澱粉質及蛋白質等營養物，但在他們發育的時候，卻能分泌出多量的酵素，這酵素能分解複雜的化合物成為簡單物質，其種類很多，常見者有：(1)水解酵素(a)糖化酵素(b)蛋白質酵素(c)有機鹽酵素(2)凝固酵素(Coagulatase)(3)釀酵酵素 (alcoholase)(4)氧化酵素(oxidase)(5)合成酵素等多種。

一個以廉價原料試釀醬油的報告

在民國三十四年三月中旬，正值抗戰最後階段，上海轟炸甚劇，作者蟄居鄉間，故作此試釀工作，但限於經濟，時間及設備的不足，這一個初步的試釀，還恐有許多錯誤，希望釀造專家有進一步研究者，多賜教益為感，玆將報告中要點，分段敍述於後。

試釀方法 廉價原料豆餅為大豆最理想的代替品，但切碎時種皮大都已破，粒子難勻頗多粉末狀，易有吸水過多，結成黏塊之弊，致麴菌可需的氧不能充分供給，若再和入澱粉質原料，則製麴溫度很難控制，以致製麴不佳，所生成之醬決難滿意。這一次試釀的方法是所謂Y字形釀造法，這方法在製麴時，麴盤及麴室的殺菌與普通釀造法相同，所不同的只是澱粉質和豆餅分開製麴，分開陳釀，經二星期後才漸漸混和的。

廉價原料的處理 豆餅是大豆榨出油份後之圓餅，普通作為牛馬飼料或肥料之用，當然比大豆便，在選擇豆餅時，需特別注意其新鮮程度，以外皮帶青黃色而有光澤者，最為優良，豆餅之切碎法，可先用刀切成片狀，再將片狀横割成與大豆相仿之粒狀，然後放在水泥或木版叢上，潑撒溫水於上，使其軟化，所撒水量大概每塊豆餅(50斤)用水75斤至100斤，放置二小時左右後，此再用手揉握而豆餅粒不易立即分離，同時亦不黏塊者，始可裝甑蒸煮。蒸煮之時間約需四至八小時，過夜取出，任至40°C右左入種麴，裝進麴盤，置於麴室中，開始製麴。

至於澱粉質原料方面，高粱之處理與小麥類似即先將雜物分離，放於炒麥機中炒熬，直至大多數顆粒膨脹裂開後，始取出碾碎應用。麩皮及米糠，則僅需清除雜物後，入炒麥機炒熬，待冷却後，即可應用。

試釀原料之分析 試釀原料分五組，每組試釀醬油二缸，其配合為

1. 大豆與小麥
2. 豆餅與小麥
3. 豆餅與麩皮
4. 豆餅與高粱
5. 豆餅與米糠

上列各項原料，所含成分經分析後，有如下表

	大豆	豆餅	小麥	麩皮	高粱	米糠
水分	14.6	5.5	13.2	12.8	15.1	6.42
蛋白質	40.2	45.1	10.9	16.2	8.22	10.78
脂肪	12.8	4.8	2.01	3.31	2.8	8.64
澱粉	7.19	9.5	62.2	52	57	14.6
纖維	4.52	5.4	2.4	6.29	4.12	5.2
糊精	0.89	3.4	4.3	3.14	5.19	4.7
葡萄糖	0.32	0.28	1.19	1.18	2.88	3.2
灰分	7.02	5.98	2.8	1.03	3.02	20.2

結論 上述試釀之五組，於五個月後所得之醬油，全部成績良好，即鮮味相差亦甚微，惟香味以(1)，(2)，(3)三組最佳，出油量以(1)，(2)，(4)三組較多，(1)，(4)，(5)出油比重較高。此後因限於時間，不及作詳細之統計與分析。總之，以廉價原料來釀造醬油，不僅可能而且品質與產量決不亞於普通原料。日後如有機會作第二次試釀時，當於本刊作進一步報告。本文僅為提倡利用廉價原料釀造醬油而作，故對於製麴及陳釀等手續，不能詳載，讀者對釀造工業如感興趣，可閱讀下列各書以供參考：

1. 醬油釀造法　蔡秉民譯　商務
2. 醱酵工業　陳騊聲　中華
3. 釀造研究　中央工業試驗所　商務
4. 農產釀造　方乘　中華
5. 醬油味噌釀造法　植村定治郎
6. 醬油釀造法　深井冬史

Y字形廉價原料釀造過程表

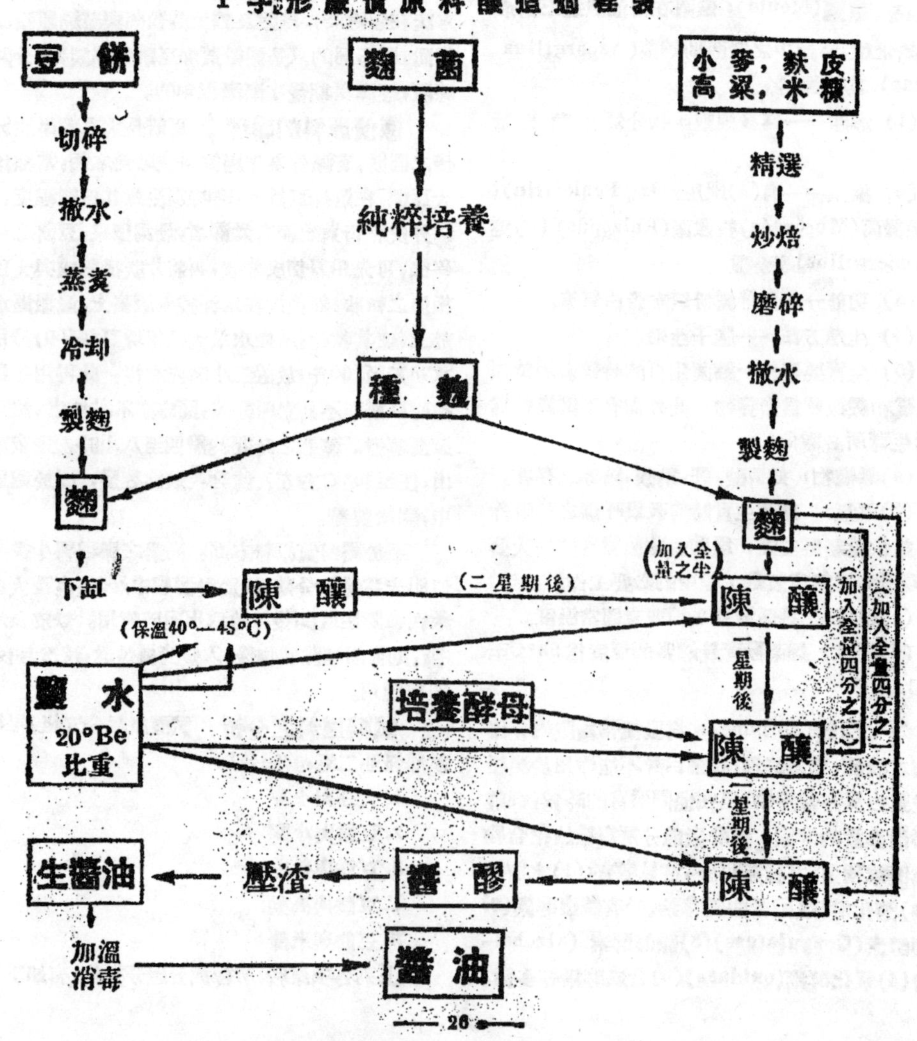

11802

中國技術協會續辦工業講座

本會為促進學術研究，推行技術教育，除出版「工程界」雜誌，設立中國技術職業學校外，並分期舉行工業講座，前辦三屆，聽講員達三千餘人，第四屆已籌備就序，開始舉行，定每星期日上午講演一次，地點借震旦大學及中央研究院，歡迎各界參加聽講，演講時間將臨時在報章披露，欲聽講者可於每日下午五時至八時往中正中路597弄(茂名路東) 3號本會索取聽講證，茲將三月份講座，聘定之講師台銜列下:

三月九日	顧毓琇先生	「技術與發明」
三月十六日	王之卓先生	「航空測量新術」
三月廿三日	茅以昇先生	「中國之橋樑」
三月三十日	呂鳳章先生	「西北工業現況」

編輯室

首先得向讀者表示歉意的是關於本刊的定價問題。為使優待及便利直接定戶起見，本刊已於三十六年一月起採用固定定閱辦法，(詳見上期定閱通知單)。然而，曾幾何時，金融市場風潮迭起，影響了整個出版事業，多少科學雜誌都担心着紙張和排工的飛漲，另一方面自然反映着購買力的普遍低下，使我們感覺到，今天談普及技術教育似還言之過早。但是我們既已栽植了這一顆種子，一定要使牠生長起來，因此不得不再度調整定價，冀獲讀者的全力支援。

自從中航飛機連續失事以來，頗多讀者來函要求討論航空失事問題，本刊上期已撰文檢討，本期再請新之及凌之鞏兩先生撰寫專稿，兩先生均在中航公司技術方面任要職，對航空設備之電訊部份極為嫻熟，希讀者注意，馮懿民先生介紹噴射推進機，從學理到圖解，均簡明清晰。靜倩先生的醬油釀造一文，更是不可多得的經驗報道。本期工程界應用資料之菱形七線圖，得自薩著「交流電機原理」，但對普通各種計算，應用亦廣。本刊還另製印單張以備本刊直接定戶來函索取，以示優待。存張無多，讀者如需要，請速直接定閱本刊。

下期本刊將刊載黃河堵口工程，新港挖泥工程，滬西給水工程等文，希土木工程讀者注意。

投稿簡則

一、本刊內容，暫分工程新聞，工程專論，工程技術研究，世界工程介紹，著名工廠介紹，工程界應用資料等六欄，各欄稿件，絕對公開，均歡迎投稿。
二、本刊文字以淺顯易曉之白話文為主。
三、來稿請以橫行原稿紙單面謄寫清楚。
四、本刊對來稿有刪改權，如不願刪改者，請於事先申明。
五、來稿一經刊登，酌致現金薄酬。

廣告刊例

種類	地位	全面	半面	¼面
甲	普通	$ 400,000	$ 250,000	$ 150,000
乙	底裏	600,000	360,000	——
丙	封裏	800,000	480,000	——
丁	封底	1,000,000	600,000	——

定閱刊例

定閱	期數		平郵	掛號	快郵
半年	六期	會員	8,000	10,000	11,000
		非會員	9,000	11,000	12,000
全年	十二期	會員	16,000	20,000	22,000
		非會員	18,000	22,000	24,000

在節電聲中

怎樣增進工廠的效率？

十條最重要的工場守則

1. 皮帶輪上的皮帶，必需有適當之張力，不太緊不太寬。
2. 地軸裝置不可偏歪。
3. 齒輪之嚙合必須正確。
4. 軸承在運轉時不可發生高熱。
5. 皮帶輪的位置，裝得必需正確。
6. 電動機的使用必須正確，以提高效率為原則。
7. 工作機須時常檢點，減少耗費，合理運用。
8. 廠內運輸，務須縮短距離，減少浪費。
9. 潤滑油之品質及油量必須正確使用。
10. 工廠照明應用之燈光須不浪費。

本刊資料室

工場檢查表

要項	現象	原因及補救方法
皮帶	皮帶與皮帶輪之間不能密切轉動	原因是緊張的一邊弛緩，皮帶過厚，有油膩，或皮帶盤太狹等。
	皮帶發現跳動情形	原因是輪軸彎曲，皮帶搭頭不良，或負荷有突然變化等。
	皮帶太緊	可能使輪軸彎曲，或損害軸承襯套金屬，或皮帶搭頭外之傷害。
	未用止滑劑	最好不用，不得已時須用動物性止滑劑
輪軸（地軸）	輪軸彎曲	考察旋轉狀況即知，應立即調整
	不用之軸或有轉動者	設法減少空轉之輪軸，如更換地位等。
	聯軸節轉動時，可能有振動現象	或因輪軸彎曲，或因接合處不佳，應立即糾正之。
	軸徑不適當	如負荷大應粗，負荷小應細，苟軸徑與需要不合，應即改善。
齒輪	齒輪嚙合不適當。	大齒輪與小齒輪之比最適當者為10:7。
	可能有塵埃粘附。	應時常掃除清潔之。

要項	現象	原因及補救方法
軸承	發生熱量。	因轉軸彎曲，裝置不良，用油不足，即行設法改正。
	轉動時發生嗄特雜聲。	因螺釘鬆落或護罩失落或走樣，應即糾正之。
皮帶輪	裝置地位不佳，在轉動時有左右搖動情形	因輪之中心點偏歪，應即設法糾正。
	不用之皮帶輪有振動	即將此輪卸去。
	皮帶輪之直徑不適當	動力之大小與皮帶輪之表面速度為決定直徑之因素，應即設法糾正。
電動機(馬達)	容量是否適當。	如過小，易燃燒；過大則效率不良。
	裝置方法不良。	位置應水平，基礎須結實，受力處須在機之中心左右。
	手觸電動機感到發熱。	因軸承注油不足，及負荷過大，應及時糾正。
	效率是否良好。	應裝置靜電儲電器及減輕設備費。
工作機	工作機可能在空轉。	竭力免除空轉情形。
	運轉機件可能有磨耗現象。	時常撿點修理保養適當。
	中心可能不準。	立即修理調整，以期提高能率。
	容量是否適當。	考慮電動機容量，以期善用其能率。
運輸	物料機件之運輸流動是否有浪費現象。	應以圖解方法檢查研究物品之流動情形，以改善之。
	運輸貨物之載重量，是否不合理。	若貨物過重，即有搖動震盪現象，應即改正。
	車輪或軌道發生不良現象。	如車輪或軌道不良，應立即修好，改善效率。
潤滑油	加油時是否很便利。	如加油處地位甚高，應裝置簡易之踏板，使加油便捷。
	潤滑油之品質及油量是否適當。	對于各種機件之潤滑，應予以適當品質之滑油，油量亦不宜太少或過多。
廠房照明	照度是否適當。	根據工作性質，決定燈光度數，不宜過亮，亦不可太暗。
	燈罩之選擇是否良好。	如用效率良好之燈罩，可增亮三分之一。
	燈光過分刺眼。	不可應用裸燈，應裝適當之反射罩。
	燈罩及燈泡因灰垢而過暗。	應時常揩拭清潔。

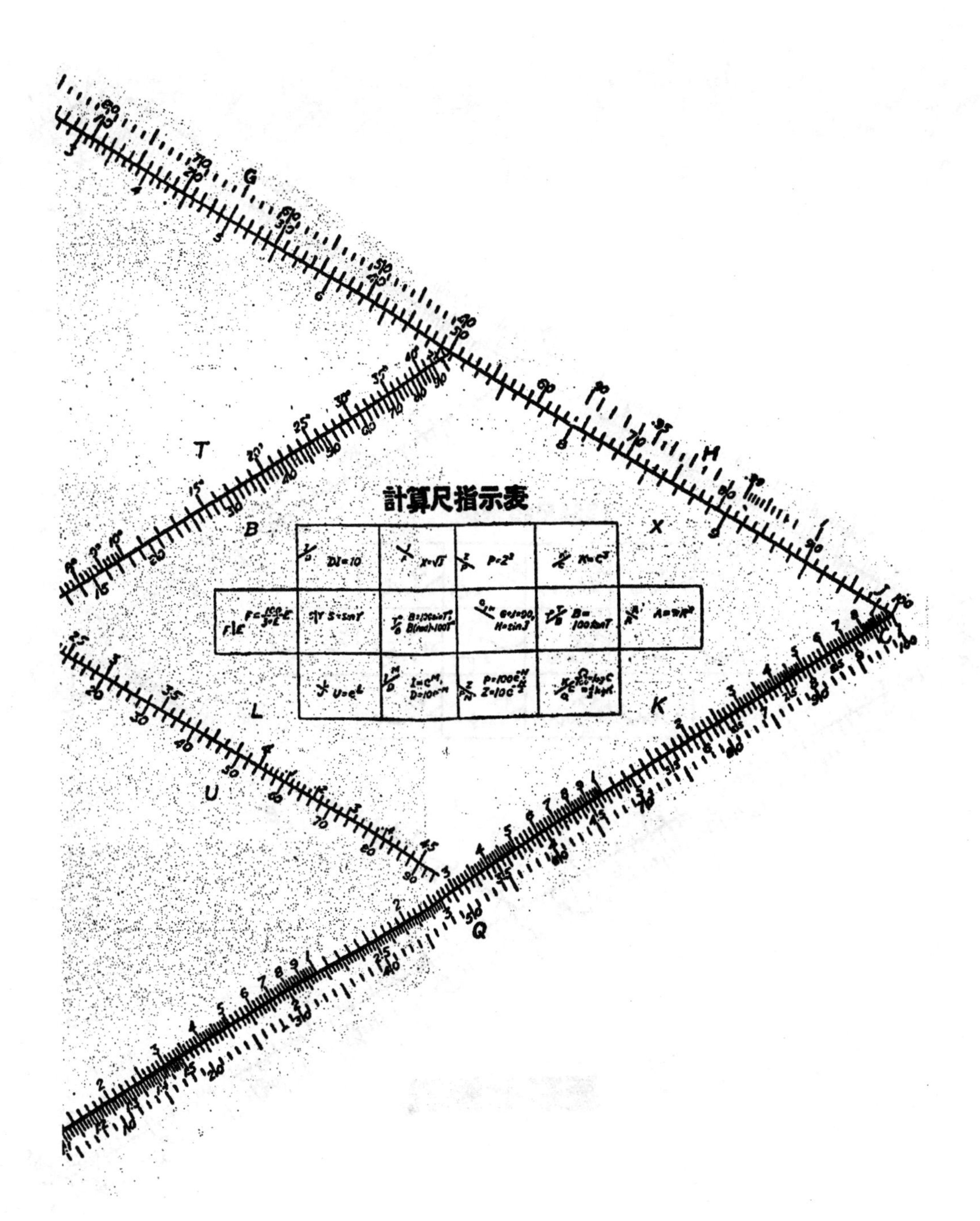

11807

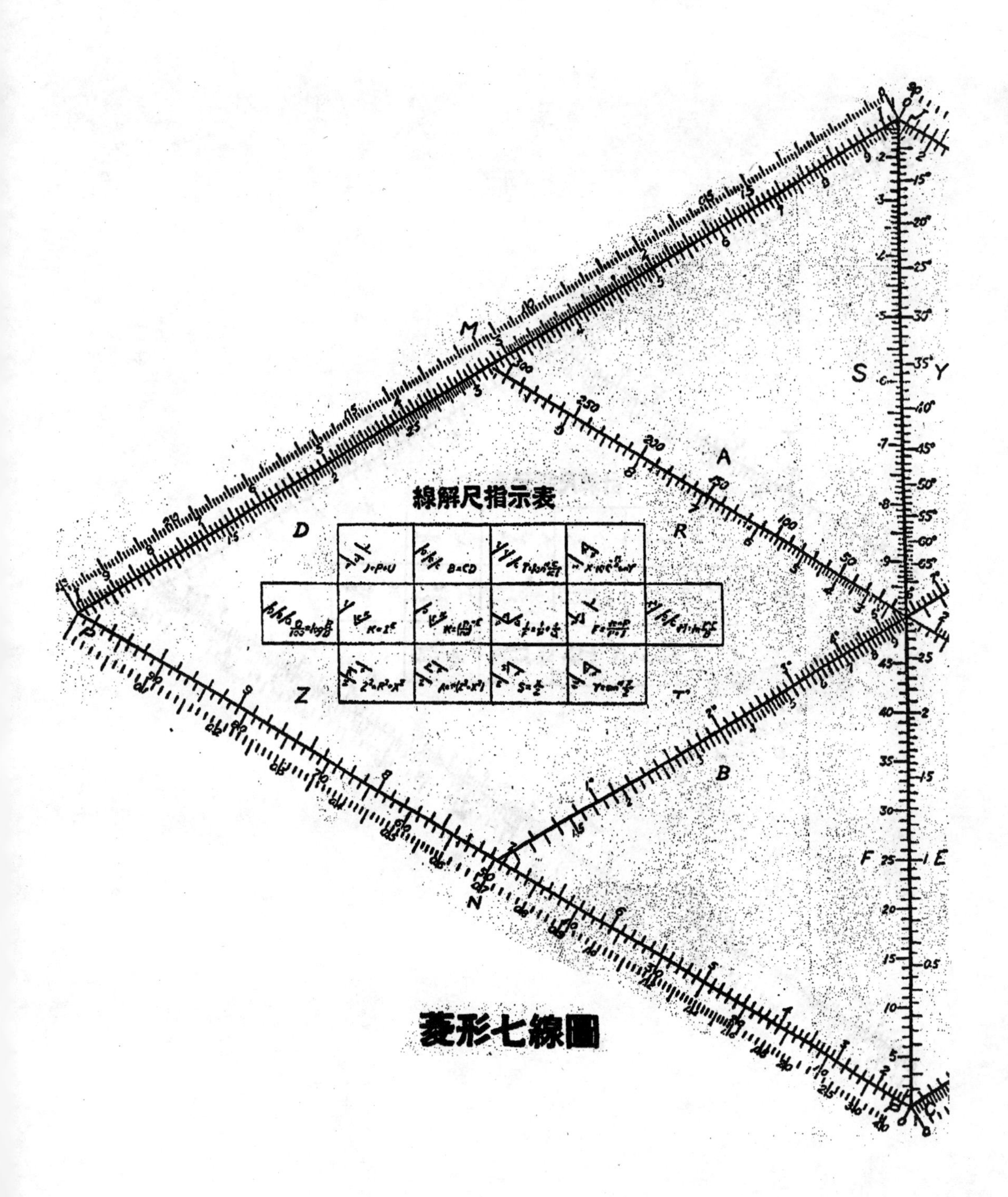

菱形七線圖

算 圖 表

線 圖

作爲線解尺,可以解决十四組包含二個未知數的函數,應用的步驟如下:

1. 自左面的指示圖中,選出包含所需變數的函數組,注意其表尺的位置,以便確認適當表尺,不致錯誤。

2. 以一直線(直尺或透明三角板均可)聯結兩根適當線上的已知數值。

3. 此線與第三表尺(即未知數)之交點,即爲答數。

此十四組函數的關係,說明如下:

1. 加減, $J=P+U$;
2. 乘除, $B=CD$;
3. 直角三角形的一個銳角(T),與直角邊(C及I), $\tan T=C/10I$;
4. 阻尼正弦函數 Damped sinusoidal function, $X=10\varepsilon^{-N/2}\sin Y°$。
5. 分貝 Decibel $Q/10=10\log(B/D)$;
6. 指數方程式 Exponent function(正指數至+3), $K=I^E$;
7. 指數方程式(負指數至−3), $K=(D/10)^{-E}$;
8. 並聯電阻,串聯電容,或透鏡公式, $1/F=1/P+1/Q$;
9. 效率或負效率(F)與出量(P)及損失(J), $F=100P/(P+J)$;
10. 奈拔及功率水準 Naper & power levels, $M=\ln\left(\frac{10C}{B}\right)$;
11. 阻抗 Impedence 公式, $Z^2=X^2+R^2$;
12. 中孔管之面積公式, $A=\pi(Z^2-X^2)$;
13. 功率因數或無功因數 reactive factor, $S=X/Z$;
14. 功率因數角或無功因數角 reactive-factor angle $Y=\sin^{-1}\frac{X}{Z}=\cos^{-1}\frac{R}{Z}$。

[例] 已知 $R=3$, $X=4$,欲求阻抗Z,無功因數 $S=X/Z$,及無功因數角 $Y=\sin^{-1}S$。注意,此題之解決祗需以一線聯結即可全部獲答!自左指示圖之底行尋得表尺之位置,聯結 $R=3$ 至 $X=4$,即自Z表尺求得相交點爲 $Z=5$,同樣線又相交上面的垂直表尺 S,即得 $S=0.8$,其相當角度爲 $Y=53.1°$。

綜 合 計

菱 形 七

這是一張綜合計算尺和線解尺的應用圖表，最適合於電機工程的應用，包含七根線尺，組成一個菱形，故名菱形七線圖，作爲計算尺，可以有十個函數直接自尺度讀得，簡明的關係，可看右端指示圖，如作爲線解尺，則有十四個雙變數的函數關係，只消用一根直線尺聯結，即得第三個變數的答案，用法簡便，尤爲電機工程計算時之良友，且其中所含許多公式在一般工程上亦可廣泛使用，可稱萬能之線解圖表。本圖採自薩本棟氏的 Fundamentals of A.C. Machines(1946年英文版)一書中，詳細說明如下

作爲計算尺的應用法

每一根線的二面劃着不同函數，要求得相當的等數，只要比較同一線上相對刻度即可，這七根線上包含了十個函數，即：

1. 倒數，DI＝10；
2. 平方與平方根，$X=\sqrt{J}$ 或 $P=Z^2$；
3. 立方與立方根，$K=C^3$；
4. 圓半徑與圓面積，$A=\pi R^2$；
5. 角的正弦，共有三線，其數值範圍爲：
   a. 小與10°者，　　$B=100\sin T^\circ$，
   b. 自10°至65°者，　　$S=\sin Y^\circ$，
   c. 自65°至90°者，　　$H=\sin J^\circ$；
6. 角的正切(自0°至45°)，　$B=100\tan T^\circ$；
7. 餘角關係，　　$G+J=90^\circ$；
8. 弧度與角度，　　B(弧度)＝100 T°；
9. 數之自然對數，共有三線，即
   a. 自L＝2.3至4.5，　　$U=\varepsilon^L$，
   b. 自M＝0至＋2.3，　　$I=\varepsilon^M$，$D=10\varepsilon^{-M}$，
   c. 自N＝4至0，　　$P=100\varepsilon^{-N}$，或 $Z=10\varepsilon^{-N/2}$；
10. 數之常用對數，　　$Q=100\log C$.

作爲線解尺的應用方法

11810

上海

元泰五金號

自運

歐美各國
路鑛材料
機械零件
紡織用品
建築工具
工業原料
大小五金
一應俱全
如蒙賜顧
無任歡迎

百老匯路一七七號　電話四七三八七

電報掛號有無線四一〇二

信記五金號

SHING KEE & CO.

上海天津路二九四至六號

電話四五三五二號

統辦環球大小五金材料

經售各廠一切應用貨物

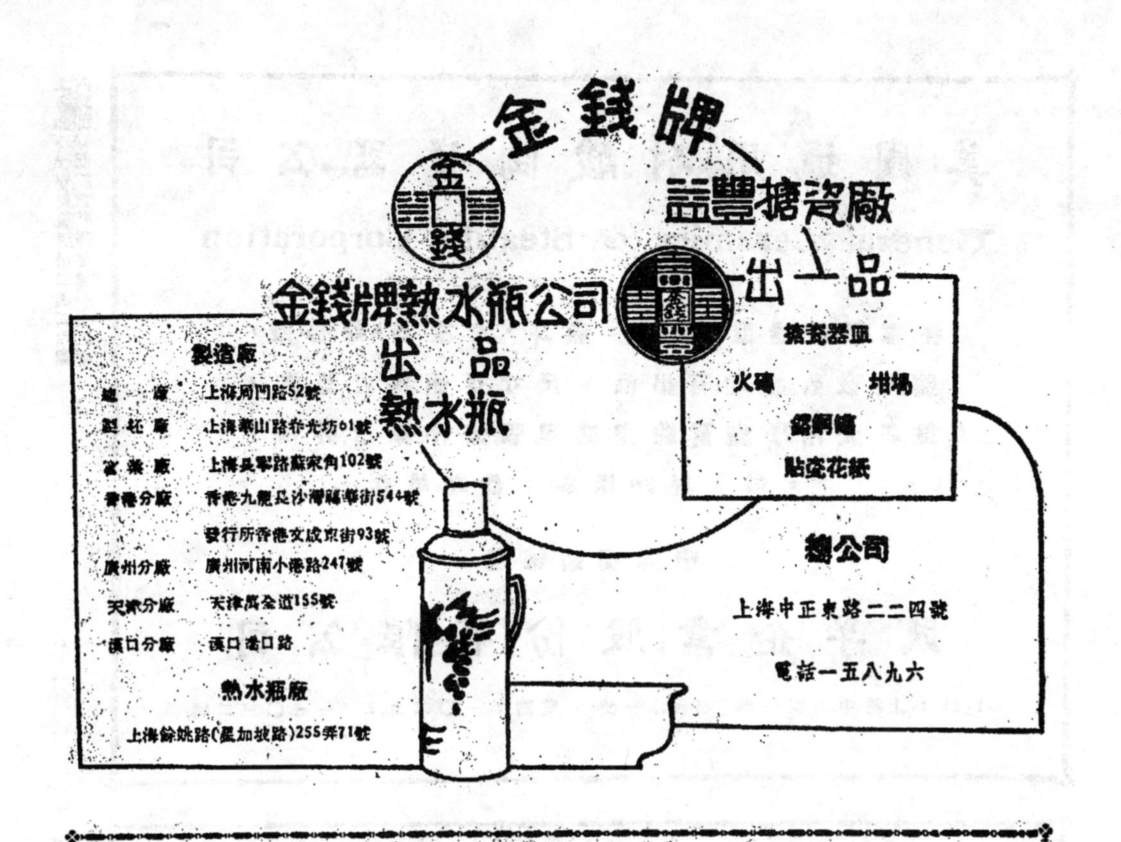

同興窰業廠

出　　品

高温火磚・耐酸火磚・耐酸陶器・坩堝

鎔銅坩堝・火泥・搪瓷爐灶材料

代打各色爐灶

廠址：閘北中山北路303號

電話：(02)60083

上海郵政管理局執照第二四二六號
內政部登記證京警滬字第一七四號

本期定價一千五

第二卷 第六期　　三十六年四月號

中國技術協會出版

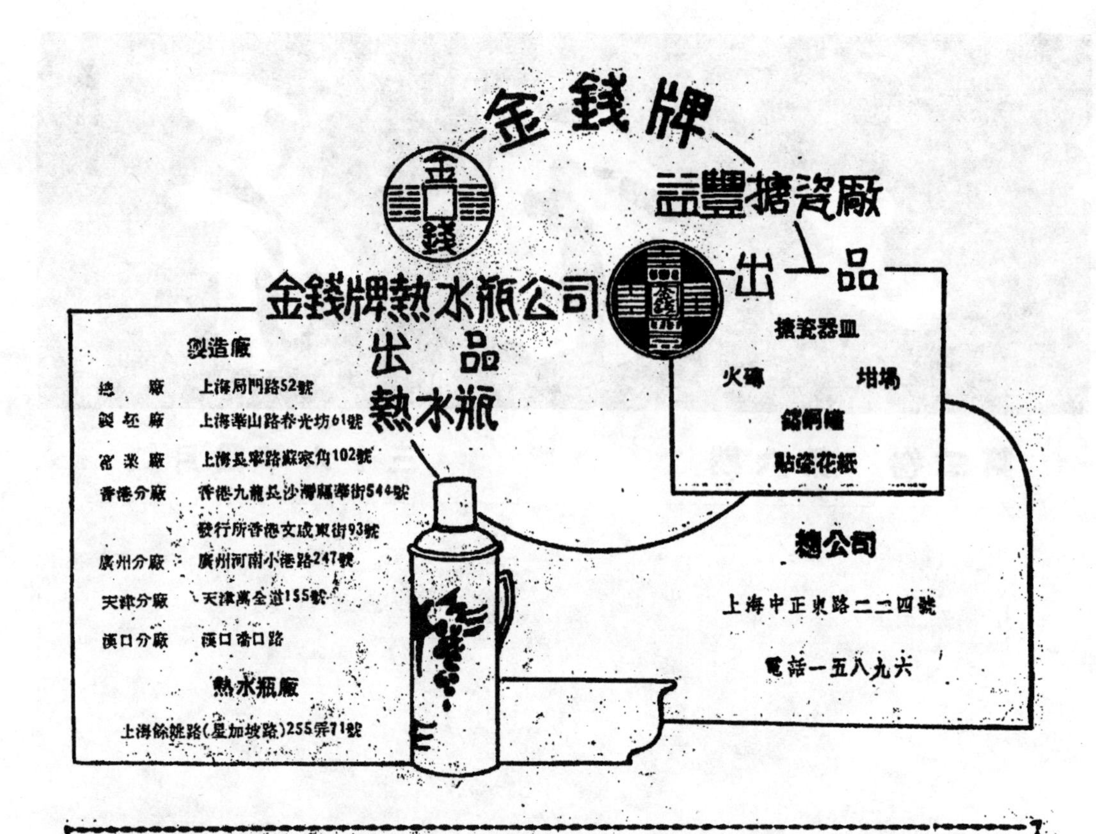

恒 通 紗 廠

專 紡 各 支 精 良 棉 紗

金元寶鋼鑽牌

廠 址　南市機廠街六九號　電話(〇二)七〇四四五

事務所　寧 波 路 七 〇 號　電 話　一 五 九 九 二

註冊商標
TRADE MARK

雙馬　　富貴
"DOUBLE HORSE"　"FUKWEI"

國内規模最大設備最全
申新紡織第九廠
Largest Establishment with best Equipment in the Country
SUNG SING COTTON MILL NO.9

140 MACAO RD. TEL. 39890
SHANGHAI • CHINA
上海澳門路一四〇號 電話：三九八九〇

上海

元泰五金號

自運

歐美各國
路鑛材料
機械零件
紡織用品
建築工具
工業原料
大小五金
一應俱全
如蒙賜顧
無任歡迎

百老匯路一七七號　電話四七三八七

電報掛號有無線四一〇二

信記五金號

SHING KEE & CO.

上海天潼路二九四至六號

電話四五三五二號

統辦環球大小五金材料

經售各廠一切應用貨物

通俗化的工程月刊

工程界

第二卷 第六期 中華民國三十六年四月十五日出版

主編者
仇啓琴 楊臣勳 欽湘舟
發行者
工程界雜誌社
代表人 鮑熙年
上海中正中路597弄3號
出版者
中國技術協會
代表人 宋名適
上海中正中路597弄3號
印刷者
中國科學公司
上海中正中路649號
總經售
中國科學公司
上海中正中路649號

POPULAR ENGINEERING
Vol. II, No. 6, April 1947
Published monthly by
THE TECHNICAL ASSOCIATION OF CHINA

本期定價一千五百元
直接定戶半年六册平寄連郵九千元
全年十二册平寄連郵一萬八千元

目錄

茅以昇籌建武漢鐵橋

漢市建設廳長譚嶽泉，頃談建設近況：(甲)省營企業略有發展，咸陽紡織廠已贏餘三十餘億，漢陽煉油廠亦獲利十餘億。(乙)開發神農架森林已組林業公司，開始在西襄河做壩。(丙)武漢鐵橋設計工作完成，定下月初邀茅以昇等來漢，妥籌財源及施工步驟。(丁)全省公路已修復二千五百餘公里，惟車輛甚缺乏。

30億修建三峽水庫

三峽水庫建修之準備情形，最近第二批鑽探機械約二百噸，業已運抵宜昌，即轉運平善壩。如無其他阻礙，則鑽探工程可望於五月間開始。資委會已決定派地質專家鈕佛爾至宜主持。築壩工程開始時，需用電力甚多，為謀自給自足起見，三峽勘測處近已派員赴清江(在宜都．長陽間，距宜約八十公里)勘測，俾將來可以利用該地水力發電。但須視勘測結果後，始能決定。資委會又派地質顧問瓊斯來宜勘測壩基地質。已於日前由京飛渝，刻在四川之長壽視察龍溪河水力發電工程，不日即可抵宜。另由中央地質調查所派來協助瓊斯之工作人員，已自漢乘輪抵宜。其中有二人曾於去年十月隨侯德封來宜勘測。據三峽勘測處主任張昌齡稱本年度預算共為一百六十餘億，但經核減後僅有五分之一，對於工作進度及範圍，均不免大受影響，且因之而趨迂緩。刻正由資委會力請政院追加，一俟核下，全部工作仍可迅速進行。目前行將開始之地底鑽探工程，原由美國馬立森公司訂約承包，現以經費無着，該公司迄未派員來宜辦理。將來可能自行鑽探，惟規模及完工時間，必將因而大事變更。

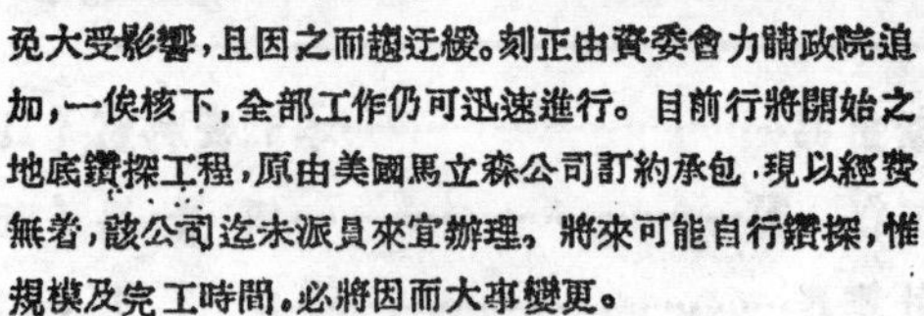

日本賠償機器我將在滬設立三大工廠

日本賠償我國之機器四萬噸，現經濟部將該項機器分成普通機械，交通器材，農業機械三類，擬在滬設立三大規模之工廠，集資一千一百億元，以振興我國工業，現已分函各實業家，邀請彼等投資。

鞍山鋼鐵供應民營工業

本市機器工業，翻砂工業，電工器材工業三公會為解決生鐵供應問題，前派代表顏耀秋氏等赴京，向資源委員會商辦法。由京返滬後稱：此次經與資源委員會副主任孫越琦氏，接洽結果，獲得圓滿解決：(一)仍由華北鋼鐵公司供應所需生鐵。(二)價格維持三月初之原價(三)供應數量：1.二十噸以下全部供給，2.二十噸以上五十噸以下九折供應，3.五十噸以上一百噸以下八折供應，4.一百噸以上七折供，5.五百噸以上六折供應。(四)在上海倉庫交貨。茲悉：各該業決於下星期一向鞍山鋼鐵公司上海辦事處辦理訂購手續云。

京滬飛快車年內恢復

京滬區鐵路管理局，為推進業務，疏通各運起見，現正計畫恢復京滬四小時半飛快車。惟以兩路行車設備，於敵偽盤踞時，八年失修；飛快車之實行，須與各項行車工程相配合；故現已擬定三項步驟，及四項中心工作，分期實行。預期於本年底前，恢復飛快車之行駛，其所訂三項步驟為：(一)首期工程，擬從工務着手改善兩路各項行車設備；(二)第二期計畫，改良機車運用；(三)三期計畫，改善車務設備。四個中心為：(一)軌道之安全，(二)橋樑之鞏固，(三)機車之調配，(四)運務之改進，恢復後之飛快車，擬以P七型車頭拖拉，每列搭掛車輛七節至八節，沿線僅停靠蘇州，無錫，常州，鎮江四站云。

蘇北運堤完工五成

搶修蘇北運河堤壩，第一期工程係由二月初興工，由導淮委員會會同江蘇省政府，責成江北運河工程局主持辦理，全工計分五工段，即邵伯段(由江都久閘至高郵南關閘)，高郵段(由高郵南關至寶應汜水)，寶應段(由汜水至黃浦西堤)，淮陰段(由黃浦西堤至淮陰，泗陽交界處)，宿遷段(由淮泗交界至蘇魯兩省交界處)。原定計畫至六月底大汛前，各段搶修部份一律完工，截至目前止，業已做成土方百分之五十。關於工費，原經勘估需三十四億二百六十八萬元工款，一萬四千八百八十六噸工粉，惟經中央核減為工款二十一億二千六百一十三萬元，工粉七千六百八十六噸。刻因工程緊迫，工款，工糧需要均切，蘇省主席王懋功特再電呈政院，將工款，工粉請迅予撥發，俾使此關係蘇省北部人民生命財產之工程，可以如限竣事。

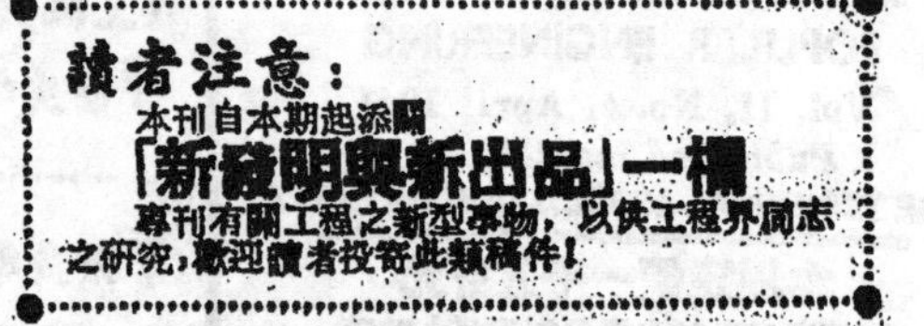
讀者注意：
本刊自本期起添闢
「新發明與新出品」一欄
專刊有關工程之新型事物，以供工程界同志之研究，歡迎讀者投寄此類稿件！

黃—河—往—哪—裏—流？

花園口堵復工程

杜　圭　林

『黃河奔流向東方，河流萬里長。水又急，浪又高，奔騰叫嘯如虎狼。開河渠築堤防……自從鬼子來，百姓遭了殃……黃水奔日夜忙，妻離子散天各一方……。』

淹倭寇黃河決口

黃河象徵了我們這多難民族。廿七年六月，中原軍事失利，敵人攻勢直向西指，形勢緊張萬分。於是當局就在花園口決開了黃河大堤，放水淹阻敵人攻勢。黃水以建瓴之勢，向東南奪溜，吞沒了中牟，尉氏，扶溝，西華等數十城鎮，在周家口西南入沙河，經潁河，在界首突入皖北，至懷遠奪淮河，橫串洪澤湖入江蘇，在淮陰切斷運河而入黃海。這一次的變動，雖然一時相當阻隔了敵人的攻勢，但給予人民生命財產的損害，為歷來黃災之冠。計汎濫了豫皖蘇三省二萬五千餘平方公里，其中耕田約佔六百四十餘萬畝，直接受害者達六百餘萬人。中原水系全部紊亂，華北地形為之變遷，沖斷了隴海鐵路，直接損害了淮河，使洪澤湖汎濫，並累及運河上下游，為害之大，為亙古所未有。九年來，在這災區四週，一直戰火未停，故道已完全淤高，全河奪溜。

勝利復員堵口復堤

日寇投降以來，作為建設的開始，黃河的復員工程當然作為首要提出。民國卅二年，黃河水利委員會奉全國水利委員會令，擬具黃河堵口計劃，作為戰後水利計劃首要項目。當時由黃委會簡任技正潘鎰芬氏擬具實施計劃，並在卅四年勝利後，赴渝作堵口工程的模型試驗，確定了施工的具體計劃。卅五年，復員黃河的工程機構先成立了堵口工程處，由黃委會趙委員長守鈺兼處長，潘氏副之。當時潘氏即赴鄭州，開始主持測量及設計工作。三日中旬，堵口工程處擴大改組為黃河堵口復堤工程局。因為當前的黃河工程，不能僅僅在堵塞花園口的缺口使她回復故道就算了事。九年來，故道區一直是戰事中心，舊堤防已破壞無餘，而在故道有三分之二在中共區內，大部河床已為居民移居墾殖，建立了不少村莊。所以黃河的復員工作，除了堵口外，還有下游堤防的恢復，整理險工，裁灣取直，更重要的還有是故道內居民的遷移工作。當時先後數次由政府，中共，黃委會及聯總行總在開封，南京，上海等地商得協議，配合上游堵口及下游復堤遷移工作，並支配經費等項。一切工程器材由聯總供給。預算經濟總額達九百餘億，核准亦達六百餘億。在鄭州的全體職員已達一千餘人。

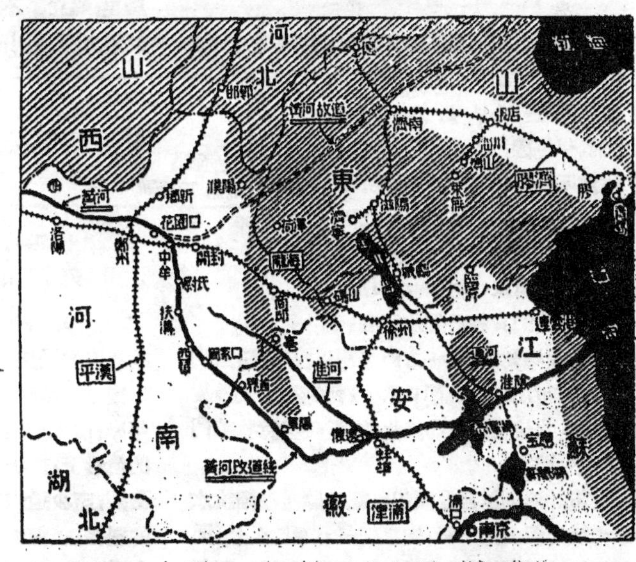

圖一　廿七年決口後黃河形勢全圖

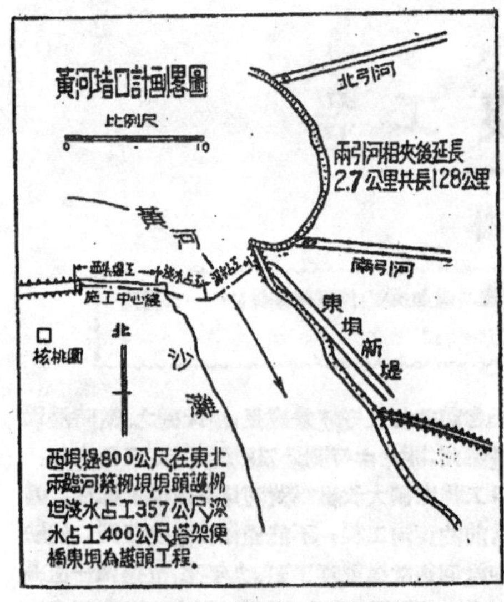

圖二　黃河堵口計劃略圖

堵復局成立之後，花園口的堵口工程即開始進行。實測結果，決口處門口淨寬 1,478公尺，水面寬度 1,030公尺。大溜順西壩外坡脚向東轉東南。最大水深九公呎，流速每秒 1.2公尺，流量746秒立方公尺，水位爲 89.06（大沽水準），最高洪水位 1.70。因爲大溜在大門口向東轉東南，發生離心作用，西壩頭附近漸淤成嫩灘，東壩首當其衝，壩頭下刷深很大，水深達十公尺。

平堵法代替橫堵法

堵口計劃原則，是採取平堵法。舊時堵口，多採取橫堵法：用稭料或柳梢由門口二壩相對進占，收窄門口，而最後合龍。但每因門口愈收窄，流速愈大，河床刷深也愈大，往往使門口上下水位相差甚大，有開刷深至二，三十公尺，而發生大險工，致功虧一簣。所以，這次的堵口原則，則爲維持門口相當過水寬度，而在二壩間均勻拋石，一方面可用以護底，防止淘刷，一方面可用以抬高門口水位，待拋石頂高過故道河底時，水流自順下而歸故道。這時再行收縮門口，閉氣合龍。

實施計劃則以西壩頭起，臨河築『稭歸挑水壩』，然後於灘上築土堤，向東延長八百餘公尺，同時用柳梢拋石護岸。這一部工程相當完成後，再行淺水占工，至留中距四百公尺，然後開始深水占工：打樁120排，每排樁四根，相距約四公尺，樁距一公尺半。上架便橋以手推車進行拋石。東壩因爲面臨大溜，壩頭前刷深很大，所以先進行拋石護頭，再作深水占工。同時在故道內順主流挖引河二道。南引河長4.7公里，北引河長5.4公里，河底寬20公尺，深度較故道河床低一公尺，坡度爲萬分之一。二引河相滙後沿長2.7公里，共長12.8公里。預定待全部復堤工程就緒後，平堵合龍，加修埽工邊埽，填土閉氣，同時開放引河，挽大溜回故道。預估材料三百五十餘萬公方土方，歸料二千四百萬市斤，石料八萬三千餘萬公方。成立評價委會，由各縣代購。人工除豫有難民及少數志願工外，由河南第一專員區各縣政府代僱民工，以工代賑。

黃河在頭頂上流

花園堵口工程自三月照原定計劃開工以來，進行還順利。可是下游復堤工程，却無法配合進行。九年來敵人利用故道堤岸作封鎖的溝牆，並經歷次戰事，堤防早已蕩然無存。而且，素稱爲China's Sorrow的黃河，向來是在人們頭頂上流的。河底高出地面平均一丈八尺至二丈五尺。開封附近的黃河河床就高出開封城牆數尺之多。這一條乾沽了的『懸河』像一條延綿的丘陵，遠望像萬里長城。還有一點，就是故道內已聚起了六，七十萬居民，建立了不少新村莊，墾殖了不少耕地。因此計劃之初，與中共協議除了復堤整潛外，還需遷去

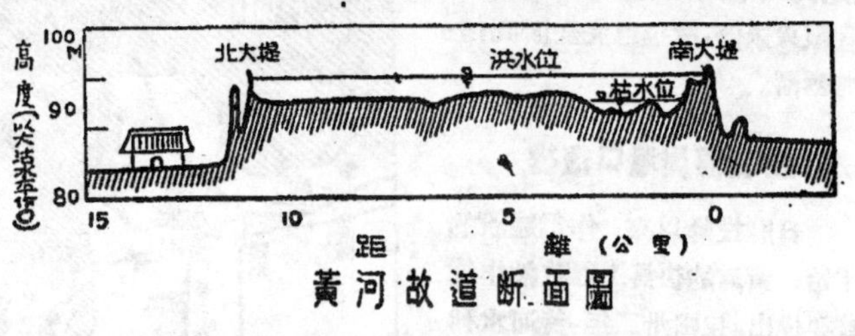

圖三　黃河故道斷面圖

故道內的居民。當時曾協議由行總聯總供給器材工程，居民並按名撥遷移費十萬元。然而，勝利一年來，沿故道四週，戰火依舊未熄。在這樣不安定的情形下，復堤工程進行困難，就要恢復二十七年舊觀，至少還差三分之二工程。而且，幾十萬居民的遷移，談何容易。在交通工具極端發達的上海，大家尚且視搬家爲畏途，何況在那樣困難的情形

下。而且，在那裏，這些田地村落都是他們自已親手從荒地裏墾發起來的，他們的一切都在這土地上。譬如最近上海法華浜區爲了整潽，要住在河道裏的人們遷移，也還引起了請願反對。要他們就這樣向沒有着落的他鄉移居，確非短期內能完成的。

圖四　西壩橋頭看東壩頭

而且上項協議中的經費器材工糧也未能付諸實行移交。因此，四月間，雙方再度會商未決。堵口工程方面也因爲聯總器材不及運齊，乃暫停二十餘日。至五月間，堵口工程處改組爲工程總段，工程繼續進行，西壩護壩七道，及淺水占工次第完成。當時門口已剩五百公尺。至六月廿一日，一百廿四孔之便橋已加工架竣。

堵口與復堤脫節

堵口工程已到了開始拋石的時期，而下游堤工修復仍無眉目。中共方面當即提出交涉，不允即行拋石。交涉結果，同意拋石二公尺護底。在復堤工程方面，中共區內經費材料均缺乏，且戰火更形蔓延，無從着手。堵復局方面，也只專注於花園口的堵工，對於開封濟南區的復堵，也未進行。復堤工程始終和堵口脫節，和原定計劃相去益遠。終於，六月底，黃河水位突高，流量達四千餘秒立方公尺，七月底，增至16,000秒立方公尺，挾沙量達80%，冲刷淤積使大溜變遷無定，東壩土堤在正面冲刷下，一星期內毀了一公里。而且便橋打樁原定十八公尺，但施工十三公尺即止，並鋸去多餘部份。所以，在這樣的流量下，木樁被冲毀44排，長180公尺，河流底淘刷深至十三公尺，一時危險萬分，急用柳梢稭護樁架，並拋石護底，日夜搶救幸能無恙，

這次堵口工程的設計和施工，打樁部份無疑是最主要的。原設計十八公尺，在黃河這樣河床變遷很大和水流湍息的情形下，是否安全，本尚需多次實測詳細研究。爲什麽施工時竟減少它的深度。說是打了十三公尺已打不下了，這是什麽緣故。是到達了石層嗎？這點在和原設計時的地層情形竟相差五公尺之多，直爲不可思議。而且在黃河這樣一個地帶，十三公尺下即有石層，是否可能，頗屬疑問。即使事實上打樁遇到了困難，負責當局爲什麽不作實測，並研究十三公尺樁照原設計條件是否能安全。而且打樁機械都是由聯總供給的新穎設備，施工方面不致也不應有困難。可能是爲了要加速趕成堵口的緣故，而草草了事。最後的五公尺樁可能需要很多時間來完成，因此就這樣貿然鋸

圖五　便橋全景

去了。這一事件無疑是這次堵口工程中最失敗的。總之，即使是遇到了石層，則原勘測何以有五公尺以上的錯誤？負責人不能卸去責任。既是遇到石層之後，爲什麽不重行改正設計，或加大木樁斷面，或用其它方法，而隨便鋸去？否則，可能是偷工減料，那末應該嚴厲澈查。再不然，便是爲了要趕限期，完全堵口，那末負責人員不能不負這次失敗的全盤責任。

圖六　打樁機

八月十日，趙守鈺辭去棠局長職，由朱光彩繼任，人事一度更動。至九月底汛期過後，開始修補工程，打樁百排，離東壩頭八十餘公尺。但流量尚未減至最低，大溜直冲東壩，最深處達十八公尺。數排樁受水冲擊向下游移動，橋前端呈歪曲。這時門口水位88.97左右，水深十二公

尺，門口坡度三千分之一。計劃用細箱進占至最後二百公尺，用拋石柳細築成透水壩，出水面六公尺後，再施平堵。但因爲深水占工已使門口狹窄，拋石護樁後使水流紊亂湍急，河底刷深達十八公尺，新舊河床相差達六公尺，大量拋石（約需八萬公方）已不可能，至此木樁亦無法可打。但完全變更計劃亦屬不可能，祇能做原有條件下設法補救。或在上游築透水壩，使大溜直向門口，減少東壩頭刷深程度，或在下游約三百五十公尺處用柳枝築攔河柳壩緩流工程，使河床淤澱。但當時工作人員都毫無把握，雖然堵復局已接到了幾次限期完工的命令。

圖七　便橋上手推車拋石

十月中，堵復局又發生人事糾紛，工程師們反對副局長齊壽安，王尙德等。齊氏及總段長成連璧等都告去職。屢次的人事更動中，工作就無形擱置。新任到後，往往一時不能熟悉實際情形及前任各種措施，這對於工場上的中下級技術人員的工作進行和效率，影響至大。爲什麼在這樣一個技術機構裏屢屢發生人事問題呢？如果不是因爲弊端，總不外乎是派和系的問題了。

圖八　南引河

大大減低工作效率的還有一點就是以工代賑的辦法。堵復工人都是民工，由縣區代僱的。每方給價750元，另加發麵粉二斤，扣麵粉價240元。但因爲沒有能具體了解工人情況，無從鼓勵工人的工作熱忱，即使監工和工頭嚴一點的，亦祇在工作上顯出一點忙碌，實際效率是無法可說的。而且主管人員覺得既是以工代賑，倒不如乾脆多用人工來得上算，因此聯總運來的機械如平路機（Grader），堆土機，起重機，壓路機，羊脚路滾等都沒有好好配合運用。現在又改爲包商承包，可是如有吃虧的話，那還是在公家。

十月下旬，水利委員會副主委沈百先親臨花園口監工，限期完成堵口。於是決定，將西壩新堤向南延長，並在門口下三百公尺河寬水淺處另作新便橋。新棧開工不久，時約十月中，水位減退，舊棧水深僅八公尺，於是再改重修舊橋。這時限期完工的命令又到。聯總物資機件亦趕運鄭州轉往工地，十一月份內就有一千餘噸。十二月中旬，便橋已竣，引河也告成。當時門口僅一百八十公尺，流量減至1,200秒立方公尺。一月初，堵復局又奉令即日完成堵口，同時鐵路局也奉到『不得妨礙堵口運石』的嚴令。當時每天有六至八列車運石至工地，平均1,500方。一月九日，鄭州電訊，謂便橋上游水位抬高二公尺，一百廿四孔的便橋過水者僅十孔。並一方面在十二月廿七日已將引河開放，沿故道水流甚急約十五日便可過濟南。

第一次失敗了

但據最近的報導，原計劃平堵合龍已經失敗。目前正在進行的工程是用我國最老的法子：『圈堵合龍』。現在一方面將橋樁部份拋石填楷樁柳枝，再將填土壓實作爲正壩。中央門口僅留二十五公尺，水位89左右，深時達15.6公尺。左右二邊用繩索懸梢料，將土層壓進爲邊壩。目前二邊都有二十公尺寬與正壩相距不遠。同時在正壩上游已開

圖九　黃河與引河接合處

始打樁再架便橋，作平堵圈埽計劃，並拋石抬高水位，使成『養水盆』緩流工程。現在中央門口二十五公尺缺口上已舖鐵絲網，作繩橋聯絡交通。去年終時平堵拋石，抬高水位已相差達1.7公尺，水流相當洶湧。但原引河開挖很糟，所以未能將大溜全部引入故道。目前除趕築圈埽外，正在南北二引河間加挖三條新引河，闊50公尺。並因爲大溜迫向西埽，故在西埽處築挑水埽數道。

堵口工程已近合龍尾聲。可是另一方面自七月來，在國口以下全河復堤工程可說絲毫未曾進行。因此，這次堵復局向故道放水，引起了中共的嚴重抗議。堵復局所持的理由爲目前是唯一適當施工時期，過此則淩汛春汛將至，堵口施工將有困難。本來，淩汛前合龍是預定的計劃，但當時是估計在這時期內將下游堤工修復，並遷移故道內的居民的。而現在就這樣把水向這破爛的故道放下水去，其禍患正不可設想，將鑄成和廿七年決口同樣的大錯。

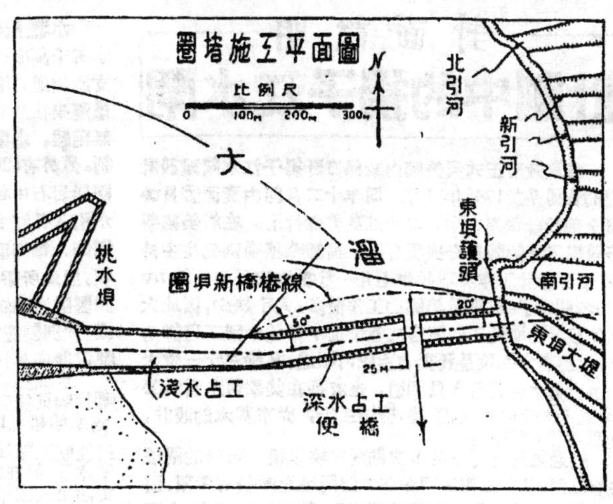

圖十 圈堵施工平面圖

黃河往那裏去？

總之，就工程觀點上說，廿七年的決口其後果是弊多於利；當時的情形就證實了機械化裝備的敵人並不因洪水而阻滯了他的進攻，相反像皖蘇一帶的人民却受了無可補償的損失。黃河本來是數千年來一向爲患的水道，平時住在她週圍的人一直惴惴於她的汎濫，水利專家們也一直費盡心計於她的整治。因此，黃河的整治是一個太大的問題。在我們這樣經九年來戰爭後千瘡百孔的中國，對於黃河的着手治理，實在應該愼重考慮後再行決定。一切尚在動亂中的時候，整治黃河是否爲首要的急務？果然，新汎區的情形亟待整理，難民需要復員。但九年來新汎區河道的堤防情形至少一時不致有更大的汎濫發生，而反顧故道情形，一切都得全部修起，這對於我們這千瘡百孔的國家經濟，是否合宜？而且還有一點，黃河的整理，應該根本着手，對於她的上游，下游，各方面應配合起來詳加計劃。現在她流的那條河道固然不好，然而恢復她的故道是否就好呢？這些問題應該有一個統盤的全面的籌劃。

治河工程本來有一句話，『急則治標』。而『治標』往往是很不經濟的。譬如這次的堵口施工，採取了新近在外國實用的『平堵法』。這種嘗試固然也可以做，但不能忽略實際的條件。在外國的情形，工作效率很大，各部工作配合純熟，有組織，有訓練，才能有效的施行這平堤法，而在短期內收到效果。但在中國的情形，這些條件是否具備？加了整個局勢在動盪不定，如何能得到同樣的效果？而且還發生了像橋樁問題的失敗，人事問題的糾紛。同時在復堤方面，預先也沒有對實際情形考慮得完善。運輸條件是否具備？居民的遷移是否有困難？而且主要的是故道正處在戰區，在這樣戰火下工作人員是否能安心工作？

一切建設工作都需要安定的環境，尤其是像黃河這樣艱巨的工程。如果現在是一個安定的正常的局面，那末上述的一切問題都不成問題了。

黃河象徵了我們這多難的民族，在整個民族的災難沒有解除前，她的安定也是不可能的了。

圖十一 新引河在開挖中

封面說明

計劃中的揚子江水閘

我國政府正式與美國內政部簽訂揚子江水閘建設計劃的合同是於1945年11月。同年十二月卽由資源委員會將全部設計費用之半，二十五萬美金付淸。在前美國墾務局總工程師薩凡奇與現任總工程師華格楊兩先生主持下，全部設計工作於1946年七月一日在美國丹佛（Denver)城開始了。但戰後美國的工作很多，人手缺少，因此大部分設計的準備工作便落在數十位年青的中國工程師身上，這裏有十九位是資委會由國內派遣，其餘三十一位大半由留美水利實習人員調遣，也有是在美學習水利的學生。五十人分成土木，電機，機械三組，從事基本的設計，計算，製圖等工作。

經過薩凡奇博士的多次勘察三峽以後，可能的閘址共有五個。其中以第三與第四二個閘址比較最有希望，這兩個閘址都在宜昌上游南津關附近，第三址江面窄，水深淺，築閘費用較廉，但不能防禦萬年一度的大水災。

在宜昌江面築閘是一個最合乎理想的地方，因爲此地江面最窄，通常祇有10至12英呎的寬度，水閘築成以後不但可以發電，並且可以灌溉億頃的田地。根據薩凡奇博士的計劃，宜昌水壩，壩高750呎，須水泥一千五百萬立方碼，爲一重心式大壩，可以發電1,056萬仟瓦，灌溉一千萬英畝的土地。這樣的大壩可以說舉世無雙，它的高度比科羅拉多河的波兒特水壩高出二十四呎，水泥的需要量則爲哥倫比亞河的大古里水壩的一倍半，發電容量是墾務局全部設備的四倍，或則爲大古里，波兒特與夏斯得（Shasta)三壩最大發電量總和的三倍。

水壩上游爲一長 250 英里之蓄水池直達重慶可以容水五千萬噉一呎。下游有一條長$\frac{1}{4}$英里的隧道與長江的支流相通，壩的東西兩面水位差爲530呎。有八架起重機吊運來往的船隻，將來萬噸以上的輪船便可直抵重慶，毫無困難。水壩的洩水由九扇135 呎×56呎的鼓形大門控制。另外有52根 102 吋的洩水管，防止蓄水池溢出。水壩兩岸岩石中各開鑿分水隧道十條，以便其壩閘建築時將水引入長江支流。波兒特壩出建築時，曾開鑿分水隧道四條，每條直徑56呎。揚子江水壩最高水位達一百五十呎，因此所需分水隧道也多，直徑也大。在蓄水湖內也要開鑿隧道四條，與先前的隧道相通。九十六只汽輪發電了機，分別裝置在分水隧道內，每只容量爲十一萬仟瓦，除配電設備外，一切裝置都可以埋藏地下，以防戰時空襲。

水壩築成對於長江航運是一個重大的革新。過去萬噸巨輪只能到達南京，要從此逆流而上，只有三百噸的淺水輪船可以在漲水的時候直航重慶，可是水淺的時候，祇能航至牯嶺，如果要繼續航行，那祇有依靠木船。有了水壩，船在宜昌上下，祇要吊過一道水閘，好比把一件東西吊入或吊出一口井一樣。壩的高度幾乎是美國尼加拉（Niagara)瀑布的兩倍有奇。船由下游而上，先經過那四分之一英里長的隧道，然後由起重機將之舉起五百三十呎而達西面的大蓄水湖，以後便可以浩浩蕩蕩的直航重慶。較小的船隻如舢板之類，按照薩凡奇博士可以集合在一起組織成爲一個船羣，放在一只可以吊行的船塢內一起橫過水閘。

1056萬仟瓦的電力更可以用來發展揚子江流域的工業，據道十萬萬美金建築費在二十年之內，就可以償清。至於由工業勃興而引起的繁榮尙不計算在內，這樣，揚子江水閘計劃對於我國的價値可想而知，去年九月號的通俗科學雜誌上曾經以 Dream Dam 來稱呼這一揚子江水閘，同年英國出版的十月號工程雜誌也說水閘建築祇少需要十年至廿五年，或則還要長久，眞的，何時我們底夢中水閘會出現在中國的大地上呢？（施汝）

計劃中的揚子江水閘船舶起重機

開展華北航業的關鍵！

塘沽新港之疏濬工程

姚貽枚

塘沽新港之沿革

海河爲華北五大河流之尾閭，天津市之動脈。上承永定河，子牙河，大清河，北運河，南運河之水，注入渤海。其中含沙量甚大者，有永定，子牙，南運諸河。海河本身之河床，因有水流冲刷尙可保持相當水深。天津港於低潮時爲3.3公尺，高潮時爲5.3公尺，總重二千噸之商船，尙可暢行無阻。河口附近低潮時達7.0公尺，塘沽碼頭頗可利用。惟大沽口外，水流開展，速率驟緩，河水攜帶之泥沙即行沉下，而形成大沽淺灘（Taku Bar)。自民國九年起，海河工程局即用『快利』號自航吸揚式挖泥船，於大沽淺灘濬挖航道。該船機件性能並不完美，其後另一艘自航吸揚式挖泥船『濬利』號加入該項工作，每年濬渫土量約爲二十萬立方公尺，其單價爲世界挖泥工程之最高者(註1)。航道深度極難保持，低潮時最大水深爲民國十三年之3.3公尺(註2)，最小水深爲民國元年之0.0公尺。三十五年終大沽淺灘航道僅能保持低潮位下1.6公尺，商船多停泊於大沽淺灘外海面，貨物均須過駁，使船舶吃水減少，等待高潮時始可通過(註3)，貨物運費因此大增，過駁尤屬危險，有礙天津市航業之發展，固不待言。

爲解決上述海河大沽淺灘之缺點起見，遂有修築塘沽新港之動機。塘沽新港位於大沽淺灘航道之北，仍未出大沽淺灘範圍以外，凡築港之良好條件，百不存一。築港之主要目的，端在解決大沽淺灘阻礙航行之弊，並可使海河未能容納之巨型船隻，得以停泊港內而使華北海運能力迅速增進。日人侵略我華北，不遺餘力，建築此港，歷時七載，完成部份爲原計劃第一期工程之半。抗戰勝利後由我國交通部接收，另組塘沽新港工程局，首先對航道及閘門竭力趕修，以利航行。海河工程局復借予快利號濬利號兩挖泥船，使加速完成新港航道，以期總重二千噸之船隻隨時均可經過新港航道，通過閘門，直放天津，旅客可免候潮久待之苦，貨物更無過駁之累，裨益華北航運，實非淺鮮。

塘沽新港外有南北二防波大堤，向東延長二萬公尺，直伸至天然海底深度在低潮位下八公尺處，蓋已越出大沽淺灘之外。南防波堤可防止海河泥沙侵入，北防波堤亦可防止海水迴流中之泥沙。新港與海河之連接處，設船閘一座，該船閘兩端水位相差最大時僅半公尺，其主要目的僅在防止海河泥沙之流入。

塘沽新港航道可分兩部：(一)主航道，自距船閘1400公尺起，經過第一第二兩碼頭，至港口共長

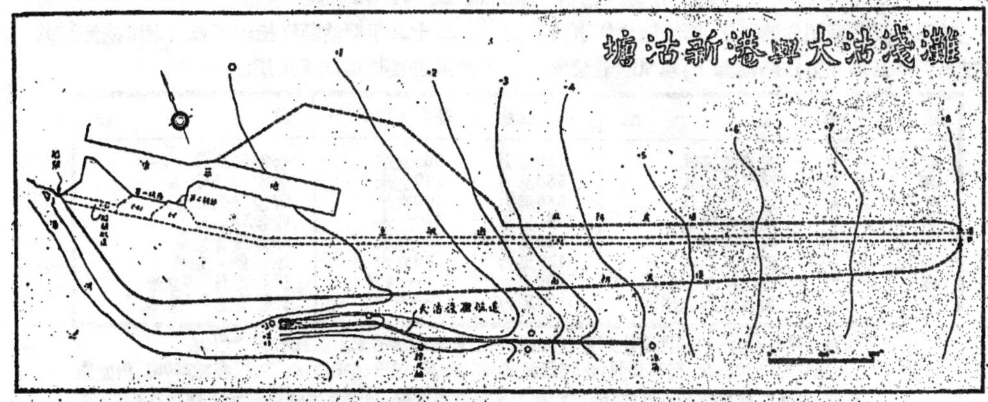

註 1　參照薛卓斌，黃炎『塘沽新港觀察報告』。
註 2　該年爲洪水，水深僅保持二月。
註 3　大沽淺灘航道三十五年終高潮時水深3.2公尺。

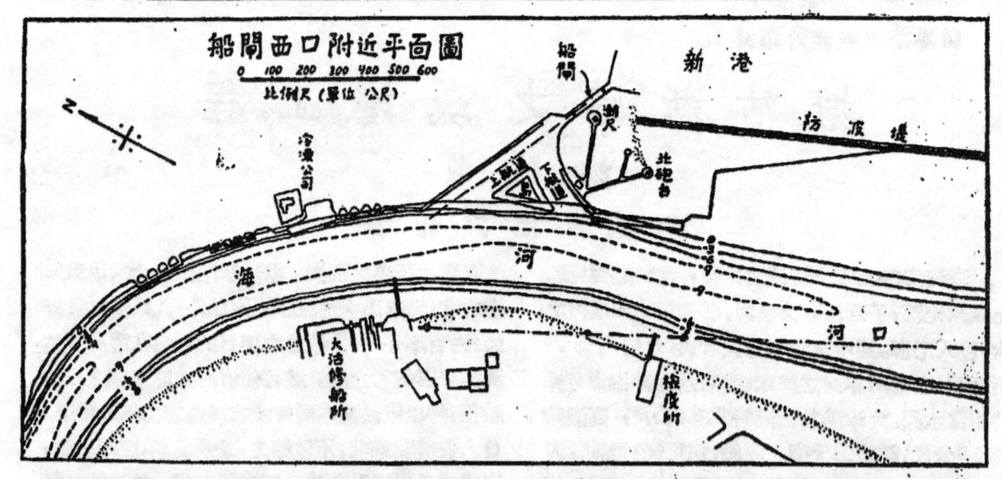

17000公尺。寬度爲200公尺，除第一碼頭前停泊地爲低潮位下六公尺外，餘均爲八公尺。(二)船閘航道，該航道分東口航道及西口航道兩部，東口航道長1400公尺，寬爲200公尺；西口航道經多次模型試驗(註4)決定如圖示。挖開上下水路，使海河河水循三角洲流動，保持相當流速，庶可減少河水中泥沙之沉淤，亦即減少維持航道之疏濬工費。於漲潮時船隻入港走上航道，出港走下航道，落潮時反是，蓋船舵於逆流中效能較靈，船隻易於操縱故也。船閘航道水深均爲低潮位下五公尺。

現在塘沽新港南防波堤僅完成百分之五十，北防波堤僅完成百分之二十，海河泥沙仍可流入港內，日人前已將主航道挖寬至180公尺，第一、二碼頭前停泊地，均挖深至低潮位下六公尺，然終因積淤，不易保持此深度。筆者於三十四年冬接收時，曾測深一次，大致尙能保持低潮位下五公尺左右。三十五年十月初挖泥工開工時，在主航道若干部份，僅爲低潮位下二公尺半，而第一二碼頭前停泊地，積淤情形尤屬顯著，若干部份竟與大沽淺灘相同。當初日本港灣技術專家力主防波堤完成後，再行疏濬，就工程立場言，確爲經濟合理，惟就商業及軍事眼光觀之，航道仍應濬挖。無論如何，水深之保持，遠較大沽淺灘航道爲易也。

船閘(註5)於三十五年十一月十五日完成，挖泥工程自十月初即開工，十二月十五日正式通航。因土方量大，時間太短，現寬度深度均未臻預定數值。航道除第一碼頭前之一段爲低潮位下三公尺外，其餘均能保持低潮位下四公尺以上，共計挖去土方爲七十七萬立方公尺。

挖泥船之性能及工作方法

挖泥工程於我國尙屬罕見。筆者勉力從事，願將挖泥工具及運用方法略述如下，以供諸君參考。

三十五年塘沽新港挖泥工程計策劃挖泥船共八艘其主要性能如下表所示：

船名	種類	動力數量	每小時挖泥量	附註
塘沽一號	重油吸揚式	750馬力	300立米	管徑56公分
塘沽二號	蒸汽吸揚式	550馬力	180立米	管徑50公分
塘沽三號	電力吸揚式	850馬力	300立米	管徑56公分
塘沽四號	電力吸揚式	1500馬力	360立米	管徑56公分
大沽一號	蒸汽鍊鏈式	980馬力	360立米	斗容量[illegible]立米
西沽一號	蒸汽抓揚式	120馬力	60立米	抓容量1立米
濬利	自航蒸汽吸揚式	2000馬力	——註6	泥艙容量710立米
快利	自航蒸汽吸揚式	1500馬力	——	泥艙容量500立米

註 4 參閱松尾春雄『河川閘門連絡部形狀關係研究』日本內務省土木試驗所報告67號。

註 5 船閘閘廂長180公尺，寬21公尺，水深低潮時爲五公尺，閘門係抽拉式，兩座各重200噸，內置空氣箱，可減輕重量60噸。閘門啓閉用60馬力電力絞車操縱。可容三千噸級輪船一艘出入其間，現爲我國最大之船閘。

註 6 自航蒸汽吸揚式挖泥船每小時挖泥量之多寡，應視放泥地點遠近而定。塘沽新港十二月份該二船放泥地點平均約爲1000公尺，濬利號每小時挖泥量爲592立方公尺，快利號爲336立方公尺。

吸揚式挖泥船

吸揚式挖泥船(Suction Dredger或Hydraulic Dredger)不論用何種動力,其主要機件恒爲一唧筒(pump),附屬機件排列如圖示。船體爲鋼製,其位置由尾端鐵止柱(Spud)固定之。絞刀Cutter裝於一端活動之刀架(Ladder)上,其轉速約爲每分鐘16—18,絞刀後端即爲吸入管,當絞刀絞碎海底泥土後,即混水吸入唧筒內,其濃度約爲10—15%,換言之,塘沽一號每小時排出三千餘立方公尺泥水,其泥僅佔三百立方公尺左右。泥水經過唧筒壓力排出,即具相當之水頭壓力(water head),此種壓力,足使泥水循相當長度之水上浮動排泥管或陸上固定排泥管,送至指定地點排出。排出地域圍以圍埝,留適當高度之淺水口,使泥沙沉澱後,較清之水可由此排出而填築成新陸地。

動力大小之主要設計條件凡二:(1)排泥管長短,即填築地點遠近,長則管中阻力大,唧筒需要較大之水頭壓力,方可勝任。(2)挖泥量之多少,馬力較大,需吸入泥水較速故也。試觀塘沽四號馬力爲1500,每小時挖泥量爲360;塘沽一號馬力爲750每小時挖泥量爲300,僅以動力比較,塘沽四號挖泥量應倍於塘沽一號始爲合理,然事實上二者相差有限,蓋塘沽四號送泥距離遠於塘沽一號也。

當決定挖泥船担任某部份工作之初,先根據船長,刀架長濬挖寬度,絞刀長度,算出左旋,右

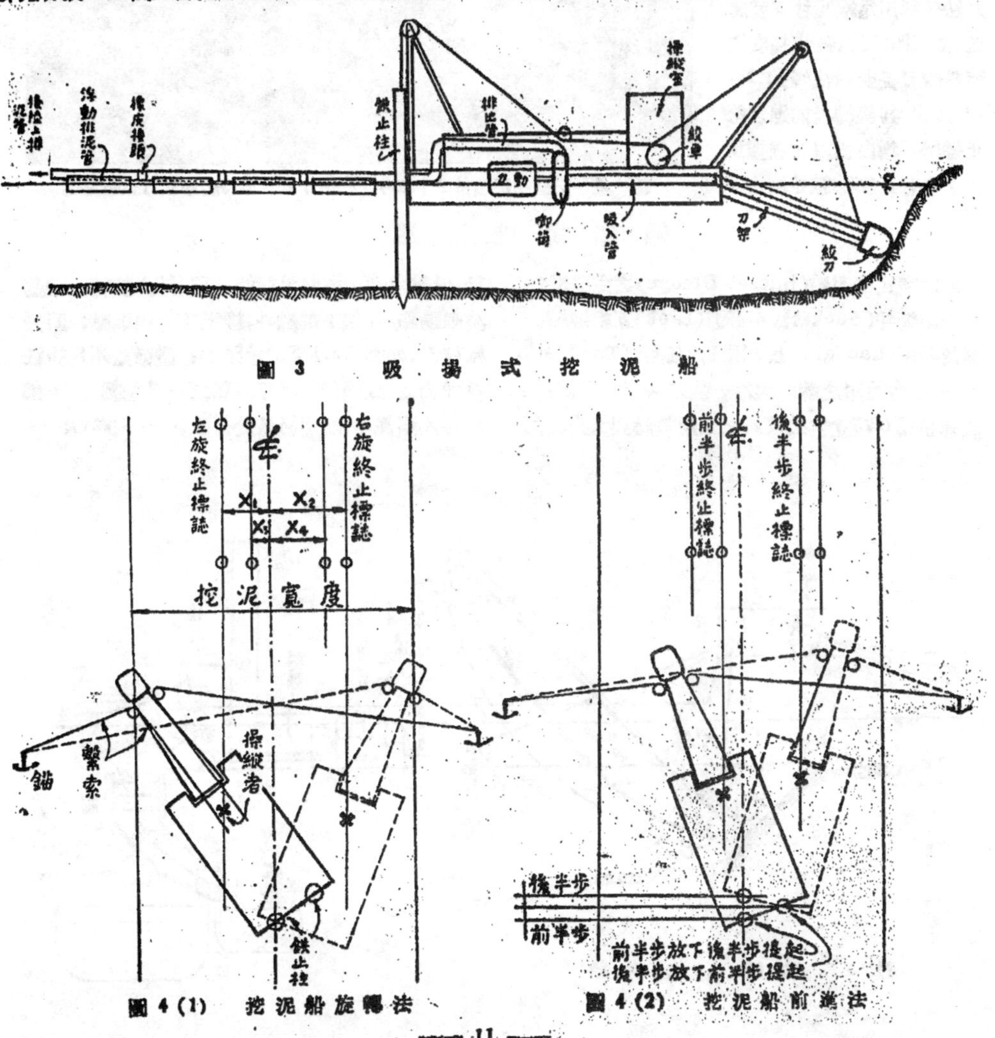

圖 3 吸揚式挖泥船

圖 4 (1) 挖泥船旋轉法

圖 4 (2) 挖泥船前進法

旋，前進等終止標誌之距離，如圖四之x_1，x_2，x_3諸值。置挖泥船任一止柱於中心線上，船之左右各置錨一具，緊索栓於船中絞車(winch)上，轉動絞車，收放左右鋼索，船身即可循止柱爲圓心左右旋轉。鬆刀架繫索，將絞刀放至海底，轉動絞刀及唧筒扇車，(Impeller)即可將海底泥沙攪碎，循圓弧位置，吸進如圖四(一)船身旋轉一次，即將刀架放下一層，深約等於絞刀直徑，普通爲1.0－1.5公尺，直待刀架放至規定之深度後，船身即當前進，前進之方法係利用尾端止柱互替爬進，如圖四(二)，每步長度約等於絞刀長度，普通約1.2－1.5公尺。其旋轉及前進之終止標準，均由操縱者根據預設之各終止標誌線控制之。

港中因潮汐關係，水位時異，於陸上設潮尺，隨時高懸尺數標牌，俾使一二公里以外之挖泥船，隨時可知水位，而可決定刀架放下之最大深度，以期可得準確之濬挖深度。

圖5 塘沽三號挖泥船於三十五年十一月十六日長將船閘西口土壩挖透

鈄鏈式挖泥船

鈄鏈式挖泥船(Bucket Dredge)之主要機件爲一串鈄斗(Bucket)，用鏈節(Link)互相連結，套於斗架(Ladder)。上下兩端之鈄軸(Tumbler)上，一如自行車之鍊。大沽一號共斗三十五個，每個容積爲0.75立方公尺。上五角鈄軸與大齒輪同軸，船艙中動力機轉動齒輪，循順鐘向旋轉，帶動整串鈄斗，斗架下部鈄斗，經過下六角鈄軸，即開始挖泥，如圖六。斗架純承壓力，鏈節並不足担任挖泥力量，故僅使貼近下鈄軸之一斗挖掘。若下部數斗均陷泥中，則鏈節易於折斷，——下接29頁——

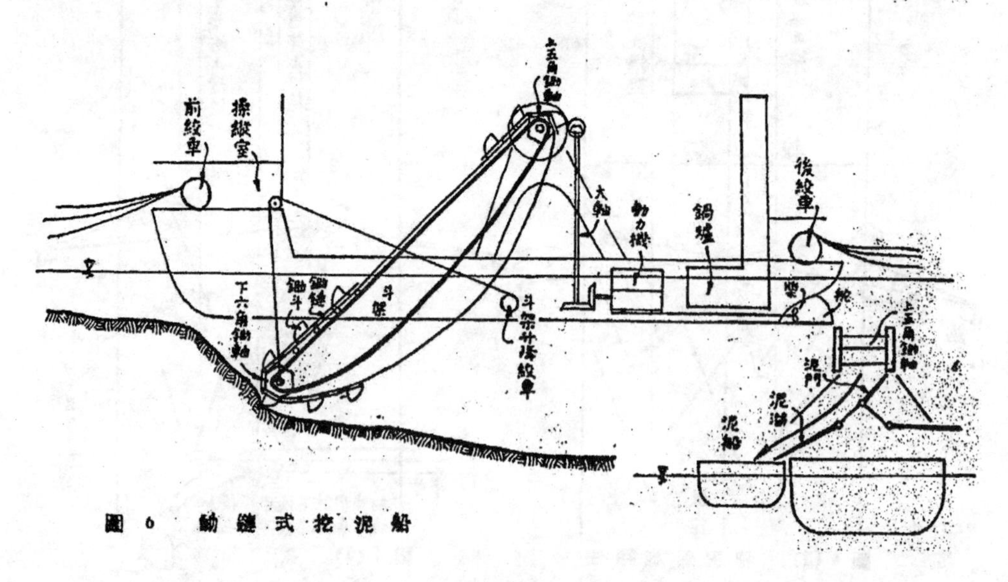

圖6 鈄鏈式挖泥船

在二十世紀的上海，還有廣大地區，沒有自來水用。

不容忽視的滬西區給水問題

周壽椿

——全部緊急工程之經費按上年底物價計算，需九十餘億元——

上海的給水系統

自從十九世紀初葉，歐西的自來水系統經過顯著的改進而付諸實用以後，都市裏的居民們，對於用水一項，有了合理的解決辦法。因爲無論是家庭或廠商的日常需要，都可以隨時隨地以最簡捷的方法獲得。而且清潔衞生的水質，充沛的水量，和汲取方法的便利，比從前的取用河水井水改善多多。並且自來水在發生火警的時候，還可以充消防的用途，保護居民的安全，減少財產的損失。所以自來水的普遍應用，增進了人民的衞生，經濟和安全。也可以說，在人們日常生活上，闢了一個新紀元。

上海是國際大商埠，一切設備都跟着世界上最著名的大都市改進，給水一項，自不能例外。所以早在遜淸光緒八年（西曆一八八二年），英人就向前公共租界的工部局取得給水權，設廠供水，成了上海給水事業的嚆矢。自從這廠出水以後，人民感覺到使用的便利；廠方的營業，因之極爲發達。不過那時因爲租界的存在，和交通的不便；使整個的上海，形成了五個不同的區域——公共租界，法租界，南市，閘北和浦東。而英商自來水廠只供給公共租界一個區域，其他四個區域呢，因爲主權的關係，法租界的用水由法商電燈電車公司的自來水部供給，南市有內地自來水公司的設立，閘北成立了閘北水廠，浦東也由市公用局組織浦東自來水廠。這五個水廠先後分別成立之後，各自覓取自己的水源，各自建廠製水，各自以專營區域爲範圍敷設水管，輸水出售。這樣由五個不同的系統，按照行政區域的劃分來供給用水的辦法，雖然在技術上沒有統盤籌劃，以致影響效能。不過全上海的給水問題，在當時總算獲得解決。

滬西區的給水情形

這裏所說的滬西，是指自黃浦區滬南區以西，吳淞江以南，包括法華，漕涇，蒲淞，七寶四區。這一地帶，居民不及租界多，商業不如租界盛。租界當局爲了要擴充勢力，就在膠州路華山路以西，和古北路以東一帶，越界舖築道路，使居民增加，商業轉盛。英商自來水廠也自光緒二十六年（西曆一九〇〇年）起，隨着居民的增加，陸續舖設水管，越界供水。供給這區的水，大都是由楊樹浦總廠以七十五公分徑專管一道，送至新閘橋之加壓唧水站，增加壓力，再經新閘路西康路康定路而至膠州路的再唧水站轉唧，提高水頭，然後供應。此再唧水站設有蓄水池二座，總容量四五，五〇〇立方公尺，唧水機兩座，水頭三十公尺，每小時出水一七七〇立方公尺。此外英商自來水廠爲供應滬西區西部用水之需要，另設自流井站兩處，其一自流井站設於中山公園西首路旁，有十五公分徑自流井一座，平均出水量爲每小時五五立方公尺。惟近來此井唧機損壞，尚未修復，暫停使用。另一自流井站設在哈密路虹橋路轉角，有十五公分及二十公分徑自流井各一座，配有淨水及水池等設備，專供該處附近居民之用。與東部水管不相聯接，實似另一小規模之水廠。現二井中僅有十五公分徑之一井，尚在繼續工作，其出水量爲每小時十五立方公尺。

戰後滬西人口突增，用水的需要亦大爲增加，非但在未敷管線處無法接管取水，即已經接用各戶，對於水壓及流量，均感不足，尤以夏令爲甚。且一旦火警發生，消防用水無從取給，危險情形，實在不堪設想。考其所以形成水荒之原因，不外下列數端：

（甲）人口的增加和工廠的西移　戰後滬西區人口增加，而且前設楊樹浦自來水廠附近的廠商，遷至滬西的，爲數不少。使英商原來的供水系統，失去分配上的平衡。

(乙)水源過遠　滬西區的用水，十九都是從楊樹浦以七十五公分徑的唯一專管送來。這綿長的水管，限制了管中的流量，更消耗了極大的水頭。

(丙)水管口徑過小　滬西區自來水管線的分佈，成下列系統：自膠州路唧水站向北西北，沿膠州路，長壽路有四十公分徑總管一道，供給北部用水。另一總管沿膠州路和中正西路向西南為三十公分徑水管。用水輸送南部之用水。此外，江蘇路，凱旋路北部和康定路西部敷有二十三公分徑水管。梵皇渡路，愚園路，華山路，開原路，餘姚路，武夷路，察哈爾路，番禺路和林森西路都舖的是十五公分徑的水管。管線總長約四五，六〇〇公尺，而十五公分徑的水管長度，要佔長的百分之八十以上。但從膠州路唧水站至最遠的地方——虹橋路古北路口——，約達一萬公尺。用十五公徑的水管，要把用水供給到這樣遙遠的地方，水量和水壓，自然都不够應用了。

(丁)水管內阻和滲水的增加　因為水管敷設年代的久遠，管壁又因沈澱侵蝕的作用，對於水流的阻力增加。而各水管相接處又難免鬆弛滲水。據英商自來水公司報告，水管的滲水量，在前年達實際用水量的百分之五十，現在經過修理以後，還在百分之三十左右。這樣大量的水，在沿途無形散失，消耗當然可觀。

解決滬西區給水的辦法

(甲)根本辦法　根據近年來人口和商業演變的趨勢，不難推測將來人口的增加和商業的發展。再預測古北路以西地帶的逐漸繁榮，這全滬西區給水問題的重要，不言而喻。而目前供應的不足，和所以形成這種情形的原因，已如前述。我們可以看到，這些原因，都沒有合適的方法，把它們改善。尤其是西區人口的增加，更是自然的趨勢。所以欲求澈底解決，一勞永逸，只有另外在黃浦江龍華附近，尋覓水源，建立滬西自來水廠，淨化用水。再就全區的情形，參酌人口的預測，和本市計劃委員會規定之道路系統和商業分區，舖設整個的配水管網，才可以使全區得到充分的水量。所以自民國十七年起，一直到抗戰之前，屢次都有組織滬西自來水廠，收回越界區給水權的芻議。不過都因為經費問題，沒有成為事實。後來上海淪陷，一切建設，都陷於停頓；滬西自來水的問題，當然沒有被日人重視。現在抗戰已經勝利，一切踏進建設的時期，我們自然不能漠視這滬西區的給水事業，所以滬西自來水廠的籌建，已經在積極展開了。

(乙)緊急工程　籌建一個水廠，從尋覓水源化驗水質開始，經過水廠內部和配水管網的設計，到建築施工完成，非三四年不辦。滬西水廠，自然也須三四年後才會正式供水，而在這三四年之中，對於滬西的用水，不能不作初步的改善。所以緊急工程的實施，便是以最近三年以內的需要為對象而設計的。

實行緊急工程之區域，位於法華區虹橋路以北。面積約一二·四平方公里。人口約三十二萬，為滬西區人口最密之處。據英商自來水公司報告，本區上年十月份實際用水量為五九〇，〇〇〇立方公尺，平均每日為一九，五〇〇立方公尺，合計每人每日僅用五九公升，遠在上海其他各區平均用水量之下。考其原因不外兩端，一為水壓不足，用水不便，以致用水量不及正常數量。一為本區申請用水之新用戶甚多，目前均未予接管。若於緊急工程實施以後，情形改善，以上兩種情形，不復存在，則用水量之增加，勢所必然。不過各戶之增加量究為若干，新用戶之用水量又為若干，極難推測。茲姑假定改善後之平均用水量與其他各區之平均用水量相仿，每人每日一二〇公升，則斯時之用量，約為每日四一，〇〇〇立方公尺。較現在約增加二一，〇〇〇立方公尺。此項增加數量，英商自來水公司因廠中設備之限制，已不能供給，故不得不另覓臨時的水源。

新水源中，最便利者，莫如開鑿自流井。經費既省，地位又可隨意選擇。故緊急工程之第一步，擬先於水壓最差，及用戶用水量鉅大，或申請接水之新用戶密集之處，開鑿自流井八口，使水壓和水量都能改善。此外並根據南市內地自來水廠現有淨水設備及管線分佈情形，核算其出水量，除供給南市用水外，尚有餘額。故緊急工程之第二步擬於滬西區南部接通南市，轉輸內地水廠之餘水，供給滬西區南部用戶。然此項計劃，須加敷幹管，設立再唧水站，建築蓄水池，需費較多耳。其他如中山公園西部之自流井能予恢復使用，膠州路唧機之能力予改善，當有助於水頭之增進。綜上所述，全部緊急工程之經費，按照上年底物價計算，需法幣九十餘億元。已提請市參議會審核，總期此項預算，能早日獲准，使滬西區居民，可得莫大的便利。

工程畫刊

·橡編·

上：兩個人的氣力就能拖動一在水平軌道上，重400噸，在停止狀態中的火車龍頭，這要感謝裝在鐵馬車軸上的鋧輥軸承。用了這種軸承，比用老式的平軸承，起動的阻力要減低百分之88之多。關於這種減低摩阻力的軸承，新近勞安奇氏(Los Angeles)還有一個有趣的報告，說有一所房子在地基上裝了這種軸承，地震時竟可向任一方向滑動6吋，藉以避免房子之爲地震所撓屈。每一隻裝在這房子底下的軸承，裝配後共重僅600磅，所支持之負載竟達250,000磅之巨。

滾動、滾動、世界向前進步

下：斜輥軸承之外環正在下落，以便裝上。

圖下：珠軸承

下：雙行斜輥軸承，較珠軸承能負荷較大之載重。

○○○○○○○○○○○○○珠軸承與輥軸承○○○○○○○○○○○○○

俗語說得好:「圓的不穩,方的不滾。」從經驗我們早就知道:滾動比滑動容易,換句話說,滾動時的摩阻力較小。我們知道:摩阻力足以使機械發熱磨蝕,損失能力,減低效率,所以應極力設法使它越小越好。現代的機械因此都在旋轉的機軸與固定的機座間裝入珠軸承(圖三)或輥軸承(圖二),使列成環狀的鋼珠或鋼輥與機軸及機座方面均作滾動接觸,藉以減小摩阻力。

鋼珠或鋼輥都需要做得滴粒滾圓,大小一律,尺寸上的誤差普通不得超過萬分之一吋。否則,各珠輥所分担的負荷就要有重有輕,而吃重的珠輥就有軋碎的危險。珠輥又須有相當的硬度,方可避免磨蝕。

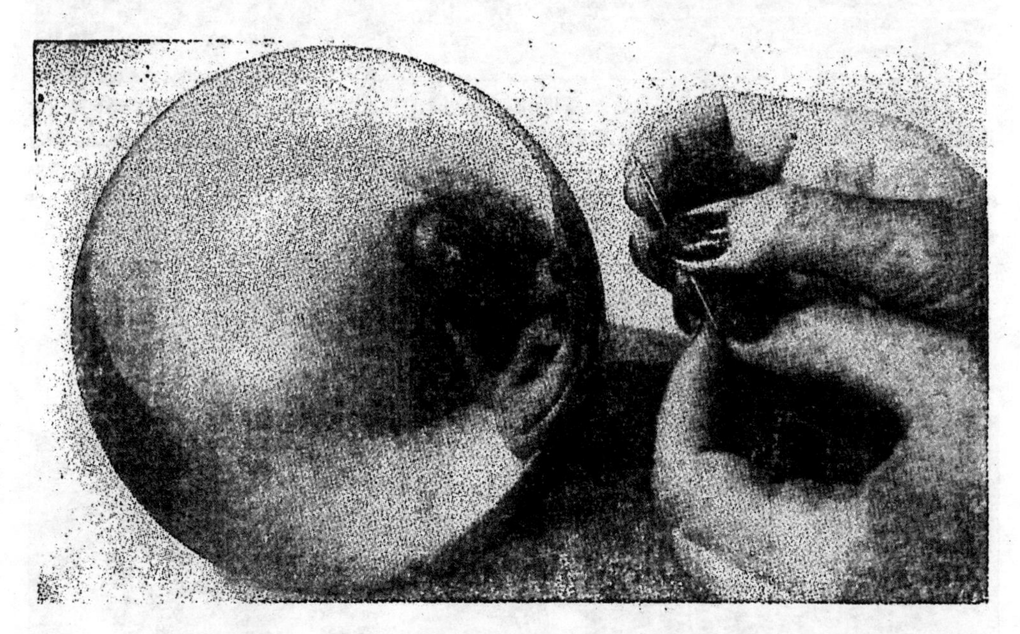

上:製造得非常準確的鋼珠使現代的工業與運輸運轉圓滑。本圖所示的一鋼珠,有6吋對徑,是用在煉油廠中一巨大的熱油閥 (hot—oil valve)上的。至於一隻小鋼珠(在縫針的針眼裏),其對徑僅有一公厘。這種小鋼珠一隻大茶匙可裝70,000粒之多,它們要積滿110,000粒才有一磅的重量。三隻小鋼珠可以裝成一承座,用在腦登式 (Norden)的投彈瞄準器裏。所以小雖小,却需要萬分準確,因爲萬分之一吋的誤差,將使炸彈歪離目標數百里之遙。

鋼珠是怎樣製造的？

鋼珠是用立方形的毛坯，一步一步由立體四角形，軋成八角形，十六角形……這樣使它漸漸接近球形。最後把帶有稜角的立體多角形琢磨成爲球形。上圖所示機械中，可見兩塊大圓板，平行放置，它們之間維持着一個一定的距離。未完工的鋼珠就放在其間琢磨（這作用正像我們用兩手搓小圓子一樣），要等到尺寸和圓勢不到萬分之一吋的誤差，鋼珠才能從兩塊圓板中滑出。

準確第一

右：一隻四十一吋徑的大軸在光製中，尺寸上的誤差不可以超過萬分之二五，所以也與小軸承有同樣程度的精密。

下：軸承要裝得左右完全平衡。圖下正在試驗，校平衡後的軸承心子如插在一球窩關節內，掛一段與插針同樣大小的線在心子上的一邊，即能使軸承旋轉。

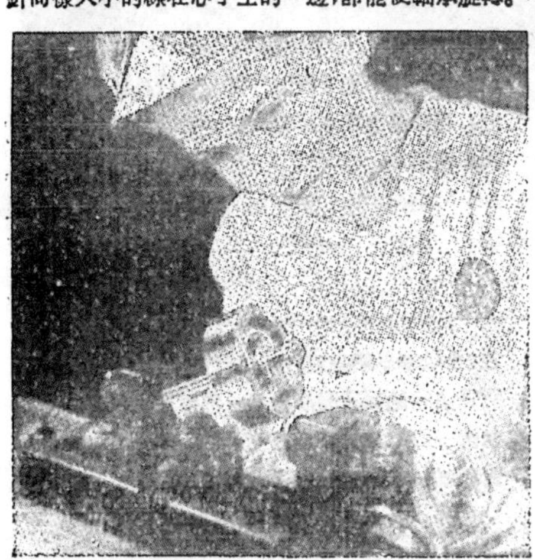

小鋼珠的幾個鏡頭

右：在縫針針眼中的小鋼珠和指尖放大後的景象。這是世界上能大最生產的最小鋼珠。某廠在戰時每週會生產四十萬粒之多。

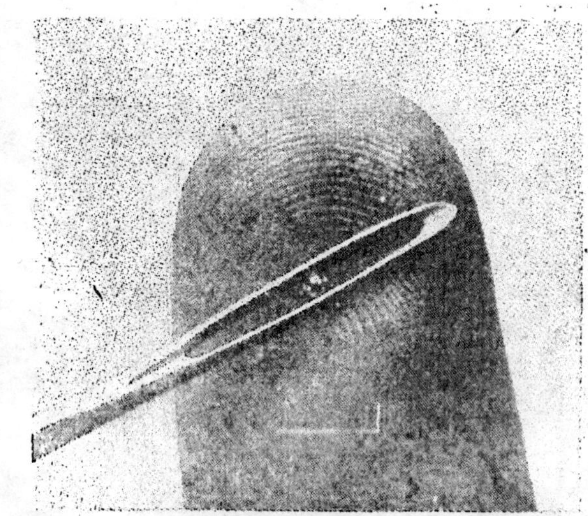

下：像許多豌豆放在一隻盆子裏一樣，經過精細琢磨的鋼珠放在清淨液中潔淨，然後加上環套，裝成軸承。

上：本圖所示初看好似香檳酒中濺起許多泡沫，其實是許多小鋼珠跌在一隻玻璃杯中所發生的現象。

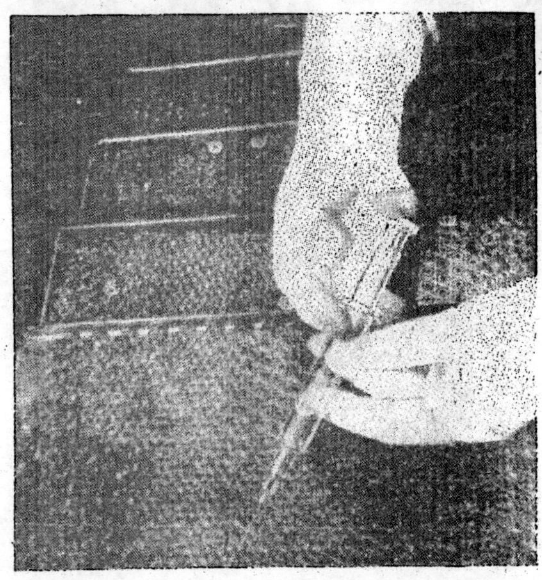

左：小軸承的轉速往往在每分鐘十萬轉以上，所以準確的加油潤滑也是一件很重要的事。本圖一個戴橡皮手套的工人正在用皮下注射針將每一隻小軸承加上一滴油。

新發明與新出品

最大的飛機引擎——萊考明(Lycoming)廠的新型XR—7755式液冷飛機引擎是現今世界上最大往復動作的動力機，它能發生5,000匹馬力，全部係九排四汽缸的引擎所組成的內燃機關，它底冷卻幫浦每分鐘打水750加侖，螺旋槳的傳動係經過一具二種速率的減速齒輪，大小如下圖所示。

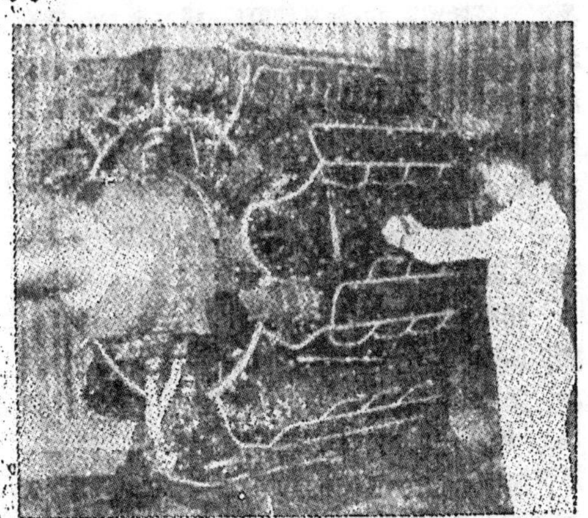

製造車輪的新型工作機——美國新辛那底廠現在出品一種連搪帶車的製造車輪工作機，如圖如示，稱為Hypro機，全機係用電子能來控

制。機座的下面有三只液力軋頭，將車輪夾住，可以使中間的軸孔任搪刀搪光，輪緣及輪框任車刀車光。它有一個搪刀頭和車刀頭，同時還有一個車邊的刀頭，二側也有車刀頭，能於接觸輪緣時自動變為進刀的速率，一待車光，又能自動退至原來地位。車刀均用滲碳鋼製。主動馬達100匹馬力，車台速率自每分5至25轉。這一種機械是很好的省時工具。

鑽掘圓錐形孔的機械——這一種機械，如圖所示，是為了鑽掘圓錐形的孔洞，以便安放混凝土帶電線架之用，它能在5分鐘內做成需要的工

作，在以前卻要2小時的人工。從鑽頭的齒帶上加壓力，從一根環形齒梢的軸通到切泥的刀片，發動機械就能掘成一個24吋直徑的大洞，以便放置天線架腳。

輕量的團體客車——斐茲球製車廠(Fitz john Coach Co.)最近製成一種新型的28座都市團體汽車，名叫"Duraline"。它的車身與車架是連成一體的，邊板均用鋁製，而且是銲在車架上，因此車子重量便減輕了不少。車內有熱氣設備，在每一個雙人座下面，便是散熱孔。採用海勾力斯引擎(Hercules)，馬力有131匹，每小時可行至65—70哩。

代替電流切斷器的熔線——現在有一種高電流式的銅熔線發明，可以代替電力站中儀電板上必要的電流切斷器，這樣可以減少15%的裝

經過頻年戰亂破壞後，綿長三百多公里沿江瀕海的江南海塘，已在開始搶修起來了。

江南海塘工程一瞥

須景昌

江蘇省的江南地區，剛巧界於揚子錢塘兩江之間，但東部是一片低窪的平原，爲抵禦三面江海的威脅，沿江瀕有綿長三百多公里的一條弧形海塘，幾百年來被重視作江南千萬人民生命財產的保障。「一二八」之役，敵人沿海登陸，進擊淞滬，沿塘一帶，首先遭到嚴重的破壞；抗戰期間，這江南半壁很早就淪陷，敵人在這個時期中，利用海塘構築防禦工事，挖壕掘塹，把沿塘的人民驅逐到警戒線外面，於是這完整的江南海塘，在長期的失修與人爲的破壞之下，眞是百孔千瘡，呈現着空前的

江南數千萬人民的保障——海塘

危機。在這支離破碎的海塘中，太倉，松江，常熟，寶山四縣的摧毀程度，尤其利害；樁石工程竟有四千多公尺全部毀壞，土塘方面也有幾十個決口。勝利以後行總蘇寧分署鑒於善後重於救濟，決心來修復這頹廢的海塘，使它能够重新保衛江南數千萬人民的生命財產；所以在去年三月成立江南海塘工程工賑處，下面設立常熟，川沙，松江三個工務所管轄三縣工賑修築海塘的事情，首先編組災工，推動搶修工程，五月江蘇省政府估計松江，太倉，寶山，常熟四縣樁石工程的預算有卅億元，經過行政院的核准，另外組織了江南海塘工程委員會，下設江南海塘工程處，除了繼續工賑搶修土塘外，並且舉辦了四縣的樁石工程。

整個的江南海塘工程可以分做二方面講；(一)工賑工程，(二)樁石工程。

工賑工程就是以工代賑搶修土塘的工程，包括江南海塘所經過的松江，南滙，川沙，奉賢，寶山，太倉，常熟，江陰等八縣，爲爭取時間起見，大都選擇塘身單薄的，加高培厚；險峻的地方加築套圩；如果塘身面臨江灘有潮汐冲擊的話，就加拋亂石，來保護岸坡，這綿長八縣的海塘，工段長度就有26,491公尺。江南十萬民工爲着自己的田園財產的保障，辛勤地工作來完成這艱苦的工程，到現在爲止，各縣大部竣工，總計完成了土方256,581公方，拋石方14528公方。

樁石工程是揀最險要的松江，太倉，常熟，寶山四縣分別施工。在去年五月六日開始招商承辦，其中木料二萬支由重力建築公司得標，包價260,000,000元，石料同砌築打樁工程分四段招標，松江段由國華公司承包，最初的計劃預備採用夾石混凝土式，後來因爲施工便利起見，改用重力式混凝土擋土牆式，太倉段由中國建築公司承包。其中六段是雙樁夾石式，另外六段是混凝土塊砌面式。寶山，常熟兩段由仁和營造廠承包常熟段裏有二樁二石式和雙樁夾石式。寶山段裏有二樁二石式和二樁三石式。這四段全部長度是4432公尺，當

樁石工程之一——拋石

樁石工程之二——打樁

合同訂好以後，在七月中旬四段都陸續的開工，工程開始期間就遭受着意外的困難，例如木料運到工地的數量不多，接濟不及，工程就不能迅速的推展；再加秋季長江的水位很高，太倉方面的海塘時常有着險象發生。同時各工段，因爲事實的需要，分別延長770公尺，在那時候爲了迅速完工起見，就將太倉段的陸濱口工程330公尺，劃歸仁和營造廠承包，原定是混凝土塊砌面式的一部份就改成二樁三石式。到目前大都已經完工，恢後到職能的舊觀，總計實做工長6,007公尺，石方47,358公方，土方72,219公方混凝土6,408公方，打木樁22,529支。

一吋又一吋，一方又一方

這次動員江南海塘沿線八縣的民工，經過一年的不斷工作，完成以上實做的數量，當然同江南海塘全線三百多公里相比較，搶修的工程還只限於極少部份，其他不及搶修的地方還很多，希望它在第二期的工程裏能够完成這修復整個江南海塘的計劃。

關於機械計算器

ENIAC ASCC 和 ACE

工程方面的問題，缺少不了計算，尤其是像電子工程和航空氣動力學方面的計算題目，格外是需要繁複的計算。此外，即使是社會學和經濟學方面，現在亦有極繁複的計算。因此，有不少利用機械原理的巨型計算器也應時產生。這許多計算器確實也絞盡了不少科學家的腦汁，它不像一把計算尺一樣的祗消能做簡單的乘除法已够，它要解決所有能寫在紙上的算式，而且在很短的時期內，做完需要人力三年五年的計算工作，試想這該是一種何等複雜而巧妙的東西！

遠在公元1642年，已有人發明能同時計算加減乘除的算計機了。但是完全自動的機器，即不需要再費腦筋去排列數字或答數以求得第二第三次答數的一種計算機，則是公元1833年白拔琪（Charles Babbage）所倡議的，可惜沒有完成。直到這一次大戰前，才由哈佛大學完成了一種叫ASCC式的計算機，它底全名叫自動串列控制計算器（Automatic Sequence Controlled Calculator），它有72個加法機，可以計算到23位數字，一切的機件都是用電力繼電器來控制的。但到了今日電子時代，可想而知的，這種ASCC式計算器的控制鍵必然會被電子管（眞空管）取而代之的，所以，現在又發明了一種叫ENIAC式的計算器，即電子數字積算器（Electronic Numerical Integrator & Computor），目前在美國奔雪爾文尼亞大學使用，它包括17,000只眞空管，完全不用機械控制；但是因爲它是用來計算砲彈彈道用的，所以計算的位數上尙有限制。最近英國的工程界急起直追，英國的科學工業研究院在計劃構造一架更進步的自動計算機叫做ACE（Automatic Computing Engine），由華梅斯萊氏（J.R.Womersley）領導設計，它也是由電子管來控制的，可是沒有位數上的限制，可能不久即可以完成，作爲工程界對於人類文化工作上[illegible]貢獻。（秋）

在未來的五十年中，大上海將會擴充到有一千五百萬人口，爲適應需要，現在正是計劃的時候！

計劃中的大上海

沈德本

上海市自從抗戰勝利，正式接收以後，租界名辭，已成過去。以往分裂離析的局面，也已不復存在。而一般市民，在淪陷期間，飽受慘痛，希望自此以後，上海市在統一的條件下，可以不受外力的牽制，盡量發展成一個合理的新都市。就事實來講，現在確實是計劃建設的良機。有三點理由，足資說明。第一，過去的上海，因爲租界關係，未能通盤籌劃。市政府與舊公共租界，舊法租界都各自爲政，各不相謀。而且前租界當局的計劃，都是拿經濟利益爲前提的，根本不顧及將來的發展。例如滬西的自來水供應問題，不適當的溝渠佈置問題，和中區的交通擁擠問題，都是這樣造成的。現在情形却不同了。上海全市，在一個市政府管轄之下。過去不統一的缺點，不僅可以逐漸設法補救；通盤計劃，也可以說是正合時宜。第二，抗戰時期，上海市曾經過炮火的洗禮。租界以外閘北，南市等區，市政設施，損毀殆盡。現在來開始整個計劃，關於分區的佈置，土地的使用，以及路線的劃劃，當然有種種便利之處。假定目前聽其自由發展，將來再行改善，則不僅太不經濟，並且亦必多困難。第三，在國家工業化的過程中，都市人口之增加，乃爲必然的結果。中國現在正當開始建國工作的前夕，都市計劃的需要，實在很是急迫。否則將來人口增加過速，無法應付，必然產生不良的後果。

一部份人士，認爲：現在正是經濟困難的時期，着手恢復，還來不及，遠大的計劃，儘可緩談。這種看法，似乎偏於近視。因爲沒有計劃，等於沒有方針，這樣目前的施政，也勢必毫無準繩；等到將來既成事實之後，必然失之過晚，挽救爲難。況且計劃工作，也非一朝一夕之功。準確的統計資料，搜集不易。審愼的研究，週密的討論，也都是必不可少而且很費時的。當然都市計劃乃是具有彈性的。時代的進展，或許會迫使現在的設計於將來有所變更。但是無論如何，機能性配合的整個輪廓，應該先行確定。這是無可異議的。

上海市都市計劃委員會就是爲了籌辦本市都市計劃工作而組織的。該會在困難的條件下竭心竭力，確立綱領，決定政策，並已擬就計劃總圖草案，土地使用及幹路系統計劃總圖草案。將來假以時日，當能逐漸發展完善，正可拭目以待！

計劃概要

茲根據都市計劃委員會的報告書，略爲介紹其梗概，想必爲本刊讀者所樂聞吧！該都市計劃的時期，經決定以二十五年爲對象，而以五十年需要爲準備。該會經多方研究的結果，本市人口，在未來五十年內，預計將達一千五百萬的數字。爲了適合這一千五百萬人口的生活需要，上海市將來的發展，勢必擴充到現行市界以外的附近區域去。所以該會準備建議中央，將附近區域，劃爲本市擴充範圍；或另設一區域計劃機構，管轄區域總圖之全部地區。全市的平均人口密度，暫定爲每平方公里一萬人，以中心區爲最高，逐步向外遞降。住宅區的面積，暫定爲百分之四十，包括道路商店學校及其他集體設施在內。工業區的面積，暫定爲百分之二十。綠地的面積定爲百分之三十二，包括林蔭大道，運動場所及農作生產地在內。主要街道及交通路線的面積，暫定爲百分之八。

土地使用的計劃

關於土地政策，該會建議由市府呈請中央，在適當時期，將所有縣，市的土地，以經濟使用爲原則，加以重劃。本市市府，則須採取積極的土地政策，獲取本市土地百分之二十以上的所有權，以減除進行計劃時土地使用之種種障礙。至於中區的土地使用，該會建議七點：一、擴大現有的商業中心區，使包括南市之一部份。二、廢除楊樹浦及南市各地現有之港口、倉庫、工業設備等項，而改爲住宅或商業之應用。三、建立一全市性的商店中心區，以南京路、靜安寺、林森路及西藏路爲界。

四、保留目前蘇州河大環形與計劃開闢直線運河當中的地區，供中區工業之用。五、設行政區於跑馬廳。六、中區其餘土地，均應留作住宅之用。七、維持目前空地面積，加以聯繫，使成區內的綠地系統；再由市區外圍的綠地帶，補足百分之三十二的綠地比例。

交通計劃

關於港口問題，該會主張在吳淞附近設立內河港。在西南鄰近乍浦之處，設立海洋船港。在浦東半島至乍浦區域的海岸線上設一漁業專港。在金山衛附近，設一漁業港。由乍浦至黃浦江開築一運河，其接連地點，擬在黃浦江之灣曲成直角處。

關於鐵路交通，貨運方面，該會主張計劃一有機性之鐵路網，以應付將來的需要。由水運終點站至內地的路線，都使其繞越市區中心。在吳淞及乍浦兩主要航運站附近，計劃設置主要貨運站。此外尚需在南翔及松江設主要貨運終點站兩處。在崑山設一總貨車編配場。客運方面，建議開闢鐵路新線三條：一由上海至青浦。一由上海至閔行經松江連接滬杭線。一由乍浦與新運河並行，連貫各工業地帶，至松江與滬杭線連接。在上北站現址，吳淞及乍浦三處計劃設置客運總站。在南站的偏西，設一次要總站，利用城區高速鐵道，與北站連接。至於舊有鐵路與道路的平交點，則建議加以廢除。

關於公路及幹路系統，計劃建造區域公路六條：第一條由吳淞港經蘊藻浜，南翔，松江而達乍浦。第二條由乍浦經松江達崑山。第三條由上海經崑山，蘇州，而達南京。第四條由上海經吳淞，浮橋而達常熟。第五條由上海經青浦達太湖。第六條由乍浦經松江，太倉，福山，而達江陰。以現有的中山路為基礎，發展放寬，計劃建築一環繞本市的主要環形幹道。與上開中山環路直連接，以西藏路為南北的幹路。東西的幹路，起自中山東路與蘇州河的交點，西達中山西路，並與將來虹橋區的幹路連接。所有環路和幹路，都須避免與任何道路的平交點。

關於地方水運問題，建議自麥根路至曹家渡加開直線運河。原有蘇州河的彎曲之處，則作為起卸碼頭之用。此外蘊藻浜應加以改善。浦東與浦西的輪渡，除客運外，並須能載運汽車和貨車。

關於飛機場問題，建議龍華，江灣兩機場，只加以維持，作為市區降落場所之用。另在乍浦附近，設立一適合國際標準的大規模空運站，為遠洋空運之用，並和港口鐵路及公路各總站，取得連繫。

結論

以上是都市計劃委員會初步草定的輪廓。其中有幾個問題，有關方面，意見尚未一致，似乎還需要更切實的商榷。譬如龍華附近的工廠區，影響到上海市自來水的取水問題。又如港口問題，濬浦局方面，還有不同的意見。鐵路交通問題，鐵路管理局方面，也還有不同的意見。幹路系統問題，還有人主張用高架或地下快車道。凡此種種，都還需要精細的研究，週密的討論，以選擇最妥當的處置。至於將來逐步推行時的困難，那更不是容易克服的事了。全靠全市市民，同心協力，應拿都市計劃，看作切身問題的一部份，這樣纔會克底於成呢！

——上接第19頁——

置費，全時維持費也大大減低。這一種熔線是紐約愛迪生公司（Consolidated Edison Co.）發明的，它可以當作自動斷電器一樣地有選擇性，至於個別的負荷，其餘電頭仍以普通鎔線為安全的保障。

奇妙的金屬厚薄規——普通的厚薄規，都需要測量金屬的二個表面，才能得知，現在有一種新發明的厚薄規，只要接觸一個表面，就能知道金屬的厚薄。它的原理是利用一個礦石振盪器，使礦石與金屬的一面接觸，若此金屬的共振頻率適與礦石的相等，那末礦石的振盪就會阻住，同時在振盪電路中的一只儀器上就有變化，指示出適當的厚薄尺寸。這一種器具是用交流電電源的，適合用來測量電纜表皮，水管，爐鈑或水箱等的厚薄，因為這些東西往往只有一面露在外表。

新型的液力傳動電馬達——美國凌克倍爾特公司(Link-Belt Co.)最近製成了一種新型的液力傳動馬達，最大有20匹馬力，使用這種馬達，可以不必依據起動馬力，只須根據實際工作馬力，因為它可以在無負荷時起動，等馬達逐漸加速，轉矩也隨了速率的平方成正比例。

機械工場小常識

減少動力工具機的吵聲！

同　高

動力工具機所發生的振動是怪討厭的，尤其是工場就在自己家裏，或是在毗連的屋子裏。有的時候僅僅是運動的機件所發生的嘈嘈聲，也會傳達給接連着的地板或牆壁，轉而把這種吵聲放大，結果所造成的振動也很使人心煩。對於小的動力工具機，施行「振動絕緣」(Vibration Insulation) 的方法是：在電動機上可用橡皮片和墊子，或者在底脚下用絕緣體。本文只打算說明後者的一種設計，最適合於小型的動力工具機。(圖1,2) 這種設計至少可以把振動減掉百分之八十。所需的材料只不過¾吋的層板，一段汽車的內胎，和一條½吋的木頭嵌條。

圖　1

圖　2

先把層板鋸成所需數目的5吋方塊，每一個絕緣體用一塊，每一種工具機的底架用四個絕緣體。從每一方塊鋸出一塊4½吋直徑的圓坯來，如圖3。爲迅速起見，可以把方塊的中心裝在尖針上，鋸時把方塊轉動，如圖4。

圖　3

在每一個圓坯上，以同一中心用圓規劃出一個3吋的圓。然後在圓周上鑽一個½吋的眼子，如圖5。於是把圓芯鋸出，便成爲兩個部分——一個圓環和一塊圓芯，如圖 6。圓環就是絕緣體的底而工具機的底脚便安放在圓芯上。

把一小片木頭嵌條用膠嵌在圓芯邊上的眼子中，堵沒這個眼子。把圓芯放在磨桌上磨光時，使磨桌傾側成3度的角，於是圓芯便磨成一個3度的角了，如圖7。

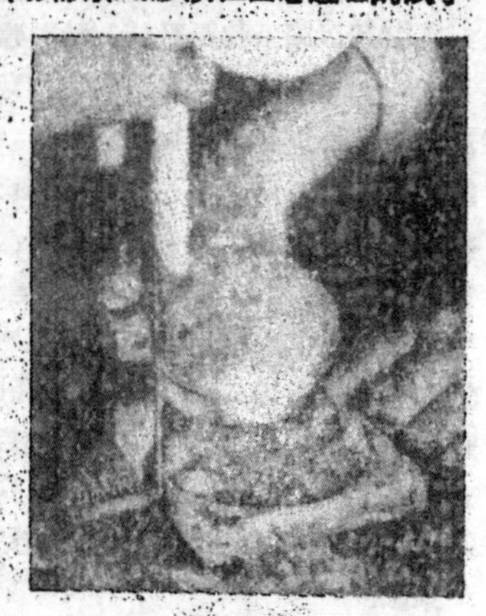

圖　4

用一片4½吋的硬紙樣板，從汽車內胎上剪下一片片圓片來，如圖8。把兩片橡皮圓片放在圓環上，然後把圓芯用力壓入，如圖9。但圓芯壓入圓環以內，應不超過四分之一深爲度。沙光圓環的外部，塗一兩層蠟或假漆。但圓環的內面不要沙光。

圖 5

圖 6

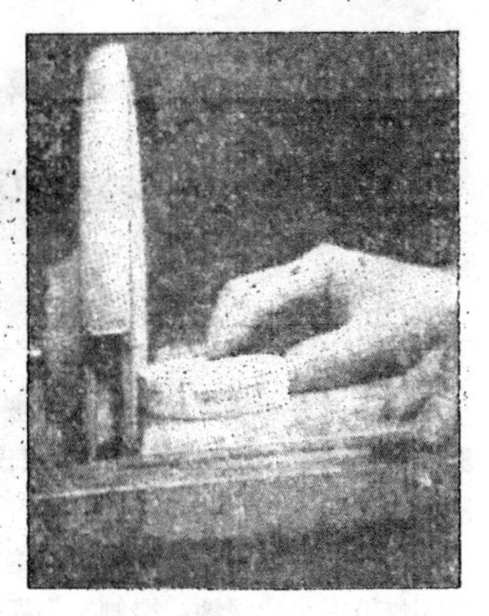

圖 7

為避免使用時滑動起見，最好另外用幾片橡皮圓片粘在圓芯的頂面和圓環的底面，如圖10及12。使用時把這些絕緣體墊在動力工具機的底脚下，如圖1。通常可以不必用螺絲了。如果是在鑽床

圖 8

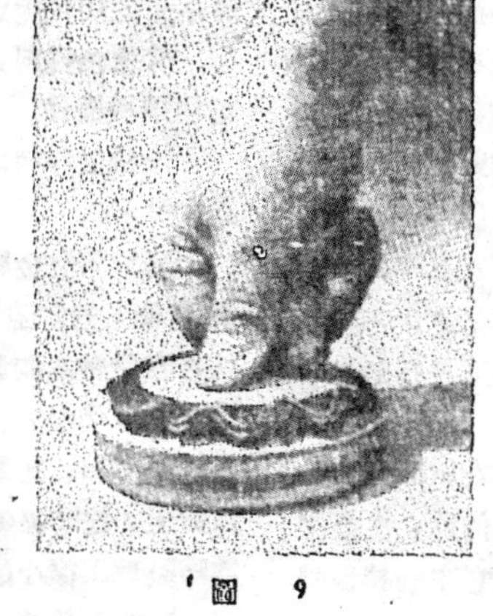

圖 9

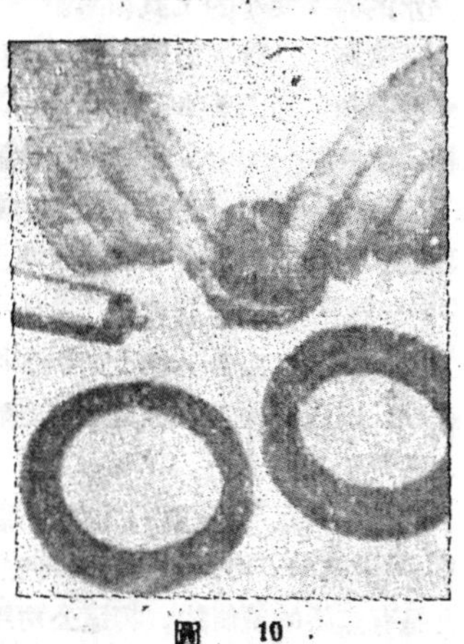

圖 10

的底脚下用這種絕緣體，就必須另外把一塊半圓形的木頭加在外突緣以內，如圖11。

（本篇材料取自 Popular Mechanics, 1946年11月份）。

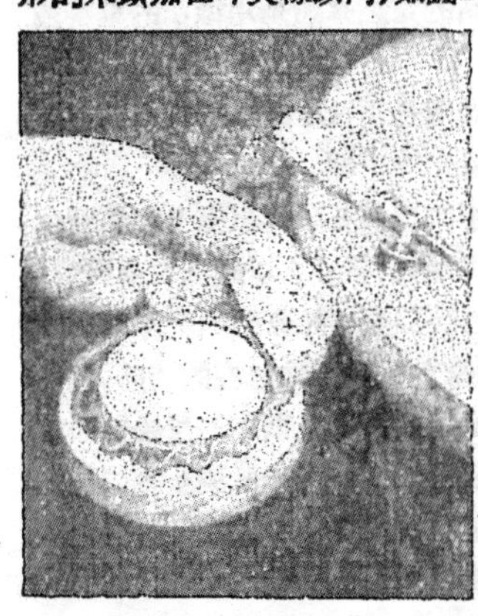

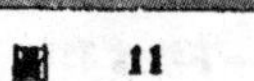

圖 11

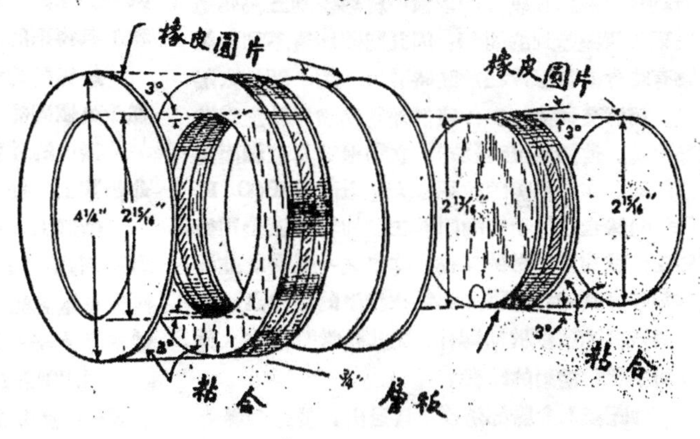

圖 12

用微細的工具來克服肉眼不可見的世界！

奇巧的微細工具

啓 迪

有人能在郵票反面大寫其情書，或在釘頭上刻整篇的國歌，但和現代的科學家比較起來，他們簡直是在寫大字。

科學家們現在可以利用新穎的微細工作術來開闢無限微小的園地，微細工作術是用微小的工具在顯微鏡下工作。這一套微小的工具——鑿子、耙、錘、鋸、注射針和吸鐵石，小得可以放在比滴眼藥水的器具更小的工具箱裏。

微細工作專家們用一種叫微物操縱器的機件來控制和使用這些微細工具，於是可以分裂頭髮絲，玩弄某一個生命細胞的染色體，檢出金屬面上的某一個銹點，或是詳細的檢驗針頭大小的一點血。前驅微細工作者强培士博士(Dr. Robert Chambers)——紐約大學生物學家，近來說微細工作術對於顯微鏡世界的研究者眞是求之不得的恩物，這對於他們好比是一枝直觸到月球的桿子之對於天文學家們。

在各方面都特別注意原子的潛在可能性的今日，發展細微工作術尤爲適合時宜，何況它已經證實是有無限的價値的，柯達公司用它來維持他們所出軟片的優良品質。

柯達公司微細工作試驗室鑾安氏說一點某種微細物質混雜在軟片的乳液中會影響到五萬倍這點東西所掩蓋到的面積，因此肉眼所看不到的雜物有時會使電影片在放映時發出一閃一閃的太陽光，柯達公司微細工作家們經常測驗以防這種缺點出現。他們發現雜物時，立刻追究其來源而加以消除，在紐約美國化學會大會上漢特氏(C. F. Hand)報告過他和他的同伴在菲却特飛機公司微細工作試驗室所做的工作，其中之一是和北非沙漠戰爭有關的。熱帶的濕氣在沙漠的砂礫猛烈地傷害飛機的發動機和零件，尤其是當飛機在火藥碎屑中低飛掃射的時候。

砂礫侵入金屬部份後不再退出，於是金屬生銹，而飛機也常常在緊要關頭不能動用。

微細工作家把生銹的東西在顯微鏡下放大，再用千分之一吋大小的鑿子鑿下微小的銹塊，再用微小的鉗子，錘子和吸鐵石把銹塊分裂開來。

這樣，他們把銹點和砂礫分類確定它的電術和化學性質。

和下列差不多性質的問題於是得到答案：那裏和那樣銹塊立足？某種金屬或合金的受損程度是否比他種爲重？侵佔金屬面的砂礫的形狀如何？有不平的尖角呢還是光滑的？

有這種資料，漢特等才能設法製造沙礫中的耐用飛機機件。

微細工作家爲每種特殊的問題創造特殊的工具。

例如研究金屬面的微細工作家們有時必須知道金屬上的空隙情形(Porosity)他們要確定面上是否有微細的洞洞或泡泡，或者要把分312層的金屬表加以化學分析，某微細工作家就裝配一個微小的吸鐵石，把蛛絲粗細的電線繞在一根極細的鐵針上，這時吸鐵石能從非磁性金屬面上的微小空隙裏取出微小的鐵屑。

在微分化學分析裏，微小的鋼刮刀把一個分子厚薄的養化物刮去，最小的眞空管是用微細工具來裝造的，最新的電鍍知識是用微小的電解池和工具得來的。

最純粹的發酵菌是用微小的鉗子在顯微鏡下從千萬個同體中鉗出的一個。

微小的外科手術工具在眼睛組織上和個別生命細胞上工作，原形蟲的核心亦以此法取出研究。

微細工作家已經觀察到死細胞和活細胞的基本差別，他們看到身體組織接受醫療的情形，他們研究細胞怎樣消化的微食品，微小的澱粉質和其他藥品放在一個單獨的細胞內時所發生的變化。

利用微細的電池，微細工作家確已研究過原形質——生命之液——的性質。

——下接第31頁——

工程通訊

青島工業區巡禮

王綱教

假若你乘着飛機到達青島上空，當那伸入碧海滿覆紅瓦的半島，射進眼簾的時候，定能感覺十分愉快。的確，青島的景色與建築，是挺壯麗玲瓏的。去年三月，我乘海輪第一次與她相見，正是天色黎明，嶗山無數陰森的峯尖，剛才駛過，朝霧中看到這小人國似的山城，有各色參落的建築簇擁着，眞箇絢爛五彩，令人不禁高聲歡呼。

翻看她的歷史，最初不過是個荒涼的漁村，在一八九七年，就被德人租借，闢爲遠東軍事根據地，他們所建築的港灣鐵道，至今修整矻立，結實，確是毫不苟且。第一次世界大戰之後，日人乘機進佔，更將市區擴大，在近郊發展其特長的紡織工業。後來雖然經過八一三抗戰，日人紗廠，統被我軍焚燬，——以免敵骨吸髓的經濟侵略——然而，勝利以後，中紡却又接收到他們重新建設起來的紗錠三十五萬枚，布機七千餘台。這種埋頭苦幹的史實，的確是我們着手建國工作者，應該效法的。

現在讓我引諸君到島上各個規模較大的工廠依次參觀一下吧！我們從膠濟鐵路的起點出發，第一站是大港，這裏有四條並列，和一條在外包圍着的石頭船埠，可靠萬噸以上的巨艦，這一點比起上海——吃水深的船祇能停在吳淞口外；或呆在黃浦江中，用舢板上岸——是優越多了。

第二站四方，是工廠薈萃之區。我們先看看這動力之源的資委會青島電廠罷。那是一座塗着戰時掩護色的龐大建築，矗立在鐵道之旁，看兩座高高的烟囱，和架在空中靈活的運煤車相伴着，它的內部結構是安排得相當緊湊，從一樓的鍋爐、凝結器、幫浦、油開關等，到二樓的渦輪發電機、修理間，和三樓的控制電板，輸電線出口，處處都感覺便利。這兩座 15,000 KVA，和一座 6,000 KVA的渦輪發電機，原先都是德貨。破壞後已換上東京芝浦的出品，自不及以前靠得住；同時因鍋爐管子毛病，所以現在祇能發電 16,000KVA，新開的工廠是不能供給的了。

現在讓我們來逛逛四方的馬路。這繞着長長紅圍牆的裏面就是四方機廠，高高的廠房，可以很清楚的看見，這是華北有名的鐵道修機廠，機車的裝配和製造，大致都可勝任，與戚墅堰機廠的大小設備，約可相埒。早先也是德人所創，現歸津浦路局管理，已大部開工。

這時我們轉了一個灣，從鐵路的架空橋下穿過，前面就是中紡公司青島第一紡織廠。它是日人最早創辦的紗廠，抗戰以前，有十五萬錠子，布機三千台，現在祇及此數三分之一。但發電設備，却較以前進步，透平發電機 10,000 K V A。可惜鍋爐因係 Sterling Type，管子尺寸不普通，難以購置添補。以致那高高並列的三只大烟囱，祇能暫停冒烟，令人扼腕不置。

中紡第二廠在一廠貼鄰，進門頗有玲瓏精緻之感。它的紗布兩廠，設備都最考究，馬達完全單獨罩在機器內部，沒有花衣灰塵的麻煩，而外觀一根皮帶也沒有，在充足均勻的光線下看起來，煞是整齊。二廠一部 Escher Wyss 的渦輪，已在去年六月間修好開用，現在並供電一廠。一廠和二廠的宿舍，是最令人留戀的，遠山近水，不愧是一座座海濱別墅。三廠，則建築在青島電廠一旁的斜坡上，從他們門口，一直往下走，就是四方鎭，鄉民住着矮小的紅瓦屋，大葱氣味頗爲觸鼻，他們除了這一點外，其他的生活習慣，因受日人管轄較久，大都已經日本化了。

從四方走過一箇牧場的叢密的樹林，就到了台東鎭，這是山脚下的街市，工廠有中紡針織廠，華北烟草廠等。至於中紡印染廠、化工廠、中蠶織綢廠，已與青島市區接近了。

越過四方北面的山嶺，眼底豁然開朗，又是一大片烟囱林立的工業區，像地氈似的舖在下面，膠州灣裏的藍海映着晴天，是這麼靜，這麼美！這時如果時間湊巧，正好山下的第三站沙嶺莊有一列火車開往濟南，它那不斷的白烟，環着海濱蜿蜒的爬行，就成了銀幕上指示地圖的活動箭頭，我們可以跟着它將青島外圍的大工廠所在點，一一看過去，在眼前最近的有中紡機械廠，它的任務是專管修製中紡各紡織廠的機械配件；近來更開始着手製造整套紡織機，以謀事業的進展，全廠分模型、鑄鐵、鍛冶、鍊鋼、螺絲、機械裝配、電機等部門，這最後的一部和全廠電力的管理，就是作者新負起的責任。中紡第四廠和經濟部的興亞紙廠。就在機械廠北面，他們在用電線路方面，與機械廠都有聯繫。

大家順着向前移動的白烟看過去，那邊一座立體建築，顏色外形與青島電廠有些相似的，就是中紡五廠發電所，他們發電除了供給自已的紗布兩場之外，還得輸送四廠，在電力方面，青島中紡大部分是靠自己，小部分才是取給於青島電廠的。

在五廠後面，常常看見銀色的鐵鳥在盤旋起落，那就是滄口飛機場，搭乘中航公司或中央公司飛機赴上海北平的，都得在此地候機，沿着一條柏油路，出了飛機場北面的大門，就是華新紗廠的花園和溜冰場。在去年十一月十一日以前，它還是中紡第七廠，現在已移交民營，作者曾和它相處八個月之久，所以提起來還是相當的眷念。

火車這時轉了灣，速度漸漸減低，因爲滄口站就在前面了，當它穿過兩片牆壁時，我們可以看到，一面是青島規模最大的中紡第六廠，一面是有兩個圓頂鍊鋼爐的經濟部鋼廠，第六廠的發電所，是隱在海邊的叢林裏，一部5,000 KVA，和一部6,250 KVA的渦輪，交替担負着偌大的重任——本廠，和華新第八、第九廠的原動力，六廠和後面的鋼廠，在動力上還有一層連環的關係，那鋼廠鼓風爐裏的 blast furnace gas，直通到六廠三十五噸的鍋爐裏，以產生蒸氣；而六廠發出的電力，也優先供給他們，可惜勝利以來，這家鋼廠一直停頓着，使我們無從親見這有趣生動的聯絡。

我們的活動箭頭，在第四站上休息了一回，立刻長嘯一聲，揹着萬千旅客，向前奔馳，我們立在山嶺上指東說西的一羣，看着它漸漸的遠去，白烟慢慢消逝在兩山之間，它指引我們參觀青島工業區的使命已經完成了。

這一期工程界的文章大多是關於土木建設方面的，因爲集稿及人事方面種種關係，出版又脫了期，這是編者首先要向愛讀本刊諸君致歉意的，現在本刊種種事務在整頓中，希望自下期起，不會常常誤期。

先把本刊的文章介紹一下：花園口堵復工程是中國戰後復員建設工作中的一件大事，這是有關幾千萬生命財產的大事，從事這項工程的人員應該拿出良心來，審慎從事，無論在技術觀點，或是在救濟的觀點；本文作者是從事該項工作的技術人員，親爲本刊撰作此文，而且貢獻了不少寶貴的資料，照片和地圖等，其名貴可知，希望各位讀者不要錯過這篇好文章。

關於華北大港口塘沽新港的挖泥工程是一樁有趣味而且有經濟意義的工作，作者姚貽枚先生，特地從華北寄此文給本刊，且又經專家顧汝楫教授審閱，更爲本期增采不少。

此外，還有江南海塘工程，滬西區給水問題，計劃中的大上海，青島工業區巡禮等文，都是親身從事該項工作的工程技術人員所撰作，均爲本身經驗與感想的結晶，這是本刊對於讀者的一些特殊貢獻；市工務局諸技協會友給予我們的幫助，編者謹在此致十二萬分的謝意。讀者如果有全樣性質的文章，不管屬於何種學科，土木機械，礦冶，電機，航空，紡織，鐵道……，只要是自身的經驗和心得，本刊無不樂予刊登。

爲了應讀者諸君的要求，本刊自本期起添闢機械工場小常識和新發明與新出品二欄，前者專刊有關機工工作法方面的知識和心得，後者蒐集各國工程師發明的事物，二欄文字以短小精悍爲要，讀者對於此種編法，如有意見，可來函編輯室，同時竭誠歡迎來稿。此外，下一期起，我們還預備添闢工程文摘和讀者信箱二欄，顧名思義，工程文摘是以簡短的文字來介紹工程專家的著述，而讀者信箱則是相互交換知識的媒介所，以前有很多來函，本刊因整理和篇幅關係，僅作個別答覆，此後，當有經常性的地位，公開答覆了，想必爲讀者所樂聞的吧？

下期要目，現在可以預告的是：滲碳合金的應用，鞋白料的製造方法，臨時的車床磨具，活動發電廠，怎樣預測短波無線電的周率，希讀者密切注意五月一日出版的本刊！

編輯室

——上接第12頁——

整套鋤斗均將落下，俗稱「落掛」，爲最困難之修復工作，故斗架不可下降過多。斗架上部均爲滿斗，經過上鋤軸，將泥倒於泥溜(Shoot)中，經泥門向船舷左方或右方倒出，傾入船旁之運泥船（Hopper Barge)；俟滿載後，用拖輪（Tug. Boot)拖至指定地點放泥，如圖七及圖八。

鋤鏈式挖泥船工作，較吸揚式爲繁複，不但本

圖7　由大沽一號泥溜中將泥倒入泥船中，每船容量爲120立方公尺

圖8　土星二號泥船放泥完畢，由新港二號拖輪拖同大沽一號再裝泥。

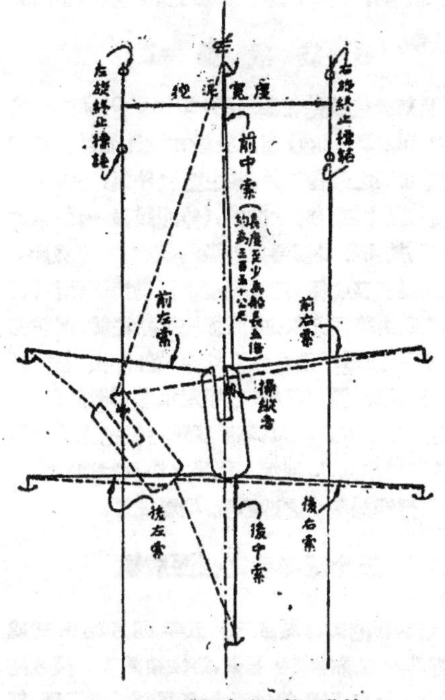

圖9　鋤鏈式挖泥船工作法

身工作須有條理，並對拖輪泥船之調度，均須有一定次序。同時放泥地點是否確切，尤須注意。關於該式挖泥船之操縱，亦較吸揚式爲難。船之前後各繫鋼索三條，共下六錨，如圖九，前進時緊前中索，鬆後中索；大左旋時緊前後左索，鬆前後右索，小左旋時，僅緊前左索，鬆前右索可也。右旋時反是。前進相當距離，即須隨時移錨，至於濬挖深度，可由斗架繫索示明，深度之確定方法一如前述。

抓揚式挖泥船

抓揚式挖泥船（Grab Dredger或priestmen），如新港之西沽一號，能力甚小，僅用以修整上述兩式之挖泥船不能到達之處，其構造計分三部：(1)抓之升降，(2)抓之啓閉，(3)抓之旋轉。如圖十一。工作時船身不必旋轉，僅需利用錨索拉力前進，試

圖10　船閘完成之日，大沽一號亦按計劃到達東口土壩開始決口

向左右移動，其抓泥方法與陸上掘挖機器相同。

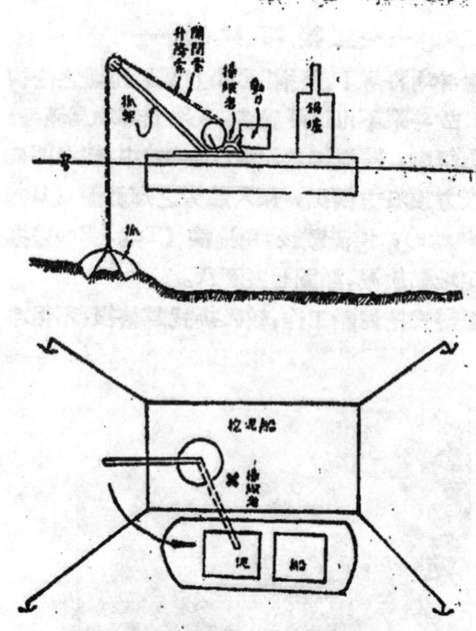
圖11 抓揚式挖泥船

自航吸揚式

自航吸揚式挖泥船 (Fruhling Dredger 或 Sea-going Dredge) 自航吸揚式挖泥船爲維持已濬航道水深之最佳工具，其主要機件爲(1)唧筒，(2)航行動力機，(3)水壓機，(4)泥艙及一泥爬，如圖十二。挖泥船於擬濬之航道內航行，放下泥爬，開動水壓機及唧筒，用高壓噴水打動海底泥沙，再由唧筒吸力將泥水吸進，而排於本船泥艙。泥艙充滿泥水後，上層較清之水自動向船外溢出，艙內存着均爲濃厚泥漿，然後駛往指定地點，開艙底之門放泥，其工作方式簡單，然船隻航行及挖泥同時進行，管理殊非易易。海河工程局之快利號濬利號，及上海濬浦局著名之建設號，均屬此型。

三十五年度之挖泥成績

塘沽新港工程局自三十五年四月始正式成立，經邢與華局長積極籌備，始恢復舊規。接收挖泥船共十五艘，計吸揚式者九艘，鏈鏟式者二艘，抓揚式者四艘。該項挑船均經破壞，經局中機械工廠陸續修理，先後修復者凡六艘。九月底濬埧工程隊成立，十月初正式開工，除港中之塘沽一，二，三，四號，大沽一號及西沽一號六艘挖泥船外，海河工程局更借予濬利號，快利號二艘，策勵技術人員二十餘人，工人四百餘名，日夜趕工，迄十二月中旬，船閘遂告正式通航，航道挖泥工程暫告一段落。現正疏濬第一碼頭前淤泥，茲將三十五年度挖泥工程之成績，記錄列下：

船名	工作地點	工作日數	疏濬時間	濬疏土量（立米）	每小時挖泥量	備註
塘沽一號	閘門東口航道中段	66	674:25	165210	246	
塘沽二號	閘門東口航道東段	74	698:20	98695	142	
塘沽三號	閘門西口航道	52	473:30	148316	312	
塘沽四號	第一碼頭	21	170:50	52300	308	
大沽一號	閘門東口航道西段	44	233:50	66730	282	
西沽一號	閘門西口航道	19	73:25	1695	23	
濬利號	主航道	41	271:50	160460	592	
快利號	主航道	25	242:55	82000	336	
				775,906		

陸上排泥管設置四條，如圖一，計

一號排泥管	1580公尺
二號排泥管	1803
三號排泥管	1807
四號排泥管	80
各支線	850
共計	5910公尺

排泥管之直徑均爲56公分，管長每節6.1公尺，管重每節爲1.5噸，總重約1430噸，下承15公分徑之木樁，共計8000根。排泥地帶圍埝新築3000公

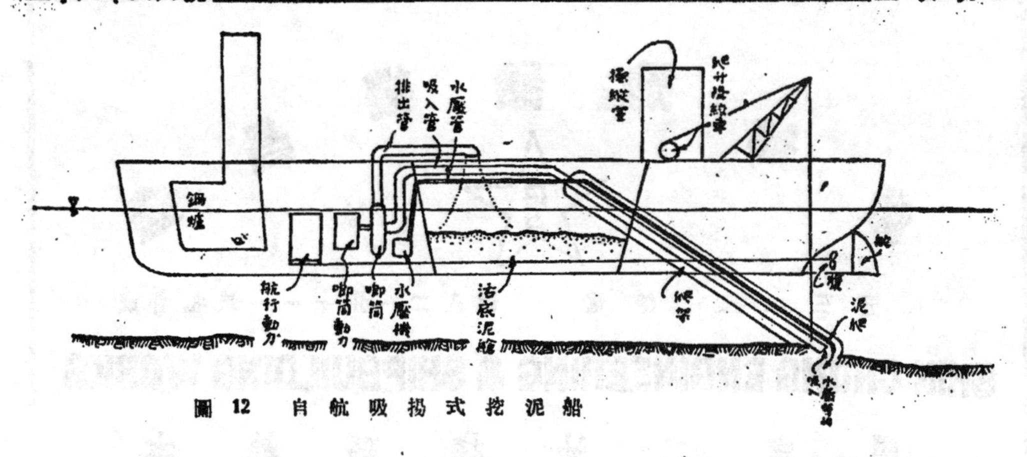

圖 12 自航吸揚式挖泥船

尺，浮動排泥管共150個，每節長80公尺，分配四船，各得三四十節不等。動力燃料一項，計消耗煤5,500噸；水 3,050 噸，電力 553,740 KWH，重油56,400 公升。其他零星材料約四百餘種，暫不列出。決算未完成前，尚未能統計工程總價及土方單價。

三十五年度所辦之挖泥工程，爲期凡八十日，挖泥775906立方公尺，航道加深二公尺，使達低潮下四公尺半。船閘航道寬度尚嫌不足，西口護岸及三角島旁之施工用堤，均未除去。第一碼頭前之停泊地情形最劣，現正日夜趕工，以期改善主航道，及船閘航道間接連部份之淤淺而免影響航行安全。

航道未來之展望

航道之水深能否保持，端賴如何阻止海河泥沙之流入，即當完成防波堤，使延展至大沽淺灘以外，始克有效。否則新港航道一如大沽淺灘航道，盡失其意義。現在新港防波堤完成部份，僅佔百分之四十左右，南防波堤仍有相當數量之海河流沙擁入，根據三十四年八月及三十五年八月之航道測深記錄，互相比較，計一年內航道中淤土達二百四十萬立方公尺，遠較此八十日內挖去土量爲多，故現在已濬航道之寬度，均不及計劃數量。筆者認爲現在新港航道疏濬工作殊屬虛擲，但爲維持華北航業便利起見，仍當勉力爲之，而防波堤之修築亦必須同時並進，方克完成築港使命。

——上接第26頁——

凍結一個細胞和描畫它的結晶組織，活細胞中的染色體不再是人類所無法研究的東西了。

微物操縱器用許多精細的金屬機件組成，大部份是鋼鑄的，它的外貌好似一具巨型顯微鏡裝着許多精細的附件。

因爲微細工具都要在顯微鏡下的標本上工作，控制這些工具就需要靈巧的接續器。

這件儀器的心臟是一只小的鋼針，兩端尖銳，鋼針緊密地配在一個套筒內，一端靠在一個用細螺絲調整的溝槽中，另一端靠在槓桿上，這槓桿就是用來遙控工具的。

用微細工具在顯微鏡下工作的好處普遍地明瞭以後，微細工作術無疑地會變成一個重要的學科。

現在尚無人能劃定它所能克服的肉眼不可見的世界的範圍。

平面皮帶盤之尺寸與傳遞馬力

盤面直徑(毫米)	盤面直徑(毫米)	軸徑(毫米)	傳遞馬力(馬力)	盤面直徑(毫米)	盤面直徑(毫米)	軸徑(毫米)	傳遞馬力(馬力)
50	40	10	.1	320	200	55	40
50	50	12	.2	320	200	55	40
63	50	14	.4	340	220	55	40
80	50	16	.6	370	220	55	40
80	60	18	.8	360	230	60	65
100	60	20	1.4	380	230	60	65
100	85	22	2.0	400	230	60	65
125	85	25	2.8	400	230	65	75
125	100	28	3.8	440	250	65	75
160	100	30	4.5	480	240	65	90
160	120	32	6	450	260	70	100
200	120	34	8	460	280	70	100
225	120	38	15	520	280	70	143
250	140	38	20	500	300	75	120
250	140	42	22	540	300	75	149
280	140	45	22	560	300	80	160
280	170	45	26	620	320	80	142
280	200	45	32	560	320	80	180
320	170	45	32	640	320	80	190
320	200	45	36				

註 傳遞馬力以轉速每分1000轉時爲標準轉速不爲1000時馬力依比例增減之

V形皮帶V形槽皮帶盤

1. V形皮帶之截面

依大小分 ABCDE五種尺寸見右圖 WXH及本頁第三表

2. 傳遞馬力與截面之選擇

截面 \ 馬力 \ 轉速	轉/分 1500	1000	750	600	500
A	5以下	3以下	—	—	—
B	2—15	2—15	2—10	7.5以下	—
C	15—100	15—75	7.5—50	7.5—30	—
D	40以上	40以上	40—150	40—125	40—100
E	—	—	75以上	75以上	75以上

3. 每根V形皮帶能傳遞之馬力

截面 \ 馬力 \ 皮帶速度	呎/分 1000	1500	2000	3000	4000
A	.9	1.3	1.7	2.4	2.8
B	1.2	1.7	2.3	3.2	4.2
C	3.0	4.0	5.5	7.5	9.0
D	5.5	8.0	10.0	14.5	17.5
E	7.5	11.0	14.0	19.5	23.5

註 已知負荷馬力及皮帶速度可由上表推知所需皮帶根數但計算負荷馬力時須酌增20—40%作爲過荷量藉資安全

4. V形槽皮帶盤截面尺寸

	WXH	W_1	W_2	h_1	h_2	D
A	1/2″×11/32″	5/8″	3/8″	1/32″	3/16″	最小3″
B	21/32×7/16	3/4	1/2	1/32	7/32	最小5
C	7/8×5/8	1	3/4	1/16	1/4	最小8-1/2
D	1-1/4×3/4	1-7/16	7/8	1/16	3/8	最小12
E	1-1/2×1	1-3/4	1-1/8	1/16	3/8	最小20

註 槽側斜角隨皮帶盤直徑而變在最小直徑(見上表)時約爲36°直徑極大時達40°

工程界應用資料〔電 3〕

普通鼠籠式三相感應電動機特性*

馬力	極數	起動裝置	特性 電流(安)	效率(%)	功率因數(%)	轉數(r.p.m.)	無荷載電流(安培)**	起動電流(安培)***
0.5	4	無	0.95	75.0	79.5	1400	0.65	4.75
	6	無	1.00	73.5	75.9	940	0.65	5.5
1	4	無	1.74	79.0	82.5	1410	1.05	9.0
	6	無	1.85	77.5	79.0	950	1.00	10.5
	8	無	2.05	75.0	73.0	710	1.21	11.6
2	4	無	3.26	82.0	84.5	1420	.80	17.5
	6	無	3.37	81.0	82.0	955	1.70	19.0
	8	無	3.60	79.0	77.5	715	2.00	20.5
3	4	無	4.75	83.5	85.5	1430	2.63	26.0
	6	無	4.95	82.5	83.5	955	2.26	27.0
	8	無	5.20	81.0	79.5	715	2.63	28.4
5	4	無	7.75	84.5	86.5	1440	4.1	40.5
	6	無	7.8	84.0	85.5	960	3.5	43.0
	8	無	8.2	83.0	82.0	720	3.8	46.0
7.5	4	Y-Δ起動器	11.5	85.0	87.0	1440	5.0	28.8
	6	,,	11.4	85.5	86.5	960	4.5	31.6
	8	,,	11.8	84.5	84.0	720	5.2	33.5
10	4	,,	15.2	85.5	87.0	1450	7.1	40.5
	6	,,	15.0	86.0	87.0	965	5.3	42.6
	8	,,	15.5	85.0	85.0	725	6.3	44.1
15	4	,,	22.5	86.0	88.0	1460	10.2	60.1
	6	,,	22.1	86.5	87.5	965	7.1	61.5
	8	,,	22.6	86.0	86.0	725	8.4	63.1

* 上表係近似值，實際值隨製造廠商而略異。

** 安培數係相當於線電壓爲380伏時之值，他種電壓之電動機中，安培數可依電壓之反比例推算之。

*** 如無Y-Δ起動裝置，則此等起動電流，均須乘以三。

上海郵政管理局執照第二四二六號
內政部登記證京警滬字第一七四號

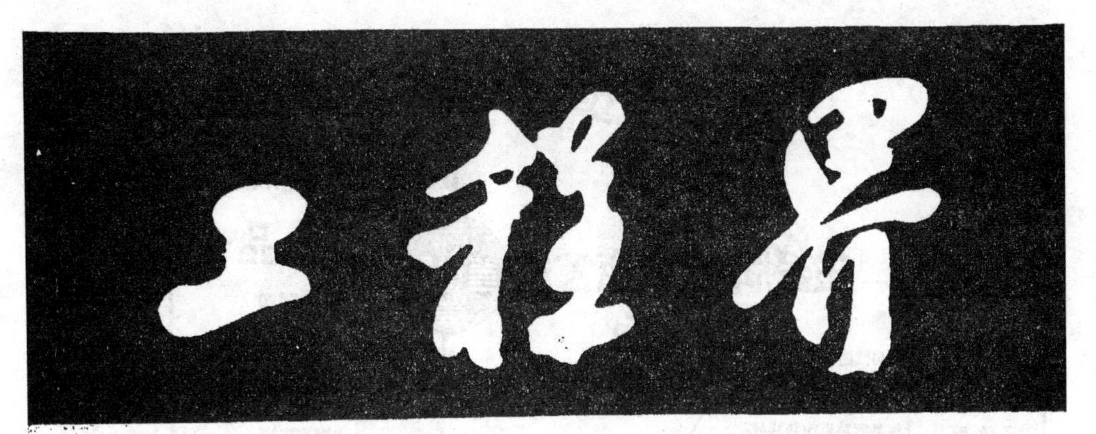

第二卷 第七期　　三十六年五月號

中國技術協會出版

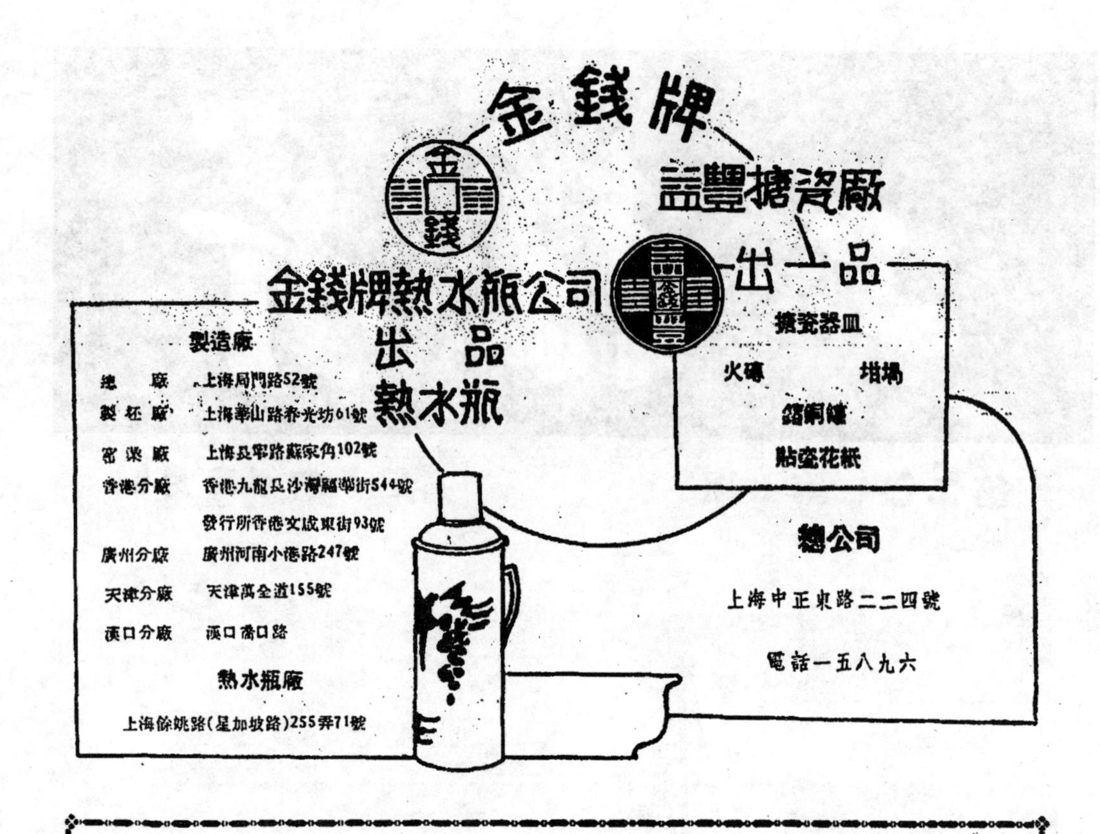
金錢牌
益豐搪瓷廠
出品
金錢牌熱水瓶公司
出品
熱水瓶
製造廠
總廠 上海局門路52號
製坯廠 上海華山路春光坊61號
窯業廠 上海長寧路蘇家角102號
香港分廠 香港九龍長沙灣福榮街544號
發行所香港文咸東街93號
廣州分廠 廣州河南小港路247號
天津分廠 天津萬全道155號
漢口分廠 漢口橋口路
熱水瓶廠
上海餘姚路(星加坡路)255弄71號
搪瓷器皿
火磚 坩堝
鎔銅罐
貼瓷花紙
總公司
上海中正東路二二四號
電話一五八九六

大統
大方被單
大統被單比衆柔軟細潔，辨别甚易，至於色彩鮮明，久洗不褪，尤為可愛，故精明人士，必購大統被單，蓋主婦一致贊美也。
一定是大統被單

註冊商標
華生出品
本外埠各電料行均有經售
華生電器廠股份有限公司出品
事務所 福建中路四三一至三號
電話 九八四三二至三號

通俗化的工程月刊

工程界

第二卷　第七期　　中華民國三十六年五月十五日出版

主編者
仇啓琴　楊臣勳　欽湘舟
發行者
工程界雜誌社
代表人　鮑熙年
上海中正中路597弄3號
出版者
中國技術協會
代表人　宋名適
上海中正中路597弄3號
印刷者
中國科學公司
上海中正中路649號
總經售
中國科學公司
上海中正中路649號

POPULAR ENGINEERING
Vol. II, No. 7, May 1947
Published monthly by
THE TECHNICAL ASSOCIATION OF CHINA

本期定價一千五百元
直接定戶半年六册平寄連郵九千元
全年十二册平寄連郵一萬八千元

目錄

華中唯一大工程 武漢大橋着手籌建

復員以來，華中建設唯一大工程——武漢大鐵橋已經正式着手籌建。由中國橋樑專家茅以昇，(籌建大橋總工程師)粵漢鐵路局長杜鎮遠（技術委員會主任委員）負責。關於該項大橋計劃草案，據茅總工程師意見：橋址採自武昌蛇山至漢陽龜山線爲宜，此線工程費較爲節省，全部工程費按照目前物價及外匯率估計，約需三千餘萬美金，時間需四年始能完成。至於經過漢水之鐵橋及公路交通須分建兩橋，鐵路橋在礄口碼頭上游成和昌絲廠附近，以便接平漢線，公路橋在近漢水出口處老興巷口中碼頭俾接近鬧市，分建兩橋均接活動式低橋。

三峽水庫卽可開始鑽探

承包三峽水庫鑽探工程之美國馬力森公司工程技術人員，R.E. Selby 塞耳拜（工務負責人），H.W. Jackson 傑克遜（總務負責人），A.C. Bogdanovich 鮑丹那維持(醫師)，George H. Fuehrer 弗勒（機械領工），C.L. Bush 布施（普通領工），Arnold S. Olsen奧爾森(鑽探領工)，Care S. Olsen 奧爾森(以下均鑽工)，Loslie J. Mutton 馬吞，GeorgeH. Hunson 韓森，Cecil R. Meanally 馬加諾雷(裝置工)等十人，由塞耳拜氏率領巳自滬乘「飛虎」隊機抵宜，此間三峽勘測處曾派員在機場照料。短時期內俟將運抵此間約二百噸之鑽探機器裝置完竣，卽可正式開始鑽探。惟本年洪水時期將屆，開工後僅能就壩基兩旁山地探測。至河床之鑽探，則須俟枯水季節來臨，方能開始。故渠等在宜工作時間，預計須兩年以上，始能完竣。目前該處最感困難者，厥爲追加預算迄今未由政院核下，致對工作之進度及範圍，均不免大受影響。尤以該公司工程人員抵此後，開支浩大。最主要者如油費(汽油・柴油・機油等)之供應，頗感拮据。

三種非鐵金屬 礦藏有枯竭之虞

全世界的銅，鉛，和鋅的礦藏是有限的。根據一九三五年到一九三九年間每年的消耗量來計算，美國全國的銅礦蘊藏只能夠維持三十四年；鉛礦只能維持十二年；鋅礦只能維持十九年。假定爲了平衡供求的情形，能夠使其他國家中的出產量增加，則美國以外的銅礦蘊藏也只不過能維持三十三年；鉛礦只不過能維持十七年；鋅礦只不過能維持二十二年而已。這些估計是相當正確的，至於新發見的，和以往不經濟而後來經過發展的礦藏，也許還可以抵掉一部分的蘊藏量的枯竭。

——Engineering and Mining Journal

偉大的機械工具展覽會

本年九月十七日至二十六日，在芝加哥航空站附近的道奇工廠中，將舉行一次世界上最偉大的基本工業展覽會——1947 年機械工具展覽會。所佔的場地將超過500,000 方呎，參加的有 250 家機械工具，鍛鐵機械，和其他金屬加工機械等的展覽，都將以實際運轉的姿態出現。

近一次的展覽會還是從1935年以來的第一次。它是由美國的全國機械工具製造廠聯合會（National Machine Tool Builders Association）所主持的。上一屆展覽中有六萬個工業巨擘和技術專家從全世界各工業國家中參加。今年也一定會有許多美國以外的來參加的。

——McGraw-Hill Digest.

火箭動力的特殊用途

火箭發動機在和平時代，無疑地也有廣大的用途，(請參考本刊二卷一期)，一只150磅的火箭噴射渦輪，直徑不到一呎，就能發出240馬力。用噴射動力來開動巨大的機器，或是使巨大的機器停止運轉，都是眞實可能的事，因爲有的渦輪需要1500馬力才能開動，而維持繼續運轉却只要500馬力就行了；這樣一來，開動時用了火箭昇壓器，可以把動力廠的大小縮掉三分之二!

火車的煞車作用如其利用了向前噴射的火箭，可以使每小時75哩的進行速率在360呎內停止，而平常所用的摩擦煞車則需要1450呎才能停止。

火箭動力也曾試用來解救陷於泥淖中的重卡車，以及幫助重卡車上坡道等等，都非常有效。

——Science Illustrated.

煤礦在地底下燃燒

難以開採或根本無法開採的煤礦，對它有什麼辦法呢？美國礦務局和電力公司合作，預備讓煤層在地底下燃燒，取它的煤氣來發生動力。先開成30至40吋厚，4呎闊的礦層，再把六呎直徑的橫管插進去。空氣從橫管的一端吹入，經過着火的礦層，於是壓迫煤氣從橫管的另一端出來。Business Week.

中國的都市橋樑

茅以昇

橋樑專家茅以昇博士，三月廿三日應中國技術協會之請在震旦大學作公開演講，本文即爲當時筆錄，茅博士曾設計建造錢塘江大橋，近組創中國橋樑公司設計武漢大橋及黃浦江越江工程，對於我國橋樑之歷史現狀及將來，知之最稔，研之最詳，本對都市橋樑剖析至精，且以浦江大橋爲例，尤值得讀者舉一反三，普爲推考。

都市橋樑概說

橋樑問題，範圍極廣。我人可以研究它過去的歷史，現在的情況，從而討論它將來的發展。橋樑的種類，拿用途說，則可分爲鐵路橋樑公路橋樑都市橋樑；拿形式說，則可分爲固定式活動式；拿材料說，則有木、石、鋼、混凝土等等，拿構造來說，則更有平橋拱橋懸背橋，連續橋等等，大抵隨文化的進展，人類對自然控制力的加强，橋樑的種類亦愈趨繁複。

但是，要研究橋樑，則必先討論都市橋樑。因爲在橋樑的發展歷史中，都市橋樑發源最早。都市的形成，既然是因了江河的關係，有了都市，當然也首先需要橋樑來完成它的交通網。並且，在從前，道路的功用僅在於聯絡都市，因此道路的越江處也都在大都市的旁邊，所謂道路橋樑，當然也就是都市橋樑。大凡每一城市的繁榮，與橋樑的多寡有着極密切的關係，近代文明愈進步，都市愈繁盛，它對於橋樑的需要也愈懸迫切。而每一都市，也均在想利用橋樑來表達每一都市的特點，發展每一都市的前途，由此可見都市橋樑的重要性了。

在近代，雖因道路的選線，已不盡着眼於都市的聯接，而自有其工程上經濟上一定的條件，都市橋樑與公路橋樑，也因之有了畛異。不過，在每一城市的都市計劃中，橋樑的重要性，仍爲顯然的。

中國橋樑的歷史

我國對於橋樑，政府方面從無一定的政策，社會方面更無深切的認識。修建橋樑，在一般的眼光，僅認爲是一種慈善事業，因此除了少數有遠大眼光的帝皇外，偉大的工程很難着手。歷史上的記載更爲殘缺不全，各地的通志上，雖然當偶有提起，但是對橋樑工程師的姓名，技術方面的記錄，都湮沒無聞，在研究我國橋樑歷史的時候，這實在是很大的遺憾。

我國的橋樑，就現時所能考者，其中有數座已遠爲外國當時所不及。如福建泉州之洛陽橋，係宋代建造，共四十七孔，長三千七百八十尺，所用石塊，每塊重達二百噸。以目前上海的設備及技術，搬運十噸重之石塊已相當不易，而那時竟已能以如此重大的材料，完成如此巨大的工程，當時技術的發達，由此可以概見。河北之趙州橋，爲一單孔長一百尺的拱橋，建造年代係在隋代，而其結構情況與近代的設計原則，完全相符：(一)形式係平式，中高僅十七尺，與其他我國流行的高拱橋不同；(二)構造係 Rib Construction，完全合於科學化。西安的渭橋，係秦時所建，爲世界上最早的石拱橋，成都的萬里橋，漢時建造，也爲歷史極早的石拱橋之一。其他如灌縣的竹懸橋，洛陽附近的天津橋，河北的蘆溝橋，蘇州的寶帶橋，揚州的廿四橋，也均各有各的特點，爲中國橋樑放一異彩。中國古代偉大的橋樑工程師們，雖然歷史多未留下了他們的姓名，但是輝煌的成績，却是永遠令人紀念的。

自從淸季末葉，隨着西洋文化的侵入，我國橋樑也開始受其影響，而開始有新式橋樑的建造，如最早的要數蘭州的黃河鐵橋，其後各大商埠所建的各式活動橋固定橋，都日漸發達，關於其發展的歷史，中國工程師學會出版之「卅年來之中國工程」一書中有較詳說明，此處不贅述了。

從浦江大橋看都市橋樑

要詳細研究都市橋樑問題，可以黃浦江大橋爲例，加以說明。

任何大都市，均有橋樑的需要，如上海，南京，漢口，重慶，南昌，在它本身的發展上，都需有橋樑的協助。當然，單就行人越江而論，還可以利用其他方法。以黃浦江而論，目前每天過江者約七萬人，假使將輪渡的設備管理改善，此問題可以予以解決。但是，這只是消極的應付方法，假使我們用積極的眼光來看上海的發展，就知道單恃輪渡是決不够的。現在浦西方面的人口密度，幾超越全世界任何都市，而浦東方面却又非常荒涼，一江之隔，文化幾相差一世紀，推究造成這種情形的原因，當然是因爲過去有租界存在的關係。但是，今後的上海，是不是希望繼續保持這種不均衡的狀態呢，還是希望浦東浦西能正常發展呢?假使我們希望浦東也能同時發展，希望從浦西移過一百萬的人口到浦東，那末這問題就決非輪渡所能解決，而必須借助於橋樑或隧道。所以，每一都市對橋樑之是否必需，其先決條件，就必須視該都市的都市計劃而定。

黃浦越江工程究竟採用橋樑抑係隧道，最重要者係視經濟情形而定。就施工方面言，兩者均各有困難，但均可設法予以解決。不過，建造都市橋樑，必須有一前提，就是一定要顧及都市存在的因點。以上海而論，它爲一商業性的都市，黃浦江爲它的生命線，因此爲黃浦建造任何越江工程，必須不妨礙其水上交通。假使建造橋樑，而欲求不妨礙水上交通，則可以建造高橋，但困難甚多，而其最大點在於引橋，譬如在外灘建造高橋，其引橋長度，幾至西藏路，沿引橋道路之兩旁建築及土地，就受嚴重的影響。高橋的優點，在使水陸交通均無妨礙，且因橋孔較長，橋墩較少，與江流也無大影響。活動橋在造價言最爲經濟，但對水陸交通均有妨礙。隧道的優點，在使水陸交通地面建築物均不受影響，在防空方面也較爲優良，但其建築費最貴，雙車道的隧道其費用超過兩倍於四車道的活動橋樑，并且管理困難，修理不易，爲其弱點。上述三種越江建築，優點互見，其選擇與決定，則須視每一都市的各種條件環境而定。

建築費用問題

事實上，黃浦越江工程最難解決的問題，還是建築費用。假使經費可以毫無問題，那末自可選擇隧道，使水陸交通及地上建築物均不受影響。過去一般人恒有誤解，以爲橋樑工程，是一種消費事業，並且是中央政府的責任，但是事實上橋樑也決不是消費事業，都市橋樑亦只是地方性的，應該由地方自行解決的。過橋是一種享受，每一個人自應盡應盡的義務。譬如黃浦江建築四車道活動橋每日有五萬人通過，每人收費五百元，則依現時物價，所有建築費用，十年就可還淸，美國的大橋或隧道，大半亦恃此項方式籌款。假使每個人都養成了這觀念，那末橋樑也就成了生產事業，而決不是消費事業，或是慈善事業了。

橋樑造成以後，土地上的受益，其數目也極可觀。如現在浦西浦東地價，相差幾達百倍，假使越江工程完成，浦東地價立可增高。此項所增之地價，即可抵付建築費，但是，土地所增價值如何予以徵用，則有關整個土地政策。而對任何土地方面的投機，均應該予以防止。假使此種集款辦法能够蔚成風氣，那末建造橋樑的經費問題，也就可以解決了。

後言

建造橋樑或隧道，最大的目的，自然是在於開展交通運輸，但是在無形方面，却有潛促進文化的功用。浦江工程假使一旦完成，浦東的文化一定能够追蹤浦西。假使全國各都市的橋樑都逐一實現，交通固然從此便利，全國文化也可因此而提高了。(楊謀記)

世界工程界名人傳

任鏗之生平及貢獻

潘承梁

世界文明日益進步，各種知識亦日益充實，故在今日工程與科學事實上已劃分爲二種領域，而於工程學領域內，復又分門別類，如土木、機械、電機……等，各司專職，分別研究發展。是以，現代之工程師，對於純粹理論方面，已不求甚解，如土木工程師，即不同時擅長於探礦冶金方面。然在一世紀前，工程師與科學家并無嚴格之區別，以一人而兼科學理論之發明，與夫實地工作之應用者，屢見不鮮，任鏗(William John Macquorn Rankine)氏則其尤著者也。

任鏗氏係英國愛丁堡人，生於公元1820年七月五日，其父爲鐵路工程師。任氏之早年初步教育，如數學物理等，即由其父親授，故其基礎甚佳，而對於將來學術之開展實有莫大之影響焉。少年時代曾先後負笈於愛爾學校及格拉斯哥中學。任氏之高等數理基礎則啓源自彼叔父所贈之牛頓原理一書。十七歲時，入愛丁堡大學，於福勃教授及傑姆遜教授之指導下研究自然哲學（即今日之自然科學），復在格蘭罕教授處修習植物學。在校時，因所著光之波動原理及物理研究法二文而膺金牌獎。

同時，任氏仍在其父親處習鐵道工程，後復爲麥克乃爾爵氏之門生，從事於水力及港口工程之工作，歷四年之久，即在該時發明現稱任鏗法之鐵路曲線定劃法，1842年，英女皇維多利亞首次巡狩愛丁堡，歡迎會中之燄火工程亦爲任氏所計劃。

任氏第一次之正式作品發表於1842年，題爲：「圓筒形車輪優點之試驗」；此外尚有在土木工程學會中得獎論文數篇，其中以「輪軸之折壞」爲最佳。

嗣後，任氏復從事於陸克及愛會頓工程師主持下之鐵道建築工程，凡四年之久(1844—1848)。其中彼嘗受聘爲業已計劃就緒之愛丁堡一里斯給水工程之工程師，但因是項工程爲愛丁堡給水公司所奪，故未始終。然於1852年，彼與湯姆遜仝受任爲格拉斯哥給水廠之工程師。

任鏗氏於1849年被選爲愛丁堡皇家學會之會員，仝時發表其物理研究所得之著作「蒸汽之彈性」。翌年，又在英國學會發表「熱力之機械動作」，及「彈性固體」二論文，遂被推爲該會A組書記。嗣後，關於熱力學方面之論文輒有發表，迄1854年，因其對熱力學上之貢獻，并獲愛丁堡皇家學會之「開斯獎章」。迨至1855年，復兼任英國學會G組會長，翌年得都柏林及屈立納的學院所贈之名譽博士學位；1857年任新組織之蘇格蘭工程師學會會長，1863年又兼英國學會A組之會長，任鏗氏之榮譽及地位，經年而彌永，更受學術界之推崇，遂被舉爲土木工程及力學教授，以終天年。

任鏗之晚年，因雙親先後去世，體質精力，頻受打擊，然仍鼓其餘勇，完成有價值之著作，如「戰艦設計之報告」，「低甲板無桅船之穩定性」及「帆船之穩定性」等。最後，於完成屈拉台斯登麵粉廠爆炸原因之報告後，即於1872年十二月二十四日遽然與世長逝，工程界與科學界聞訊莫不哀悼。

攷任鏗一生工作中，以熱力學及水力學二者，最有貢獻，而關於力學及材料力學之著述亦甚多。彼爲研究熱力學之先驅，馳名之「任鏗循環」奠定熱力原動機之理論基礎。後世工程學者，莫不需研讀精究者。此外波動之理論，與船隻之阻力亦爲彼研究題材之一。任鏗於材料力學方面有兩項特殊貢獻，一爲柱公式，一爲二軸與三軸荷承之最高應力理論。彼爲主張理論與實驗並重之最早之科學家。任鏗除科學外，頗喜音樂之欣賞，同時且作音樂研究如音波問題研究等。

夫以任鏗教授對人類貢獻之偉大，對學術貢獻之愷然不可磨滅，實較歷史上之英雄豪傑有過之而無不及，但世人但聞偉斯麥，拿破崙之英名與武功對埋首苦幹之工程科學工作者反不加注意其可謂平乎？

凡是新的技術，若是它底觀念改革得越是新穎，那
末越需要久長的時間，才會被人認識接受和應用。

滲碳合金——新的切削工具材料

捷克斯考達兵工廠 (Skoda Works) 研究工程師 Eugen Hirschfeld 原著

林 威 譯

滲碳合金 (Cemented Carbide) 是一種製造切削工具用的材料，效率比了高速鋼還要高，歐美各國的機械工廠已在應用，但在我國工廠中，採用的恐怕還很少，這一篇文章採自 American Machinist (1946年11月26日90卷20期)，說明這種材料的使用。現在，爲了使讀者明瞭起見，不妨先把它底小史和製造方法約略介紹於後：

在十九世紀末葉，亨利莫阿桑(Henri Moissan)用純鎢製成了碳化鎢，這是已知最硬物質之一，只是性質脆弱而組織疏鬆。到了1927年左右，有效的膠結方法發明以後，這種物質才有了相當的價值。嗣後，鉭，鈦，鉬及其他相似元素的碳化物也一一製成，於是把這些不同元素的碳化物混合，製成了各種品級的滲碳合金，分別適應各種特殊的切削工作。

製造的方法，是把一種或多種的這類碳化物和膠結劑(大多用鈷)磨成細粉，充分混和，在巨大的液壓力下，壓成毛坯，把毛坯加熱至1500°F，便結成像石墨似的一塊。在這種情形下，再把它加工成正確的形狀，不過必須放寬相當尺寸，以備下次收縮。然後把這坯子放在特殊的爐內加熱到 2500° 至 2900°F(視品質而定)。經過了這些手續，膠結劑就把那些碳化物膠結成一塊很硬的滲碳合金了。

滲碳合金的硬度和抗壓強度很大，不易傳熱，但是很脆，所以它不能像高速鋼一樣夾持在刀架上，必須要銲接或鑲嵌在鋼塊上面。

如果旋有馬力巨大的電動機和堅固的刀架，滲碳合金便可很有效地應用在單一用途的機械上。至於其他的機械，則必須重行設計，方才可以充分利用滲碳合金工具的優點。

滲碳合金應用到鐵削鋼鐵和非鐵金屬上時，可以大大增加工作機的生產。不過，它們的影響不但及於高速鐵削時對物質方面的貢獻，同時，滲碳合金的發明和應用，也使得工作機的設計和使用方面，必需有很大的改變才行。而且，爲了處理每部機器多出來的材料和廢屑起見，工場的規劃，和工廠的組織上，都發生了難題。所以，滲碳合金的利用，不但成爲一個技術上的，同時也是管理上的問題。

滲碳合金有些什麼優點？

在金屬加工方面，滲碳合金有着下列的優點：

1. 增加切削速度而減少加工時間(自300%至1000%)

2. 減少工具的修磨和掉換時間，及修磨費用。

3. 節省鎢和其他相似元素的用量，因爲在滲碳合金中，它們的效能有很大的增加(約爲高速鋼中的8至1倍)。

4. 增進生產物的品質，並且簡化製造程序。

5. 增加每一機器的生產量。

6. 削去同量金屬，所耗的動力較少。

既然被加工材料的强度可以增加，較高的切削速度也成爲可能而切合實用。動力的需要自然更大，但對於較堅韌的鋼加工時，結果可以得到更大的效率的。

圖1是應用滲碳合金時，切削速度，切屑斷面積及所需動力三者間的關係。這種鋼的抗張强度(Tensile Strength)每方吋有到100,000磅，切屑斷面積(chip cross section)爲一定。

切削阻力的改變祇和切屑斷面積有關，例如：當切割0.0016方吋斷面積的切屑，用高速鋼在每分鐘65呎的切削速度時，需要1.36匹馬力，若用

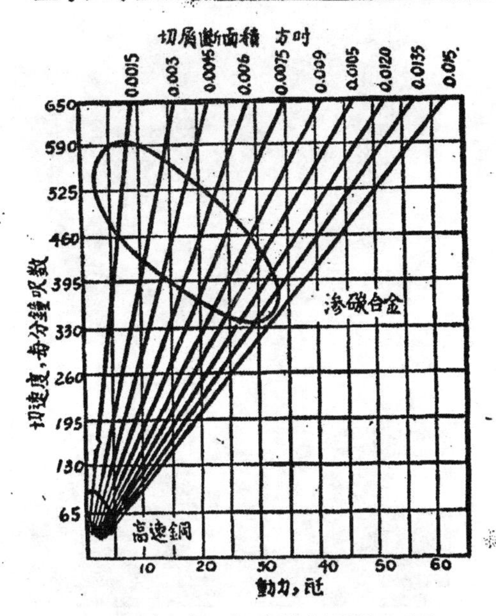

圖1 應用滲碳合金時切削速度切屑斷面積及所需動力間的關係

滲碳合金在每分鐘400呎時，則需要7.5匹馬力。

當切割0.008方吋斷面積的切屑，用高速鋼在每分鐘60呎的切削速度時，約需3.5匹馬力，若用滲碳合金在每分鐘330呎時，則需23匹馬力。

需要新的工作機

分析這些切削速度和動力的記錄，很明顯地，必需要有高速度和動力較大的新式工作機才行。舊式機器的弱點，在切削時，都顯露出來了。

用高速鋼作深切削時，如果由發電機或皮帶所供給的全部動力都被用盡的話，那末即使用滲碳合金，也不見得會得到更高效能的。滲碳合金只不過能幫助減省間接費用(節省工具的開支)而使錫的利用更完美而已。如果能够把切削速度增加，則由於切削阻力係數減低的關係，製成品的品質可以增進，而動力的消耗也可減少了。

滲碳合金也可以用在舊工作機上，不管它們舊得如何，但是，在使用前必須把心軸 (Spindle) 的空隙調準，皮帶綳緊，潤滑油加得充足。假如這些工作機是齒輪箱車頭 (Gear Headstock) 而動力較大的，則也可適於半粗削的工作。

在一般工場中的工作機裝排情形，機齡若不逾三十年以上，在正常的組織之下，大概60到70%的車床和六角車床上，都可能使用滲碳合金作爲工具。如果不全部利用滲碳合金，則雖可以節省不少和金錢，但是也得付出相當的物資代價，人力，和時間來使它進入工場。

滲碳合金鑽頭很適宜於鑽鑄鐵，青銅，大理石，玻璃，塑料，和輕金屬等。鑲嵌滲碳合金片的三角鑽 (Flat track bit 或 Pointed drill) 可用於鑽淺短的孔。因爲心軸不需要高速度，所以差不多所有的舊機器上，都能用鑲嵌滲碳合金片的鑽頭。

雖然滲碳合金在第一次世界大戰時，已經有人介紹過，廣泛的應用，還祇是近幾年內的事情。的確，一種新的技術思想，不單是放在它的發明者的心裏就够了，同時也得放在應用者的心中。所改并的觀念越是新穎，越與通常的實踐及理論相左，

圖2 1920年的切削工作機

圖3 1930年的切削工作機

圖4 1940年的切削工作機

那末越需要遙長的時間，才會被人認識，接受和應用。

在一般人的心目中，談到高速鋼的切削速度，進給量及動力，和滲碳合金的這些比起來，有着很大的差異。這種心理上的改革，正像由馬車進步到汽車，汽車進步到飛機，一樣的困難。工作機設計到能够適應滲碳金，還祇不過是最近幾年內的事情。

機器必須够堅牢耐用

現在，我們把各年份所製同式和同尺寸的工作機，大概比較一下如，1920年的(圖2)，1930年的(圖3)，和1940年的(圖4)。在1920年和1930年中，機器的結構和動力的大小，差不多沒有改變，祇有1940年的(圖4) 工作機，才適合應用滲碳合金，它的樣子很新，而且每部份的設計都可以稱到是盡善盡美。特點是刀架，刀架座，車尾座，床面，床脚等結構組織的堅强。雖然這一種工作機的重量保持不變，但是動力却大了三倍。

在高速度時，車頭一發熱，就會影響到機器的準確程度；改進的方法，是把傳動部份放在機器的下部，所有的軸承都要用滾珠或滾子軸承，自動加油，而且潤滑油要時常冷却。例如加工於一直徑2.36 吋的工作物，在這種新式機器上，可以達每分鐘790呎的速度；在較舊式的機器上，就祇能達每分鐘300呎至330呎的速度了。

用滲碳合金在非鐵金屬上加工時，切削速度須高至每分鐘 3000 呎。如作深度切削，尤其是鋼，需要較大的動力。爲了適合以上各種條件，在今日萬能式的機械，產生了技術上的困難，同時增加了機械的複雜性和價格等問題。這樣，還是製造較有力但結構較簡單的機器來得好。

滲碳合金對工作機械的影響旣然這樣重大，因此使得那些傳統式樣的機器，被那些構造緊凑，動力更强的新式機器代替了。這類新式機器，如圖5所示，即使在粗削的時候，也可以完全利用滲碳合金。

近代的技術發展，及其範圍廣大的計劃，工作產品的集中化及專門化，使得大量生產的方法有很大的發展，加强了單用途生產機器的重要性。因爲有了這種增加生產量的要求，在最近幾年內，將使這種强力的機械有更重要的發展。

圖5 動力更強的新式工作機

但是在速度和進給量方面，範圍較大的萬能式機械，依然能够保持它們的地位，因爲那些紛岐不同的工作上少不了它們，同時，還有許多加工程序，是不能應用滲碳合金的也需要它們。

滲碳合金在機械工場中的發展，實在已經越過了初步時期。它們已經在車床和六角車床上獲得了地位。同時在過去幾年中，鑽床，銑床，和鏜床等也都逐漸增加應用，甚至在龍門鉋床上也採用。在以後的幾年內，這些工作機的發展，無疑地也將受到滲碳合金的影響。

滲碳合金和這類工作機的發展，對於計劃新的機械工場時，必需要鄭重攷慮。因爲一則工具所耗動力較大，同時，經過工場的廢屑和產量也必然增加，這樣就一定會影響到工廠的計劃。

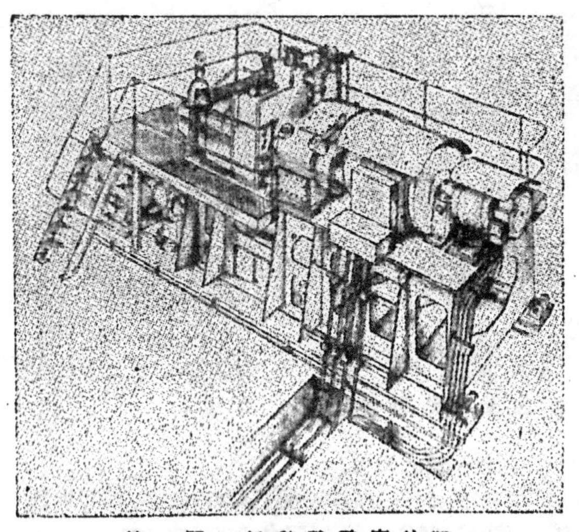

第一圖　活動發電廠外觀

第二次大戰的恩物：

活動發電廠

·趙忠孝·

最近上海浦東電氣公司及揚子電氣公司戚墅堰電廠，自英國購到2500瓩渦輪發電機各一套，業已抵滬卸岸。揚子電氣公司的一套，已裝列車四節，運抵戚墅堰發電所，即將發電，以供應無錫常州一帶工業區之需要。

這種渦輪發電機裝置緊湊，運輸便利，故有活動電廠(Transportable Power Unit)之稱。該項活動發電廠能迅即裝安發電；以後需要遷往他地，仍可拆卸搬運，是第二次大戰的產物。英國某著名電氣製造廠，在戰時製造是種電廠甚多運往蘇聯。確實具有種種便點，值得向國人介紹。

活動發電廠，容量爲500瓩，全部設備可裝成二大箱：一箱包括渦輪發電機和冷凝器及其附屬機械，祇須裝置於附近有蒸汽及冷水供給之處，即可發電，另一箱則爲配電板設備及零件備料等。其重量連包裝在內；第一箱$15\frac{1}{2}$噸，第二箱$3\frac{1}{2}$噸，全部設備僅重19噸。確屬輕巧易搬，運抵目的地後，祇須短時期之整理裝配，即能發電。活動發電廠裝置完成後之外觀，如第一圖所示，其全部機械安置於第四圖所示特製之結構基礎上。此基礎係由鋼板焊接而成，重量旣輕，而極堅固，且不受機器振動之影響。底部可裝置輪盤，以便將全部機械隨意搬移。

蒸氣渦輪與冷凝器相連。渦輪爲單汽缸高壓衝擊式，速度每分鐘6500轉，進汽瓣方面之蒸汽狀態爲表壓每方吋214磅及溫度518°F. 低壓端由一橫樑支持，高壓端由齒輪箱支持。其轉動子有輪六道，前三道鍛接地軸上，後三道則以榫扣住地軸。第一道葉片爲速度複級式，其他五道爲單純衝擊式。汽櫃在高壓端汽缸蓋之上，裝有油壓式自動調速器，以控制蒸汽吸入。噴口有二組，一組在負載在350瓩以下時作用，另一組較小之噴口當負載超

第二圖　吊車上已完成之發電廠

第四圖　活動發電廠之結構基礎

過 350 瓩時開啓。然在汽櫃上另有一特製之裝置，使較小一組之噴口在輕負載時即行開啓，則在半負載以下，效率仍高。當速度過高時，有一緊急裝置，急速作用，關住蒸汽，使渦輪發電機全部立即停止運轉。

冷凝器爲表面式，冷却面積，爲450平方呎，位置在渦輪之下，其外殼爲結構式，與渦輪汽缸之低壓端外殼相連，在最大連續發電量時，冷凝器之眞空爲27.5吋汞柱，其循環冷水之溫度爲68°F，每分鐘流量935加侖。附屬於冷凝器之循環水幫浦，屬直立式，冷凝水幫浦屬離心式，二者連在同一軸上，由渦輪傳動。冷凝器中之空氣，則由蒸汽所作用之二級式空氣噴射器抽去，該器二級皆具冷却裝置，其冷却用水，吸收蒸汽中之潛熱，增加溫度後，作爲鍋爐給水，而注入鍋爐中。又爲增加循環冷水壓至49呎之水頭起見，在冷凝器進水端另裝一加壓幫浦以24匹鼠籠式電動機傳動之，如第二圖左下方所示。

以每分6500轉之渦輪，傳動每分1000轉之交流發電機，賴一組雙螺線之齒輪爲之，其齒數之比爲6.5比1，渦輪之軸與小齒輪，藉爪牙式聯結器接合之，而交流發電機之軸與大齒輪之接合，則藉用一固定式聯結器。齒輪外殼係以鋼片焊接而成，在軸承處另裝上蓋，故可使齒輪外殼（gear box）之構造極輕，便於移去，以檢查齒輪狀況。齒輪箱更裝以加壓潤滑裝置，使牙齒及承軸皆受到渦輪潤滑油系統之浸潤。

交流發電機爲500瓩，（625仟伏安，功率因數爲0.8）400伏，3相，50週率，速度每分1000轉，故有六個磁極，如第五圖所示，爲轉動磁場式，通風由裝於轉子上之風扇驅動，空氣由勵磁機端吸入，而於渦輪端排出。發電機及勵磁機之外殼上罩以鐵板以防水滴於其上。如第二圖所示，靜座軛 yoke 以生鐵鑄成，其內圍之稜肋經刨光後，開有鍵槽，然後將整張圓形矽鐵冲片夾成靜子框而裝入。靜子之線圈爲鑽石，導線之絕緣採用B級絕緣料，線圈在模型上製就後，嵌入開口槽中，再在眞空中乾燥，最後加壓力用瀝青料浸漬之。

交流發電機渦輪及附結之磁極，係矽鐵冲片夾成，以螺絲固定於轉子軸 Exciter 上。線捲用粗大之銅條，用B級絕緣料，勵磁機之軸與發電機轉子之軸相接亦，由螺絲固定之，勵磁機之另一端則懸空，勵磁機與發電機間有一袖式軸承（sleeve bearing），係以渦輪牙齒箱流出之油潤滑之。

第三圖　將近完成之側示圖

勵磁機爲一標準分繞發電機，裝有補極及小形之累積鎮定線圈，俾使在廣闊之電壓範圍內安定運轉勵磁作用，由一磁場電阻器控制之，及一自動電壓調整器調整之，發電機之滑圈，則裝置於勵磁機換向器之旁，極爲近便。（試看第五圖）發電機及勵磁機之出線頭裝有接線匣，以備接線之用，而24匹之電動機則有一直推上之開關，以司運轉或停止。

配電板及配電裝置皆包括於一鐵皮棚櫃內。如第六圖所示，共包括四組控制裝置，分別管理發電機，勵磁機，及四路饋電線。另有一同期檢定裝置附於配電板之旁，見第七圖之左端，全體結構頗爲堅固，可由起重機舉起，再擇定地點放下，配電板背後有門可以下鎖。除掉發電機之隔離開關，必須以絕緣棒撥動外，其餘開關皆有扳手裝於配電板中段，由槓桿傳動，且每具扳手皆可下鎖。輸出線的中和線，無論通地或絕緣均可。匯電排之容量，則足够供給二套500瓩發電機輸出之用，以備二座發電機之 operating in parallel 並聯運轉。發電機之控制板，包括油O.C.B.開關，電表及其附件。油開關之容量爲1000安裝三具，過載繼電器 over-current relay 及一具近地電 earth-fault relay，每具繼電器各有一定時遲 time-lag 熔絲相並聯，及一

第五圖　500瓩交流發電機之轉子

“ON”與“OFF”指示牌。電表計有安培表，功率因數表，瓦特表及瓦時表四種各附以變流器。勵磁機之控制板包括分勵磁線圈場之電阻器，碳堆式電壓調整器及一組閘刀 knife suitch 開關與熔絲。電壓調整器並可用以補償電機負載之功率因數，然亦可不接入。渦輪發電機之附屬機械如循環水升壓幫浦，打風機，電燈及二路準備饋電線之控制器均裝於勵磁機之控制板上；其他二組控制板各有二路饋電線之設置，每路供給125瓩之電功率，其設備包括閘刀開關，熔絲，安培表與變流器，及中和線令克。

第六圖　鐵皮製配電板

此項活動發電廠，全部設備裝箱後，並附牽預備配件與工具，共合爲二大箱。載於拖車上運往遠處。如果裝配發電後不擬再行搬動者，則可用混凝土基礎，成爲一平常小型發電廠，於必要時二套發電機可以合併而聯並運轉之。

家用電器耗用電量一覽表

1.	電熨斗	400瓦
2.	電土司器	450瓦
3.	電熱水器	450瓦
4.	電墊子	50瓦
5.	電水汀	600—300瓦
6.	電吹風	500瓦
7.	電吹塵器	160瓦
8.	電灶（小型）	500瓦
9.	電烙鐵	75—200瓦
10.	電冰箱	300瓦
11.	電爐灶	5500瓦
12.	收音機	30—75瓦
13.	電鐘	2瓦
14.	電風扇（枱式）	50瓦
15.	日光燈（3,4呎）	30—40瓦

（阿鏢）

鞋白的製造

程文騏

春光明媚，白色的衣履又出現在街頭，對於白色鞋帽的除垢去污，白色鞋膏鞋粉的需要是很大的，這裏我們來談一下此類鞋白料的製造法：

鞋白是一種白色顏料的懸濁液，它的製造很簡單，不需要加熱，普通只把擴散劑黏合劑和其他水溶性的原料先溶在一只水容器內，再竭力地攪動加進篩過的白色顏料，有時，白色顏料需先以少許酒精浸濕，來幫助擴散，膠狀機也可應用，但並不是必需，如果用酪素，先在水裏使它膨脹，然後溶在含有氨，硼砂或者純鹼的微鹼性水中，再把它注入已加擴散劑的水溶液裏。

鞋白的成分有10—20%的白色顏料，從前用得最多的是立德粉，也有硫化鋅，沉澱石灰，和石粉，現在差不多都改用氧化鈦來代替，以上各種原料有時也還有用做顯色劑的。

顏料的選擇不必過分的重視，氧化鈦像 anatase, rutile, water dispersible 等幾種都可採用。他們的遮蓋，分散，耐光，結塊等性質都不同，又不能互相變換，所以一定要分別應用。

溶媒中大部份是水和少量含顏料的黏合劑，生成薄膜的黏合劑主要目的是使得白顏料在鞋上生成一層不易擦去的薄膜，並且不使麂皮和司威皮的毛絨褪掉。

黏合劑還有使鞋白不易被水或肥皂水洗去，及不致因長期擱置而結塊分解的作用。普通用黏合劑，大概是肥皂原料，天然或人造樹膠，水溶性的蛋白質，或者一種綜合的表面生成劑。

其餘，鞋白還含有一些皮革柔滑劑，填面劑，隱蔽性的氣味和防腐劑。

柔滑劑通常用牛趾油或羊毛脂 (Lanolin) 目的在延長皮的壽命補充因擦刷時皮中除去的油質。

填充劑在黏合劑中並不一定必需，要看黏合劑的性質而定。

隱蔽氣味有時用香料，也有用鞋油中的氣味劑的。

防腐劑也隨黏合劑而定，最普通是用氯化酚，和對氫氧安息酸酯，有時也用甲醛。

下面兩張配方是市上鞋白的近似成分。

(1)		(2)	
甲纖維	5%	紅油	4%
紅油	2%	硼酸鈉	2%
氧化鈦	13%	硼酸	2%
滑石粉	3%	酪素	0.5%
石粉	1%	氧化鈦	13%
水	76%	水	78.5%

鞋白的製造，看來簡單，但是最怕腐壞和結塊。

腐壞是醣和蛋白醱酵的現象，變味、褪色、發生氣體，這是防腐劑不佳，或者不够的結果。

結塊原因有兩種：一種是生成一層不易散開的軟膜，還有一種是搖盪後立即和水分而爲二，清水在上，沉澱在下。理想的鞋白搖盪後應該保持相當時間的乳白狀。

對於使用者講，優良的鞋白應具有下列的各點：

1. 施用便利。 2. 顏色潔白。 3. 不易擦落。這樣就需要一層薄而牢黏的膜，膜太厚使皮容易裂開。

其次鞋白應當微呈酸性，以免防礙皮的鞣劑，肥皂的微鹼性普通的商品也有用的，但是像磷酸鈉之類的鹼性劑就不宜應用，當然太多的油類也要避免。其他，像貯在瓶內時，不致因長期露光而變色，濃度的勻稱容易傾倒。對麂皮不致褪去毛絨，對光皮擦後有光澤。不難爲肥皂水洗去等都該注意。

直到現在市上還沒有一種理想的鞋白出現，因爲適合一個條件，每每影響其他的條件，例如最白的顏料就容易擦落。完全不分出沉澱的就不能經久，這種缺點是還待我們研究的。

鞋白的研究下面是須要注意的幾點。

鞋膏的耐久性同時須顧到，膏管的腐蝕，鞋膏的變色、變硬、濃度變薄和液體分離等。

再有對高溫、低溫、細菌、震盪、曝光的影響等。

天氣就要暖了，我們在等待新型的鞋白出現。

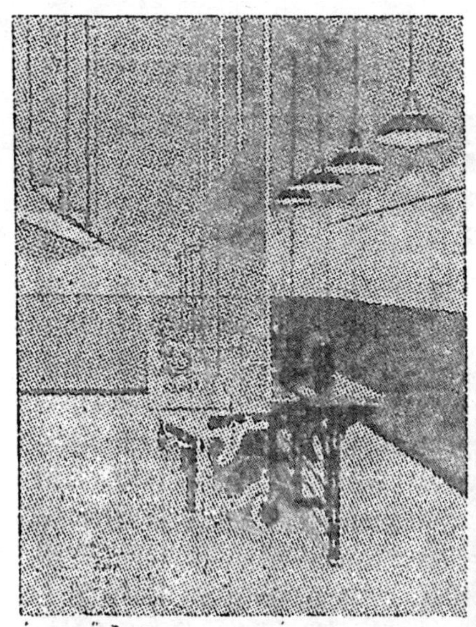

工業與藝術

科學還是需要精細的手藝來幫助。下圖：一熟練的玻璃技工正在運用他的手藝，製造一套儀器內所附連着的螺旋形管子。

工廠的照明和施色，據近年來的研究，能改善工人工作時之環境，可以增加生產效率。上圖：左邊用熒光燈照明，機器漆淡綠色，工作枱漆淡灰色，牆脚刷青綠色；試與右邊老式工場比較，其空氣之和諧增進幾何？

工程畫刊

現代國家所正在計劃修築之道路，對於我國簡陋的道路不啻是一個嘲笑。

——椽 編

電子的玩意兒

左圖：英國廣播公司在倫敦亞力山大公園爲廣播無線電影而樹立之鐵塔，其上裝有兩組天線，一上一下，藉以分別傳送影像與聲音。該塔自1936年11 月起即開始廣播，至1939年9月因戰事停播，直待1946年方始恢復。

本期封面

即上述鐵塔之仰視圖

無線電影

無線電影在歐美各國現在已由試驗階段進化到實用階段了。右圖即是將來可能爲一般家庭所購買的無線電收影機，應用7吋至10吋大小的放映管。放映管是一支陰極射線真空管。遠處的影像先分析成許多强弱不同的光點，再轉變成許多强弱不同的電波，收取後，變成許多强弱不同的電流，按照原有的相對位置，放出許多强弱不同的陰極射線，放射到螢光屏上而成像。放映管的作用倒過來，就成爲攝影機，可以把一切影像轉變成許多强弱不同的電流紀錄。電子顯微鏡的原理亦可由此衍伸而得，不過所用的陰極射線特别來得强大罷了。

電子保存食物

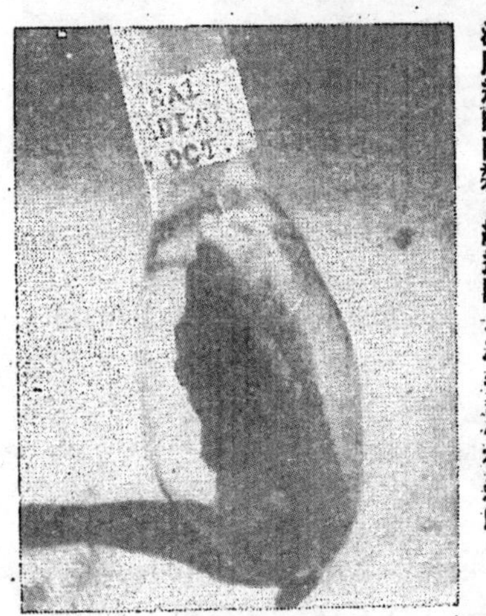

巨大的電子脈動衝擊，不消百萬分之一秒，即可使食物內的腐菌停止作用。左圖：經電子巨流照過的肉類，經過四月之久，依舊新鮮。

無線電話

在活動的汽車上亦可任意通話了。

雷達的心臟——脈動管（Magnetron）

雷達需要高頻率電波來探索目標，近世所倡導的高頻率電熱法也需要應用到高頻率電波，脈動管便應運而生，它是創造高頻率電波的心臟。當一直流的脈動電流通到陰極或絲極上時，陰極放射電子，這跟普通的真空管一樣，但過後便不同了。電子的徑路爲四周的電磁石所曲折，變成螺旋的曲線。迨其趨向至陽極之圓空隙內，即在圓空隙的週邊引起高能力的脈動電流，而由一圓空隙內之銅環引出此項脈動電流，以便應用。就 W.E.700號的脈動管來說，所需輸入的平均能力是120瓦，但在頂峯時所放出的高頻率波其能力約抵 100瓩，其力量可以想見。所謂高頻率，現在可以到達10,000百萬週波以上。

ANODE 陽極

ELECTRON ORBITS 電子徑路

CATHODE 陰極

脈動管之內：螺旋線表示電子受外在電磁石影響後之徑路，虛線表示電子流動之大概情形。

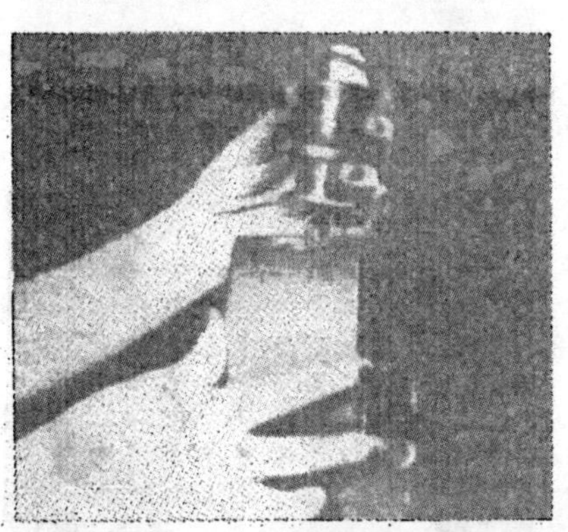

高頻率的脈動電流由此銅環引出

陽極放入陰極內

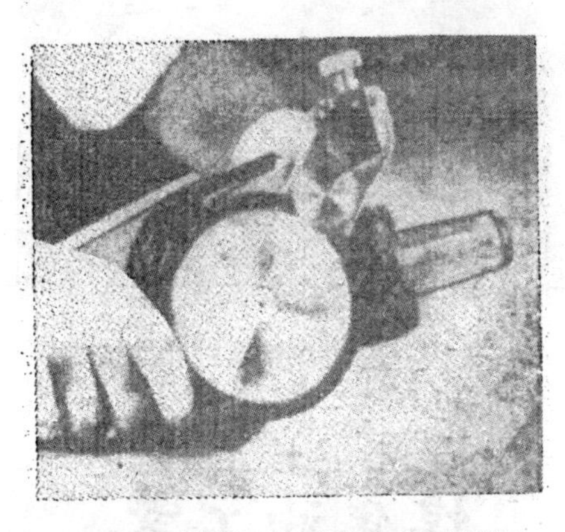

調頻脈動管，加上一套齒輪，頻率可以變化。

裝上蓋子之前

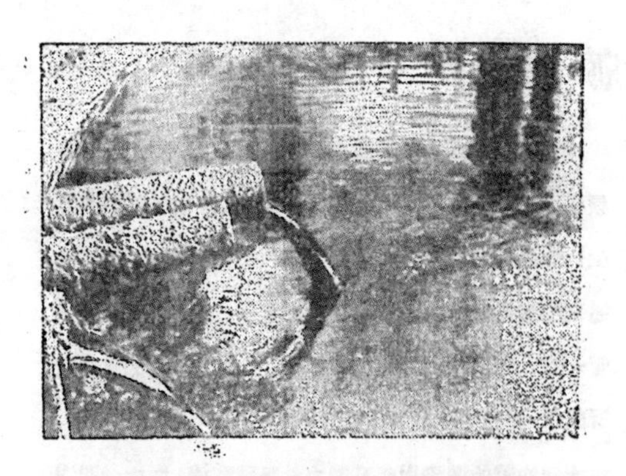

上圖:煤氣廠之煤焦油正打入一蓄積池內,以此爲原料,可以做出成千成萬種的化學製品。(參閱本刊二卷四期德國工業備戰的故事一文。)

上圖:硫酸亦是煤焦油工業的副產品。

煤焦油工業

下圖:高逾100呎之苯塔,苯在其中由煤氣分離而出。

下圖:副產物之一,硫酸錏,可用作肥料,正預備裝出。

新發明與新出品

最大的氣渦輪發電機——在瑞士這一個工業發達的國家，因為水力的充沛通常的電力廠均用水力發電，惟在戰爭時期因欲避免空襲，於1940年曾建築了一個地下發電廠，那是用汽渦輪發電機的，地址在腦亥恰得耳(Neuchatel)，容量是4,000瓩，熱效率為18%。現在為了免除冬季缺水而影響電力不足起見，又在建築一座世界最大的氣渦輪發電機了，預計在今年冬季可以使用，地址在朋早(Benzau)，總電力可達40,000瓩，共分二組，高壓組驅動一具13,000瓩的三相發電機，低壓組發動27,000瓩的發電機。據計劃者鮑候博士(Dr. B. Bauer)聲稱，將來此種發電廠之電力價格，即使油費甚昂，亦不較水力電為昂云。

愛姆斯的輕便硬度計——最近愛姆斯精密機械廠 (Ames Precision Machine Works, Waltham Mass., U.S.A.) 出了一種僅重二磅的手攜輕便硬度計，可以量出物料透入程度的深淺，以測其硬度。它共有二個頭子，金剛石頭子是用來量洛克威爾C標硬度的，球形頭子，則測較軟的B標硬度。

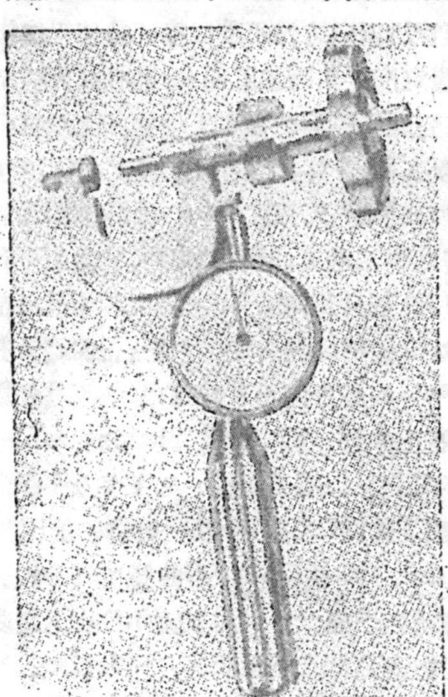

加壓力時，用螺旋固定再以砝重量打擊，使頭子穿入物質，這壓力便使架子跳動，影響表尺，指出相當的硬度。

新的"氧弧"切穿術——氧乙炔吹管是可以切斷金屬的，但是現在美國費城的阿可斯公司(Arcos Corp.)却發明了用電弧和氧氣併合起來的切穿術，用這一種方法可以切斷或穿破各種合金鋼、不銹鋼、鋁、青銅、黃銅、生鐵、蒙乃爾、與鎳合金……等金屬；尤其對於非鐵金屬和不銹鋼。在這方法中，需要一根特別的吹管，氧氣從管中吹出，電弧則在被切金屬與管端之間發出，利用所發出的極强熱度，即可切斷金屬。電源交直流均可應用。

祇有87磅重的新式一噸起重滑車——美國的發丁公司 (Whiting Corp., Harvey, Ill.) 最近出一種新式的羅拉鍊輪起重滑車，有½,¾及1噸的容量，一噸的一種只有87磅重量。它底起重機械是利用一組雙重減縮的蝸輪傳動法(Worm Gear Drive)，并有自動加力的制動裝置。裝有馬達一只，控制的機械是一根手柄（圖中右方）。它不但可以起重下面吊著的東西，還可以吊掛在上面的東西。

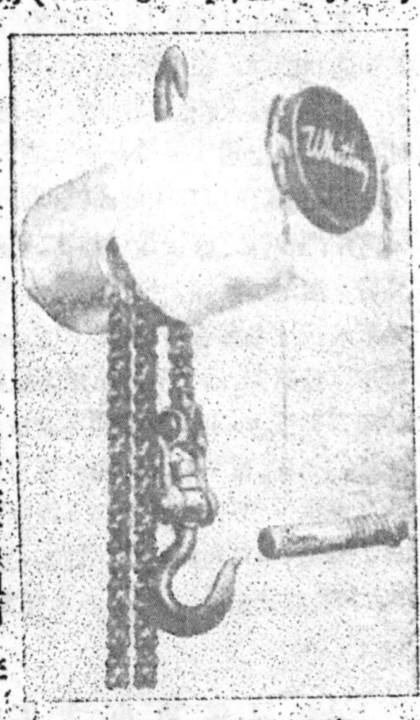

利用電子學原理的新型飛機汽油表——英國發明的新型飛機汽油表是利用電子原理的，它不像普通浮子式的汽油表，所以即使因飛機在上升或下降而影響汽油水平的升降時，它也能準確地把汽油箱中的汽油容量和重量紀錄出來。此外，氣候和濕度，飛機的高度等等都不會影響到準確性。又因為在汽油箱內是沒有可動的機件，所以運用和裝置更為便利。此種汽油表有四個單位，油箱機件，整流器，電源器，與指示表。圖示為汽油表的正面和內部圖。

電子學在氣象學上之應用

鄧振煐

概論

電子學在氣象學上之應用始自1923年，當時美國通訊部隊，在米哥克(Mc-Cook Field)天空有一裝置小型火花式發射器之氣球出現，該球方位可由地面上環狀天綫接收器測定之。此法優點不論晴雨日夜，以及雲層高低，均可採用，且可代替直角經緯儀之直接用視綫追隨氣球，以測定各高層之風速與風向。氣象學上經常需要有關高空大氣狀況之各種報告：例如溫度，濕度，風速，風向以及其他氣象。最早風箏上繫帶紀錄儀器，以後更用氣球與飛機，但皆受時間高度或氣候之限制，不能迅速可靠。電子學之應用，不但解決上述困難，並且能進一步，確定雷電區及降雨區之地位，最近火箭發明，更可將探測器之範圍，擴充至大氣之頂層，其發展正未可限量。茲將各種電器測探器分述如下：

風速風向之探測

探測風速風向之儀器，最普通者爲 SCR-658 無綫電測向接受器。探測時氣球下懸一週率397兆週之超短波發射器，氣球上升，所走路綫可由SCR-658接受器追隨之。設接受器位於O點，P爲氣球上升地位，Q點爲P點之平面投影，則由接受器可測得方位角A，及仰角E。高度H可由氣球上之電波訊號測得。一金屬膜氣壓計直接控制發射器之屏極電壓，當氣球升至某一定高度時，氣壓降低至某一數值，屏壓來源斷絕，發射機即停止作用；氣球再行上升，氣壓繼續降低，屏壓又通，如此紀錄每次電訊通絕之時刻，即可知任何時刻氣球之高度H，圖中OQP爲直角三角形，OQ之長度爲HcotE，是故Q點即可確定，今接受器每一分鐘測向一次，即每分鐘可得一Q點，圖二爲P點行程之平面投影，Q_1Q_2……代表每分鐘所得之Q點。當氣球在O點時，其高度爲零，以後沿OQ曲綫行走，高度逐漸增加。今就Q點言之，設其高度爲H，則該高層之風速風向可以矢量V_7代表之，即風向爲V_7所指之方向，風速爲V_7之長度，實際求時，因OQ曲綫不易畫出，即以矢量Q_6Q_8之半作爲V_7，其他各高度之風速風向亦可同樣求得之。

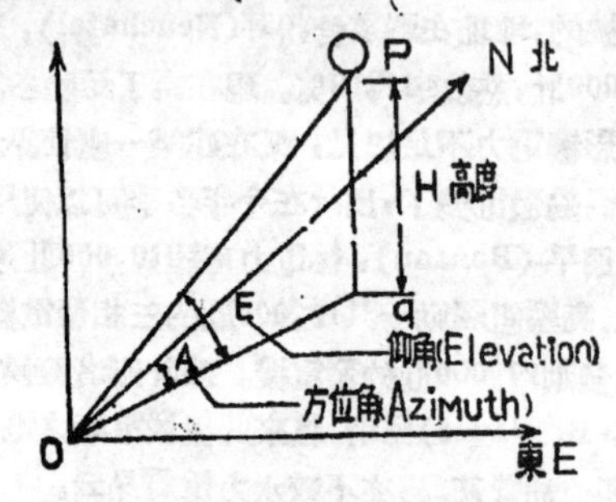

圖 1　氣球方位測求原理之圖解

接收機之構造如圖三，方形之平面爲天綫可用二手輪調節而指向任何方向，當測向時，管理人員眼看陰極管所現出之像而動二輪，終使天綫指向氣球，天綫定向之原理如圖四，普通板狀天綫所收得之信號强度，隨發射機對天綫之相互地位而定，如發射機在X點，其收得之信號强度，可以OT之長代表，如在M點，則强度爲OQ，曲綫A即爲普通板狀天綫之訊號强度曲綫，本來此曲綫即可利用之以定方向，蓋只須轉動天綫，直至收到最强信號時，即可知天綫指向發射機之方向，但曲綫A在T點極爲平坦，如此方向不易精確，如將天綫分爲上下兩半，將上半加一調向電纜(phasing cable)則曲綫可移向上方而成B曲綫，如下半加一調向電纜，則曲綫下移成C曲綫，今設發射機位於D點，先用B曲綫收到OS强度，再用C曲綫收得OR强度，此二强度相差極大，可用以指示管理人之動作，轉動天綫，直至此二强度相等，則發射機必在OX綫上，亦即天綫直指向發射機，事實上，旣有仰角與方位兩種活動度，故SCR-658上將天綫分爲四份如圖五，先是以X-X綫分爲兩半，以定仰角，再以Y-Y分以定方位角。各天綫部分之加減調向電纜，則以一週轉開關管理之，收得之信號强度

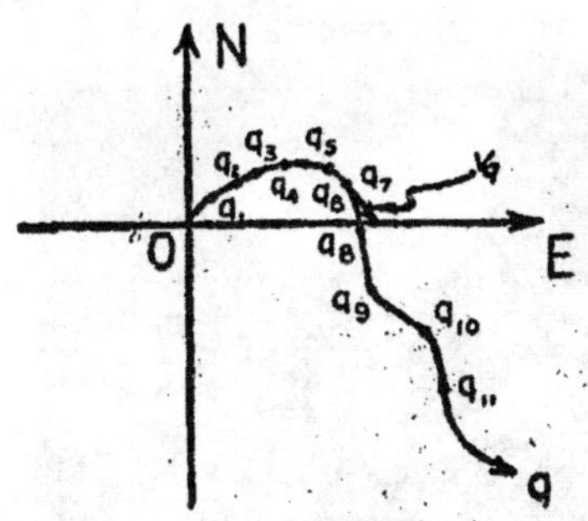

圖 2　氣球行程之平面投影圖

矢量V_q之大小及方向卽表該點之風速及風向

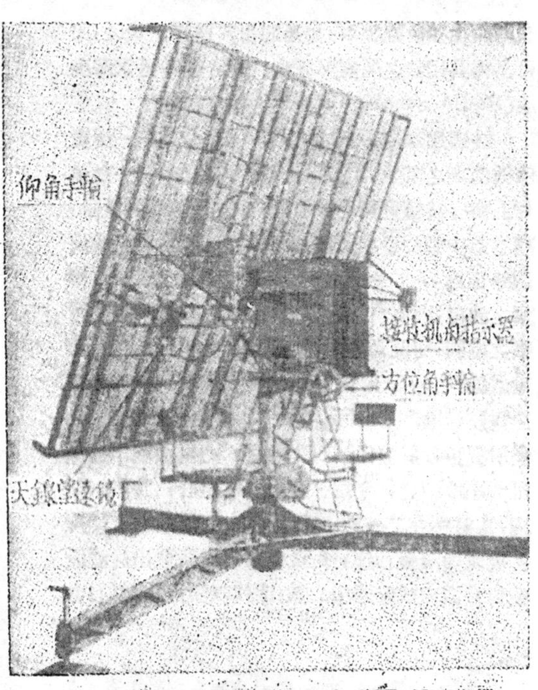

圖 3　用於探測風速風向之 SCR-658接收機在任何情況下（多雲或黑夜）均可正確迅速收得空中氣球發出之訊號

差，經放大後，示於一陰極管之幕上，管理者只須將四種信號調節到一般强弱，卽知天綫正對氣球，而可讀取仰角與方位角之數值矣。

測風儀器之種類甚多，SCR-658或所謂勞溫(Rawin)式者乃爲最常用之一種，槪論中提及氣球架帶之火花式發射機，及地面利用環狀天綫之接收機，應推爲其最早者，其後，1928年曾有人在福特孟蒙(Fort Monmouzn)利用125米波長之眞空管發射機附於氣球上應用，1937年於同地用一100呎長之金屬綫懸於氣球下，而以雷達追踪之。此後又有用兩個「雙極」(Dipole)反射綫裝成直角形，懸於氣球下，地面用雷達SCR-268追踪之，可探至極高之高度，用雷達追踪氣球，可直接測得氣球與接收機之距離，不必由氣球報告所在之高度。其準確性甚佳，所生誤差角度最多爲一度，距離爲200碼。此外尙有利用微波(Micro-Wave)之雷達數種，自動追踪氣球之行踪，氣球所帶之反射器，亦演變成四角形之摺面(爲圖六)，對微波反射性特佳，可測至十萬碼之距離。

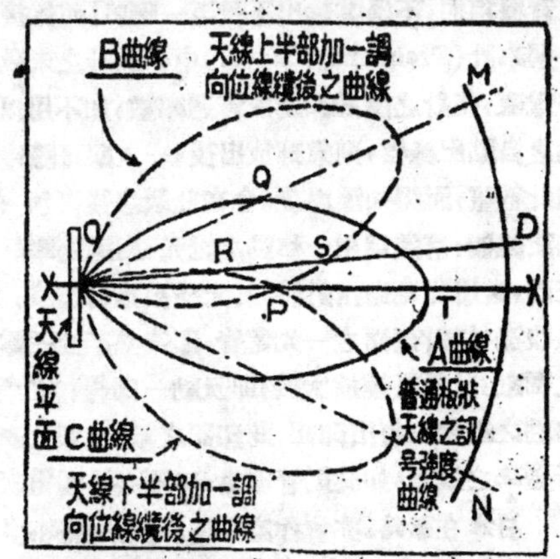

圖 4　接收機天線之定向原理圖。如由B,C二曲線所收到之訊號强度相等時(卽P點)則發射機必在OX線上，卽表示天線直指發射機。

溫度濕度之探測

溫度濕度之改變，常可使一無綫電綫路中各種常數產生變化，如一發射機綫路中之常數有改變，其發射電波之週率亦隨之而變更。在氣象學上探測高空溫度，卽係將一發射機由氣球帶至上空，

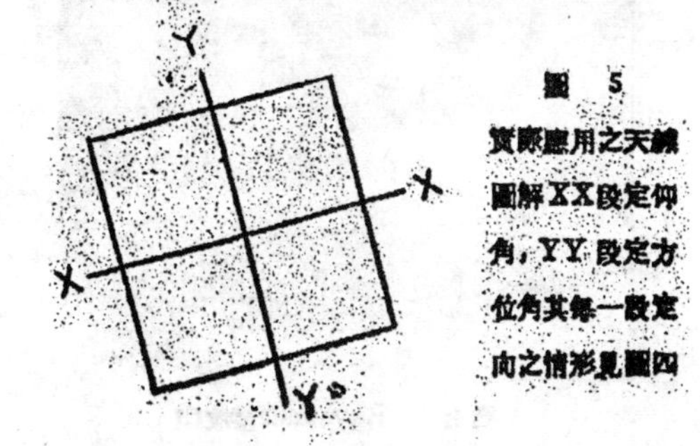

圖 5　實際應用之天線圖解XX段定仰角，YY段定方位角其每一段定向之情形見圖四

在地面由接收機收取，如是則由其週率之更改，即可求得其相當之溫度與濕度。今將美國雷電華壓達(Radio Sonde)測溫濕機大略描寫如下：

該機用以度量溫度之單位(unit)，爲一溫度係數極高之電阻，用以度量相對濕度者，爲一玻璃片上塗有特種鹽類之膠狀體，此玻片兩端之電阻，隨空氣中相對濕度之變更而變更。發射機之電波週率恒爲 72.2 兆週，其發出之電波爲一段一段檻續之波組，因眞空管之振盪，受隔極(grid)上負電壓之控制，而此負電壓，在眞空管停止作用時，漸漸減低，而恢復至工作點，其恢復至眞空管能作用之電壓範圍內之時間，係受一串連之電阻控制，故發射機每秒鐘發出波段之數目，完全由該串連電阻大小控制之，今用一金屬膜氣壓計，帶動一開關，當氣壓在某一數值時，即將上面所述之著溫度之電阻與隔極相連，則此時發射機所發出之波段數目，或曰成音週率之數，即代表溫度之數值，當

圖六　用於氣象探測之氣球及其所攜帶之多角摺面反射器。此式反射器，對微波之反射性特佳，可測至十萬碼之距離。

氣球上升至另一高度時，氣壓計將量濕度之玻璃片與隔極相連，則此時發出之成音週率即代表濕度之價值，今將此兩溫度電阻，不時調換插入發射機綫路中，即可將各種高層之溫濕度完全測出也。

雷壓達(Ray Sonde)之接收機，大致與普通收音機相同，不過其輸出不接至一喇叭，而係接入一週率計(Frequency Meter)中，此計之末級爲一電表，指針之讀數即爲成音週率數，如不用以下述之自動記錄器，則氣球放出後，一人即可隨時筆錄此數值，而得知溫濕度。今在此級之後再加一自動記錄器，構造爲用一移動之燈光，射過週率計之表面，當燈光走過指針時，其光棧被指針遮沒，而後復亮，指針後面之一光電管，即突然產生一電流之衝動，此衝動經放大後，即吸動一印桿，在漸漸移動之紙帶上打出印記，此印記之地位，即代表成音週率之數值，如此則管理者，可不必注視電表。

日本在戰時，亦曾作空中溫濕度之探測，其度量溫濕度之單位，亦頗巧妙，溫度用一普通水銀溫度計，外加一金屬套，溫度改變時，水銀在套中進出，二者間之電容量亦隨之改變(如圖八A)，濕度則利用毛髮之伸縮，而帶動一電容器之動片(如圖

圖七　Raysonde接收機

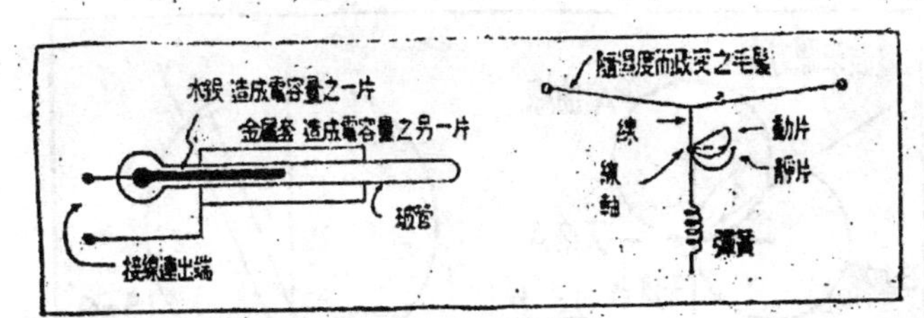

圖八 A——日本採用探測空中溫度之原素——相當於一水銀控制電容器。

圖八 B——日本採用探測空中濕度之原素——相當於毛髮控制電容器

八B)，因而電容量隨濕度改變。

雲底高度與雲層厚度之探測

雲底之高度，對飛機降落安全，有極大關係，記錄氣球隱入雲中之時間，即可求得雲底之高，在晚間則利用一探空燈垂直向天空照射，在地面另一點用經緯儀觀察，雲上光點之仰角，由簡單之三

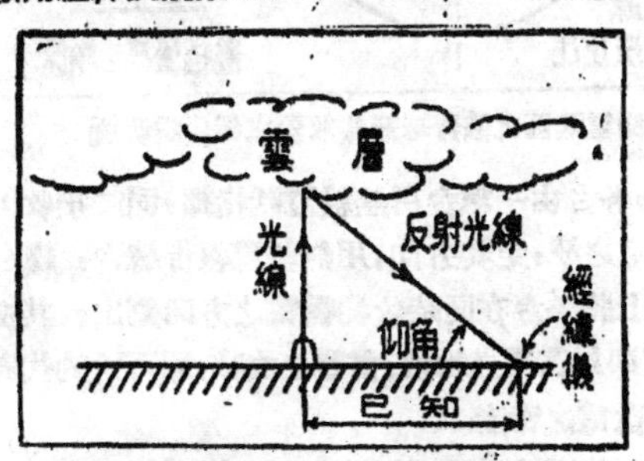

圖九 由光點之反射求雲底高度之圖例

角，即可知雲底高(圖九)，此法於白晝時不適用，因白日無法看見雲上之反光。電子學於此又有一貢獻，其法爲於探照燈上，加一迴轉之圓盤，盤上有漏光之孔，當圓盤以一定轉速轉動時，探照燈之光即一閃一滅，以一定之週率向雲層照射，今在經緯儀之目鏡處，裝一光電管，輸出則連一放大綫路，當放大綫路之輸出中有與探照燈同一週率之信號出現時，即表示經緯儀已指向雲底光點之號，即可讀出仰角之數值矣。

雲層厚度可由上面所言之溫濕度之結果而推算之。日本則另用一測雲頂高之單位，隨氣球放出，當氣球升至超出雲層時，由光度之突變，而使發生之訊號週率突變，如是求得雲頂高度，如雲底高度已知，則雲層厚度即可求出，其構造如圖十。用相同兩金屬片，一塗黑色，一塗白色，當太陽光直接射到時，兩金屬片之溫度均較陽光由雲層中射下時爲高，但黑色吸熱較完全，故溫度較高，金屬片因而伸長，而將電容器之一片推之向下，電容量因之改變，而使訊號週率隨之改變矣。

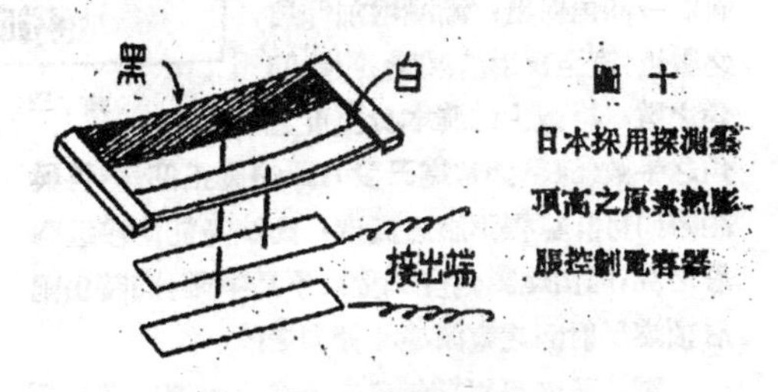

圖十 日本採用探測雲頂高之原素熱膨脹控制電容器

降雨區及雷電區之探測

微波(Micro-Wave)爲極短之無線電波，通常僅數糎長，普通之無綫電波，能透過空中浮懸之水滴，而不受其阻隔，但微波射入雨滴中，即被反射而折回，利用微波此種性能，即可探測附近有無降雨區域，此種探測之工作，即由特種之雷達担任之，其原理與一般之雷達相同，由發射機發出之電

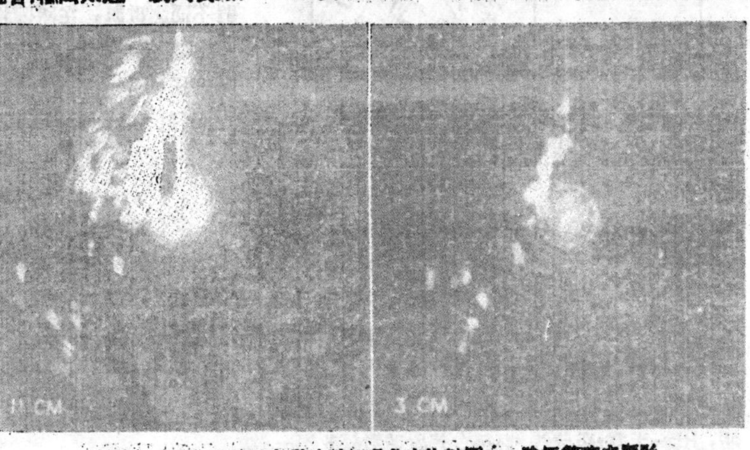

圖十一 波長不同之微波反射現象之比較圖——陰極管幕之顯影

波向四週掃射，每次發射歷時僅百萬分之幾秒，如微波在某方向遇水滴折回，即在一陰極射綫管之幕上，顯示出光亮之區域。微波之波長與透入降雨區之深度頗有關係，波長越大透入愈深，波長愈短愈淺，圖十一爲一用11糎與3糎微波探測同一暴風雨區域之結果，11糎凡探得雨域之全部面積，而3糎則僅得離雷達所在地近邊之雨區邊緣，但因3糎極易反射，靈敏度則較高。

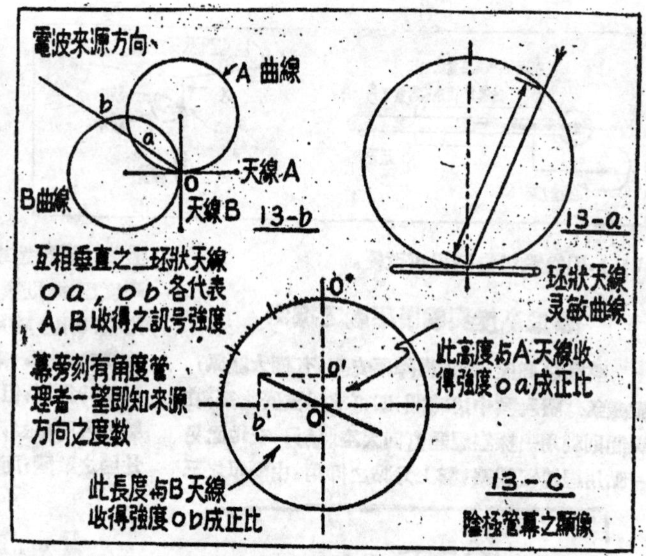

圖十三 探測雷電區之儀器球形接收器之部分說明圖

降雨層之高度，亦可用雷達測之，方法爲將發射波向上與地面成一仰角射出，漸漸增加仰角之數值，直至反射消滅時，記錄仰角之數，再減去電波本身寬度之角之半數(波寬通常爲三度)，即得眞正仰角，再與距離即可計算得雨層之高度，此法僅能測較近雨層之高，因雷達對角度測量，不易準確，同時由雨層頂端反射回之電波亦極微弱之故。

雷達不僅可以探得已在下降之雨區，並可探得空中剛凝成之雨滴，由此可以早十五分鐘至數

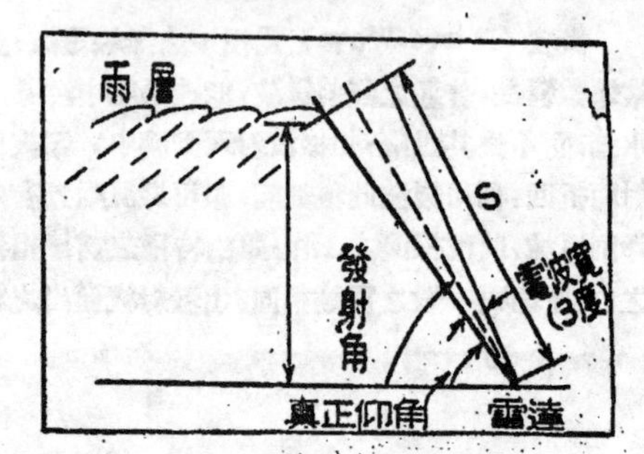

圖十二 測求降雨層高度原理之圖解

小時，預先知道何處即將降雨，對航空安全貢獻甚大。

探測雷電區之儀器爲球形接收器(Spheric)，原理如下：

雷電之本身即爲一組包括各種波長之電波，每閃電一次，電波即發射一次，球形接收器即接收此波，並測定其方向，今設欲測中國境內各雷達雷區之地位，則可在境內各地設立測台數處，如昆明，上海，天津，重慶等地，每台裝置球形接收器一具，各台由一總台用無綫電話指揮，同時接收天空雷電之波，定其方向，用無綫電報告總台，總台在圖上將各台在同時收得雷電之方向劃出，其交叉點即爲雷電之地位，雷電之次數，即可大約代表該域雷電之密度。

球形接收器之構造如下：用兩個互成直角之環狀天綫，接收雷電電波，每個綫圈接得之電波，經放大後，各自接到一陰極射綫管之水平曲折板或垂直曲折板上，環狀天綫收得電波之强度，隨環狀天綫所在之平面與電波來源之相對方向而改變，今用兩個相垂直之環狀天綫接收同一來源之電波，其所收到電波之强弱，常有差別，今用此强弱不同之電訊，在兩個相垂直之方向曲折陰極管中之電子流，故結果管幕上之光綫，成爲一經中心點之任意直綫，此綫之傾斜度，即代表電波來源之方向(見十三圖)。

結語

氣象之於航空，猶如耳目之於人體，我國航空事業，方興未艾，對氣象之探測，實不可不加注意，電子學於此方面之應用，乃開闢一新天地，其前途之發展，正未可限量也。

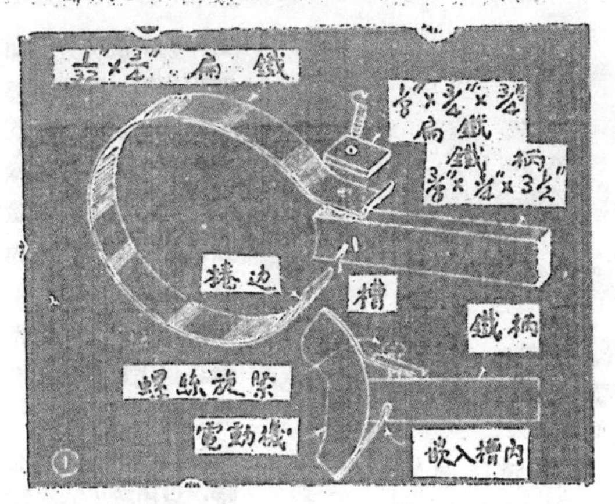

圖1:　磨具鐵柄製造法詳圖。

機械工作小常識

臨時的車床磨具

同高

在設備完善的機械工場中，磨工 (grinding) 利用磨床(grinding machine)。但是在沒有磨床的設備時，也有車床上用磨具 (grinder) 來作磨工的。尤其在製造小零件時，不但需要準確，而且更需要表面光滑；這時，便不得不應用高速的磨工了。小磨具大多拿在手裏使用，雖然並不笨重，但總不是一件便利的事情。磨工用的小電動機的速率，竟有高達每分鐘 20,000轉的。圓件細磨如果要像鏡面一般，這種高速率特別合用。小磨具配上普通的鑽頭軋套(drill chuck)，然後把它裝入一個適當的鐵柄內，就可成爲一個極好的車床磨具。磨具鐵柄的製法，可以按照圖一。

心軸磨得像玻璃一樣亮

這種臨時的磨具可以做許許多多頭等的工作，其中之一就是製造心軸(mandrel)，如圖二所示。選取鋼質圓棒一根，在車床上把它鏇到比所要裝入的孔眼大0.001吋後，再將複式車刀座 (compound rest) 置於約0.5度的位置，如圖二所示，沿工作物方向進動磨具，切割每呎約0.01 吋的斜勢。以同樣的行刀架 (carriage) 位置，用磨輪再磨過一遍。然後用硬油石和油把工作物的表面上細磨一下。就心軸而論，光滑比硬度來得更重要，但如其是用在生產工作上，就須把兩端的中心軸承面加以表面硬煆了。

介紹一個迅速割玻管的方法。

把玻璃管割成一片片的間隔環，是一樁簡單而迅速的工作，如圖三所示。一塊磨盤漸漸切入玻璃，所發生的熱量便把它切斷了。如果玻璃管不易割下來，可以用一個刷子浸在冰水中後，把它輕輕刷下來。

鋼管是圓的嗎?

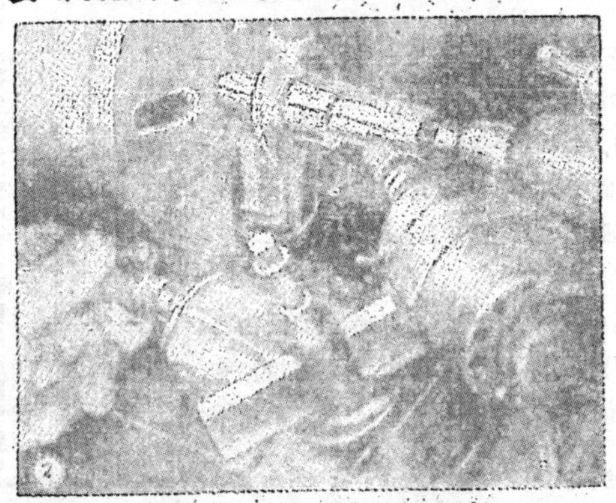

圖2:　高速車床心軸磨具

圖3:　玻璃管割切裝置。

無縫的鋼管很少是眞正成圓形的，但我們可以用磨輪來輕輕地把它磨準，如圖四所示。要避免切削時不適當的軋住或發熱，最要緊的是磨輪選得適當，這可以參照附表。通常所用的磨輪都是用蟲膠粘起來的，不過細的橡皮輪也可以差不多一樣地好用。所謂鑽石磨輪者，不過是軟鋼或銅的薄片，其中鑲嵌着鑽石屑而已。

圖 4: 無縫鋼管圓磨法。

磨工如果依磨輪和工作物相對的位置而論，可以分爲外磨和內磨兩種。在內磨的情形之下，工作物的旋轉方向和磨輪相同。就大多磨輪而言，正確的切削速率大約是每分鐘5,000呎。因此，磨輪如果是一吋直徑的話，磨具的速率應當在每分鐘15,200轉光景。但因爲磨具大多要旋轉到 20,000 次，則工作物固定不動時，以用較小的磨輪爲宜、如果工作物也旋轉，則小的磨輪需要工作物轉得較快，大的磨輪需要工作物轉得較慢。磨輪速率不變的話，在用大的磨輪以前，最好還是參考一下製造廠家所推薦的磨輪速率爲妙。

怎樣選擇磨輪？

如下列抗張强度高的材料，可用氧化鋁磨輪：

普通鋼	馬鐵
合金鋼	熟鐵
風鋼	硬靑銅

硬材料用軟磨輪

軟材料用硬磨輪

抗張强度低的材料，可用碳化矽磨輪：

灰鐵	鋁
冷鋼生鐵	紫銅
黃銅	橡皮
靑銅	牛皮

要把材料磨掉得快，用粗磨輪

要把材料磨得光滑，用細磨輪

市上磨輪牌號的編制法

(1)冠　字——由製造廠自己編定，或字母，或號碼，或無冠字。

(2)種　類——氧化鋁磨輪用A字，碳化矽磨輪用C字。

(3)粗　細——用號碼表示：粗號爲 10,12,14,16,20,24。中號爲30,36,46,54,60。細號爲70,80,90,100,120,150,180。極細號爲220,240,280,320,400,500,600。

(4)軟　硬——用字母表示：軟爲ABCDEFGHIJK。中爲LMNO。硬爲PQRST。極硬爲UVWXYZ。

(5)密　度——用號碼表示：密爲1,2,3,4。中爲5,6,7。鬆爲8,9,10,11,12,13,14,15。

(6)膠合材料——V 爲高溫磁土(vitrified)，R 爲橡皮(rubber)，S 爲矽酸鹽(silicate)，B 爲電木(bakelite)，E爲蟲蠟(shellac)，

(古)

工餘隨筆

工廠中的一筆糊塗賬

——漫談材料之採購與管理——

無　名

當我們在大學讀書的時候，各種科目中最不當一回事的便是工程材料。反正在考試時先生會指定範圍，什麼材料的性質，用途，開採法……照書一背，總歸及格。考完，也就忘光。

一年以來，服務材料機關，看的，聽的，寫的，經手的，不是材料，就是機件。這才感覺到它的問題是怎樣的重要而繁複，尤其是內中攙入了人事的成分。

材料之採購與管理，就事而言，可成專書。大概說起來，有下列幾種手續：

（A）採購　用料部分向倉庫領料，倉庫沒有存料時，便填添料答單或者請購單。

購料部分收到批准的請購單，便招商或自行估計所購材料價格的大小，把請購單所開材料名稱，牌號，大小，數量，等開示，限期令各商號把售價開列，必要時須附貨樣，密封送到採購部分。到期會同各部有關人員，如會計部分，用料部分，及採購部分，監督開箱，比較各商號的標單，決定承辦商號，訂定合同，約期交貨。

（B）管理　材料由商號送到倉庫裏，由倉庫管理人，或會同用料部分，驗明送來的貨色是否合用，大小數量是否相符，在驗收單上蓋章，編立號碼，登入存倉賬卡；並把材料收存一定處所。用料部分要領用時，便填具領料單，蓋章持送倉庫領取。倉庫管理人收到領料單，按所開數量發給後，照數登入賬卡並結存。到每月底，將本月份收發材料及結存量作成月報送上去。半年或一年，按賬將實存材料盤查一次，作成賬存與實存差額表，並寫明原因，以備主管機關查核。

說來容易作來難，先談材料本身的問題：

1. 無論是辦理採購或管理倉庫，對於各種材料，五金，土木，電氣，等及所經管有關部分應用之特殊材料或機械零件，都須有充分的智識。一種材料的性質，用途，尺寸，重量，市售有幾種牌子，各是什麼樣的貨色，怎樣鑑別好壞，……比較起來，書本上的那一點點死記得來的東西眞是少得可憐了。

2. 材料收進倉庫以後，有的固然當時領去；有的需要妥爲保藏，以備隨時領用。這些存料，也許擺個三個月五個月，也許擺個一年半載。因此，倉庫管理者須能辨別何種材料怕潮濕，如電石；何種材料怕太陽，如油漆；又須知那種常用，如油類，當放在易取的地方；那種備用，可以放在比較裏面的地方。各種材料，均須分別門類大小，排列收藏，既要不受損蝕，又要取存方便，進一步還要看起來美觀。如果庫房比較小的，更得斟酌地位盈虛，就更費心機了。

3. 材料儲存相當時間，加以時常取放，自然會有相當損耗。例如汽油，火油，酒精的揮發；油漆的沈澱；電石的化灰；鐵件的生銹；煤炭的雜質；……等等，何種材料有損耗，其損耗量各多少，依當時當地情形而不同。管理者必須有相當經驗才能知道。而且此項損耗，有關管理者的責任，自不可忽視。

4. 材料的收發，日有數十次不等。種類繁多，數百種至千餘種不等。因此，存倉的全部材料，必須分門別類，編立號碼，以便查登。但是材料名稱，迄未統一，例如說，Rivet，或名鉚釘，或名鍋釘，工人開來的領料單或寫作帽釘，或寫作冒釘，毛釘；又如電燈綫叫作花綫，牛油叫作黃油，氧氣叫作風——無奇不有。即使材料分類編號已有專家作好，登記收發材料數量的人，也非熟習材料的中英文名稱，性質，用途，才能查出。而且，因爲收發次數之多，還須對於分類編號記憶相當清楚，才能登記迅速無誤。不僅此也，有的材料慣記重量，有的慣記尺寸，有的領料單開來是一條或一張，登賬的人，還須詳知度量衡的換算，例如一寸洋元每尺重多少磅，白鉛皮一張長寬各幾尺，……。一本五金手冊，固然可以幫助解決這些問題。但在工作忙時，就不得不靠記憶的淸楚和換算的靈敏了。

至於人事問題，人非草木，自然處處難免。貪汚舞弊是另外一回事。我們只談家常便飯：

1. 若干材料，如硫酸成瓶，電石成筒，木炭成簍。用料人多一次拿去，分數次用。須等用時始能開具領料單，賬上祗能作欠，慢慢還淸。其間或有損耗，或有遺忘，或者容器的重量折算錯誤。便生爭執。例如某廠材料室向例領電石一筒百磅，而領料單每次只准開六磅，同時電石化灰損失約二三十磅。開了十次領料單，電石已用完，賬上還有存，叫用料的人開單補足，自然不肯；倉庫報銷，主管機關又未必相信。又如某次購入硫酸一瓶百磅，瓶子作重十八磅。等到硫酸用完，賬存還有。秤秤瓶子，實重三十磅。叫商號補，只肯補一半。

2. 若干材料，如棉紗，鉛絲，紙柏等，每常取用少許，無法開單。積少成多，賬便大缺。

3. 螺絲，洋釘，鉚釘等，時常有人來索取一二只而不開單。拒絕則不近人情；與之則常常缺少。

4. 各長官宅第器物車輛及隨時需用各物，或先領去，等到有公事用途時開入；或久借不還。直屬長官，甚至自行不告而取。直接經管負責的小職員，只得啞子吃黃蓮，苦在心頭，不便說出。

5. 採購，驗收，用料三部門，未必能合作。有時買來的東西，倉庫認爲合用收下，而工廠來領時認爲不能用須退換。自驗收至領用時，中間已隔多日，採購人與商號自然不肯退。有時買來的東西是劣貨，倉庫認爲須退換，採購人和商號却認爲已訂定合同非令照收不可。諸如此類，即能解決，也是不歡而散。

因此種種原因，材料賬鮮不糊塗。混水摸魚，採購和倉庫管理也就被認爲肥缺。實際担任這項職務的人，五金商號出身者，則經驗豐富而學識未必充足；學校剛畢業出來的，則書本上的理論與事實上大不相符，難能勝任愉快。

編輯室

中國技術協會主辦的工業講座，每星期經常由工程專家担任演講，講的大都是名專家所歷年累積的經驗談。本期選載茅以昇博士的演講詞，不用編者介紹，讀者自能意會到茅博士語短意長的感慨詞，我們站在技術人員的立場，希望專門人才能儘量發揮所長，貢獻社會。我們翹首盼望全面建設開始，好在前輩專家如茅博士等之領導下，努力工作。下期刊載中紡公司總工程師陸芙塘先生的演講題爲從出口貿易談到中國工業問題。

開拓交通是發展文化的先決條件，這是茅博士給予我們的指示，每一個在工程界服務的工作人員，一定都有這個感覺，交通運輸以及起重設備的條件充裕與否，對於工程的效率和展開，有很大的關係。在本期中活動發電廠一文，可以啓示我們在設計及製造一種生產工具的時候，如果能攷慮到使用者運用時的便利的話，對於整個生產建設事業，是很有意義的。在電力事業極度不普遍的中國，如果能仿造這一類活動電廠，深入到內地去，使便於裝置及運輸，一定能提高各地工農業的生產效率的。

電子學在今天的飛速發展，促使科學文化推進極速，如果沒有各種光電儀器的發明，對於天象的迷，我們還要知道得少哩！本期裏"電子學在氣象學上的應用"一文，告訴我們藉電子理論去瞭解天空的基本知識，希望藉此能引起讀者研究電子學及氣象學的興趣。讀者如有興趣，希望能提出問題來討論。

工廠中的一筆糊塗賬是著者管理材料室一年來的經驗談，讀過×大×教授的工程材料一科的讀者，讀此文時，不禁會莞薾而笑吧！

下期起本刊循讀者要求，決定設電氣基本常識講座一欄，目的在幫助不學電機工程的讀者，具備最起碼的電氣常識。這是讀者的要求，同時也很適合各工廠的需要。

最後不得不再提一提編者最不願提起的問題，就是本刊自下期起又要漲價了。我們毋需多說，每天的日報上，總有着爲文化事業呼籲的文字。現在整個社會經濟頻於破產，投機囤積充沛了市場，以一本雜誌來點綴點綴建設是多麼不容易的事呀！然而，有一天生產事業會在全國旺盛，到那時，讓我們忘記現在的倒楣日子吧。

讀者信箱

1. 虹口平涼路121號萬振民先生大鑒： 來函敬悉，敝刊承蒙愛護，不勝榮幸，今後當在充實內容方面多求改進。至閣下所詢關於鑿湳方面之參攷書，中文本極少，一時無從查復，現由敝刊特約專家撰述鑿湳原理與構造及自流井方面之文字，以應讀者需要，一俟脫稿，當可刊出，敬希注意爲荷。

2. 白樹棠先生大鑒： 菱形七線圖因製板關係，致影響清晰程度，尙祈原諒，至於該圖之應用例題，該圖後頁已有一題，可供參攷。如有具體應用上之困難，請提出後附足回函郵票，當可個別作覆。

3. 蘇州東渚鎮豐泰油坊華炳榮先生大鑒： 定閱本刊事，已轉致發行部，想早已收到。

所詢各題，謹答如下：

(1) 水汀罐子燒柴油比燒煤便宜，此因燃料價格關係。柴油之燃燒熱量約爲煤之兩倍，且前者易於燃燒完全，故單位重量之價格，如前者較後者高一倍，則用前者爲燃料，仍較便宜。改燒柴油，必須裝置柴油燃燒機，此機上海大成電機廠有售，請聲明由本刊介紹，逕函泰興路506號該廠詢問詳情。

(2) 冷拚車上之柴油，在高壓下，經入氣缸頭上之極細噴射頭子使柴油化爲霧點，又因氣缸內壓力溫度均高，故發火燃燒。

(3) 軋麥粉之鋼輥筒，如麵粉廠中所裝置者，普通尺寸爲9吋直徑，長度24吋至40吋不等，大概需要1至1½匹馬力。所詢6吋或10吋之輥筒，不知係指直徑或長短，請明示，或將詳情賜知，或可有計算之方法，以便决定馬力。

4. 上海鄭龍先生大鑒： 閣下在機器廠中工作，尙能潛心研究，實深欽佩。本刊編輯內容一切尙待改進，謬加贊許，感荷莫名。謹將所詢各題答覆如下：

(1) 中國雖已爲名義上的強國，對於重工業建設方面尙待急起直追。中國一般機械廠之工作機，均甚陳舊，最新式之機械廠據聞爲南京之飛機修理製造廠，其他如善後救濟總署之貝茄機廠，上海楊樹浦底之中國農業機械廠，以及某數地之新式兵工廠等，亦爲現代化之機械廠，然無相當之報導，故本刊不敢作肯定之答覆。

(2) 按照目前經濟情况而言，較有前途之機械工業，似爲製造輕工業（紡織，橡膠，化工……）機械或生產工具者；然若瞻望大勢，新中國若欲振興工業，則各類機械工業均有發展之可能，故一切均决定於經濟與政治之動向也。

(3) 機械書籍，浩如瀚海，且西文居多，若必需介紹，請指定範圍，當可詳覆。

5. 香港行總公路運輸處李炳煥先生大鑒： 工程界香港買不到，確是一件憾事，現在正設法接洽代銷處請注意爲荷。所詢諸題，謹答覆如下：

(1) 關於汽車的速率和馬力的計算，有不少公式可以應用，且每一汽車的馬力是隨速率而變化的，所以有種汽車說明書上常刊有性能曲線圖，以表示該車在各種情形下的馬力和速率，現在將該項計算公式列舉如下：

若 N＝引擎轉速，每分轉數；

R＝後軸齒輪減速比；r＝驅動車胎的滾動半徑，吋；

V＝車輛速率，每小時哩數；

T＝引擎推動車輛所用之轉矩，磅呎；

則車速爲 $V=Nr/168R$；

而制動馬力爲 $Bhp=2\pi NT/33,000$。

所以，欲求速率，先須知道引擎的轉速，欲求馬力，先須測定引擎的轉矩，但此二項頗不易直接測定，相反車速與馬力可以用路碼表（汽車上均有）及測力機（Dynamometer）測得。故此項公式在實用方面，殊不多覯。

(2) 停車時，制動器踏下，此時若克拉子未踏下，勢必影響引擎之停止，氣缸當然停止爆炸。但普通駕駛時，如不欲將引擎停止，往往同時踏下克拉子，或將排吃在空擋，那末，車輪卽使被制動器制止，引擎仍可在怠速轉動也。

(3) 彈簧種類極多，若爲普通之併緊圓形圈彈簧，其安全拉力爲 $P=0.1963d^3S/rK$ 磅；

式中 d爲彈簧鋼絲之直徑，吋； r爲彈簧圈之中徑，吋；

常數 $K=[(4C-1)/(4C-4)]+0.615/C$， $C=2r/d$

S爲安全應剪強度，若爲鋼絲，其數值爲75,000至115,000磅/吋²。足下最好能舉實在情形，以便奉答，或代爲計算。

(4) 洋元和螺絲的安全拉力。計算起來只要用斷面積去乘該項物質的安全抗牽強度（Tensile Stress），大約爲每平方吋10,000磅左右，視材料不同而別，在計算螺絲時，應當用螺絲線的根徑，作爲計算面積的根據

$$\left(A=\frac{\pi}{4}d^2\right)。$$

(5) 銅，鐵，鋼各項材料的重量，只要用體積去乘比重卽得，現在將此等金屬的每立方呎磅數重量舉於下端，以便參攷：

黃銅534青銅509，紫銅556灰生鐵442，鍛鐵485，鋼487。

例如有一黃銅洋元，直徑爲½吋，長爲4呎，則其重量當爲：

$$\underbrace{\frac{\pi}{4}\left(\frac{0.5}{12}\right)^2\times 4}_{\text{洋元體積立方呎}}\times\underbrace{534}_{\text{每立方呎磅數}}=2.72\text{磅}。$$

讀者信箱

鑫昌機器造船廠

成都北路一一七弄一二八號　電話　三二三五八

SHIN CHONG ENGINEERING & SHIPBUILDING WORKS

本廠修造各種
輪船機器鍋爐
碼頭浮橋鐵樑
棧房以及電焊
油漆木工一切
工程工程迅速
定期不悞如蒙
賜顧格外克巳

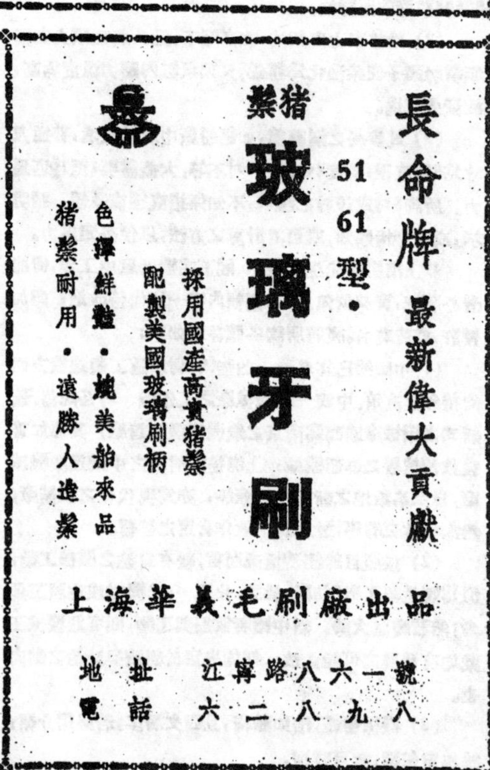

工程界應用資料(營5)

檢定普通金屬用的火花試驗

在工場中應用的檢定金屬方法有好多種，普通看形狀，或以鑿子鑿進一條深槽，看鑿進去的難易以及槽子所起金屬條屑的樣子，就可以大概決定生鐵或熟鐵。此外在有電焊的地方，可以根據吹管熔解金屬的情况來決定其性質。比較靠得住的，就是用砂輪磨金屬，看它所起的火花來檢定，這一種方法，現在簡約介紹如下：

火花試驗需用的砂輪應爲高速馬達拖動式的，金屬的樣子須持在相當地位，使火花的能出於水平面，如果要得到正確一點的結果，發生火花的背景，應該較爲黑暗，最好在工場的暗角中。

試驗時須注意火花的顏色，形狀，平均長度和活動姿態；這許多正是金屬的特徵。檢定金屬用火花試驗很可能是一種極正確的方法，不過，這需要很多的實踐和豐富的經驗。下表所列的幾種火花是一些普通的例子。如果試驗者已能熟練地把握這些試驗的技術時，那末他就能舉一反三地推論到其他金屬，仔細觀察和比較已知樣本，是充實這一種工程經驗的好方法！（欣）

* 本欄亦適用於鑄鋼。
** 本欄所示之圖畫爲不銹鋼之現象。
*** 蒙乃爾合金(Monel Metal)之火花與鎳極爲相似。

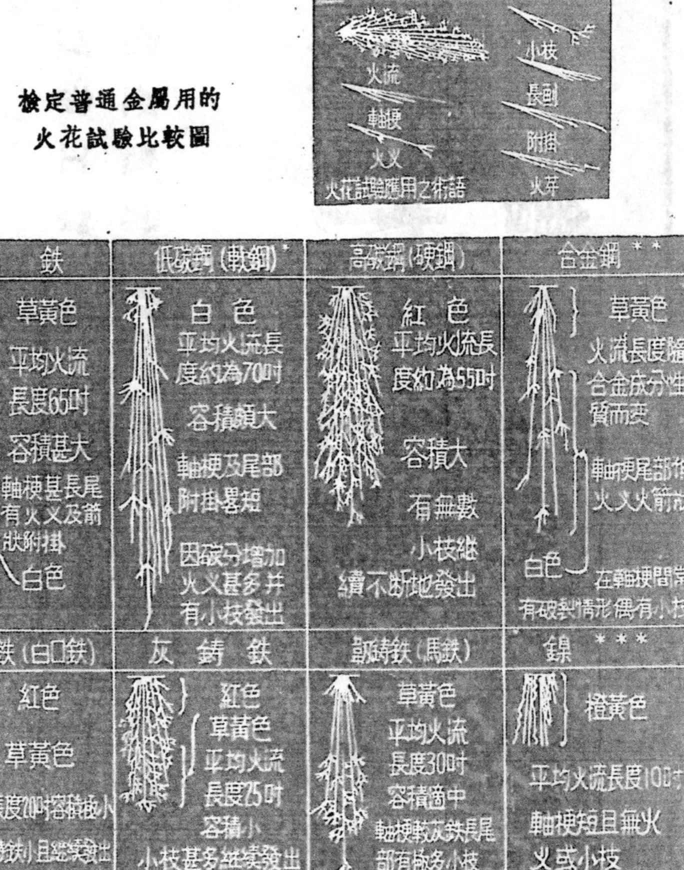

檢定普通金屬用的火花試驗比較圖

燈用電路綫規表

電路之長度(呎)〔自配電板至綫頭出鋼管處〕

每電路之[illegible]聯瓦特數	30	40	50	60	70	80	90	100	110	120	130	140	150	160	170	180	190	200	210	220	230	240	250
100	14	14	14	14	14	14	14	14	14	14	14	14	14	14	14	14	14	14	14	14	14	14	14
150	14	14	14	14	14	14	14	14	14	14	14	14	14	14	14	14	14	14	14	14	14	14	41
200	14	14	14	14	14	14	14	14	14	14	14	14	14	14	14	14	14	14	14	14	12	12	12
300	14	14	14	14	14	14	14	14	14	14	14	14	12	12	12	12	12	12	12	12	12	10	10
400	14	14	14	14	14	14	14	14	14	12	12	12	12	12	12	10	10	10	10	10	10	10	10
500	14	14	14	14	14	14	12	12	12	12	12	12	10	10	10	10	10	10	10	10	8	8	8
600	14	14	14	14	14	12	12	12	12	10	10	10	10	10	10	10	8	8	8	8	8	8	8
700	14	14	14	14	12	12	12	12	10	10	10	10	10	8	8	8	8	8	8	8	8	8	8
800	14	14	14	12	12	12	10	10	10	10	10	8	8	8	8	8	8	8	8	8	6	6	6
900	14	14	12	12	12	10	10	10	10	10	8	8	8	8	8	8	8	6	6	6	6	6	6
1000	14	14	12	12	12	10	10	10	10	8	8	8	8	8	8	6	6	6	6	6	6	6	6
1200	14	12	12	10	10	10	10	8	8	8	8	8	6	6	6	6	6	6	6	6	6	4	4
1400	14	12	12	10	10	8	8	8	8	8	6	6	6	6	6	6	6	6	6	6	6	4	4
1600	12	12	10	10	8	8	8	8	8	6	6	6	6	6	6	6	6	6	6	6	6	4	4
1800	12	10	10	10	8	8	8	6	6	6	6	6	6	4	4	4	4	4	4	4	4	4	4
2000	12	10	10	8	8	8	6	6	6	6	6	6	4	4	4	4	4	4	4	4	4	2	2
2200	12	10	10	8	8	8	6	6	6	6	4	4	4	4	4	4	4	4	4	4	4	2	2
2400	10	10	8	8	8	6	6	6	6	4	4	4	4	4	4	4	4	4	4	4	4	2	2
2600	10	10	8	8	6	6	6	6	4	4	4	4	4	4	4	4	4	4	4	4	4	2	2
2800	10	8	8	8	6	6	6	6	4	4	4	4	4	4	2	2	2	2	2	2	2	2	2
3000	10	8	8	6	6	6	6	4	4	4	4	4	4	2	2	2	2	2	2	2	2	1	1
3200	10	8	8	6	6	6	4	4	4	4	4	4	2	2	2	2	2	2	2	2	1	1	1

註册商標　　請用　　註册商標

飛機牌　　標準國貨鉛筆　　鼎牌

總公司	上海東漢陽路二九六號	電話 50607	電報掛號 3294
上海辦事處	上海四川中路三二〇號202室	電話 10483	電報掛號 3294
上海製造廠	上海丹徒路三七八號		電報掛號 3294
重慶製造廠	重慶菜園壩正街十五號	電話 2055	電報掛號 1047

中國標準鉛筆廠股份有限公司

各大文具店各大書局均有出售

中國首創　　省電耐用

亞浦耳

OPPEL ELECTRIC MFG. CO. LTD.

中國亞浦耳電器廠

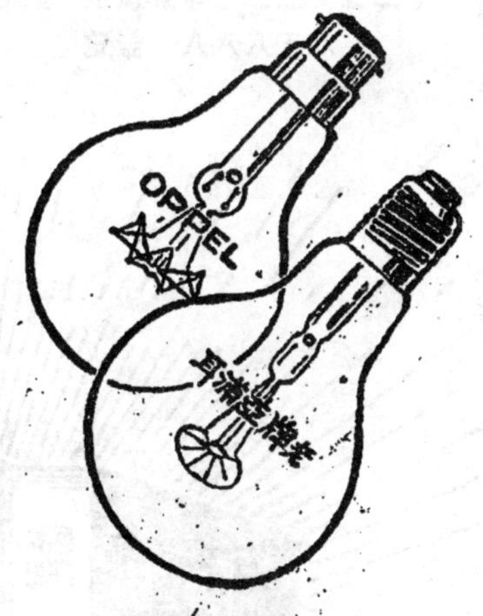

總發行所

北京東路四百九十二號

電話九四四三三

註册商標

中國紡織建設公司

銷售本廠
棉紗布疋呢絨綢緞百貨

上海第一門市部
地址 南京西路九九三·九九七
電話 三三八七一——三六三〇六 三九六四三

上海第二門市部
地址 金陵東路五二五·五二五七
電話 八八八五八

上海郵政管理局執照第二四二六號
內政部登記證京警滬字第一七四號

第二卷　第八期　　　　三十六年六月號

中國技術協會出版

註册商標

TRADE MARK

雙馬　　富貴

"DOUBLE HORSE"　"FUKWEI"

國內規模最大設備最全

申新紡織第九廠

Largest ... the best ... in the Country

SUNG SING COTTON MILL NO.9

140 MACAO RD. TEL. 39890

SHANGHAI · CHINA

上海澳門路一四〇號　電話：三九八九〇

註冊商標
華生出品
本外埠名電料行均有經售
華生電器股份有限公司出品
事務所福建中路四三一至三三號
電話九八四三二至三三號

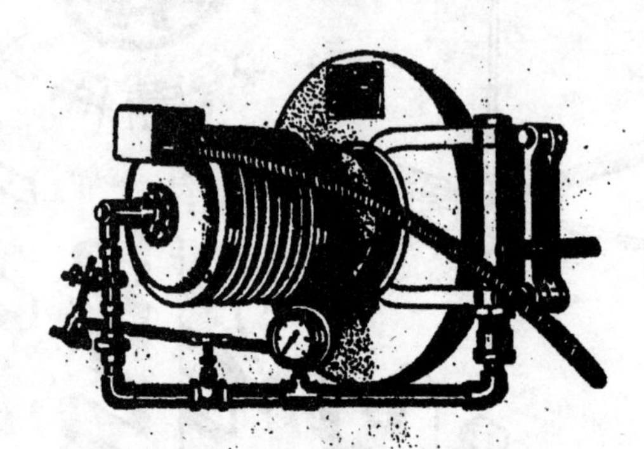

通俗化的工程月刊

工程界

第二卷　第八期　　中華民國三十六年六月出版

主編者

仇啓琴　楊臣勳　欽湘舟

發行者

工程界雜誌社

代表人　鮑熙年

上海(18)中正中路517弄3號電話78744

出版者

中國技術協會

代表人　宋名適

上海(18)中正中路517弄3號電話78744

印刷者

中國科學公司

上海(18)中正中路537號電話74487

總經售

中國科學公司

上海(18)中正中路537號電話74487

POPULAR ENGINEERING

Vol. II, No. 8, June 1947

Published monthly by

THE TECHNICAL ASSOCIATION OF CHINA

本期定價二千五百元

直接定戶半年六册平寄連郵一萬五千元

全年十二册平寄連郵三萬元

目錄

三峽工程停止進行

中央社訊：據資委會上海辦事處息：長江三峽水力發電計劃實地勘測及有關工作，自資源委員會奉令按照薩凡奇博士建議進行以來，已歷兩載。此項計劃因規模之宏大，早已引起國內外各方面之注意，新聞傳播，舉世矚目。實際工作已在上年六月開始，由資委會全國水力發電工程總處設立三峽水力勘測處，實地勘測；並洽請國防部測量局及空軍第十二中隊代辦航空測量，進行以來，頗爲順利。惟所需國幣及外匯，數字龐大。本年度政府因求收支平衡，國家支出預算亟須緊縮。故三峽水力發電計劃實地工作，資委會近已奉國府令暫時結束，現正由該會通知各方面遵命辦理結束。

〔編者按〕我們得到這個消息，覺得非常痛心，因爲以前外國人譏笑我們説三峽水壩爲 dam of dream（夢之壩），那時我們非常氣憤，現在竟不幸被人家料中了！現在我們感到，照這樣子下去，非但三峽工程，其他一切建設工程又何獨而不然?!在六六工程師節的前夜，這消息對於我們，意義實在是夠深刻的。

鏇削輪箍的妙法

美國 Traux-Traer 煤礦公司的礦用柴油電力機車，輪箍磨耗後重行鏇削時，用了機車本身去轉動車輪，每一對車輪只費8小時便鏇好了。它的方法是先把機車的車架用舉重機頂高，使輪箍脫離路軌。打開軸箱蓋，移去側面的横動軸襯。再在軸箱上用螺釘釘住一對固定車軸中心的架子，整個車軸與軸箱的相對位置則保持固定，但可以脫離路軌而轉動。用鐵板和螺帽把一根鐵棒和路軌釘住，並且與路軌垂直，車刀便釘在這鐵棒的一端上。發動機以低速開始轉動，同時稍稍施軔，使運動得以穩定。（同）

——Coal Age.

3小時54分鐘架成新橋

因爲每天有56列火車來往，Reading 公司的紐約小火車線要拿一座 150 噸的新橋去代換那座不適當的75噸橋時，必須顧慮到時間的重要性。那座新的65呎雙軌下承鈑橋先架建在舊橋旁邊的鷹架上，舊橋的另一邊也搭了鷹架。然後把舊橋用絞盤機舉提起來，在座墊下置墊軌，並把路軌撬高到新橋的高度。

舊橋被滑車起重機舉高32呎，放到建就的鷹架上。起重引力是用二架鋼抓，以壓縮空氣來發動的。然後移轉起重機，把新橋舉放到橋座上，再用絞盤把它提高，移去墊軌，置上座墊鈑及鉚釘，然後放下到舗路面的地位。新舊橋的更換只費掉了三小時又五十四分鐘。（杜）

——McGraw-Hill Digest

不銹鋼的焰割

不銹鋼(stain less steel)用氧炔焰(oxy-acetylene flame)割到極近的公差(tolerance)，並非不可能的事。只要用一種熔劑(fluxing agent)把割切焰所造成的氧化物除去，就可以辦到這一點，並且割削的速率也可以很高，設備也不致很貴。定量的熔劑加入到氧氣流中後，使氧化物變成融點低的熔渣，被割切焰所吹掉。在氧炔炬(oxy-acetylene torch)上加這樣一個熔劑供給器，只要化費400元美金。（同）

——Business Week

暹羅的礦藏非常豐富

最近，美國工業界的注意力開始集中在暹羅的礦業上了。那是對未來投資很有吸引力的一塊園地。

錫、鎢、鉛、鋅、銅、錳、鉬、鐵、金、銻、煤和寶石，在暹羅王國中，差不多遍地皆是。不過只有錫礦曾經吸引過相當的外國資本。在大戰期間，熔錫的工廠一共建立了18家之多。（同）

——Engineering and Mining Journal

請看我國主要資源的現狀！

資源委員會委員長翁文灝在本屆國民參政會上作資源報告，略謂：資委會之實際工作爲掌管國營事業，以工礦爲對象，計有電力、煤礦、石油、鋼鐵、水泥等。

(1) 電力　有水力發電與火力發電之分。現可用者，僅小豐滿電廠十四萬瓩，係水力發電；撫順三萬瓩，係火力發電。其他各地三萬多瓩。台灣電廠現可發電十八萬瓩

(2) 煤礦　撫順、阜新兩礦每日至多出六千噸，大同煤礦每日出煤八百噸。開灤情形最佳，每月可出煤四十萬噸。

(3) 石油　產地爲甘肅之玉門及台灣之高雄。本年產量爲原油一千二百萬加侖，汽油八百萬加侖，煤油一千五百萬加侖，柴油一千六百萬加侖，重油及燃料油三千三百萬加侖，天然煤氣180,000千立方呎。

(4) 鋼鐵　鋼鐵廠規模最大者在本溪及鞍山，現每日可煉鐵六十噸，本年度產鋼七萬噸，鐵六萬噸，此外，重慶大渡口亦有一煉鋼廠。

(5) 水泥　在東北本溪及長春兩地，每年產量爲五萬噸。台北台中及高雄每年可產十五萬噸，華北亦可有四萬噸。

從一本通俗化的工程月刊看到了——

中國工程界的要求是些什麽？

——紀念三十六年六六工程師節——

本刊同人

恰逢本刊出版滿周歲*的時候，我們又欣值民國三十六年的六月六日工程師節。對於本刊這無疑是一個雙喜臨門的佳節。

一年多以來的工作中，深深感覺到本刊任務的艱巨和使命的重大。爲了培植這一本基礎脆弱的刊物，我們固然化了無數的精神和力量，可是痛心的回憶，我們不但沒有做到理想中的大衆化，能普及到每一個工廠，學校，和圖書館中去，反而因爲經濟的巨潮，叠二連三打上來，使得刊物的基礎，搖搖欲墜，同時更使得工作人員也忐忑不安，無法專心從事編輯方面的改進。

時至今日，內戰愈打愈兇，經濟危機愈來愈深刻，人民求生活命已屬奢望，遑談經濟建設百年大計的當兒，叫我們一些鼓吹國家建設的工程師們，說些什麽好呢？

當米價漲到了四十幾萬元一石，一般從事工程事業的薪給人員，那裏有餘錢來充實自己的精神食糧？

其次，我們敢坦白地承認的是，有價值的稿件的不易多得。比較可以採取的材料，大都是國外的作品，國內工程專家的貢獻，容量是非常貧弱的。——這是一個何等嚴重的事實，中國的工程師們遭受到如何險惡的命運，不是棄工改就他業，就是爲了生活的奔波，心力交瘁，已經不可能再有有價值的貢獻了。這樣損失在工程學術方面的，也間接影響到國家的進步方面。

還有，過去一個時期本刊之所以能維持出版，經常與作者謀面，我們還得感謝我們一些經營國貨工業的廠商們支持，這種工業界和工程刊物互助合作的例子，我們當然不能奢望在工業狀況支離破碎的中國獲得宏大的成就，不過照目前的趨勢看來，我們的廣告收入頗有難以平衡支出的情形了，如何挽救這一個頹勢，難道我們可以說是國貨工業家們的責任嗎？

以上所指出的三點：——因購買力的減弱，本刊不易普及；因工程建設的停滯，有價值的貢獻不易多覩；因工業生産的萎縮，工程性質的廠商廣告也大大減少；——不僅是工程界雜誌本身的悲劇，事實上也就是工程界全體從業人員的悲劇，本刊所遭受到的命運，不過是一個小小的枝節而已，但是，爲了容易說明起見，我們就不揣譾陋，向社會人士和賢明的當局提出下面三個要求！

第一，我們確認國家建設是目前中國所必需，經過八年抗戰民生已瀕絕境，如果不踏上和平建設的康莊大道而繼續鬩墻的話，中國的命運簡直不可設想，勝利的果實將成泡影，這絕對不是任何黨派可以互諉責任，而置民命於不顧的問題，也不是一個可以完全用軍事解決的問題，在工程師的立場上來說，好容易經過八年的奮鬥，換得來了民族的永生，這是一個極好的建設良機，失去這一機會，將永遠不可復得，因此我們要求，立即停止這一個爲萬民唾駡的內戰，那末，全中國的工程師們一定會以全力致赴建設重任，使國家人民臻於富强康樂的境界！

第二，我們確認工程師及一切技術人員是國家的至寶，民族的精英！根據不完全的統計，全中國四萬萬人民中，工程師和高級技術人員們的總數不滿壹萬人，這樣貧弱的技術界，如果讓他們貧病瘦弱下去，讓他們受到生活的鞭子，摧殘和被剝削下去，這是一個何等悲慘的境界！

*本刊是民國三十四年十月十日出版第一卷第一期的，出版四期後，因籌備上海工業品展覽會的緣故，曾休刊一個時期，至三十五年十月又出版二卷一期，每月發刊迄今未曾中斷，至二卷八期，恰巧湊滿十二期爲一週歲之數。本刊計劃，第二卷決定出版至今年年底，明年二月起出版第三卷，以後每年一卷，俾便保存成帙。

事實存在着不少：留法工程師郝貴林先生的自殺，麻省理工大學電機專家去應徵售票員的考試，還有不少工程師和專家們褰殘不繼，子啼妻泣的鏡頭，是使每一個善良的正義人士都要痛哭失聲的！——我們不禁要向社會控訴。如果不使他們底生活有保障，那末，還談什麽建設，談什麽改革呢？難道眞的要讓中國的工程事業，全部由外人來代庖嗎？因此，爲了民族的永生，我們要求，應當切實地保障技術人員和工程師們的生活。

第三，我們更確認工程技術的進步必需有待於全國人士的支持，包括政府的獎助，工業界的鼓勵和資助，以及工程先進的獎掖後起青年。不進則退，是一個很準確的原則，如果我們上面所提的二個要求已能實現，跟上來的必然是求中國工程智識的充實和技術的進步，才可以迎頭趕上先進國家，使中國的前途眞正的打開了生路！

試看目前的現狀：每年畢業於工程大學和專科學校的青年們，何止千萬，他們都抱着一顆進取的心，踏到工廠中，或各式各樣的工程性機關中，但是遭遇到的是些什麽命運？不是給人事關係所排擠，無法施展他們的抱負，就是給黑暗的社會世故阻擋了上進的勇氣，變成一個只求無過，不求有功的碌碌之輩；即使，他能排除萬難成功了一位傑出的技術人員吧，他所服務的機關中那些目光如豆的上級人員們，是不會給他任何鼓勵或安慰的，經過二三次的碰壁之後，傑出的技術人員也變成了一個『頗守本份』的職員了；再萬幸，他如能跳出了原來的圈子，企圖以獨創的精神來建立他底事業的話，他仍不能排除社會的阻撓和經濟的影響。

這樣的例子實在太多了，舉一個數字來證明，我國自民二年施行工藝品獎勵制度以來迄今已有三十多年，經過政府當局核准的發明專利權 656 件，比較美國專利權每年四萬餘件，英國每年一萬餘件，豈不瞠乎其後？可是就是這可憐的六百餘件的專利品，能够自行設廠大事生產的有幾家？這說明了欲求中國工程技術進步是件多麼困難的事。

因此，我們要求，除了立刻停止內戰，以求國家建設的開端，切實保障技術人員的生活和福利，以求建設人才的樂業以外，我們更要求政府的切實提倡，工業界的全力輔助和技術人員的破除成見，共求技術的改進，工程界才有前途，國家才有進步的可能。

（接第5頁）緬甸，中國的錫礦約佔百分之十三，自從日人佔領緬甸後，錫礦幾全爲日人控制，錫的最大用處大別可分（一）製馬口鐵（二）銲接用（三）合金用，馬口鐵的製法是將薄鐵板先經酸洗淨，然後在錫槽 Tin Bath 中穿過上面即塗了一層錫這種方法叫熱浸法 Hot Dip Method，用這種方法所塗的錫大概在 0.03″ 厚，戰爭發生後，馬口鐵的銷路因罐頭物品的消耗而大增，可是錫的來源受阻，於是改用電塗，這樣鐵板上的錫只有 0.01″ 厚無形中就減去了⅔，目前也有用漆代錫的。以前銅的銲接非錫不爲功，自發明了電阻銲接之電子控制法 Electronic Control of Resistance Welding of PureCopper 之後純銅已可用電力將他們直接焊接，並且可以避免焊錫在攝氏五百度左右脫銲之危險，耐熱强度亦增加數倍。錫還可以做一種合金稱 Babbit Metal 在軸承中用之甚多，但現在都給一日千里的 Ball Bearing 代替了；鋼鐵廠中的滾筒及輪船螺葉軸承以前多用 Babbit Metal 現在都改了 Plastics。因爲他可以用水做潤滑劑，實因水之潛熱旣大而且又不費錢。由此觀之，錫市場在美國的情形也就可想而知了。

第四位絲茶：戰前中國的絲，多運往美國他們用作織絲襪或綢綢用，但是目前絲襪已漸落伍，代之而起的是 Nylon 襪，旣耐洗組織又勻；綢綢也多用人造絲，所以絲的去路也受打擊，至於茶，在戰前已受錫蘭茶及台灣茶的影響，出口不多，戰後更然。

第五位補品：現在中國人工太貴，運到國外價錢太昂無人問津。並且該項奢侈品，頗受外國海關之阻礙，沒法暢銷。

總觀以上數點，可以看到中國所能換取外匯的，僅一部份原料而已，而原料在國外市場的情形又是如此，雖云地大物博，只知坐享其成不知自力更生，結果總歸失敗，兄弟前往西北考察，眼見一片沙漠，這都是因爲國人連年兵災，不尙生產的緣故。因此要挽救中國當前的經濟危機，就要設法如何增進及改良生產，如何扶助出口貨，如何奪取國外市場才對！（陳冰玉記錄）

從技術觀點來檢討中國出口貨的生產方向

中國出口貨在美國市場的現況

中國紡織建設公司機電總工程師

陸美墉

今天蒙貴會之邀，要兄弟來做一個公開的講演，兄弟是學工程的，照理應當講些工程上的問題，但貴會會員包括各種工程人員，太偏於某種專門學問也許一部份的會員感到乏味，所以臨時想到隨便談談兄弟在美國時所見到中國出口貨在美國市場的情形，給大家一個簡單的分析，同時也給大家一個清晰的認識，如果不努力生產，力求改進，中國的經濟除依靠借債過日子以外，難有辦法。因為一國貨幣的 Purchasing Power 必須建築在生產上，如果沒有生產，再多些貨幣，也不能掉換物資，例如美國五分錢可以買玻璃杯三只，而我們購買三只却需法幣五六千元，就是因為我們生產不够的原故，再簡單的說，如果米的來源不足，而非吃不能活命，為了需要也不得不化金條去買。

大家都知道，中國是個入超多年的國家，在1932—1937年之間根據海關的調查，每年入超數目約在一萬萬元以上，而最高一年曾達一萬萬七千萬元，這些都是戰前的幣值，因為衣食住行靠舶來品實在太多，例如中國自稱農立國，即吃的米還要暹羅西貢的進口米，麵粉是洋麵，棉花要用美棉，印度棉，或埃及棉等來紡紗，所以會造成如此的入超；再講我們的出口貨在這五年之中是什麼呢？第一位是桐油，第二位是猪鬃，第三位是礦產，包括鎢礦錫礦，第四位絲茶，第五位為手工業製品，如繡花地毯等，再下就是古董，戰爭期間兵荒馬亂，各地烽火連天，也談不上出口，戰爭結束後，照理像美國數年沒有得到桐油猪鬃等輸入，一定極度需要大量採購，可是一年餘的事實告訴我們，中國的出口貨還在停頓狀態中，這是什麼原故呢，下面數點給我們很好的解答：

第一位桐油：桐油最大的消耗用在油漆，桐油比礦物油好的地方即在其塗在物體上，經過空氣氧化後就結成一層很薄的薄膜，這層薄膜結得很牢，空氣中的濕氣不易侵入，中國人用漆沒有美國人普遍，因為中國人的住屋大多用石灰粉刷，而美國人的房屋很少不用漆的，其他如傢俱汽車等，消耗量亦很大，還有電流上的漆包線，及 High Tension Bushing 等亦需要相當數量，戰爭發生後，中國桐油不能輸出，美國人乃極力研究發明一種 Synthetic Oil 代替桐油，數年以來，許多需要桐油的地方都改用 Synthetic Oil 了，不能避免的如H. T. Bushing 仍用桐油，並且他們自己種桐樹已有數年，桐樹長成得很快，三四年工夫就可以結桐，所以中國桐油如要繼續出口，很難樂觀。

第二位猪鬃，猪鬃的用途用作漆刷衣刷，牙刷等，美國並非自已沒有猪鬃，實在因為猪鬃整理很費時間，長短及根尾都要將他整理齊平扎成捲捆出口，美國人工貴，整理猪鬃的機器尚未發明，成本一高所以中國的猪鬃在美國就有了去路，戰爭後出口停止，美國發明將 Nylon 代替，猪鬃比Nylon 好的地方即猪鬃是一個管子形，用作漆刷時他的頭部會分開，刷的東西亦有光彩，同時其彈性亦比 Nylon 好，但是 Nylon 的牙刷比猪鬃好的地方，因為他不易腐爛，不像猪鬃牙刷用久了就有氣味，並且現在塗刷的地方都改用了噴漆，又快又勻。方才說美國並非不產猪鬃，祇以人工太貴而收購，現在中國生活費用已比世界各國都高，人工之貴亦不比美國低，猪鬃出口，亦可想見矣。

第三位礦產

(A)鎢礦：中國以產鎢聞名世界，以其礦砂含鎢成份特高，大部在百分之五十以上，所以各國都願採用。鎢的用途為精鍊高速度鋼及電燈絲之用，自戰事發生後，中國鎢礦不能出口，鍊鋼專家已發明鈦及鉬代用，兼之成份較低之鎢礦精煉 Fero.-Tungsten 已達相當成功，南美所出低成份之鎢砂已可代用。至於電燈絲則因熒光燈之發明，耗電量既少又無影子，用戶多願採用，則鎢銷路當受莫大影響也。

(B)錫礦：世界最富的錫藏在（接第4頁）

當他發現可以在揚子江築壩，把江水阻入一二百五十英里長的蓄水池，利用水力發出10,500,000瓩電力的時候，他一生所有別的建築工程都變成不足輕重的了。

揚子江水壩的建設者—薩凡奇博士

Carey Longmire著　　趙鍾美節譯

薩凡奇博士，已經不用再介紹，可是，在這兒我們很想說幾句題外的話，其實，嚴格地說亦是題內的。如果薩博士在中國，我相信他不知要怎樣的感想，因爲在報紙上已經發佈停止建造揚子江水壩的消息，這個將是一時代偉大的建築，難道從此永久停息了嗎？到幾時，地圖上眞會有水壩出現呢！

從歷史上講來，傑克、薩凡奇(Jack Savage)已經設計了最多的水壩，但是揚子江水壩的設計，使他自己過去的成就也因此遜色。

薩凡奇先生看上去是一個拘謹而和氣的祖父，而實際上他是少年們快活的伴侶，他的教子散佈在各地。他不喝酒，不抽烟也不說俚語。曾經和最堅韌的登山家步行，騎馬或騎象越過盧基山(Rockies)，希馬拉雅山和別的高山。

在他指導下所繪的藍圖至少已造成了六十個水壩價格超過十萬萬美金。這些水壩大部在美國西部，所發電力之大，也許愛迪生都未夢想到過。

薩凡奇曾在胡佛總統之下，主持在科羅拉多河(Colorado)建造波兒特(Boulder)水壩，在當初這是最冒險的水壩建造的嘗試。以後又在羅斯福總統之下計劃了二個更大的發電和灌溉水壩即哥侖比亞河上的大古里(Grand Coulee)水壩和加里福尼亞的夏斯得(Shasta)水壩，大古里水壩現在是世界上最大的人爲建築物。

你或者會想，已經六十六歲而且有了這許多成就，薩凡奇預備做些輕易的工作了，然而這個水壩建造者的優秀選手在今日竟有一個大計劃，使人們以前所能想像的大建築爲之遜色。

這個計劃就是傾到幾百萬磅的水泥在世界第四大河——揚子江——的峽口，發生五倍於大古里的電力，相形之下，波兒特水壩好比是小孩聖誕禮物襪子中的一個洋娃娃了，揚子江水壩造價需十萬萬美金，使海洋航船上行一千英里直達重慶，在揚子江電力分佈區內的居民有一萬萬四千萬人。由於這個計劃，這廣大落後的區域將要受到工業化的恩澤。新的灌溉水道將給予幾百萬畝古老的田園新的生命，長江汎濫的患難亦從此可以消除。

薩凡奇先生，高個子，白髮，謙虛而肯定，他的家在丹佛(Denver)但是在明天或下星期你可能發現他在澳洲或阿富汗。

在他被多年戶外工作晒黑了的臉上有一對明亮的藍眼睛，直至前年爲止他爲政府服務，所得薪金不超過每年8750美元，如果同樣的工作作爲私人的顧問，就可以得到幾十萬的款項，但是這些『錢』的事從不使他多煩惱，他微笑着說『我不是一個能幹的商人』。

他在1879年聖誕日於科克雪維克(Cooksville)畢業於維斯康辛(Wisconsin)大學。

沒有一個人能够完成了這許多巨大的工作而不成名的，各地的工程師都向丹佛去請敎，各國政府都致電華盛頓請求薩凡奇做顧問。在一九四四年他到達中國，當他發現可以在揚子江口築壩，把江水阻入一二百五十英里長的蓄水湖，利用水力發出10,500,000瓩電力的時候，他一生所有別的建築工程，包括他心愛的波兒特水壩，都變成不足輕重的了。古老落後的中國因此可以工業化了。

在今日，這個巨大水壩設計的優勝者是一個中國熱。在官方的報告裏他說：『揚子區的發展足列爲人類偉業之一』他肯定衰弱的中國可以因此轉强。

假使薩凡奇有比建築水壩更堅强的耐性的話，那就是他對孩子們的喜愛，他和他已故的夫人曾給十四個孩子受大學敎育，如果揚子建築歌得以完成。那他對中華世代兒女的貢獻是多麼的偉大呀！　　譯自 Collier's April 27, 1946

鋼的火花試驗

陳 農

火花試驗是最簡單的鋼材檢別法，此法相當確實，運用得宜時，可代替繁複的化學分析或分光分析，既省時間，又增效率。火花試驗法的應用範圍有二種，一種是鋼質的判定。另一種是異種鋼的檢別。不過判定鋼質時，很難判定各種成分的確實含量，是其不及化學分析處，但碳鋼中碳量的判定，不在此例。熟練工人能判定碳量至0.03%，只是鎳、鉻、錳等特殊元素的含量，卻極難判定。至於異種鋼的檢別，如鋼中含有使火花變形的特殊成分，火花試驗雖不能明示各成分的含量，但至少能顯示其存在。將已知成分的鋼來作火花試驗，比較試驗的成績，便較易發現各種火花的不同點，如此可補足第一種用法的缺點。使成分未知的鋼和已知者作比較，精密度便可提高。使用多種特殊鋼時，如發生鋼種混雜現象，就可用火花法檢別，此法也可防止鋼種的混雜。火花試驗法的另一優點是在任何情況下都可應用，例如在製造過程中，加工中，或製成小零件後，都可應用。

火花的特性，由鋼材所含特殊成分的種類和含量決定；火花發生變化的原因，約有下述數項：

(1)研屑的大小和形狀。

(2)材料的硬度，即耐磨耗性。

(3)比重、比熱和導熱度。

(4)生成氧化物的難易程度。

(5)氧化物的物理性質。

(6)發火溫度 (Ignition Point)。

研磨鋁和銅等材料時，不見火花，磨鐵或鐵合金時，即生火花。這種不同點，大致因上述(1)及(2)項原因所生，銅和鋁質地較軟，產生磨屑的能力較小，因此不生火花。不過非鐵金屬不生火花的原因，不僅因上述(1)(2)二原因，以銅而論，銅屑表面難氧化，即使氧化，亦僅以表面為限，表面全部氧化後，作用立即停止，不起燃燒現象，當然無火花，鋁屑極易氧化，但反應太速，也不能產生火花。

以鋼的火花現象來說，磨輪和鋼接觸時，磨輪的功，完全變成熱能，而增加磨屑的溫度，磨屑的表面積甚大，又是新生面，很易氧化，氧化熱和磨下時所受熱，足以勝過空氣的冷却作用，磨屑溫度繼續上昇，終於抵達熔融點，而使磨屑熔融，發生火花現象。單磨鋁時不生火花，磨鋁鐵碳合金時，產生明亮的火花，鋼中含鉻鎳等難氧化性的物質時，火花變弱，且色澤暗淡，由此可知所含元素的氧化性，確能影響火花的性質。生成火花的另一要素是空氣中的氧，在二氧化碳或氮中研磨鋼材，不見火花，在氧中研磨，火花白熱化。

研磨純鐵時，僅生發光的流線，鐵中含碳量逐漸增加，火花中的松葉狀火花也逐漸增加。除碳元素外，其他元素均不能使鐵產生松葉狀火花，如在磨輪上塗碳末，再磨純鐵，亦生松葉狀火花，可見火花中的松葉狀分裂，全因鐵中含碳而起。不管碳與鐵作化學結合或僅物理混合，結果均屬相同。如以塗碳之磨輪磨黃銅或鋁，並無火花發生，由此可知必須鐵與碳同時存在時，始能產生火花，其理由可據磨屑之熔融而加以說明。磨屑中含有圓球狀物，此物名『球化磨屑』(Pellet)，磨屑最初成薄片狀，其中有一部分熔融，熔融物受表面張力之作用而收縮成球狀，此種球化磨屑，有的爆發破裂，有的僅脹成泡狀。蓋熔融物在空氣中進行時，外部因氧化而結成薄膜，內部因高熱而熔融，鋼中的碳即起燃燒作用，產生一氧化碳或二氧化碳，內部壓力亦逐漸增加，待壓力超過某定值後，氧化膜被脹破，小球爆發，內部熔融物向外飛散，形成松葉狀火花，氧化膜愈强，火花必愈少，惟一旦破裂，花之形狀亦愈大，據此可知碳的爆發燃燒，必須與熔鐵共存時，始屬可能。反之，火花由碳的爆發燃燒所生一事，可據球化磨屑的化學分析而證明，不論鋼中含碳若干，球化磨屑之含碳率均為0.04%。

鋼質不同時，球化磨屑的性狀也不相同。碳鋼的球化磨屑呈黑色，外皮光滑而有光澤，形狀極圓；矽錳鋼的球化磨屑呈淡黑色，形狀不規則，表面有無數小孔；高速鋼磨屑之球化者甚少，外形絕無完全球狀者，大都分裂成二三片。球化磨屑祇能顯示各成分的特徵，但不能顯示各成分的含量，即含量不同時，球化磨屑不生變化。

淬火鋼和退火鋼的火花，有人認爲相同，有人認爲不同，其實二說均對，二種火花的不同點是火花的量，相同點是火花的質。火花因磨屑起氧化熔融作用而生，已如上述，可知鋼的組織，不會影響火花，但鋼的硬度不同時，磨屑產生力量大相逕庭，因而能影響火花量。將成分相同的淬火鋼和退火鋼作比較時，前者是馬登組織 (Martensite)，硬度較高，後者是珠粒組織 (Pearlite)，硬度較低，前者的火花量比後者多。硬度增加後，研磨抵抗力也增加，磨擦作用所耗費的功也大，產生的熱能也大，大部分磨屑均達熔融點而形成火花，反之，硬度低時熱量較小，磨屑大都仍爲薄片狀，熔融者甚少，因而不生火花。

至於試片的抵搖力(手所受的反抗力)，硬度愈高，抵搖力愈大，以低碳鋼和高碳鋼作比較，前者的抵搖力較小。抵搖力和硬度的關係，有如上述。抵搖力和火花量間，並無明確關係，高速鋼的抵搖力雖大，但火花量甚少，反之，硬化鋼的抵搖力比退火鋼大，火花量也比退火鋼多。可見抵搖力和硬度有關，而火花量則和成分有關，火花量和硬度，並無明確關係。此處所說的抵搖力，並不包括磨輪帶走磨削物的力量在內，換言之，抵搖力的大小，和研磨的容易與否無關。軟鋼的被牽力比硬鋼大，不易研磨，抵搖力反比硬鋼小。總之，比較同一成分的馬登組織鋼和珠粒組織鋼時，前者抵搖力較大，火花量較多，後者的被牽力較大，火花量較少，但二火花的性質則完全相同。此點極易混淆，必須特別注意。

火花的名稱

說明火花的特性前，先須說明所用的術語。火花全體可成三部分，接近磨輪者是摩擦火花 (Tear Spark)，又稱第一部分 (First Sector)，此部因鋼質的不同而呈現各種顏色，鋼中所含元素和火花顏色的關係，詳列於第一表中。其次是中央部，該處火花最密，稱爲灼熱火花 (Center Spark) 或第二部分，最後是終尾火花 (Tail Spark) 或第三部分 (Third Sector)。尾部可觀察鋼中所含特殊元素，中部能顯示各成分的含量。

火花大致可分成(1)流線 (Stream line)，(2)射線 (Carrier line)，(3)花 (Burst) 及(4)尾花 (Tail Burst) 等四大類，茲詳述於后：

(1)流線 (Stream line)：赤熱鐵粒在空中作彈狀飛行時留下的軌跡，稱爲流線。流線分下述數種：

a. 直線流線 (Straight stream line)

b. 斷續流線 (Disjointed stream line)：此種流線，可於鎳鉻鋼中發現，此時鋼質不易氧化，流線切斷處極多。

c. 波狀流線 (Wavy Stream line)：這種流線，不難在高速鋼等不易生火花的鋼中見到，流線成波狀。

d. 橢圓閃光 (Oval Flare)：流線在中途急增光度，成長橢圓結節，矽鋼的火花，常成此狀。

(2)射線 (Carrier line)：流線中途爆發，產生結節 (Knot)，再自結節處產生流線，這種流線，名爲射線，以示與磨輪上的流線不同。射線能再生結節和射線，故有第一次射線，第二次射線和第三次射線等名目。但總稱則爲連續爆發 (Series Burst)。錳鋼火花的射線較多。

(3)花 (Burst) 流線中爆發成花狀稱爲花 (Burst)，花中向四周發散的線條稱爲花瓣。花的種類，共有下述數種：

a. 叉狀花 (Forked Burst)：叉形的花。

b. 星狀花 (Star Burst)：星形的花。

c. 菊狀花 (Flower Burst)：菊花形的花。

d. 一次火花 (Primary Burst)：花瓣尖端不分裂的花。

e. 二次火花 (Secondary Burst)：花瓣尖端再

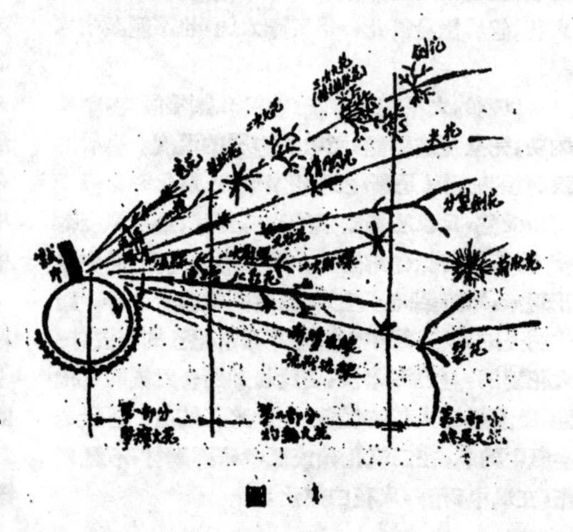

圖 1

爆發的花。

f.三次火花(Tertiary Burst)：花列在二次火花以上，分數級而爆發者，這種火花，又稱樹枝狀花或松葉狀花。

(4)尾花(Tail Burst)：流線終尾處線條膨大而尖度增加之處為尾花，尾花的種類，約如下述：

a.尖花(Spear Point)：尾花斷裂後再膨大而增加尖度時，即成尖花。

b.苞花(Jacket Burst)：花形和萎縮的牽牛花相同，錳鋼的火花，大都有苞花。

c.連續苞花(Series Jacket Burst)：苞花連續時，即成連續苞花。

d.劍花(Tongue Burst)：尾花成劍狀者為劍花，含鎳鋼最常見。

e.分裂劍花(Split Tongue Burst)：劍花分成二枝三枝時，便成分裂劍花。

f.裂花(Wild Burst)：這種花實際是裂度更大的分裂劍花，鎢鋼火花中，最為多見。

此外尚有捲輪火花，即火花捲於輪的周圍者，這種火花，在高碳鎳鉻鋼和高鉻不銹鋼中，最為多見。

上述名稱，可與第一圖和第二圖參照，更易明瞭。

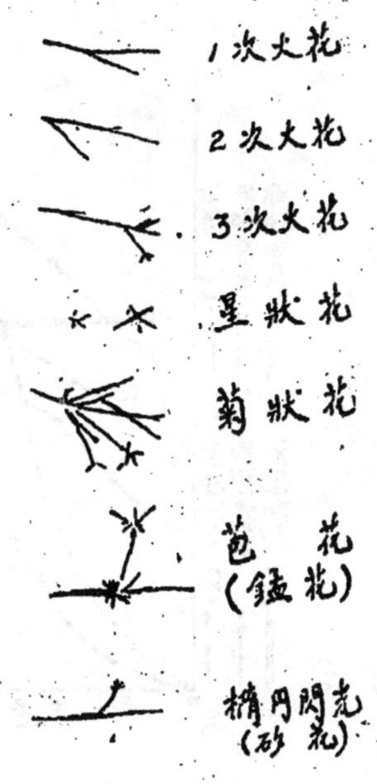

圖　2

火花的顏色

火花的顏色，約如第一表，顏色和鋼中各元素的融點無關，但和元素的氧化性有相由關係，大致鋁、鈦、矽等強氧化性物使火花成白色或近於白色，鉻、鎳等氧化力較差者使火花成黃色或橙色，氧化性更弱者則使火花成紅色，實際可分顏色成紅、黃、白三大類，如附表，

第1表　合成鋼火花的顏色表

元素	融點(°C)	實際顏色	顏色的區分
鉀	63.65	暗紅色	紅
硼	704	綠白色	白
鍶	757	洋紅色	紅
鈣	815	黃白色	白
錳	1230	亮黃白色	白
矽	1440	橙色	黃
鎳	1455	暗紅色	紅
鈷	1478	暗紅色	紅
鐵	1535	櫻紅及橙色	紅

元素	融點(C°)	實際顏色	顏色的區分
鈾	1689	亮黃色	黃
釩	1700	橙色	黃
[illegible]	1700	橙色及黃白色	白
鈦	1795	白色	白
鉻	1920	亮紅色	紅
鋯	2130	白色	白
鉭	2770	紅色	紅
鉬	2895	橙色及暗紅色	黃
鎢	3650	亮紅色	紅

各種鋼的火花

(1)碳鋼的火花。

碳鋼的火花和碳量有關，碳量愈多，火花的小枝數也愈多，樹枝狀爆發愈加複雜，碳量超過0.4%時，菊狀花逐漸出現，碳量達0.7%時，火花最亮，碳量超過0.7%時，火花逐漸暗淡，火花線也變細。

圖　3

a.純鐵：火花無分枝火花，流線中雜有方向彎曲者，如第3圖的虛線部，大約較不能攝影的爆發造成。

b.0.1%碳鋼：分枝火花極少，也有方向彎曲的火花。

c.0.2%碳鋼：分枝火花較多，但大部分為一次火花，二次火花較少。

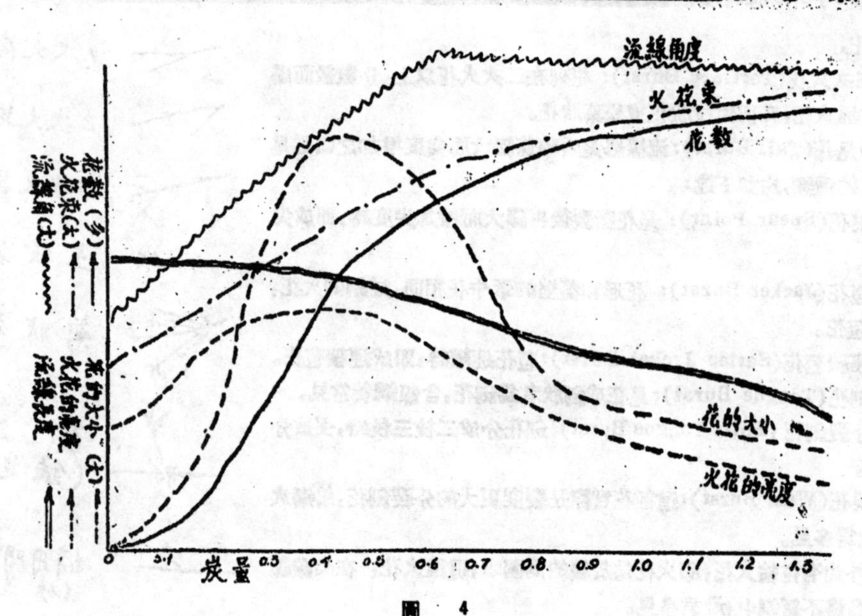

圖 4

d.0.8%碳鋼：分枝火花更爲複雜，二次火花極多，並混入三次花及星狀花。

e.0.4%碳鋼：分枝花大都是三次或三次以上的火花，菊狀花也可發現。

f.0.5%碳鋼：大都是四次以上的火花，此外還有菊狀花。

g.0.6%碳鋼：和0.5%碳鋼相同，但菊狀花稍多，火花總數也稍多。

h.0.7−1.2%碳鋼：各鋼的火花，形態大致相同，僅明亮度因碳量增加而顯示減弱而已。

碳鋼的火花，實際如第2表和第4圖。

第2表：鋼碳的火花

成分	分枝火花				星狀花	菊狀花
	一次	二次	三次	四次		
純鐵	−	−	−	−	−	−
0.1%碳	+	−	−	−	−	−
0.2%碳	+	−	−	−	+	−
0.3%碳	+	+	−	−	+	+
0.4%碳	+	+	+	−	+	+
0.5%碳	+	+	+	+	+	+
0.6%碳	+	+	+	+	+	+
0.7−1.2%碳	+	+	+	+	+	+

記號(+)表示存在，(−)表示不存在。

(2)硬鋼的火花

碳量超過0.7%時，極難憑肉眼判斷碳量，這時須利用攝影，根據一般經驗，碳量愈高，分枝角度愈小。第6圖是碳量和分枝角度的關係。火花分枝角度，事實上不僅限於圖上所示者，圖上角

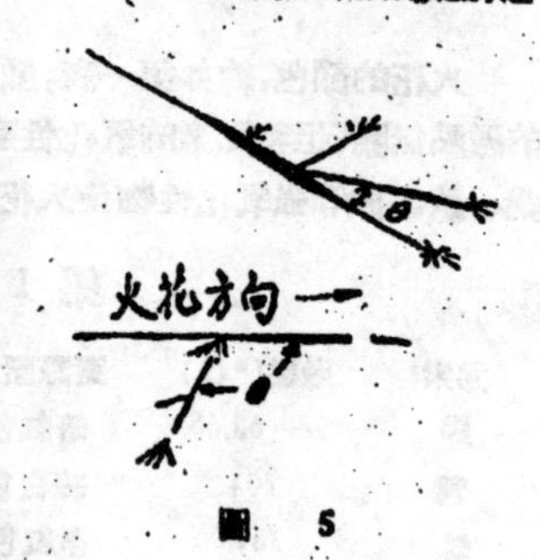

圖 5

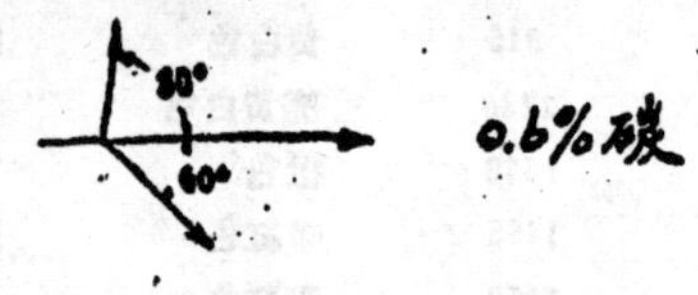

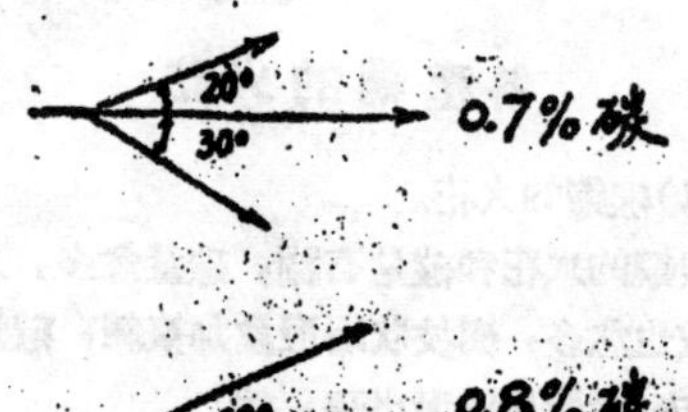

圖 6

11914

度，是大多數分枝火花的角度。

(3)錳鋼的火花

錳鋼的火花，比含同一碳量的碳鋼明亮，錳量小時，苞花較少，錳量高時，火花中有多量苞花（錳花），且火花末端分裂，這種情形，碳鋼永不發生。錳對高碳錳鋼的影響比低碳錳鋼大。第6圖是錳鋼的火花，第3表是高碳錳鋼的火花，表中的θ，就是圖中的分枝角θ。

第3表：　高碳錳鋼的火花

碳%	錳%	樹枝狀花	錳花	菊狀花	最大θ
1.2	0.5	+	−	+	−
1.2	1.0	+	+ ↓增加	+	30°
1.2	3.0	+ ↓減少	+	+ ↓減少	60° ↓增加
1.2	6.0	+	+	+	120°
1.2	8.0	+	+ ↑增加	+	60°
1.2	10.0	+	+	+	− ↑增加
1.2	13.0	+（幾乎沒有）	−	+（幾乎沒有）	−

(4)矽鋼的火花

矽能抑制火花，產生橢圓閃光。不問碳量高低，矽量愈多，火花量愈少，矽量超過5%時，火花不能發生。矽鋼的火花不分枝，火花的流線很短，且有膨大部，膨大部上生細毛狀小枝。矽量自1%增加至5%後，流線長度縮短不少。

比較碳0.2%，矽3%的鋼和碳0.3%，矽3%的鋼時，可證明碳量多者，小枝狀火花也較多。

熔礦爐出鐵時，如爐溫降低，硫量增加，有時能自0.06%之下昇至0.08－0.10%，這時熔鐵表面發生大量小火花。硫多時矽必減少，火花較易發生。發生火花的原因和研磨相同。硫含量昇至0.08－0.10%時，矽必降至1.0%左右。熔融鑄鐵含矽量超過3%時，火花也大爲減少。

(5)矽錳鋼的火花

矽錳鋼的火花和矽鋼及錳鋼不同，火花分成大枝，成分裂劍花狀（Split Tongue Bust），如第7圖所示。

(6)鎳鋼的火花

鎳鋼的火花特點是菊狀花甚多，不過不像錳鋼的有射線。鎳鋼的火花比含同量碳素的碳鋼少。鎳鋼火花的另一特點是含有分裂劍花和苞花，不過碳超過0.85%時，這種特點，立即消失。

最後揭示四幀火花圖，均係碳鋼的火花，可爲參考。

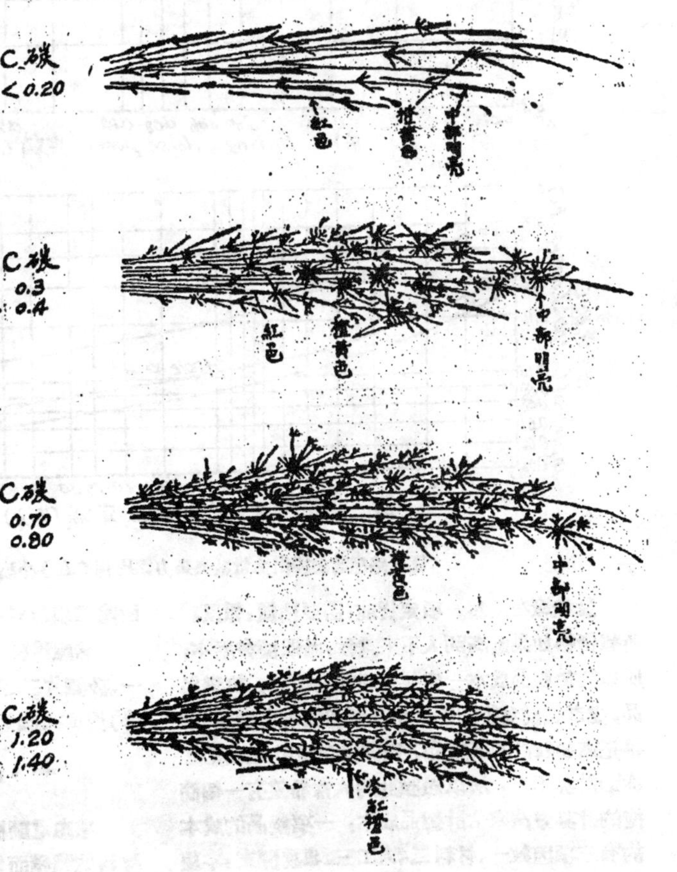

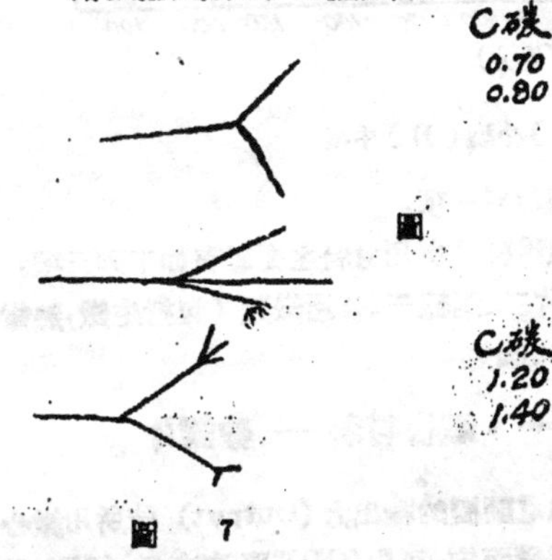

圖　7

介紹一個簡捷的方法來估計電動機製品成本

中小型鼠籠式感應電動機材料估計

西 同

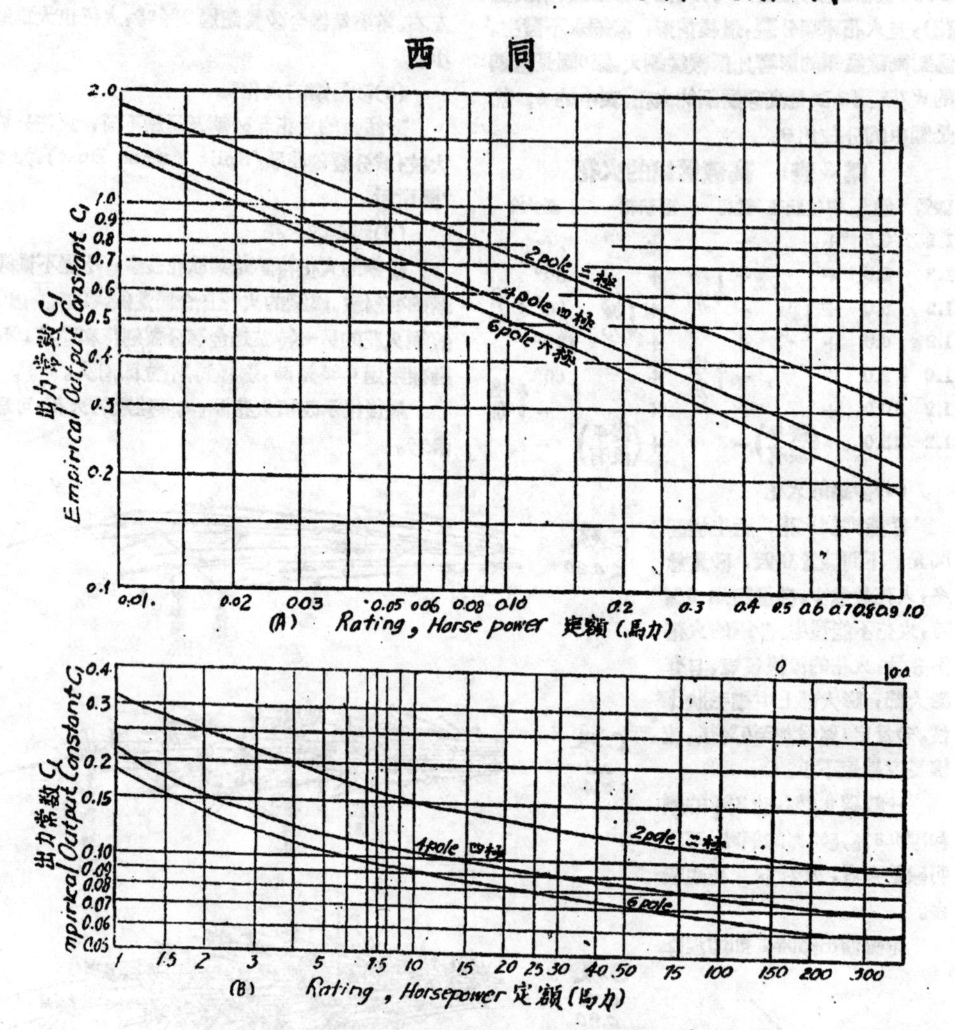

圖1. 感應電動機出力常數與馬力之比例（A）小型（B）中型

製造廠在承製一項定貨前，需要估價，報價，所報價格如果過高別人不來請教，過低便會虧本，所以對於製品成本一定要有適當的估計，標準出品，或者從前曾經製造過的東西報價沒有問題；如果是需要設計的新製品，則非根據定製人的規範從頭計算不可，所以做設計的人常希望有一個簡捷的計算方法來估計製品成本，一項製品的成本約有三項因數一、材料二、人工三、事務開支，本篇所論僅限材料一項。

感應電動機所用材料主要者有如下列三項。一、矽鋼片二、銅線三、普通鐵類（包括生鐵，熟鐵等）現依次論述。

一、鐵心材料——矽鋼片

感應電動機的輸出力 (Output) 依所用鐵心材料的體積而定，可用$(OD)^2W$來表示，(OD) 是電動機定子的外徑，W是定子的長度，(轉子就用定子內徑所銑下的矽鋼片製成，所以單說定子鐵心的體積已包括轉子鐵心在內)，鐵心材料的體積並不和電動機定額輸出力成正比例，但確依馬力大小而變，一只1/4匹馬力的電動機牠每一瓦輸出力所需的材料遠多於一只十匹馬力所需要的，同一馬力數的單相電動機體積較大於三相者，一只通常式(General Purpose)高效率的電動機亦大於一只間歇用(Intermittent Duty)電動機效率，電力因數及最大轉矩等對於電動機最後設計數值都有影響。

用常數C_T來表示此種種變化的因數，C_f代表週率常數，C_1是憑經驗而來的輸出力常數，則鐵心的體積可由下式算得。

$$(OD)^2W=C_1\frac{H.P.}{r.p.m.}\cdot C_fC_T\times10^6\text{立方吋} \qquad (1)^*$$

上式中H.P.是電動機的定額輸出力以馬力為單位，r.p.m.是電動機的轉速以每分轉數來表示，飯得體積，乘以密度即得鐵心重量如下式

$$G_c=0.278(OD)^2W\text{磅} \qquad (2)$$

圖(1)及圖(2)指出相當馬力及極數之輸出力常數C_1附表C_f,C_T** 等數值。C_T依作者實際覆核，常在1.2→0.8間，較大數用於小馬力電動機，0.8,0.9等用於五，六十匹之中型電動機，依據圖(2)及附表，鐵心重量甚易求得。

二、定子及轉子線捲——銅線

計算銅線重量的重要關鍵在如何迅速求得每相串連的導線數，每相串連導線數對於電動機的性能(Performance)有決定性的影響，但在估計材料的時候，可不必細算，只要一個靠得住的約數就可。

從已得的$(OD)^2W$數值，要設法把(OD)及W設法分開來，雖然可任意的分，但須注意(OD)及W使牠保持合理的比例(Proportion)譬如$(OD)^2$

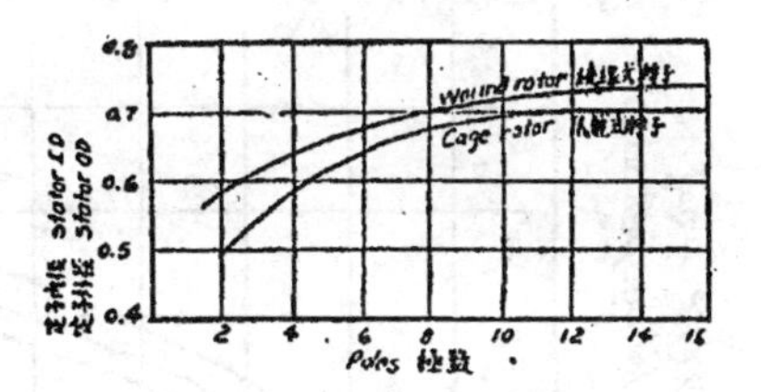

圖2 定子內外直徑比例圖

W=100立方吋，(OD)=10吋，則W=1吋，如(OD)=7吋則W=2吋，兩種情形都可以，但究應如何決定，大約可以根據兩點來定。一、憑以往的經驗選擇(OD)與W的比例，二、依據機座的地軸高度決定鐵心的(OD)。(OD)既經決定後，即可由圖(3)求得轉子內徑的大小。這樣就可以用下式求得每相串連導線數C及電子線捲重量G_K

$$C=\frac{45E10^6}{B_mk_Wf}\frac{1}{\lambda_DW}\frac{\pi}{2} \qquad (3)$$

$$G_K=mCaS_SL\times0.321\text{磅} \qquad (4)$$

(4)式中 m=相數

a=線捲並連路數

S_S=導線斷面積單位為平方英吋

L=半圈線圈(coil)的長度，單位為英吋

鼠籠式轉子銅梗的重量常為定子線捲重量的50%-70%。

故 $$G'_K=(0.5-0.7)G_K\text{磅} \qquad (5)$$

而轉子銅圈(end-ring)的重量可用下式求得(兩只銅圈併計)。

$$G''_K=\frac{2\pi\times.321}{1.1}\times\frac{G'_KD_r}{Wp}=1.83\times\frac{G'_KD_r}{Wp} \qquad (6)$$

上式中D_r=銅圈直徑，且假定銅梗與銅圈中所用電流密度相等，(4)式G_K是定子線捲銅線重量所用銅線係絕緣者，轉子所用的常為裸銅線，兩項價格相差甚大，故不能併計。

三、機座及地軸——鋼鐵類

機座所用材料依電動機構造而有所不同，有

---

*週率常數

週率	C_f
60	1.00
50	0.96
25	0.87

型式常數

型式	C_T
三相通用式	1.00
分相起動式	1.42
通用特種式	1.25

**在下列情形時B_m須乘以

1.00	60週率
1.05	50週率
1.20	25週率
1.10	單相通用式
1.32	單相特種式

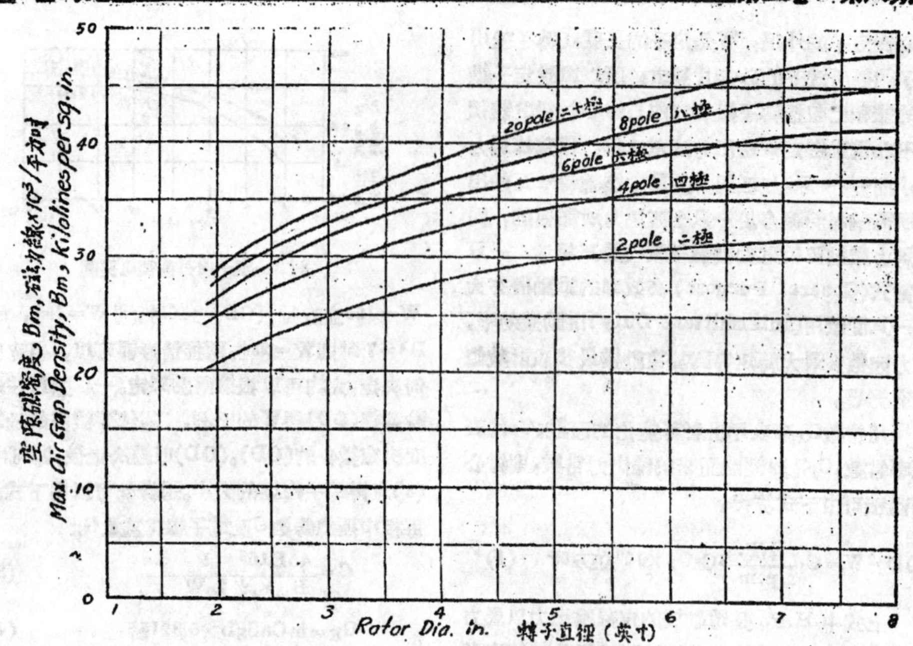

圖3 C.K. Hooper's 感應電動機空隙磁密度曲線（係依據四極鐵心而作）

的是鑄鐵有的用鐵皮及鋼板等銲接而成，目前上海（可說是中國）一般製造廠都用鑄鐵，機座的重量很難預先估計，就是製好圖之後，依圖估算，不但繁而亦不易準確，牠的約數，依據曾經製過的電動機，可由下式求得

機座生鐵鑄件重量＝K．（鐵心重量）　(7)

K＝1.2－1.5	五匹以下電動機
K＝0.8－1.2	五匹至廿匹電動機
K＝0.5－0.8	廿匹至一百電動機

電動機內所用鋼料除地軸外，估量甚微，地軸重量可用下列方法求得。

$$D_c = K_1\sqrt[4]{\frac{W}{r\ p.m.}} \qquad (8)$$

D_c＝鐵心處地軸直徑（全地軸最粗處），單位爲吋

W＝電動機之出力，單位爲瓦

K_1之值如下表所示

電動機馬力	K_1
1－7.5	1.1
7.5－15	1.2
15－60	1.3
60－140	1.4
140－250	1.5
250－650	1.6

地軸長度常在鐵心長度3.5－4.5倍之間，故得地軸重量如下式所示

$$G_j = \frac{\pi}{4}D_c^2(3.5-4.5)W\times 0.278 = (0.76-0.98)D_c^2\times W \qquad (9)$$

上面所舉幾種材料，是最重要的幾項，其餘如絕緣，（低壓電動機）油漆，電銲及螺絲類等材料在材料成本內所佔百分尙小可合計爲一項，以百分比加入材料成本內。

現用實例釋明上述一切，假定詢價電動機的規範如下：

50H.P. 三相 380V. 四極 50週率 通常鼠籠式交流感應電動機。

用公式(1)

$$(OD)^2W = C_1\frac{H.P.}{r.p.m.}C_fC_T\times 10^6$$

從圖(1)，得$C_1=0.085$　$C_f=0.96$　$C_T=1$

$$(OD)^2W = 0.085\times\frac{50}{1500}\times 0.96\times 1\times 10^6 = 2720$$

立方吋

故得鐵心重量 （下接第26頁）

如果將適量的 DDT 調入漆中使用,可使極大之面積在相當長久之時期內,對蟲類呈毒性,同時却並不降低漆膜之保護及裝飾價值。

除蟲漆

朱家珍

多種蟲類只要接觸着 DDT,就可受到致命傷。在普通狀況下,DDT非常穩固,除蟲效能也非常持久,可能繼續數星期,數月甚至數年之久。根據戰時記錄,DDT以揚塵法 (dusting powders) 或噴霧法 (sprays) 使用時,對於虱,蚊及多種蠅類之驅除效能甚著,爲人所樂道。

要獲得除蟲劑的最大效能,必需將牠分佈得愈廣大愈均勻愈好,因爲如此可以增大它與蟲類接觸之可能性。DDT之分佈情況至少必需半永久性,方可充分利用其穩固性及長時期之有效性。因此便自然想起了調合DDT入漆使用的問題,利用此漆,使極大之面積在相當久長之時期內,對蟲類呈毒性,同時却並不降低漆膜之保護或裝飾價值。

DDT甚至在低濃度時也有强力之毒性,在正常情形下,呈不活動性及穩固性,因此在研求除蟲漆方面,我們可寄予合理的期望。

凱(Campbell)韋(West)二氏及貝(Barnes)氏發表報告說:當DDT調合入膠粉 (distempers) 及含油水漆 (oil-bound water paints) 時,對於驅除家蠅仍然有效,前者用含有 DDT 5%,(依據漆的重量)之漆,它的除蟲力在六個月後仍極有效,後者用含有適量 DDT 之含油膠粉 (oil-bound distemper),當此膠粉以正常方法施刷後,漆面上每一平方公分 (sq.cm.) 之面積可含有 0.4 毫(mg.) DDT,照貝氏所知,此濃度相等於含有 5%DDT (依據漆內不揮發物之量)。同時DDT之存在對於漆之施刷性 (brushing properties) 及持久性毫無妨害。

把DDT調入含油水漆並無困難。DDT乃一白色粉末,稍呈粘性,能被磨入顏料或填充劑中,能在乳化前溶於油體中,也能被攪拌入已完成之漆中。若DDT磨得太細,則有事實證明其效能可降低若干。

DDT之需用量

關於需用多少DDT才可有滿意的成績,迄今尙無定論。以昆蟲學的觀點來論,主要因素爲存在於漆面上每單位面積中之 DDT 重量,在正常之施刷情形下,單位面積中的含量與未乾漆 (wet paint) 中 DDT 之含量,約可成爲比例——例如,含有5%DDT之漆,於施刷後,DDT之分佈約爲每一平方公分中〇・五毫,

漆面上每單位面積所需足以呈毒性於蠅類的DDT量,遠較足以產生相等毒性的遊離DDT量爲多,因爲DDT調入漆膜時,一部份留存在漆膜內,失去了除蟲的效能。但家蠅對於遊離DDT極端敏感,——據報告每一平方呎含有 0.24克 DDT 就足够殺死牠,所以這件事並不過份嚴重。含油水漆之輕微粉化作用 (chalking action) 有助於將內在之DDT帶到表面,如此就可保持其毒性。另一方面,在漆面上有污物,油或脂等薄膜存在,足以妨礙它與蟲類的接觸,而減低 DDT 之效能。增加漆內之DDT量,就可補償因粉化及長期內慢性分解而消失之DDT能使漆膜較長期的保留毒性,不過如此便要使漆的成本增加。從以往已公佈的工作報告看來,在含油水漆中加 2%DDT,便可有效地驅除家蠅,而成本也所增無幾。依貝氏之數字類推,上述DDT濃度所產生之漆面,每一平方呎含有 0.25克。

害蟲之感受性

凱,韋兩氏證明此種漆面對於蠅類呈毒性,至少能維持六個月,多則可能延至一年。至於上述數字能否減少而不致影響其在同時期內之毒性,則尙待證明。

上述毒性專指家蠅而言,因牠是最易感受DDT,同時也是最普遍的害蟲,到夏天,甚至在極端清潔的狀況下,也不能把牠驅除淨盡。其他害蟲,如臭蟲,蟑螂等對於DDT之抵抗力較大,如欲令漆面對於牠們呈合理的毒性,則此漆必需含有較多量的DDT,至少5%。若要完全驅除牠們,DDT之用量當更高。

如上所述，含有2% DDT的漆就能驅除蠅類的嚴重擾害。但對於虱類的擾害還是用一次或數次的遊離DDT來處理，較易收效。處理後，再施用含有2% DDT的漆，可能大大地減少再發生此類擾害的機會。

關於DDT對膩粉之乾燥時間 (drying time) 及耐光性 (fastness to light) 有無任何不利的影響，迄今尚無報告。根據DDT的普遍不活動性來看，這種缺點大概不致發生。

使用除蟲劑於油漆及假漆(oil paints and varnishes)

關於使用除蟲劑於油漆及假漆方面，因已公佈之研究結果尚少，故情形十分模糊。最初凱耶二氏曾發現當調和DDT入油漆及假漆時，甚至濃度高達5%，所得漆膜對於蠅類仍不呈毒性。這現象原也在意料中，因爲乾燥後之堅硬漆膜阻礙了蟲類與除蟲劑間的接觸。但現在已有好多機構在試驗着克服這個困難。這工作有兩方面可着手：(a)把除蟲劑溶於稀釋劑 (thinner) 中，這樣當施用時，DDT因溶劑揮發，而得以留在漆膜表面或近表面處(b)在平光漆(matte paints)中，把除蟲劑混入顏料(pigments) 及塡充劑(fillers)中，則可能有一部份會浮到表面，尤其在有輕微粉化情形發生時則此更屬可能。

現知此類工作已有一些成功，但只能算尙在試驗時期。無論如何，若要得到相等的毒性，除蟲劑在油漆、磁漆 (enamels) 及假漆中的需用量當較在含油水漆中高，這額外用量能否供給一較長期的有毒面，尙不得而知。

單把除蟲劑加入漆內，並不保證能殺蟲。正確地配合是非常重要的。只有眞實的生物試驗——在精密管理的狀況下，用活的蟲類或幼蟲來作試驗，才能可靠地證實漆面的毒性。這種試驗當然只有極少數漆廠，有設備及訓練有素的人材的，方才可做，最好能有一中心的試驗室或組織以從事此類試驗。

除蟲油漆、磁漆及假漆的主要目標是用來對付那些易於感受除蟲劑的蠅類及其他能飛的害蟲，不會用以對付抵抗力較強的害蟲，如蚤臭蟲或蟑螂，否則就需用很多額外的除蟲劑，因此除蟲漆，對於除去臭蟲蟑螂等的嚴重擾害，可能無效。但它足以防止這類害蟲的繁殖。

用除蟲漆對付螺類的試驗

狄氏 (Dimick) 的研究展開了施用除蟲漆的另一新天地，狄氏曾把一木板，塗以DDT漆，浸入海水達六月之久，並無螺類附着其上。但若施以普通船底漆，在海水中浸三月後，即附着有很多螺類及其他海水中的寄生動物，然而狄氏並未詳述此漆之配合，或組成情形及所含之DDT量。

漆內除蟲劑含量之化驗

若除蟲漆之用途有發展，則分析漆內之除蟲劑含量必將使油漆化驗師感到興趣，最便利的分析法便是把一相當面積之紙，約半平方呎，依照測定遮蓋力 (hiding power)塗以此漆至正常厚度。在漆乾燥後，秤取此紙重量。再把此紙捲攏或切成條狀，放入索克雪來提取器(Soxhlet Extractor)中，用一適宜之溶濟提取此除蟲劑。將溶劑用熱水浴 (water bath) 蒸去，則此除蟲劑量就可用秤取法或更普通地用分析法來估定。若此除蟲劑是DDT，那麼就可用酒精鉀液 (alcoholic potash) 提取，再加入已知量標準硝酸銀液 (standard silver nitrate solution)，餘多量用標準硫氰酸銨液 (standard ammonium thiocyanate solution)滴定之，就可决定所存在之氯基 (chloride) 量，此可水解氯(hydrolysable chlorine) 之多少和所含有之DDT量成正比例，如以此漆另外再做一乾燥重量試驗(dry weight test)，則從上述方法，可得未乾漆之除蟲劑含量，及當正常施用後，除蟲劑在每一單位面積乾燥漆膜中之分佈情形，此外，用同樣但不含除蟲劑之漆做一對照試驗 (blank test) 也是必需的。

總而言之，強力的新接觸除蟲劑如DDT之發展，激發人們去研究能否把牠調合入漆以獲得除蟲的漆面，而不致損害漆膜之保護或裝飾價値，關於含油水漆方面，這事已成功，但是對於油漆、磁漆及假漆，則問題尙有待解决。

煤的開採程序

工程畫刊

——橡編

→挖掘

→鑽眼

今日的煤礦已部份改用機械來節省勞力了

本期封面說明：

動力廠用抓子取用煤的情形

但是還可以改良成爲更完備的機械，從挖掘，鑽眼分裂煤層到裝運，都可以連續不斷的完成。

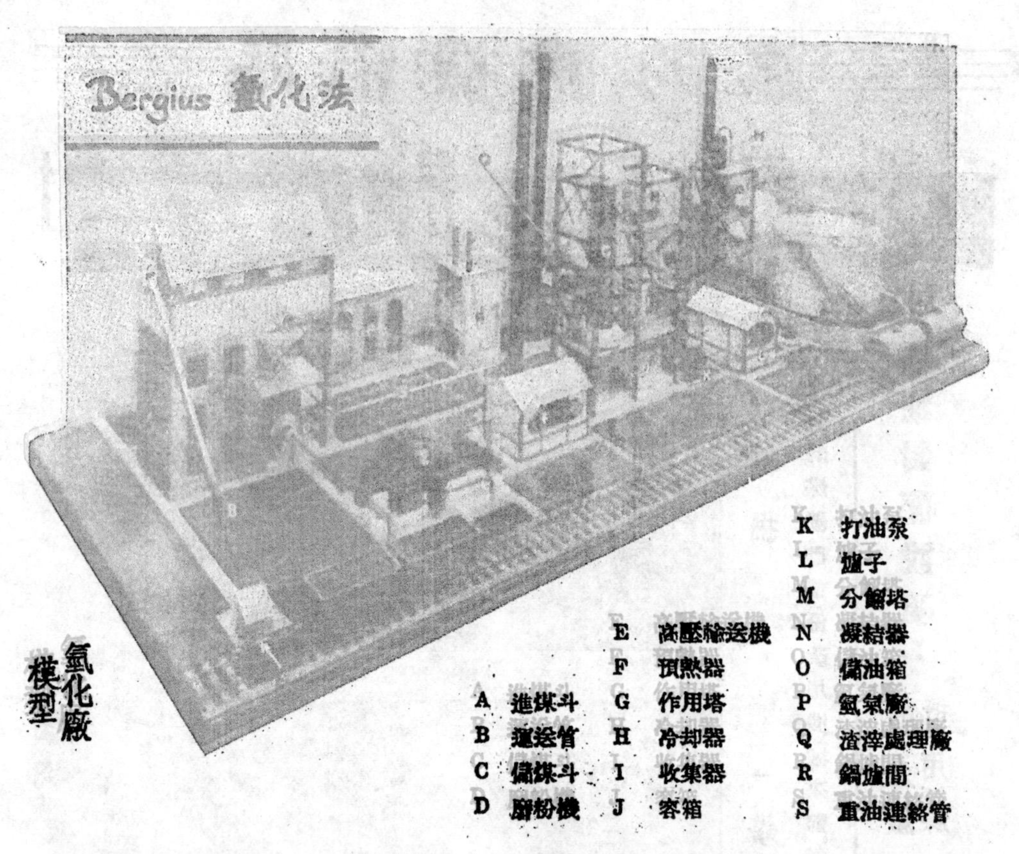

		E	高壓輸送機	K	打油泵
		F	預熱器	L	爐子
A	進煤斗	G	作用塔	M	分餾塔
B	運送管	H	冷却器	N	凝結器
C	儲煤斗	I	收集器	O	儲油箱
D	磨粉機	J	容箱	P	氫氣廠
				Q	渣滓處理廠
				R	鍋爐間
				S	重油連絡管

碳（煤）+氫→碳化氫（石油）

外面塗上特種油漆，可以反射太陽熱力的儲油箱，足以減免受熱而起的危險。

氫在高壓高溫的時候，能使普通鋼鐵變得脆弱，所以巨大的氫化作用塔是以鎳鉻鋼鍛成的。

煤+水蒸汽

→一氧化碳+氫

觸煤

碳化氫

(石油)

每加侖僅費

美金七八分

石油以前都是從油田內開採出來的。左：美國加省油田之一景

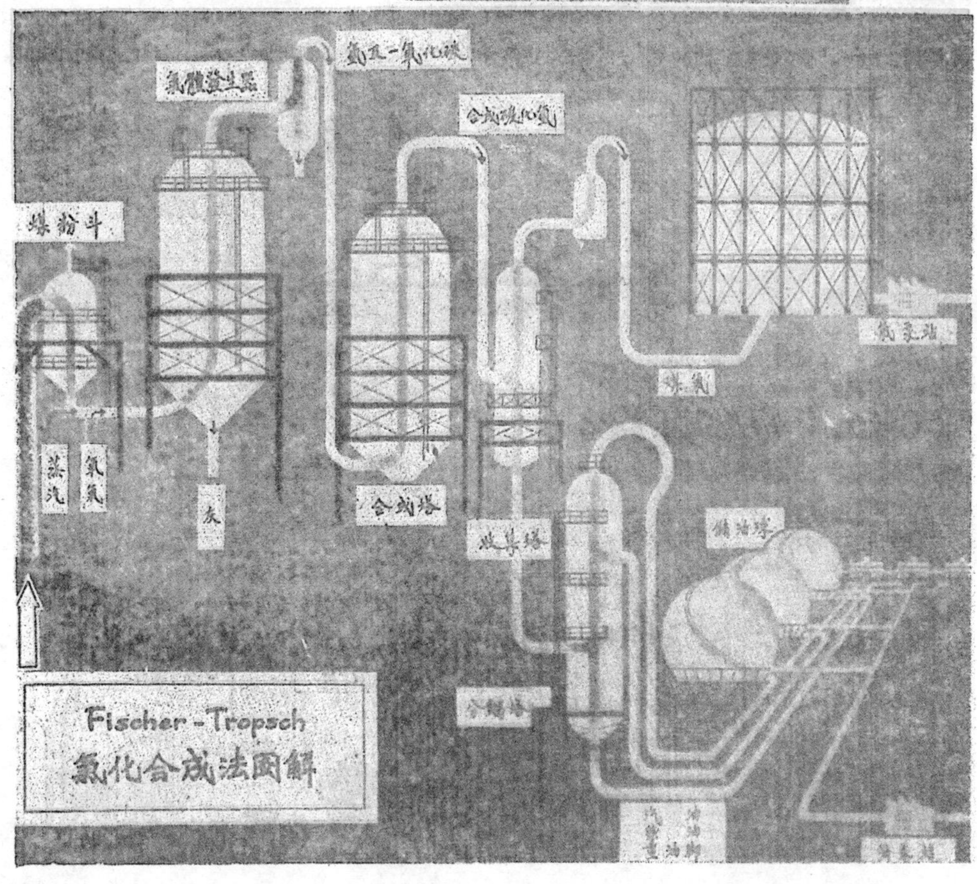

煤的乾餾

右：乾餾爐子之頂上，工人正將爐蓋打開，然後將電力拖動之加煤小車移至適當位置，卸入煤斤，關上爐蓋。使在華氏二千度之高溫下烘焙。

左：煤氣水冷器。在爐子內出來，具有華氏一百七十度溫度之煤氣在含有水管子之塔內冷却，使其中所含煤焦油液化分離，免得進入煤氣管時發生阻塞現象。

下：煤氣製造程序

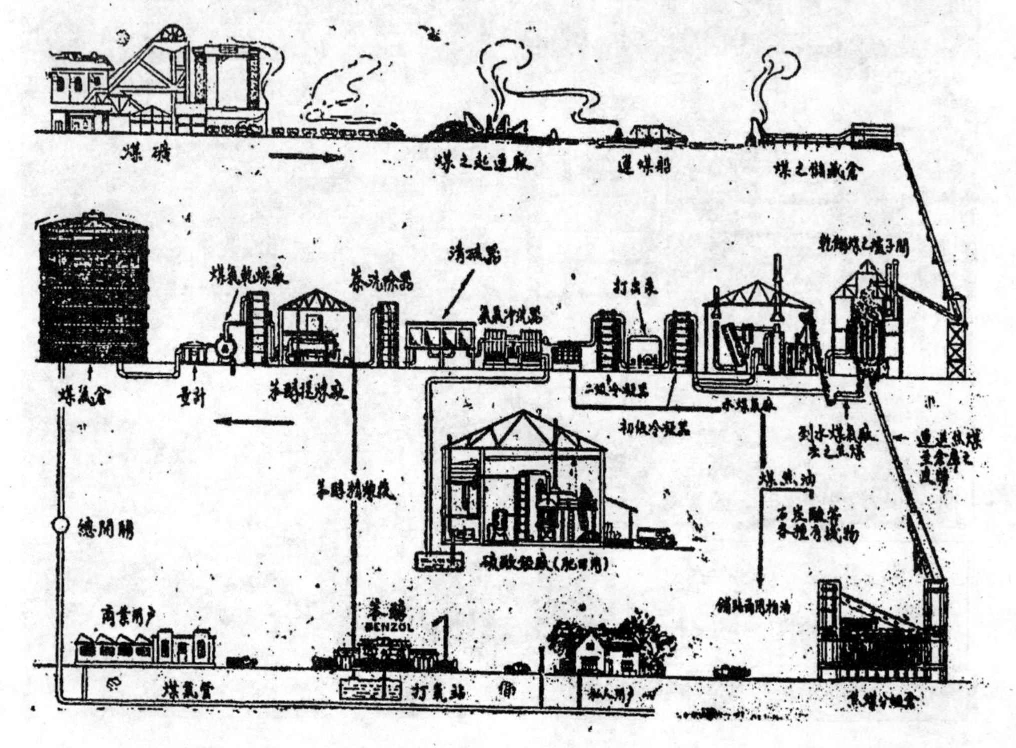

煤——黑色的寶石

王樹艮

可是我們還沒有能好好地利用它

在原子能尚未能正式給利用的今日，煤仍然是我們所用動力主要的來源，它蘊藏着億萬年前由太陽輻射到地球上來的熱，而且以碳素爲主要的構成成分，任何有機物內都含有碳素，所以煤便成爲人造有機物的主要原料。眞是一塊不可多得的黑色寶石，可是在開採和使用上，我們都還不曾做得很好，讓我們來看看事實倒底是怎樣吧！

煤的開採（參閱工程畫刊），在今日和在五十年前，實在無甚差異，基礎上是依照圖中所繪的五個程序。不過在那時完全使用人工，每人每天平均開採量是3噸。在今日，挖掘鑽眼和裝運，部份改用機械，每人每天可開採5.1噸，效率也不算高。爲什麼不採用高效率的自動機械呢？就像畫刊中所示的，挖掘鑽眼，分裂和裝運幾步工作都可以以一部機械來完成，這在事實上是可能的。可是這樣一來，煤的產量太多了，市場上將要消化不下。

一方面因爲現代用煤已略能講求經濟（三十年前用700噸煤的現在只要300噸便够了），另一方面由於石油的競爭，煤的銷路給奪去大半，所以煤的需要不能過份激增。在飛機，汽車這些輕巧而高速的機械裏，人們的確依賴着石油，因爲石油易於取攜，佔地極省，燃燒完全沒有灰，每單位重量所發生的熱量又來得高，這些都是煤所不能競爭的地方。但是石油在世界上的存量則遠不及煤，很多的國家都缺少石油，我國亦然；就以產油最多的美國來說，據牠們自己的估計，石油的存量僅足敷15年之需，而煤的存量則還可供給3000年的需要。

石油和煤有什麼不同呢？石油的主要成分是碳化氫，煤的主要成分是碳，煤的成分裏假使能應用化學方法滲入氫的因素，便有變爲石油的可能。（以前石油因爲是地層內所開採出來的，所以稱爲石油。現在能從煤轉變過來，所以稱爲煤油亦無不可。）缺少石油的德國，在第二次世界大戰前，爲謀石油的供給無缺，藉以完成其霸略世界的狂想，曾不惜工本，努力於此項煤變石油的研究。（參閱本刊二卷四期德國工業備戰的故事一文）。

那時經他們試驗成功的，以下列兩種辦法最爲著稱：

（甲）Bergius 氫化法

（德國1927年起試用）

本法即藉觸媒之幫助，使碳與氫直接化合爲碳化氫，化學作用簡示如下：

$$nC+nH_2 \longrightarrow (CH_2)n$$

所用觸媒，據德孚公司窮年探索之結果，以鉬，鎢等第六屬之硫化物較爲有效。惟因此項氫化作用須在高壓（3.000－10.000磅/吋^2）高溫（850°F）下行之，設備費較大，故在商業上現在已認爲無採用之價值。

本法的工作程序請參閱本期畫刊，加入的清淨煤屑先磨成粉狀和S管內回送的重油，以一對一的比例混成漿狀，用高壓輸送機E打入作用塔G內，生成物經過冷凝器H到收集器I，凝結之油收集在容箱J內，打入分餾塔M，提煉各種不同油類。作用弃底下所積儲之渣滓。放到處理廠Q，再提回一部份油類，其餘作爲鍋爐間的燃料。氫化作用時有巨大的熱量放出，但製造氫氣時，將水蒸汽噴焦煤上，需吸收熱量，故用換熱器，圖中未顯示。

（乙）Fischer-Tropsch 氫化合成法

（德國1933年起試用）

本法係採用製造水煤氣的過程，將水蒸汽噴在焦炭上（此時吸收熱量），使生成一氧化碳和氫：

$$C+H_2O \longrightarrow CO+H_2$$

再用鐵鈷鎳等爲觸媒，使一氧化碳和氫起作用，生成碳化氫：

$$nCO+nH_2 \longrightarrow (CH_2)n+nH_2O$$

這法的優點在乎不需要高壓高溫，壓力祇需250磅/吋，溫度祇須650°F，所以設備費大省，據估計將來生產的費用每加侖僅須美金七八分已足，僅當Bergius氫化法成本的一半。而且所生產的油類中約百分之四十爲辛烷基，（下接第26頁）

新發明與新出品

★一種電動機應用的新金屬——威斯汀好司廠(Westinghouse Electric Co.)最近發明了一種新金屬，叫 Hiperco，含64%鐵，35%鈷及1%鉻，它具有一種極高的磁量，但却很堅強而耐撓，所以用來做電動機，可以使重量減輕，馬力增大。這一種合金是製成錠型後再輾軋成2吋或3吋厚的鈑，此鈑重熱後可再輾至1/10吋，淬於冷水中，冷輾成 0.002吋厚的片，以供應用。

★用液體氮化淬火法可使工具壽命延長——高速鋼製的工具，如果應用液體氮化(Liquid Nitriding)的淬火法熱處理後，可以獲得很高的硬度和抗磨損的能力，同時還具備了較低的磨擦係數和在高溫度不致變軟的特性。以前常用氨氣來氮化，一方面要多費時間，同時又因在鋼表面濃積氮化物的緣故，造成工具的脆性，所以，祇能作為模子工具用，不能夠用來製造切削工具。現在如果用了這一種液體氮化法，那末鉸刀，樣板刀，拉刀，螺絲攻刀，銑刀，……這一類的輕削精密工具都能藉之而獲得極優良的性能了。——液體氮化法都是最近發明的一種淬火法，大概是將已經淬硬，回火和磨後的工具先在中性鹽浴或對流空氣爐中預熱至 10000—1050°F.，然後移至氮化浴中保持在1040—1050°F.至20—30分鐘之久。之後，工具就在空氣中冷化，溫水中沖洗，晾乾。氮化浴主要是錆化鈉六成，和錆化鉀四成的混合劑。

★在十五秒中攝影顯影和放映的自動機——柯達公司最近發明了一種新式自動機，可以在15秒內將照片攝成印好并放映在銀幕上。在機內有一具攝影機，可以在一定時間內攝取一種特別的16米厘捲片，同時，有一只無底盃下降於這一張底片上，然後灑上數滴熱的顯影液和定影液。最後，以眞空吸去法將底片製成，這一個手續是在140°F.溫度下完成的，需時約 9 秒。將乾的底片於是拉入放映器內，這器中的空氣壓力使底片完全乾燥并冷却。再拉平作為放映之用。

★愛爾近鐘錶廠所發明的藍寶鑲嵌工具——最近美國愛爾近鐘錶廠的藍寶石製品部發明了頭端有藍寶嵌入的四種磨光工具，其中二種可裝在車床或鑽床上，作磨光工作(Burnishing)，工作直徑自0.200—0.700吋，適合於高度精密的錐坑鑽眼工作(Counterboring)。有一種是二端有刀口，適合於手工磨光，另有一種則適合較重的大工作物磨孔之用。

★能做多種工作的哈定式軋頭車床——紐約州 Elmira 城的哈定工廠(Hardinge Brothers, Inc.)已經製成了一種能做多種工作的新式軋頭車床(Chucking Machi e)這一種車床是沒有車尾座的，可是有種種附件，和砲塔式的刀架，因此就能同時做好多複雜的工作。例如鑄件，鍛件，沖件或經自動螺絲車床，六角車床加工製過後的坯子，如果需要有好許多搪孔，車螺絲，車光的工作步驟，可以都在這一架機器上很迅速地完成。它底特點是：高速度的車頭心子，有八個位置的砲塔式刀架，與製造螺絲的車頭；這三樁東西使工作物祇需一次軋就，便可獲得精密加工的成績。

這機器車頭心子速率範圍自每分鐘150至3,000轉，倒順皆可。車頭心子裝有標準的5C筒形軋頭(Collets)，同時還有階級式的軋頭，可軋牢最大至 6 吋的工作物。砲塔式刀架有八個位置，每只都可以獨立調整，不受其他的影響，可以無須用敲擊的方法來調節車刀位置。在刀架上可裝$\frac{5}{8}$吋標準方形刀頭或$\frac{3}{8}\times\frac{5}{8}$吋長方刀頭，如果用雙頭或三頭的刀頭，可以一次裝妥，同時做24刀的工作。

螺絲車頭是分離單獨裝置的，恰在車頭心子的後部，由主導螺桿控制。同時還有螺絲長度自動調節裝置，即一待螺絲車畢一刀後，車刀可自動跳起，恢復至原來位置，再開始工作，所以方便不少。

哈定式軋頭車床全貌

★一種堅韌的新人造纖維——倫敦皇家化工廠正在研究一種新的人造纖維，可供紡織之用。這個新纖維的名字是「退果林」Terylene。它能抵抗光，熱，微生物，酸類，有機溶劑，以及漂白劑的侵蝕。它不大吸收水份，在浸濕時仍有很高的強度。它的彈性也很好。並且它的起始彈性模數很高，所以紡織或編結起來很是容易。所成的織物可以任意洗濯，用烙鐵燙平，或用蒸汽壓平。不過新纖維的染色問題尙在繼續研究中。

「退果林」是從對苯二甲酸(terephthalic acid)和甲二醇(methylene glycol)中提出多元脂製造而成。(永華) Chemical Engineering

微波的奇用 D.D.T.

最初用作通訊的電磁波波長數千百米，以後逐步朝短波一方面發展，目前竟有利用短到一公分以下的微波的。就最近通用電器公司(G.E.Co.)萊爾台博士(Dr. Lafferty)所設計的反射調速電子管(Reflex Khptron)來說，它所產生的1.25公分波長的微波，就有幾種以前所夢想不到的用途。

一公分左右的電磁波，每秒鐘振動三千萬萬次。這個數目與許多氣體分子的內部自然振動週率已很接近。我們一向可以使氣體的整個分子在空間每分秒鐘內振動幾十萬次，再快，氣體分子就趕不上了。這個數字就是平常的聲波和超聲波。(Supersonic Wave)但是有許多種氣體分子的內部由於負荷靜電的不平衡性產生雙極子(Dipoles)的現象，最顯著的是氨，好多種碳氫化合物也有這種性質。這種極性分子在變動的電磁場中，如果這電磁場變化的週率和分子中某幾種型式(mode)的自然振動固率相同，那末，分子就會振盪或轉動起來吸收電磁波中的能量發出熱態。

西屋電器公司的古特博士利用不同氣體有不同的自然週率的性質設計了一架『微波光譜儀』，(Microwave Spectrograph)。用來分析種種複雜的氣體混合物，而不必用化學的方法。

微波光譜儀測定混合氣體的性質，所用的方法和儀器極其簡單：是一個微波振盪發生器，其波長受一個掃描發生器(Sweep Generator)控制，在波長1.2到1.6公分之間作直線的鋸齒形變化(Sew tooth variation)；此種微波經過一個長15呎的波導管(Wave guide)，管中充滿了所要測量的氣體，氣體的壓力，要保持在水銀柱0.1公厘以下，以增高選擇性，經過波導以後的微波，已有數種波長被吸收，强度大減，再經過晶體檢波器後，接至陰極射線眞空管的垂直偏向片，而其水平偏向片，則由同一掃描發生器控制，(如圖)，如此可在陰極射線眞空管之屏上，得一圖形，其橫的方向代表波長，縱的方向代表吸收的多少。此種圖形可用普通的照像方法，留作記錄。從記錄上可以看出某一波長被吸收之程度如何。再將這一記錄與預先測定的各種已知氣體其吸收之特性波長之數字比較，就可知道波導管內所充之氣體之性質。此種測定方法一如普通光譜術。故此法又叫做『微波光譜儀』。西屋公司已可用這種方法測定許多氨和碳氫化合物外的氣體如，水蒸汽，乙酮，Cyanogen bromide，以及 Carbonyl sulfide 等等。

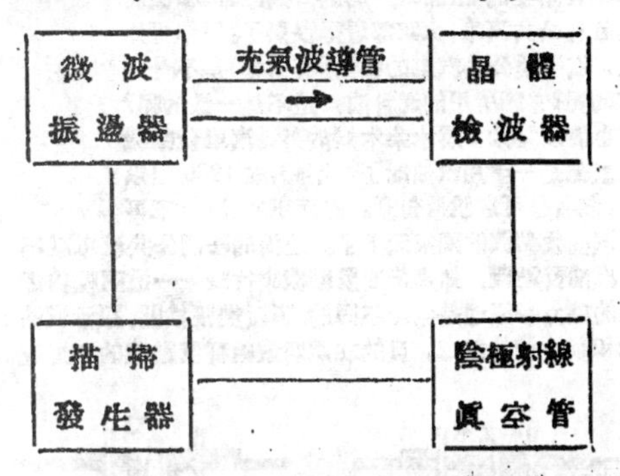

類似的方法也可以測量氣體的壓力和它們的擴散速度。甚至不久將來物理學家們可以從這些吸收波長也就是分子的諧振點(Resonant Point)來測算分子內部的詳細結構。

除了上述的純科學應用外，一公分左右的微波還有一種人人都有興趣的簡單應用。以前說過氨的雙極子能吸收很多一公分左右電磁波的能量，而變爲熱能，此變化所造成溫度的增加，使氣體照着查理定律而膨脹。如果我們把微波的强度加以普通音頻的調變(modulated by sound wave)，則氣體就會按聲波的變化而振動。如果把一個充滿氨的氣球放在一道帶有音樂調變的微波面前，那氣球就會奏出音樂來。RCA的研究室，就在試驗許多不同的氣體。他們做過一個像風琴管似的波導，一頭裝上一個振膜，當帶有調變的微波自一頭送進去時，氣體的膨脹和收縮，就使振膜振動，其聲音在百呎以外都可以清楚的聽到。

有人在作預言，未來的收音機可以將收得的電波放大後，使它調變一個微波振盪器，再用上述的一個氣體揚聲器即得。這樣可省去許多複雜的檢波和音頻放大等等設備，可使成本大爲減低而效率更好。這種價廉物美的收音機必能打倒現在一般的廣播收音機。

(節自Electronics, Feb.與Science Digest, Feb.)

機工小常識

汽油機和柴油機的燃燒怎樣不同？

同 高

第一部柴油機汽車引擎(1930年)

住在上海的讀者諸君，對市內的公共汽車總不會陌生的吧?市公用局的公共汽車，和法商的紅色公共汽車，大家都看得很熟了。但你可知道，這兩種公共汽車的發動機(引擎)是不是一樣的呢?它們所用的燃料油，是不是一樣的呢?你也許以爲除了燒木柴木炭的外，汽車發動機大概總是一律用汽油的了。不錯，在1930年以前，你確是可以說這句話。然而現在，汽車不再是汽油發動機的獨家天下了。上海的法商公共汽車就不用汽油發動機，却用柴油發動機來行駛——這兩種內燃機的熱力學原理是完全不同的。下面幾張插圖，顯示汽油機和柴油機的氣缸，目的在說明這兩種發動機的燃燒究竟有些什麼不同。至於汽油機和柴油機的構造方面，雖亦有不同處，卻不是頂基本的，在外表上也許不易辨別，但是，你能知道了下面這些，還能多看圖樣和實物，就很容易分辨出來的!

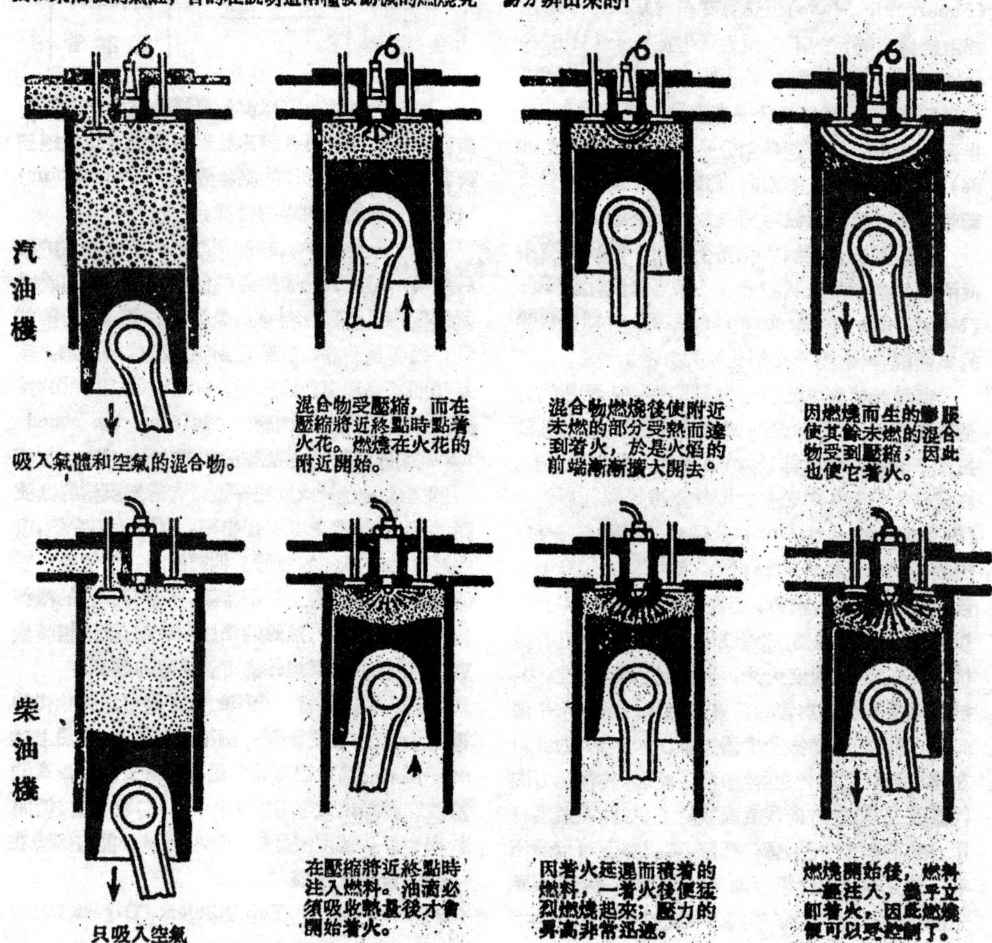

讀者信箱

1. 江西泰和地方法院王階平先生大鑒：來函敬悉。中國技術職業化學工藝班因爲人數不足，目前尚未開講，以後如有講義，當即奉上，所詢三酸，燒純鹼及硬脂酸之製法謹簡答如下：

三酸工業及製鹼工業都是重工業，不是輕而易舉的，要能實際大量生產，必先經縝密的研究試驗，對其中每一步驟加以透切的了解，然後在相當的設備之下方能施行，現在只能舉其大要概概，較詳細的情形可參考商務出版最新化學工業大全第二卷。

三酸是指硫酸，硝酸，鹽酸而言，今分述其製法：

一、硫酸——硫酸之製法有二種卽接觸法與鉛室法

A. 接觸法：先燃燒硫黃或硫鐵礦成二氧化硫，經過除塵，冷却，乾燥以後與空氣經過一接觸塔所用之接觸劑爲白金或氧化釩，溫度大約在四百度以上，使成三氧化硫，然後再經過吸收塔以稀硫酸吸收之，所成之硫酸可達98%以上。

B. 鉛室法：在硫礦燃燒器內燃燒硫鐵礦使生二氧化硫，經過一硝化器，內儲硝酸鈉及硫酸，供給氧化氮，幫助二氧化硫的氧化，混合氣體先經古氏塔上面有從鉛室與蓋氏塔來的硫酸冲洗之 (Glover Tower)，古氏塔的作用有三 1. 冷却氣體至 50－80° 2. 使後面蓋氏塔 (Gay Lussac Tower) 的酸放出氧化氮 3. 使鉛室成量硫酸濃縮至78°同時供給鉛室適量的水蒸氣。從古氏塔來的氣體進入一串鉛室，鉛室上部有水霧噴下，霧狀的硫酸漸漸聚積於鉛室的底部，從最後一鉛室出來的氣體包含氮，大部份的氧化氮，少量的氧和微量的二氧化硫，再經過蓋氏塔，上部有古氏塔來的硫酸冲下，以吸收氧化氮，其餘的廢氣由烟囪放出。從鉛室法製法的硫酸只78%，但較接觸法經濟。

二、鹽酸的製法通常有二

A. 以硫酸分解食鹽：此法較簡單，以硫酸加入食鹽內加熱蒸餾，以水吸收所成之氯化氫即行。其化學反應如下

$$NaCl+H_2SO_4 \rightarrow NaHSO_4+HCl \quad (1)$$

$$NaCl+NaHSO_4 \rightarrow Na_2SO_4+HCl \quad (2)$$

(1)式爲低溫時之反應(2)式爲高溫時之反應，通常反應只進行至(1)式爲止。

B. 合成法：利用電解蘇打工業所得之氯與氫，直接接合卽可，惟此爲一爆發性的發熱反應爲防止反應之危險可混入不活性氣體，或使用過量的氫氣，或採用容積巨大的燃燒室以資防止危險。

三、硝酸之製法

A. 以硫酸分解智利硝——以硫酸加入硝石再蒸溜之，其反應如下

$$NaNO_3+H_2SO_4 \rightarrow NaHSO_4+HNO_3 \quad (1)$$

$$NaNO_3+NaHSO_4 \rightarrow Na_2SO_4+HNO_3 \quad (2)$$

(2)式之反應溫度較高。

B. 合成法：爲瓦斯華德 (Ostwald) 所發明，使氨氧化使氨與空氣混合通過白金接觸劑氧化而成氧化氮

$$4NH_3+5O_2 \rightarrow 4NO+6H_2O$$

氧化氮再經氧化塔氧化而成二氧化氮最後經過吸收塔卽成硝酸

四、純碱製法——純碱卽碳酸鈉，其製法有二

A. 路布蘭法(Leblanc Process)：二用硫酸鈉，石灰石與煤炭混合在旋轉爐內燃燒之，其反應如下

$$Na_2SO_4+2C \rightarrow Na_2S+2CO_2$$

$$Na_2S+CaCO_3 \rightarrow Na_2CO_3+CaS$$

$$CaCO_3+C \rightarrow CaO+2CO$$

其所成之Na_2CO_3以水浸漬而出

B. 氨碱法（蘇爾威法）——先以氨通入飽和食鹽溶液，然後以壓力壓入二氧化碳，其反應如下

$$2NH_3+H_2O+CO_2 \rightarrow (NH_4)_2CO_3$$

$$(NH_4)_2CO_3+H_2O+CO_2 \rightarrow 2NH_4HCO_3$$

$$NH_4HCO_3+NaCl \rightarrow NaHCO_3+NH_4Cl$$

所生成之碳酸氫碱不易溶於水，成沉澱而析出，此沉澱物加熱後卽放出二氧化碳而成純碱

$$2NaHCO_3 \rightarrow Na_2CO_3+H_2O+CO_2\uparrow$$

五、燒碱製法——燒鈉卽氫氧化鈉

A. 電解法：當電流通過食鹽溶液時其氯離子在正極析出而成遊離氯，其鈉離子在負極析出而立卽與水作用生氫成氫氧化鈉

$$2Na+2H_2O \rightarrow 2NaOH+H_2\uparrow$$

B. 蘇打粉之苛性化：20%的碳酸鈉溶液石灰乳共同加熱，碳酸鈣沉澱而下，生成氫氧化鈉的溶液，其反應如下

$$Ca(OH)+Na_2CO_3 \rightarrow 2NaOH+CaCO_3$$

六、硬脂酸：$CH_3(CH_2)_{16}COOH$

脂肪爲脂肪酸與三價醇所合成之酯，如加以適當之化學工程卽分解，普通之硬脂酸包括硬脂酸 (Stearic Acid)，棕櫚脂酸 (Palmitic Acid) 及少量的不飽和酸，通常以猪油精鍊除去雜質後用高壓法置於壓熱器內 (Auto clave) 通入水蒸氣使之分解，或加硫酸使之分解，分離所成之脂肪酸與甘油，再精鍊之卽可。

硬脂酸之詳細製法可參閱最新化學工業大全第八卷。

---

2. 上海(0)塘沽路884號王文榮先生大鑒：所詢切削螺旋發生破碎原因大約如后所述，經常收到二份技協通訊是這樣的，本來先生是通訊的訂戶，以後又加入爲會員，因此每期重複，目前恐怕這種情形不會有了吧。

要知道車螺絲時破頭現象會不會發生？在什麼時候發生？先得問你的車床上螺絲槓每吋幾牙？如果你的車床上螺絲槓每吋五牙，你車每吋五牙或十牙，十五牙，凡是五的倍數時，總决不會發生破頭現象的。但是普通車床上的螺絲槓多是每吋四牙，因此車每吋四牙，八牙，十二牙，十六牙……的螺絲時，也决不會發生破頭現象，而車其他螺絲時就容易破頭了。那末這種現象的來源究竟是什麼呢？一言以蔽之，就是哈夫螺絲母夾住螺絲槓時，地位不適當所致。因為車螺絲有二個條件：第一，車刀橫走速度與工作物旋轉速度要成所需螺絲的比例。例如，假使要車每吋五牙的螺絲，則工作物每旋轉一轉時，車刀必須橫走五分之一吋。第二，因為車螺絲不能一刀就完工，所以第二刀必須與第一刀所車出的螺絲吻合。如不能吻合，就產生破頭的現象了。

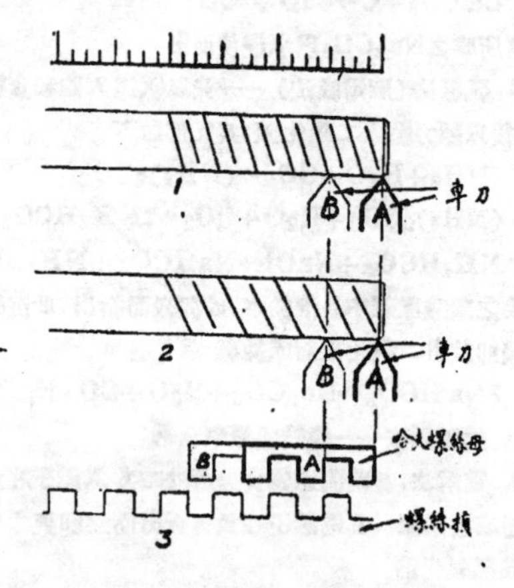

再參閱附圖，圖中螺絲槓假設為每吋兩牙，(1)為每吋三牙的螺絲，(2)為每吋二牙的螺絲。車第一刀時哈夫螺絲母和車刀都在A的位置。車第二刀時必定也要在A的位置開始，才不會發生破頭現象。如果車第二刀時在B的位置開始，則如(1)B所示，不能與第一刀所車出者吻合，便成破頭現象了。如(2)B則無關係。那末，既然工作物不停止旋轉，究竟怎樣才知道車刀拉回到恰好在A的位置上呢？普通的方法就是當你車第一刀時，在螺絲槓和床架上用粉筆註以相對的記號，車完第一刀後，把車刀拉回來，拉到第二次記號相對時，使哈夫螺絲母夾住螺絲槓，於是車第二刀。以後第三刀，第四刀，……都是這樣下去，方才不會破頭。有的車床上附有特殊裝置，叫做 thread dial，就是補救這種弊病的。

讀者信箱

(上接第14頁) **材料估計**

$$G_0=0.278\times2720=756\text{磅(毛重)}$$

選擇(OD)＝18吋。則W＝8.5。從圖(2)得定子內徑為$10\frac{5}{8}$吋，從式(3)得每相串連導線數

$$C=\frac{45\times380\times10^6}{9000\times0.926\times50}\times\frac{1}{8.33\times8.5}\frac{\pi}{2}=210-208$$

$$I_{ph}=\frac{50\times746}{3\times380\times0.9\times0.9}=40.4$$

假定電流密度為2500安培/平方吋。則導線截面積應為

$$S_S=\frac{40.4}{2500}=0.0162$$

估計半圈線圈之長度為19¾吋，得

$$G_K=3\times208\times0.0162\times19.75\times0.321=64\text{磅}$$

轉子銅梗重量

$$G'_K=0.6\times64=18.5\text{磅}$$

轉子銅圈重量

$$G''_K=1.83\times\frac{[illegible]8.5\times9}{8.5\times4}=185\text{磅}$$

機座生鐵鑄件重量＝0.6×756＝450磅

地軸最大直徑

$$D_c=1.3\sqrt[4]{\frac{746\times50}{1500}}=2.9\text{吋}\rightarrow3\text{吋}$$

故得地軸重量　$G_j=0.8\times3^2\times8.5=62\text{磅}$

(上接第21頁) **煤——黑色的寶石**

具有高度的抗擊性，甚適飛機上之用。所以這法子現在大大引起美國人的興趣，他們現在預備大量試做，一方面拓展煤的用途，來復興他們的煤業，另一方面，還含有防止石油枯竭的副作用在內。

煤的乾餾　另外一種使用煤的經濟辦法是將煤放在2000°F 高溫的爐子內乾蒸數小時，這樣煤內所有揮發性的成分都化為氣體了，剩下來的祇是堅硬多孔，富含碳質的焦煤，可供冶鋼等工業之需要，一部份焦煤可用來製造水煤氣。水煤氣及爐子內跑出的氣體，內中尚含有很多成分，需要逐步加以分析。先經過冷凝的程序，使其中所含油分液化而分離，即所謂煤焦油，以此為原料，可做出不少種合成有機物。冷凝之後經過水洗，可將氣體內所含之氨分吸除殆盡(因水能吸收900倍，其容積之氨分)。再經過清硫器，器內含有清除劑氧化鐵，煤氣內如有硫化氫即與之作用為硫化鐵硫化鐵在空氣內暴露日久，再化為氧化鐵與硫。這樣硫便逐漸蓄積起來，而可供為製造硫酸及硫酸錏之用。煤氣再經過一萘洗除器，提去其中所含之萘分(Naphthalone耕萘)，供做苯醇(Benzol)之用。最後煤氣已非常潔淨，加以乾燥，即可分佈出去。

編輯室

當本刊六月號出版的時期，適逢中國技術協會爲紀念六六工程師節，展開了一個擴大徵求會友運動，編者願將這個消息帶給本刊讀者，希望各地讀者踴躍參加，這樣本刊與讀者諸君，也就更加深了一層關係。

技協以聯合全國技術人員，努力國家建設，普及技術教育，促進學術研究爲宗旨。目前能够貢獻給社會建設事業者有經常舉行的工業講座，設立中國技術職業夜校，發行本刊以及生產事業上海釀造廠。對會友服務方面有圖書館，合作社，參觀團，旅行隊，以及各種友誼性工作。正在醞釀中的工作，大致擬創設工業試驗所，組織稍具規模的示範性工廠等。總之，處在今天沉悶的環境下，大羣有志的技術人員都有一個希望，一個理想，却都苦無所施其技。這裏是一批有朝氣，有活力的技術青年，由於技協，不認識的認識了，志趣相同的聚在一起了，我們希望能够用團體的力量，來爲中國工業建設效力！

本期裏有幾篇文章特別值得介紹：三月卅日技協工業講座請陸芙塘先生演講，陸先生從美國回來不久，看眼到中國出口貨在美市場的日趨衰落，非常感慨，因此對各種出口貨作了一個研究，我們讀了這篇講詞紀錄，可以知道我國出口貨的不能暢銷，除了經濟的原因外，還有一個很嚴重的技術問題。

陳農先生的『鋼的火花試驗』及西同先生的『中小型鼠籠式感應電動機材料估計』是兩篇不可多得的好文章。作者都是經驗豐富的專家，這兩篇文章，都是工作實際經驗的報道，可以給讀者一些很切實際的幫助。

最近上海因生活指數的蹶跳，激起了許多糾紛，印刷業是最與人工有關的，排印工價，上月漲四成後，本月又幾乎漲上了一倍，對於支持一個出版物的本社，影響實在太大了。因此本刊的定價不得不再度調整。對於讀者，我們除了抱歉以外，還有什麼好說的呢！按照成本計算，本刊第九期起，每本另售將增至三千元以上，因此我們希望愛讀本刊的讀者能憑定閱通知單直接定閱，俾免受漲價之累。

温度换算表

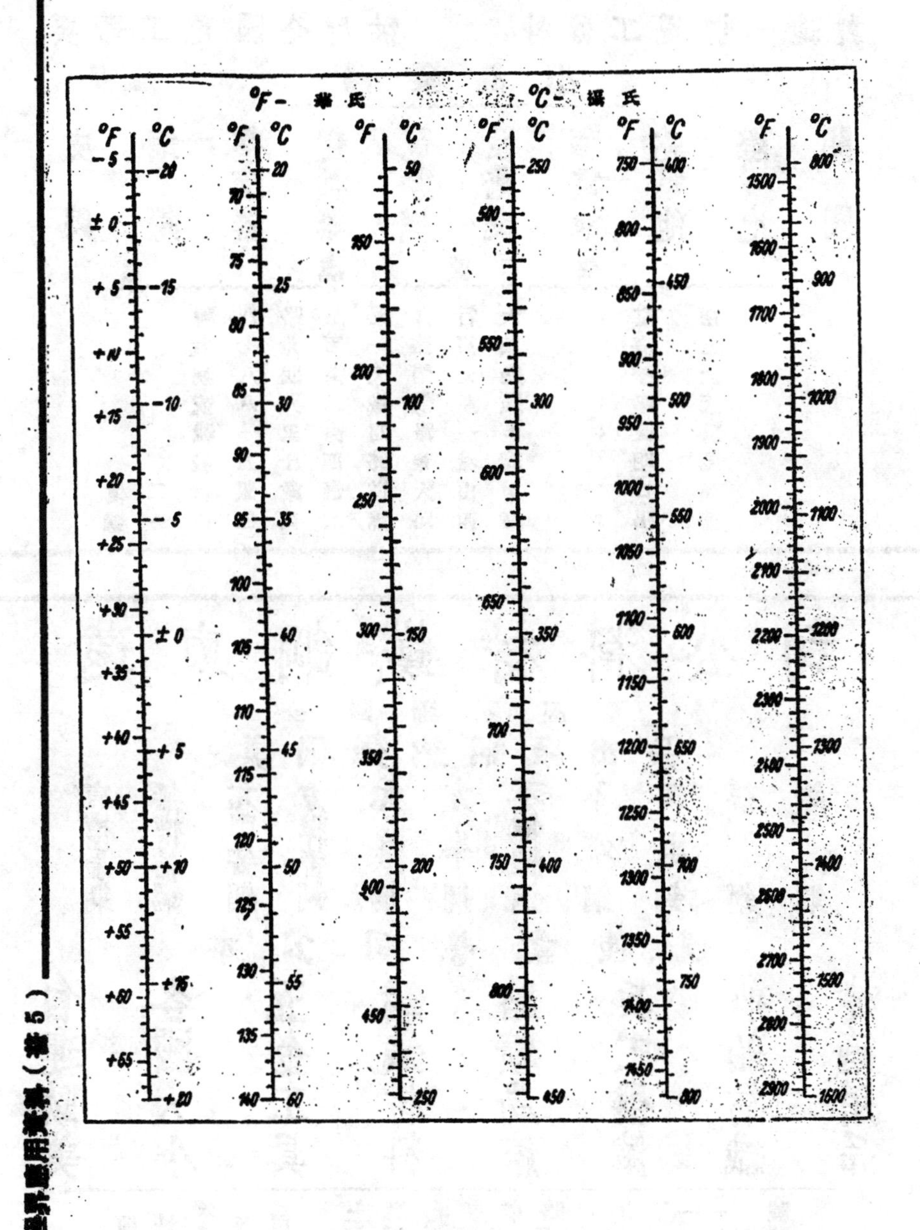

請依此線剪下保存作為日常參攷應用

工程界應用資料（第5）

電纜之容許荷載電流安培數

圓密爾或A.W.G號數	橡皮絕緣線R類	合成物絕緣線SNA類	石棉絕緣線A類	圓密爾或A.W.G號數	橡皮絕緣線R類	合成物絕緣線SNA類	石棉絕緣線A類
14(0.065in.)	15	23	32	250,000(密爾)*	177	272	372
12(0.081in.)	20	29	42	300,000(密爾)	198	299	415
10(0.102in.)	25	38	54	350,000(密爾)	216	325	462
8(0.128in.)	35	50	71	4 0,000(密爾)	233	361	488
6(0.162in.)	45	68	95	560,000(密爾)	265	404	554
5(0.182in.)	52	78	110	600,000(密爾)	293	453	612
4(0.204in.)	60	88	122	700,000(密爾)	320	488	668
(0.229in.)	69	104	145	750,000(密爾)	330	502	690
2(0.258in.)	80	118	163	800,000(密爾)	340	514	720
1(0.289in.)	91	138	188	900,000(密爾)	360	556	
1/0(0.325in.)	105	157	2 3	1,000, 00(密爾)	377	583	811
2/0(0.365in.)	120	184	243	1,250,000(密爾)	409	643	
3/0(0.410in.)	138	209	284	1,500,000(密爾)	434	698	
4/0(0.460in.)	160	237	340	1,750,000(密爾)	451	733	
				2,000,000(密爾)	463	774	

* 密爾——1密爾=1000分之1英寸。

中國紡織建設公司

銷售本廠

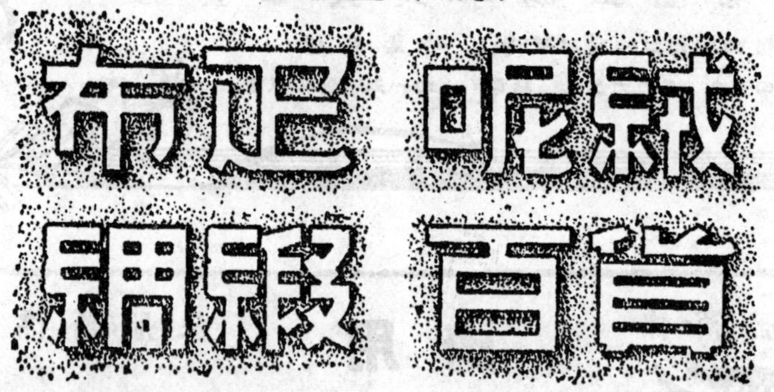

本期定價二

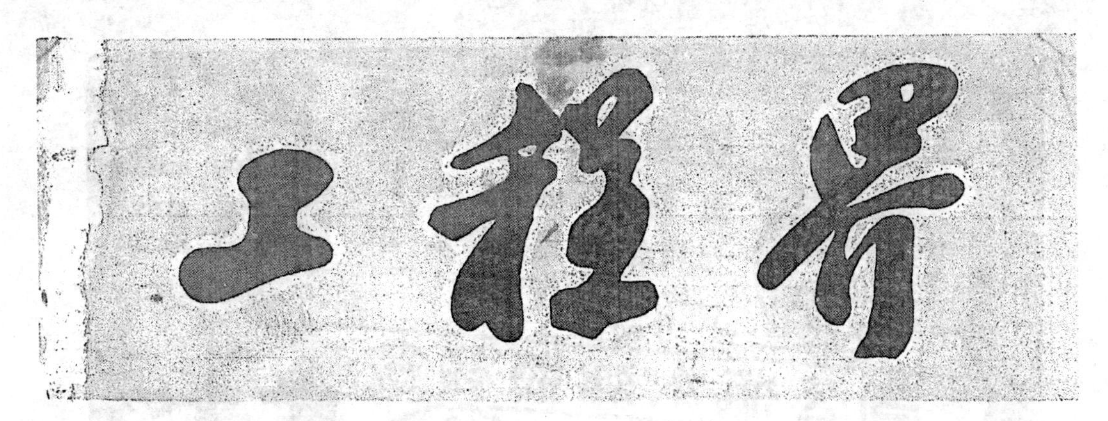

第二卷　第九期　　　三十六年七、八月號

中國技術協會出版

11943

金錢牌
益豐搪瓷公司
出品
搪瓷器皿・鋁銅鑵
火磚・坩堝・貼瓷花紙
金錢牌熱水瓶公司
出品
熱水瓶
總公司
上海中正東路二二四號
電話一五八九六・電報掛號七五九七

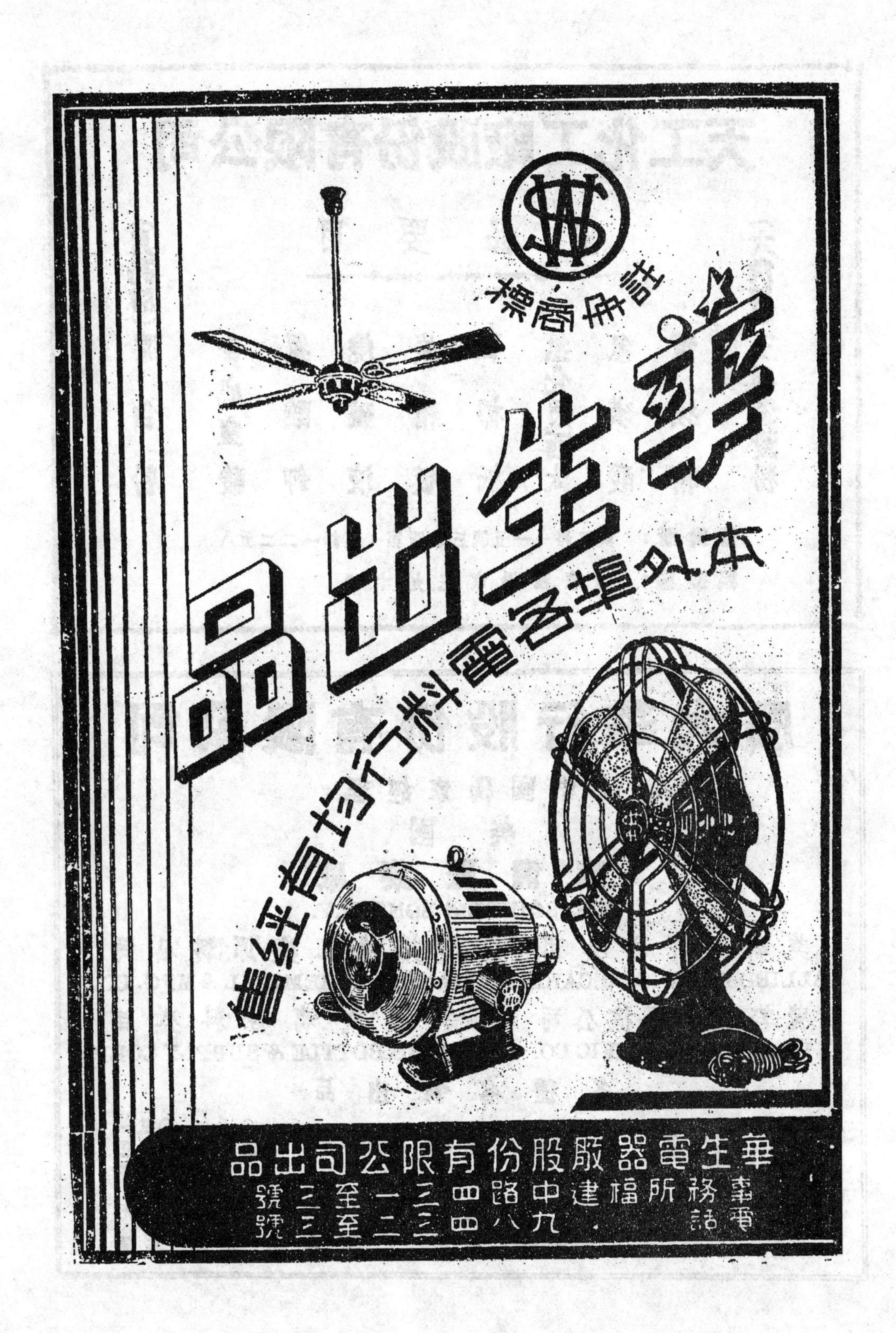

註冊商標
華生出品
本外埠名電料行均有經售
華生電器廠股份有限公司出品
事務所福建中路四三一至三號
電話．九八四三二至三號

中國科學期刊協會成立宣言

中國科學期刊協會於三十六年七月在上海成立。這是一個集合全國的自然科學和應用科學各種定期刊物的組織。在這個組織內，我們將相互合作，謀求編輯與發行上的聯繫與推進，希望對於中國的新科學有一點貢獻，對於科學的新中國盡一點力量。

我們這些刊物，有的創刊已經三十餘年，有的出版未及一載，有的着重於專門學術的闡揚，有的致力於基本知識的普及。而一貫相承，中國的科學期刊顯明地表現兩個共同的特性。乃是服務的，而絕非是牟利的；乃是啓發的，而不僅是報導的。由於中國科學的處處落後，設備殘缺，資料貧乏，國家的研究經費短絀，社會的學術空氣稀淡，專家的心得無從公諸於世，好學的青年不得其門而入，所賴以維繫中國的科學工作於不墜，進可以與國外的科學家溝通聲氣，交換學術；退可以向國內的知識青年和一般大衆有所傳播，有所誘導；逐漸推進，臻於發達者，中國的科學期刊確曾盡了它媒介的作用，這想是國內外的先進和同志都能予以同意的。

我們這些刊物，都是民間的刊物，一向都是幾個從事科學工作的團體或個人，有鑒於科學研究的重要和科學建國的急需，從而就本身的力量，在這一條道路上，盡一點棉薄。這三十餘年來，中國經歷了空前的大動亂，政治的變革，經濟的激盪，外患的侵凌，內憂的相繼，我們各個刊物，站在各自的崗位上，堅苦應付，勉力撐持，雖至今天仍未嘗稍稍蘇息。這一段經歷誠然備極艱苦，却未嘗稍稍動搖我們的信念：中國終必要好好的建成一個現代國家，我們的科學研究與科學建設終必有發揚光大的一日。

在今日的現狀下，我們中國科學期刊的同人，仍然深切明瞭，我們的工作，只有需要加强，决難稱爲足夠，只有應當充實，决不容許終止，我們也有此勇氣，來担負這當前的使命。祇是我們也不該忽視，今日出版科學期刊所遭逢的危機。今日爲科學刊物最需要的時代，但也是經營科學刊物最困難的時期。上面說過，我們都是民間的刊物，而今天的出版成本，已到了民間力量難以支持的地步，物價每個月要飛漲，加上運輸寄遞的不便，使刊物有朝不保夕的週轉困難。怎麼樣應付這當前的局面？怎麼樣渡過這迫切的危機？應該讓全國關心科學，嶄求建設的國人們共同來商量與解决，殆已非我們幾個刊物本身所能爲力。

我們這些刊物，在過去都是各行其是，努力的方向各殊，相互間的聯繫確是不夠堅强。爲了科學研究的振興，爲了中國建設的促進，爲了保持并發揚中國科學在世界科學界的地位，我們都應該堅守崗位，同時也應當緊密的團結起來。一方面求科學期刊工作更進一步的推進，一方面以共同一致的力量謀當前困難的解除。國事蜩螗，民生凋敝，文化的命脈不絕如縷，我們中國科學期刊的同人，相信是有理由表白我們的意向的。今天，作爲我們的成立宣言，我們祇有很簡單的兩點要求，一方面我們要求海內外的讀者認識我們的立場，瞭解我們的困難，支援我們的工作，一方面我們要求政府和社會各方面給我們以在編輯和發行上應得的便利，協助和鼓勵！

中國科學期刊協會

工程界	化學工業	化學世界
中華醫藥雜誌	水產月刊	世界農村
科學	科學大衆	科學世界
科學時代	科學畫報	紡織染工程
現代鐵路	電工	電世界
學藝	醫藥學	纖維工業

（以筆劃多少爲次序）

中華民國三十六年七月六日

工程界

·通俗化的工程月刊·

第二卷 第九期 三十六年八月十日

目錄

工 程 畫 刊

中國技術協會主編

·編輯委員會·

仇欣之 王樹良 王燮 沈惠龍
沈天益 何廣乾 宗少彧 周炯槃
徐毅良 戚國彬 欽湘舟 趙國衡
蔣大宗 蔣宏成 錢儉 顧同高

·出版·發行·廣告·

工程界雜誌社

代表人 宋名適 鮑熙年

上海(18)中正中路517弄3號（電話78744）

·印刷·總經售·

中國科學公司

上海(18)中正中路537號（電話74487）

·分經售·

南京 重慶 廣州 北平 漢口
各地
中國科學公司

特約編輯

林侶 吳克敏 吳作泉 周增業
范寧森 俞鑑 許鐸 楊謀
楊臣勳 趙鍾美 苗鴻達 顧澤南

POPULAR ENGINEERING
Vol. II, No. 9, Aug. 1947
Published monthly by
THE TECHNICAL ASSOCIATION
OF CHINA

本期特大號定價四千元

直接定戶半年六冊平寄連郵一萬五千元
全年十二冊平寄連郵三萬元

日光取熱爐的威力

在法國Meudon天文台中，特洛默博士(Dr. Trobme)等裝置了一具日光取熱爐(solar furnace)。這只爐子的心臟是一個拋物鏡，直徑約六呎半，焦距約三十三吋半。這是裝在一個舊的軍用探照燈座子上的。據說所接收到的熱能有3瓩，強度可以達到絕對溫度5,200度。即使是幾種稀土金屬，也曾被這只爐子熔融過。在絕對溫度3,500度時，石墨被它從固體變成了氣體。一片重約一盎司的鐵，在十秒鐘內就被它熔掉，其中一部分竟變成了鐵的氣體！(同) ——Science Digest.

世界上最大的電動機

自電動機發明以來，世界上最大的單電動機要算是美國萊德機場(Wright Field)的40,000匹馬力電動機了。那是用在陸軍飛機的風洞上的。不過，和正在建造中的四只65,000匹馬力電動機比較起來，却是瞠乎其後了。這四只是將來預備在哥倫比亞河(Columbia River)上用來驅動灌水幫浦的。

奇異電氣公司現在正在建造一個87,000匹馬力的電動機系統 但這是在同一根軸上有三只電動機的。

至於感應電動機，則要算是紐約聯合愛迪生公司(Consolidated Edison Co.)的53,000匹馬力是最大的了。(同) ——Science Service.

棗莊煤礦近況

魯南棗莊煤礦自遭破壞後，該區礦工現以土法開挖小井約二百口，每日可得煤五百噸，惟仍在設法改進中。

皖南一大水利工程完工

皖南青弋江疏濬，修堤水利工程已如限完成。緣青弋江源於黃山之北，并納天目山巡西諸流，脈絡貫通，遍及皖南各屬，分由蕪湖及當塗兩處出口，因匯於青弋鎮，乃定江名。沿河所經湖沼，於近百年間多半被圍成圩，加之河床淤積，一遇山洪，宣洩不及，即泛濫成災。勝利後共議設立堤工委員會，主持濬修及築堤兩項工事。技術方面得力於省水利處所派工程師熱忱指示。去夏開始測量，今幸於大汛期前完成。

本溪煤鐵公司被迫停工

本溪湖之資源委員會煤鐵公司職員四百人，已撤退至瀋陽。該公司自接收後，已日漸充實改善，煤可日產165噸，特殊鋼日產50噸，焦煤日產300噸，電廠七月份修竣後能發電一萬瓩。現因前線吃緊，不得不停工撤退矣。

瀋陽機車廠近況

資源委員會瀋陽機車車輛製造廠最近又有新機車三輛出廠，售與交通部。每輛成本約合東北流通券二億三千萬元(約合法幣二十七億強)。該廠自接收開工以來，已產機車八輛，平均每月一輛，正合預定之生產計劃。又曾造出小機車三輛，已售與台灣。貨車則已產129輛。目前東北大戰未已，撫順電廠只能每隔日供給該廠600瓩電力，尚欠1400瓩。且北滿木料供應不易，今後生產，將每況愈下

看看人家的工資制度！

美國Whiting Corp.的僱員工資，是以公司每季的盈餘作爲根據，而每季加以調整的。紅利的分配方案經過了勞資雙方協議後才決定。歷來的紅利竟有發到底薪以上$28\frac{1}{2}$%的。每季的領薪名册和公司盈餘先行列出，以是求得平均數。然後從盈餘數中扣除股東的『合理利潤』，這數目遠在50%以下。其餘的數目都作爲紅利，訂定百分數後，就加在下一季的工資數內發付。(椿)——Factory.

電銲起來的機車汽鍋

機車汽鍋的火箱普通都是用鉚釘聯接的。自從1936年起，美國 Delaware & Hudson 鐵路開始使用一只電銲的機車汽鍋，直到現在，銲接的所在還不曾有一絲漏洩。兩輛全部電銲汽鍋的機車在 Canadian Pacific 鐵路上已經服務了近年，而美國各鐵路也在1946年定造了22只這種汽鍋。

電銲法貢獻了下列數項可能的改良：

1. 消除了晶粒間銹蝕作用 (intergranular corrosion) 所引起的罅裂，以及在鉚釘孔處的高度應力集中(stress concentration)。

2. 與鉚接相較，銲接的接合效率 (joint efficiency)來得高。

3. 因爲消除了搭接(lap joints)，搭銲(welts)，和鉚釘，所以全部重量減輕。

4. 消除了因截面陡變而引起的應力增加。

5. 汽鍋托架 (brackets)裝置較易，內部的清除也較易。

6. 消除了因錘擠歛縫(caulking)而引起的損傷。

7. 製造更爲經濟。(椿) ——Welding Engineer.

學以致用，學以求眞，學以殉道！

青年技術人員當前之使命

趙祖康

還技術於技術人員！還技術人員於技術！

中國技術協會舉行成立一週年紀念會時，主席宋名適兄囑爲致辭，臨時就感想所及，提出三點，以與協會同人相共勉。回寓更爲增删，寫成此篇，以供國內青年技術人員之參考。

三十年前中國科學社之成立，表現中國智識階級對於科學之認識；戰時中國工程師學會之創設，表示中國講求實學致用的人對於工程之認識；而去年技術協會之成立，更進而表顯我國人對於技術之認識。由科學而工程，是從理論而到實用；由工程而技術，是從一部份的實用而到一般的實用。這是中國人接受西方文化的認識與運用的進步。

國家目前局勢的擾攘不安，我們技術員出路的不易，誠不能不令人覺得煩悶。但我願大聲疾呼，喚起我國青年技術人員千萬不可灰心短氣，反須加倍努力。當前我們所負的特殊的使命，也可說是應有的態度與精神，應有三種：一是「致用」，二是「求眞」，三是「殉道」。

一、致用

求學乃所以致用。技術人員都是學有專長者，由於國家的培植，家庭的負担，個人的努力，才得到專門學識，並非易事。我們就要用其所學，這是得到最高效率之道。所以目前國內一般情況雖不安定，環境雖或不甚滿意，技術人員的待遇雖不高，發揮做事的機會雖不多，但我要勸青年技術人員，還是要各守崗位，盡其在我的努力，人人能在任何情況之下用其所學，這是致用的第一義。

去年中央研究院開會，某鉅公演說，「還政於民，還科學於科學家」：某科學雜誌却批評應當說「還科學家於科學」。但我以爲兩說都通。因爲國內有不少科學或技術事業，並不交科學或技術人員主持，而研究科學與技術的，並不都做他本行內科學或技術的事，這都應當糾正。這責任在乎政府與創辦事業的人。我希望國內政治經濟文化各界的各級領袖，都能使得「還技術於技術人員」，「還技術人員於技術」，那就各項事業，定能辦得妥善而發達。這是致用的第二義。

現在環境困難，各種事業均感到財力物力之不足，青年技術人員，應在困苦的環境中，謀得他事業的推進與擴張，我們要撙節使用材料與人力，就是要能「因地制宜」，「因物制宜」。例如上海修理柏油路面而輸入品硬柏油(Asphalt)，不易得到，我人就要因地設法，儘量改用軟柏油(Coal Tar)。上海的軟柏油不盡合於修路之用，我人就得製定準則(Specification)，指導廠方照此製煉，這是因物制宜。其他類似情形甚多。抗戰期間，後方所做工程，如公路上，鐵路上，就地設計裝配的橋梁，又如兵工製造及化學生產，均不少先例。這是當前致用的第三義。

二、求眞

其次談談求眞。眞是眞理(Truth)技術一辭，在英語爲 Technology。但英語中亦有稱爲 Applied Science者，中文譯爲應用科學。但Technology 一辭，有人以爲譯作實用學爲當，而且照西方一部份的科學家意見，以爲 Applied Science 一名亦不妥，因爲實用學不僅僅是將一種或數種科學的原理與方法應用到一種專業上去的「術」，他本身亦有理論。例如給水工程學，是從水力學，水文學，化學，地質學等種種科學融合應用而成，但他本身亦得研究出一種設計方面的理論，例如給水系統的設計。所以 Technology 固然不僅僅理論的「學」，而是在「實用」——實用學——，但也不僅僅是術—技術—，而還在乎也是一種「學」。所以在我國目前學實用學(技術)的人，應當於致用之外，還能求眞，求眞是學，是科學家的態度，我人惟能有求眞的精神，乃能有所發明，乃能使實用學成爲道地的實用學。例如土木工程師設計道路上面涵洞用 Talbo 公式，此公式在美國也僅適合於一部份地域，他是一種實驗的公式 Empirical Formula。在我國最好能根據自己的經驗另立一個公式，這才是求眞才，眞才能致用，才是眞正的實用學。

眞也就是「實在」(Reality)。求眞就是要能切實，敷衍塞責，好高鶩遠，都不切實，不能算有求眞的精神。我國讀書人有一種可說是普遍的毛病，便是問他實際工作，每不免「馬虎了事」：問他計劃理論，却極其高深閎大。這一部份原因，由於大多數國人健康精力不及西人，疏於實幹，而偏於玄想。另一個原因，是由於農業社會的傳統習慣，缺少準確精密的訓練。

我人只須一看一般人使用汽車的方式，對於保養，大多不注意何時應加潤油，車胎壓力應有若干磅，不少司機均以等閒視之。抗戰期間，公共汽車在中途拋錨，於是褲帶可以代替風扇帶，草鞋可以權充鋼板之一片，這種情狀，我想只有我國才會發生。這都由於不看重眞，此與工業革命之注重效率與大量生產的精神，根本相反。我人切應痛改。此是求眞之又一說。

三、殉　道

再次談殉道。什麼是殉道？殉是犧牲生命，道是一種道德的信仰。古人說：「貪夫殉財，烈士殉名，」財固不足取，名亦是虛空。道是人類行爲的最崇高的途徑。——道者路也，學技術的人應當以科學的原理方法——「學」，及有關國利民福的事功——「用」，做他的目標，他的途徑，他的信仰，他的道。爲了這「學」，爲了這「用」，犧牲利。犧牲名，犧牲一切，必要時，甚至犧牲生命，也都願意。這便是殉道。

近數年來，我常有一種感想，便是我國儒家的精神，在現代似乎應當與西方基督教的精神融合起來。儒家對於道，對於國家社會，具有『窮則獨善其身，達則兼善天下』的態度與抱負。諸葛孔明所謂『苟全性命於亂世，不求聞達於諸侯』亦同此意義。此種精神，我以爲應當修正。還有大學上所說修身齊家治國平天下，這一套學問與做法，也不免有使很多讀書人一進學校便以未來領袖自期的流弊。在基督教似乎不然。基督的說教是平等，博愛，自由，服役，犧牲，與當時羅馬政治之權力及猶太教徒之信仰，顯有嚴重之衝突。因此，不惜犧牲生命，負上十字架而死，年僅三十有二。此種對於倫理，道德，經濟，政治，革命的精神，影響於西方文化者至深且鉅。至於在我儒家，雖孔子也講先事後食，先勞後祿，但常常一般具有領導慾的讀書人所忽略。所以我覺得我們要提倡服務的精神，犧牲的精神，——革命的精神。

二月前，報載美國駐華大使司徒雷登先生向學生演說，彷彿是主張我國尙需要一次革命，即是自由民主的革命。他的意思，大概是指思想上自由民主的革命，我所說的也正是如此；不過加上科學精神的革命。

窮則獨善其身麼？不對的，窮則需要革命。我們所最需要的，就是思想革命，而技術人員就應担當起這個責任。

我們再看歐洲歷史，當十二三世紀時，十字軍七次東征，爲的是保全聖地耶路撒冷。他的主動力，是宗教的熱忱。待到十六七世紀時，先後有哥白尼，蓋伯勒，伽列列奥，牛頓等諸傑，推翻托喇咪地球中心之說，而證明了地動力，創了新的宇宙系統；甚至如伽列列奥以六十九歲之老年，能够反抗當時迷信舊說的教會，其後雖不得已而屈服，但據歷史所載，當其被迫跪於十個會審的紅衣主教前面，終至放棄其學說，匍匐而起來的時候，喃喃自語道：「地球還是動着的啊！」於此可見他們殉道的精神。

青年技術人員，如能以終身從事於技術事業，以求福國利民爲責任，自己如此，並能鼓吹他人亦如此，貧賤不移，富貴不淫，威武不屈，這種精神，即是殉道的精神。能認識這種責任，便是能以此爲使命。

總之，當前的青年技術人員——二三十歲左右的人，應明瞭民生凋敝，國家危殆的轉機，與十年二十年後國家復興的責任，都在你們肩膀上，你們要督責自我，尊重自我，痛定思痛，加倍努力，要克服環境，創造時代，就得要負起我以上所講的三種使命，一、致用，二、求眞，三、殉道。要能以科學求眞的態度爲基礎，以切實致用的事業爲目標，以篤守殉道的精神爲國家民族負起賦予之使命。那我中國的前途，一定是一百二十分光明的！

舊的工業在凋謝，新的工業在生長，而中國的化學工業，尙在孕育時期！

孕育中的中國化學工業

徐和夔

化學工業在今日的世界中是一個比較年青的工業，也有很多人名之爲幼年工業（Infant Industry）這種說法事實上正像西洋人認三四十歲的人爲年青一樣。化學工業的所以「居靑」幷不是求其歷史而論，乃是以其將來的進展。因其內蘊的活力藉着新的發明而逐漸擴大範圍較之任何別的工業爲廣，在今日任何別的工業其生產所需要之原料什九均求之於天然的資源。一旦資源告罄，此項工業不是改軌易轍，便是趨於淘汰消滅之路。惟在現代的化學工業則不然。因爲研究和發明使新的產品絡繹問世。一種產品在原來的天然資源斷絕時藉着精密的研究，就能有實質上勝似天然產品的同一物質出現。在不斷的科學研求中，祇要這宇宙中有能的存在有物質的存在，化學工業的發展就永無止境。新的科學進展不僅使今日的橡膠和石油等工業不必盡倚之於地土的產物，原子能的研究且能使來日的世界中有人工製成的光素。

化學工業與整個工業的關係因其生產技術的繁複和產品種類的廣泛，較之其他工業事實上是特別的密切，而其本身也特殊的龐雜。以其製品來分類則不勝其浩繁。茍側重於其未來的趨勢似可分爲三類：

第一類，姑名之爲化工原料工業，包括將來發展最大的合成（Synthetic）化學品工業在內。這一類計有各種無機有機化工原料的製造。由現今的趨勢看去，其進展已不僅在乎合成物的代替天然產物，而推至於新化合物的產生，像合成氨工業，電石及其衍生物工業，煉焦及焦油分溜工業酸鹼工業，合成有機原料工業等等均屬之。

第二類是應用第一類的化工原料以製成直接的生活需求品。可稱之爲化學成品工業，像染料工業，油漆工業，合成纖維紡織工業，製藥工業，塑料工業，等等均屬之。

第三類是前二者的賸餘。主要的是指天然產品經化學處理的生產工業。像造紙工業，食品工業，皮革工業等均屬之。這一類依今日的情況而言其重要性不若前二者爲大。

中國是一個工業落後的國家，檢討過去在前三類的化學工業中是毫無基礎。在原料工業方面曾有小型的酸鹼工業，然規模不足以供全國的自給。其他像煉焦，電石，合成有機化合等幾是一無所有。除酸鹼以外中國現有的化學工業不是屬第二類便是在第三類中。此種情勢若任其發展則極爲可慮。因爲第一，化工原料求諸輸入，則整個工業就成爲人家的附庸。第二製造技術的墨守成規在這世界工業的大量標準生產（Standardized Mass Production）情況下其不能立足是不言可喻的。中國雖是一個以農立國的國家，然而造紙紙漿須自外國來，紡織原料亦須自外國來——造成鉅大的原料進口數字。時至今日仍有人視化學工業爲製造化粧品革鞋油等日用品的小工業或是其他工業的肢體，若把化工品的輸入數量分爲原料及成品二項計算之，如今後對化學工業的發展能注重於化工原料的製造，則不久便可使上述兩項輸入數字同時減低。如依着目前的情勢聽其發展，則因爲成品品質的追不上舶來品，成品輸入數字也不會減低，而原料輸入數字必形增加。就此言之，今後發展當應强調於原料的生產。

因爲工業製造是將科學研究的收穫，應用到以利民生，所以整個工業的生命還待諸於科學研究方面的進展。科學研究孕育新工業的產生，也促進舊工業的凋謝。此種情形在化學工業尤爲顯著。純鹼工業可爲例證。較新的索爾未法在很短的時期內使舊有的路布蘭製鹼工業歸於淘汰。株守於一文的生產方法在今日的工業情形上是自趨滅亡之途。可見研究工作對今日工業是何等重要。

中國生產技術落後，所以在生產製造方面不僅應該努力於新的研究始可緊追時代的集成，還應該向世界各國，學習已經成功的製造技術。我國雖亦有研究機關，然此種研究工作大抵與工業生產脫節。其原因分析起來很繁。簡略言之，當不外乎這二點，第一、需要從事研究的工作太多，人材太少。從事研究工作者不免顧此失彼。如對整

——下接第31頁——

在梅雨或秋汛的季節，怎樣可以避免沿海都市街渠上的積水！……

攸關都市積水的潮門工程

沈德康　葉全昆

都市的美容，下水道實佔相當重要地位，沒有優良的溝渠系統，都市就不可能十全十美的。沿海的都市受潮汐的影響，在潮高的時候，每易發生潮水倒灌的現象，這大多是由於溝渠出口過低的關係；但如將溝渠出口安放得較高，則市區內較低馬路的雨水又不易排洩。解決這個難題的方法有下面三種，即：

（一）建築唧水站和潮門，當高潮的時候，緊閉潮門，抽水機即開始工作，將市區內積水送出。

（二）裝置潮門；

（三）裝置閘門。

上海市中區面瀕黃浦江及蘇州河，這二條水道也就是溝渠的尾閭。近年來河床日高，陸地反見下沈。每屆秋汛，尤其如遇逢大雨，市區即成澤國，寸步難行，此實爲本市市政工程一大缺憾。前公共租界時代，對此問題已予注意，曾建築唧水站和裝置潮門，雖有部份成績，但仍離理想太遠。此種情形因經過八年淪陷時期，敵僞的荒廢而更形加重。勝利後上海市工務局爲改善起見，於去年有防潦工程的計劃：加强疏通本市溝渠；疏浚市內河浜；增加防洪唧水站和在溝渠出口裝置潮門以防潮水倒灌，這實在是一個都市建設中必要的工程；在本文中，即以防潦計劃中潮門的理論、試驗、構造和施工，約略介紹。

潮門的式樣和理論

潮門式樣，大別之可分爲兩種，即人工式與自動式，前一種即是，當高潮時用人工使水閘緊閉，但全市溝管出口，凡數百計，若用人工啓閉，太耗人力，不合經濟，這種式樣，除特種原因外已不採用，今暫不討論，本文所討論者爲自動式。

自動式潮門的理論根據是利用高潮的水壓使門緊閉，在低潮時管內的水壓力較大，遂將門開啓，水向外流。潮門的式樣各處不同，前公共租界時代，式樣有三種。但因容易漏水而失效。擺在我們面前的問題就是要克服這些困難。我們需要研究其構造和式樣，設法克服容易漏水的缺點。爲了這目的，我們要先作潮門的試驗。

潮門的試驗

試驗目的在研究：

（一）如何能使潮門緊合在墊圈上，使潮水不能倒灌。

（二）如何能使潮門啓閉靈活自如，使在低潮時易於排洩。

（三）如何能使潮門之比重及重心得到一最好的情形。因潮門太輕，易於上浮使潮水倒灌；過重則低潮時，洩水不易。重心過高，門不易緊閉，過低則影響門之靈活程度。

試驗的方法：建造一水池，長約14公尺，闊6公尺，深約4.5公尺。以88公分磚牆分水池爲二等分，水池建造須不透水，池中豎立水尺，將各種不同的潮門配以不同式樣之墊圈及鉸鏈，在未放入試驗池前定其重心及比重；然後，將墊圈依設計的圖樣裝置，把鉸鏈也依規定裝置後就可以將門裝上，從事試驗；這試驗有下列三種：

（一）漏水程度的試驗　將水引入池I（圖1）使水位逐漸增高，在池II內以盛水器皿將漏出之水接住，以錶計時。如水位高6呎時，漏水程度爲每分鐘5加侖，以此數化成每分鐘管周每呎加侖數。水位愈高，水壓愈大，漏水愈少。如潮門一部份不平整則漏水更大，將記錄劃成曲線以供研究其缺點作設計及改良之根據。根據試驗結果我們知道：若欲減少較低水位時的漏水程度，可稍將墊圈斜砌，但不能超過一定限度。否則洩水不易。

（二）潮門靈活度的試驗　門之靈活與否在

於鉸鏈是否適宜。鉸鏈過重，既耗材料，而且滯鈍，太輕則不能扭負潮門的重量，和承受潮水的冲動。試驗的結果，我們知道單式鉸鏈(Single Hinge)轉動不靈活；雙式鉸鏈(Double Hinge)則較佳，其構造如圖2所示。

(三)根據潮門裝置形式的不同而影響積水排洩量的試驗　潮門重心設計過高或過低有關潮門向下之力矩，力矩過大影響低水位時雨水之排洩，過小則又影響高潮時之漏水程度。故必須使重心適當，與潮門之重量配合得一適當之力矩。力矩大小的試驗，可看當雨水排洩時，水壓力衝開潮門之角度。試驗方法：在裝置試驗潮門之水池內，用90°圓弧分成5°一格，以紅，白，黑三色漆好釘在木條上，木條之厚度即試驗潮門之厚度，將木條釘在潮門旁邊之牆上，用木椿撑住潮門使緊貼墊圈。引水至池II內(見圖1)看池內水尺所指水位之高度。如門之直徑爲D，則水位每增0.1D時即將撑木抽去，門隨之開啓，記錄其角度。繼續試驗至2D時爲止。結果爲如水位愈高，則潮門開啓及角度愈大；若水位愈低，則潮門開啓及角度愈小。將記錄劃成曲綫作研究參考。如圖3所示。

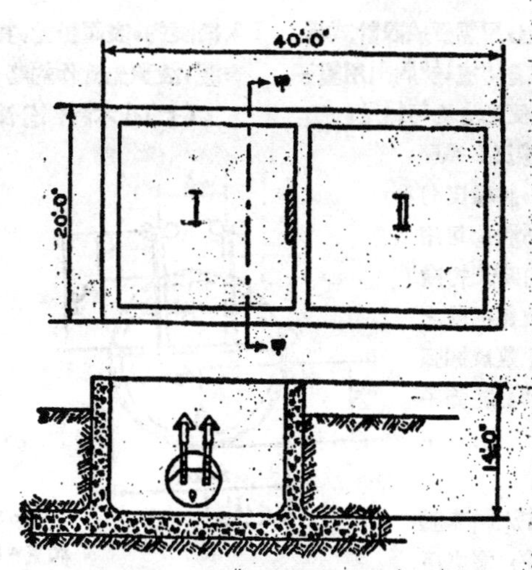

圖1　試驗用的水池

潮門之構造與製造

經過數十次的試驗，我們才得着一種比較能適宜的式樣，如圖4所示，現爲便於說明起見，茲特分部敍述其大概之構造與製造步驟如后：

(一)木料部分　潮門本身是用洋松製成，洋松於選購時必須注意其是否乾燥與少節，門之厚度與門之大小有關，通常二呎直徑以下之潮門，厚度用4吋，二呎直徑以下，一呎以上者用3吋，一呎直徑以下用2吋。門分橫直兩層。兩層厚度相同，每層若用一塊洋松不足其寬度，則可用數塊併成，惟必須採凹凸縫(即俗謂楔口縫)，并用橄欖釘敲緊。

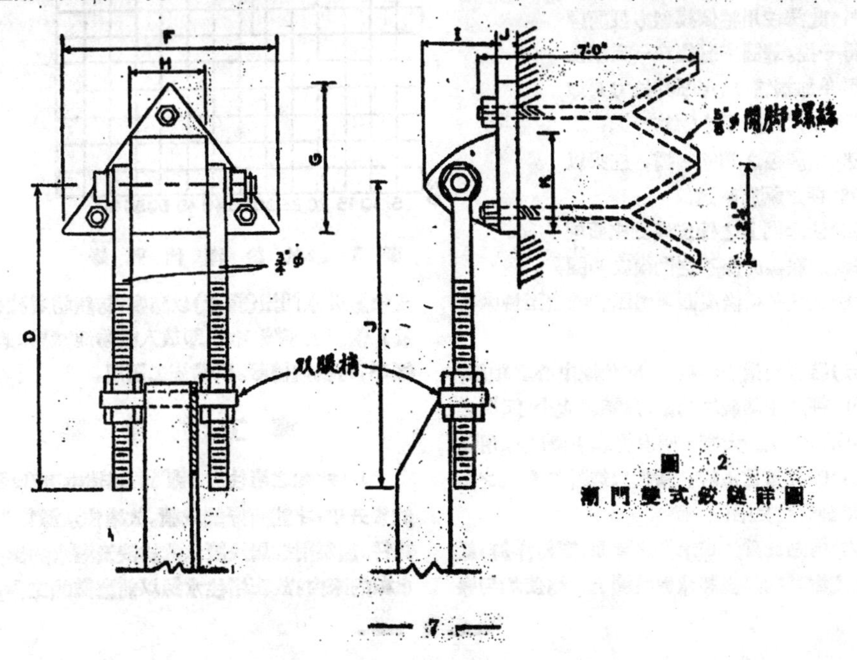

圖2
潮門雙式鉸鏈詳圖

將兩層木料用洋釘釘在一起，用鋸鋸成設計式樣，再以鉋使門邊光潔。在離門邊1"或$1\frac{1}{2}$"周圍用鑿子鑿成圓槽約$1\frac{1}{2}$"寬，$\frac{3}{8}$"深，務使光滑均勻爲是。

（二）橡皮墊圈　所用橡皮必須堅韌，厚度以$\frac{1}{2}$"者，爲最適當，將橡皮剪成弧形約三吋闊，爲節省材料，可用幾段連接，因橡皮有彈性，釘時先將橡皮用1"釘釘在木槽內，橡皮每兩段之接頭處，採用斜面。另用硬木鋸成圓弧條子，必須鉋光，其深度爲$\frac{1}{2}$"。將條子壓住橡皮，每隔約三吋鑽一細洞，以銅木螺絲釘入細洞旋緊。

（三）墊圈座之製造　在木料未動工前，墊圈座已可先行製妥，圈座用1:1:1 混凝土製成，製法若潮門係圓形，則極簡單，可用硬木製成一括板，如圖5所示，爲圈座之內徑，爲圈座之闊度；（通常三呎至四呎半直徑用4"，二呎至三呎直徑用3"，一呎至二呎直徑用$2\frac{1}{2}$"，一呎直徑以下用2"，）C爲模之槽深，即圈座之厚度，用2"，21/2"，3"由大而小，在模槽內包以白鐵皮。使墊圈面可以光滑。在洋松底板上直釘$\frac{1}{2}$"直徑之鐵條，將木模套入鐵條，然後以拌和之混凝土堆成一圓圈，以模使其光滑，此法較用整個模型方便而經濟，值得一提。若圈座直徑在一呎以上者。必須要加鋼筋，以加强其拉力，如在一呎至二呎用$\frac{1}{4}$"徑之鋼筋一道，二呎至三呎用$\frac{3}{8}$"徑之鋼筋一道，三呎以上者用$\frac{3}{8}$"徑之鋼筋兩道。

（四）使木門上之橡皮與圈座面配合　將釘好嵌橡皮條子之門複在墊圈上，以橡皮銼子使橡皮面與墊圈能配合至極緊密爲止。

（五）裝置角鐵或鐵板　兩角鐵中心之距離，使等於門徑之半則最爲適當，角鐵之大小，因門之大小不同而變更。大概一呎直徑以下潮門採用獨塊鐵板，因其重量極輕，鐵板以螺絲釘在門之中央，其詳細呎吋見附圖。

（六）增加比重　在木門之背面，密釘洋釘，繞以鉛絲或鐵絲網然後將水泥漿澆上，務使均勻嵌入網眼內，表面粉光，其厚度及高低均與比重重心有關，故預先應作約略估計。

（七）在木料部分漆柏油　鐵件則油紅丹，橡皮塗羅分水門鐵（譯音）以防腐，防銹防鼠咬（水老鼠），俟以上手續完成，即放入試驗池試驗。若合乎標準，可編號儲藏。以備施工領用。

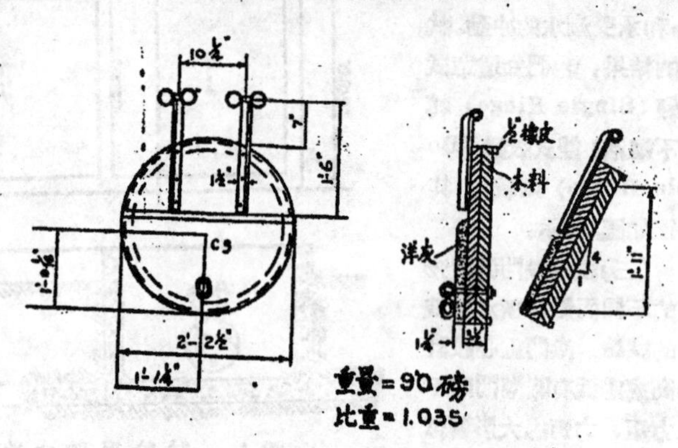

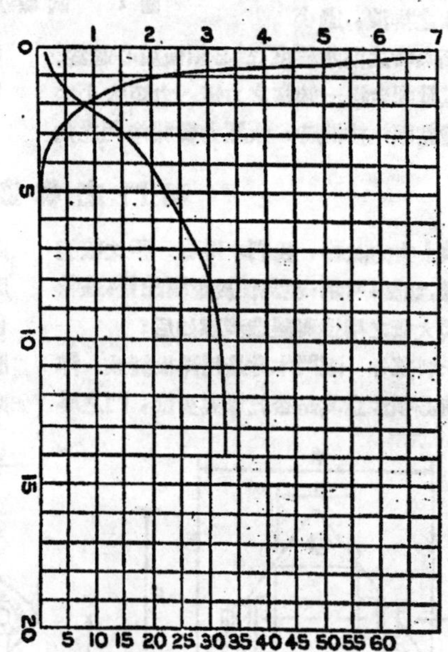

圖 3　試驗潮門記錄

施工的步驟

1．水源之堵住　潮門的建造祇有在沒有水的窨井中，才能有好的成績。故堵住水源爲先決的條件。因爲附近居民廢水的排洩及潮水的倒灌，爲水源的來由，故在堵住水源以前應做的工作，爲下

11958

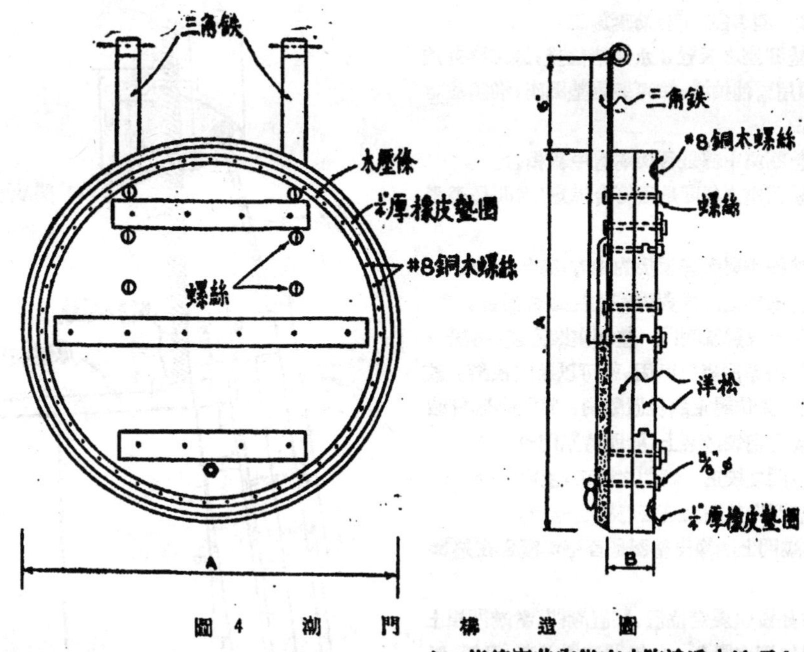

圖 4 潮 門 構 造 圖

列二端：

(甲)調查施工窨井（施工窨井通常爲距溝渠出口最近的一隻）包括幹管與其他溝管（如弄利或附近居民的溝管接入窨井內），從及與這些溝管通連的最近窨井的位置。

(乙)根據濬浦局的潮汐預測表，查出潮水漲落時間。

做了這兩項工作，我們就可以開始堵口了。

堵口的方法：

(甲)在潮水落得最低的時候，用特製的橡皮塞子將管口塞住(見圖6)。如管徑超過三十公分以上，上游水量過大，橡皮塞子不能抵抗，須多做一步手續：在距最低潮水時間前一小時左右，在管底安置一小溝管，其餘空擋則用25公分磚牆砌沒。(這裏因在水中工作，故不能用石灰灰漿或水泥灰漿砌牆，前者應力不够，後者則因黏性太小故易爲水冲去；應用紙筋，水泥，黃沙調成之灰漿砌牆，則可去兩者之缺點。)安置小溝管目的在將管口收小；并使磚牆在未結硬時作出水之用。待磚牆結硬後，就可用橡皮塞子塞住管口)完成堵石工作。圖6所示爲施工窨井內堵口情形。

(乙)在上游距施工窨井最近之窨井下口及在河岸之出口，用麻袋，木仮堵口。

上列兩法，以甲法成績較好，此法因橡皮不透水，能使窨井內僅有少許滲透之地下水。如用乙法，則因水易從麻袋縫隙中透過，故須用幫浦連續抽水。應用甲法塞管口時必在上口，蓋橡皮塞子能承受上游之水壓而不致鬆脫；在上口可免除與施工地距離最近窨井間一段溝中之附近居民溝管與此幹管通連，如此則當居民以用過之廢水排洩時

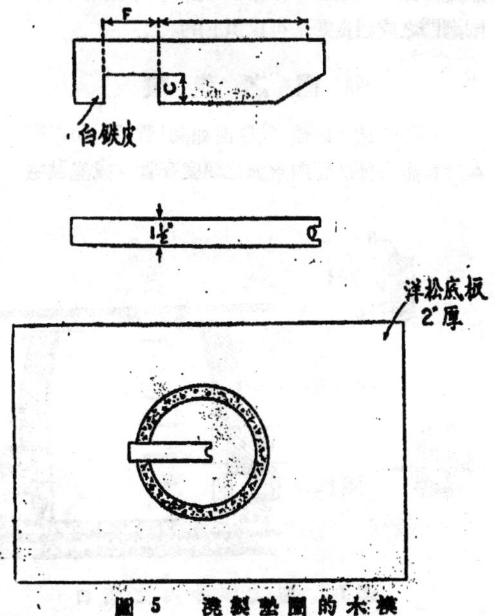

圖 5 澆製墊圈的木模

當不致流入施工窨井內，妨礙施工。

2. 墊圈座之裝置 水源堵住後，施工窨井內之積水須用幫浦抽淨，始可裝置墊圈座，惟須注意下列各點：

甲，墊圈座中線是否與溝管中線相合。

乙，墊圈座之斜度是否符合規定；兩則是否平衡。

丙，墊圈座與溝管相接的地方，有無空隙。

丁，墊圈座之內徑與溝管內徑是否相合。

3. 裝置鉸鏈及潮門 墊圈座裝置後，再隔一相當時間，待墊圈座已堅固，就可以裝置鉸鏈，鉸鏈的裝置：先依規定的位置鑿洞，將開脚螺絲裝上，堅實後再把鉸鏈裝上，隨即將潮門也裝上。

4. 潮門之校正 潮門之校正，主要有兩點：

甲，潮門與墊圈座是否已密合無縫。

乙，潮門上的橡皮墊圈是否平均覆合在墊圈座上。

通常如按照規定位置，裝置潮門，當潮門掛上時，應與墊圈座緊合。如潮門裝置過高，過低，偏左，偏右可在鉸鏈上的螺絲移動校正之。如位置校正後，潮門與墊圈仍不能密合無縫時，則由於鉸鏈裝置離牆距離太近或太遠，如將鉸鏈裝進或裝出相當程度，則潮門即能與墊圈密合無縫。

總之，良好的潮門，自製造起至裝置，監工者應隨時注意工人之工作方法，隨時給予指導改正，則潮門之成績良好是可以預卜的。

潮門之養護

潮門建造完成後，其斷面如圖7所示。但潮門本身可能影響溝管內水流之速度在管口或能發生

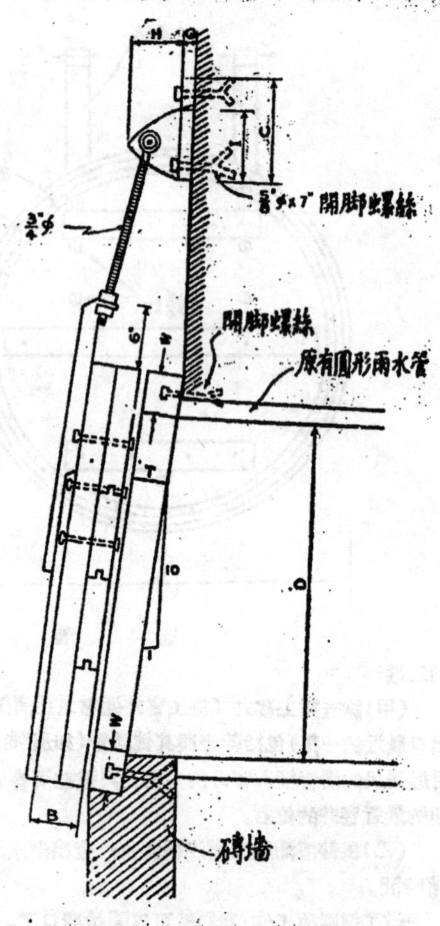

圖7 潮門裝置完成圖

淤積的現象，故須經常派工人在相當時候，清除一次，務使潮門不致因淤積，妨礙其靈活度而失去功用。

同時，除潮門外，尚需增建防洪抽水站，以供調節，始能發揮其功用。

上海茂名南路長樂路口一帶，在浦江十三呎高潮時，常有溝水倒灌街渠，但是，目前因裝置潮門與增設防洪抽水站後，此種現象就已消弭，這是一個現實的例子，讀者可以注意的！

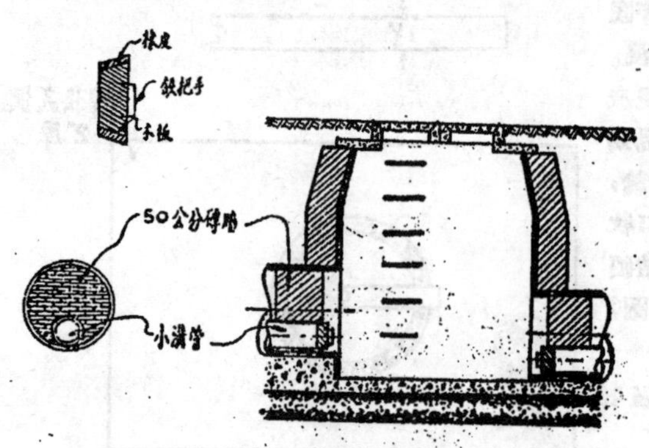

圖7 施工窨井內之堵口

原有駕駛方法仍可使用，假使換了一個常人去開動，也絕無意外。

殘廢者怎樣駕駛汽車？

張　燁

殘酷的戰爭，使得許多戰士和非戰士斷臂折足，因而失去駕駛汽車的能力。遠在第一次世界大戰以後，便產生了怎樣改變原有汽車的構造，使四肢不全的人可以駕駛的問題。雖然那時設計很多，但都不易普遍地爲各種汽車所採用。二次大戰結束以後，才由羅滋和湯姆生泰勞公司（Roots Group and Thomson and Taylor Co.）設計成功一種特別控制機構。只需將普通汽車略加改裝，便可適合各種殘廢者的需要，同時健全的人，仍可照常使用。

通常的汽車駕駛　包括六種主要的控制機構，三種是用脚的：即制動器（煞車）踏板，接合器（克勒子）踏板和加速踏板（風門）；三種是用手的：即手制動桿，變速桿，和轉向盤，接合器用左足，制動器和加速踏板用右足；手制動桿和變速桿都用左手，轉向盤雙手都可以控制，普通用右手的時候較多。所以通常的駕駛，是四肢並用，不可缺一的。

可能駕駛汽車的殘廢者，至少須有一隻手，來控制轉向盤，另外還有一手或一足來幫助操作其他的控制。雙手全無，或只有一肢的人，還是不能駕駛的，細算起來

殘廢駕駛者可有九種情形（一）失去雙足的。（二）失去左手的。（三）失去右手的。（四）失去左足的。（五）失去右足的。（六）失去左手和左足的。（七）失去右手和右足的。（八）失去左手和右足的。（九）失去右手和左足的。少掉的一肢，必定要用他肢來兼代。

怎樣去替代呢？　假使他沒有了左手，可將制動桿和變速桿引伸至右側，而用右手去代管；假使他失掉一腿，便將三個踏板改裝得可以分別由另一足的足尖和足跟去控制。但是足尖力量不够，必須用增力器（Servo.）來幫助。如果他雙足全無，則加速踏板可改爲加速桿，而用右手控制；制動器和接合器都經過增力器而分別用左右手控制。如何能够這樣代來代去，而運用仍極圓滑自如，那便全靠精心設計的機構

特別控制機構　殘廢駕駛者的情形，既有九種，需要自各不同。所以特別控制機構，共有四種，另外還有兩項改變的裝置和兩具增力器。爲便於說明起見，假定各種特別裝置，全都裝在一輛汽車上，如圖中所示。

第一種特別機構係附於轉向軸旁的控制桿，上端具有蝶形的柄。位於轉向盤下駕駛人的右手可以不離轉向盤，而用大指和食指挾持。此桿有兩種動作，向上提，則經增力器的作用而控制接合器；向左右轉動，則控制加速桿或風門。見圖右下角。

第二種特別機構，係附於轉向軸左面的控制桿，上端具有長方圈形的柄，拉上此柄，便可使制動器作用。圈形柄可作20度的迴轉，使得控制時不受轉向盤的影響。

上面兩種裝置，是用手代足的方法，失掉雙足

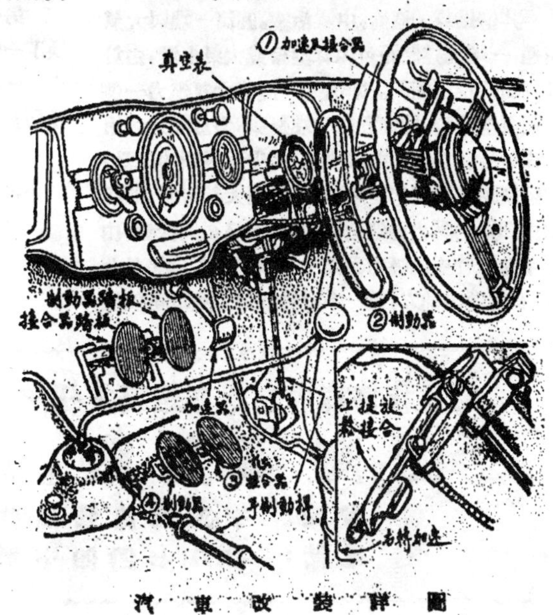

汽　車　改　裝　詳　圖

的人，必需二者都用；失去一足的人，也可應用。

第三種特別機構，係利用足跟的踏板，專爲失掉左足的人而設計，牠的位置，在原有制動踏板之下方。用右足跟踏下此板，則經增力器之作用，而放鬆接合器。同時，他可用右足尖控制原來的制動踏板和加速踏板。

第四種特別機構和第三種相似，也是用足跟的踏板，爲失去右足的人而設計。牠的位置，在原有接合器踏板之下，用左足跟踏下此板，則經增力器而拉緊制動器，同時，他可用左足尖控制接合器和加速踏板。也可以用第一種控制桿單獨變動加速板而不影響接合器。

以上二種，係爲失去一足的人而設計。實際上，祇需要一種已够。

除此以外，還有兩項改變；第一，通常的變速桿和手制動桿，爲了適應失去左手的人的需要，都可以改裝到右邊來，而用右手去控制。

第二，駕駛人的座椅，也可配備特種活絡裝置，可以輕便地前後移動。使得裝着兩條假腿的人，可以先將坐椅推後，坐下將假腿擺進，再連人帶椅前移至駕駛位置。

增力器 在商用車輛上，利用引擎進氣管中的吸力，經過活塞作用，以增大制動的力量，已極普遍。這裏用在接合器和制動器兩方面，以幫助足尖，足跟和手指力量之不足。

其構造爲一圓筒，中置活塞。圓筒一端與大氣相通，一端經控制閥可和眞空箱或大氣相通，由於控制閥的位置而異。當活塞一側爲大氣壓力一側接通眞空箱時，即向圓筒一端移動，力量頗大。用槓桿和接合器或制動器聯結，便得到所須的運動，當控制閥閉斷眞空箱之通路，而與大氣相通，則活塞由彈簧的壓力向他側移動。眞空箱裏的低壓，由引擎進氣管中的吸力而產生。爲表示眞空箱的强度，在駕駛座前方，裝一小型眞空表，隨時可以檢視。眞空箱和吸氣管中間，裝有止回閥，使氣體可從箱中吸出而不能流入，所以箱中常保持半眞空狀態。縱使引擎靜時，也可運用。箱的容量，可供五次制動之用。

增力器共有兩具，一連接合器，一連制動器。控制閥也有兩隻，分別由前述第一種和第二種控制桿來管理。

上面各種裝置，都是標準式的，任何普通汽車，均可改裝。湯姆生公司，係裝於喜臨門 Hillman 汽車上作爲試驗。喜臨門汽車，車身甚小，沒有地位裝增力器，只能放在駕駛座下面，牠的控制閥用軟索和控制桿聯結，同時用鏈和原有踏板相連結。使得踏下原有踏板，也可運用增力器。

在喜臨門汽車上試驗的結果，是

運用非常圓滑而正確，動作極爲自然，一個對這種裝置生疏的人，在極短的時間便可學會。

手加速桿和接合器控制的聯合運用，極爲便利，且令始動和變速順滑進行。必要時加速桿可用夾子挾持，使風門開放在一定位置。

用圓形柄控制制動器亦極自然，且由於增力器的協助，用力至省。

用右足跟控制接合器，右足尖控制加速踏板和制動器，也很簡單而愉快，由於增力器的協助，足跟略向下壓，即可放鬆接合器，足跟可當作支點，而將足尖任意移向加速踏板或制動踏板。

另一優點，便是原有駕駛方法仍可使用，假使換了一個常人去開動，也絕無意外。

此種特別機構的價格，由於各人需要的多少不同約在英金10鎊至100鎊之間。

參考資料：(1)The Autocar, Jan.31,1947:-Safety for The handicapped.
(2)The Motor, Feb. 5,1947:-A Conversion for the disabled.

焊鋁比較焊鋼鐵困難，第一因爲氧化作用容易發生，第二因爲熱脹冷縮的程度要得大。

怎樣焊鋁與合金鋁？

金 超

(一) 焊 鋁

焊接鋁品和鋁製合金物，通常都是用氣焊來焊合的。氣焊又有兩種，一種是氧氣合乙炔氣，(Oxy-Acetylene)另一種是氧氣合氫氣(Oxy-Hydrogen)。就焊鋁一項來說，後者比較適用。因爲這種氣體，已能够供給足量的火力，能熔化鋁體厚度達¾吋，而且所產生的火焰，非常清潔，可以免去焊紋中的小孔和砂眼等缺點。但用此項氣焊焊接鋁品，有一點須注意，就是所用的噴火嘴子(Welding Tip)，必須加大，即比較用氧氣合乙炔氣的氣焊所用的火嘴，須加大一級。

不論用乙炔氣或氫氣配合氧氣燒焊，其氣焊手把，俗稱龍頭(Welding Torch)中噴出的火焰，必須調整至恰成中和。這就是所謂中和火焰(Neutral Flame)，在整個氣焊作用中，佔着極重要的地位。它直接影響到工作本身的堅美，速率，以及焊紋平整和光澤。要調整出一個中和火焰，就是要使手把上控制各別氣體的開關，所放出的量，恰好相等而平衡。倘若氧氣太多的話，那麼火焰會似乎縮小些。同時在火焰的中心，所顯現着的圓錐形也縮小得很短，倘氫氣或乙炔氣太多，則火焰就伸長而零亂得無秩序了。祇有中和火焰，才是合乎要求的火焰。如果兩種氣體所射出的量恰好相等，則所顯出的火焰，是一種有界限的青藍色的圓錐形射出物。

各種火焰之不正常形狀與變化的由來，可以說完全是由於兩種氣體中射出量不同所致。因此燒焊者見到其火焰發生零亂時，隨時可逐漸減少氫氣，直至只有一個青藍色的圓錐形爲止。此外還有一個迅速的調整方法，先把氫氣放多，使圓錐形忽然不見。然後再減少至剛剛縮成圓錐形爲止。至於圓錐形以外的火焰，幾乎是無色的。中和火焰不特最爲强烈，而且在燒熔金屬和熔接過程中，還可避免氧化作用。

氧氣乙炔氣和氫氣等的導出，都是從儲氣鋼瓶或氣管裝置出來的(乙炔氣瓶裝設備不易，多改用電石化氣筒。氫氣則尚未見有用於氣焊)。由裝置的出發點至手把中間，隔有氣壓調節表。因此可以調節適量的氣壓，使合乎工作要求，並有繼續不斷供給的功用。氣壓調節表係採用一種隔膜物構造而製成，在開啓氣瓶以前，必須將表上調節氣壓用的螺絲鬆去。不然的話，那整個瓶中的高壓力，突然衝擊之下，隔膜物會因之損壞。

燒焊者切不可使用油類如機油，牛油，以及任何油物在儲氣瓶上氣壓表上或調節器上，開關以及手把等等。油類是燃燒和引火的物體。在氣體有着高壓的裝置上，頗易發生劇烈的着火和爆炸的危險。所以燒焊者應該除去手上的油，或有油的手套。還有一切可能與氣焊裝置接觸的物件，均不應有油漬的存在。

至於儲氣鋼瓶，調節氣壓表和手把的裝合，爲了兩種氣體的嶄然不同，而避免混亂錯裝起見，所以此種工具製造者，已科學地管理了使用者。即凡屬氧氣的連接頭，都製成順牙(右牙)，而乙炔氣或氫氣的螺絲連接頭，都用倒牙。(左牙)

當你用火焰熔化任何鋁體時，會發現其表皮上有一層很薄的膜，這種氧化物膜的除去，須用鋁焊藥粉(Aluminum Welding Flux)。否則就不能得到很好的焊接。鋁焊藥粉品質優良的，有一種"No.22 Welding Flux"是美國製鋁公司出品，最爲流行。使用焊粉的方法，即以少量的粉末，調以少許清水，至成膠水薄漿的濃度(約兩份焊粉，合一份清水。)每日早晨開始工作時，就調好本日一天所需的量，切勿多調。如果本日應用後尚有剩餘，那就祇有拋棄一途。因爲隔日即失去效用，而須重新調製新漿。因此,對於貯藏焊粉的鐵罐瓶裝等要緊蓋湊密,務使潮濕不能侵入而損壞其質地。

鋁焊的方式,最多要推接口焊(Seam Weld)。無論對口相接,或邊緣縫合,都一律須在未焊前,先在焊處的反面,塗以少許鋁焊粉漿於接縫處;使一部份粉液可由縫隙流入到正面去。這在焊接工作進行過程中,有莫大的便利。工作者可以得心應手,無須顧慮到焊條上所塗的粉漿是否用盡致起氧化作用的障礙。塗蘸焊粉的工具,最好用小圓漆刷或排筆,倘無排筆,即用毛筆剪去尖端亦可。鋁焊條上也應該塗上粉漿,沒有焊粉塗上的鋁焊條,絕對不可應用。

當你戴上有色的護目眼鏡,一手握住氣焊手把,一手拿着焊條,在鋁物開始熔化前,隨手將焊條浸在粉液瓶中,取出後就可應用。這種隨浸隨用的方法,頗適合於所謂焊程(即長度,連續自一端至另一端)較短的工作。倘遇焊程較長或較多的工作,上述方法,自不適用。因鋁焊恒以不間斷爲原則,一經開始焊接,不論其終點的距離多少長,焊者以繼續維持其工作的進行,越久越好。尋常一次可焊接二呎至三呎的長度。如此一根焊條,決不够用。所以不得不採用預爲置備的策略。就是在未開始工作前,把足量的鋁焊條(可資焊合三呎),用火焰將每根焊條,燒至發燙程度,個別的先塗以粉漿,僅留握手處一小段不塗,排列在工作品旁邊。這種事前措置的辦法,可以在焊接時繼續不停,直至每一根焊條的有粉部份,用完爲止。焊粉本身所以有助於焊接的功用,因它能在火焰未到之前,先期熔滴在被焊物體的前面,做那除去氧化的工作,使被焊物體能順利的進行,達到兩體合攏銜接,同時表面也很清潔光潤。

選擇焊條也是很重要的事。工作之合格與否,常常因所用的材料是否得當而定。凡屬純鋁物體,2S和3S應該用純鋁焊條,該焊條質地較軟,易於彎曲,可資識別。純鋁不能熱煉;但不能熱煉的合金鋁52S和能熱煉的合金鋁 51S和53S,同樣須用含有百分之五矽(Silicon)的鋁焊條(簡稱43S鋁焊條)。

有些鋁焊品,因爲要保持其位置和角度正確的關係,所以須在工模裝置上焊合,使所得尺度不致有若何變化。還有一些成份複雜而一時未便識別的合金鋁,都以43S鋁焊條最爲適用。大凡加強性的合金鋁,其質地一定比純鋁脆些。這43S鋁焊條的長處,是容易融合於各種的鋁品,堅強耐力,且能抵抗銹蝕,可以配合任何鋁焊的工作。

43S合金鋁焊條,在焊後凝結的收縮力很小,因爲它的熔解點比較純鋁及各種合金鋁還低,減少了物體過度的熱漲冷縮,至少在冷縮的過程中,比之被焊品在時間上要遲緩一些。同時這種焊條,具有伸長性,韌而不脆,很能承受拉力,故無底裂開或折斷等弊病。

焊條的大小種類繁多,標準的計有直徑$\frac{1}{16}$",$\frac{1}{8}$",$\frac{3}{32}$"和$\frac{3}{16}$"等四種。其長度均爲36吋。燒焊時撰選擇何種大小的焊條始適合某一種焊品,沒有機械的規定。普通一般情形,直徑$\frac{3}{32}$"的焊條,可焊任何尺寸直至$\frac{1}{8}$"厚度。直徑$\frac{3}{16}$"的焊條,可焊較厚的工作。$\frac{1}{8}$"焊條用途最廣,如飛機工業上的油箱和另件,幾乎全用這種尺寸的焊條。僅有極少數精細另件和鋁管較薄者,方採用直徑$\frac{1}{16}$"的焊條。以上不過舉例而已。無論如何,選擇焊條大小之適合與否,還得視實際的工作情形,以及焊者的經驗作依歸。

鋁品經過焊接,不論局部或某一小部份完工後,甫及物體冷却至不感燙手時,就應該立刻將所有浮在焊紋上的焊粉渣斑,用清水洗去;否則,如焊件以後必須油漆的話,則雖然有極少的焊粉留在焊紋上,其加蓋之油漆,祇能支持到短短一個時期。另一方面,若爲空氣的潮濕所使,也要腐蝕到焊品本身。所以最安全的辦法,是把焊粉完全除去,杜絕媒介。

等到焊品全部完工後,應隨即在沸水中經過第二次的洗滌。這時要注意到物品焊處的正反各面,及體積的大小,是否俱能容納於沸水缸內,接受毛刷在上摩擦洗刷。有時遇到隔層的物件如油箱之類,就感到棘手。我們不得不更換其洗滌方式,而代以10%硫酸冷液,將油箱浸入三十分鐘,或者浸入在5%硫酸熱液(華氏150°)內十分鐘均可。那硫酸能直接與外面裏面各處接觸,消化焊粉渣沫。

取出後再浸在10%至50%的硝酸冷液中約浸十分至二十分鐘。取出以後,最後還得放入清水中輕洗,因爲金屬物體在酸液中浸過的,必須洗去酸性。至於清水用冷的或熱的都可,並無多大出入。

(二)焊合金鋁(可受熱煉者)

合金鋁可受熱煉者，有51S和53S兩種材料，最可實地用氣焊焊接而獲得圓滿的結果。因此這兩種材料的採用很廣泛。其製品有各種裝置物品，傢具，汽車，飛機機件，以及建築上各種的用途。

總括說來：在技術上如何使用氣焊去焊這種合金鋁，和如何使用火焰，以及如何選擇火嘴的大小等，都可說和前文中不能被熱煉的純鋁一般無二。其他如最主要的加塗及清除鋁焊藥粉等程序，也完全與前述相同。其不同的幾點，就是下面所要講的。

可受熱煉的合金鋁所合用的焊條，最能勝任的也是含有百分之五矽，合百分之九十五純鋁的焊條。即上段所述的43S鋁焊條，因它的熔解點低於純鋁。因此當被焊物品自熔化後至凝結冷縮的過程中，43S焊條雖也熔入於鋁體內，但其本身却較物體冷縮爲慢。再者物體冷却的收縮力，有時可能使焊紋的邊緣發生裂開。惟有此種鋁焊條，融合在被焊物體中，隨張縮而伸長，有預防裂損的功用，至於焊條的選用大小問題，則和尋常焊鋁一樣。

51S和53S合金鋁如須在工模架上完畢工程的話，那麼必須顧到該件熱漲冷縮的自由，勿強壓或限制到毫無動彈的餘地。合金鋁較之不能熱煉的純鋁，易受裂開的影響。放在工模上焊接，要十分注意。倘有裂開的情形發生，應立即停止進行，詳細檢查其所以受束縛的原因，加以改正。根據上述這個簡單原則，我們有兩種方法可在工模上焊接成功，第一，先在工模架子上用點焊 (Tack Weld)點住各主要關節，然後焊接至全部將完工而未完成以前，即刻鬆去所有鉗住的軋子(Clamp)。第二個便利的方法，僅不過俟焊接完成以後，立即鬆去所有的軋子亦可，總之軋子鉗住的地方，離焊處越遠越安全。裂開的現象也少見發生。金屬裝置品如窗門，窗檻，等需用氣焊銜接的，更須注意。其軋子鉗住的地方，至少須距離焊處六吋。

任何金屬用氣焊焊接，均以一次焊合爲準則。尤以51S和53S的兩種合金鋁，要嚴格的做到，以一次焊成爲佳。重行燒熱修改，或在焊紋上再加蓋一層，都是要不得的。實用上有許多的物品器皿，不獨不容易漏水，還要不漏氣。所以一次焊畢的規格，是最成功最經濟的做法。

以上這幾點，都是關於焊接合金鋁的技術訣竅，現在我們聯想到一個問題，就是已經熱煉的51和53S合金鋁，若經過氣焊工程後，是否影響到它的強度組織，抑或和原先一樣的不變。這問題在解釋之前，先得將這種材料，在冶金製煉方面，介紹一些常識。

51S和53S係組以某些金屬成分於鋁體中所冶成的然後經熱煉提高至華氏970°度，淬火於冷水中，激起那成分的機械性能，在原體中發揮增強作用。此種製煉手續，我們都已知道係用溶液熱煉(Solution Heat Treatment)。同時規定凡這種材料，經過這種做法後，稱其堅度爲"W"堅度(Temper)。

如果再要成長這種材料的性能，可重加一次熱煉。在同樣的設備中，將材料提高至華氏320°度後，保持至十八小時之久。那合金成分的機械性能，可以發揮更強。然後這種被製煉過的材料堅度，稱爲"T"堅度。

看到了上述兩種熱煉合金鋁的手續所得的堅度後，我們似已可知道這問題的答案。氣焊與熱煉，兩者的熱力和手續，都不相同。氣焊係單純的局部加熱。故凡屬"W"和"T"堅度的合金鋁，經氣焊工作後，縱然可憑手把在焊處轉動所引起的一些所謂空氣冷却，甚至雖未及將整個物體加熱退火，但其確能減低焊處周圍地方的強度。還有那已被退火的合金鋁，("O"堅度)却並不因經過氣焊工作後，減低其機械性能，使其趨於更軟。同時焊紋中所加入之焊條，質地亦較原有的母體更堅強。綜上各點，簡單的來說：氣焊焊處在合金鋁中所處的地位，可區別出：1.比較已熱煉如"W"和"T"堅度的爲低弱。2.比較已退火者如"O"堅度的爲強硬。

最後還得表白，氣焊運用之在結構上力的關係，還不能因上述情形，來籠統預言其效果。個別的情形下，須要精密地測驗，方可決定它的耐。

質輕，力强，還希望能耐高熱，能抗腐蝕。

鋁銅合金

孔繁柯

由於高速機械尤其是航空引擎方面之需求，輕金屬之利用已大爲製造者所注意。輕金屬中最優良著名者爲鋁，而鋁銅合金更爲重要，蓋鋁銅合金除本身之應用外，復爲其他合金之基本；如世界著名之D-合金，Y-合金(Duralumin, Y-alloy)均是。

× × × ×

銅加入鋁中便成爲一種可回火性之金屬 (temper metal)，其共融合金 (Eutectic alloy) 包含33%之銅及67%之鋁，熔點較純鋁低 112°C，即548°C，惟在製造業方面最有用者爲含銅約12%之合金，如銅之成分過高，則雖硬度增大，然韌性反減小，同時抗張力也無增加。下表所示爲各種成分鋁銅合金之機械特性。

%銅	冷鑄(Chill cast) 最大應力 (噸/平方吋)	冷鑄 伸長	砂鑄(Sand cast) B氏硬度	砂鑄 最大應力 (噸/平方吋)	砂鑄 伸長
0	5	37	20	5.4	19
2	8	18	45	7.5	10
4	9	12	52	8.4	6
6	10	5	60	8.9	3.5
8	10—12	2	70	9.0	2.0
10	11—12	1—2	80	9.2	1.0
12	11—12	1—2	90	9.2	0.5

因銅成分之增加復可引起下列之影響：

1. 比重增加——其比重在含0%銅時爲2.7，在含8%銅時爲2.83，即因銅之加入使其較純鋁爲重。

2. 導熱性減小——如銅之成分由4.5%增至14%則其導熱性由0.44c.g.s.單位減至0.37c.g.s.單位。

3. 膨脹係數減低——不含銅時其膨脹係數爲0.000024吋/吋°C 如含銅33%時則減爲0.000020吋/吋°C。

4. 抗蝕性減低——因銅鋁合金中有 Al_2Cu之成分生成，足以減低其抗腐蝕性(此僅係比較純鋁而言，但仍較鋁鋅或鋁銅鋅合金爲佳)。

鋁銅合金廣用於鑄件，經熱處理後也可鍛打輾延。倘銅之成分增加則展延頗不易爲，故用作薄片時，銅之最高含量爲4%，鑄工方面與鋁相似，並無任何困難，惟較薄之斷面除有特殊之冷却設備外，也不易成功。是故鑄件甚薄時，熔體傾倒時之溫度必須加高，所有之鋁銅合金有「熱脆」(hot short)之弊病，故於鑄件完成後處置特別須小心。凝固時收縮之程度也因成分不同而異，於4%銅含量時每呎減縮0.21吋，於12%銅含量時每呎收縮僅0.12吋，在確定鑄件之大小時不得不注意。用於鑄工12%銅合金較4%8%者爲優，其成品尤爲緊密，能製不漏氣之鑄件，惟因重量較大，故數年前在製造活塞及汽缸頭方面之應用不及8%銅合金廣大，然近來該項應用已爲Y-合金及D-合金取而代之。

鋁銅合金尚有一最大特性即所謂久硬性(age-harding)，因銅溶於鋁中在548°C時爲5.68%。在室溫時僅0.1%。雖經回火後硬度減小，然在室溫放置多日，其中已成固溶體(Solid solution)之銅逐漸回復原狀(回火後不穩定)，故硬度增加。此種特性尤合於負荷張力之結構工程，蓋因日久而愈强，愈能抵抗變形也。

鋁銅合金可以任何方式接合之。通常電焊用之焊桿與所焊原物同，(用5%鋁矽合金也可)，此種合金不宜於抽絲(drawing)，但用作鉚釘則可。

× × × ×

Y-合金——一種含有鎳鎂的銅鋁合金

這種合金由英國國立物理實驗室研究而得，其目的在消除高溫下鑄鋁合金之弊點。在他們研究時，適合活塞製造之金屬僅8—12%含銅之鋁合金，及7%銅，1%錫，1%鋅之鋁合金，但二者均不耐高溫，在150°以上强度即行減弱。後來發現鎳加入銅鋁合金中可以改進其耐高溫之强度，同時更進一步，微量鎂的加入復可改良鋁銅鎳之合金。此種合金之性質除增加高溫時之强度外，彈性，抗蝕性，導熱性均甚良好。且用於製造方面可滾輾，鍛打，壓鈑等，精美程度與鑄件無異。

下表示Y-合金之分析：

銅3.5—4.5% 鎳1.8—2.3% 鎂1.2—2.7%

惟其中矽及鐵之雜質成分務須盡量使之極少，蓋雜質愈多，熱處理愈為重要。有時錯（Titanium）也可加入0.3%以增加其光澤度。

其物理特性：

比重2.80(最大)，導熱性0.4 c.g.s. 膨脹係數0.000022吋/吋°C

其機械特性：	鑄件	熱處理後
斷折點(噸/平方吋)	11.0	15
最大應力(噸平/方吋)	12—14	18—20
伸長	1	3—5
B氏硬度	80	105

此種金屬之熱處理，通常爲在沸水淬火，然後在室溫下悶火處理之。在鑄件上Y-合金宜用爲活塞材料。

此種合金之鍛件經熱處理後其機械特性較鑄件尤優，可由下列結果得之。

最大應力	25.5噸/平方吋。
伸長	25%
B氏硬度	114

同時其彈性係數也由 10×10^6 增至 10.3×10^6 磅/平方吋。

Y合金加以機工甚易，並不遜於鋁銅合金，通常之粗糙機件也多用之。

D-合金——一種含有錳鎂之銅鋁合金

此種合金含有3.5—4.5%銅，0.4—0.7%鎂，及0.4—0.7%錳。首先由威爾姆(Wilm)氏發見，也爲最早發現可以久硬之金屬。經過許多研究工作關於此種現象所得之結論爲：凡因減低溫度而減少其固體溶解度之金屬均可久硬。

D-合金極不易行鑄工，故只能用於鍛，輥及輾延方面。其比重爲2.74—2.79。膨脹係數0.000023吋/吋°C，導熱性0.3 c.g.s. 單位，在空氣中具有甚高之抗蝕性，於海水中則否。

其熱處理之鑄件與熱處理之鍛件在機械性質方面可由下列數字比較之。

	鑄件	熱處理後之鑄件	熱處理後之鍛件
最大强度(噸/平方吋)	10.7	18.4	25.4
伸長(每二吋)	1(最大)	1.7	21.7
B氏硬度	97	103	118

D-合金之最佳熱處理溫度爲510°C，如此其强度及韌性均極大。在某種情形下，尤其暴露在海水濕汽中，其最大之弊病爲中間結晶性之腐蝕(Inter-crystalline corrosion)，此種現象足以大減其强度及韌性，最初以爲此種特性係金屬固有者，然經研究後，方得證明純爲熱處理中一淬火(Quench)問題而已，苟由加熱爐至淬火槽間之時間愈長，或淬火時冷却作用愈慢則腐蝕性愈烈，最新式之處理使淬火速度盡量加快，或將鑄件全部沒入冷却劑中或用淋浴淬火(Spray quench)。

D-合金之久硬程度可因貯室溫度之減低而進行極緩，如貯於—6°C至—11°C之溫度下，雖經五十小時亦未見化硬，反之如在0°C下則二十四小時後即可使用，此種特性頗有利於壓銑工廠或鉚釘工廠，因其生產品與熱處理之加熱爐不能密切連繫也。

普通之銲接方法，D-合金也可應用，但氧炔焰之銲接則選用銲桿(filler rod)必須注意，銲接之抗蝕性可能減少，如應用於受力較大之處，銲接後之成品仍須全體熱處理一次，D-合金可代替軟鋼(mild steel)，惟在200°C高溫以上因硬度及强度之迅速減低，最好少用。

近來D-合金之製品，抗蝕性可以鋁來增强，將D-合金及鋁片之表面完全刷潔，加熱至輾輾溫度(rolling temp.)於D-合金片上下各放鋁片一層加壓輥之，則與銲接情形相似之鋁衣產生，通常鋁衣之厚度爲D-合金片之10%，如此所得之成品可有D-合金之强度及純鋁之抗蝕性，加上鋁衣之D-合金仍可輾延，並可染色及上漆。

× × × ×

由上可見鋁銅合金之大概情況，惟尚有多種性質須加改進，如高溫下之强度硬度，及種種情形下之抗蝕性(corrosion resistance)，均爲目前馬力大，行速高之飛機引擎所遭遇主要問題，故有繼續研究之必要。

本文節自英國"Mechanical World"雜誌中S. A.J. Sage所著"Aluminum-copper alloys"及"Modified aluminum-copper alloys"兩文。

專載

上海市之暴雨降率

上海市工務局溝渠工程處總工程司　顧康樂編撰

暴雨降率爲雨水溝渠及水利工程設計之主要數據。其公式須自較長年期之自動雨量記錄求得之。上海市工務局溝渠工程處成立之初，曾與徐家滙天台商借雨量記錄，派員將歷年自動雨量記錄曲綫(顯示累積之降雨時間及雨量深度)轉錄之計自一九〇八年起至一九四六年止。凡三十九年期。誌其要點如次：

（1）選錄已往三十九年中降率較大之雨量。(2)自雨量記錄區每一曲綫之改向點，估計其降雨時間(橫坐標)及雨量深度(縱坐標)。(3)每次降雨其時間取自十分鐘至四十八小時不等，視曲綫之坡度變遷而定。（4）該台所用雨量記錄區紙分二種。在一九一九年前所用者。其橫軸之最小格爲二小時。以後則橫軸之最小格爲十五分鐘。故在一九一九年以前，暴雨時間僅能估計至四十分鐘，較短時間之暴雨量，自不能精密估計。第一表顯示上海市三十九年來之巨量豪雨。綜觀各項數字，可知豪雨之遭遇時期以七月多於八月。

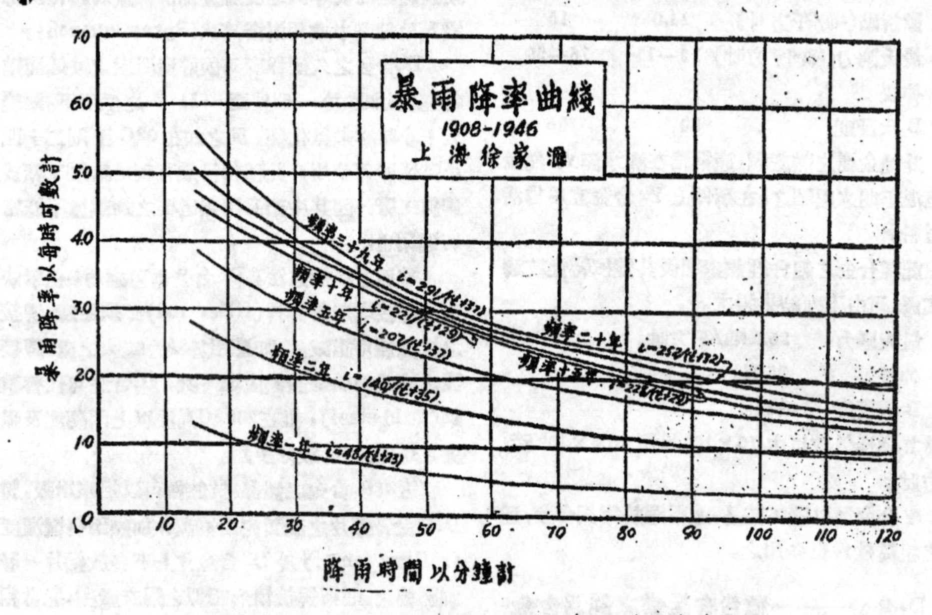

降雨時間以分鐘計

表1　上海市之巨量豪雨

降雨時間											
十五分鐘		三十分鐘		四十五分鐘		六十分鐘		九十分鐘		一百二十分鐘	
雨量(公厘)	降率(每小時公厘)	雨量(公厘)	降率(每小時公厘)	雨量(公厘)	降率(每小時公厘)	雨量(公厘)	降率(每小時公厘)	雨量(公厘)	降率(每小時公厘)	雨量(公厘)	降率(每小時公厘)
36.3	145.2	54.[illegible]	10.9	67.4	89.4						
						70.9	70.9				
								87.2	58.1	99.8	49.9
1921年7月1日						1927年8月11日		1941年7月24日			

11968

暴雨降率之幾何學上意義，即爲雨量曲綫之坡度。由坡度之陡緩可知暴雨降率之大小。如求其次降雨十五分鐘時間之最大暴雨降率，可在雨量曲綫上間隔十五分鐘之任何點連綫比較，而擇其坡度之最大者。每一雨量曲綫用上法推求其每隔五分鐘各時間之最大暴雨降率。惟小於十五分鐘之暴雨降率，因數據不足暫時不計。三十九年中在各時間暴雨降率之最高點第二高點————漸至第三十九高點。即頻率三十九年，十九年半——漸至一年在各時間之暴雨降率。玆擇要列於第二表：(以爲便於公式之應用以時作單位)

表2 暴雨降率
(以每小時吋數計)

頻率＼降率＼時間	15	30	45	60	90	120
最高點 頻率 39 年	5.72	4.19	3.55	2.80	2.29	1.95
次高點 頻率 195 年	5.40	4.09	3.31	2.72	2 07	1 60
第三高點 頻率 130 年	4.60	4.06	3.23	2.70	1.89	1.50
第四高點 頻率 9.75 年	4.45	3.86	3.26	2.67	1.83	1.47
第七高點 頻率 5.5i 年	4.05	3.14	2.44	2.22	1.61	1.36
第八高點 頻率 4.87 年	3.96	2.90	2.42	2.21	1.61	1.34
第二十高點 頻率 1.95 年	2.44	2.01	1.64	1.48	1.04	0.93
第三十九高點 頻率 1 年	1.28	0.87	0 73	0.53	0.40	0.37

復由頻率三十九年，十九年半———漸至一年之各數據，用補插法求得頻率二十年，十五年，十年，五年，二年，及一年之各暴雨降率。其數值見第三表：

表3 暴雨降率
(以每小時吋數計)

頻率＼降率＼時間	15	30	45	60	90	120
39年	5.72	4.29	3.55	2.80	2.29	1.95
20年	5.42	4.10	3.32	2.72	2.08	1.62
15年	4.90	4.07	3.26	2.71	1.92	1.51
10年	4.48	3.89	3.23	2.57	1.82	1.40
5年	3.99	2.89	2.35	2.16	1.58	1 31
2年	2.44	2.36	1.73	1.49	1.09	0.93
1年	1.28	0.87	0.73	0.53	0.40	0.37

如以曲綫推求公式。先以 $1/i$ 及 t 佂綠於方格紙。其各點聯連接綫近乎一直綫。次求得暴雨公式如下：

三十九年頻率 $i=\frac{291}{t+37}$

二十年頻率 $i=\frac{252}{t+32}$

十五年頻率 $i=\frac{228}{t+29}$

十年頻率 $i=\frac{221}{t+29}$

五年頻率 $i=\frac{207}{t+37}$

二年頻率 $i=\frac{140}{t+35}$

一年頻率 $i=\frac{48}{t+23}$

其中 i 爲暴雨降率，以每小時吋數計。t 爲降雨時間以分鐘計。

海外近聞

梅志存

燐質玻璃

蘇聯科學研究院 (Soviet Scientific Research Institute of the glass Industry) 製成了一種燐質玻璃 (phosphoric glass)，並在繼續生產中。它能遮除光的紅外線部分，但是却可透過紫外線。這種淡藍色玻璃不含有矽，是由燐酸鋁 (aluminum phosphate) 製成的。玻璃的配合成份稍加改變之後，就可以使在350°C 熔解的玻璃，轉變成能耐受800°C 高溫的了。這種玻璃曾經銲 (soldering) 在金屬中，反之，金屬亦可銲在玻璃中。預計1947年的生產量是 38,000,000 平方公尺到1950年可達80,000,000平方公尺。

舖砌磚牆機

芝加哥哈維公司 (E.L. Harvey, Chicago) 設計了一部機器，能够在八小時內舖砌100,000 塊磚頭。這部機器重2000磅，可以在鋼軌上前後移動。磚頭用皮帶式運送器取起，送到裝在一根向外伸出杠臂頂端的排整機 (arranging device) 後。於是砌磚器 (layer head) 便把磚頭撿起砌入膠泥 (mortar) 之中。膠泥是經過一組水管用壓力輸送到牆上的。運用這部機器需要十個工人。

新發明與新出品

★無線電打字傳眞術——應用無線電傳訊原理，自動以打字方式收發電文的機械，已告成功。最近實地用於海上船舶的通訊，頗著成效。已取過去所用之莫斯氏點劃式訊號而代之了。這種電動打字裝置，原理甚爲簡單，即將每一打字機字鍵連一替續器(Relay)，當字鍵按下時由替續器撥動一特種訊號，經無線電發射機發出調幅電波；同樣在接收機方面，收到該項特種訊號後，即經替續器撥動同一電動打字機字鍵。這樣，在接收機方面即顯出與發射方面相同之字母，據說這種動作，速率頗高，每分鐘可收發100字云。(稼齋)

★電磁車輪平衡測定器——電磁車輪平衡測定器爲一種校正汽車或其他車輛輪軸平衡用之機械。這種機械應用時不論在靜止狀態或旋轉狀態，都不需將車輪脫卸，故使用非常便利，方法是用一磁性拾振器(Magnetic Pick-up)靠近一正在旋轉之車輪，假使這個車輪裝置不平衡，則由不平衡所生之振動，傳經拾振器發生一相當電衡，在表度上顯出。所示電衡之大小，即正比於不平衡之程度。據實驗結果，這種器械能測出 0.002 吋幅度之振動，頗稱靈敏云。(稼)

★奇妙的產品計數器——誰都知道，當電機工作(負載)時，較之不工作(無載)時需要多量動力。最近所發明之奇妙計數器即利用這個原理造成的。當機械工作時，電動機所需之更多動力，因通過計數器而作旋轉；但當不工作時，計數器因僅通過無載電流而呈靜止狀態。這樣所得到的計數，極爲準確，可用於任何馬達驅動之製造機械。(稼齋)

★進距測量器——進距測量器，顧名思義，即可知爲用於校準螺旋或螺旋式齒輪之進距的儀器。這種儀器可沿螺旋而旋轉，假使進距正確，則儀器旋轉一轉後，表度上指針，維持原狀。若進距有些微誤差，則表度指針即移動一相當距離，最近出品之靈敏度可使 0.0001 吋之誤差，正確測出(稼)

★利用電子管震撼器測驗巨大結構物的強度——對30噸重的DC—7型飛機作結構試驗時，使用了二架電磁震撼器，每架發出45磅的力，不斷地撞擊在降落裝置上。這個測驗方法是利用結構物在共振狀態時所發生的巨大力量。DC—7 型飛機機身及其降落裝置的共振頻率，是每分鐘114次。

假使用舊式的機械震撼器來測驗結構物的強度，不免要用到很粗重的力量。但電磁震撼器却並不需要用巨大的力量，並且所發出的震撼力量可以隨意控制。所以用來測驗金屬物的疲勞限度時，可以比舊法迅速得多。例如，電磁震撼器能不斷以200磅的力加於一件受測驗的結構樣品之上，一會拉長一會壓縮，在2小時之內能完成80,000次的拉長與壓縮的循環。但如果用一架電動機驅動的機械震撼器，用突輪來改變施力方向，每分鐘僅作10次循環，那末要完成上述的試驗，就需要100小時以上的時間。

電磁震撼器的構造原理，是使一個懸空的線圈在強磁場的空氣隙中振動，並使用眞空管振盪和放大器來加強它的作用。震撼器總重225磅，能發出高達150磅的力，每分鐘的振動數可高至 30,000次，低至120次。假使把一個用電動機驅動的正弦電位器和蓄電池來代替那套眞空管振盪器，那末每分鐘自0至120次的振動速率也可隨意得到。(永華)——Electronics

★添裝渦輪的飛機引擎——從普通往復式飛機引擎所排出的廢氣，壓力仍舊很高。假使將這高壓力的廢氣去推動一只氣體渦輪，直接和原來引擎的曲拐軸聯合，共同發揮轉動的力量，那末引擎的動力必較以前增加。所以這個發明實在有着很重大的意義。由實際試驗的結果，知道這種把引擎的渦輪聯合而成的裝置，成績很是優異，並且對於某數種型式的飛機，比較單獨裝有氣體渦輪的更爲適合。引擎添裝渦輪後，排氣時的氣體壓力不免略爲增加，因此原有引擎的動力不免略爲減少，但是因爲添裝渦輪而多得到的動力却比較原有引擎的動力損失，還要多上四，五倍，所以仍是合算。

添裝渦輪後的飛機引擎，在螺旋槳速率的效率最高時，它的燃料消耗恰巧也差不多是最經濟，並且在各種不同的飛行高度時也是如此。和同樣重量的普通引擎比較起來，推進力要大得多了。

添裝的氣體渦輪，必須用優良的合金裝配，才能不受廢氣的高熱所損壞。並且因爲廢氣的壓力較高的緣故，原有引擎的排氣管也必須做得格外堅厚而不漏氣才行。

(永華)——Aviation.

★最熱的氫氟氣炬——驗試中的氫氟氣炬(hydrogen-fluorine tor h)，能發生6000°F 以上的火焰溫度，在用以熔解高級耐火材料時已經表現了超特的成績。用氫氟氣炬焊接銅，可以得到很均勻的焊合；比較用高度眞空銅焊(h gh-vadmum brazirg)尤爲合宜。摩湼爾合金(monel metal)，鎳，和鋼亦都很易焊接。

因爲金屬紅熱時都可以在氟氣中燃燒，氫氟氣炬曾經試用於割削工作。兩支同心管子分別供應氫氣和氟氣，用作預熱火焰(preheat flame)。中心氟氣噴射流則完成割削工作。試驗結果，割削銅和不銹鋼的成績很是美滿；但是割削軟鋼(mild steel)則不及氫氧割炬了。

實驗研究者對於氫氟氣炬的前途寄以厚望，但是留待解決的問題尙多。最主要的是成本。一筒3—4磅重的氟氣成本要美金80元，而一筒19磅重的氧氣僅售美金三元五角。(穆志存)

工程畫刊

焊　接　法

王橡編

常用的焊接術約可分爲電焊與氣焊兩大類，電焊中又可分爲電阻電焊與電弧電焊兩種。**電阻電焊**用低壓（通常祇牛伏特）巨量的交流電通過所欲焊的金屬，使其發熱而熔接接的方式爲對焊（Butt welding），或爲點焊（Spot welding），點焊現多用以替代鉚釘，因與鉚釘同等堅固可減省鉚釘之重量。**電弧電焊**利用電流（直流交流均可）跳躍過電極間隙時所生電弧的高溫華氏6000至7000度），使所欲焊的金屬熔解，同時將新料熔解添補其上。因爲電弧產生時同時放出不少足以傷害人體的紅內線與紫外線，所以工作者尤須週體加以嚴密的衛護。**氣焊**是用氧氣和乙炔燃燒時所產生的高溫（華氏6000度）來焊接，有一個好處，因爲氣中含有氫，在溫時可防止焊接物的氧化；還有一點，氧及乙炔，都可用鋼筒存貯，取用極便。最後可一提。**火焰切割術**也是用氧及乙炔使所切割的地方受到白熱而熔解，再經氧氣一吹，便可切割分離了。

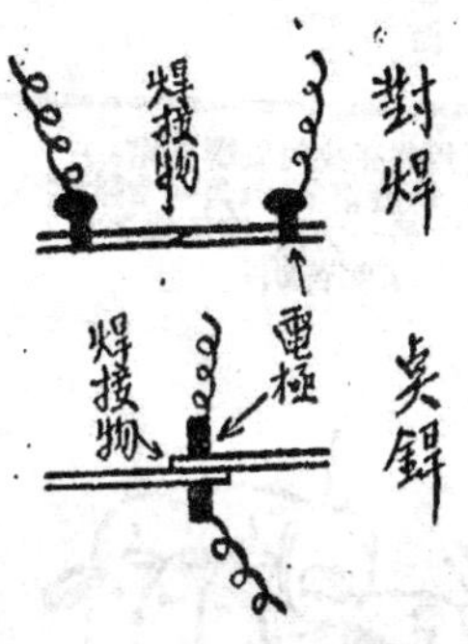

圖中正在用氣焊修理一汽車引擎之汽缸身。右手提兩根套在一起的管子，從這裏噴出氧和乙炔，左手提一新料桿。

封面說明： 預備做鋼骨水泥的一條管道內的鋼骨正在用電阻電焊焊製中。

圖中正在用電弧電焊修理一隻鋁質汽車地軸箱內碎裂的軸承。右手握住一根電纜，鑄件上來形另一根電纜，完成電流之通路。左手握一新料桿，正在電弧中熔落。

圖中正在用氧及乙炔之火焰割斷一塊鋼板，[illegible]線移動。

你在工場裏

（司耐氏漫畫　採自華脫秋）

（1）螺旋起子用得太小了。

（2）螺旋起子的頭部應該磨製得兩面差不多平行，傾斜度千萬不可大

（5）當心點！錘子的柄是否裝牢，不要發生脫頭的危險。

（6）這樣不是辦法，總有什麼東西要給你敲碎爲止。

（7）不要用鉗子來轉動螺旋帽。一方面，螺旋帽的六角形會給你弄圓；另一方面假使鉗子打滑，你便要吃苦頭。

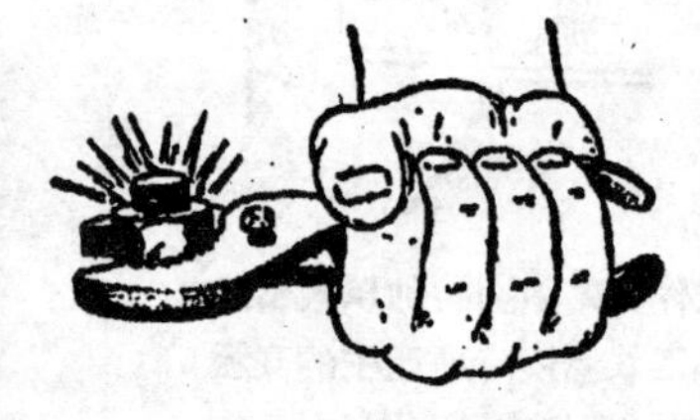

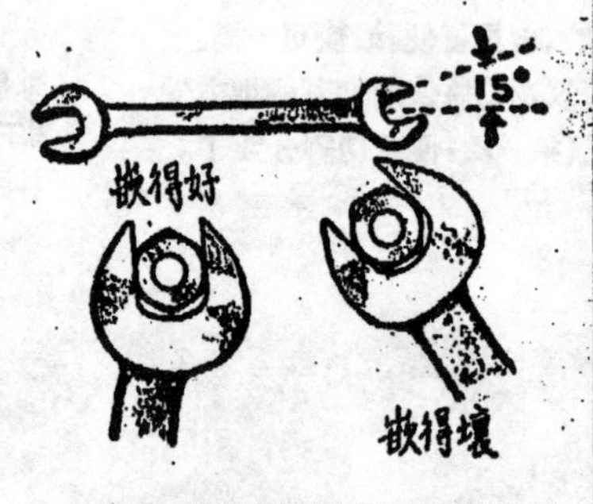

（8）扳頭的開眼約略打斜15°，使螺旋帽易於旋轉。

（13）鋸條不要祇在局部移動，用力不能太輕飄，以免鋸條發生咬住的現象

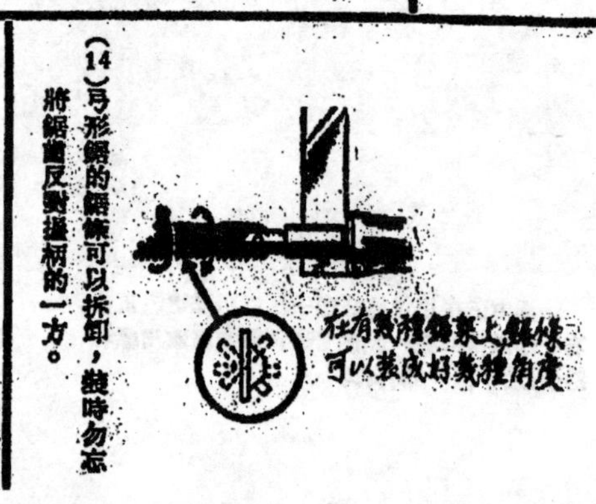

（14）弓形鋸的鋸條可以拆卸，裝時勿忘將鋸齒反對握柄的一方。

留意到這些嗎

(3)螺旋起子不能加以鎚擊，柄易裂，軀幹及頭部易彎曲。

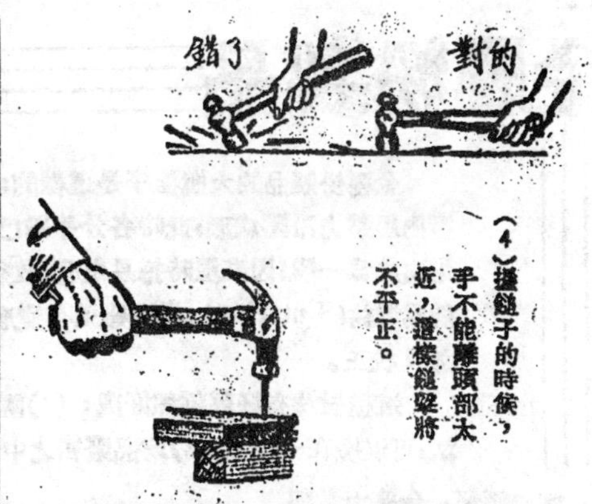

(4)握鎚子的時候，手不能離頭部太近，這樣鎚擊將不平正。

(9)在一隻很緊的螺旋帽突然扳鬆之際，假使你的拳手還握緊在扳頭上，那麼要吃苦頭了。

(10)在老虎鉗上夾持表面業已光潔的工作品時，鉗口應罩上銅皮，以免表面受損。

(11)鉎刀是很脆的，壓力用得太重，它會驟然碎裂，鎚擊更不必說了。

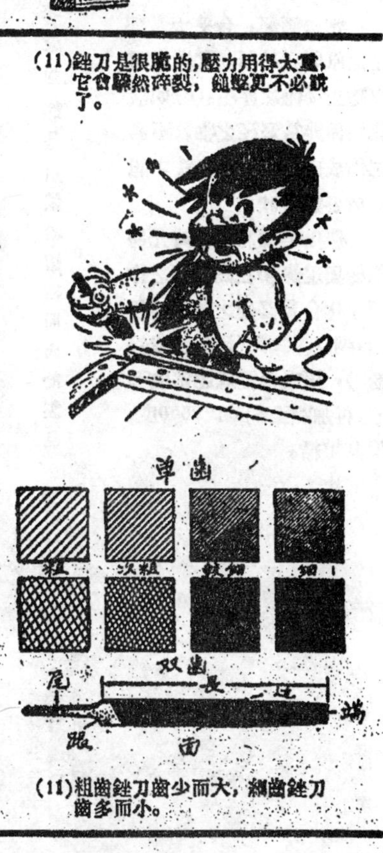

(11)粗齒鉎刀齒少而大，細齒鉎刀齒多而小。

(15)在斷卻的螺旋上鑽一眼子，將鑿子打入後，便可連螺旋一同旋出。

(16)用點時間來考慮選用一種適當的工具，工作將可做得更快更好。

金屬粉製品

·王橡編·

金屬粉製品的大概程序是這樣的：先把純金屬，合金或混合物磨成粉狀，在適當的模型內用壓力冷壓成形，此時各分子雖已黏結，但仍易於碎裂，故須加以相當之熱度，使其熔融成爲一體；因高溫時每易氧化，故須在中和或還原性的氣氛下行之。此種加熱程序，稱爲熔結(S.ntering)。其時難免有變形收縮等情，故再用足够的高壓力在準確的模型內加以校正。

這種做法有好幾種種好處：(1)兩種金屬本來不易融和成爲一種合金，用了這個辦法，可以攙在一起了。(2)成品緊密之中仍具有有孔性，可以吸收潤滑油而耐磨蝕。(3)製造法簡便，合乎大量製造之原則。(4)用在電機內可以防止渦流之產生。(5)如碳化鎢係非常堅硬之物，不易工作成形，祇有因此法才能製成各種形狀。

碳化鎢物品製造時先將鎢粉與燈煤粉在高溫氫之作用下化合爲堅硬之碳化鎢粉末，調以膠結劑(通常鈷或鎳粉)，經過模型成適當的形狀，再加熱至約華氏2650度，使其熔結。

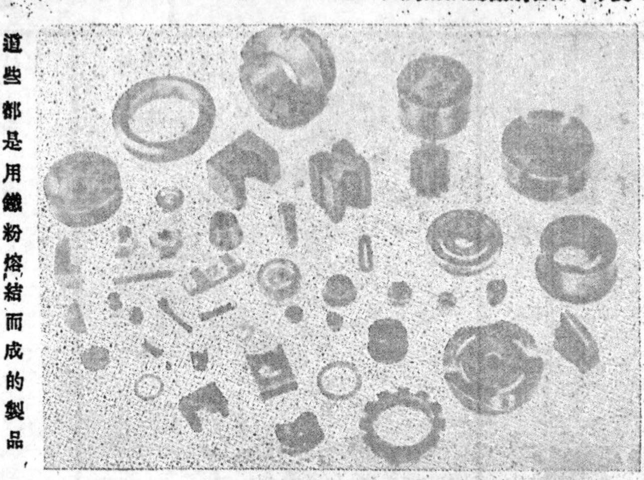

這些都是用鐵粉熔結而成的製品

碳化鎢調製後宛如軟膏，用壓力使其從不同的型口內擠出，便可成爲各種斷面的棒子，再加電熱，便可熔結。

噴金屬粉槍利用氧及乙炔將金屬絲燒融而噴出，可以涵積在任何物件上。圖中正在應用此法將一旗地銅補好。

解析聯梁毋用記憶及演算豈不快哉！

聯梁捷解

何廣乾

聯梁之在結構工程，應用至廣，但其設計演算，則每以冗長瑣煩爲苦，於是而有捷解法之由起。筆者不揣過涉膚淺，茲以最簡易之原理爲出發點，演述聯梁之力矩直接分佈法，其中演算之步驟法則，多經改良簡化，並輔以線解圖，使能成爲一簡捷之工具，俾有助益於聯梁之分析及設計工作者。

設有聯梁 ABC………如附圖一，今於A端試加力矩M_n，則B，C，…端均因而發生力矩 M_{n-1}，M_{n-2}………按「三點力矩」原理（Theorem of Three Moments），

$$\frac{M_n L_{AB}}{I_{AB}}+2M_{n-1}\left(\frac{L_{AB}}{I_{AB}}+\frac{L_{BC}}{I_{BC}}\right)+M_{n-2}\frac{L_{BC}}{I_{BC}}=0$$

但 $L_{AB}/I_{AB}=1/K_{AB}=1/K_n$，

及 $L_{BC}/I_{BC}=1/K_{BC}=1/K_{n-1}$

故 $$\frac{M_n}{K_n}+2M_{n-1}\left(\frac{1}{K_n}+\frac{1}{K_{n-1}}\right)+\frac{M_{n-2}}{K_{n-1}}=0$$

或 $$\frac{M_n}{M_{n-1}}\times\frac{1}{K_n}+2\left(\frac{1}{K_n}+\frac{1}{K_{n-1}}\right)+\frac{M_{n-2}}{M_{n-1}}\times\frac{1}{K_{n-1}}=0$$

設C爲力矩傳遞因率（carry-over factor），則 $C_n=-M_{n-1}/M_n$，$C_{n-1}=-M_{n-2}/M_{n-1}$，

即 $$\frac{-1}{C_nK_n}+2\left(\frac{1}{K_n}+\frac{1}{K_{n-1}}\right)-C_{n-1}\times\frac{1}{K_{n-1}}=0$$

解之得 $$C_n=\frac{K_{n-1}}{2(K_{n-1}+K_n)-C_{n-1}K_n}$$（公式一）

今欲分佈力矩，必須先知梁端之剛度（Stiffness），所謂梁端之剛度者，即在該端欲造成單位

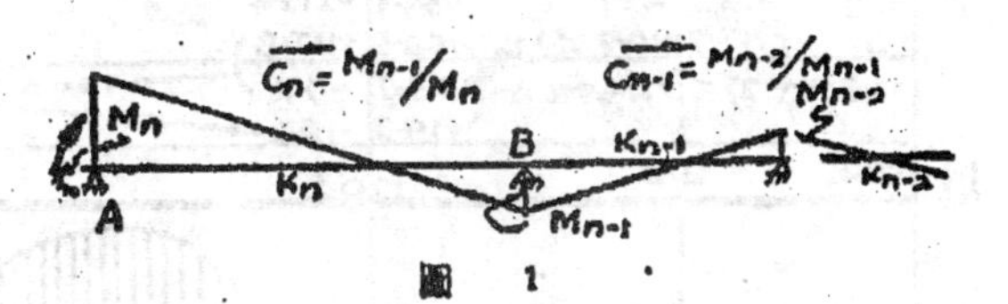

圖 1

旋轉度時所必需之力矩是也。設 S_{ab} 爲聯梁 ABC………上，AB 梁 A端之剛度，則先按"坡-移公式"（Slope-Deflection Equation），

$$M_n=2EK_n(2\theta_a+\theta_b)$$

如 $\theta_a=1$，則按定義，$M_n=S_{ab}$

即 $S_{ab}=2EK_n(2+\theta_b)$

又 $M_{n-1}=2EK_n(2\theta_b+1)$

消 θ_b 即得 $S_{ab}=3EK_n+M_{n-1}/2$

知已 $C_n=-M_{n-1}/M_n=-M_{n-1}/S_{ab}$

但坡-移公式內，力矩M所用之正負符號與普通材料力學中所採用者不同，故上式內符號須加以改正，即

$C_n=+M_{n-1}/S_{ab}$

亦即 $M_{n-1}=C_nS_{ab}$

代入則得 $S_{ab}=3EK_n+C_nS_{ab}/2$

即 $S_{ab}=6EK_n/(2-C_n)$

在力矩分佈中，祇需各梁梁端之相對剛度，因此E可假定爲1，則 $S_{ab}=6K_n/(2-C_n)$——（公式二）以後梁端力矩之分配，其分配率即可以此爲準，至於因此而須傳遞於其他各梁端之力矩，則可應用公式一之直接傳遞率而一次傳遞完畢，今特舉例以明之，本例題之聯梁係採自Cross and Morgan所著 Continuous Frames of Reinforced Concrete一書內第100頁例題內之聯梁，特用本捷解法解之，以資比較：

上列分析法，較之 Cross and Morgan 書內所用力矩分佈法其簡捷及準確程度，至爲明顯。公式一，二，均由筆者製成線解圖，附載於本刊應用資

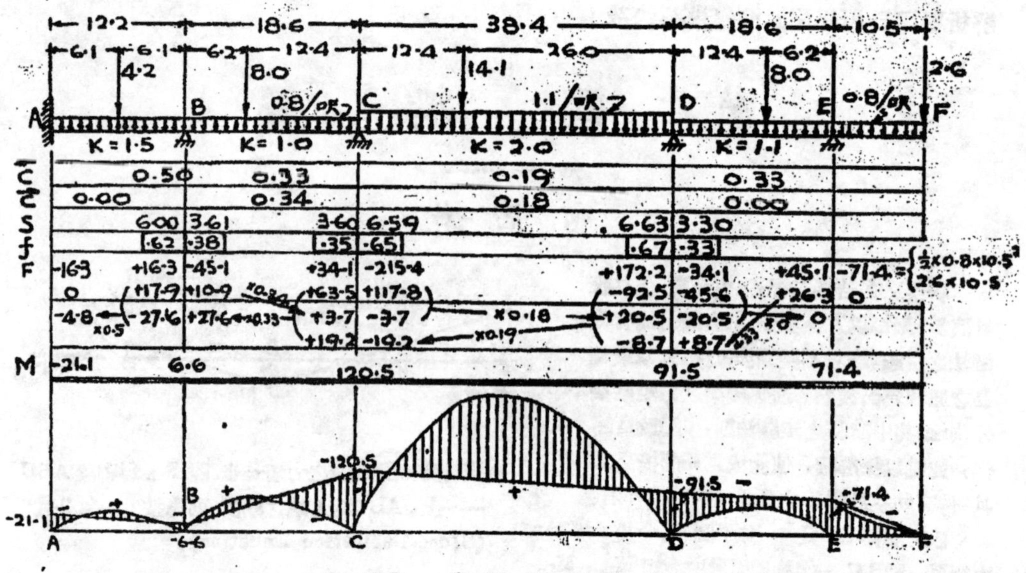

圖 2. 聯樑捷解舉例

料欄內，(第 33.35 頁)應用時更爲簡便。今將上列例題各步之演算，略加說明如次：

(1) 先求聯梁上各梁之往返傳遞率 $\overrightarrow{C}$, $\overleftarrow{C}$ 項即爲各梁自右端至左端力矩之傳遞率，例如 AB 梁上，A點旣爲固定端，故 $\overleftarrow{C}_{ba}=\frac{1}{2}$，BC梁上，C端至B端之傳遞率則爲

$$\overleftarrow{C}_{cb}=\frac{K_{ab}}{2(K_{ab}+K_{bc})-\overleftarrow{C}_{ba}K_{bc}}$$

$$=\frac{1.5}{2(1.5+1)-\frac{1}{2}\times 1}=\frac{1}{3}=0.33$$

，此則尙可應用本刊應用資料欄內筆者所製之傳遞率線解圖，當可立即讀出，其餘 $\overleftarrow{C}_{dc}$ 及 $\overleftarrow{C}_{ed}$ 亦可同樣求出。

$\overrightarrow{C}$ 項則爲各梁自左端至右端力矩之傳遞率，例如E旣爲一鉸鏈點，故 $\overrightarrow{C}_{de}$ 應等於0，

則 $\overrightarrow{C}_{cd}=\frac{1.1}{2(1.1+2.0)-2.0\times 0}=0.18$，餘均可同樣求得

(2) 次求各梁梁端之剛度，例如AB梁上，B端之剛度爲 $S_{ba}=\frac{6K_{ab}}{2-\overleftarrow{C}_{ba}}=\frac{6\times 1.5}{2-0.5}=6.00$，

BC梁上，C端之剛度爲 $S_{cb}=\frac{6K_{bc}}{2-\overleftarrow{C}_{cb}}=\frac{6\times 1}{2-0.33}=3.60$，……可分別書於AB梁上之B端，BC梁上之C端上……又BC梁上，B端之剛度則爲

$S_{bc}=\frac{6K_{bc}}{2-\overrightarrow{C}_{bc}}=\frac{6\times 1}{2-0.34}=3.61$，CD 梁上 C端之剛度則爲 $S_{cd}=\frac{6K_{cd}}{2-\overrightarrow{C}_{cd}}=\frac{6\times 2}{2-0.18}=6.59$——亦應分別書於 BC梁上之B端及CD梁上之 C端上——此項剛度值亦均可應用本刊應用資料欄內剛度線解圖直接讀出，極爲便捷。

(3) 聯梁上各支點處力矩分配率均按此求得之剛度核計，例如 B點處之分配率應爲

$$f_{ba}=\frac{S_{ba}}{S_{ba}+S_{bc}}=\frac{6.00}{6.00+3.61}=0.62$$

$$f_{bc}=1-f_{ba}=1-0.62=0.38$$

同樣 C點處之分配率爲

$$f_{cb}=\frac{3.60}{3.60+6.59}=0.35,$$

$$f_{cd}=1-0.35=0.65$$

D點處之分配率爲

$$f_{dc}=\frac{6.63}{6.63+3.30}=0.67$$

$$f_{de}=1-0.67=0.33$$

(4) 力矩之分配傳遞：F項爲各梁受荷重時

梁端之「固定端」力矩 (Fixed end Moments)；注意EF梁之E端之力矩則爲EF梁之肱臂力矩(Cantilever moment)。所採正負符號均係按照坡-移公式之所規定者。其次項即爲按照分配率分配而得之力矩，此項分配而得之力矩即須傳遞他端，其分佈傳遞法如次：

BC梁上B端之＋10.9乘以$\overrightarrow{C}_{bc}=0.34$而得＋3.7，因此BC梁上C端由傳遞而得力矩＋3.7，亦即CD梁上之C端得有－3.7，此－3.7將與該C端上＋117.8同樣須傳遞至D端，故可加一「）」符號，以示可以併合辦理，應即將其代數和乘$\overrightarrow{C}_{cd}=0.18$而傳遞至D端，同樣在D端－45.6及－20.5亦應將其代數和乘以$\overrightarrow{C}_{de}=0$而傳遞至E端。又E端之＋26.3應乘$\overleftarrow{C}_{ed}=0.33$而得＋8.7，使傳遞於DE梁之D端，同時CD梁之D端亦因而產生－8.7，此－8.7應與CD梁之D端上－92.5一併傳遞至C端，故亦加一「（」符號，以示可以一併辦理，而將其代數和乘以$\overrightarrow{C}_{dc}=0.19$得－19.2於C端，同樣，C端之＋63.5應與＋19.2一併乘$\overrightarrow{C}_{cb}=0.33$而得＋27.6於B端，而B端之＋17.9及－27.6應一併乘$\overrightarrow{C}_{ba}=0.50$而得－4.8於A端。

至此全部分配及傳遞工作業已完畢，僅須將各梁端力矩之代數和求得，即爲該端應有之力矩，如例題內之M項然。

上述聯梁捷解，係筆者數年來工程設計中所恒用且迭經改良簡化而得者，應用時因有線解圖之助，所有聯梁係數如$\overleftarrow{C}$，$\overrightarrow{C}$，及S均能迅即獲得，且無記憶及演算公式之苦，而多次應用後，自能感到簡易便捷，故此用敢介紹於工程界讀者。

怎樣解決
磨製工作上的幾個難題

顧同高

磨工，或稱輪磨 (grinding)，乃機械工作之一，即應用自動的磨機來製成圓筒面，圓錐面或平面，既要準確，又要迅速，而經濟。複製機械零件有時也利用磨工。不過最普遍的用途，還在打光機件的表面，代替銼刀和砂布，因爲磨工所需的時間來得經濟。

差不多任何種類的材料都是可以磨得準確的，上至硬鋼和軟鋼，熟鐵，生鐵，黃銅，紫銅，下至硬橡皮和木頭。在施行磨工時，作用並不在大塊地把物料磨掉，而是在工作物經過了粗鑛後，把它磨到準確的尺寸。

在普通機械工場中，磨工是在磨床(grinding machine) 上做的。磨床的種類可以大別爲四種，即：

(1)萬能磨床(universal grinding machine)——可以做一般的工作，工作物內外都能磨琢。

(2)普通磨床 (plain grinding machine)——只可以磨工作物的外表面。

(3)車刀磨床(cutter grinding machine)——可以磨車刀和類似的工作物。

(4)平面磨床 (surface grinding machine)——只可以磨平面。

磨床工作的問題普通不出下面這三大類：

(1)怎樣能把整個工作製成，但無須將零件重行設計；

(2)怎樣得到準確的圓面，準確的共心，和軸的平行；

(3)怎樣能獲得相當高的生產速率。

在大規模生產的工廠中，用了複雜而昂貴的持具 (fixture)，固然可以解決這些問題，然而在小型的製造廠中，還是就現有的設備來尋求解決好。往往，在仔細研究了問題以後，就可以得到完成這椿工作的一個方法，或者只利用普通的磨工設備，或者利用一些簡單而不貴的裝置品。

這裏隨便舉幾個例子，以說明工場方法如果活用得適當，很足以解決某些困難的工作問題：

× × × ×

第一例：如果要把一個零件內外都磨光，這項工作通常是在萬能磨床上做的，但遇到一個粗重的曲柄銷磨軸時，這件事就辦不成了，因爲現有的萬能磨床都嫌不够大。那末，我們如何用一部18吋的普通磨床來做這項工作呢？

以往的辦法是把軸的一端軋住，另一端則安放在穩定扶架(steady rest)上，放在軸承的右端。然而，用這個方法，要得到所需求的公差(tolerance) 很不容易。經過研究和嘗試的結果，知道還是

①

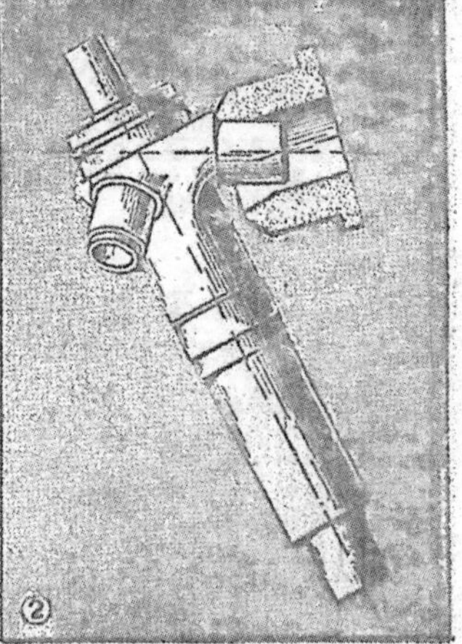
②

先在兩個頂尖之間做好外磨工作，再用軸自己的軸承面上來支持，而內磨的比較來得好。內磨用的持具則裝在滑台上，（如圖1）以車頭(headstock)作爲主動者，軸就跨在這個持具上面，軸承面是已經外磨過的，所以不會不準確。再把一個內磨配件裝在普通磨床上。普通磨床的剛性和力量較大，而執住這個重件的方式也較爲堅固。因此，比其他任何方法都準確而且共心。這一種工作方法的成果是生產增進而品質優良。

× × × ×

第二例：如果要磨像圖2中所示一種短軸。平常這種短而直的圓筒面可以用一個成形磨輪來磨製，磨時偏於一個角度，以避免那長軸的阻礙。然而因爲那長軸實在太長，直徑很大的磨輪只用去了一小部分，便已經無法再用了。現在我們可以決定用一只在平面磨工上所使用的那種圓筒形磨輪，這只磨輪的形狀如圖所示，那短軸便用磨輪的內面去磨，情形等於是逆行的內磨。

× × × ×

第三例：如果要外磨細長的物件，往往會發生問題。磨輪的壓力和兩個頂尖之間的壓力很易使工作物稍稍彎曲，因此磨得不圓。從磨工的觀點來設法改正，無論如何總不能消除這種缺陷。經過了進一步的研究，就知道那只桃子軋頭(dog)并不平衡，因此在旋轉很快時產生一種像鞭打似的作用，才使工作物彎曲的。現在可以照圖3做一種平衡的傳動軋頭，這情形就很滿意地解決了。

× × × ×

雖然目前的定位和指示方法很靠得住，如果兩個機件互相間要有準確關係的話，普通最好還是合起來磨，而不要各別地磨。

第四例：如果要磨圖4所示的一對人字齒輪(Herringbone gear)。這時因齒輪的邊必須絕對平行，而且必須有絕對相等的厚度，公差只能上下到0.0000，要是各別地磨，在短時間內是無法磨得準確的，很顯然地，最好的辦法是，使它們嚙合起來，在萬能磨床上同時磨光兩個邊緣。

× × × ×

第五例：軸承的分裂環圈在許多工場上是普通的零件。照平常的方法，先把整個環圈的內外直徑粗磨，再細磨，淬硬，最後才切爲二半。這樣至少要損失百分之五十的環圈。因爲切開時候，那兩個

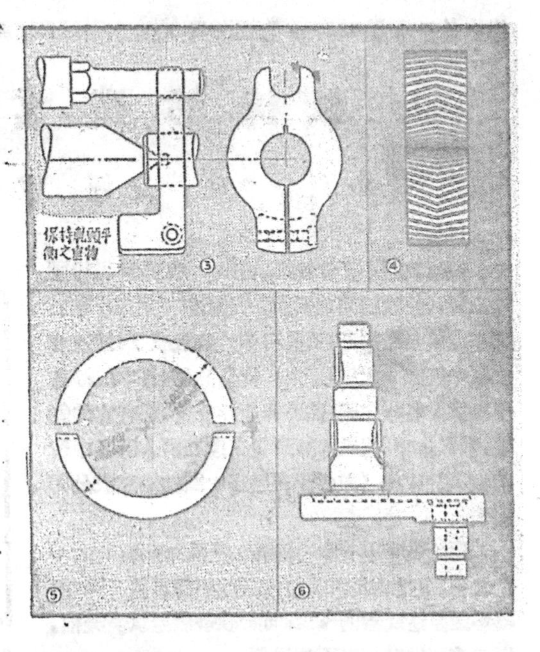

半環圈會彈開去0.001吋以至0.002吋，於是無可挽救地只好棄掉了。

這種彈開去的作用，原來是由淬火時發生的內力所造成的。既然磨工已經完成，改正的餘地是沒有了。改良的辦法是，先銑穿環圈的一半厚，再淬硬而粗磨兩邊及內外直徑。然後在銑過一半的地方把環圈割成兩半。於是把它夾住着細磨各個表面。經過了細磨以後，彈開去的作用便都改正了。這樣把內外直徑保持到上下0.0005吋的公差以內，實在并不是一件難事。

× × × ×

可能的話，機件普通都是在兩個頂尖之間磨製的。然而這一點并不見得一定可行，因爲如果磨床的中心或者工作物的中心孔稍爲有一些不準的話，完工的物件便要顯出不準。

第六例：如果要磨圖6所示的零件，則只要磨床中心和物件的中心孔能保持相當準確，便可以在頂尖之間加磨了。事實上這個曲柄的兩只脚總是先磨一只脚，再磨另一只脚的；可是，要保持兩只脚的中心線絕對平行，便不可能了。這其實并不能歸咎於這個物件的不平衡性質，困難的原由是不能得到準確的中心眼子。現在可以這樣改良：先以極度謹慎，把長脚在頂尖之間磨過，須確實不使物件磨得不圓。然後把物件移到一塊花盤(face-plate)上，讓花盤夾住長脚而磨那短脚。這樣兩只脚的軸就可以確保平行了。

棉紡錠子在戰爭時期從1250萬錠減少到112萬錠，現在却又增加到300萬錠了！

日本棉紡織業之今昔

汪　家　駿

假使我們不十分健忘的話，一定還記得起戰前只要八分錢就可以買到一尺藍布或則印花布。買布還要足尺加三，眞是再便宜也沒有了；這種便宜布中倒有一大半是『東洋貨』。的確，日本的紗布早以價廉名聞中國；甚至在南洋一帶，都有它的銷場。龍頭細布；藍鳳棉紗到現在還在國人腦海中留着深刻的印象。（雖然現在已爲中國紡織建設公司經營）。

這次戰爭中日本的紡織工業降落到戰前的十分之一，這是由於軍閥將工廠改變爲軍需工廠；機器熔毀製造武器的緣故，同時戰爭發生以後美棉，印棉等製造原料又不能得到。

戰爭結果，日本在我國境內之紡織廠，雖然全部由紡建公司接收經營，可是，其本土在麥帥總部管轄下，積極整理，加緊生產，使棉紡生產增加三倍，並且將其產品運銷南洋，此實爲我國棉紡織業之一重大打擊！

日本在戰前紡織公司共有23家，到戰後集中成爲10家，此10家公司，現在管理44個紗廠，另外有22個工廠亦將於1947年中逐漸參加生產。現在其中37個紗廠附設有織造廠。而其餘7個廠亦將於本年內逐漸設置布機設備；其詳細工作情形可分二部份來討論：——

（一）棉紡業：1937年是日本棉紡能力最高的一年，總計全國錠子共計1,200萬到1,250萬。但是因爲生產過剩及出口需求減少，并不全部開工，開工僅900萬錠，以後兩年又遞減到800萬錠。太平洋戰爭爆發，因爲原料缺乏及工廠改裝，棉紡錠子又大爲減少。到1945年是日本棉紡能力最低的一年，棉紡錠子總計有271萬錠，而實際開工的僅105萬錠，爲戰前的十分之一，詳見表一所示。（注意其全部棉紡廠僅集中於十個紡織公司管理。）

自日本投降後，麥帥統治日本，國際交通恢復，美國棉印度棉，埃及棉逐漸輸入，配給各廠，從事生產，因爲原料漸趨充沛，生產量即漸次增加，

表一：1940—45年日本之棉紡能力（單位—萬錠）

年份	錠子設備數	開工錠子數
1940	1,143.4	705.0
1941	1,143.5	597.4
1942	864.6	330.1
1943	416.6	240.0
1944	359.2	140.0
1945	271.3	105.0

詳見表二 其中每錠每月平均差額一項，係以紡20支紡，每日工作二班，每班爲8½小時，每月以工作26天爲標準計算所得。在1946年二月每錠僅月產14.95磅，後來因漸次改良，使錠子速度及效率增加，至1946年9月每錠的平均產量已達每月18.45磅。

表二：1946年2月—1947年1月棉紡工業之情形

年	月	錠子設備數	開工錠子數	每錠每月平均產量（單位磅）	棉紗之估計產量（單位磅
1946	2	2,149,816	1,115,728	14.95	17,238,706
	3	2,239,600	1,257,707	16.10	20,534,790
	4	2,341,988	1,490,8[illegible]6	16.80	25,015,573
	5	2,400,832	1,749,796	17.40	30,046,299
	6	2,583,114	1,957,232	17.50	34,135,706
	7	2,727,152	2,157,552	17.60	37,851,282
	8	2,838,030	2,316,636	18.20	42,115,784
	9	2,941,924	2,481,412	18.45	45,889,415
	10	3,059,944	2,620,048	18.45	48,348,215
	11	3,141,348	2,761,400	18.45	50,804,849
	12	3,240,924	2,884,464	18.45	53,382,429
1947	1	3,284,160	2,991,040	18.45	55,379,029

表三：1946年2月—1947年1月十家紡織公司所有之布機數及其產量

年	月	布機設備數	開工布機數	最大平布產量（單位一萬方碼）
1946	2	22,651	10,555	14,802
	3	23,169	12,416	15,661
	4	24,929	16,160	23,559
	5	26,183	18,485	26,982
	6	27,501	20,984	39,970
	7	28,703	22,089	32,905
	8	30,235	23,822	35,828
	9	31,139	25,124	38,319
	10	32,568	26,587	40,728
	11	33,568	27,619	42,375
	12	34,252	29,091	44,859
1947	1	40,070	30,383	46,942

（二）棉織業：關於日本的棉織業很難統計。因爲除了各紡織公司所有的織布廠外，還有許多獨立的小布廠，這種布廠數目很多，而都是在十台織機以下的小廠，雖然確切的全部數字很難統計，不過拿前述的十家紡織公司所有的布機來作一檢討也可知道其棉織業大概。日本戰前的布機亦如紡錠一樣，因爲戰爭的關係大量減少，到1946年2月十家紡織公司只剩22,651台布機設備，這種布機大都是織27吋闊布以上的自動布機，開工的只有10,555台。1946年下半期因爲戰爭結束，從事增加生產，到1947年正月，已遞增至40,070台布機設備，而開工的亦增加到30,383台詳見表三，其工作情形，是自動布機每日工作二班每班8小時半，而普通布機爲每日工作十小時，其產量一項是以平布（如普通的龍頭細布每疋四十碼重十二磅）爲標準，每三平方碼重一磅。

關於其他許多獨立的小布廠，所有之布機數遠在上述十家紡織公司所有者之上，現在已約有2,500家，所有開工之布機則有68,500台闊布機（能織27吋闊以上之布疋）及28,500台狹布機（能織18吋以下的）。

據上面所述，可見日本對於紡織工業戰後復興之努力，如果與中國的棉紡織業比較起來，我們該作何感想呢？

附註：本文所用之數字係根據美國派遣紡織使節團至日本調查之報告。

孕育中的中國化學工業

（上接第5頁）

個的工業需求無精密的統計，對世界工業情况無充份的認識，便會使整個研究工作無一定正確的目標。因之不是從事於純學理性的推討便是以營利爲目標的，從事於局部性的研究。第二、研究工作須要大量的經費。在中國國家窮，人民也窮。對工業的經營只能專注於一時的得失。對涵義較深與前途有關的研究工作無暇顧及。對此二項困難的補救辦法是：第一、今後需要有一個統一性的統計調查機構，檢討世界及中國的科學和工業趨勢。以實際的統計數字來決定各種研究工作的重要性。第二、普遍性研究機構的成立。使每一個工廠有其研究組織，每一工業有其研究組織。把研究認作工業本身的投資。第三爲迎頭趕上世界工業的進展。在已有規模的工業上向國外作技術上合作性的學習。

中國本來是一個工業落後的國家，在抗戰以前，內憂外患，工業的根芽已經是很脆弱，於戰後雖能獲得東北台灣之工業設施，但以技術上種種之不及，供求情形之失調，急不擇由之應付方法，極易造成畸形發展之狀態。故現時除一般的注意於工業本身之基本技術等問題外其於現有各項工業之如何配合生產當爲目前之惟一要務。

綜觀今日之中國化學工業其內在之病徵特甚需要解決之困難特多。若言世界之化學工業爲幼年工業，則中國之化工業應尚在母胎之中，也許孕育成人，也許因國家經濟的不穩定而流產。循思再三中國化學工業實是太需要明確的診斷和適宜的調養了。

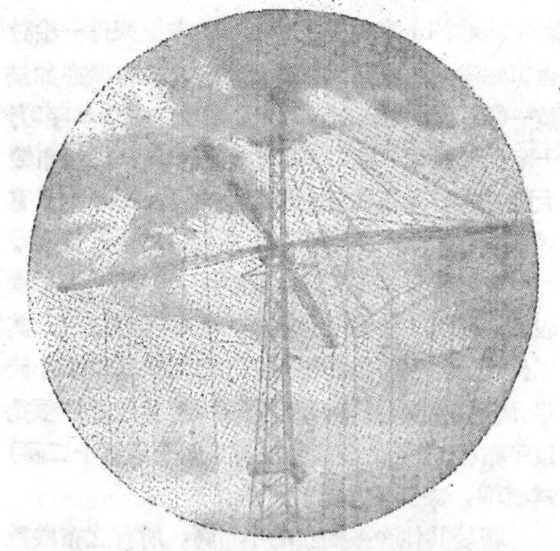

短波無綫電的秘密

怎樣預測短波無綫電最適用的週率？

知 反

短波無線電（週率自二三兆週到四五十兆週，波長自六七公尺到一百五十公尺）是遠距離通信的利器，可惜它的射程隨時變化，這種變化往往會使通訊不能在緊要關頭維持不斷；因此，各國對於短波發射的性質，都大加研究，在第二次大戰中，發明了預測最適用週率的方法。這種方法，也是軍事秘密之一，直到最近才有人把這秘密發表出來。

電波，和光波一樣，會折射和反射，反射和折射電波的是離子層(Ionosphere)。這是高空中幾層游移的離子電子和稀薄的空氣所組成的。離子層還可分爲三層：最低的E層，離地約一百公里高；其次F_1層，約二百公里高；最高F_2層約二百五十到三百五十公里高。太陽所發射的宇宙線紫外線等等都會把稀薄的空氣打成離子和電子，所以這些離子層的高度和層中電子的密度都受日光的影響，當然，地球本身的磁性也和它們有關係的。

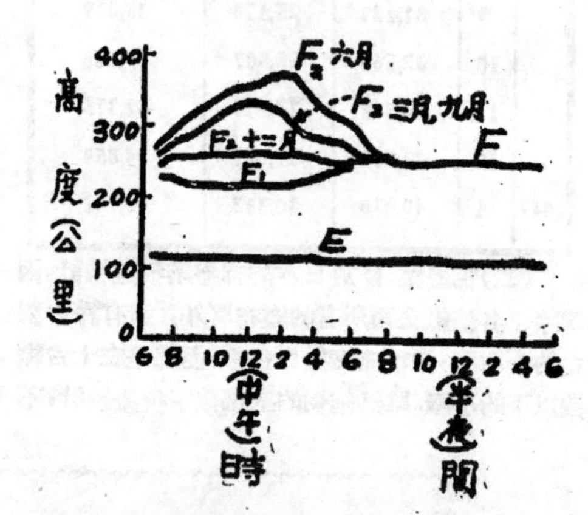

圖1 1933--1934年華盛頓上空離子層的平均高度

F_2層，因爲最高，所受日光的影響最大，變化最多，它在中午和夏天的時候，升得最高，E層和F_1層的高度變化不大，電子的數目也是F_2層最多，F_1層和E層在中午時候，電子較多；晚上電子大減，甚至合併入F_2層而成爲一個F層，E層，在某幾點地方，有時有特別濃厚的電子，這是特濃E點(Sporadic E)，多數發生在五六七八月裏，變化很多，不易測定。

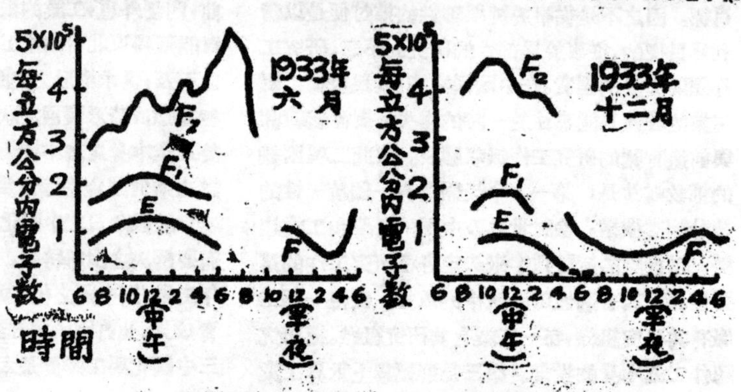

圖2 華盛頓上空各離子層中的電子密度

電波通過離子層，一部份電力給它吸收去，電波的週率愈高，被吸收的電力愈少。

電波碰到離子層，電波前進的方向就給它折轉（就是折射 Refraction)，離子層內的電子愈多，電波的折射也愈大，電波的週率愈高，折射則愈小；地球的磁性和離子層內電子的紊亂對於折射也略有關係。

當短波自普通天線以各種不同的角度發射出去，近地面的電力很快地給地面吸盡，不能達到遼遠的地方，過分朝上的電力，離子不能折它回來，不再回地球來了，只有一部份角度恰好的電子，傳送遠方；在這遠方和近段之間有一帶地方收不到一些電力，電波的週率不同，所受到折射也不同。因之，能達到的地方，亦遠近不同；太

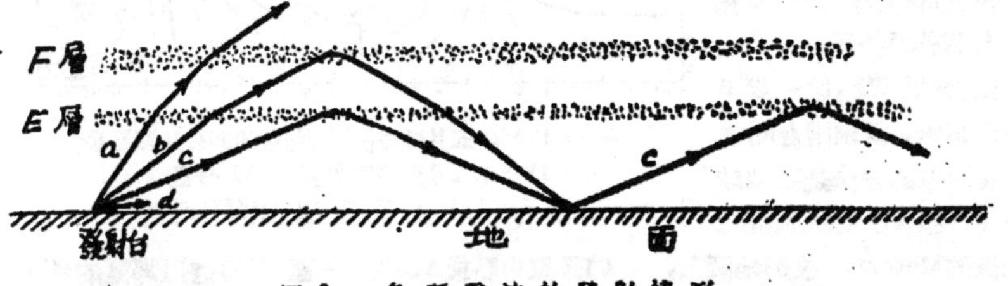

圖3 各種電波的發射情形

高的週率會射出地球外或者跳過目的地，太低的週率會在到達目的地以前消耗完盡，參圖3。

用短波向天頂定向發射，那最高而仍能給某離子層反射回原處的週率，叫做某層的臨界週率，臨界週率代表某一離子層在某地某時的全部情形。

在世界各處同時測定各處各層的臨界週率，畫在一張 Mercator 投影地圖上，（就是普通航海用地圖，取它劃分整齊）把有相同臨界週率的地方用線連起來，就成一張臨界週率圖，如圖4所示。再測定各處臨界週率，在不同的鐘點，季候，太陽黑子，地球磁性之下的調整，在原來的臨界週率圖上，加適當的變化，變成一張未來的臨界週率圖，從某點的臨界週率，量出這一點的折射力，就能算出這一點所折射的別種發射角度的電波之最高週率，從角度上再可決定收發兩台間的距離。

我們不能在全世界每處都設立觀測站去測定臨界週率，全世界在1939年只有四個觀測站，至今亦不過52個，所以可利用地球每廿四小時自轉一周的事實，來假定同一緯度的地方，離子層的變化是一樣的，那就是說本處中午的臨界週率和經度十五度以東中午的臨界週率相同，（注意經度十五度以東中午時，本處才十一點鐘），那末我們只要在每一緯度設站測定臨界週率，每小時一次，積廿四小時，便可以畫成一張世界臨界週率圖了。實際上，同緯度的地方 E 層的變化相同，F_2 同層的變化不完全相同；只有把全世界劃分為中東西三區（如圖 6）每區內的變化情形才相同，所以在F_2層要每區有一張週率圖，又為便利起見，我們把一月的平均數畫成一張圖如圖 5 所示，卻不必每天畫一張；我們且常把臨界週率化成適於F_2層4000公里距離的和E層2000公里距離的最高可用週率（M. U. F., Maximum Usable Frequency）直接畫上，因為畫的是一個月的平均數，實際的數目，E層的就沒有變化，F_2層的可能比這數目高低百分之十五，所以假使F_2層使用比圖上的MUF小百分之十五的週率，大概可以全月通用，這是F_2層這一月中的最適用的週率（O. W. F. OptimumWorking Frequency），這週率和E層的 MUF 比較，那比較高的就是這兩層在本月中的OWF了。

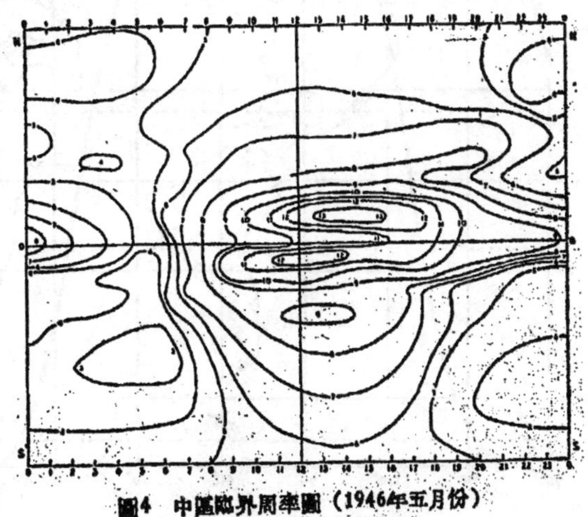

圖4 中區臨界周率圖（1946年五月份）
（圖中數目字代表兆週）

那末在某地的週率就是適用於以某地爲中心的相距2000公里(E 層)或4000公里 (F_2層)間兩台的 MUF。要求適用於較近距離的MUF,可以把從4000或2000公里圖上測得的數目乘以如表一所列的乘數，其中F_1層用的乘數用來乘E層2000 公里的 MUF，因爲 F^1層會跟E 層變化，它有時會決定適用於2200到3200公里距離的 MUF。如果要求適用於4000公里(F_2層)或 2000 公里(E 層)以外的MUF,則可先測定較近的兩台2000公里 (F^2層用)或1000公里(E層用)的AB兩點的兩種MUF,拿比較低的那數目作爲全程的MUF。

從週率圖求某某兩台的OWF,第一步手續是確定兩台之大圓周距離，欲求兩台間之中點或上述的AB點,最簡單的方法是在地球儀上去量；第二步是用一張透明的紙頭放在一張和週率圖一樣比例的Mercator 投影地圖上，在透明紙上印上赤道線，0°經度線,兩台的地點和兩台間的中點或AB點；第三步從分區圖(見圖6)確定中點或AB點那一區，就可選用那區的MUF圖，把第二步手續中的透明紙放在適用的 MUF 圖上，赤道線互相對準，0°經度線對準00點01

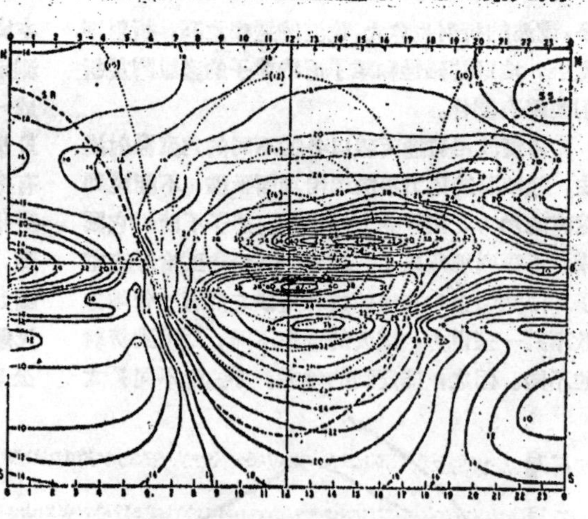

—— 1946年五月份中區F_2F_2層4000公里MUF

······ 1946年五月份中區E 層 2000 公里 MUF

圖 5 最高可用週率(MUF)圖

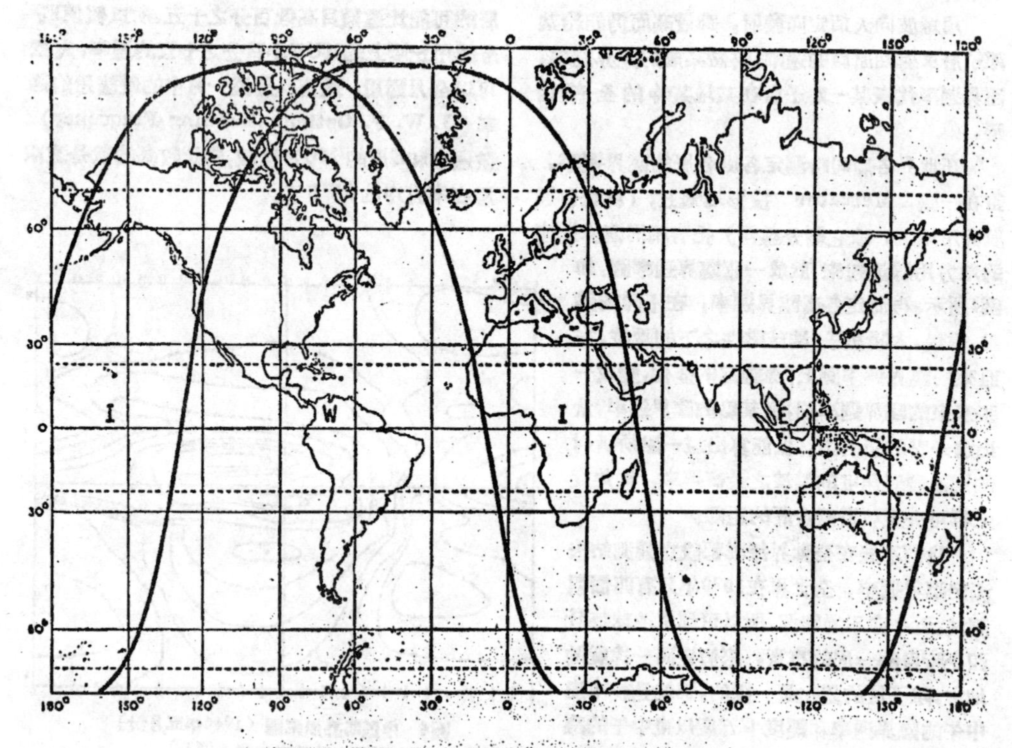

圖 6 世界分區圖 (I—中, W—西, E—東)

11984

點02點等等各本地鐘點，那時，中點或AB點中面的週率就是在那時的以格林威標準計算的時間的MUF；（格林威時間是0°經度的本地時間，加八小時等於上海時間），如果兩台距離在4000公里（F_2層）或2000公里（E層）以內那末把求得的MU

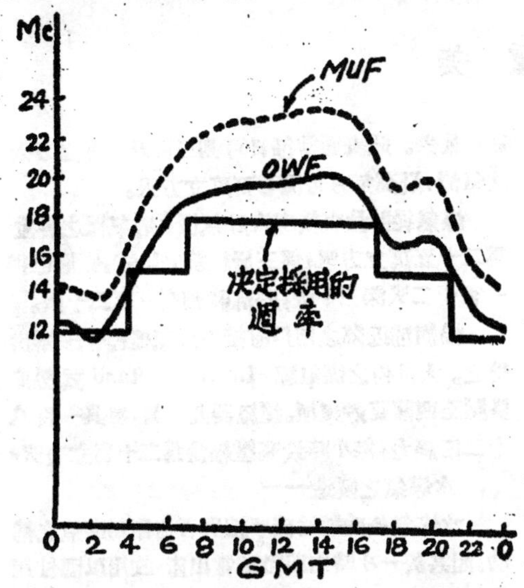

圖7 1946年五月BBC向印京德里廣播所用的周率

F乘以適當的乘數（見表一），再算定OWF；第五步，把MUF和OWF畫成曲線而酌定適用的週率，選定週率以愈高愈妙，因爲週率愈高，離子層內的耗損亦愈小。當然，假使發射電力太小，距離太遠，噪音太強，那末最高的週率亦不可能有用。

表 一

距離（公里）	乘數		
	F_1F_2層用	E層用	F_1層用
0	0.35	0.22	—
400	0.36	0.39	—
800	0.42	0.64	—
1200	0.52	0.85	—
1600	0.64	1.00	—
2000	0.74	1.10	—
2400	0.83	1.14	—
2800	0.90	—	1.15
3200	0.95	—	1.14
3600	0.98	—	—
4000	1.00	—	—

這種預測的每月平均MUF圖，不能表明臨時發生地球磁性暴變（Magnetic Storm）時的情形，亦尙不能表明南北極兩端的情形，但它對於戰時通訊，已有很大的幫助。英國廣播電台（B.B.C.）就是利用它來決定向世界各地發射的週率，今舉最近的數字，如表二，圖7所示，苟能仔細研究，當可明瞭其實際應用的方法。

表二 英國廣播電台預測週率表

目標 對印度德里廣播 週率 以兆週計 距離 4220哩 時期 1946年五月

格林威治時間		00	02	04	06	08	10	12	14	16	18	20	22
A點或中點 用中區圖	F_1F_2 4000公里 MUF	14.4	14.0	17.4	20.5	22.3	23.0	23.2	23.6	23.8	25.8	22.0	15.8
B點 用東區圖	F_1F_2 4000公里 MUF	15.8	20.0	22.2	25.5	27.0	27.7	28.0	26.2	2.33	19.6	20.2	17.4
乘數＝全程 F_1F_2MUF		14.4	14.0	17.4	20.5	22.3	23.0	23.2	23.6	23.3	19.6	20.2	15.8
F_1F_2OWF	−15%	12.3	11.9	14.8	17.5	19.0	19.6	19.8	20.2	19.8	19.7	17.2	13.5
E2000公里 MUF													
乘數＝全程 E_1F_1MUF													
全程 MUF		14.4	14.0	17.4	20.5	22.3	23.0	23.2	23.6	23.3	19.6	20.0	15.8
全程 OWF		12.3	11.9	14.8	17.5	19.0	19.6	19.8	20.0	19.8	16.7	17.2	13.5

表中數字下有劃線者爲不用之週率

你如果關心公用工業的現況，你應當瞭解上海市煤氣供應的梗概！

上海煤氣公司參觀記

趙鍾美

五月廿五日技協參觀團參觀上海煤氣公司，現記其概略於後：——

歷史——

上海煤氣公司計擬於1862年，完工於1865年11月初，當時製造與管理部門皆在西藏中路泥城橋南境，供給十里長之街燈及一百用戶（每戶二十燈）及其他燈一千五百盞。

迄1930年，以每日煤氣產量有限，不及需要之增加，乃有建立新廠之議，經慎密考慮，擇廠址於楊樹浦，1931年8月，購地三十二畝，費時十四又半個月，至1936年6月，方始完工，舊廠遂即停止。

煤氣製造程序

煤由六噸蒸汽起重機自船上卸下，經由自動記重機後，由數具皮帶運輸機運至煤倉。煤倉內之煤更由皮帶運輸機運至碎煤機，再經自動記錄器，由吊式運輸機運至蒸煤器頂端之煤箱內。

該廠所有蒸煤器爲直立式，凡三十座，每座高二十五英尺，橫截面爲10吋×80吋之長方形。

煤由煤箱經入副漏斗管，然後入蒸煤器，由於底部熱煤吸取機之調節漸次下墜。

蒸煤器之四周爲熱氣室所包圍，室內爲發生爐氣，由於發生爐氣之燃燒，蒸煤器之外壁可達1400°C 高溫，發生爐氣於完成其加熱任務以後雖稱爲『廢氣』，然其溫度仍在850°C 以上，內部熱量乃可利用之於熱鍋爐，與大鍋爐共同供應全廠蒸氣之需要。

蒸煤器內之煤，由於外部加熱，發生含有多量雜質之氣體，氣體經外導管之水管，沉澱其中一部份煤焦油，再由排氣機之吸引經污氣管至冷凝器除去煤焦油後，又經 P. & A. 式焦油吸取器，經旋轉冲洗器除去氨，再經內貯木屑及鏽鐵屑之室中除去硫化氫，然後至乾燥器，除去其中水份，再由萘冲洗器去萘，最後至 Holmes-Conversille 式氣計量表。此表通常每日可測三百五十萬立方呎之氣體，最高每月可測七百萬立方呎。

煤氣從計量表後導入貯氣櫃，貯氣櫃之容量爲二十五萬立方呎，係三層螺旋升降式。底層直徑一百十二呎深三十呎，貯滿時總高一百二十呎。

楊樹浦近郊之用戶直接由貯氣櫃經管理器供給之。大部份之煤氣經 Ingersoll Rand 式壓縮機壓至西藏路貯氣櫃。壓縮器凡二具，每具一百八十二匹馬力，每小時最高壓縮量爲二十萬立方呎。

水煤氣之製造——

水煤氣無論經增碳手續與否皆用爲煤氣之輔助，因其於一小時內即可正常出產，故用以應付用量最高或用量突增而煤氣產量不敷時。

此部作業包括三個防火圓柱體（1）儲熱煤之發生器（2）碳化器——噴入油類以增高氣體之發熱量（3）加熱器或固定室。後二者之內部皆砌以防火磚。

氣體之製造過程爲間歇式，一時期通水蒸氣至煤床以製造水煤氣，另一時期吹入空氣以增高燃料之溫度，每一更替約數分鐘。

輕質（不增碳）水煤氣之發熱量爲每立方呎二百八十 B.T.U. 如在碳化器內噴入油類後可增加至每立方呎六百五十 B.T.U.。

該廠水煤氣之製造程序爲逆流式，即水蒸氣由加熱器之上部通入，至碳化器，再至發生器，所成氣體由發生器之底部直接導出，經洗淨後至冷凝器除去其中之焦油與未碳化之油類，然後至貯氣櫃以相當之速度能入煤氣主管與煤氣共同經純化之步驟。

副產品——

廠內有三座十二噸蒸餾器以產瀝青和精製煤焦油。煤焦油蒸餾器可於二十四小時內蒸餾十五噸之煤焦油。

(1)粗煤焦油 —120°C→
- 油
  - 揮發油(Solvent Naphtha)(170°C以下)—輕油。
  - 克里蘇油(Creosote oil)(170°—270°C)—中油。
- 精製焦油(柏殘)

(2)粗煤焦油 —300°C→
- 油
  - 揮發油(170°C以下)
  - 克里蘇油(170°—270°C)
  - 重油(270°C—300°C)
- 瀝青(柏殘)

焦油工場可以製造
a. 舖路柏油
b. Paing (Trade name Bituphalt)
c. Bituphalt asbestoes Roofing comp (大約爲屋面用油毛氈)
d. 臭藥水
e. 克里蘇木類保護劑
f. 揮發油
g. 萘。
此項製品現時暫不出產。

苯採收設備——

煤氣經過苯沖洗器時，無論飽和或不飽和之碳氫化合物皆溶於其中之吸收油(Solar oil)內，此油壓至蒸餾器中蒸去其中之揮發油與粗苯以後又回至苯餾洗器使用。粗苯經蒸餾後與揮發油分離，再經硫酸，氫氧化鈉及水之洗淨，經分餾後即成精製苯。

現在苯之採收工作亦不進行。

編　輯　室

趙祖康先生自始至終站在技術人員的立場，從事社會建設工作。一年餘來，有很多感觸，尤其對觀察現社會下技術人員的動態，頗多感慨。青年技術人員的使命一文，是技協成立週年紀念會時的講稿，經趙氏親自整理繕就，囑編者發表在技術人員的讀物——本刊上。

是文前半段指出『技術』要納入正軌，技術人員也要納入正軌；後半段指出技術人員要有威武不屈，富貴不淫，貧賤不移的殉道精神；如果我們閉目凝思伽利略臨死不屈的一景時，我們對於自已係於環境，多所顧忌的態度，眞該知所警惕啊！

徐和瑟先生現在資委會中央化工廠任職，對於當前中國化學工業的前途，作了一個極有啓發性的提示，化學工業的範圍原來很廣，我們眼看大群的化工人才培養出來，沒法在基本工業的方向發展，都有的自已弄點小工藝，有的委曲在進出口商行，有的竟改了行，不禁使我們疑惑，何時才能達到『人盡其才』的境界？

留滬人氏，對市區街道積水，已吃過六七年的苦了。本刊爲此特請市工務局主管技師介紹解除積水方法之一的潮門工程，這不是一篇理論文字，而是實際工作設計的報道，希望能引起讀者研究的興趣。

電焊術的普遍採用，還只有二十年左右的歷史，對於各種非鐵金屬的焊接法，正在逐步改進中，金超先生應本刊讀者之請，特撰鋁及鋁合金的焊接法，介紹周詳，値得細讀。(請參閱工程畫刊)

本刊編輯何廣乾君，已於七月下旬赴法專攻建築工程，其對本刊過去的貢獻是發表了他的研究心得，聯樑捷解，請土木工程讀者注意；如有問題討論，本刊仍當負責轉致。預料明年本刊一定能刊載何君在法寄來的大作。蓋何君曾面允編者撰述建築工程方面諸問題，不久當可見何君了却這樁心願也！

自動車專家張潍先生的殘廢人怎樣駕駛汽車一文，也是一篇不易多得的文章。汪家駿先生關於日本棉紡織業的今昔一文，在今日開放對日貿易聲中，可說是一篇應時文章，中國紡織界讀此當能知所警惕。對於日本其他工業的近況介紹，本刊極樂於刊載並迎讀者投稿。

很多讀者來函要求更多知道些關於YVA的設計計劃，可見有關國利民的工業建設，總有更多的人關心的，可惜我們一時沒法找到更多的資料，不能專文敍述，好在侯德封先生在大公報發表的兩個的YVA介紹一文，正好描繪出這一大計劃的外貌，本期裏作爲文摘的方式刊載出來，編者相信短期內這個大計劃必將重被提出，那麼侯先生這篇文章，作爲該一計劃引的子，是有其歷史性的價値的。

機工小常識

轉軸如何校正

如果有二架機器的轉軸，要直接聯結起來，那末這二根軸必須好好對準，否則不是發生斜動（Whipping），就是使軸承發熱，對於機器的保全有關係。這裏介紹一些良好的對準方法，可以適用於各式機器。

兩軸聯動節考不令，（Coupling）的中央是測量二軸對準程度最好的地方。聯動節，不管它有否撓性，都可照固定式一樣地測驗。大概的標準是要使聯動節的平行面保持平行度小于每呎平行面直徑0,002 吋爲宜。如果一架機器有三只軸承，在拆開聯動節的時候，要十分小心，先設法將轉軸之末支撐部分架住，在拆去聯動節螺釘後，須代以數枚對徑較小之螺釘，務使在拆去其餘螺釘後，使聯動節不致落下而分開，嗣後，調整小螺釘之位置，使聯動節之平行面略能分開，但以節二不脫離爲度，即能量出二節之平行度了。

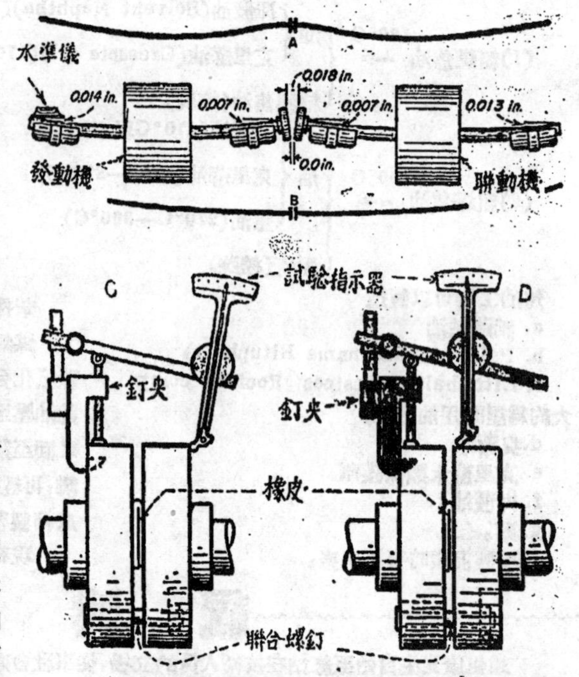

對準機軸第一步，是測出二軸的端隙（End play），然後將二機置於相當地位，使聯動後之二軸，仍有相等之端隙爲度。機旣放定，即將二軸大致對準，在垂直方向，可以直尺一根，沿軸之方向，放在聯動節上，觀尺與二節之表面，有無空隙；在水平方向，可以一厚薄規（Feelergage），在每隔90°處測量二節接觸面間之空隙。最後的精密測定則需視各種機器的實際情況來安置指示器的地位，再加以決定，現在試舉個實例如後：

1，像圖1所示的一種裝置，是普通馬達或發電機等常有的現象，這一類機器，中央有較重的載荷。所以在軸泉間有下垂度（Sag），如果把聯動節固定之後，在A處又要發生一個彎曲，這對於機軸是有害的。最好，將裏面的二只軸泉略加下降，外面的軸泉稍稍升起，務使二面嚮彌有相等抵銷，則連接後的二軸，當如B 所示的較爲匀稱地彎曲了。

2，二軸的軸向與圓周方向的對準，可裝置指示器，如圖C。D。即二輻聯動節之間嵌入橡皮一塊，使二節分開，再插入一緊固螺釘，後將指示器如C架置，再將二軸同時旋轉一周，可以測出沿軸方向的水平與垂直對準度。如將指示器如D架置，旋轉機軸，每隔90° 一讀，可測出圓周上沿徑方向的對準度。

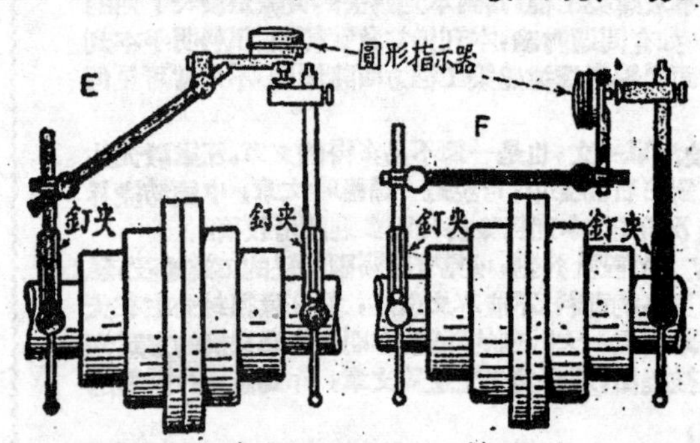

3，如有裝置撓性聯動節的機械，同時又能應用圓形指示器的話，可製一套適用的夾子，直接夾持在軸上。裝置如E圖，可量出沿徑方向的對準度；如果像F圖一般的裝置，那末旋轉一軸，并在相隔90°處測出各數字，可得沿軸方向的對準度。注意，二聯動節之間要能自由鬆動，必要時，可設法使軸分開看最大的限度。

（何 冥）

資源委員會

中央電工器材廠

製造一切電工器材　供應全國電工需要

出品要目

開關　燈泡　乾電池　蓄電池　發電機　電動機　變壓器　整流器　銅線　皮線

營業處

南京：大行宮東海路八號
上海：廣東路一百卅七號
北平：崇文門大街四八號
天津：羅斯福路二九八號
重慶：中一路四德里一號
昆明：環城東路四十六號
漢口：中山大道鹽業銀行二樓
瀋陽：鐵西路篤工街三段一號

一新公記電綫廠

著名出品

金狼牌　竹月牌　狼狗牌　自由牌　大星牌　半美牌

各種男女絲光綫襪

總管理處
山東南路十弄二號
電話八二二二九

總廠
黃陂南路八八五弄七〇二七號
電話八〇九八一

揚子江黃河

兩個YVA水利工程的側面觀

侯德封著　摘自上海大公報三十六年三月卅一日經濟周刊第三十一期

「YVA」這個名字，係倣照美國的TVA水利工程的命名，代表江河兩水利工程，因爲第一個字母都是Y。

這個工程的意義，主要是提高上流水位，以利航行；擴充灌溉面積；調節水量，以減洪水枯水之害；處理泥沙；建水力發電中心，供給工業動力等等。因爲長江黃河兩流域，佔了中國面積的一半，此項工程如果成功，使中國的大部份時代化，工業化，是無疑的。

一、關於揚子江水壩

水位提高若干　據薩凡奇的計畫，上游水面提高到海拔二百公尺，最近在美國研究的結果，可能改爲海拔四百八十英尺或四百二十英尺。據工程方面的看法，低壩與高壩用費差不多，但是高壩效能要大得多，所以不少人主張高壩，薩凡奇也是一個。

若將水位提高到海拔兩百公尺，沿江田戶淹沒的範圍並不甚大，上自嘉陵忠縣，江畔略受影響。開縣河谷及雲陽被淹面積較廣。萬縣奉節巫山秭歸巴東都是受影響區域，不過到了峽區，山高平地少，不至於淹沒很多農田。所以這問題不算很嚴重。惟淹沒地帶究有若干，失業的人民如何安居，需要有詳實的統計與計畫。不只是按個發價就算了事，重要的是佃戶自耕農等一般勞工的安插，必需解決，這最好與將來的工業計畫相聯繫。

水壩築成之後，上下水位高度相差甚巨。高壩則相差一百五十五公尺，低壩也相差九十五公尺。那麼船隻如何上下通行呢？據聞現在的决定，十之九是用船槽。船槽的構造，是在水壩的一旁，開一客船之溝槽，溝通壩的上下。溝分若干段，各設閘門。如船開入第一段，關閉閘門，將一二段間閘門開放，於是一二段間水面得平，船即可入第二段。如此分段上升或下降，船可通過壩區。

壩基問題　據工程方面的看法，壩址不希望離峽口太遠，可以在興工時及以後得到許多便利，須有可能最適宜的地形，俾節省工程。各項重要工程最好能集中一區。所以薩凡奇擬定的五個壩址都在石牌以下，幾個大的支流附近。此段峽區的地形是西高東低。西端石牌兩岸，山高海拔六百公尺上下，向東漸低，至峽口南津關附近，山高不及二百公尺。薩氏擬定的四・五號壩址都在南津關附近，如欲築海拔兩百公尺的水壩，兩岸山頭都不夠高，所以是不可能的。這大概是設計的時候，沒有好的地形圖，造成的笑話。第三號壩址擬定在南津關以上三遊洞以下。此地兩岸山頭，高度爲海拔一百七十公尺，亦不夠高。但壩若延長，連到後面的山頭，則可夠高。不過低的壩口還得想辦法，否則壩的高度須減低些。因地的好處是上有支流下老溪，下有長橋溪支溝潘家河，這兩個深溝的距離僅一公里有奇。爲開鑿出水涵洞最近的地方，也就是工程最省的地方。此爲三號壩址最有利的一點，第二號壩址在三遊洞的上游附近。兩岸山高皆在海拔兩百公尺以上，高度很夠。但薩氏所擬定的地點須向西移數百公尺。江面寬約三百三十公尺，雖較三號壩址略寬，兩面岩壁，情形尙佳。下面有下老溪上面有沐浴溪，作爲溝通出水涵洞之用，兩溪之距離亦僅一公里或數百公尺。所差者沐浴溪河底較高，尙須一番挖掘工作，則工程較費，爲美中不足耳。第一號及一甲壩址各位於石牌下游及平善壩下游，地形方面都無問題。惟一號壩須利用石牌壩及松門壩間作出水涵洞，而兩壩河床甚高，且距離在兩公里以上，工程繁大，歎爲奇觀，殊不經濟，且無必要。

龐大的電廠涵洞　工程地下發電是利用若干涵洞出水的力量。據原計畫在水壩的一端或兩端山下，開鑿圓徑十五公尺的涵洞，由壩的上游通至下游。這樣涵洞有二十四個是發電用的，另有四個專供出水。洞的間距約爲一百公尺。洞的長度要看地形如何，溝通現有的深溝俾可省工。這些地下洞的地質條件，大致是要整固，不致隨鑿隨塌。裂隙少，不至於漏水過甚。雖是作爲走水洞，但漏水過甚還是有害的。况地下廠屋，工作道路，出入直井，都是需要乾燥的。固然鐵筋洋灰及其他防水材料，可以作有效的辦法。但自然條件還是首要。試想，至少長一公里以上的大涵洞二十餘條，有一不愼，全盤吃虧，豈可忽視。若按這問題來看。上下洪溪之間，岩石破碎，裂痕縱橫，若在此區開鑿多大涵洞，工作上必大傷腦筋，甚至於不能完成，石牌壩與松門壩之間，洞長至少在二公里以上，須穿過頁岩區，開鑿或者較易，保持甚難。所以一號同一甲壩址，都要斟酌。情形較好的還是第三同第二號。

工程文摘

二、關於黃河水利工程

黃河是雙輪迴的 一個河流由山地而流入平原，是普通現象。若是這叫作一個輪迴，那麼黃河就是雙重的。第一個輪迴由青甘山地 入寧夏寬谷 而至綏西平原以及歸綏平地。他的支流都在寧夏以上。這一段坡度雖陡不利航行，但含沙量並不太大，磴口以下沙淤問題，一大部份是由蒙古來的風沙，造成了嚴重的問題。第二輪迴由托克托以南流出潼關而入豫冀平原。他的支流全在陝北，山西及豫西。這一段的重要病態是含沙量太高。黃河的流量並不甚大。據在洛口一九一九至一九二五年記錄的平均，流量每秒一千二百立方公尺。含沙量爲體積之百分之四·五。這就是說，每小時約有一百萬立方碼的沙子帶到下游。所以這樣看起來，黃河上下兩段病態不同，治法應該也不一樣。譬如說，上段主要工程是調整水位，下游須注重處理泥沙，是尤其繁難的工作。

治河是面積工作，單就下游處理來講。三門築壩及壺口築壩，蓄水儲沙，自然是辦法的一部份。同時修築河堤或是調節水流使水的流速可以把沙泥帶下去。這已經是廣汎的工作了。儲沙速染，其處理也成問題。所以治本工作還得在各支流上下工夫。例如山西的汾河渭水陝北的無定河清澗洛渭，都是從黃土紅土區流出來，泥沙很重，那麼要求減少泥沙，只有在這些大小支流流域作些調節水流，同水土保持的工作，如築壩灌溉種草植樹等等。但這個區已佔很大的面積了。就按種草植樹講，在雨水缺少的西北，縱橫切斷的黃土高原上。種植樹木不是立談可就的。常同想到左宗棠，沿西北大路植柳，據說命居民栽植，一個人頭擔保一棵樹纔勉強植成了一大部份，那是多麽嚴重的事啊。主要原因是水在溝底，田土在台上，植物根夠不到水。山坡有樹的地方近些年砍伐過甚，田土塌毀日多，水流愈急。在雨量稀少，漏水很速的黃土層與紅土層區域，提高水面的工程是必需的，那就是若干支流須築壩儲水，引流灌溉，然後才能植樹種草，然後才能夠田土保持之效。這却是整個的政治問題之合璧。不錯，我並不是說主流工程不重要，例如三門水壩蓄水儲沙工程還是總其成的統制力量。不過若不配合支流工程，恐怕仍舊是難以善後的。

黃河上段比較簡單一些，主要的毛病是坡度太陡。由青海境到包頭一千公里的路途中，高度要相差一千公尺。中部以上的峽區尤爲顯著。所以築壩爲主要工程。調節水位，發電、灌溉、都可收效。蘭州以上以下，及循道景泰中衛皆有峽口利於築壩。惟黃土高原之灌溉，因高度不齊，恐怕還是需要支流工程，分區灌溉，同時減少泥沙下瀉。例如洮、莊浪、固原等河得以修善，則甘北高原，收益甚多。這也是面積的工作。與爾多斯的灌溉，並不容易，因爲那是台地，一般的比黃河高一百公尺以外。並且沙漠區水道也難保持。寧夏及河套的灌溉工程，比較易於施工。那就是自古以來著名的西北農產區。今欲治黃河，無妨從此開始。渭水河的壩址似乎也可修築，使歸綏平原也得到同樣的利益。同時調節下流的水，於泥沙也有一番功用。

工程浩大之

台灣森林鐵路

工程文摘

台灣山地崎嶇，森林茂盛，故木材亦爲主要特產之一，西部嘉義市近郊之阿里山森林，可稱爲遠東最大者。森林鐵路，工程尤稱偉大，自嘉義市通達阿里山本部之幹線，全長七十一公里，分佈各地區之鐵路，密如蛛網，總長約一百十一公里。是項鐵路之建築，原係日人隙田組氏於一八八九年所設計，至一九一二年經營完成。軌距係七六〇公釐之狹軌，機車爲美國特製之爬山蒸氣車，共有十六車輛用齒輪的嚙合來推動，每一車輪俱有氣軔制動設備，行車非常安全。現有客車十六輛，貨車二百三十五輛，另有瓦斯輪機車三輛，與八人座之遊覽與公務用車一輛。

是項鐵路工程之艱鉅，是值得介紹的。自嘉義市至阿里山幹線，須通過五十三座隧道，最長的一座，在竹起湖車站之上，計達八百五十公尺。全線橋梁亦有一百十四座之多，架設於削壁懸崖之間，下臨萬丈深壑，形勢險要。海拔七百四十一公尺之獨立山路，路線綿延山谷間，形成螺旋，盤旋上昇，其坡陡爲百分之六，經過許多之字形彎道，直達海拔二千一百公尺阿里山山巔之神木站。

蒸汽車速率，每小時僅九公里，全程需時八小時，汽車速率每小時達十六公里，所有司機，均經嚴格訓練，並有七八年以上之經驗，故雖在陡坡之路線上行駛，甚少發生變故。嘉義與阿里山之交通，規定逐雙日上，單日下。送工作員工與木材。

現當局擬有延展路線至生蕃區域計長三十二公里，以開發可供二十年採伐之原始森林。

摘自京滬區鐵路運務週報第1340頁

讀者信箱

★上海鄭龍先生惠鑒：所詢關於機工書籍方面，僅答如下

(1) 農業機械方面——中英文本俱缺，本刊不久可發表一篇關於農業機械之文字，請注意。

(2) 機械製圖法——商務版，王品端著機械製圖三册可參攷。英文本有French, Engineering Drawing, 龍門有翻版。

(3) 各種材料計算法——不知是否指材料之強度計算，若果是，可參攷商務版，丁燮和著，材料力學，惟是書須有高等數學之基礎方能看懂。

(4) 引擎構造原理——商務版，大學叢書中有劉仙洲著之熱機學與黄叔培著之自動車工程，後者偏重汽車引擎，均可參攷，惟作書年代已久，缺少新穎材料。

以上各書 上海商務，作者等書局有售，售價有變動，如已絕版，可至舊書舖上搜購。又上海并無專爲機械工程之英文函授學校，機械工程書多爲簡明之英文，若英文基礎好，不難閱讀。中國技術協會爲彌補工程技術書籍之缺乏起見，正在編纂各種技術專科書，請特別注意。

★蚌埠淮河復堤工程局翟勁民先生大鑒：蒙足下贊許本刊，同人惟有加勉以求進步，尙望讀者諸多協助爲感，玆就所詢問題擇要答覆如下：

(1) 照足下所開之修理範圍而言，設備方面，車床似嫌不足，宜再添8呎車床三部至四部，以應付種種零件之自製工作，砂輪機不知是否可以磨凡而，否則宜加磨凡而設備；其餘機械，不必減少，惟齒輪如數量不多，可不必利用銑床製造，因銑刀之全備爲一不易辦到之事，寧可交外廠銑製也。

(2)A. 如尊處之工作機，并未用單動馬達傳動，而用總地軸傳動者，可用柴油機直接拖動地軸，不必經過發電機之配備，以致增加損失，經過適當之裝置，日間可用柴油機，夜間仍用大馬達；但如工作機係馬達傳動者，則發電機爲必要。

B. 不知尊處之負荷需多少瓩，故難以估計需多大之發電機。

C. 柴油機可以同時拖發電機及工作機，祗需各機所需之馬力，并不超過該原動機之馬力大小。

D.及E.不明尊處詳情，無法奉告。

(3) 關於貴處之整個工廠設計及人事組織方面，恐需視當地之具體情形，再加決定；至員工之工資，更屬社會勞工問題，似不能削足適履，以呆板之規則來迎合貴處之實際情况也。故本刊似不便奉答，請特別智鑒。

(4)A. 工具之使用，如對於機械工作經驗有素者，可以迅速加以約略計劃；材料之數量，設計時可以計算，而有經驗者，亦一望即知；總之，憑藉經驗，積聚智識，始能預算之。

B. 各種工作機牌子極多，中國貨以上海中華鐵工廠，明進，大陸等牌子爲著，美國貨以Cincin ati, Atlas, Southbend, Gleason, 等牌子爲有名，歐洲貨則以Skoda, Asea, 等廠爲卓。主要工具材料種類亦多，不勝枚舉 在中國常用之工具如：GTD或O.K.之螺絲攻與鋼板，手心牌或鏈刀牌之銼刀，柱頭牌之生鋼，鷹立球之各種鋼材：B.&S. 及 Starrett 牌子之各種量具等等均爲構造精良，品質優異之出品。

C.見B.

D.牛頭刨床(Shaper)之大小係按所能刨之面積大小標識如一24吋刨床，即爲能縱橫每邊各刨至12吋之意，上下吃刀借數吋。但龍門刨床(Planer)係根據二柱間距離，平台與橫刀板(在最高位置時)間之距離，與最大之往復行程其尺寸應有三個，如24″×24″×6′。

E. 砂輪機之大小，以砂輪之直徑及厚薄而標識之，但機之本身則并無一定；鑽床之大小，以其能鑽最大眼子之尺寸而標識之。

F. 銑床之大小，市場上通用號頭表之，指普通萬能銑床)，如一號，二號，三號；號頭愈小，尺寸愈大，所謂尺寸係指銑床能升高降下，縱進，橫進之三種尺寸而言。銑床能銑製各種表面，齒輪槽，工具刀槽，榫子槽等；現時之齒輪製造已不復全仗銑床，請參看本刊第一卷第五期林威君之銑床一文。G.齒輪銑刀之P.H. 爲英文 Pitch 之簡華，係指該銑刀可銑製何種齒節(Pitch)之意。

(5)A. 計算馬力，如不用指示圖或算式，祗可直接用測力機 (Dyna nomet r)測定之，但測力機不一定具備，故可用其他有關之機械估算之，如發電機之仟瓦，可以約略估算拖動該機之原動機馬力，因1馬力約等於746瓦特，即以比例求之可也。

B.各式引擎如馬力相等，無所謂比較，但蒸汽引擎之構造較重，故產生一馬力之蒸汽引擎，其重量較之產生一馬力之內燃引擎爲重也。

(6)A. 普通氣焊均需利用氧氣與乙炔氣 (即水與電石化合後之產品) 在高壓力下混合燃點後所生之高溫 (500°—700°C)，熔融金屬接合之，基本之設備，均需氧瓶(俗名風)，乙炔發生器，噴頭 皮管等。

B.焊絲之應用 視所焊金屬而定，熟鐵與生鐵有不同焊絲，可以在市上買到，貴處工作恐有各種金屬故宜全備

(7) 工作機所需之馬力，在新機器之說明書或名牌板上，均有表明；舊機器，如不能查出者，可以與別種類似工作機比較求得之。

再本刊自創刊號迄今全部均有存書，請來函明示，需要之期數，按每册二千五百元定價寄下匯票，當即寄奉。

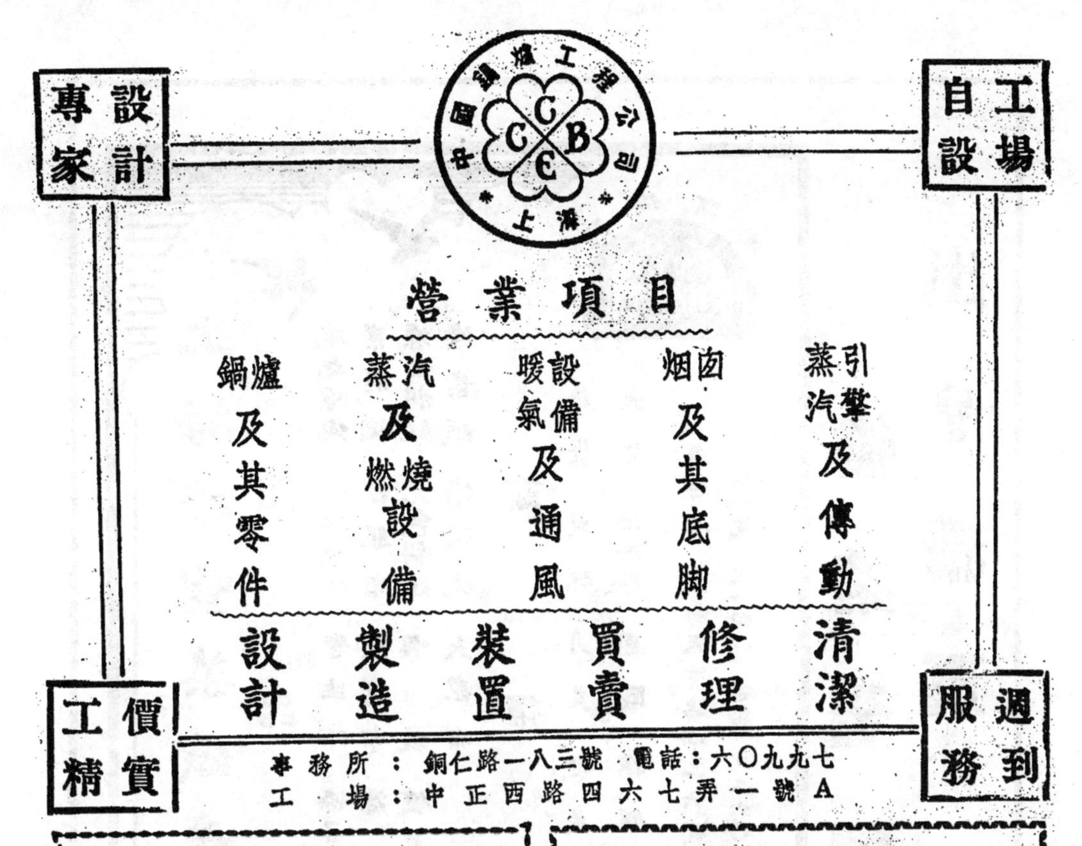

中國鍋爐工程公司
上海
CCBE
設計專家
工場自設
營業項目
鍋爐及其零件
蒸汽及燃燒設備
暖氣設備及通風
烟囱及其底脚
蒸汽引擎及傳動
設計 製造 裝置 買賣 修理 清潔
價實工精
週到服務
事務所：銅仁路一八三號 電話：六〇九九七
工 場：中正西路四六七弄一號A

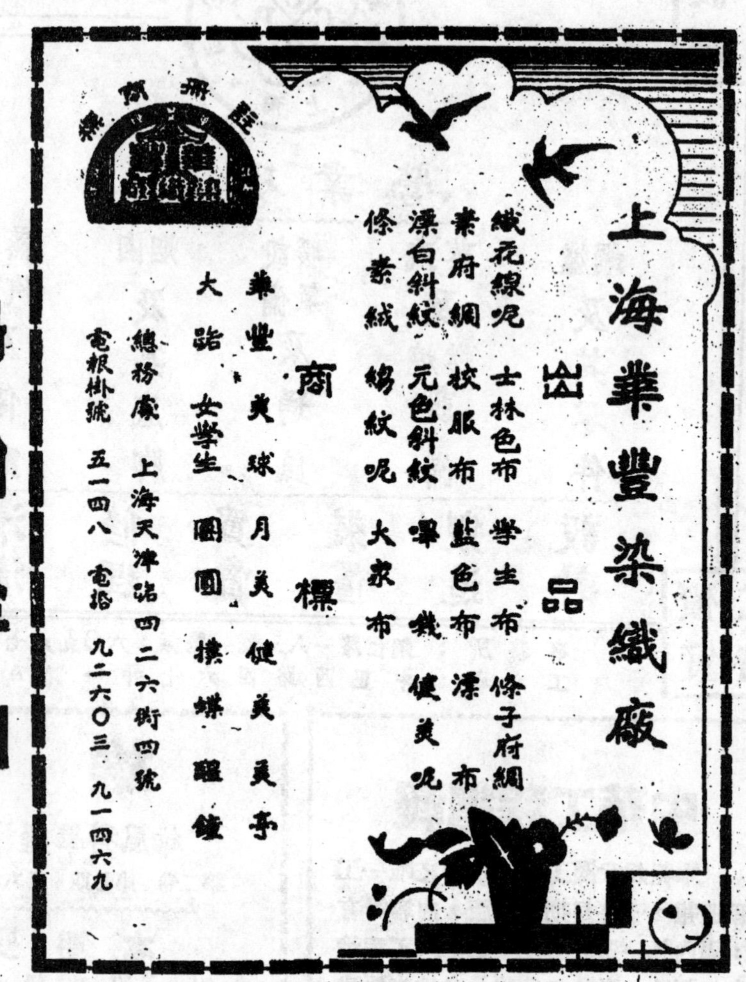

暢銷全國

出品精良

富中染織整理廠股份有限公司

THE FUH JONG DYEING WEAVING & FINISHING CO. TLD.

廠址 海防路五九〇號 電話 三九一三七 三七二八二

事務所 天津路四二六弄四號 電話 九二三六九 九二六〇三

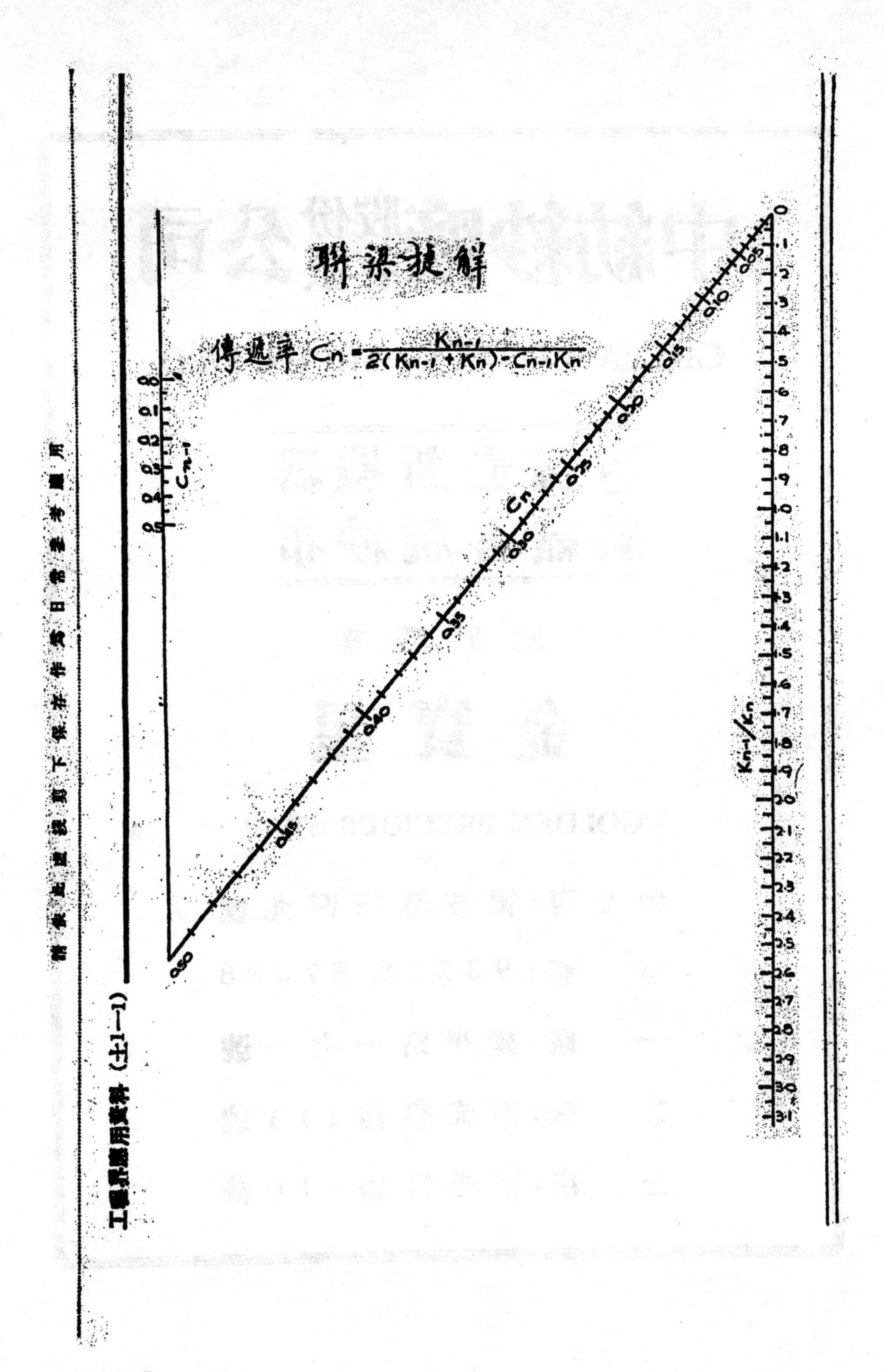
請依此虛線剪下保存作為日常參考應用
工程界應用資料（土1—1）
聯梁捷解
傳遞率 $C_n = \frac{K_{n-1}}{2(K_{n-1}+K_n) - C_{n-1}K_n}$
C_{n-1}
0
0.1
0.2
0.3
0.4
0.5
C_n
0.05
0.10
0.15
0.20
0.25
0.30
0.35
0.40
0.45
0.50
K_{n-1}/K_n
0
.1
.2
.3
.4
.5
.6
.7
.8
.9
1.0
1.1
1.2
1.3
1.4
1.5
1.6
1.7
1.8
1.9
2.0
2.1
2.2
2.3
2.4
2.5
2.6
2.7
2.8
2.9
3.0
3.1

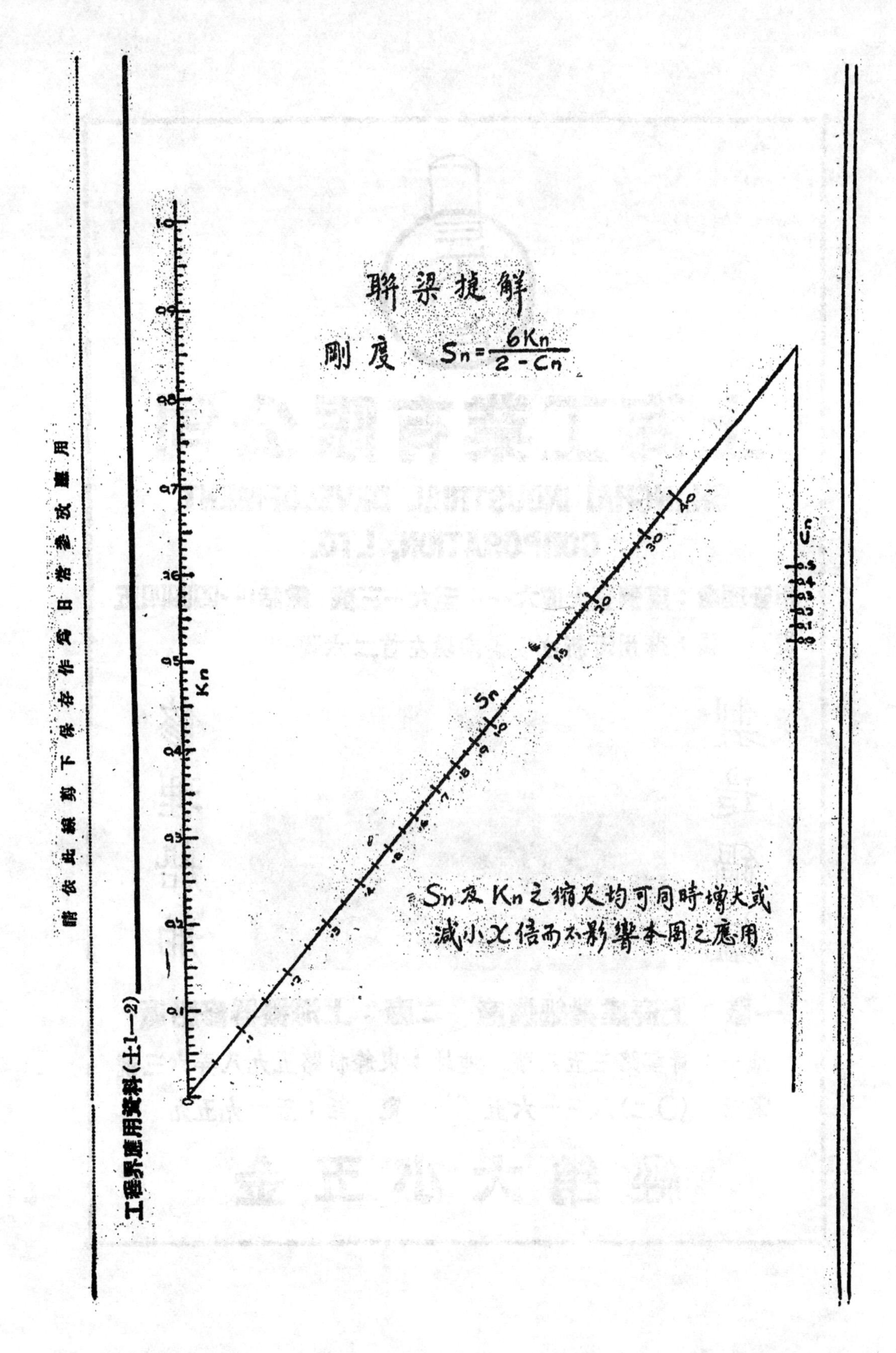

聯梁捷解
剛度 $S_n=\frac{6K_n}{2-C_n}$
S_n及K_n之縮尺均可同時增大或
減小X倍而不影響本圖之應用
K_n
S_n
C_n
請依此綫剪下保存作爲日常參攷應用
工程界應用資料(土1—2)

中國科學圖書儀器公司

大學教科書出版預告

本公司鑒於我國目前專門圖書極感缺乏，爲供應國內各大學教科用書起見，業已聘定著名大學教授數十位，選譯各種最新理科，工科，農科及醫科教科用書，並增加最新材料及註釋，力求適合我國國情。除已出版各書業經陸續刊佈外，茲將最近在排印中各書先行披露於下，以供各大學於本年秋季始業時選用。

大學普通物理學

（漢譯增訂本）

A. W. Duff原著 裘維裕 周同慶

許國保 趙富鑫 沈德滋 合譯

達夫氏所編物理學，取材精當，適於大學理工科一年級之教學應用。近十年來，物理學之進步突飛孟晉，惜原書尚無新訂本出版，茲由裘維裕先生等合譯本書，增加最新材料，達原書內容四分之一以上，益臻新穎完善，實爲今日最適用之教本。

應用力學

A. P. Poorman 原著 曾鶴蓀譯

本書說理簡明，例題衆多，適於教學。茲據最新之增訂第四版編譯，並特增加附卷一篇，介紹科頓與來定理，虛功原理，勢理論，蘭格倫日方程式等，更適合現代工程界的需要。

材料力學

A. P. Poorman 原著 薛鴻達譯

本書內容簡明扼要，關於應力之解析，構件之設計，同時兼顧。茲依據最新之增訂第四版翻譯，並就原書不完備處，補充材料多節，作爲附卷。例如：馬氏圓，純剪，共軛梁法，柱的臨界載荷，反復應力，厚壁圓筒及薄板之應力等，以便教學本書的補充。

大學普通化學

H. G. Deming 原著

薛德炯 譯

本書對於化學基本原理，既能要言不煩，蘊理翔實，而於重要工商應用，可謂搜羅淵博，巨細靡遺。最近增訂之第五版，面目與舊版迥然不同。譯者繼'最新實用化學譯述本書，二書銜接學習，更能相得益彰。

機構學

I. H. Prageman 原著

曾鶴蓀 譯

著者教授機構學有年，以其多年講義，編成本書，取材新穎，講解簡明；所用數學，不過代數，幾何，三角，插圖甚多，清楚明瞭，尤爲特色。凡機構學上之重要事項，均有敍述，除適於大學應用外，高級職業學校亦極適用。

機械設計

V. L. Maleev 原著

馬明德 譯

今以學理日益進步，試驗記載日臻完善，機械設計方法，亦因而漸趨精確與合理化。本書於一九四六年出版，著者以最新學理，應用於機械設計，解說精詳，誠爲他書所罕見。譯者酌量增減，並加附註，以求切合我國實用。

水力學

Daugherty 原著 劉光文重編

近數十年來，水力學漸入合理化的途徑，但我國至今尚無迎合潮流，採用最新知識的教本。編者本其歷年授課經驗，以原書爲藍本，編成本書。俾學者對於液體流動之特性，可得相當了解，不一味機械的學到數字經驗公式知其然而不知所以然。

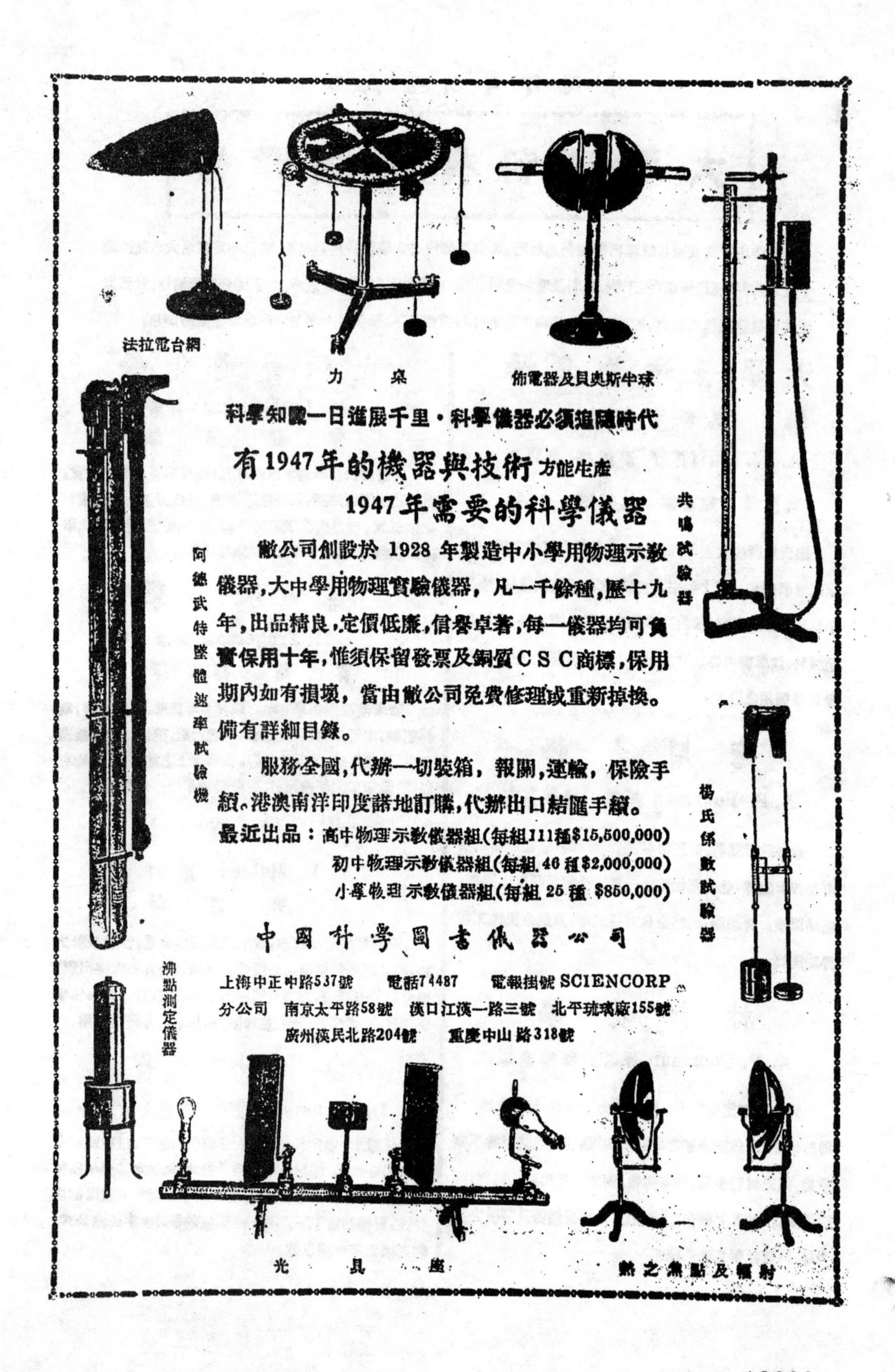

法拉電台網
力桌
佈電器及貝奥斯半球
科學知識一日進展千里·科學儀器必須追隨時代
有1947年的機器與技術方能生產
1947年需要的科學儀器
敝公司創設於1928年製造中小學用物理示教儀器，大中學用物理實驗儀器，凡一千餘種，歷十九年，出品精良，定價低廉，信譽卓著，每一儀器均可負實保用十年，惟須保留發票及銅質CSC商標，保用期內如有損壞，當由敝公司免費修理或重新掉換。備有詳細目錄。
服務全國，代辦一切裝箱，報關，運輸，保險手續。港澳南洋印度諸地訂購，代辦出口結匯手續。
最近出品：高中物理示教儀器組(每組111種$15,500,000)
初中物理示教儀器組(每組46種$2,000,000)
小學物理示教儀器組(每組25種$850,000)
中國科學圖書儀器公司
上海中正中路537號 電話74487 電報掛號 SCIENCORP
分公司 南京太平路58號 漢口江漢一路三號 北平琉璃廠155號
廣州漢民北路204號 重慶中山路318號
共鳴試驗器
阿德武特墜體速率試驗機
楊氏係數試驗器
沸點測定儀器
光具座
熱之焦點及輻射

上海郵政管理局執照第二四二六號
內政部登記證京警滬字第一一七四號

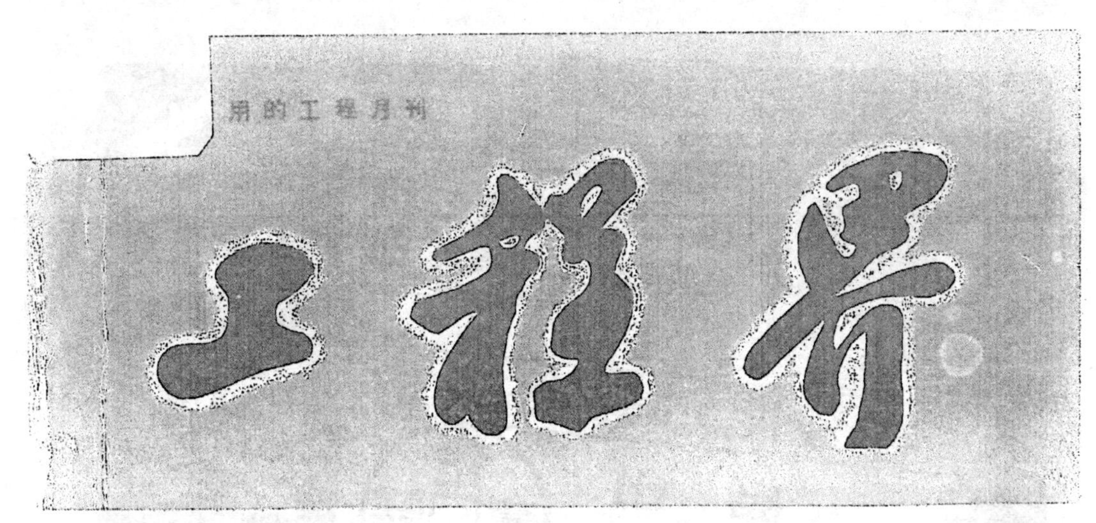

第二卷 第十期　　三十六年九月號

上圖：英國培爾法斯造船所同時可造兩只27000噸的客輪,圖示一輪已成雛形

中國技術協會出版

金錢牌
益豐搪瓷公司
出品
搪瓷器皿・鋁銅罐
火磚・坩堝・貼花瓷紙
金錢牌熱水瓶公司
出品
熱水瓶
總公司
上海中正東路二二四號
電話一五八九六・電報掛號七五九七

上海
宏大橡膠廠
榮興出品
香鐘牌球鞋
式樣新穎
柔軟堅固
到處有售
無敵牌自由車胎

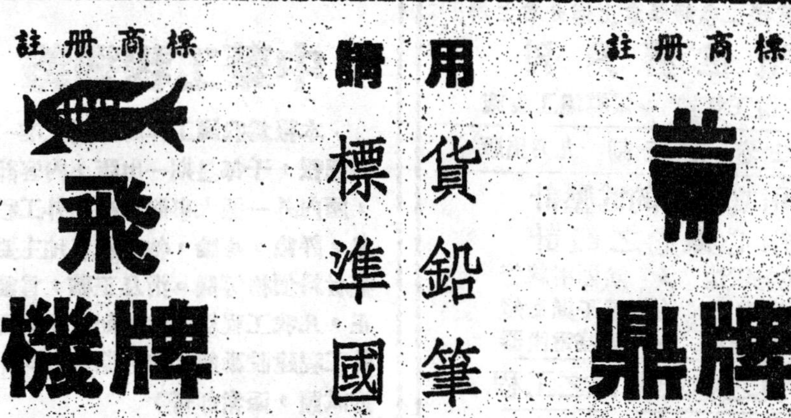
註冊商標
鼎牌
請用
貨鉛筆
標準國
註冊商標
飛機牌

大禾實業工廠

精製現代化

建築必需材料

省工省料

經久耐用

石棉板　石棉紙板

各式石棉屋脊

上海閘北橫浜路六五一號

天通庵車站向北經

同濟路即到橫浜路

電話（〇二）六〇四二四

中國技術協會理事會通告

本會第一屆年會業經第十九次理事會決議定於卅六年十月十日舉行屆時並將舉行工業模型展覽會及技術人員生活展覽會凡我會友務希踴躍參加籌備工作共襄盛舉並歡迎技術界人氏參加合作此告

中國技術協會理事會通告 卅六・九・十・

第一屆年會籌備委員會通告

本委員會業經第十九次理事會決議成立卽日起開始年會籌備工作特此通告

第一屆年會籌備委員會 卅六・九・十・

第一屆年會籌備會提案組通告

本會第一屆年會定於十月十日舉行凡吾會友如有提案務望在十月一日前具名函寄本會會所轉提案組以便彙集整理屆時討論爲荷

提　案　組 卅六・九・十・

第一屆年會籌備委員會
工業模型展覽會徵求技術發明展覽通告

本委員會爲提高中國工業水準促進技術人員創製興趣起見公開徵求各科工業專利品及技術新發明之展覽凡吾技術界工作人員願參加展覽者請自卽日起十月一日止親來本會辦公室登記此告

工業模型展覽委員會 卅六・九・十・

第一屆年會籌備委員會學術組
爲公開徵求技術人員生活素描通告

本組爲編印年會特輯公開徵求技術人員生活素描題材以反映技術人員現實生活爲準歡迎技術界工作人員踴躍投稿稿酬從豐截稿期九月三十日

學　術　組 卅六・九・十・

工  

·通俗實用的工程月刊·

第二卷　第十期　三十六年九月十日

目　錄

·出版·發行·廣告·

工程界雜誌社
代表人　宋名適　鮑熙年
上海(18)中正中路517弄3號（電話78744）

·印刷·總經售·

中國科學公司
上海(18)中正中路537號（電話74487）

·分經售·

南京　重慶　廣州　北平　漢口
各地
中國科學公司

POPULAR ENGINEERING
Vol. II, No. 10, Sep. 1947
Published monthly by
THE TECHNICAL ASSOCIATION OF CHINA

本期零售定價四千元
直接定戶半年六册平寄連郵二萬元
全年十二册平寄連郵四萬元

本市電力之新發展

日本賠償機器中，本市可獲五萬瓩發電機一座。市公用局前曾召集各電力公司負責人洽商，計劃組織聯合電力公司，管理此座發電機。發電廠廠址經勘定設於江灣。據該局負責人稱：該座五萬瓩之發電機，政府迄今尚未派員前往察看，而美國業已選定廠家，即將啓程飛日，現本局已電促經濟部急速派員前往設法於短期內將發電機拆卸運滬，以謀增加本市發電量，解救電荒。關於聯合電力公司之經濟計劃，據稱：該公司非但吸收外商投資，並擬於美國發行公司債券，以冀獲得雄厚之資本，可添置新發電機多具，力謀電力恢復戰前情況，並可足供重工業之用量焉。

鞍山開始煉鋼

鞍山鋼鐵公司，僅次於日本之八幡煉鋼廠，原有一百噸鍊鋼平爐四座，一百五十噸平爐八座，六百噸混合爐三座，三百噸預備精煉爐七座 勝利後，大部破毀。經該公司年來修復一百噸煉鋼爐一座，於八月十日正式動火開爐。每日可產三百噸，爲國內最大之煉鋼爐。

有着驚人發展的
蘇聯重式機械製造

在蘇聯重工業人民委員會控制下的各重工業廠，現在正開始競爭完成本年度重工業機器設備製造的計劃，諸如冶金設備、蒸汽鍋輪、鍋爐、曳引機及柴油機、起重機等，都有大量的出品。

最著名的烏拉爾機械製造廠現在已達到戰前的生產水準，準備在今年年底以前完成六具 46,000 立方呎容量的鼓風爐設備，包括銑鐵輸送機，銑鐵機，進爐器 以及吊車等。同時，該廠又準備建造一所鐵軌及結構鋼製造廠以及各項鍛鐵機械等。

新設計的機械品質方面比較舊式的完全不同，採用了最新穎的技術和發明，使產量可以增加20%至30%不等。同時，以前的人力運轉方法，現在也有30%以上改用了機械。

還有一個烏克蘭的諾伏克拉馬都斯克廠(Novo-Kramatorsk Plant)，現在正生產能量極大的起重機和其他的重機械，總重量達數十萬噸，還有各項開礦機器，足以應付數百萬噸的煤或礦苗。該廠同時還生產塊鋼和板鋼，以應高加索各工廠的需要。

電機生產也不落人後，列寧格勒的史太林冶金工廠曾生產102,000馬力的水力渦輪發電機，設計方面是非常新穎的。此外鍋爐製造廠的生產量也非常浩大，現在的產品都是爲了煉油廠和發電廠，以煉油廠所用的高壓鍋爐及新式整體鍛成的輕便鍋爐最爲傑出。(欣之)

——American Machinist.

我國向美訂購——
——鋁質活動房屋

蘇格蘭某工廠行將動工製造中國訂購之鋁質活動房屋。此種房屋優點甚多，可迅速製成，且多用飛機殘片之鋁製之，故對材料與人工之缺乏問題皆可克服。另一優點爲輕便可運輸。此種房屋能可承受相當外力 且雖被一般認爲暫時性之房屋，然建築專家確信此等能維持約百年之久。此種房屋之構造包括一客廳、一起坐間、一廚房、兩臥室及一浴室。壁櫥之貯藏空間甚大。整個房屋係特爲熱及聲之絕緣而造者。

每室屋頂之外面有鋁合金片，內藏以軟木。活動房屋係由四部組成，每部本身均已完備。需要時可豎立此種房屋，數小時內人即可遷入。(英國新聞處)

蘇聯的新型汽車

今年，蘇聯汽車業忙着製造多種新式汽車。莫斯科『史大林』汽車製造廠所造新式公共汽車，目前已在莫斯科街頭出現。這些柴油發動機的公共汽車，裝着電力的同力盤，以代替尋常機械力的同力盤，這就使司機的工作感到極大便利，並且確保車子開得很穩。這種公共汽車可容六十位乘客。一種新型的電氣自動車，已經試驗成功。這是一種卡車，在車台底下，有電氣馬達和蓄電池裝在一塊。在需要常常停車的市區使用，運送郵件、種種小包裹等，都很方便。蘇聯打樣師們，已創造一種極端經濟的汽車，其輕巧堅實，極爲特別。行車費用只相當於裝有內燃機的普通汽車的費用的一半。至於蒸汽機的重量，不過相當於普通蒸汽機重量的百分之二十強。這一種卡車，卻能拖兩輛載重十二噸到十四噸的拖車。

二百公里長的煤氣輸管

二百公里長的科赫特拉佳夫——列寧格勒煤氣總管，正在積極敷設中。已在十五公里長的地段上裝好煤氣管，並已掘好五十公里長的溝渠。這條煤氣總管，是戰後五年計劃中最大建設計劃之一，第一部分今年就可完工。一九四九年，這個建設工程完成後，列寧城每天將接到愛沙尼亞可燃性頁岩所產生的煤氣三百立方公尺以上。房屋因此可以獲得煤氣供應的，將不下二十七萬五千棟。

從事工程事業的人，不論年青或年老，祇有在熱誠地參與工程學術團體的活動中，方才能得到最大的成就。

現在不是閉戶造車的時候了

欣之

『在工程事業上要獲得永久的成功，不但需要有豐富的工程知識，而且還要有職業上的多方接觸，使人信服的能力，和一種關於自已所從事業務活動如何進展的廣泛知識。不論是一位剛剛從大學畢業出來的，或是有好多年經驗的工程師，如果沒有具備這幾種素質，他就不可能會完全成功。然而怎樣可以獲得上面所說的種種素質呢？有的可以從過去的教育或自習獲得，有的可以從生產的實際經驗中得來，但是，最好的畢業以後的教育(Postgraduate education)却可以從一個優秀的學術團體中獲得。』

上面的話是美國機械工程師學會正會員，通用鑄鋼公司副總經理希罕氏（W. M. Sheehan, Fellow, A. S. M. E. Vice President, General Steel Castings Co.）所說的，的確，在學校中所獲得的工程基本知識，雖是工程師的基礎，但是其實際價值却不很大，因爲書本上的計算公式之類，必需經過聰敏的應用和理解方始能成爲一種用言語或算式表示的設計，這種設計在製造上，和管理上才不會有什麽困難。換言之，工程師要建立他底工程基礎，要依靠他底實際經驗。不過假使他固執着祇憑個人的經驗以完成他底工程業務，那末他底進步很可能來得遲鈍拘謹，甚至到一意孤行，不能自拔。反之，他如能謙抑地經常觀察別人的成就，交換彼此間的經驗，那末他就可以很快地，成爲一位能幹的技術專家。所以除了個人的經驗之外，別人的事業成就和工作心得是最有價值的知識泉源。爲了要揣摩別人向別人學習，一個優秀的工程學術團體的出現，是不可缺少的。

有人也許要提出這個質問：如果要獲得別人的工程經驗，何必一定要參加什麽學術團體呢？我們去訂閱幾本權威性的技術雜誌，不也是可以一樣地獲得的嗎？——話雖如此，雜誌上的文章誠然很有價值，但終究是呆板的東西，當你發生疑問的時候，你除了寫信給作者以外，還有什麽別的更好辦法呢？如果有一個學術性的討論會，在這裏活生生的討論和研究，你能够聽到正面的和反面的意見，然後再得到一個比較正確的綜合性結論，這豈又是從一本工程性的刊物上所能得到的？

在中國，雖然有近百個工程科學團體存在着，因爲物質條件的限制，以及事務工作的繁重，也很難有所發展。即使有些具有遠見的工程人才，爲求團體的發達與進步，在一個動盪不定的環境下，能够克服了一切艱難和阻力，把團體的基礎打好，已經不是一樁容易的事。而一些參加其中的會員，由於沒有充分運用這個團體，除了一個名譽以外，看不出這個團體，倒底還有什麽功用，因此漸漸的冷淡，甚之完全脫離。返顧歐美名國，工程團體的名目繁多，會員人數亦頗夥，他們時常召開專題委員會議，研究一項問題的標準化或是疑難的地方，每年公佈，而全國工廠，即依此遵循，如發覺有所不妥，也經常覓取改進之由，使工業標準提高，同時，他們工程師與專家之間的接觸，也就憑藉了會員的關係，使業務得以發展，工作得以進步，可說無一非學術團體之賜，可是，爲什麽我們一點沒有什麽成績呢？我們難道眞的像外人所謂的：「中國人全是一些昏聵，自私，愚昧的人」嗎？

眞正的學術團體活動，可以使每個會員有一切機會來發展他底能力，來表顯其思想和意見。這是一個極端重要的問題。有許多工程上的天才者，因爲缺少表達的機會，完全被埋沒了，這種情形，尤以中國爲甚，年青的工程師們常常不會得到年老工程師(往往是上司)的重視。偶然有機會表達出來，環境又不許可來做研究和改良的工作。因此，我們要求有理想的學術團體，在裏面，非但有完全表達思想和意見的機會，而且有試驗研究的便利，好爲荒蕪的中國工程界，開墾一些領域！

此外，理想的學術團體還貢獻另外許多機會給予會員們。例如，會員的上台演說或是發表論文。會員的著作或研究報告，都能儘量以團體關係向社會提出，使會員有着儘多的表現機會，俾能促進工業的進展。當然，毫無目的的討論或是非常淺薄的問題，是應當絕對避免的。

每一個工程師所應探求的學問，有其深和廣的二面：所謂深，就是他所從事的事業的專門化，在工程團體中為了適合這個需要，可以分成各種專門小組，好像美國的自動機工程師學會中就有各種研究潤滑油或螺絲釘的委員會；這樣，可以獲得深邃專門的心得。同時，團體的存在，更幫助他收獲到廣的益處，使他能看到全國性的工業情況，絕對不會食古不化，而有什麼褊狹的，失去時代意義的腦筋。這是現代工程師的成功要件，而學術團體更是促進成功的關鍵！

在中國工程界中，由於中國社會長期的封建性，缺少開誠布公的熱誠和精益求精的研究精神，學術團體，雖然也有不少，但還沒有把它們的力量發揮出來。這不全是團體本身的問題，却是參加團體的會員們努力的關係。總之，現在不是閉戶造車的時候了，工程師和技術專家們，不論年青或年老，應當參加一個工程學術團體的活動，使自己進步，亦使國家的工業進步。可是，消極的被動的參加一個團體，還是不够的，他必須有主動的熱誠去參加其活動，諸如會議的舉行，交誼的集會，會友的聯絡與個人的貢獻等都要不分彼此，抱着大公無私，親愛精誠的情緒去從事，那末，團體對於會友的酬報是無限，國家工業建設的種種光明遠景也可以是期待得着的了。

美國的著名工程學術團體

成立年份	名稱	簡稱	現有會員人數
1848	波士頓土木工程師學會	B.S.C.E.	695
1852	美國土木工程師學會	A.S.C.E.	21475
1857	美國建築師學會	A.I.A.	3100
1871	美國礦冶工程師學會	A.I.M.M.E.	13427
1880	美國機械工程師學會	A.S.M.E.	21063
1881	美國水利工程協會	A.W.W.A.	6068
1884	美國電機工程師學會	A.I.E.E.	25829
1891	美國鐵路橋樑協會	A.R.B.B.A.	547
1893	美國工程教育學會	A.S.E.E.	4111
1893	美國造船工程學會	S.N.A.M.E.	4317
1894	美國暖氣通風工程師學會	A.S.H.V.E.	4916
1894	美國公共工程協會	A.P.W.A.	1287
1896	美國鑄物工作者協會	A.F.A.	8900
1898	美國材料試驗學會	A.S.T.M.	5798
1899	美國鐵路工程協會	A.R.E.A.	2267
1904	自動機工程師學會	S.A.E.	14714
1904	美國製冷工程師學會	A.S.R.E.	4500
1906	照明工程學會	I.E.S.	4947
1907	美國農業工程師學會	A.S.A.E.	1557
1908	美國化學工程師學會	A.I.C.E.	6300
1912	無線電工程師學會	I.R.E.	18000
1913	美國工業管理協會	A.M.A.	10000
1915	美國工程師學會	A.A.E.	5030
1919	美國焊接學會	A.W.S.	7868
1920	美國金屬學會	A.S.M.	19628
1921	美國安全工程師學會	A.S.S.E.	5300
1932	美國工具工程師學會	A.S.T.E.	18287
1932	航空科學學會	I.A.S.	6483
1934	國家職業工程師學會	N.S.P.E.	13000
1936	改良管理學會	S.A.M.	5023
1938	陶瓷工程師學會	I.C.E.	389
1942	應力分析試驗學會	S.E.S.A.	1100

實際使用的人，是最後的檢定者：究竟你的設計是好，還是壞！

怎樣完成一件優良的機械設計？

Lincoln K. Davis 原著　　黄永華譯

設計者在設計任何機械時，往往會忽略實際製造上的種種技術問題，因此雖是一件很簡單的製品，也常常要花費許多精力，方才能製造成功。其實在設計大多數的機械時，有許多熟知的規則可以遵循。創造力豐富的設計者也許有眞正很超特的設計，但是無論一件設計如何奇妙，一個謹愼的設計者就應該仔細審查設計品，是否疏忽而引起錯誤。諸如：尺寸、材料、與製法的選定，各機件間的相互關係，螺絲鉚釘等緊結物的使用，以及使用時是否安全與便利等。

尺寸、材料、與製法的選定

最基本的原則是在可能範圍內務必選用標準的零件和材料(圖1)，標準的製造方法，標準的聯結機件方法，以及標準的機件表面裝飾(如油漆電鍍等)。

同時，在可能範圍內應選用整數尺寸，并避免不必需的分數或小數尺寸。在沒有必要的地方，不

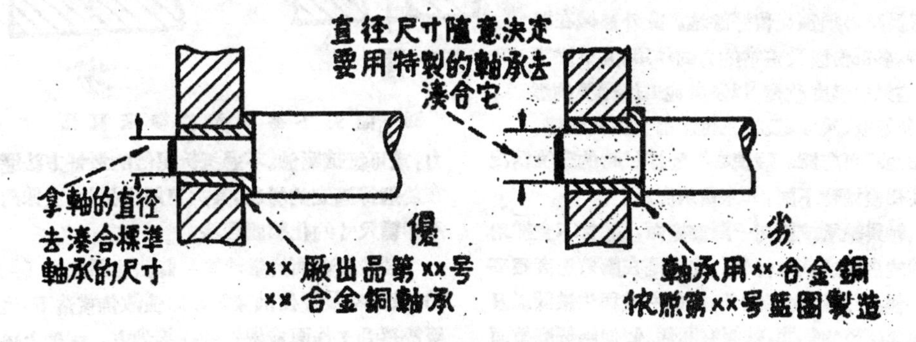

圖1. 採用標準尺寸的配件

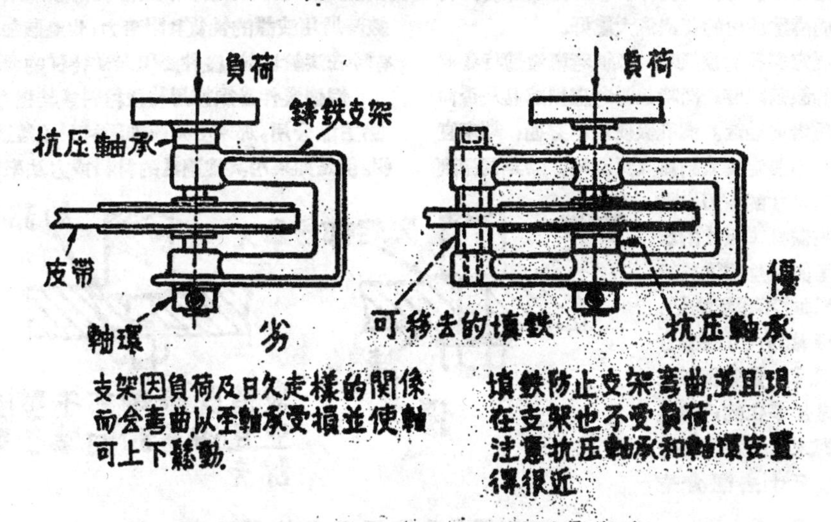

圖2. 鑄件的日久走樣現象要預為留意

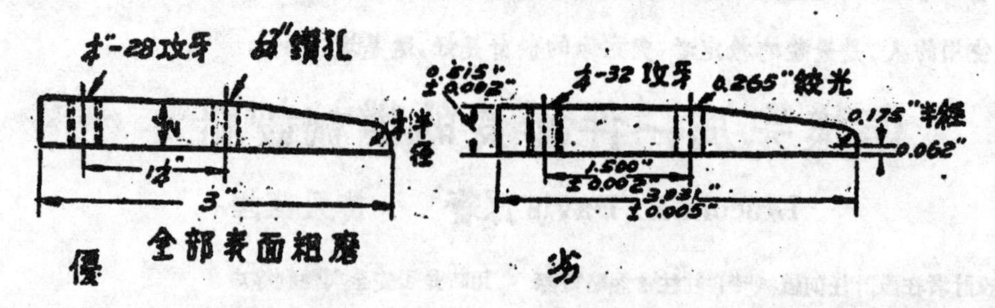

圖3.避免不必要的精細尺寸和表面加工

要規定一種嚴格準確的尺寸，或絕對光滑的表面。有時只要將設計略爲更改，就可以避免原來必須求準確的麻煩，即使因此將原來的設計大爲改變，往往仍是合算的。

新的生鐵製品在放置日久後會走樣（圖2），塑料（Plastics）製品的內部組織也會發生推移現象。對於這種和其他類似的現象，在設計時必須預先留好餘地。此外機械在運用時，各部份因受正常的力的作用，和受熱膨漲，空氣中濕度改變，以及其他工作環境的影響，使形狀、尺寸、及相互位置都有相當改變，這點也不可忘記。假使在裝配機械時的環境情况和使用機械時不同，那末更須注意。

軸與軸承或任何一對磨擦面，通常不宜採用同樣的金屬或其他材料，尤其是在磨擦速度很高的時候。不過這也有例外，例如生鐵與生鐵間以及鋼與焠硬後的鋼間，就沒有關係。假使兩個磨擦面一定要用同樣的材料製造，尤其是非鋼鐵的材料，那末它們構造成份的差異愈大愈好。

在規定洞孔的餘隙時，必須考慮製造時各洞間距離的誤差限度，同時也要考慮製成品是否尙須加以電鍍或油漆。洞孔假使並不穿通，那末直徑的尺寸不要定得太精細（見圖4），除非洞深到可用標準尺寸的絞刀。倘若沒有所需標準尺寸的絞刀，或者能調整的活絡絞刀，假使軸並不很粗的話，可以改變軸的尺寸去湊合洞孔的尺寸。但假使軸的尺寸本是標準化的，並且很粗，那末只能將洞孔挖成所需的尺寸去配合它了。

在軸承的表面上，以及螺旋和需要準確裝配的地方，不宜鍍以他種金屬，除非爲了特殊的原因，例如補救已經腐蝕的軸，鍍鉻可以减低磨擦力，或可抵抗腐蝕。不過抵抗腐蝕的最好方法還是在於選擇適宜的材料，其次可用極化法，或採用並不影響尺寸的化學處理法。

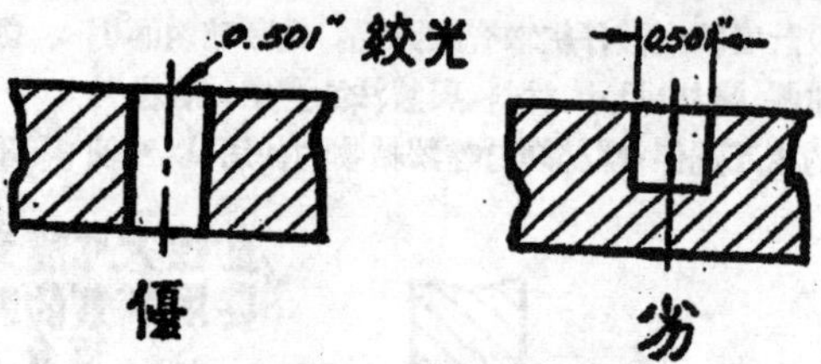

圖4.避免不易製造的準確盲孔

製成品表面的鍍漆等裝飾法也須注意（見圖5）。設計時最好使油漆等物即使散佈或落下，也不至於落到工作面或機件的連接地方。假使上述情形無法避免，那末也務須設法使清除起來容易。漆鍍時所用液體的性質和附着力，也應該加以考慮。有時在漆鍍以前，機件必須先受特種的處理。

假使機件必須採用特種材料或特種方法來製造，方能合用，那末必須將那種材料或製造方法標明。但是如果用其他適當的材料或方法來代替時，

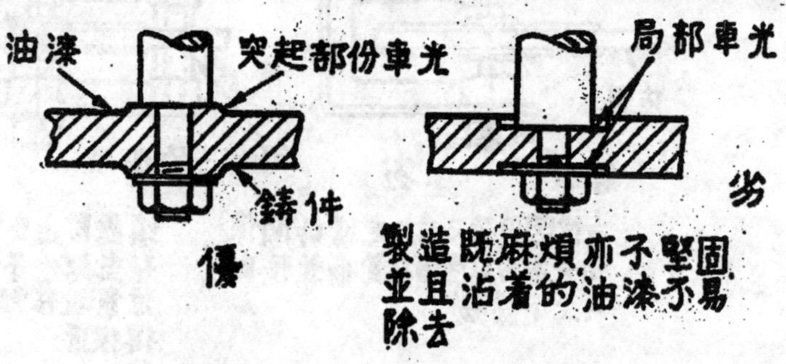

圖5.避免不必要的製造與油漆困難

結果並無影響，或至多不過略爲遜色，那末在設計圖上應該說明可以代用的材料或製造方法。這樣可以節省尋求材料的時間，或者使製造工作更爲簡單，以及減少製造費用。

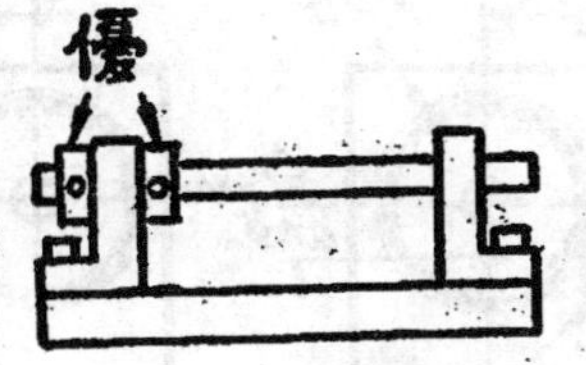

圖6 軸環最好靠在同一個機件上

機件與構架

必須共同工作的各項機件，地位要愈近愈好。不可將它們放在機械底座的相反面。每一單位的工作機件最好是整塊的，否則也要設法使接頭的數目愈少愈好。假使拿接頭作裝配或調節之用，必須規定各接頭在製造時的誤差限度。

軸或防止橫移用的軸環，最好靠住在同一個構架上面，不要分置在各處(如圖6)。這樣可以防止受熱膨漲時機件受損。

假使一根軸祇用一個軸承來支持，那末軸承的長度至少應爲直徑的二倍。必要時可以減細軸的直徑，使軸的斜向鬆動減少(見圖7)。如果軸承所受的壓力不大，而磨擦力務須減低，那末只要減細軸或軸承的直徑；必要時再增長軸承的長度，來得到所需的受壓面積。不過一個單獨的長軸承，究竟還不及二個分開的短軸承來得好。三個以上的軸承須排在一道直線上時，特別要注意到維持對準的方法，或者採用活節的軸接頭。不過假使軸很細，各軸承也分得很開，那末因爲軸很具彈性，所以稍有不對準的情形還無妨。設計時不要忘記使用軸環去固定軸或軸承的位置。軸上若留些高突的肩部，可以作許多用途。

齒輪、滑鈑、以及相似部份之間，如果不要定下太精細的誤差限度，而同時又要顧到日久磨蝕後仍能互相密合，那末必須早爲預備調整的方法。製造的數量並不極多時，製備特種的工具並不合算。如果一定要做成十分準確的尺寸，還不如多加一二個作調整用的機件來得便利(見圖8)。

設計由幾個小機件合併而成的機件時，要設法使它們雖然被磨蝕，但對於工作並無多大影響。或者設法使磨蝕之處可以很容易的加以調整。或者使磨蝕的部份可以拿容易取得而價格并不昂貴的備用品來更換。

螺絲等緊結物

在選定一種螺牙，尤其是尺寸較小的時候，要考慮螺牙的强度是否足够，所用材料是否可以容易地切削成良好的螺牙，以及螺牙各部份尺寸的比例是否適當。鋁等較軟金屬中的螺牙，長度至少應該是直徑的三倍，但鋼却祇要二倍就够了。在軟金屬上攻牙時，要用比普通尺寸略爲放大的螺絲攻，那末金屬可成捲刨去，所成的螺牙亦較深，否則恐怕要發生撕裂，以至損壞螺牙，甚至會扭斷螺絲攻。

普通攻製成的螺牙不可以用來作準確固定或對準司得子螺絲(Studs)、軸承、或其他機件之用(如圖9)。假使一定要用螺牙的話，那螺牙必須是特製的，並且它的長度至少是直徑的三倍。最好還是用突出的肩部或尖削部來代替上述的螺牙。假使此外倘有和肩部或尖削部同時車成的螺牙，共同使用，那末那螺牙雖短些亦無妨。總之，用螺絲絞鈑絞成的螺牙不很可靠，因爲它們的中心不很準，所以不能將機件固定在所需的準確地位。機件攻過了螺牙的部份，不要使它受到剪力及撓屈力。如果機件必須裝得很準，或者須受到剪力，那末要裝用銷釘。這些銷釘最好是可以很容

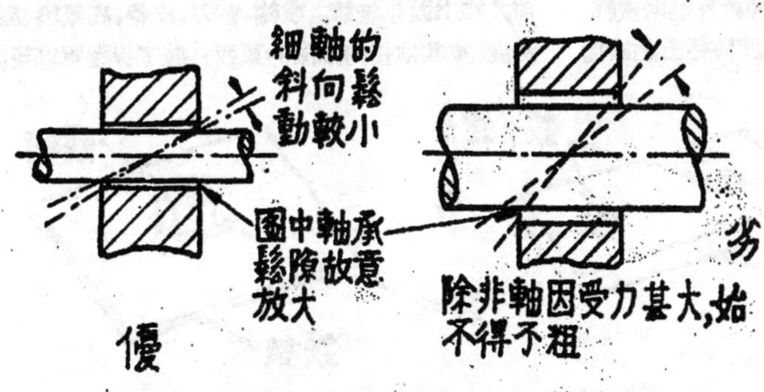

圖7. 單獨軸承的長度與直徑的比例宜大

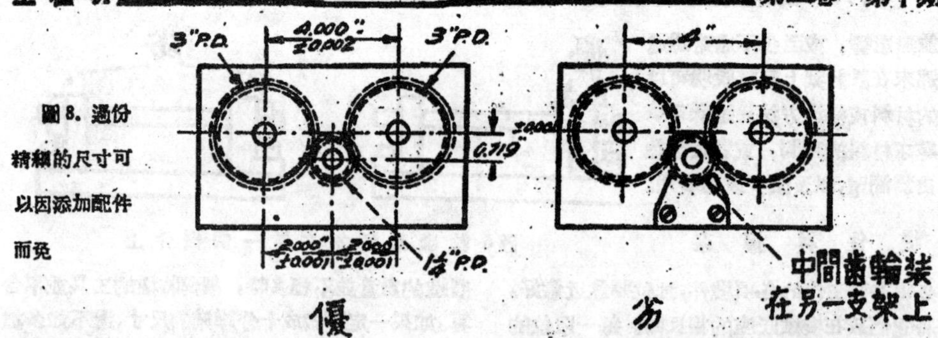

圖 8. 過份精細的尺寸可以因添加配件而免

易拆下的。

使用止頭螺絲時（參看圖11），軸上必須預留一塊平坦的地方，或者在螺絲接觸軸上的地方，將軸的直徑減小。止頭螺絲的地位常要改變的時候，軸上應該裝個套筒，或者在止頭螺絲下端塡塞一個銅或他種較軟金屬的圓塊，以防軸被螺絲弄壞。如果要考究些的話，最好用開口夾筒，用二只螺絲夾緊在軸上。假使機件要永久固定在軸上，可以用

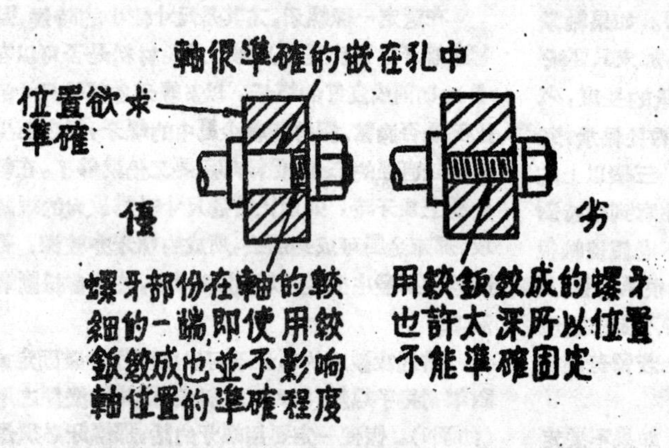

圖 9. 螺牙並不能單獨作準確固定的用途

一根穿過軸的圓銷。如果怕這樣要使軸太弱了，那末祇有使用鍵銷或凹凸槽，或者將機件壓緊或紅套在軸上也可以，不過要留心勿使機件上的較薄部份被漲得走樣。

使用壓緊法時，也要考慮將來需要修理時拆下是否容易。

凡是修理時必須拆開的接頭處，不要使用鉚釘。

多多採用螺帽鈑（如圖10），使修理工作容易。所謂螺帽鈑是一塊鐵鈑，上面有許多孔，孔中鉸有螺牙。螺帽鈑也可以用幾個螺帽焊牢在一塊鐵鈑上而成。一塊螺帽鈑可以用來代替幾個螺帽，雖然較貴，有時仍是値得的；因爲使用很是方便，即使丢去了一個螺絲，螺帽鈑也不會跌下，仍舊留在原來的位置。

非必要時不要使一只螺絲同時將二個機件夾住在另一塊上（如圖11），這樣做時要加多裝配和修理工作的困難，因爲若拆下那只螺絲而要拆下一個機件時，結果可使整個機械爲之瓦解。假使非祇用一只螺絲不可，那末應該用栓釘或可隨意插入抽出的圓銷，使各機件在螺絲拆去後仍能暫時維持原樣。

安全問題

不要使機件上有危險的突出部份，以免有鈎住人的衣服而傷害身體之虞，或白白浪費了許多地位。突出部份不能免除時，要使它圓滑不傷人，或用保護罩罩住。這種保護罩要做得相當堅固，方能受得住偶然的敲擊，並且人倚靠在上面也無妨。齒輪、割刀、皮帶、高電壓、高熱度、或其他任何危險的東西，裝了保護罩以後，

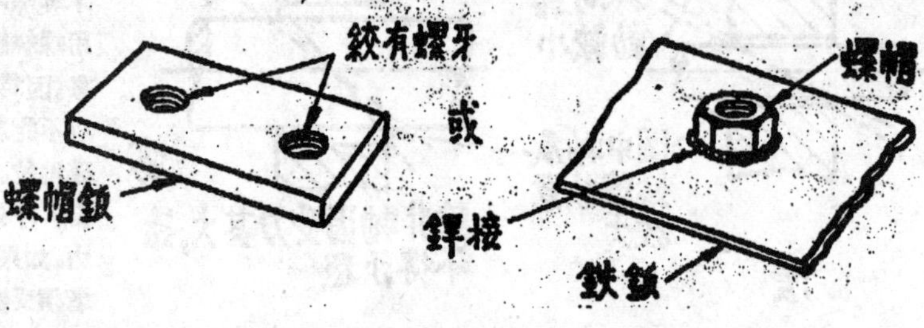

圖 10. 採用螺帽鈑

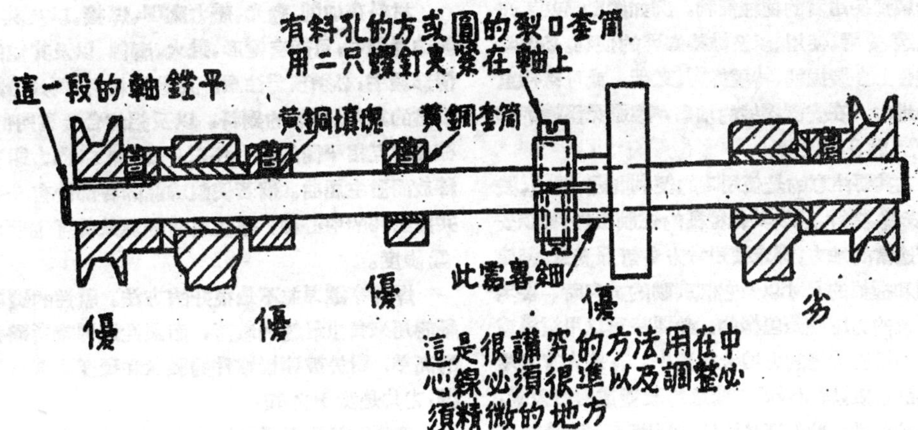

圖11. 止頭羅司的使用

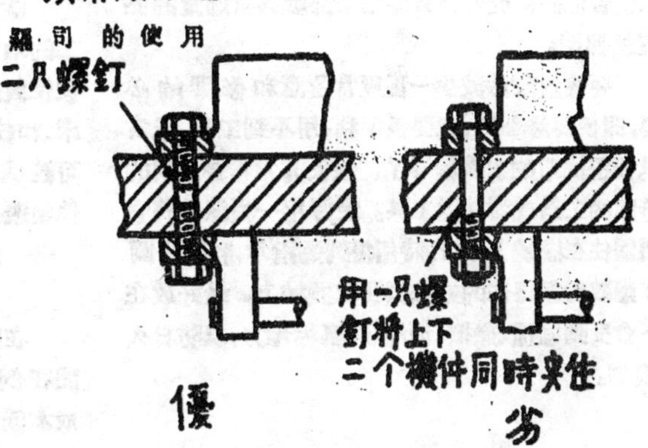

圖12. 不要使螺釘做加倍的任務

往往可以多裝一個機關，使保護罩拆下的時候，機械不能運轉工作，以保安全。

在設計機件的時候，安全因數愈大愈好。這樣不但增加了機件的强度，並且也增長了機件可用的壽命。假使沒有其他的理由，最好要使實際工作時受五磅力的機件能受得住五十磅，或使原定一百工作小時壽命的機件能工作一千小時。這個道理適用於機械的任何部一份，就是表面的裝飾髹漆也應如此。不過這樣做得太極端了當然也是不好的。設計時還是要參照良好的比例，不要使機件太笨重。

機械在任何時候都應該得到適當的潤滑，尤其是機械剛剛開動，尙未煖和的時候更要緊。有人估計汽車引擎的磨耗，有百分之九十是在每次開動後的最初五分鐘內發生。軸承務必要保持清潔，封閉緊密，使塵垢不能進入，潤滑油也不能漏出。在軸承的封閉口以外，最好再要佈置一道圍罩，防除大部份的塵垢侵入，因而封閉口不易損壞。

再想一想所設計的機械是否受下列各種環境改變的影響：如溼度、光線、溫度、塵埃、烟霧、震動、顚倒、移動、磁場、電磁場、以及久放或擱置不用等。這裏面包括儲藏和搬運時的環境情況，這些情況也許與設計機械時所假定的使用時環境情況大爲不同。

有的工匠在使用或修理機械時，手脚很是粗魯，所以對於機械的精巧部份，在設計時要預先想法保護。假使機械會因爲工匠動作粗魯或過度負荷而損壞，那末各種控制機關、活動機件、以及調整裝置等，都應該有靠得住的止楔、脫開裝置、或是利用摩擦力、彈簧、或細弱可斷銷子的鬆脫裝置，使機件不至於受損。在某種機械上，左旋的螺牙務須註明，例如用箭頭註明向左旋是『鬆弛』，這樣可以避免拆卸或調整機件時的錯誤。

便利問題

設計者對於他的一件設計工作，也許自認爲已很滿意了，但他很可能會忘記一件事，就是他所設計的東西，是要拿去給別人使用和維持修理的。假使一件設計品在各方面都很完美，但設計者卻忘了使別人便利的這一點，恐怕很難會有人來買他的東西的。機件如果磨耗得很快，壽命較短，但只要使用起來便利，維持修理和更換零件也很便利的話，仍是有人歡迎的。

從產品剛剛離開工廠的頃刻起，設計者就要

事先顧到使用者的種種便利，例如搬動、包裝、舟車運送、安置、使用、以及維持修理的便利。必要時在機件上多裝握柄、特種撐脚、支架、或可支持重量的地方。在安置機械的地點，應避免怪樣的欄鋭、管、軸等的連結。

尤其要注意的是使用時的便利問題。握柄、機鈕、表盤、指針、以及其他種種的控制機件，都須安置在適當的地方，那末使用者方會舒服滿意。選定機鈕和握柄的尺寸以及它們旋動的方向時，要考慮所施的力應該是怎樣的。必要時可以用槓桿或齒輪作用使所施的力增大或減小。有些人有喜用左手的習慣，所以最好有簡單的改變或兩用裝置，來適合他們。此外在必要地點都應該有適量的亮光去照明。

要儘量設法減少一種經常留意和修理的必要。即使要修理時，也要很便利，用不到工具，或者只要很簡單的工具就够了。假使有常常要用到的特種的工具或者某種工具，最好用一根鍊就將它們繫住在機械上。工作時用得到的指示，和線路圖等應該用靠得住的方法標明在機械上，最好放在不會受到碰撞、磨擦、油汙、和塵垢地方，以防日久模糊。

製造方法

設計時要考慮到自已廠中所備的機器和辦得到的製造方法。有時非要增添些設備不可，但有時還可以將一部分工作包給外面的廠家做來得更好。不過最好還是儘量利用自已廠中的設備，甚至於雖將設計加以相當的改變，還是合算的。

材料在切削、磨光、熱力處理、焊接、以及其他製造過程中，可能有變形、退火、磨蝕、以及其他的情形發生，必須預爲注意。某數種材料，例如冷輾冷壓的鋼料、輾成的鋼料、以及鋁的合金等內部，往往有互相平衡的內力存在，一經加工，內力即被釋放而發生屈曲。倘若使製成品的各部份有一根共同對稱的中心線，這種屈曲的現象就可減到最低限度。

焊錫等鑞焊並不是很好的方法。軟性的鑞焊祇能用來負担最輕的載荷，而硬性鑞焊時所需要的高熱，對於被連接物件的强度和硬度會有壞影響，尤其是黄銅之類。

儘量避免需要手工的工作。至於一定需要手工的地方，務須使普通的工具使用起來並無妨礙。假使製造的件數很多，那末不能用車床、鉋床、銑床、和絞刀做的工作，可以用特種的拉刀來完成，可較手工合算。在決定一種機件的彎曲成形或其他製造工作時，要顧到金屬的紋路和其他特性。

七個條件

在設計的過程中，要時時將以下的七個條件記在心頭，就是：(1)使用可靠，(2)成績優良，(3)成本低廉，(4)修理容易，(5)使用安全，(6)維持便利，及(7)式樣美觀。一件設計完成的製品假使果眞被別人所稱讃，那一定是因爲它符合以上七個條件的關係。此外雖然還可以多加些條件，但這七個條件通常已可用來鑒別一件設計品究竟是否合乎理想了。總之，設計工作最要緊的一點，就是在於使實際使用的人滿意。

蘇聯鋼鐵工業恢復戰前生產水準

蘇聯南方鋼鐵工業的中心地區，在戰爭中受到了極大的損害，但目前已在努力恢復生產中了。他們在本年年頭上已恢復了25個鼓風爐，67具平爐和46架輾鋼機，同時也準備在1950年年底再建造36個鼓風爐，73具平爐和61架輾鋼機。他們每月的生產量總要超過數十萬噸。下表爲1946年中的產量與1945年產量比較下來的增加量百分比：

	總增加量	在南方地區的增加量
銑鐵	12%	59%
鋼	9%	67%
輾鋼	13%	57%

在恢復中的許多裝置，現在同時進行着重建工作，這樣可使效率增高，同時煉製手續更趨于機械化，生產量自可增高。到本年底爲止，他們自信可以抵達戰前生產的水準。

大熱天，損壞了電冰箱應該怎麼辦？

檢查電冰箱的弊病

·安弦·

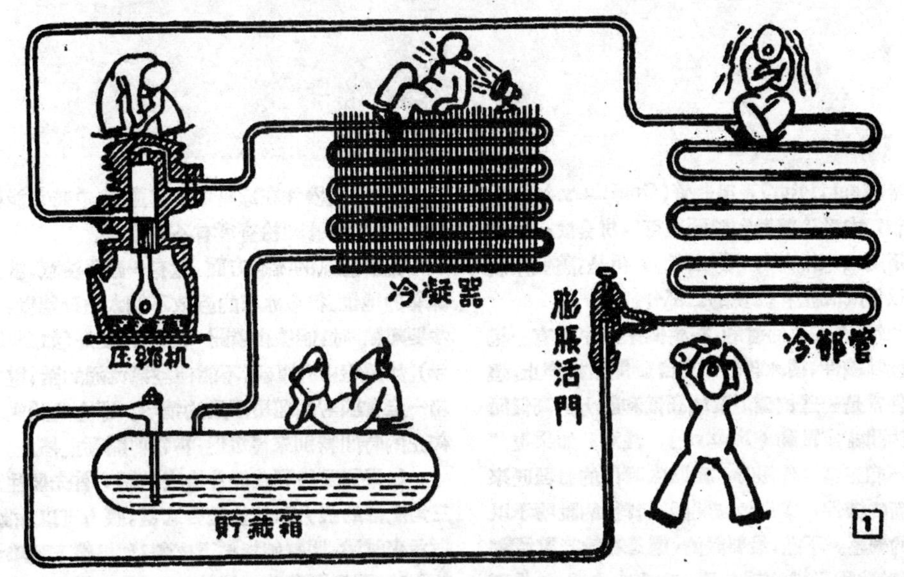

簡單的電冰箱原理　可以在這張圖中看得：冷劑在壓縮機中壓高成高壓氣體，經過冷凝器變成液體，貯于貯藏箱中，以活門調節通入冷卻管，在其中蒸發，使整個冰箱發冷，然後退同到壓縮機，完成循環。

家用的電冰箱，正像任何複雜的機械一樣，是需要經常的檢驗和確當的維護，方才能獲得它底最好性能，和最有效率的服務。有幾種冰箱上的修理，并不需要把整個冰箱都拆開來，或是把所有的冷劑都打出來的，那末就不必請教專家來修理，僅是家用的幾種工具已是足够了。（注意：如果冰箱的整個系統損壞，那是需要特殊的裝置，才能拆開，而管子中的冷劑常是有毒的氣體，不是有經驗的人去拆開整個或一部分管子，那是很危險的！）這裏所介紹的一些檢查和維護方法，是適用於平常的弊病，不需要拆開整個機械的情形，所以對於略具機械知識的人，都可以應用。

在沒有動手檢查冰箱之前，應該把電冰箱中冷劑循環的原理先了解一下（參看圖1），在壓縮機（用電動機來拖動的）中所吸入的是一種溫暖的低壓蒸氣，經過壓縮後，溫度和壓力都增高了，於是通入冷凝器，在其中蒸氣變成了液體，同時也部分的冷却。然後貯積於貯藏箱，這一個箱子可根據需要，來供應以適量的冷劑。通到冷卻管蒸發之前，有一個膨脹活門，這活門是用來調節液體的。冷卻管是一圈圈的蛇形管，一方面圍繞了結冰格子，同時又使整個冰箱冷卻。經過冷卻管後，液體又變成了溫暖的蒸氣，重新進入壓縮機，恰巧完成一個循環。

這一個循環，整個可分成二部分，自壓縮機至活門（或別種類似的調節器），是受到壓力的高壓部分；自活門以後，壓力及溫度均減低，可以說是冰箱的低壓部分。各種冰箱的構造也許有不同，如活門可以用

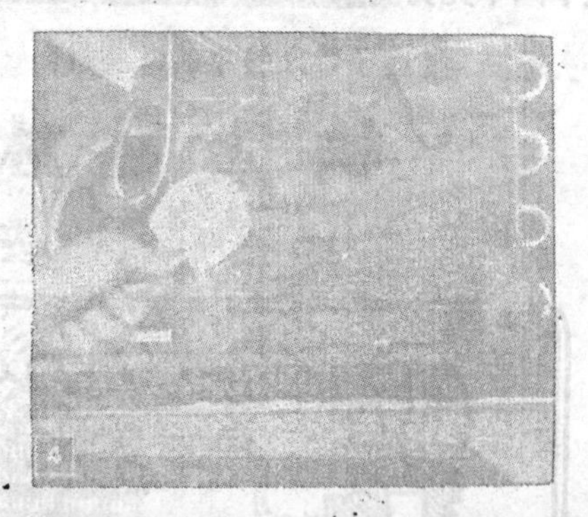

節制器(Restrictor)及毛細管(Capillary tubes)來代替；或者冷凝器和貯藏箱可以併合成一個機件而用風扇來冷却(如圖4所示)；但是，整個系統總可以分成高壓和低壓的二部分。

此外，還需要知道的，在整個系統中還有一組自動控制機件，使冰箱的作用自動開始或停止。這種機件常是一些依據溫度的高低和壓力的高低而作用的開關或電驛(Relays)，注意，如果這些機件不能正常地作用時，應該由專門的修理匠來更換新的機件，或是根據開關箱背後的說明予以適當的調整。不過，最要緊的，還是在檢查電源電流，并試驗電動機的轉動是否有失當之處。如果可能，當檢查接線是否有短路，接地，或斷電之處。如果在一種封閉式的冰箱中，電動機和壓縮機是完全密封在鐵罩內的，那末損壞起來，只好整個單位一起調換了。開式的機件，往往是壓縮機和電動機之間用一根V字皮帶聯動的。半封閉式的機件，那末是二者的混合物，即壓縮機是封閉的，直接與露開的電動機聯動。不論何式機件，壓縮機可能有二種式樣，一種是往復動作的，其構造與汽車引擎相似；另一種爲旋轉式的壓縮機，却與離心力泵相似。

效能高超的機械總是清潔的，所以在電冰箱中每一樣機件——不論壓縮機，冷凝器，貯藏箱，調節器或冷却管子等，都毫無例外的需要保持清潔。塵埃油污的積集可能造成一種絕熱體，或是阻止空氣的流通，使熱的傳導發散十分困難。對於冷凝器言，更是顯得正確。不論何種式樣的冷凝器，須常以刷子將積集在上面的油污刷除乾淨(如圖4所示)，務使各葉片之間并無阻礙物，同時需觀察風扇葉子是否有扭曲現象，必要時，應加以糾正，使作用正確。在檢查并清除冷凝器時，應將電源斷絕，因爲各項機件在冰箱中是自動的，有時可能轉動起來，對於修理檢查者有不少損害。

關於空氣的流通方面，還有一點要注意，就是冰箱的地位。很多冰箱的置放不能太貼近牆壁，至少要離牆3吋，能夠多離開一些地位更好(如圖2所示)。如果室中有阻礙，不能使空氣流通的話，電冰箱一定有顯著的運用不靈的情形，即它的開動和停止的時間特別來得短促，常常要開動或停止。

如果需要將開式機件檢查的話，首先要注意三角皮帶的張力和地位是否適當。張力可以如圖所示來試驗，即將姆指壓下皮帶；如果壓下距離大約½吋，那是顯示着有適當的張力；如果過分寬鬆的話，就要因皮帶打滑而損失動力，皮帶地位的調整，可以在壓縮機皮帶盤側面上放一根直尺，與電動機皮帶盤側面比較，觀察其是否平行不歪。如果皮帶鬆弛或歪斜，就需要更換，即將電動機的固定螺絲放鬆，向壓縮機一側推過去，皮帶便可鬆下來，調換新的皮帶。要注意的是，新皮帶裝好之後，仍需按照上述方法校準其張力及地位，新皮帶用過一些時候之後，會引長一點的，所以也要預先留意。

雖然很多的電動機不大需要經常的潤滑加油，但是如果任其乾涸而仍運轉的話，軸承部分就會過熱而燒毀。電動機的加油可按照冰箱說明書上所指定的方法去做；但是不當加入太多的牛油或滑油，因爲如果這樣做，也會引起過熱現象的。還要小心的，油脂慎勿落在三角皮帶上，因爲三角皮帶的橡膠會因此而毀壞。在一切都校準好，加油加妥之後，可將固定螺絲旋緊，以免在轉動時引起過度的震動。

有時發現壓縮機運轉不息，或是運轉的時間過長。它底原因也許是因爲冷却載荷過分太大，(就是溫度太高)， (下接第14頁)

維他命丙的工業製法

趙國衡譯

原載 Industrial Chemist 三月號

在四百年前探險者及航海者知新鮮水菓和蔬菜有預防和治療壞血病(Scurvy)的效力，1535年曾有人用加拿大樹皮和葉煎汁治愈壞血病；1593年霍金氏(Hawkins)發現檸檬或桔子亦有同樣効力，至1907年霍耳(Holst)和弗立邪(Frolich)兩氏以白鼠作壞血病實驗，於次年則分離得單純之維他命丙結晶，名之爲(As corbic acid 或 Hexuronic acid)1933年哈瓦斯(Haworth)和漢斯達(Hirst)兩氏發明綜合法，維他命丙之化學研究遂告大成。

1939年英國廠羅氏(Roche)首創建製造維他命丙工廠關於設計及機械方面頗多特點，堪供一述。

廠房構造採取上下二層之鋼窗並在屋頂安設一排窗，故室內光線異常充分，全部機械分三層裝置，每層裝有平台以便工作。最高層爲清涼茶糖(Sorbose)及丙酮之冷凝器，初級丙酮(Acetone)收回塔，以及古耳酮酸(Keto-gulonic acid)濃縮器；中層爲溶劑收回器及古耳酮酸氧化器；其餘器械均在地面層(見圖五)。

主要反應可分四步：(1)自左旋清涼茶糖(l-sorbose)(係由右旋葡萄糖製造)與丙酮縮多製成二丙酮清涼茶糖(diacetone sorbose)；(2)氧化作用得二丙酮左旋古耳酮酸(diacetone-Keto-l-gulonic alid)(3)受氣體 HCl 作用而成維他命丙(4)粗製品之精製——用活性炭過濾及重結晶。

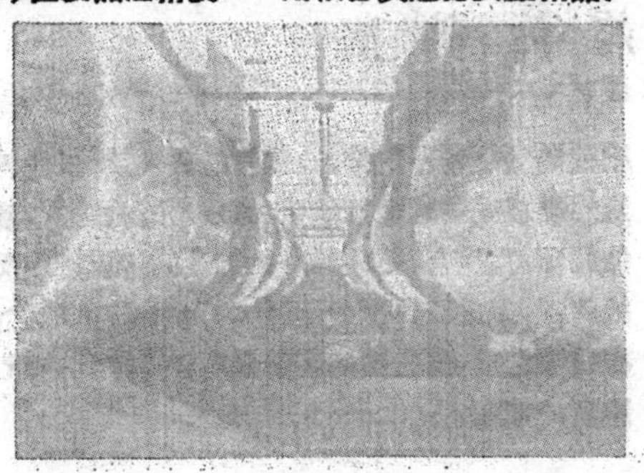

丙酮之收回

在各階段所用之丙酮溶劑均以不銹鋼製之蒸溜器收回之，並除水至99.8%送至地下室中儲藏(圖4)。

蒸溜餘液爲濃縮之二丙酮清涼糖液再由第一蒸溜器注入第二分溜塔，即可除去剩餘之丙酮及其他什質，製成糖漿，其中所含之單丙酮清涼茶糖(mono-acetone sorbose)，需加水稀釋糖漿，再加溶劑吸取二丙酮糖而將單丙酮糖留存水溶液中，分離並蒸溜丙酮液即得，初步蒸溜係在大氣壓下進行，繼之逐步抽成眞空。

單丙酮糖液如蒸溜後除去水份仍可注回反應器中以維持平衡反應。

氧化反應

二丙酮清凉茶糖之氧化作用係在一雙層容器中進行，體積爲三千㖊，用過錳酸鉀爲氧化劑，溫度藉夾層水流以調節之，反應前先加氫氧化鈉液使成鹼性，然後加粉狀過錳酸鉀，待全液色淡至粉紅色，雖不反應完成即可停止作用，通入二氧化碳氣中和剩餘之鹼，生成之二氧化錳用木質濾壓器濾除之，濾液及洗液合併，中含丙酮左旋古耳酸鈉，盛於眞空蒸發器中濃縮之。

眞空蒸發

上述之鈉鹽遇熱易分解，故蒸發時需在低溫短時間下行之，在蒸發器內鈉鹽液之注入係受蒸發噴管之吸引力而噴出（見圖）如此一面可以預熱一面噴出時即可受劇之拌攪作用。

由鈉鹽製取古耳酸之前因氧化作用生成之草酸鹽 (Oxalate) 可用氯化鈣沉澱之，放置後傾出澄清液，注於玻璃裹層之夾層容器中，用鹽水保持低溫，於是加入硫酸使古耳酸沉澱，藉離心機分離之，以次水洗滌，結晶置於鉛製旋轉乾燥器乾燥之。

維他命丙之粗製

溶丙酮古耳糖於三氯甲烷中，通入氣體氯化氫，並不絕拌攪之。

反應進行時維他命丙逐漸析出，完成後將全部移入一內表面用全銀製成之離心機中分離液體。濾體爲玻璃纖維，全機密不透氣可防三氯甲烷之逸散。

上述之氯化氫氣體係用硫酸加於食鹽中製成，使之經過硫酸塔以除水份。

維他命丙之精製

粗製品之純度約爲96%。可溶之於水成飽和，加活性炭以除色，藉二氧化碳氣之壓金經過一陶質濾器，濾液注入一由鹽水冷卻之瓷或玻璃器皿，任維他命丙結晶而出，用銀質離心器分濾之，並用甲醇洗滌再乾燥之。

母液含有維他命丙約20%，可用眞空法濃縮之，冷後藉離心分析並結晶以得純維他命丙。如此反複行之，待廢液無用爲止。

在上述各步驟中自倘有足以改進之點，例如用次亞氯酸鹽 (hypochlorite) 代替二氧化錳亦可。

各部要點如下：

(1) 各原料大都係不穩定物質故溫度之管理應十分注意。

(2) 各步冷卻或加熱均用夾層容器不用蛇管。

(3) 加熱蒸發時必利用眞空法以求最低溫度，避免製品之分解。

(4) 各種容器均爲瓷，玻璃，不銹鋼或銀質製以免影響純度。

(5) 使用多量之易燃溶劑，故應特別注意防火設備，例如地下室儲存丙酮(圖4)裝有二氧化碳噴管，如遇火警即會自動噴射，收滅火之效，溶劑之輸送均由遙距離管理之。

(6) 各部所用之蒸氣，鹽水均由一中央供給室管理之，由地下管輸送各處，如此可以節省許多人力及保管費用。

檢查電冰箱的弊病

—（上接第12頁）—

或是因爲冷凍食品地位放置在阻礙流通空氣的地位，使只有冷卻管部分的一點地位受到冷卻的效果。須當心放置冷凍物的地位，同時其溫度切勿超過室內溫度以上。

還有二個小修理，也是我們能够做的：第一是冰箱門周圍的襯片，如果發現有鬆落的現象，應該及時調換，否則易使冷空氣自冰箱內逸出，以致使壓縮機的運轉不會停止。襯片的更換，可以先將固定的螺絲或金屬邊框除下，再嵌入新的襯片，重新裝好即可。還有，是冰箱外的油漆剝落，可用同色的噴漆，或珐瑯膠(Porcelain enamel)修補之，但在補漆之前，須先將剝落部分用砂皮打光，纔可有滿意的成績。

工程畫刊

船是怎樣造成的？

高智熹 王樹良 合編

（本期畫刊圖照承英國新聞處供給）

(1)所有船隻之建造始於製圖，造船所需之重要圖樣計有下列幾種：1. 側面總圖及各層平面佈置圖，2. 船身中部之截面圖，3. 以三方向剖面線條表示之船體線型圖。此等圖樣係由繪圖員按照船隻所有者指定之大小，載重及船型式樣設計而得。圖示一船廠之繪圖室，左方有一工程師正在船模上測度，以便向鋼廠定購船殼鋼板。

(2)船廠繪圖室對每一船身結構之細目均以縮小比例圖繪出之，至於鉛管裝置，電線裝置，通風設備及船艙安置等均另有分圖分發給各有關之構造部門。圖示一29,000噸客船之中部截面圖。

(3)圖爲模樣間。船體線型圖自繪圖室送達模樣間後即在地板上放大爲實際尺寸，如此可看出在縮小比例圖上之船形實際放大足尺後究竟是否完善。圖中放樣員正在以木條描劃一29,000噸客船之船板殼。

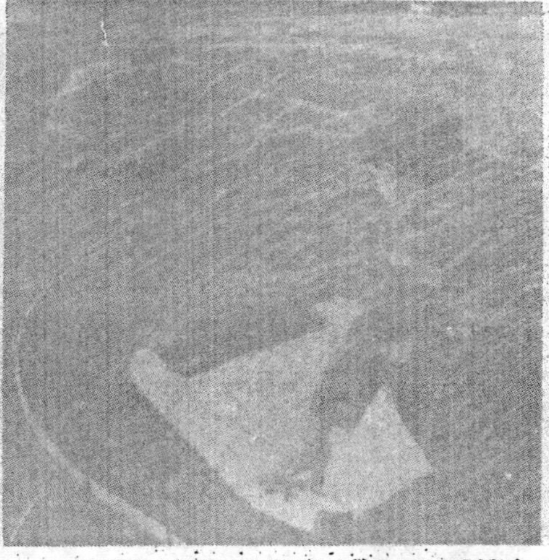

(4)放樣完畢，如無問題，船身之肋骨線條即可複在彎肋骨部之大木板上，圖中一軟鐵條正在依樣彎曲，以此作成型條而將出爐之熱鐵彎成肋骨。

船舶之家—

(5)木板搭成之架子預備將龍骨板之前端加以定形。

(7)骨架搭好後，可以安置雙重底搪板了。

(6)甲板之橫樑跨越逐一橫肋骨，接合安成船身之骨架。圖中一橫樑正由工頭指揮起吊安置。

(8)圖為一水力鉚釘機，迅速便利，一二人即可管理。

造船廠巡禮

(9)鋼板在剜切成形之前先做一木樣板，吻合於實際正在建造之船身。

(10)一塊鋼板正被切成所需要之大小形狀。軋切機通常用電力拖動，鋼板由架空之吊車搬動。

(11)沉重之輥筒將鋼板之邊緣軋成隆起，一方面可以增加鋼板之強度，另一方面在與他部份搭接時可以獲得不少便利。造船廠有時並利用輥筒使鋼板彎曲適合船之外形。

沿海八千四百餘浬，誰來聯繫？

船兒，船兒，祖國實在需要你！

(12)船隻完工後準備下水。圖示下滑道上正在塗上潤滑之牛油。船隻之重量從龍骨墊塊逐漸移於龍骨兩邊之下水道上。下水道包括一固定之下滑道及一帶船進水之上滑道。

(13)圖示一下水架之前枕木。有一電線沿船邊通至船底墊塊抽動架上使船可以受命令而滑入水中。

(14)在龍骨安置後八星期，所有肋骨及隔艙板已築至前艙。

(15)圖為英國船廠中之巨大起重架。

人類怎樣來克服機械中不必要的摩擦力？

滾珠軸承和滾子軸承

減摩原理——種類和應用——製造法和檢驗法——選擇和裝折

——請參閱本刊二卷六期工程畫刊——

梅志存　顧同高

人們發明車輪，可說是克服摩擦最早的大勝利。但是起先車輪的構造非常簡陋，此後直到最近爲止，也一無改進。第一只車輪可能就是樹幹的橫截片，在中心鑽一圓眼，這眼子或許是用火燒成的，裝配着粗製的車軸。

這種簡單的車輪不能旋轉得過快或載荷得過重。因爲車軸直接承負着它，滑動摩擦力使輪心和車軸很快地磨耗。於是車輪搖擺，旋轉鬆弛。最後車輪脫出，車輛便傾覆了。

早先的人們用動物脂肪潤滑車軸以減少摩擦力。不過這種潤滑方法效力很低，當轉動所生的熱量積聚之後，很快就把脂肪灼焦。並且當車軸靜止的時候，潤脂向軸的底部沉降，未幾就被擠壓了出來。如此就非時常添加潤脂不可。

直到二十世紀初期，大多數的輪子還是根據滑動原理工作的。雖然輪子本身是滾動的，它的軸和輻之間仍互相滑動着。只有把輪子安置在裝配滾子和滾珠的軸承上——當輪輻和軸之間互相靈活地滾動時——動力才眞正開始被經濟有效地利用了。

要明瞭軸承究竟怎樣充當運動部分的鋼墊，只須用一枝長尺去推動一本平放在桌面上的厚書。然後放兩枝等粗的鉛筆在同一本書的下面，再依照和鉛筆垂直的方向去推動它。當書直接平放在桌面上時，書面和桌面的每一接觸點都有摩擦——兩個接觸面間的運動阻力。當鉛筆放在書下時，滾動代替了滑動，所以比較容易推動。滾珠和滾子運動靈活，就是因爲它們和摩擦面的接觸部分，只不過是它們表面的極小一部分。

現在，不需要摩擦地方的摩擦力少得多了，因爲大大小小的滾珠和滾子正承負着各式各樣機器——從軋草機到鐵路機車——的壓力滾轉動的部分自由地轉動着呢！

在什麼地方應用着滾珠和滾子軸承？

目前眞正在使用中最小的滾珠軸承，要算是精密電氣規和高倍顯微鏡中所用的了。它小得簡直可以穿過縫針的細眼，而且也不必十分大的縫針。

最大的一種滾子軸承是用在巨型壓床（press）中的。壓床就是把鋼鐵軋成薄鈑的機器。這種軸承的直徑竟有五呎之譜。

其他成百成千萬的滾子和滾珠軸承都在急旋着；使脚踏車，自動電話機，眞空除塵器和洗衣機器中無用的摩擦減到最少的程度。

每一輛汽車中配着25到30個減摩軸承（anti-friction bearing）。在商用航空機中差不多要用到2500付精密光滑的軸承。

最奇特的一種應用是一幢裝有滾子軸承底脚的建築物。用意是遇到地震時，建築物不至於受地動的影響，得以穩定，這種軸承能承受從各方向來的震動力。

有一種小刀能够把人體組織或動物組織分割成像人髮的500份之一那麼細，便是在滾珠軸承上旋轉的。

不久以後，直徑64分之一吋的鋼珠就將代替錶中的寶石軸承了。它們由特種鉻合金製成，不會像習用的石英或寶石那般容易碎裂。

差不多每一種人造的設備，無論是滾動的，浮航的，或飛行的，只要有轉動部分，便都可以裝配滾珠和滾子軸承，使摩擦減到最小程度。

當大戰最後二年間，單是供給美國軍事設備，每月就製成了 30,000,000 套以上的滾珠和滾子軸承。今日約佔全工業產量72%的這種軸承都裝配在火車，汽車，飛機和公共汽車上，使我們乘坐時更平穩更舒適；滾子和滾珠軸承應用領域之廣也可想而知了。

滾子和滾珠在軸承中的構造是怎樣的？

單獨滾子或滾珠并不能成爲一個軸承。譬如說，光是把滾珠放在輪和軸之間，并不就能解决摩擦的問題。

那些滾珠是裝在兩個同心鋼環之間的。環上刻着槽，它們就在槽中滾動着。通常它們之間還裝着扣環(retainer)或分隔片 (separator)，使彼此不致互相摩擦。在滾子軸承中，也用着這些零件，只不過滾珠換了滾子罷了。

軸承所受的載荷有那兩種？

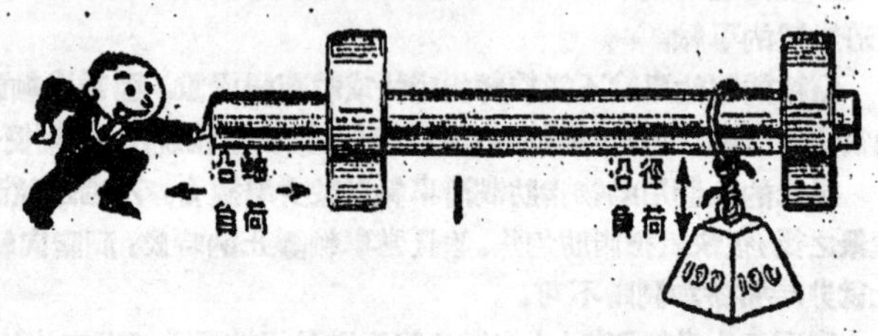

隨便那一種軸承，所受的載荷(load)總不出這兩類：推力的(thrust)，或沿徑的(radial)。推力載荷就是與軸平行的推力或拉力；沿徑載荷則是橫過軸心的；這兩種載荷在圖1中可以明白其分別。在大多數動力工具機上，所受的載荷都是這兩者的組合。例如，在木車床上的載荷本來是沿徑的多，但是在做像搪孔 (boring) 等工作時，便同時也帶有推力載荷。選擇軸承時對於載荷的性質，必須先加以考慮。

最先用在脚踏車和汽車上的現代滾珠軸承是屬於斜角式 (angular type) 的可以担負推力，也可以担負沿徑載荷。它的內環裝在輪軸上，外環裝在輪輻上。現代的減摩軸承要担負各種各式的載荷，它們必須要適合各種地位的限制，同時還得滿足千百種的需要。這就是爲什麼要有這許多種標準式樣的緣故。

用在千百萬部機器中的減摩軸承，有着三萬多種不同的尺寸，式樣，和規範。但是無論範圍如何廣泛，每個軸承的公差(tolerance)，依照它的尺寸大小，都精密到千分之一以至百萬分之一吋。

這種軸承怎樣來製造？

軸承的滾珠是用優質鋼線製成的。各種尺寸大到四分之三吋直徑的滾珠，都是先把鋼線切成短截，然後放在杯形鏌內壓成珠形的毛坯。

在兩塊壓鏌縫合的所在，坯珠上凸出的一圈金屬，就在油液中除去。這圈多出來的金屬並不是磨去，而簡直就是輾除的。

如果滾珠的直徑是$\frac{3}{8}$吋或是更大，便須要經過硬化處理，以去除加熱時因鋼的晶粒組織被擾亂而引起的應變(Strain)。滾珠先放在電爐中加熱，然後趁熱浸入油液或水中，使它急速冷却。

這些鋼珠還要再被磨過，受過熱處理而經過最後的精密研磨。於是它們的尺寸之間，也許只相差到一吋的一小部分，面上是像玻璃一般地光滑了。

爲了要使鋼珠的尺寸大小完全一致，就得把它們放在石灰水的圓桶中顚盪。珠和珠互相滾擦着，這樣的研磨作用，使得它們的直徑小去極微的一部分，並且磨成像鏡子一般地有光輝。要得到超度的光輝，須再把鋼珠放在羊皮製革上顚盪磨擦，就更耀目了。

受過訓練的檢查員使用精密的規尺和其他專門儀器，檢查鋼珠有沒有什麼切傷，裂紋，凹陷，不圓和軟斑等等瑕疵的地方。

末了，鋼珠必須依照尺寸的大小，仔細分檔歸類。如果它們的精確光滑度相差到萬分之一吋以上，它們之間所承負的力就可能不平均。

完全精確的配合

軸承的內環，外環和扣環也都處理得有同等的準確度。爲了要使滾珠或滾子在滑潤的滾槽中平穩無聲地滾動，每一部份品必須完全配合，不可有絲毫差別 以致引起摩擦。

有些軸承只有一排滾珠。這種式樣的滾珠軸承是配在鑽床，壓床，汽車引擎和割草機的軸上的。

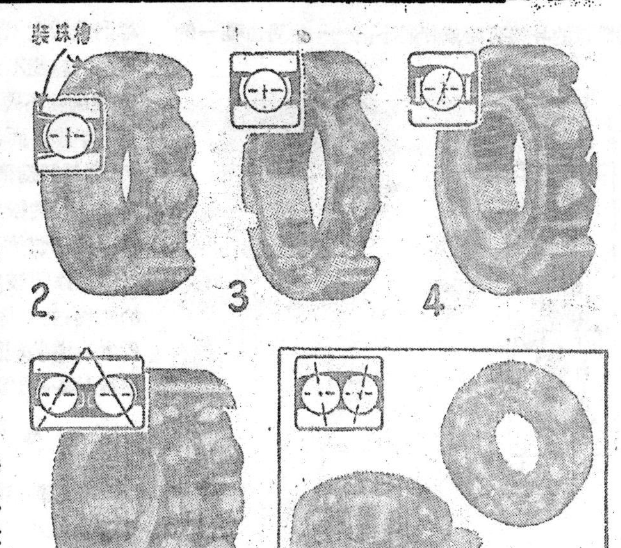

有些軸承有兩排滾珠。這在機軸位置需要高度準確的場合，就特別勝任有用，例如磨床指軸上所用的就是這種，還配金屬扣環使摩擦力減少，機軸轉速因之每分鐘可以高達30,0,00轉。

軸承的運動部分都需要仔細添加潤脂，使它得以轉動靈活平穩並且經久耐用。有時，滾珠的外圈用金屬片遮蓋着，使潤脂不致因壓擠出，並且可以防止泥污和灰塵的侵入。

有許多軸承滾子的形狀是大小均勻的。這就叫平直滾子軸承(Straight roller bearing)。在巨重載荷的場合，就須借重它們。

有的軸承滾子却是一端較大，它們和斜軸承組合之後，可以担負側面推力，沿徑壓力和這兩種的合成載荷。

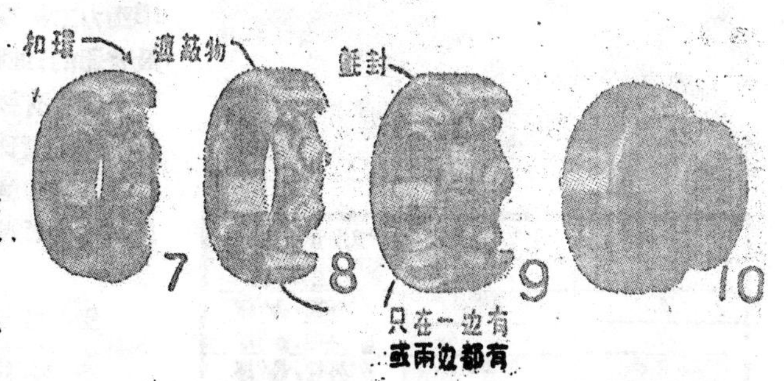

在機軸用作內環的場合，就得配裝滾針軸承(need bearing)了。它的外環上有一圈扣邊，扣住了兩端尖削的纖細滾子。

軸承可以用各色鋼材製造。普通軸承，例如溜冰鞋，脚踏車上所用的，是用低碳鋼 (low-carbon stul)製成的。特種鉻鋼則用以製造最優良的超精密滾珠軸承。

如果軸承是要曝露在酸性烟霧中，或是要和鹽水，食品等等接觸的；滾珠就須用像不銹鋼一類的合金鋼製造，才可以不受腐蝕。

軸承的檢驗方法

減摩軸承是要經過極度精密的檢查和試驗的。其中有一具靈敏的電表(electric guage)，在使用時必須遮去日光的影響；否則，金屬部品的膨脹就足以發生些微的誤差。把滾珠和滾子的公差測量到百萬分之一英寸的，便是這種電表。

受過訓練的試驗員在裝置避聲設備的室內，靜聽正在迅捷旋轉中的軸承所發出的音響。則是極微弱的異音——沒有受

最輕 輕級 中級 重級

11

口徑尺寸		
口徑號碼	口徑吋數	平均負荷
0	.3937	¼ HP.
1	.4724	⅙ or ⅓ HP.
2	.5906	¼ or ⅓ HP.
3	.6693	⅓ or ½ HP.
4	.7874	½ or ¾ HP.
5	.9843	¾ or 1 HP.
6	1.1811	¾ or 1 HP.
7	1.3780	1 or 1½ HP.
8	1.5748	1 or 1½ HP.

過訓練的耳朵有時或許聽不出——也可由唯一的專門儀器立刻檢出。這個不良的軸承可能只有一些些的粗糙不光，或銹蝕的斑痕；或是尺寸太小，就被剔除不要了。

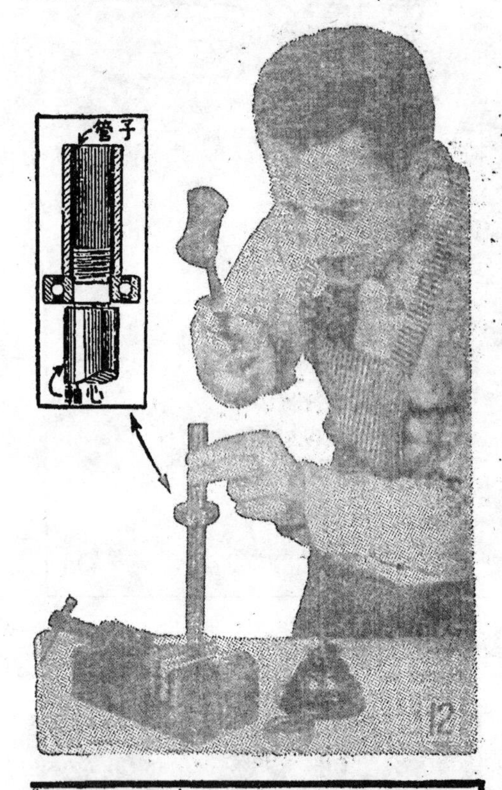

口徑號碼	標準管徑	應用管子尺寸
0	—	1/2"外徑，18號厚
1	3/8"	5/8"外徑，1/16"厚
2	1/2"	3/4"外徑，1/16"厚
3	—	7/8"外徑，3/32"厚
4	3/4"	1"外徑，1/8"厚
5	1"	1¼"外徑，1/8"厚
6	—	1½"外徑，1/8"厚
7	1¼"	—

手套，面具和工作罩衣，凡是工作間中習見的，都是製造微型軸承的標準設備。當那比別針頭稍大一些的微型軸承需要加一滴潤滑油的時候，還得使用醫療用的注射器去完成呢。

工作間裝置了空氣調節器，濾去吸入空氣中的塵埃，並且保持了一定的室內溫度和濕度。當工作者走進裝配間之前，還有像俱樂部中所用的空氣噴射器，把他們身上的灰塵統統吹去。

怎樣選擇滾珠軸承？

為了獻給讀者一些實用的知識，這裏介紹一下滾珠軸承的選擇法和裝置法，滾子軸承大同小異，可以舉一反三，看應用的地方，再加決定，大概載荷較重，就要用到滾子軸承，這裏不加贅述。

滾珠軸承的式樣雖然多到幾百種，但如替標準動力工具機來選擇軸承時，通常只限於三四種最普通的，如圖2至6所示。

圖2，有裝珠槽的單列沿徑式。這一種軸承所能容納的滾珠數目最多。就純粹的沿徑載荷而言，它是最强力的一種軸承，同時它也能抵抗各種普通的推力載荷。但它決不用於推力載荷吃重的時候。

圖3，無裝珠槽的，單列沿徑式，這一種的滾珠

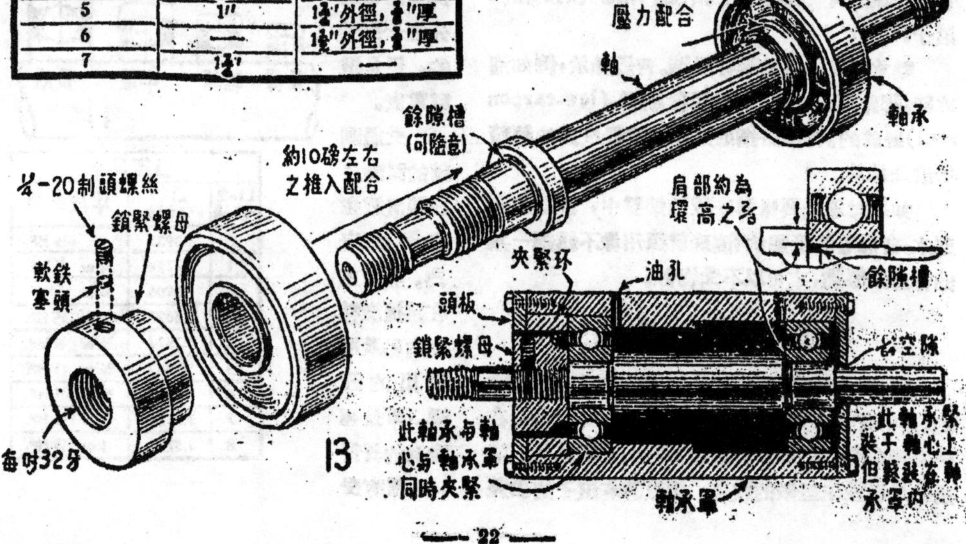

12030

數目較少，但因爲內環和外環完整無缺，這種軸承的抗推能力較大。

圖4，單列角接式，最適宜用在軸端橫動有限制的地方。這種軸承能抵抗最大的推力載荷，不過只能抵抗單方面的推力載荷。

圖5，雙列斜接式，用於需要最堅强的軸承時。

圖6，雙列自位式，雖然在各種載荷下，其能量較單列沿徑式爲小，但能够自動對準中心，故應用甚廣。

大多數滾珠軸承都可以另外裝上一個金屬的遮蔽物或氈封，只在一邊有，或者兩邊都有，如圖8與9，後者稱爲『永久氈封』式。有時軸承無肩部可安置，則附裝一個扣環，如圖7。又如圖10中的延伸內環。可使軸承夾在軸上較易。

普通動力工具機上用得最多的軸承，是½吋口徑和以上的尺寸。這類尺寸有一種標準的號碼，圖11表示0號尺寸至8號尺寸。每一種號碼有四級外環尺寸，小型動力工具機上最常用的是輕級和中級。有許多製造廠家把輕級稱爲『200級』，中級稱爲『300級』。例如，一個304號軸承就是中級第4號口徑的軸承。

怎樣裝置滾珠軸承？

圖13表示的是一種裝置滾珠軸承的基本方法，這裏有一根軸，軸外裝兩只滾珠軸承，外面再有一只軸承箱，兩個軸承在軸上是壓力配合(press fit)對於軸承箱是推入配合(push fit)。

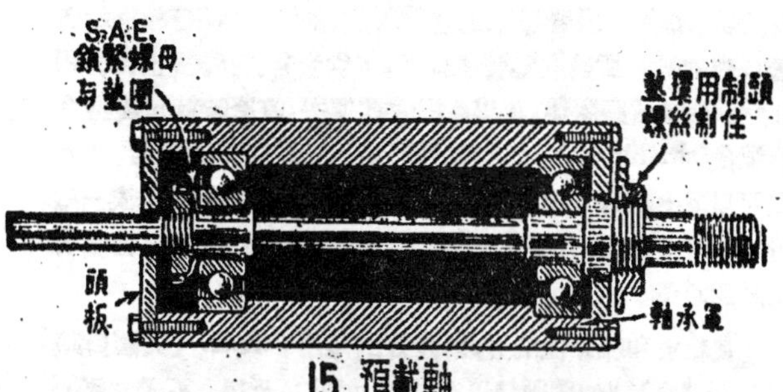

15 預載軸

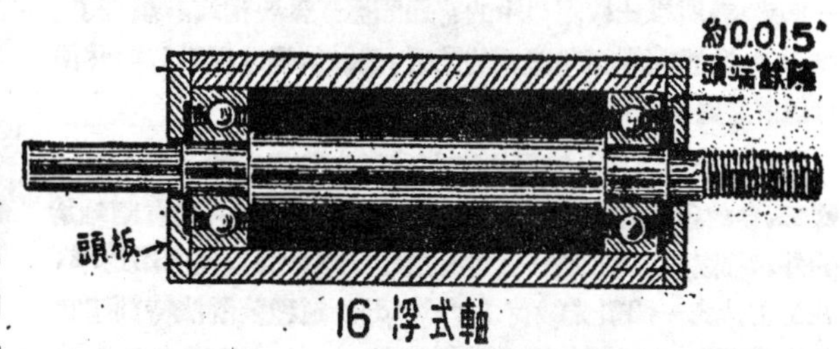

16 浮式軸

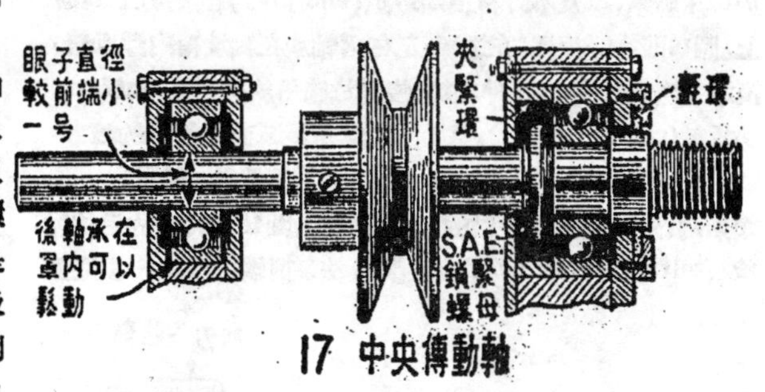

17 中央傳動軸

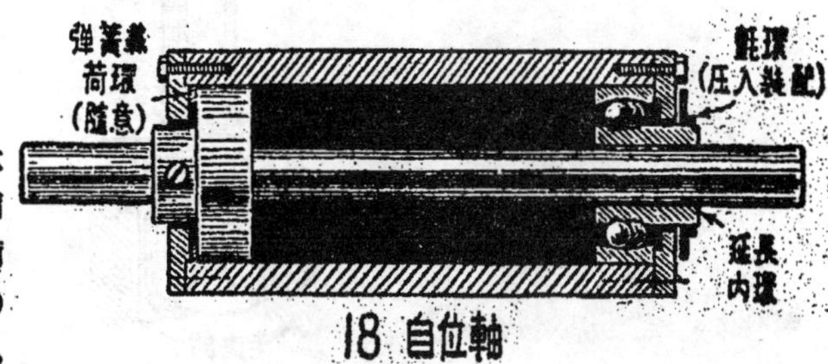

18 自位軸

壓力配合大概需要50磅的壓力；可使用壓軸機(arbor press)，或用鎯頭裝上，法如圖12所示。但如果軸承有鎖緊螺母(lock nut)止住，則10磅的壓力配合便已够了，如圖14。兩個軸承對於軸承箱是推入配合，意思就是可以用手把它們推進軸承箱去，但不可以有鬆動的現象。由圖17可知左方的軸承夾在軸上而同時被軸承箱所夾住着。這個軸承固定了軸，並且承受推力載荷。另一個軸承如前所述，在軸上是壓力配合，在軸承箱內則是個推入配合，使軸膨脹可以有一些餘地。壓力配合的輪承通常是用一段管子來把它壓入的，如圖13所示表。指示各種口徑的軸承所適推壓管子口徑，可供參考。有時候也常有用加熱法使軸承脹膨後，再以手把它推進去，等冷時就可獲得冷縮配合(shrink fit)，加熱軸候通常用一只60瓦的燈泡，(大概可以發出華氏240度的熱)，則把軸承放在燈泡上，俟一些時候就可以適用。有時也可以把軸承浸在油槽中加熱，但愼勿使熱度過高。

使軸承和軸鎖住的方法，最好的是用S.A.E.(美國自動機工程學會)制的鎖緊螺母和墊圈，如圖14至15。不過它需要一個鍵槽，所以比較圖13中的普通鎖緊螺母要稍爲麻煩些了照S.A.E.鎖緊螺帽和墊圈的配置，使鎖緊螺母轉動1/24轉便可以將墊圈的叉頭嵌入

圖15示S.A.E.鎖緊螺帽在有預先載荷的軸上用作收緊螺母，使內環和外環得以對準。在這種裝置法中，左右兩軸承的外環都嵌入在軸承箱內。於是用鎖緊螺母强迫使內環對準，在軸上造成一個預先載荷(preload)。這種裝置法特別適宜於車床磨床，以及不許有頂端遊隙(end play)的動力工具機上。圖16則恰好相反。在這裏，左右兩軸承在軸承箱內浮動着，頂端遊隙大約有0.015吋。這種裝置法適用於緩衝器(buffers)過橋軸(countershafts)，電動機和無須限制頂端遊隙的地方圖17是中央傳動(center drive)的標準裝置法，軸承之一是鎖緊的，另一個則是浮動的，如前所述。圖18是典型的自位軸承(self-aligning bearing)裝置法。頂端遊隙由一根堅强

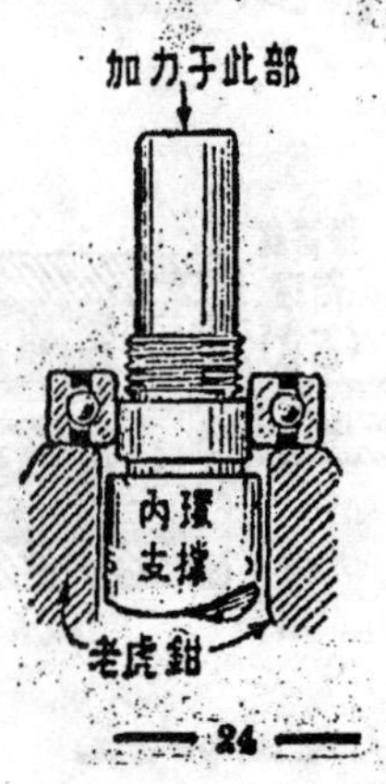

23

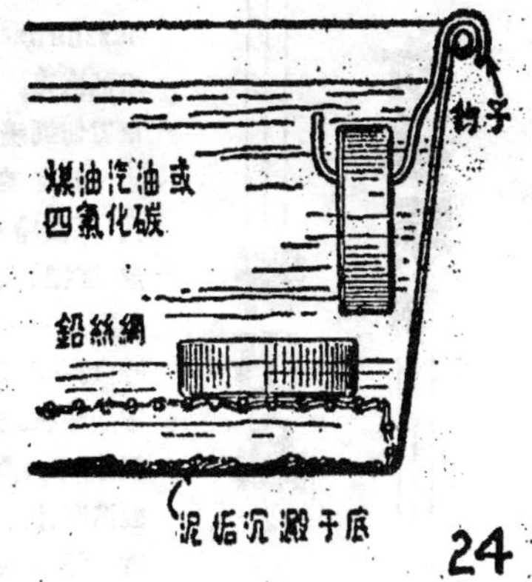

24

的圓彈簧承受着。這是可有可無的，如果不用的話，左面的端板便靠緊軸承，和右面的一樣。氈環在上面幾種裝置中的作用，在於防止灰塵進去。

軸承的拆除方法

拆除軸承的規則有二：保持軸承乾淨，只許推動內環。由圖19至22可知，壓力如果加在外環上，會促載荷經過滾珠，因此可能損壞軸承。圖 20，和22顯示正確的方法——支持着內環，使它承受全部施力。

軸承的潔淨方法

軸承內多餘的油脂必須拭掉，然後浸在適當的溶劑中刷清。清潔用的盤中須有鉛絲網，如圖23與24，使軸承保持在污垢上面。清潔以後，須用壓縮空氣把軸承吹乾，如圖25。軸承切不可無潤滑劑而轉動，因爲乾燥的情況下容易刮壞。清潔以後須立即加油，尤其是如果用四氯化碳或酒精作乾燥溶劑的話。

25

新發明與新出品

瑞士Fischer廠製的液力模製重式車床——瑞士歇夫好孫（Schaffhausen）的Fischer鐵工廠最近有一種新式車床（見圖）問世，可以適用碳化鎢的車刀。其設計恰介乎普通車床與六角車床之間。車頭和車尾是用橫架支撐的，車刀切削邊朝後，使車下來的鐵屑可以不致朝向使用的工人一面。

車刀有一個負斜度角，係自1½吋方的材料製成，這樣的車刀卽使在每分鐘300呎的切削速率時，可以吃刀深入1/4吋不致斷折。這一種車床是根據液力傳動的模板來製造機件的。工作物夾持在一種自定中心的軋頭內，模板的尺寸是工作物的眞尺寸，假使裝上適當的附件，還可以做內部的車工。因爲機器很牢固，所以可容許最大的切削速率。（A. M. 91—12）

塑料模造機問世——可以在150平方吋的投射面上模造鑄件淨重2磅的塑料（Plastics）模造機已經由美國留士德廠（Lester-Phoenix, Inc.）製成問世了，這架機件動作的原理與大規模生產的標準輸送線原理頗相符合。投射壓力每平方吋27,000磅，模型封鎖的壓力有600噸。平板的面積是29½×40吋，最大的闊度可達30吋。投射筒是直立的，投射的速率和壓力可以分別地控制，其外體形狀如左圖所示。

自動變阻器 紐約Elec. Regulator Corp.之自動變阻器重祇七兩，可用[illegible]電流。性能敏捷，通電後可以自動控制。此器耗費電量極低，普通在一瓦特之內，（惟僅適於直流電，如果電源爲交流則需更備小型整流器一具。）最大電流爲四安培，電阻可按設計規定，通常分作十段。

垂直拉床（Vertical broacling machine）

最近Oil Gear公司出品垂直拉床一種能消除工作時工具彎推及下垂等現象，此機器之特點爲正確可靠，且工具及機件在運用時均有連續而帶壓力之油潤滑之。

鐵屑能迅卽自刀旁及割切地帶落去，而在拉程之大部分，割刀兩端均妥予保護以免危險。

此拉床曾經一試驗以試驗，其功效，將SAE 1112鋼料所作輪轂內開0.290″×0.123″×2″長槽三條每次割切四只其結果每小時可拉630件。運用之工人僅需將工件粗率地放在鞍架上，割切刀卽能自動將轂身移至中心地位。當刀拉過工件時，製成品迅卽自動射至運輸器而遠出工人所作之事，僅需每次放進工作四只及按安全掀鈕開關，卽可運用。此機器且並無危險之工具。

航空談座

舉力和拉力的發生

凌之鞏

誰都知道飛機比空氣重，要使飛機在天空飛行，當然要有一個舉力維持它在天空浮着，還要有一個拉力使它向前進，和各種操縱方法使它上升、下降，向左轉、向右轉，和向左側滾、向右側滾。在飛機工業這樣發達的今天，我想大家一定都高興要知道這個問題的。

我們先來看舉力怎樣發生來使飛機在天空浮着。我們要跳高，把脚向地一撑後，人體離開地，但因爲人比空氣重，人體在空氣中停留不久就要落到地下來。鳥比空氣重，鳥在空中飛就要拍牠的翅膀。飛機比空氣重，但飛機有發動機，發動機發動後，推動螺旋槳，螺旋槳拉飛機前進，工程師發明了一隻有它一定斷面形狀，雖然是固定在機身的機翼，空氣經過它，就在翼面生出舉力，來支持着整個飛機在空氣中，使它不掉下來。

空氣經過機翼爲什麼就會在翼面生出舉力來呢？機翼的斷面形狀如圖(一)。由於機翼的斷面形狀，空氣往後方經過機翼的時候，氣流轉往後下方，如圖(二)。流體力學告訴我們，圖(二)的氣流構造而成：一種由機翼前方走往後方，如圖(三)；一種繞機翼旋轉，如圖(四)。在機翼上面，兩種氣流都是由機翼前方走向後方；在機翼下面，圖(三)的氣流由前方走向後方，但圖(四)的氣流則由後方走向前方。因此，結果就圖(二)的氣流，在機翼上面的速度比在機翼下面的速度大，所以機翼上面的空氣壓力就比機翼下面的空氣壓力小，由這個空氣壓力的相差，便產生舉力。

圖一 前 後

圖二

前 後

圖三

前 後

圖四

不要以爲這舉理怎樣奥妙，只有工程師才會把它利用來製造飛機，在日常遊戲裏，如打網球和打乒乓球，我們每個人都已經會利用它了。不是嗎？打網球或打乒乓球的時候，我們把球向上一掀，球向前跑，同時球在旋轉，於是構成在球四周的氣流也就有兩種：一種由球前方走向後方，如圖(五)；一種繞球旋轉，如圖(六)。因爲繞球旋轉的氣流和繞機翼旋轉的氣流方向相反，同樣理由，球上面的空氣速度比球下面的空氣速度小，球上面的空氣壓力也就比球下面的空氣壓力大，所以我們把球向上掀，球過網後，反而很快下落，不會超出界外。機翼發生舉力正如掀球的道理一樣，因爲工程師不能使機翼旋轉，才想出機翼的斷面形狀來代替罷了。

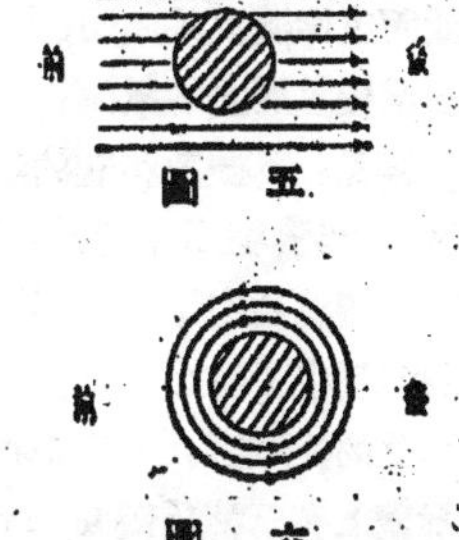

圖五

圖六

『在一個流線氣流裏，速度大的地方壓力小，速度小的地方壓力大。』如果要證明的話，我們可以看下面兩個例子。第一，噴水壺裏的水會由噴管出來(看圖七)，就是因爲我們的嘴吹那吹管，流動空氣經過噴管口，噴管口的空氣壓力就比噴水壺裏的空氣壓力低，噴水壺裏的空氣就把噴水壺裏的水由噴管壓上來；第二，把一張紙在靠近邊沿處摺一痕，然後拿着，如圖8 當空氣在紙上面吹過

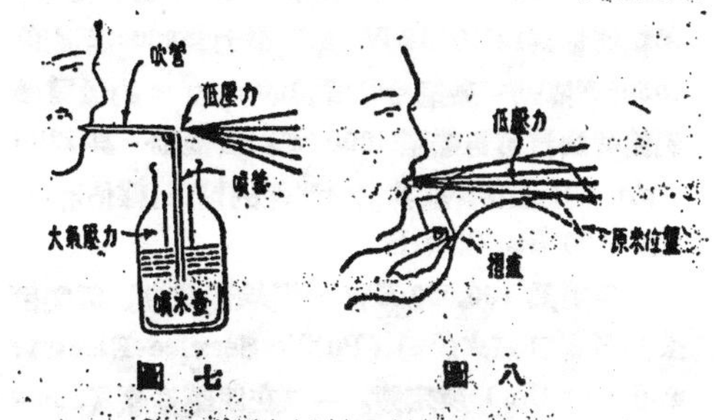

圖七　　圖八

的時候，紙便會抬高：這都是因爲速度大的地方壓力小的緣故。

使飛機前進的拉力怎樣發生的呢？最簡單的說法：『凡有作用力，必有反作用力。』螺旋槳把空氣發往後方，空氣必把螺旋槳推向前方，於是拉動飛機前進。如果用空氣動力學來解釋，螺旋槳產生拉力和機翼產生舉力，道理是一樣。因爲螺旋槳的斷面正像機翼的斷面（看圖9），螺旋槳周圍的氣流正像機翼周圍的氣流，只是螺旋槳和它的氣流位置關係，與機翼和它的氣流關係，成了一個九十度，所以發生出來的不是舉力，而是拉力。

圖九　螺旋槳的一頁

機翼發生了舉力，就可以使飛機浮在天空。螺旋槳發生了拉力，就可以使飛機前進。但我們要能滿意的使飛機在天空飛行，我們必須還會操縱它。飛機上有三種操縱面（圖十）操縱飛機飛行狀態：

（一）方向舵　在直尾翅之後。當方向舵向左（註），方向舵左面空氣壓方向舵及直尾翅向右，飛機頭便向左；同樣的理由，當方向舵向右，飛機頭便向右。（這和船舵的作用完全一樣。）

（二）升降舵　在安定面之後。當升降舵向上，

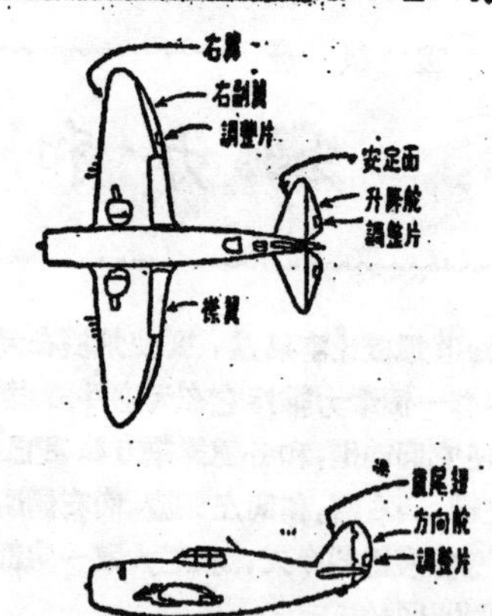

圖十　美國雷電式戰鬥機P-47三面圖

升降舵上面空氣壓升降舵和安定面向下，飛機頭便往上；同樣理由，當升降舵向下，飛機頭便往下。

（三）副翼　在機翼兩端後方。當左副翼向上右副翼向下，左翼上面空氣壓左翼向下，右翼下面空氣推右翼向上，飛機便向左側滾；同樣理由，當右副翼向上，左副翼向下，飛機便向右側滾。

在這個題目裏，就談這麼多吧。

註：飛機的左右，是以飛機師在座艙裏向前坐着來看爲標準的。

1946年美國奇異公司製造之發電機　漁梃

美國奇異公司（G.E. Co.）1946年度承造了三座大型渦輪發電機。事實證明大型發電機的設計和製造，要趨向於高溫和高壓才能提高效率。

預備裝置在美國自來火電氣公司轄下，保茂洛站（Pomeroy Station）的一架渦輪發電機，渦輪能量爲125,000KW，蒸汽壓力爲2000磅溫度1050° F傳動一架氫冷却式，3600 r.p.m的發電機渦輪的廢汽可再熱至1000 °F，去推動一具1800 r.p.m的低壓渦輪。其燃料消耗的情形，據估計將爲10.000 Btu/KW H。

另兩具100,000 KW的渦輪發電機，係美國公用電器自來火公司（Public Service Electric and Gas Co.）所定製。一具在西華倫廠（Sewaren Plant），蒸汽壓力爲1500磅溫度爲1050°F另一具在依利克斯站（Essex Station），蒸汽壓力1250磅，溫度1000° F，3600 r.p.m.。後一具長77呎，寬17呎高11呎，也採用氫冷却式，3650r.p.m發電機。

按照最近的趨勢，凡在15,000 KW以上的發電機，都將採用氫冷却式。如果氫的附件設備能够簡化的話，那麼15000 KW下的發電機，也可採用氫冷却器式，發電廠的維持費用就可減低了。

在TVA計劃下，一座45,000 KVA的水力發電機（Kentucky水壩）也由奇異公司承造。另一座較小的，是塔可馬(Tacoma)阿爾特電力廠(Alder Power House)的25,000 KVA水力發電機。

有三座90,000 KVA的水力發電機，是代蘇聯地奈洛斯脫洛水壩(Dnieprostroy Dam)發電所造的。原來的三座機器，在蘇德戰爭時，爲德國人炸毀了，原機的工作能量是77.500 KVA，新機工作能量較原機增16%。其機座直徑爲42呎，是世界上機座最大的發電機。

在許奈克他（Schenectady）有五座45000 KVA，95 r.p.m.的水力發電機裝起來了。

機工小常識

怎樣校驗軸的聯結器？

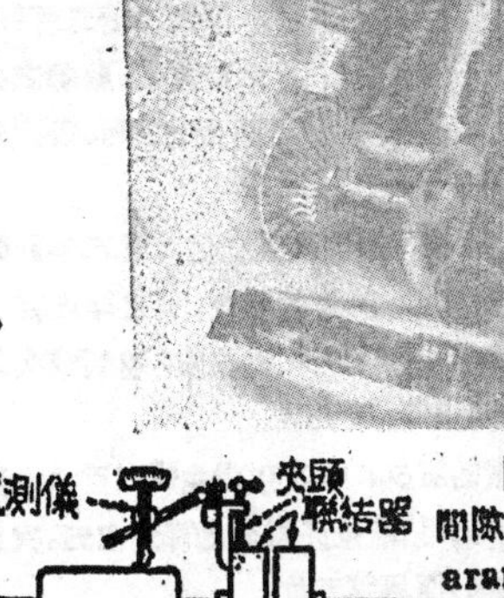

·梅志存·

兩部機器的軸祇要一經準確地對連後，運轉起來就猶如一個單體；在正常狀況下，並不比一部獨立的機器會有較多的故障。要獲得這樣良好狀況，第一固須兩部機器本身都無挑點。雖然每部機器當它單獨使用時，能平滑地運轉；但是，當它們聯結成為一組時，往往就會發生嚴重的障礙。

試舉例以明之。當每部機器單獨運轉時，它們的軸都有足夠的軸端隙的。但是，當兩部機器聯結運用時，如用在列線對準步驟中未曾處置妥當；軸端隙可能因聯結器相互拉緊的關係，會得全部消除。於是靠近聯結器的兩勻軸承便承負了重大的載荷(load)，超出原來設計所可擔當的數量。

電動機直接和它的載荷部分連接時，準確勻配軸端隙是很重要的。當運轉時，電動機的轉動子自動地要和固定繞組的軸中心線對準。如果這種同心作用的傾向受到阻止，電動機的溫度就要升高。假定兩部機器放置得距離太遠，它們的軸用聯結器接合之後，軸端隙即被減小。結果電動機開動後，轉動子趨向固定繞組的軸中心線，因之把軸肩拉起，頂住了軸承的端部。於是軸承漸被磨熱，可能就因此損壞。

凡是在運轉時發生軸端推力的機器裝有推力軸承，藉以限制軸端隙的大小並承受推力載荷(thrust load)。通常它們的軸端隙都是很小的。如果軸接合欠佳，以致軸無左右伸縮餘地，損壞軸承當是想像得到的最輕微損傷。當機器在載荷下運轉時，推力軸承內構成了油膜，軸肩和它的軸承之間發生很大的軸端推力。止推軸承或可耐受得住，但軸承就此損壞了。

最好的成法是在進行列線對準工作之前，及在每次檢查時，按照下列說明實施校驗。

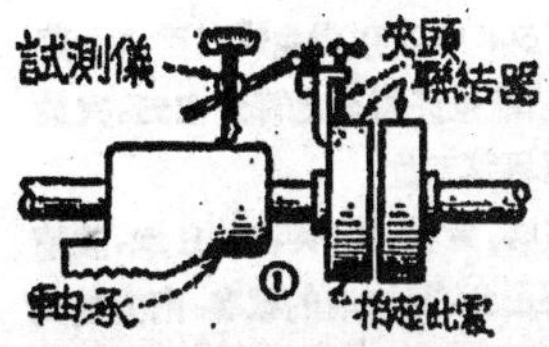

圖1.校驗軸承縱間隙(Vertical clearance)——把試測儀(test indicator)在聯結器的左片或右片上(每次一片)，使它的接觸點抵住在軸承箱的頂部，指針指示零度．然後把軸沿鉛垂方向抬起，即可由試測儀測出縱間隙的大小。如果軸承箱的外表粗糙不平，祇要把裝置反過來就行。

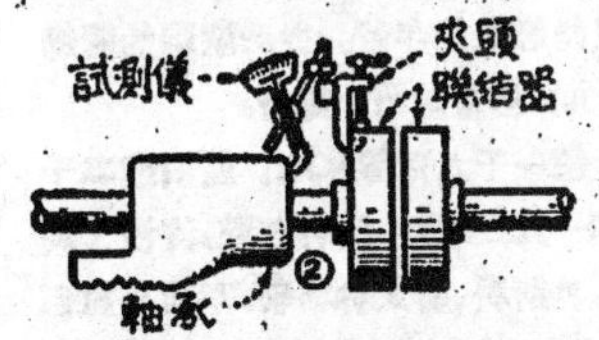

圖2.量度軸端隙——先把左右兩片聯結器連軸同向右移以去除全部間隙；再將試測儀夾在左片上，而接觸點抵住軸承箱的側面，指針顯示零度。然後把聯結器和軸同向左推移，即可測出軸端隙的大小。

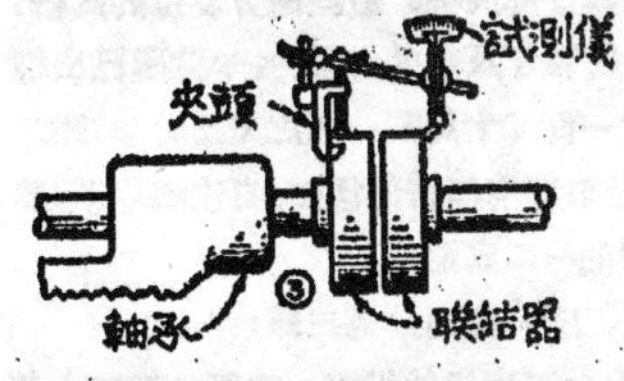

圖3.試驗軸有無彎曲及聯結器具是否與軸垂直——把試測儀夾在聯結器的任何一片上，使它的接觸點抵住另一片的垂直面上。然後把後者旋轉一周，即可測得這一片的誤差狀態，惟須注意它的正負號。

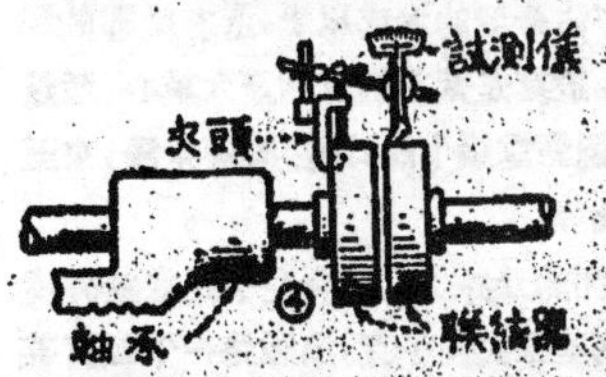

圖4.試測聯結器偏心度(eccentricity)——把試測儀夾在聯結器的左片上，使它的接觸點抵住右片的周緣。於是將右片旋轉一周，即可測出它的偏心度。然後把試測儀反轉裝置，再試測左片的偏心度。

鋼鐵工業在蘇聯

摘自觀察二卷廿三期

一九四六年三月十五日，蘇聯政府宣佈了一個新的五年計劃。於一九五〇年產鋼二千五百四十萬噸，其後又經過二個五年計劃，於一九六〇年產鋼六千六百萬噸。蘇聯之外，世界各國，在一九三九年共出產鋼八千五百萬噸，去年出產七千萬噸。等到蘇聯三個五年計劃絡續地完成了，它的鋼鐵地位，自可左右世界。

回顧一九二八年以來，蘇聯在最初的二個五年計劃裏，投資一百二十萬萬盧布，將鋼的產量，從每年四百二十萬噸，提至一千八百萬噸，超越英國法國，達到僅次於美國足與德國爭雄的境界。

第一次世界大戰的前夕，帝俄年產生鐵三百八十萬噸，製鋼四百二十萬噸，佔有世界產量的百分之五。次於美國、德國、英國、法國，而居第五位。

第一次世界大戰結束時，蘇聯外有英、法、日本、波蘭的侵略，內有柯爾却克、鄧尼金、蘭格爾的戰事。南方的烏克蘭，東方的烏拉以至西伯利亞，多年陷溺在分裂和崩潰的局面裏。一九二〇年蘇聯產鐵萎縮到九萬八千噸，製鋼僬悴到十五萬八千噸。可是技術和經驗，並不因戰亂而完全消失，人口與資源，更能悠久的存留。從此蘇聯的鋼鐵工業，逐步復興。五年之間，產量激增十餘倍。

一九三九年蘇聯產鐵一千六百餘萬噸，產鋼逾二千萬噸。從一九四一年到一九四三年，納粹狂潮，淹沒了烏克蘭，衝擊着列寧格勒、莫斯科、斯太林格勒。幸而烏拉區遠在後方，尤有新興的庫次涅子克區，加上自戰區移來的設備。蘇聯在生產最少的一年(一九四二年)，也出鐵七百七十萬噸，產鋼一千三百餘萬噸。這些地方製造的武器，維持了蘇聯的陣線，蓄積了反攻的力量。去年蘇聯已出鐵二千萬噸，產鋼二千一百五十萬噸。比之美國同年，雖不過三分之一，比之英國，却有二倍的優勢，自法國以下，其他諸國，更不過蘇聯的一二成而已。

今日蘇聯的鋼鐵工業，可以分爲三羣：

烏克蘭區有頓內次河南岸的煤田，東西二百三十英里，南北五十英里，產煤佔全俄的六成。其西二百英里，克利禡俠落格，產鐵礦亦佔全俄的六成以上。還有比鄰的尼可坡錳礦和克屈鐵礦。這裏是蘇聯鋼鐵的最大重心，產量達全俄的三分之二。鋼鐵重鎮十餘，西起鐵礦東邊，東至煤田全境，南及黑海北岸。

烏拉山在歐亞二洲的分界上，庫次涅子克在新疆境北。從麻格尼托哥斯克至庫次涅子克，沿鐵路一千四百英里。蘇聯在東西兩端，設立了大鋼鐵廠，交換着鐵礦和煙煤。在千餘英里的道上，每十餘分鐘，就有一長列火車，飛馳而過。這種作風，開闢了鋼鐵經濟的新頁，較後在鐵路中途稍南哈薩克蘇維埃共和國的卡拿格達發現了大煤田，供給烏拉區對於煙煤的一部份需要。更在庫次涅子克以南哥拿耶蘇里亞發現了大鐵礦，供給庫次涅子克區對於鐵礦的一部份需要。五年計劃之前，麻格尼托哥斯克只是一個小村，五年計劃之後，人口增至數十萬。今日有鼓風爐六座，每日出鐵小者一千七百噸，大者二千噸。又有敞口爐二十一座，每爐容鋼，小的二百一十噸，大的三百九十噸。這些鼓風爐同大的敞口爐容量之宏，縱在美國，也是沒有的。麻格尼托哥斯克之北，烏拉區尚有鋼鐵廠大小十餘，烏拉區及庫次涅子克區平時製造蘇聯鋼鐵的四分之一，計劃中將提昇至三分之一。

蘇聯鋼鐵工業的最大物質憑藉，在於礦藏儲量豐富，種類繁多。各家因立場與看法不同，所估計的，相差竟有數十倍。可是却一致公認，世界各國的煤鐵藏量，除美國以外，沒有能與蘇聯比並的。鋼鐵工業必需的錳礦，蘇聯也領導全球。必需的耐火材料，蘇聯也有獨到之處。至於高級鋼中的合金成分如鎳、鉻、鎢、蘇聯各有相當的儲量。加以鐵煤礦藏，分佈均勻，便宜全境各地的平均發展。這種重工業的分散，對於國防，大大有利。

去年蘇聯擁有製鋼二千多萬噸的能力，就產鋼二千萬噸。美國雖擁有製鋼九千多萬噸的能力，只產鋼六千多萬噸。廿八年來，蘇聯鋼鐵產量，除受二次世界大戰的影響以外，始終直線上升，這是同時別的國家，所未曾做到的。

蘇聯的特殊作風，在鋼鐵工業上，引進了勞資合一，男女同工。廠中的建築，以經理部份與工會最爲華麗。因爲已不斤斤於較量工資了，更從不發生罷工，別國的鋼鐵工廠，只在薄鋼片鍍錫的部份，使用大量女工，檢查錫層厚薄，人數不過百分之一。而蘇聯的鋼鐵廠裏女工却佔五分之一。大戰期間，竟佔三成以上。至於工人的衣食，蘇聯也有可觀的進步。工作的時候，衣衫破襤，休息的時候，清潔整齊。廠中飲食，通常有二磅多麵包，牛肉，白菜，乾菓，黃油。爲了長途運輸不便，種類單調，但就營養來說，果腹是有餘的。

管理方面的人員，比起別國的，往往年事較輕。近年來，蘇聯的工程人才，大量畢業了。蘇聯表現在鋼鐵技術上的，成就不下於英國。講到改良與發明，蘇聯比較大膽。例如試用養氣來代替鍊鐵爐製鋼爐的空氣。

編輯室

中國社會從農業生產的形態漸漸進入工業生產，儘管如何緩慢，但總還是在進展着。這一進展的一個特點，就是由於生產方法的改變，於是感覺到有集團組織的必要。這是很顯然的，在農村自給自足的生產形態下，什麼集團都不需要，但是在工業生產的都市裏，各種性質的集團組織就應時產生了。這就是說，生產技術愈複雜，就愈需要發揮團體的效能來適應這個需要。

學術研究也離不了這個原則，近代各種科學技術的進展，如果沒有許多學術團體來發展，那是不可想像的。本期裘欣之先生的『現在不是閉戶造車的時候了』一文，就給予我們一個有力的明證。中國技術協會的組織初衷，也在於此。本文刊出在技協第一屆年會的籌備階段，是有其特殊意義的。本期目錄前一頁技協的通告，請讀者注意。

學工程的技術人員，由於太專門於研究一件工程的某幾個部門的緣故，有時候會不自覺的犯着見樹不見林的毛病。本期中怎樣完成一件優良的機械設計一文，就是針對這一點而發；據編者的偏見，認爲本刊應當多多注意選刊這一類文章，希望讀者幫助我們，告訴我們閱後的意見。

本刊第二卷六期曾刊過關於滾珠軸承的霊刊，本期裏梅志存顧同高兩先生經一個月的合作，完成了關於滾珠和滾子軸承一文。兩位先生都在兩路管理局任職，梅先生在蘇州站，顧先生在上海站，如果工程界沒有好好應用滾珠軸承的話，那麼兩先生相隔百哩，就很難有什麼合作的成就了！

這一期裏除了原有各欄外，特請凌之峯先生爲航空座談，凌先生關於航空方面的大作在本刊二卷五期時，已刊載過，現在更從根本談起，每期刊載，望讀者珍視之。

下期本刊將出中國技術協會第一屆年會特輯，準於雙十節出版，希讀者注意。

★讀者信箱

關於"內燃水汀爐"的答覆

★(10)上海五昌機器廠林賢文君大鑒:尊札及附件,已由技協方面轉交本刊了。因爲對於足下的詢問,感到有公開發表的必要,所以不揣冒昧,在本刊信箱中答覆,希望鑒宥:

關於足下的種種經歷和苦學不倦的精神,本刊同人都覺到無限的欽佩,中國因爲缺少各種條件,所以阻礙了足下發展的前途,可也是使足下的發明思想,偏入歧途的一個原因。

任何工程上成功的發明決不是偶然得來的。十九世紀的種種奇蹟決不能輕而易舉地在二十世紀出現:科學家雖有數十萬種奧妙的理想,但是能代之實用的也不會超過十分之一,許許多多發明都是經過無數人的改良,研究,設計,製造再改良,再製造,一步步的方才能達到今日的水準。所以,科學家的成就,也必須經過長時期的奮鬥,決非短期內可以一舉而成的。足下來信內所提出的各種發明,也許思想上很是通順,但都缺乏實際的試驗與製造,所以在這裏對於你底語焉不詳的水煤氣爐改裝設計也就無從答覆起,因爲任何工程上的製品,如果缺乏經濟或設備上的條件,是不大容易成功的。

來信中提供得比較詳細的是關於內燃水汀爐的發明。你說:『利用氫氧焰的高熱及鋼氣筒的壓力』即可使一具70″高30″直徑的鍋爐,在30分鐘內使492公斤的水到達100°C以上,同時你還有一張附圖,因爲不很清楚,所以不能製板附在這裏,但大致上的構造是以氫氧存貯筒一個放在爐秤上,以進氣管送入鍋爐中,此管在水面上進去,沒有到鍋底就在水平面上,大概是預備氫和氧在水面上燃燒發生高熱,再使水溫增高的。這裏,我們想指出幾點不可能成功的地方,希望足下能予以考慮:

(一)氫和氧的製造現在大都用電解水取得,即使能繼續不斷的供給,但若無廉價的電力,氫氧的價格不可能十分低廉;若即利用市電,產生氫和氧,再燃燒而生熱使水化汽;如此汽再用以發電,其間損失不可計算,似不及直接用電來得合算;如此蒸汽僅用以加熱,則也儘可用其他方法代替之。

(二)如氫氧的供應不能繼續,或壓力時大時小燃燒,即不能經常,此其弊一。又氫對於鍋爐底板與水面有腐蝕作用,使底板強度有減弱之虞,此其弊二。再氫氧決不可預先混在一個筒內,否則即有爆炸的危險,而氫的處理常嫌不安全的,對於鍋房設備,危險極大,此其弊三。

(三)設計上容或有錯誤之處,例如氫氧吹管放在水面上,對於水的對流不大容易,加熱效率不高,應該放在水面之下;還有如進水幫浦的轉動方向是錯誤的,這樣,只有使水向外流;更有鍋底的構造缺乏很多通管;但這許多還是小節,只是希望足下在設計正式的機件時候,需要慎重的考慮才是。

至於足下所附寄來得的經濟部批示及本人照片等件,我們覺得與本題并無關聯之處,所以已轉交技協負責方面退回足下。希望足下能參考一些別的有關書籍,如果有什麼新發明的思想,希望常常提出來討論,本刊一定竭力替你解決你底問題的!(C.G.)

★(11)上海其美路同濟大學工學院曾克修先生:所詢問題謹簡答如下:

榨油機,每日生產五噸全部馬達(卅匹),鍋,軋滾,磨粉,燃料,輸送設備約三億元,上海四方,新鮮,聚源等機器廠有售。

軋花機,踏花機各約三百萬元。

小型人力紡紗機約四百萬元。

人力織布機(木機)約捌百萬元。(金青)

★(12)廣州惠愛中路陳健先生:銲鋁所用之銲劑爲Floride銲藥,關於鋁合金之銲接詳見二卷九期金超先生所作『如何銲鋁與鋁合金』一文。

偉大的同情,願我們攜手!

★(13)秦皇島耀華玻璃廠五位工人先生,來信寫得很是流利,可以看見先生等苦學的一斑。你們把吃飯的錢節省下來訂購本刊,對於同人等無異是一帖興奮劑,使我們感受到我們的事工在遙遠的北方能夠博得如是深切的同情,真叫我們怎麼說呢!

你們說願意爲我們寫耀華玻璃廠的素描,並且保證可以寫得很生動,那再好也沒有,你們快些寫來呀!

至於來信要求刊載些世界各大鋼鐵廠的實情及其製造技術,各國著名的石油礦,開採法,焙烘法,各處大的水利工程,……這些這些我們工程界同仁在最初創刊的時候就決定是這樣做的,在過去一卷又九期中我們曾經介紹過歐美各國重工業的一斑(二卷四期)以及戰後中國水利建設的實況(二卷六期)想必先生們都已經先後讀到過了,今後這方面我們還是要繼續努力的。

先生提起希望我們能夠介紹一些工程方面書籍,對於這一方面,我們覺得似乎範圍太廣,最好能夠指出詳細的情形,那末我們可以介紹一些書作爲參考。如果我們能爲你們實際盡一些力,我們才會覺得非常高興。

最後很是抱歉,來信到今天才覆,實在是因爲來信很多,而信箱的地位又少,我們覺得這封信有公開答覆的價值,因此留至第十期才始發表。(汶)

風行全國十五年

科學畫報

爲創刊十五週年

徵求紀念定戶

出版15年★從未間斷　專家執筆★內容充實

讀者衆多★風行全國　插圖豐富★印刷精美

從九月一日起至十月卅一日止定
閱本報全年12冊共收 $60,000並
(平寄郵費免收,掛號另加 $10,000)
(老定戶可預先聲明自期滿後次一期起續寄)

·下列新書任擇一冊·
(1) 關於書的話……………張孟聞著
(2) 物理遊戲……………楊孝述編
(3) 科學呼聲……………梁 希著
(4) 小工藝化學方劑………本 報編

優待學校半價定閱	優待學生定閱	優待外埠各界試閱
定閱半年6冊共$15,000 掛號另加 $5,000，請備公函向本公司推廣課接洽。	凡一次聯合五人同時定閱本報五份者，九折優待，可由本公司將書分寄五處。	請附鈔或郵 $3,000(如欲掛號另加 $1,000) 寄本公司推廣課，當即寄上試閱本一冊，每人以一次一冊爲限。本埠恕不代辦 每冊祗收 $3,000

科學畫報在英美諸國亦已獲得最佳之聲譽

英國工程師協會來函

British Engineer's Association

稱揚本報爲中國最佳之通俗科學雜誌，不但在中國即在英國亦已建立卓著的信譽。故英國工程師協會請會員均委託該會向本報接洽刊登廣告事宜。右圖即該會來函縮影。

The British Engineers' Association.
(INCORPORATED 1912)
32, VICTORIA STREET,
LONDON, S.W.1.

The Editor
Popular Science,
c/o Science Society of China,
533 Avenue Du Roi Albert,
Shanghai, China.

22 May 1946.

Dear Sir,

We are frequently being asked by our Members for advice in selecting periodicals and journals, published in overseas countries, suitable as advertising media for their products.

In order to enable us to consider your journal when giving our advice, I should be grateful if you would send me the following particulars :-

Title and address of Journal.

Name of Editor.

Address for communications.

Circulation :-

(a) Number of paid-for copies.

(b) Name and address of independent authority which certifies circulation figure stated under (a).

Territory covered.

Frequency of issue.

Full Tariff Rates - Please state particulars of any price reduction, e.g. for insertions in consecutive issues.

Name and address of London Agents.

It would also be appreciated if you would send a specimen copy of your Journal.

Yours faithfully,

H.S. Pyett.

美國著名科學圖書公司來函

Fawcett Publications, Inc.

科學畫報部大鑒：

貴報爲中國最著名最前進之通俗科學雜誌，敝公司則爲美國最大之出版家，彼此雙方之攜手合作實爲促進中美文化之最強基礎。

敝公司出版 Mechanix Illustrated等二十餘種雜誌，風行全國，銷數俱在十萬份至一百八十萬份。

敝公司深冀 貴報能代發行敝公司各種雜誌之中文版，以貴報之優越聲譽及充沛之實力，必能勝任，而於中美文化之交流，更有裨益。即希示覆。

Fawcett Publications, Inc.
國外部經理
Henry Samuel
一九四七年八月八日

中國科學圖書儀器公司

大學教科書出版預告

本公司鑒於我國目前專門圖書極感缺乏，為供應國內各大學教科用書起見，業已聘定著名大學教授數十位，選譯各種最新理科，工科，農科及醫科教科用書，並增加最新材料及註釋，力求適合我國國情。除已出版各書業經陸續刊佈外，茲將最近在排印中各書先行披露於下，以供各大學於本年秋季始業時選用。

大學普通物理學

(漢譯增訂本)

A. W. Duff原著 裘維裕 周同慶 許國保 趙富鑫 沈俵滋 合譯

達夫氏所編物理學，取材精當，適於大學理工科一年級之教學應用。近十年來，物理學之進步突飛猛晉，惟原書尚無新訂本出版，茲由裘維裕先生等合譯本書，增加最新材料，達原書內容四分之一以上，益臻新穎完善，實為今日最適用之教本。

應用力學

A. P. Poorman 原著 曹鶴蓀譯

本書說理簡明，例題眾多，適於教學。茲據最新之增訂第四版編譯，並特增加附錄一篇，介紹科氏來定理，虛功原理，勢理論，蘭格倫日方程式等，更適合現代工程界的需要。

材料力學

A. P. Poorman 原著 薛鴻達譯

本書內容簡明扼要，關於應力之解析，構件之設計，同時兼顧。茲依據最新之增訂第四版翻譯，並就原書不完備處，補充材料多節，作為附錄。例如：馬氏圓，撓剪，共軛梁法，柱的臨界載荷，反復應力，厚壁圓筒及薄殼之應力等，以便教學本書的補充。

大學普通化學

H. G. Deming 原著

薛傳炯譯

本書對於化學基本原理，既能要言不煩，蘊藏豐富，而於重要工商應用，可謂搜羅淵博，巨細靡遺。最近增訂之第五版，面目與舊版迥然不同。譯者繼"最新實用化學"譯述本書，二書銜接學習，更能相得益彰。

機構學

I. H. Prageman 原著

曹鶴蓀譯

著者教授機構學有年，以其多年講義，編成本書，取材新穎，講解簡明，所用數學，不過代數，幾何，三角，插圖甚多，清楚明瞭，尤為特色。凡機構學上之重要事項，均有敘述，除適於大學應用外，高級職業學校亦極適用。

機械設計

V. L. Maleev 原著

馬明德譯

今以學理日益進步，試驗記載日臻完善，機械設計方法，亦因而漸趨精確與合理化。本書於一九四六年出版，著者以最新學理，應用於機械設計，解說精詳，誠為他書所罕見。譯者酌量增減，並加附註，以求切合我國實用。

水力學

Daugherty 原著 劉光文重編

近數十年來，水力學漸入合理化的途徑，但我國至今尚無迎合潮流，採用最新知識的教本。編者本其歷年授課經驗，以原書為藍本，編成本書。俾學者對於液體流動之特性，可得相當了解，不一味模仿的學到數字經驗公式，知其然而不知所以然。

鋼條之面積周長及重量表

ΣA = 鋼條之總面積以平方吋爲單位

ΣO = 鋼條周圍之總長以吋爲單位

鋼條尺寸	重量 磅/呎		鋼條之數目 1	2	3	4	5	6	7	3	9	10
3/8" 圓	0.376	ΣA	0.11	0.22	0.33	0.44	0.55	0.66	0.77	0.88	0.99	1.10
		ΣO	1.18	2.36	3.53	4.71	5.89	7.07	8.25	9.42	10.60	11.78
1/2" 圓	0.668	ΣA	0.20	0.39	0.59	0.79	0.98	1.18	1.38	1.57	2.77	1.96
		ΣO	1.57	3.14	4.71	6.28	7.85	9.42	10.99	12.57	14.14	15.71
1/2" 方	0.850	ΣA	0.25	0.50	0.75	1.00	1.25	1.50	1.75	2.00	2.25	2.50
		ΣO	2.00	4.00	6.00	8.00	10.00	12.00	14.00	16.00	18.00	20.00
5/8" 圓	1.043	ΣA	0.31	0.61	0.92	1.23	1.53	1.84	2.15	2.45	2.76	3.07
		ΣO	1.96	3.93	5.89	7.85	9.82	11.78	13.74	15.71	17.67	19.64
3/4" 圓	1.502	ΣA	0.44	0.88	1.33	1.77	2.21	2.65	3.09	3.53	3.98	4.42
		ΣO	2.36	4.71	7.07	9.42	11.78	14.14	16.49	18.85	21.21	23.56
7/8" 圓	2.044	ΣA	0.60	1.20	1.80	2.41	3.01	3.61	4.21	4.81	5.41	6.01
		ΣO	2.75	5.50	8.25	11.00	13.74	16.49	19.24	21.99	24.74	27.49
1" 圓	2.670	ΣA	0.79	1.57	2.36	3.14	3.93	4.71	5.50	6.28	7.07	7.85
		ΣO	3.14	6.28	9.42	12.57	15.71	18.85	21.99	25.13	28.27	31.42
1" 方	3.400	ΣA	1.00	2.00	3.00	4.00	5.00	6.00	7.00	8.00	9.00	10.00
		ΣO	4.00	8.00	12.00	16.00	20.00	24.00	28.00	32.00	36.00	40.00
1 1/8" 方	4.303	ΣA	1.27	2.53	3.80	5.06	6.33	7.59	8.86	10.12	11.39	12.66
		ΣO	4.50	9.00	13.50	18.00	22.50	27.00	31.50	36.00	40.00	45.00
1 1/4" 方	5.313	ΣA	1.56	3.12	4.69	6.25	7.81	9.38	10.94	12.50	14.06	15.62
		ΣO	5.00	10.00	15.00	20.00	35.00	30.00	35.00	40.00	45.00	50.00

水管磨擦綫解圖

這裏有一個求規定管徑，流量10至100,000 GPM.（每秒加侖）時之磨擦耗損及水速的簡捷圖表。這張綫解圖是基于"威廉·海森"公式為普通一般水管用的。水管情形改變時，應乘以附表中的水管係數。

例： 900 g.p.m. 之水流流經一六吋徑 435 呎長之管內。求磨擦耗損及水速，水管為普通水管。

解： 從參改表內得管之內徑為 6.065。自圖底900m.p.g. 處直上，約至水管內徑斜綫 6.1 處，該處即水速斜線 10 尺/秒。橫頭讀到磨擦耗損每百呎水呎為 9.6 呎水頭。

故，磨擦耗損總量 $=9.6\times\left(\frac{435}{100}\right)$ $=41.8$呎水頭。

水管係數	
銅管	0.61
新管	0.77
普通水管	1.00
舊管	1.21

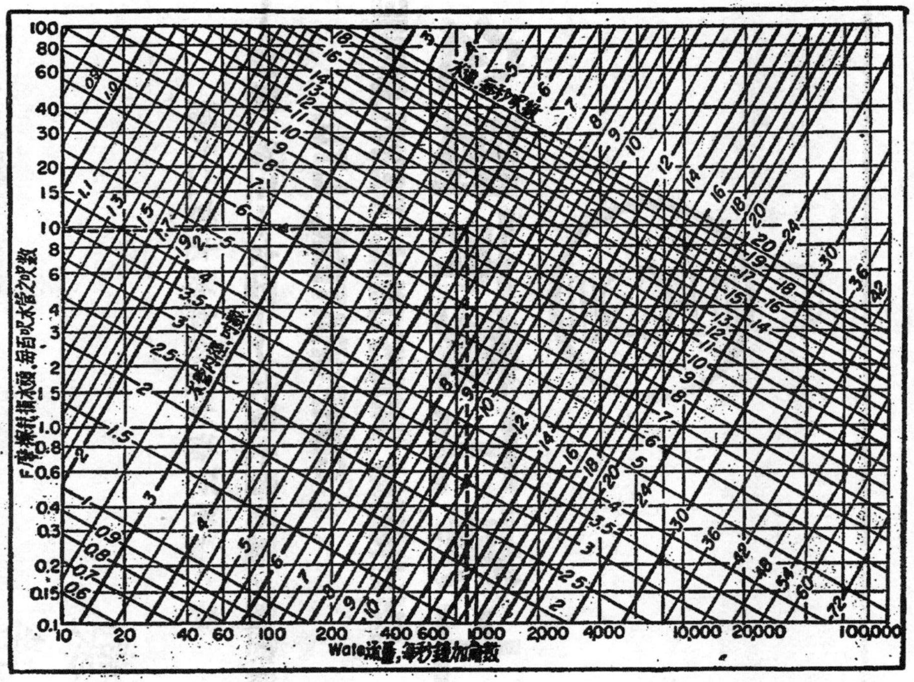

F 磨擦耗損水頭，每百呎水管之呎數

100 80 60 40 30 20 15 10 8 6 4 3 2 1.5 1.0 0.8 0.6 0.4 0.3 0.2 0.15 0.1

水管內徑，吋數

水速，每秒呎數

10 20 40 60 100 200 400 600 1000 2000 4000 10,000 20,000 100,000

Wate流量，每秒鐘加侖數

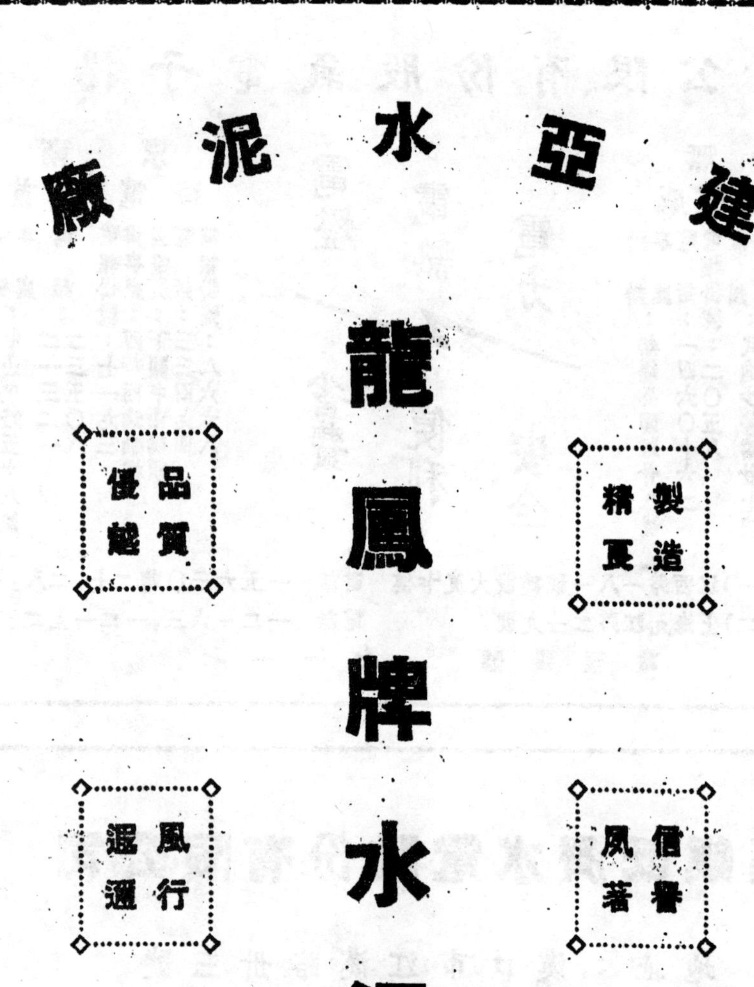

上海郵政管理局執照第二四二六號
內政部登記證京警滬字第一七四號

本期定價每冊四千元

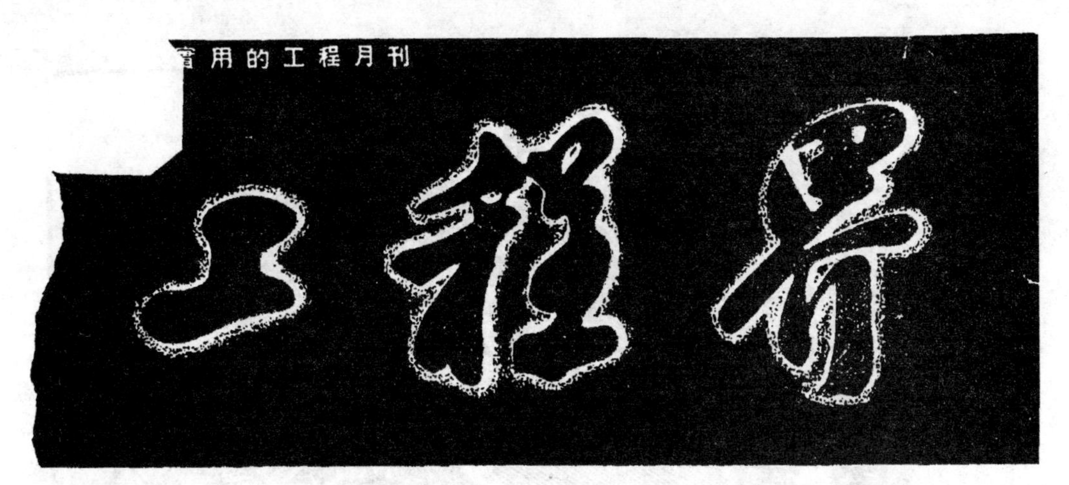

第二卷　第十一期　　　　三十六年十月號

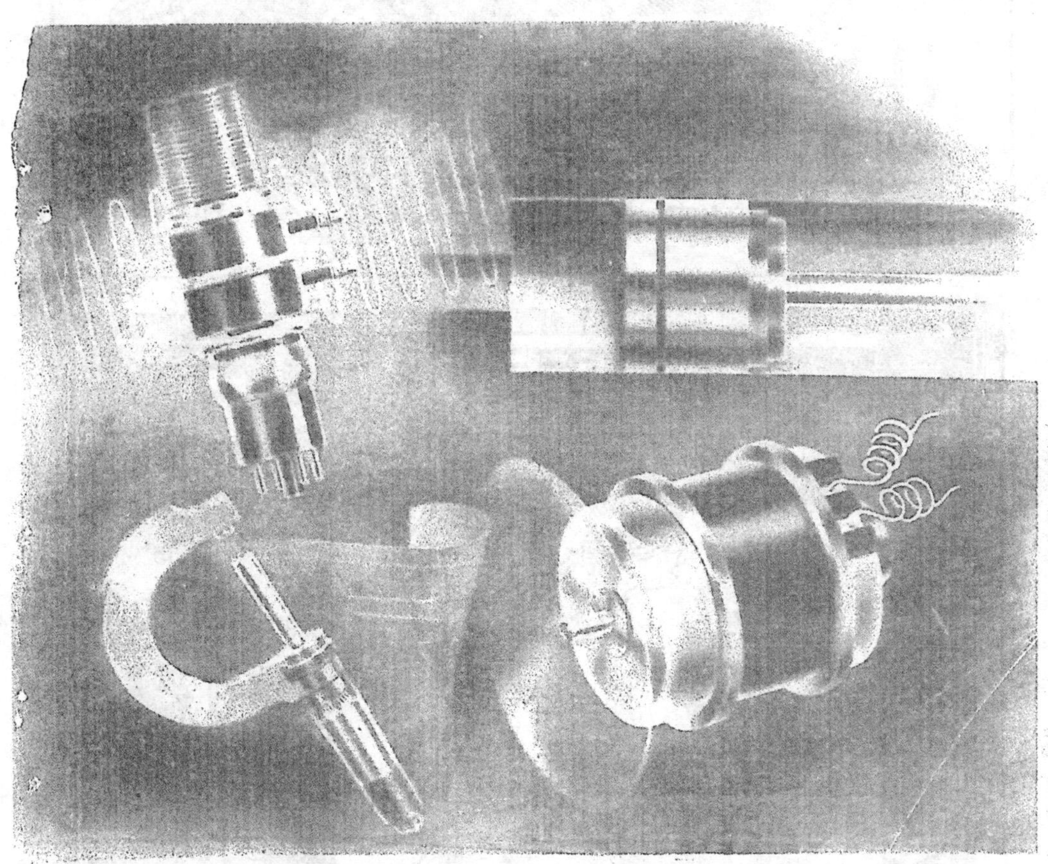

——工業模型展覽——

中國技術協會第一屆年會紀念特輯

最新出品
大百萬金
香煙
MILLION
$
1000000
CIGARETTES
20 CIGARETTES
碩大無比
中國華明烟公司出品

香鐘牌球鞋
式樣新穎·柔軟堅固
上海
宏大橡膠廠
榮譽出品
到處有售
無敵牌
自由車胎

益豐搪瓷公司
出品
搪瓷器皿・鋁銅鑵
火磚・坩堝・貼瓷花紙
金錢牌熱水瓶公司
出品
熱水瓶
總公司
上海中正東路二三四號
電話一五八九六・電報掛號七五九七
金錢牌

註冊商標
華生出品
本外埠名電料行均有經售
華生電器廠股份有限公司出品
事務所福建中路四三一至三號
電話九八四三二至三號

信記五金號

SHING KEE & CO.

上海天潼路二九四至六號

電話四五三五二號

統辦環球大小五金材料

經售各廠一切應用貨物

KAI LING ELECTRIC WORKS

開靈電業製造廠

精工製造

大小馬達

附設修理部

廠址：徐家滙路打浦橋東288號

電話：75918

電報：KLELEC

PARK HOTEL
國際大飯店
茶室
十四樓
摩天廳
二樓
豐澤樓
西餐
中菜
十八九樓
雲樓
三樓
客廳
酒吧
・四樓至十三樓・十五樓至十七樓・
單雙房間
公寓套房
・供應完善・侍候週到・
上海南京西路一六四號
電話九一〇一〇
164 Nanking Road (W)
Shanghai
Telephone
91010 (16 lines)

暢銷全國

出品精良

富中染織整理廠股份有限公司

THE FUH JONG DYEING WEAVING & FINISHING CO. LTD.

廠　址　海防路五九〇號　電話　三九一三七　三七二八二

事務所　天津路四二六弄四號　電話　九二三六九　九二六〇三

12064

工程界

通俗實用的工程月刊·

第二卷　第十一期　三十六年十月十日

目錄

——中國技術協會主編——

·編輯委員會·

仇欣之　王樹良　王燮　沈惠龍
沈天益　何廣乾　宗少彧　周炯槃
徐毅良　戚國彬　欽湘舟　趙國衡
蔣大宗　蔣宏成　錢儉　顧同高

·出版·發行·廣告·

工程界雜誌社

代表人　宋名適　鮑熙年

上海(18)中正中路517弄3號（電話78744）

·印刷·總經售·

中國科學公司

上海(18)中正中路537號（電話74487）

·分經售·

南京　重慶　廣州　北平　漢口
各地
中國科學公司

特約編輯

林佺　吳克敏　吳作泉　周增業
范寧壽　俞鑑　許鐸　楊謀
楊臣勳　薛鴻達　趙鍾美　顧澤南

POPULAR ENGINEERING
Vol. II, No. 11, Oct. 1947
Published monthly by
THE TECHNICAL ASSOCIATION OF CHINA

本期零售定價六千五百元
直接定戶半年六册平寄連郵三萬元
全年十二册平寄連郵六萬元

遠東委員會決定的
日本最低工業水準

對日和約討論在即，日本工業水準問題與賠償攸關，且爲日本復興軍國主義之基礎，實絕不容漠然視之。玆列遠東委員會所決定之日本最低工業水準數字於下——即允許日本工業年產量爲：

鋼鐵	3,500,000噸	氮氣	75,000噸
硫酸	3,500,000噸	燒碱	85,000噸
灰碱	650,000噸	工作機	27,000台
軋鋼機	15,000噸	火電	2,000,000瓩
造船	150,000噸	修船	5,000,000噸

滾珠軸承22,000,000日圓

橋樑電報等器材大量由英運華

中國電報交通，俟全部恢復後，將有英國製造之設備不下百分之九十八。其所用電話機，毛斯發報機及廣播電台實際上完全來自英國。英國所已交大批定貨中包括儀器，銅線及所有必需品。毛斯與廣播發報機亦然。此項機件有能量足以抵達全球者，亦有僅就地可用者。但英國供應中國復興之資材不限電器設備。其輸華橋樑材料約五萬噸，佔中國全部需用量之百分之八十。此項橋樑係分段式，適合中國需要，原擬今春運達遠東，因嚴冬發生種種障礙，故而未果。今則此種障礙已予去除得源源裝運，八月中計約運出八千噸，九月可運六千噸，十月又五千噸，總計已送出橋樑材料已達半數，至新年可全部送完。隨同橋樑送出者尚有裝備齊全之大規模鐵路修理廠二所，自廠房至工具無所不有。機件現已裝出惟房屋尚有稽延，此外，英國並供給較小工具與七十八所汽車修理廠。笨重設備來自美國，而較精巧設備則由英供給。其他定貨包括自來水廠用件與水管，以及衣服紡織品。據聯總程序，英國以近便故供應對象以歐洲爲主，縱然如此，英國對中國復興建設之貢獻仍大。(英國新聞處)

廣州西南大鐵橋興工復建

廣州西南大鐵橋橫跨珠江河面，爲溝通粵漢與廣三兩鐵路之重要建設，戰前已完成一部分橋墩工程，光復後以財力枯竭，迄未續建。本年四月間，廣州市府與省府及粵漢路局協商建築，八月初決定委託中國橋樑公司辦理，所需鋼樑，由路局呈請交部撥用，工程費由中橋公司墊借，將來在通過該橋之火車汽車征收費內償還，合約已於九月一日簽訂，規定簽約後半年內興工，全部鋼樑運達後，六個月內完成。該橋較珠江大鐵橋長達五倍，爲西南最大橋樑。

嘉義溶劑廠已開始生產

中國石油公司嘉義溶劑廠內部修復工程，自於本年六月一日開始整修以來，迄今已屆三月，玆聞該項工程業已完全竣工，並已開始大量生產丁醇，丙酮及酒精，以應台灣省內需要。(工商新聞)

中長鐵路搶修迅速

據中央社訊，中長路長春區管理處長牟桂芳稱：中長路搶修工作，四平北上至東遼河已修抵蔡家屯，長春南修已越公主嶺抵大榆樹，大榆樹去東遼河僅五公里，故長瀋全線即可修復，所差少許枕木，正由吉林搶運中，預計雙十節前長瀋可望通車。

農村棉花豐收
不能源源供給紗廠

據棉紡業工會聯合會訊：民營紗廠如全部開工，可開至四百萬錠，本年內共需原棉約一千萬市担。但本年國內原棉至多僅產五百萬市担，尚缺五百萬担須向國外購買，約需外匯一億七千萬美元。

根據中國棉產統計所分析，戰前我國產棉量可年達一千七八百萬担，本年棉花豐收，估計當至少可收一千萬担左右，但據平津區第七區棉紡公會報告：該區本可收一百四十一萬担，因軍事關係，交通阻梗，迄今收到僅十四萬担。另據東北區報告：抗戰前東北年產棉六十七萬担，今年因大部棉田陷於共軍，故最多只能收二十萬担。最近又因河南產棉中心區鄭貨一帶淪爲戰區，加之各區原棉收齊後運輸之困難，故據一般估計，紡調會統一收購棉花六百萬担之計劃，實際恐僅及半數。

未能收得之七八百萬担原棉，據棉商之傳說已均上農村紡車，共區中盛行領二斤棉，繳一斤紗之辦法，鼓勵生產，利潤之高，無出其右。

我國在英工程實習生
本月舉行告別會

在英國研習工業方法之中國學生若干名，本月當可獲得機會與英國商業、工程、與文化各界領袖會晤，此爲「重聚與告別」之集會，英國工業聯合會已決定於十月九日舉行。此舉可使昔日中國留英學生重聚一堂，主持該項集會之主人亦可乘此機會向學成行將返國之中國學生寄予熱切之願望。據悉屆時英國政要如克里浦斯爵士夫婦、英國工業聯合會會長，英國工程師學會會長及英國文化委員會會長均將銜命出席。(英國新聞處)

全體會員那種嚴肅的，忘我的工作態度和埋頭苦幹的精神，便是瞭解技協每一工作得以成功的關鍵！

年會幕前

中國技術協會理事長
宋名適

本年十月十日至十二日，是中國技術協會第一屆年會的日子。十月十日起至十五日止，並舉行工業模型展覽會。在這些日子裏，本會的新舊同志，有機會聚集一堂。同時通過工業模型展覽會，使本會更與社會人士相見。

本會的前身——工餘聯誼社，是四年前由四十幾個青年技術人員集合起來的，當時偏重於社友間的聯誼工作。勝利來臨，隨着環境的需要，於三十五年三月十七日擴大組織，改組爲中國技術協會。由一個技術人員的聯誼團體，變成了一個全國性的學術事業團體，號召全國技術人員團結起來，共謀福利，普及技術教育，促進學術研究，爲新中國建設而奮鬥。

在這一目標下，本會主辦了上海工業品展覽會，出版了工程界雜誌，經常舉行工業講座，設立技術職業學校，創辦上海釀造廠和中國化驗室。對於會友的聯誼方面，則有工業參觀團，期刊圖書館，消費合作社，職業介紹旅行遊覽以及學術討論座談會等工作，會員人數由四十幾人發展到一千八百餘人，地域分佈由上海擴展到全國，包括了全國各大學的校友，各大生產部門的技術從業員，舉凡化工，電機，機械，土木，紡織，鑛冶，數理，農業，醫學，經濟管理等各項人才，都有參加。

四年來，技協的這些進展，決不是偶然的，在紀念本會首屆年會之期，首先我們應當指出，技協在短促的時日內，能够有這些成績，應當歸功於全體會員與理幹事的衷誠合作和努力。他們抱着爲社會服務的精神，分担了本會各種社會事業和會員的福利工作。如果不是這個團體的力量，有許多事工就創立不起來；如果沒有會員的直接或間接的通力合作，這些事工還是做不起來。在技協這個技術人員的大洪爐裏，來自四方的會員們，既然體會出團結合作的力量，也就很愉快地自願獻出一己的時間和精力。全體會員那種嚴肅的，忘我的工作態度和埋頭苦幹的精神，便是瞭解技協每一工作得以成功的鎖鑰。

其次，我們要利用年會之便，把一年來的工作，在全體會友前面，作全面的檢討。回溯過去，一年來的事工，始終沒有遠離本會的宗旨，但如果我們的會友不趁年會之便，提供更多的意見，那麼技協的事工，就很難與會友的要求密切聯系起來了。因此希望全體會友，要充分運用會務討論和專題討論等年會節目，發抒意見，好讓理幹事們有所憑藉。進一步，在瞭解本會會務進行的實際過程中，要檢討出什麼東西促使技協的進展，什麼東西限制了技協邁步向前，並且要研究怎樣來剷除這個發展的阻力，以便貢獻我們全部力量，來爲祖國工業建設效力，爲全體會友謀福利。

處於戰火遍地，工商破產下的中國，技術人員固然不能安心工作，技術本身也失去了它進步發展的依據。作爲一個建設工作的學術團體，此時此地，更有她難言的苦衷。我們這個團體，既然是技術人員的團體，就應當以技術人員的意見爲意見。紀念年會，我們要將當前技術人員的遭遇，公諸社會，看社會對待技術人員是否合理。但是不論如何，我們絕不悲觀，技協是一個青年人的集團，她堅信苦難的祖國，必會復興，新中國的建設必將到來。因此在這第一屆年會的時候，我們同時舉辦一個工業模型展覽會，一方面揭露出建設滯遲的癥結，另一方面也展示了中國工業建國偉大的遠景。

檢討既往，策勵將來，我們願衷誠地聽取和採納會友及社會人士對於我們的意見。

二十世紀的時代是一個集體工作的時代！——愛因斯坦

中國技術協會的事業

閔淑芬

每個青年在他的理想中，都有一個偉大的事業計劃，同時這種事業的計劃也往往從出了學校以後，踏進了社會，便漸漸的消散；至少對這理想的實現性起了懷疑。

這當然是一個不好的現象！在個人說來，理想的毀滅，會消失一個青年的活力，終生的生活便會彷徨而失去一個中心，不是平淡的過了一生，便是偏於只求利祿，不計其他。在整個社會來說，這會遲緩社會的建設和發展，對整個社會的生活水準起了極大的影響。

迫使技術青年放棄他的最初理想的有二個原因：內在的原因指青年理想的本身缺點，不容否認一個在學的青年，他本身就存在着許多缺點，譬如：缺乏社會經驗，理論與實際的脫節，誇大自己的成就，看不見整個生產事業的集團作用等等，因此求學時代所考慮的「理想」，「計劃」和「事業」，也往往有許多是不符現實的，是需要加以修正的。因之一個剛出學校的青年必需再經過三四年的自我摸索，才能慢慢地認識整個生產部門的全貌。

外在的原因是指社會所給予青年發展事業的條件。誰也明瞭，今天要辦一個廠，除了一個良好的計劃外，還需要有資本，以及適當的「路道」。不然，計劃還是只能停留在藍圖上，而今天以一個技術人員來說，是不是具備這些呢？社會事業的創立，由於明顯的經濟利害關係的緣故，技術人員的理想和計劃，輕易是不大容易得到社會人士的贊助的，而事實上每個技術人員却大多有着要實驗他自已的計劃的企求。

這樣技術青年的「理想」就往往成了「空想」和「幻想」了！對個人是打擊，對社會是損失！

但是，這並不是說「絕望」，如果能適當的來解决困難，我們的理想還是有實現的基礎的。

中國技術協會就是想以青年技術人員團體的力量，來作爲實現他們的事業的基礎。

這一基礎，便是青年技術人員本身所固有的熱忱，互助，服務和奮鬥的精神！依靠了這，技協在短短的一年中，創辦和推進了四項事業，便是：出版工程界，成立技術學校及講學團，舉辦上海釀造廠，和創建中國化驗室。

工程界在今天是中國難得的工程雜誌，出版已有二卷十期，擁有讀者五千多人，雖然今天這雜誌在內容上還有缺點，在經濟上尚不能寬裕，不過正因爲這是一個團體的事業，多數會友願意用介紹廣告，寫稿，特別是全部義務職的編輯委員深夜工作的熱誠，來爲中國的出版界支持這一個刊物。

這本刊物的另一特點是儘量搜羅各技術生產部門的技術人員，來寫下他們的工作經驗。要用艱澀的漢字來表達意思是一椿困難的事，但是各處東西的技術人員，要來達到技術知識的交流這一目的，除了用文字來表達，還有什麼辦法呢？本會希望各地技術人員，能充分利用這本刊物，發揮他的最高效用。

技術夜校的創立還在兩年以前，那時候正是本會主辦的第一屆工業講座結束，從聽講的學員那裏得到啓示，認爲我們這個學術團體應當化一些力量來照顧一批失學的青年。和平初期，熱誠的青年，都希望貢獻自己的力量，來爲建國工作效力。自然都要求充實自己的知識。夜校就在幾個熱心會友的艱苦掙扎下，開辦了起來。校址是借的人家的日校，教職員義務當差，不幸到今年八月，由於校址的問題，開不起課來。但是有些學生却死釘着負責人問幾時開學。爲了教育，負責夜校的幾位會友是不會灰心的，沒有校址怎麼辦？立刻改組成一個流動性的講學團，這個講學團所能發揮的效用决不下于固定的學校。會員中有專長電氣裝置的，有專長機械工作法的，有專長內燃機的，——就請他各講一個月。最近在膠州路民業夜校特開的技術班，就是本會會員採用流動方法分別担任的。在中國普及技術教育的史蹟中，這一批不屈不撓的技術人員，實在應當有其應有地位的。但是原來的夜校，我們深信一定能在最短時期開學！

上海釀造廠的創立，是去年十月裏的事。由徐恩塇會友的義務租借廠址，利用會友分別投資的資金，日出美味超級醬油十担供應，而會友的經常採用，對於這個機構的生存，有着極大的幫助。這個醬油，堪稱美味超級不是偶然的，因爲製造的方法是先從前交大化學系學生（現均畢業爲本會會員）組織的南洋醬油廠的方法爲基礎，後經對於有釀造經驗的會友改進製成，採用了大家的意思，才達到今日的品質，目下正在計劃別種日用品，供應社會。

創立中國化驗室的動機，還是去年夏天的事，時機一旦成熟，只在一次化工組的交誼會裏號召了一下，就有三十多位會友對於這項工作感到興趣。一億元資金一下子就認滿了，感謝胡文安會友將他私人全部儀器捐贈本會，作爲本會的投資，資本額一下就昇到一億五千萬元，還是由於會友的力量，不必立刻化大筆資金去租房子，第一次股東會以後才只一個星期。就有兩個會員拿了樣品來委託化驗。這一方面可見會員對於技協的事業的愛護，另一方面也顯示這一事業對於化工界的需要。化學界先進本會正會員吳蘊初先生慨允担任董事長，給我們無限的鼓勵。特別要提出的是中國化驗室的技術顧問特別多，那一位會友熟悉那一料的分析我們就用他的方法，有十個以上的會員担任技師，這在一個純商業性的組織是做不到的。在可能的條件下，中國化驗室將擴充爲包括機電材料的工業試驗所。

坦白的說，技協的事業在目前還在嘗試的階段，但這嘗試，今天已告訴我們是正確的。青年人本身的缺少社會經驗，理論與實際的脫節，誇大個別的成就和忽視整個生產的集體作用，在今天教育制度不能改進的情形下，最好的改進辦法就是讓他們到實際事實中去學習，在技協事業的推進中，千難萬苦實際上就在煆煉每個參與工作的青年，增加每一人的社會經驗，訓練每一個人去學碓的運用理論到實際中去，認識自己在團體中的作用等等……。這種在學校中所得不到的教育，而在社會中却十分的重要。外在的困難，也在我們的嘗試中克服了，資金在集體會友投資下，已不是一個大的困難，出品的銷路，也在多數會友的介紹下得到了解決，那末餘下的是什麼呢？

「二十世紀的原子時代，無論在科學上，事業上，都是一個集體工作的時代」。這是愛因斯坦所提出的眞理，這眞理已在我們技協的事業中得到了明證，也鼓舞了每個靑年的「理想」，也鼓舞了每個青年的活力！

中國技術協會首屆年會

工業模型展覽會

地址　上海徐家滙交通大學　　日期　三十六年十月十日至十五日

內容一般

一　中國建設

錢江大鐵橋——永利硫酸錏廠

YVA——黃河堵口工程

二　工業的原動力——機械

鍋爐——柴油機——柴油引擎——透平機

火車頭——船塢——飛機——紡織機

工作機廠——船的製造程序——噴射引擎——航空（照片）

三　漫畫

還技術於技術人員　還技術人員於技術

四　工業的原動力——電氣

雷達——電話——眞空管——無線電報——馬達

五　有關民生的化學工業

味精——搪瓷——製藥——酒精

六　技術人員對於上海的供獻

上海自來水公司——日暉港唧水站——從發電到用電

上海的發展——工務局——上海的公用事業

七　一些歷史資料

技術人員對抗戰的供獻——工業在抗戰中損失

遷川工廠的損失——日本工業的現狀

八　將來的展望

技術都市計劃——総路総點——鐵路電訊

浦江大橋——聯合電廠——岡村設計

九　技術人員的生活

顯微鏡製造——各種算尺

技術人員的生活——牛津大學生活

陸賞圖——生活律——技術人員的遭遇

為了國家的建設，為了技術的進步，——

技協的會友們

陳揭書

技術的天空裏，
現出一顆巨星，
它照耀着技術份子的心靈。……；

——技協頌

從會員四十餘人擴展到現在一八〇三人的中國技術協會，今年雙十節在上海舉行第一屆年會了。一八〇三！這一個數字，在整個中國的人口中只佔到百萬分之四，可是，他對于中國技術界的影響却是不小，因為，它底歷史并不算長，它底經濟基礎一向很薄弱，可是，它所做的許多工作，許多事業，却已引起了普遍的注意，社會上的同情，以及技術界賭先進人士的注意，這難道是偶然的嗎？——現在的許多收獲，可以說完全是由于會友們努力的結果；在將來，技協的進展，當然還有待于會友們的貢獻，技協是屬于全體會友的！

技協的會友們是從那裏來的？現在分佈在那些地方？

這一八〇三名技協的會友來自全國各大工業中心，也有暫時留在海外各地的。在上海，因為是技協的發源地，當然比較最多，工務局，公用局，上海電力公司，電話公司，京滬區鐵路管理局，中國紡織建設公司等，是會員人數最多的幾個機關；其餘如：著名的紗廠，化工廠，電工廠，機械廠，造船廠，營造廠……都有我們的會員分佈；學校中的數量也不算少，這裏面包括教授，講師，助教，專科教員，以及高年級的學生等。統計起來，目前上海的會友共有1559人之多。其次是南京，在鐵路局，公路局，工務局，永利公司等地有比較少量的會友，計共29人。還有在常州，戚墅堰機廠等地有會友16人；無錫。有不少紗廠都有會友，總共有14人；蘇州也有8人分佈在蘇州電廠和路局中；杭州，在電廠中有不少會友，包括了其他部門，共有20人；江浙一帶除了以上各地的會友外，尚有海寧2人，崑山2人，南通6人，徐州4人，以及定海，浦口，江陰，常熟各地各2人，及浙江2人。

在華北，青島會友較多，有12人，分佈在中紡公司，中油公司等處；天津4人北平6人；其他各地如錦州2人，蚌埠3人，山東1人，西安1人，都是零零落落地四散各方。華南一帶，最多的是台灣，共有43人之多，這因為台灣的敵產工業部門技術人員很多的緣故；此外廣州有2人，雲南有1人。

在國外的技協會員，大多是在上海入了會以後，到國外去的，所以數量上也占相當比重，其中尤以美國為最多，據現在統計有25人，以後如有會友出國留學，當然還得要增加。其餘的如英國3人，法國2人，荷蘭1人；還有香港2人；新加坡1人，最近又因救濟總署的需要，冲繩島也有38位會友。

技協的會友雖然來自各地，美中不足的是，上海的會友比重要佔到87%，所以，技術的中心活動仍在上海，暫時還沒有設立各地分會的可能。但是，上海以外各地的會友，僅僅憑藉「技協通訊」或「工程界」作聯繫，顯然是不能發揮他們的活動能力和完成協會的使命的，因此，我們期待着各地的會友們能够自動擴大，自動組織，使技協的分會在各大工業中心地區建立起來！

技協的會友們專長那些技術科目？

社會上一般人對于「技術」二個字的意義，還是沒有清楚的觀念，有的人以為只是工程算是「技術」，還有人索性把魔術馬戲一古腦兒攪進了「技術」。現在，以統計為證，現中國技術協會裏，倒底包括了那些技術人員來做會員？其構成的份子究竟是怎樣的。

	化工	電機	機械	土木	紡織	管理	數理	醫學	農業	其他	總計
基本會員	356	323	318	262	116	70	27	11	6	13	1502
初級會員	61	88	65	31	9	33	4	3	1	6	301
各組總計	417	411	383	293	125	103	31	14	7	19	1803
比重(%)	23.15	22.81	21.27	16.3	6.9	5.72	1.71	0.78	0.39	1.05	

從上表看來，技協會友所專長的科目是很廣泛，他們從基本學理的數理科目，一直到最最實用的管理學問，其中包括了機電化土紡各種工程學，以及農業和醫藥等等；所以，所謂技術，當然不單單是工程而已。可是，在目前，專攻工程的會友佔了全會員人數83.4%，這一個比例使技協接近了工程學術團體的性質。(所以它有「工程界」這一本雜誌。)到將來，隨着技協的發展，其他各科，如醫，農，管理，經濟等——也可能會展開相當的活動，使技協更「名符其實」起來。現在，技協的許多事工中，都是以學組來區分會員的，暫時顯得活躍的是化工，電機，機械，土木，紡織五組，但是，每個技協會友都希冀其他各組也一樣地生長，一樣地活潑！

在技協，會友是年青的多！

在中國技術協會的綱領中，揭示著技協是年青技術人員的組織，不錯，技協會友（包括初級會員）最輕的年紀只有18歲，最大的雖是53歲，可是只有一位，僅佔比重0.06%；大多數會友的年紀是從24歲到29歲，因此，在技協的一切活動中，都顯露着年青人的急切，進取，輕進，勇敢的情緒；在幾個學術團體的聯合集會中，如有技協的會友，一定會叫整個會場顯得有生氣，請看下面的年齡統計：

	18歲	19歲	20歲	21歲	22歲	23歲	24歲	25歲	26歲	27歲
基本會員	——	——	3	14	65	91	131	153	185	192
初級會員	3	30	45	49	49	33	22	13	14	4
共　計	3	30	48	63	114	124	153	166	199	196
比重(%)	0.17	1.7	2.66	3.5	6.3	6.9	8.5	9.2	11.1	10.9

	28歲	29歲	30歲	31歲	32歲	33歲	34歲	35歲	36歲	37歲
基本會員	142	106	88	60	45	35	30	23	19	8
初級會員	9	5	7	2	0	1	2	3	3	2
共　計	151	111	95	62	45	36	32	26	22	10
比重(%)	8.4	6.16	5.27	3.44	2.5	2.0	1.78	1.44	1.22	0.55

	38歲	39歲	40歲	41歲	42歲	43歲	44歲	45歲	46歲	47歲	49歲	50歲	53歲	不詳
基本會員	17	6	4	4	5	8	4	3	3	2	7	2	1	43
初級會員	0	1	0	0	0	0	0	0	0	1	1	0	0	2
共　計	17	7	4	4	5	8	4	3	3	3	8	2	1	45
比重(%)	0.94	0.39	0.22	0.22	0.28	0.44	0.22	0.17	0.17	0.17	0.44	0.11	0.06	2.5

但是，技術的長青不老，却不是完全因爲年齡的緣故，有不少年齡很大的會友，他們到了技協，也一樣地會嘻嘻哈哈地精神起來，實在是技協的年青朝氣，使許多技術老前輩也振作了。

技協會友們的學歷和程度怎樣？

技協的大多數基本會員是大學或專科的程度，但也有極少部分中學或職業學校畢業的，由于他們底技術經驗和造就，所以成了基本會員，本來，技術專家們是不一定完全依賴高等學校的學歷來決定，技協在審查會友的入會資格時，是很注意到這一點的，因此，有不少不憑學歷的技術專家也參加了進來。至于初級會員，則以大學肄業爲多，佔130人，其餘程度不等，惟初級會友共301人，祇有會員全數的17%弱，所以比重甚小。畢業的學校，以交大(380人)及大同(282人)爲最多，二校共佔會員全數的36.8%，南通(62人)，滬江(68人)，之江(47人)，蘇州工專(47人)，約大(44人)，復旦

(39人),中大(39人),雷士德(33人),同濟(32人),浙大(27人),震旦(15人),西南聯大(14人),東吳(13人),大夏(13人),畢業生佔全數26.5%其餘如中法藥專,光華,西北,清華,暨南,中正,武漢,中山,中法工學院,重大,廈大,北大,以及中華職業,中國紡專,上海工業,誠孚紡專,立信會專,中央技專,浙江高工,……等院校的畢業生中,都有參加技協作爲會友的。這些技協會友的畢業年份,大概是公元1919年起1947年止都有,其中以1935年以後爲多,而以1944年畢業的佔第一位,人數共是226人,餘佔會員總數的13%弱,1943年畢業的176人,約爲全數的十分之一。

技協會友怎麽在這個團體裏相互交誼?

來自全中國四方,來自全中國各技術學校,年青的,年老的,資格淺的,資格老的……這許許多多技術份子一進了技協,他就成了技術某一學組中的會員,每一學組自已選舉幹事,自已決定交誼的方式,一切都是用民主的方式進行他們的事工。譬如土木組,他們選定了每星期四作爲技協的土木日,逢此日期,土木組的會友到會所來可以遇到許許多多的同志,生的會友聯成了熟的,以後的聯誼工作可以一次次的加强起來;自從土木組創立了這個方式後,化工,機械,電機…等組也有了他們的專定日子,作爲會友聯誼的機會。因此在上海中正中路的會所中,平均每晚總有三四十人前來,有的向圖書館借書,有的來合作社購物,有的討論着怎樣召集一次大規模的交誼會,有的爲了一個生產技術上的困難,來徵求幫助解答。就是會所地方還嫌不够,以致會友一多,就要擠得十分擁擠。

此外,每逢技協有重要工作要做,有事業要創辦,或集會要舉行的時候,會友們的聯繫亦一定會密切起來,在事工的進行中,使會友消減了隔閡,打破了派別和成見,更沒有所謂「社會世故人情」等一套阻隔。因此,受不慣目前職業生活磨折的技協會友,大多很願意到技協會所來「擺龍門陣」,一吐他們的積鬱和牢騷。

熱心的會友,實在太多了。舉一個例子,每逢技協通訊出版的時候,二千份的刊物發行工作,爲了求迅速,完全不假手僕役,却由十多個會友,窮半天的工作時間,來把全部通訊發畢。技協通訊是聯繫各地會友的唯一橋樑,如果會友們接到了這一份東西,躺在安樂椅上看的時候,他應該知道,在這張薄薄的通訊後面,是有多少熱心的會友在爲它工作着啊!

技協的會友們正憑藉着這許多一點一滴的工作,在使會友之間交誼更緊密起來,很像一個雪球,在滾動的時候,它會愈滾愈大。目前1803人中,當然有很多是沒有眞正參加技協事工,也有不少是會所也沒有來過的,可是,在遙長的歲月之後,技協,這一個技術份子團結的核心,希望能完成把中國技術人員打成一片的使命,好爲國家的建設多貢獻些力量!

技協永遠是全體會友的!

任何一個團體都是人類合羣性的表現,沒有個人的結合,就沒有團體。技協是技術份子的團體,它底成就,該表現出許許多多技協會友們的努力和創造。所以技協的會友不怕太多,愈多愈可以發揮團體的力量;而且會友們對于技協的貢獻亦不管大小;貢獻得大是會友們全體享受,貢獻得小也一樣地影響着整個團體;好在,會友們全是不爲一二個人,却是完全爲了技協,更擴大的說,就是爲了中國的建設!

技協是屬于全體會友的!不錯,讓我們更緊密地聯繫起來,更希望所有的願意獻身國家社會的技協份子一同來響應技協,來參加到技協中來!

> 在戰時,應用科學爲我們互相毒害,互相殘殺而服務。
> 在平時,它又弄得我們生活局促不安。
> 它不能把我們從精疲力盡的工作大大解放出來,却反而把我們變成機器的奴隸,使我們不得不以厭懸的心情對代單調而長久的工作,不得不爲着一點點可憐的衣食而戰戰兢兢地做。
> 經常把爲人類着想,作爲一切技術努力的焦點,並且爲社會的勞動機構和生產品分配等等尙未解決的大問題着想才對——這就是爲的要使我們的智力創造對於人類是造福,而不是作孽。
> 在你們作圖和演算的當兒,請千萬別忘記這一點。 ——愛因斯坦

工程技術怎樣會有新的發明？要有新發明的創造能力，應該具備什麼條件？

工程技術的改進和發明

仇啓琴

這一次中國技術協會舉行首屆年會之期，有着徵求技術人員發明展覽的盛舉，目的就在發揚中國技術人員的研究精神和發明能力，因爲吾國的工業現況，雖然比起先進各國是差得太遠，但假使經濟環境能好一些工業的水準和社會的需要可能相對地提高的話，當有各方面的表現，在技術發明的展覽中，可以顯示出中國工程技術人員的能力，他們決不是像一般人所說的一些庸碌無能者，他們如果有了適當的溫床，也許會培育出燦爛的花果，爲着中國的人民邁進幸福，更爲了全世界的文明求進步！

不少人對於發明這二個字，抱着非常羨慕崇拜的態度，美國的愛迪生，這一位全世界的發明大王，更是千萬青年技術人員的崇高目標，大家以爲只要靈機一轉，發明什麼東西，就可以轉手成爲鉅富，金錢名譽——一切自會追踵而來。可是人們却常常忽略了愛迪生等的堅苦奮鬥精神，這一種精神還加上其他的因素正是引導到成功道路上去的主要關鍵。既然有這種錯誤的觀念，就會教人有不勞而獲，或是少勞而多獲的心思，這是很要不得的，所以，我想趁這次機會，和工程界的技術人員們研究一下，究竟發明是怎樣來的？我們有了什麼條件，才會有發明和改進？

什麼是一件工程的發明？

嚴格地說，一件完成的工程發明必需是完全能够實用的東西，而不是一個簡單的圖樣或觀念；所謂能實用的東西，可以是一個與實件大小相同的模型，俾便說明新發明的工作情形；或是一個詳盡的圖樣，足以使任何技術人員能清楚地了解其功用及性能。至於發明的經濟價值，却不一定要詳加證明。對於在從事發明及改進某件工程製品的工程師而言，一種新穎的而且可能付之實現的觀念，僅僅是發明的第一步。他底創造力，不論是否可以完成，將繼續地發展，使這一種觀念精鍊，直到新的出品完全成功爲止。

新觀念的價值

新觀念本身幷不能產生什麼財富或增進人類的幸福。歷史上有不少新奇的發明思想，都是因爲缺少對經濟價值的攷慮，或是缺少進一步的努力，以致完全失敗，一無成就。所以，如果沒有完成發明品，新的觀念只有刺激發明家本人，或共同工作的人們一些追求發展至實用東西的決心，或者，有時會發展到別的思想上去。

以前汽車的發動都要靠人力，自從第一只電動起步機製出後人們都覺得非常便利而有用，這一項工業就突飛猛晉，等到市場上有了迫切的需要，電機製造也就精益求精，到現在，便有了可靠的電動起步機和有力的蓄電池了。因此，用電動機去發動汽車引擎的這個新觀念，便非常迅速地有了成功的發展。

相反，開爾文(Kelvin)在1852年有一個觀念，他以爲一組製冷機系統可以同時作爲發冷及發熱的二個用途。在那個時候，製冷機還沒有到完美的地步，總得是非常粗笨，電的工業尙未發達，建築的取暖設備還是靠了火爐，因此，『熱泵』(Heat Pump) 這個相反於製冷的系統，就一直擱置了近百年，直到現在，方始給人提出來發展，可是還滯留在初步原始的階段。

對於新發明有利的環境是些什麼？

這樣看來，新觀念新思想的所以會活躍地發展，完全看着環境的是否有利。在工程界中的發明，尤其如此，它絕不是與外界環境完全隔絕的靈感，更不大可能是一樣新興工業的出發點。正相反，工程上的發明却是出現在當大部分的客觀條件已經建立了起來之後，當工程師不但知道了這發明品的目標，而且已經小心地研究過這一問題的未來展望，熟悉過去的經歷和現在的進展之後。不但如此，如果工程師需要進一步的分析他底問題的話，他更應該知道一些在問題之外的各項知識。

下面是一些條件，如果工程界的人們要想完成一項新的發明品，那是很必需要攷慮的：

(一)在目前可能攷慮到的現有種種實際情形以外，這項發明品的結果是什麼？

(二)這項發明品可以供應那種市場的需要？——這就是對於新發明品的環境和應用範圍，明確地認識一下。

(三)要產生規定目標的效果，這一項發明，還需要增加什麼別的方法或附屬的裝置？

(四)如何將新發明使人自願地採用？以後方才是：

(五)仔細研究新發明品尺寸比例的規定，運轉效用的分析，和限度的確定；和

(六)確定設計及製造方法。

上面這六項條件，對於一位具備廣博工程知識的專家看來，是綽然有餘地可以應付的。每一項都是一個單獨的問題，所不同的只是已知數與未知數而已。事實上，新發明的機會到處有，即使製品的原始形式已完成之後，仍舊不會限制新的腦筋去改良。

歷史上有不少例子可以說明，當一件發明品在繼續地改良和發展的時候，眞正的問題和阻礙就會一一接踵而來。愈是迫切去完成一件製品，愈是促成天才的發明，迫切的環境，往往是人力經濟的關係，或是戰爭的因素，都足以促進人們的智力，集中於建設性的思想。那就是說在完成一件發明的過程中，因為不斷發生的困難，就針對這種困難，產生了解決困難的思想，這樣地繼續不斷地積聚起來，方才可以有輝煌的成績發現。

還有，商業上的應用，常是發展一件製品的重要關鍵 因為在這個階段，必需有完整的設計結晶出來。當然，商業應用仍舊不過是一項試鍊，發明家千萬不可因為失敗的沮喪或成功的興奮而終止了他底不斷改進的思想。經過這種試鍊，他就有完全的『工作感』(Feel of the Job)，和各項實驗後的心得，以後正可循此融合貫通地改進。現代的工業環境是必要叫他作二次三次的改良，方才能適應人民的需要。

刺激發明的最好環境是處在具備完善工業制度的地方。在現代的工業中，個人的發明是不大被人重視了，即使有，也因為不能有完整的工業製造序列(Manufacturing Schedule)而擱置一旁，只有集團的保證，個人才有出路，發明也有前途。(編者按，請參閱本刊二卷一期錢偉長教授的火箭及其他。)所以．今日需要發明什麼東西，就要集合一羣有思想，有創造力，和具有推理力的技術專家一同來工作。必要的是，這些專家的特點和個人的環境與教養，最好要分歧一些，那末個別的能力和興趣就會捨短取長，相互補拙，每人能學到一點，每人也能受到些激勵。這一個集團還需要時間與設備上的便利和個人的接觸，方才能使現有的發明品或方法的缺點發現，澈底地把握，將來的目標。可是一個完善的工業制度是產生這種集團的先決條件，我們如果目光短小，以為研究對於本身工業毫無關係，那末舊的工業旣無改進之途，新的工業就永遠無法產生，正如中國的現狀一樣，我們底技術專家只是在做些Routine Work，一點沒有機會來發展他們底才能，而中國的工業前途，也就永遠陷在毫無創造，受人支配的悲慘命運中！

青年的工程師們應該給予鼓勵

曾有人觀察到年青的工程師們往往不願意去推進他們底新思想，因為他們覺得自已底思想也許對於別人並不覺得新奇，或者，即使他們有什麼新方法想出來，但因為要改變現在已存的經驗，也許會受到冷酷的歧視。這在中國目前，尤為普遍，在國營的工廠裏 高級技術人員變成了官僚，一天到晚除了應付上級，敷衍下屬之外，就很少顧念到技術的改良和發展；民營廠裏，則又因為經費的支絀，在節省開支大前提之下，即使有新的技術發明，又那會有機會實現呢？不過重要的却是這點：雖然有客觀條件的限制，我們却不可以而且不應當扼殺新的思想，阻礙新技術的進步。尤其對於青年技術人員們的思想為然，因為他們底精力和腦筋是新銳的，雖然，有時候因為經驗的欠缺會和老的方法相似，但只要是他們自已本來的思想，還是可貴的，因為這可以引導到新發明的實現。所以，青年的工程師們，無論如何應該給予鼓勵，只要他們有新的意見提出，只要他們的思想分析確是有理由的話，資歷較深的領導人物就應該好好的鼓

勵，或是設法給予試驗的機會，將來也許新的發明就奠基在這一點原始的思想上。在大學中，或是在工廠中，高級的主管人員，若是不給青年們鼓勵，那簡直是戮害工業萌芽的勾當，我們應該指摘批評的。

剛從工科大學或專科出來的青年，到了工廠中去做過三四年以後，常有一種學非所用的感覺，他們以爲工廠中搅的一套東西，完全不是學校中讀的，什麼 Calculus, Mechanics, 與工作簡直絲毫不發生關係 他們以爲有過三四十年經驗的工頭是萬能的，因爲工廠中的實際工作是他們在指揮，在設計，在工作。他們受制於『經驗決定一切』的謬論，所以他們可以一點用不到思想，要他們有新的發明，當然是一件不容易的事。因此，一方面。固然要獎拔青年技術人員，同時青年技術人員本身亦需要努力，要用思想，一方面吸收經驗，一方面探求改良的方法，這樣才有進步。大學和工廠更需要有密切的合作，要做到可以運用大學中的研究心得去改進工廠中的原有技術，那末，技術人員就不會輕視基本的工程知識，因爲他們在工作的過程中，已經了解到經驗和學識是二者不可缺一的。

只有發揚青年技術人員的研究精神，鼓勵着新的思想，使經驗和學術有密切聯繫，那末工程技術的新發明和改進，才有指望！

多方面的研究亦屬必要！

複雜的工業製品或製造系統在設計的時候，更需要各方面的攷慮，零碎的新發明只是作爲一座已存構造上的新的建築材料而已。如果只是單獨的將一件東西設計好，雖在本位的工業上沒有問題，也許會對於別種工業引起嚴重的後果，所以聰敏的工程師們就在本身所從事的工業之外，再研究別種工業的關係，尤其是在大的目標之下有何衝突的問題，和別種工業的成就評價如何最爲重要，這樣，他在做複雜和巨大的計劃之際，便能面面俱到，不會有什麽錯誤。

舉例來說，煤用 Bergius 氫化法轉變成氣體或液體的這個問題，現在面臨着一個大有前途的地步，就是固體的燃料現在是可以變成液體燃料了。煤，既是一種基本的商品，在這一個範圍內的發展很可以合理地推想到動力和製造設備方面也會引起發展。因此，即使不是化學工程師，雖然沒有直接關係的技術人員，他當然很可以聯想到這項氫化的工作，如果他能够注意到有這項發展傾向的話。

這就是說，技術人員們千萬不要太集中心力於狹隘的專業，他應當分一部分讀書觀察和研究的時間於別種工業方面，那末方才有廣博的見地去看他自已所從事的工業。往往有種小的副產品，可能開闢出另一個方向的道路來，只要他是有一副研究頭腦去看一切發展。新的發明並不是一件太艱難的事。

結論是什麽？

根據上面的討論，我們很可以歸納起來，成下面幾點結論：

（一）發明與創造力是超乎觀念以外的東西，它們底價值是隨着創造力的發展和新思想的實現而增加的。

（二）工程上的發明是有了一個明確目標以後，集中心力於工作後方才發展的成功。

（三）如果有良好的工業制度，在優良的領導之下，集團的工作可以產生一種有利於發明的環境。

（四）對於年青的技術人員應該鼓勵，使他們的發明天才不致埋沒，即使沒有專利價值的發明，也要加以重視才對。

（五）在各項重要工業的進展上加以廣博的研究，可以促進工程技術的發明。

在中國，工程技術需要改進的地方實在太多了，新發明的出現還待長時期的培養和教育，這裏的一些話，對於在混亂的工業現況之下，可以說是沒有什麽力量的，因爲現在還是技術的發展被經濟制度限制的時代，可是，後一代的青年技術人員如果要找求他們底出路，這裏的一些芻蕘之辭，也許有點兒用處，因爲，他們可以知道，爲什麽拚命的用功讀書物理化學微積分讀了一大堆子，還是不能創造什麽新發明，還有眞正的技術上發明是怎樣產生的原因。趁這個處處求進步的時代，靑年有爲的技術人員千萬不要給現實的冷酷嚇倒了，因而埋沒了自已底天才，我們應該用思想，用雙手，來創造些新的事物來貢獻給新的中國啊！

爲紀念技協年會而作

技術人員生活素描

公路網中的一個據點

邵國慶

這裏是江蘇的一個縣邑——宜興，戰前的繁榮幾乎給戰神燬光了！到處瓦礫焦土；現在人們又從戰霧中跑出來 在磚瓦堆上避起住屋商塲，雖然化九牛二虎之力滿頭大汗地爲恢復市況努力，可是年餘來的現情，還不到戰前的十之三四。

可是他在公路上的重要性，已隨國道——京杭，京滬，——的恢復暢通俱來，因爲是公路上的一個據點，京杭國道的中點，所以有全國公路汽車修理網的一個汽車保養廠（Automobil Maintenance Shop)設在這裏。

顧名思義，正好似喝人保養貴體一樣的意思，使汽車勿在中途出大小毛病 安全到達目的地，預加養護，就是保養汽車的主旨。

被派在這廠負責，平常除一般總其成的綜理工作與外界的聯絡事務外，對於技術上的督導及技工情緒的鼓勵是主要任務。所以每天大半時間着了工裝，同技工們一樣地爬到汽車底盤下面檢查，遇到困難地方及沒材料的時候，用比他們有原理基礎的頭腦幫助他們解決困難。指示工作步驟，把大小工作對付過來。在共同解決疑難與以身作則之外，還給大家增加不少的工作興趣。自然也從大家學得不少的實際經驗。

概括地說，日常的工作，不外乎細檢車輛各部，隨查隨修，每只螺絲都不使懈鈇；經過的客車，在幾分鐘內檢整續駛，非數十分鐘可以修竣時，就換車替班，將壞車停廠修整。簡言之，這裏的工作是動作迅速而確實 檢查周詳而有規律，因爲每車的檢查要點是一般無二，而每車的急等使用也是同樣的。此外全車關節加注牛油(Grease)齒輪箱加注齒油(Gear Oil)，車胎檢加氣壓及加添汽油引擎油加水等等。

這裏不像辦公室工作上下班時間，也不像機械廠紡織廠有上工放工鐘點，從黎明放車供給車站行駛早班車開始一日的工作起，直到每天晚班車返廠檢修完畢後止，這一個時距才是我們的工作時間。現在由廠保養的車數并不多，所以并不覺得漫長的工作時間爲苦，因爲白天無事時，仍可隨時休息的，在有車到廠時，在機工電工胎工緊張地協力分工檢整下，必須使該車迅速續行。

要是汽車在中途發生意外故障停駛時，亦得應通知隨時派車派人去救濟，所負責救濟距離有一三七公里，一面到天王寺，一面到浙境的長興。

保養工作，固甚簡單，但其重要性可不能漠視，在大都市或公路上行駛的大小客車，貨車，拋錨而被目爲老爺車的，每天有看到多少？這還不是因爲檢查不周保養不得其法或甚至根本就沒保養，譬如一般車主或司機，從來不知加注牛油，因此關節部份磨蝕或咬緊不轉，齒箱存油不足，就到齒輪打碎拋錨中途而後止！

因爲這裏還是籌創時期，所以在經常工作之外，得照顧廠屋的建築情形，計劃機器的安裝及工作架的製備，因此對設廠與小零碎的設計，有一個學習的機會。

這裏的工餘生活，可就夠枯燥了！雖然廠境全享了宜邑山明水秀部份的自然優勢，可是在這殘破的縣邑裏，連一個電影院都沒有，小書店裏找一本有點價值的書籍雜誌也不易得，爲員工精神調劑及恢復疲勞設想，該有運動與娛樂的設備及圖書的購置的計劃，但是有誰來照顧及提高技術人員工餘的文化生活呢？

調整 Base

大恆

八點三刻到九點科長去『辦公』了 人也來得差不多齊了，平日是最熱鬧的時候。但今天小湯却已經伏在桌上一本正經的在寫東西。

照例一見小湯就要尋他開心，我走上去一把抽掉他的筆，準備着一陣打岔。可是，他驀地站起來，『我殺你的頭！』一把把筆搶了回去。聲音是大得不平常的，這不是開玩笑的聲音。

我倒莫知所以了。有人重重地打了我一下，那是阿方，『人家要辭職了，還吃豆腐，』他說着 慢慢地踱了出去。

『殺你的頭！』小湯又大聲起來，但立刻又沉下來，『他媽的真要不幹了，』他恨恨地把寫着的紙一把抓成一團。

『好了！何必，何必——』老毛走過來拍小湯的肩頭，把他團緊的紙展開了，一面看一面繼續說：『簽上去，要是不准，再簽，只要他批得下，薪資得上去——來，我來起稿。』小湯下意識地站了來，老毛就坐下來，提筆撻書。

『他媽的，小張他們繪圖員，每日只做半天也一百四了，我也算來了二年了，』小湯氣憤地，但已平靜得多了。『他媽的一百三——』

科長快步走了進來。

『小湯，』老毛低聲地叫他，向科長嫩嫩嘴。小湯倒忸怩起來。老毛很快地站起身，拉了小湯，並對我示意一下，走到科長檯前。我也走了過去，

『歐科長，我們去年年終考績加薪的令昨天剛下來，Mr. 湯只有一百三。

本來今年規定技術人員進來起碼一百四,像第一科裏的實習生都是一百四。他也是技士了,並且已經來了二年。所以想簽一簽,請科長幫忙先調整到一百四,否則等年終再加上去和別人差得更遠了。』

我們的科長照例微笑地點點頭。小湯鼓起勇氣來了,『人事室說我的學校沒有立案,不能同等待遇,眞是……』

『不過 St. John's不立案實在也不成理由,劉專員不也是他的同學嗎?只比他高二班,現在三百了,』我忽然想到便說。

『劉專員那是另外……』科長低聲地說,『你儘管簽上來,我替你和處長說說去。』

一個工役走進來,『歐科長,處長請。王參議員來了。』

科長應了一聲,縐着眉,咕着『倒楣事體』,終於快步走了出去。

——完——

機械工廠導游者話

木　華

我早前答應陪伴你作『本廠一日之遊』,今天總算是兌現了。

不過,一切的一切我相信都會使你大失所望的。

你的兩眼有點兒澀嗎?是的,這是你不慣早起的緣故。

日子一久,便也成爲習慣。我早上醒來的時候,總是在六點鐘左右,就是星期日和例假亦是如此。

廠裏的交通車每天早上七時正從極東的楊樹浦開出,由外灘經過南京路愚園路至極西的廠址。我們居住在卡德路附近的幾個同事便都集中在此等候。

我跟你介紹我的同事好嗎?

這一位是羅主任,這位是孫先生,這一位是余先生,都是和我同課的。

車子遠遠的在前來了,那輛車頭前有白地藍色齒輪徽號的便是。

擠得很,當心!別把鐵銹弄上了你的衣服。

以前廠裏沒有置備交通車的時候,我們是以電車和自由車往返的。搭電車的話,我們便常常假道於中山公園,因此我們得以欣賞到春夏秋冬和風霜雨雪的『公園之晨』。彷彿是走入了一幅傑作的畫面。

初春裏剛起身時的陽光把整個天空染成豔麗的七彩。閃閃的露珠密佈在開始發綠的草氈和樹葉上面。可以比得上鑽石和珍珠的光彩。

冬天裏大雪飛揚以後,祇見潔白的一片,再也不會使你相信字典裏有着任何表示污穢意義的文字。

那是多麼的美麗!多麼的令人留戀啊!

可是在那秋風秋雨的日子,天空暗沉沉的,雨聲淒涼低微,湖面上滿是枯黃的落葉,三二行人都低着頭默默無言地過去。它將帶給你一整天的灰色的滋味,鉛一樣的感覺。

我們已經到廠了。你一定被顛得非常的不舒服,抱歉得很這本來是一輛用以運送機件的大卡車,而那長久失修的路面又是那麼的崎嶇不平。

我們的工作時間每天上午八時至下午五時星期日和例假休息。每天的早晨是我們設計課頂熱鬧的一段時間。因爲本廠沒有業務課的設置,所以一切製造修配的對外接洽,圖樣,服務和送貨等的工作統由設計課來兼辦。而在每天上午送貨之前必需作一番準備工作,連絡製造課檢驗間查放記錄,作價和塡送貨單等等,忙得每個有關係的人不得開交。這項工作得每天化上四分之一的時間,遇到月底和結賬的時候,實在是頭痛之至。

送貨車開出以後,設計課才清靜了下來。寫字檯也空了三分之一。假使有時候需要派人到廠外去劃樣的話,會祇剩下一個人鎭守大本營。

我們的設計工作做得不多,本廠目下的工作大部份爲修配紡織機械零件,雖然也曾設計繪製過幾座備自用的大型機器,結果爲了原有的設備不能製造而『保留』。你是知道的,今天的中國,被『保留』下來的工程,是不可以數計的。

如果遇到圖樣急需應用的話,繪圖這一項工作也是很不容易幹的,一連好幾小時的彎着背,集中的注意,會使你眼花,胸痛和腰酸得直不起身來。

尤其是上幾次的到幾家紗廠裏去劃整座的紡織機器。因爲免得機器被工人拆得錯亂次序,就需自己親自動手。工場間當然不會有桌椅等的設備,我們祇得不管機件和地面爲如何的油膩鐵銹,靠着或就坐在上面工作。空氣中不是充滿着的飛花,就是悶濕得難受的噴霧,機器的聲音震耳欲聾,我們的談話必需大著喉嚨直喊。一天工作回來,精神疲倦,衣衫污穢,簡直像一個逃兵。

有一回我連續出勤四天以後,加上本來有點感冒,因此就發熱了好幾天。——讀書人的健康眞不行。

有時候繪圖工作一點沒有,却也閑得無聊。我們祇得翻翻書看看雜誌來對付時間。

這櫥裏是我們設計課置備的參考書和雜誌。請坐一回兒,隨便翻翻。讓我把這幾份賬單整理好了,再陪你到工場間去參觀。

現在我們可以到工場去看看了。

沒有關係,這批圖樣並不是急於應用的。

在現在的環境之下,做一個機械工場的管理員相當的不容易。工廠的經濟拮据,工具機械不能大量添置。因爲工業的停滯,也祇好有什麼定貨做什麼,瑣碎零星,簡直不能有整個工作的計劃。在招呼工人的時候,一言一動更得萬分的謹慎,一不留神,星星之火，足以燎原說不定便會引起軒然大波。即使你的理由很充足，可是，我們的明哲保身的上司和同事們，爲了息事寧人起見，不大就會來支持你，光棍不吃眼前虧，大家有這一種心理，因此管理員差不多變成了被管理員。

管理員把全付的精力應付了『人事問題』，根本談不到什麼研究和改良。多一事不如少一事，反正在這個時期裏不會有工作上的改進和技術上的研究，還談什麼其他？中國的工業要趕上人家，可眞是件不容易的事呢！

眞是技術人員的悲哀！

我們收到外廠的定貨以後，便轉到這裏製造課辦公室——整個工場的總鈕。再從那裏分發到各相當的工場。

各工場的管理員按照工作品的需要確定工作順序和應用的工具後配料給技工工作。並需不時的巡視工場間，隨時監督和檢查製品是否合乎標準。

這裏是木型間，供給鑄工間木模和泥心盒，但工廠的木料工作，也是這裏做的。空氣中流滿了木屑和鉋花，雖然對於工作人員的康健不無影響，但還好是工場中最清潔的地方呢。

鑄工場是工廠頂沒有辦法清潔的一個部份。辦公處的四周現在雖然已經圍成了一個小間，但是仍舊可以用你手指在寫字檯上劃出圖樣來。每逢開爐，不論冬夏，終教你熱得難受，在裏面的工人滿頭滿身直淌着沙泥和汗水

前面是機工場，全部工作機械都集中於此，這是本廠最大的一個廠方。車床，刨床，銑床，磨床，鑽床，都在起勁地運轉着，聲音也較喧鬧，同時工作也較爲技術化。

這一個技工的右手不是完全沒有了嗎？

在工廠裏工作眞需要絕對的小心謹愼，否則的話準會遭受到終身抱憾的不幸。

兩年以前，那個技工到本廠還不滿二個月的某一天，他彎身的時候，上衣鈕袋裏的東西倒了出來，他趕忙伸手去撿袖子便被皮帶輪捲了進去，繼之以手臂，造成了今日的後果。……

左面的一間是鍛工場，同鑄工場一樣的黝黑。巨大的空氣鎚在敲擊着燒紅的鐵塊，砰彭作聲使得聽不慣的朋友一定要心驚肉跳。

中飯的鈴在響了。不用客氣你當然應在這裏用飯了。飯菜可以說還不算差，這是同事們輪流組織伙食團所主辦的。以前不論在家裏和服務處所我從來不曾顧問過一湯一菜和柴米油鹽。現在居然亦要當起伙頭軍來了，哈！有趣。

早前飯後的休息時間比較良得多，我們便約了一羣志同道合的同事，走入不遠的田野裏散步。沿着綾綾的溪流有的哼歌有的談笑，有的在比削水片的本領。如果走過什麼荒塚，大家會孩子氣地互相嚇唬一番。因爲同行的都是一羣年青朋友，即使有嚴冬的寒風也給我們青年之氣所趕走了。

你說廠裏關於職員的福利設施嗎？並不能說太少，就是不夠澈底。宿舍分單人和家眷兩種，宿舍中也有理髮，沐浴和洗衣的設施。我有一間單人宿舍，因爲我最近放工後差不多每天要出去，所以眞難得去享受這個權利。

你問我每天放工後溜在那裏？老實告訴你，以前到舞廳裏溜溜，現在請到技術協會來找我。

本廠有一個職員和工人共同組織的合作社，業務不甚發達，盈利不夠——千厘員的薪給。

休息室裏備有一點文藝性的圖書雜誌，大約因爲是技術人員的緣故，歡喜閱讀文藝作品的不多。平常運動亦少積極的現象。

關於各同事間的感情，當然，在一個有着幾十個人員的組織裏面，由於個性的不同，爭論是難免的，但是一般情形不能算差，我們常常舉行全部或是部份同事的聚餐和旅行。還有一點值得一提的，本廠有三分之二的同事是技協的會友，這也是相互間友誼上的一座最好的橋樑。

至於業餘的生活，我相信，和一般技術人員的生活是差不多的；有的在夜校繼續攻讀，也有在晚上當教員授課的。娛樂方面，學習音樂的祇有一位，歡喜跳舞的不多，頂多的當是在家裏抱抱兒女聽聽無線電，來鬆弛一下身心以恢復一天的疲勞。

三個月前我們集合了六七個同志加入健身院，一星期有三次作上一小時的健身運動以鍛鍊體格。到現在居然小有成就。這也是我們近來主要業餘生活之一。

講到我自已，我已對你招供過，技協裏的工作，佔去了我業餘很多的時間。

你不預備到五點鐘吃了夜飯同我們一起出去嗎？也好，今天晚上去不去技協？等同我希望你能夠告訴我關於今天的感想和意見。再會！

一個工務員的經歷

方雲鷹

同學們！你是學工程嗎？告訴你在這一年中我的經歷，它是多麽的龍統和膚淺，因爲我祇有比你們先走出了校門一步呵！還有更多的要我們從生活中去發掘！

剛踏出大學校門就跨進了一個工程機關的大門，幾天來煩燥的苦悶幸而成功了，主管注意的是誰介紹的，那個學校畢業，畢業的年份，他很輕易的分配我的工作部門，介紹給我工作部門的主管，那就可以從人事室領到一大堆履歷書，保證書……從父親，母親，妻姓名都得填寫；把我的頭腦都弄昏啦！還要塡寫到差書這個手續是主管這個章就代表你，上班領錢，領物一切都得蓋上你的大名，現在我已經是這個機關的職員而且已經到職——就職。

把行李搬進宿舍事務員牛理牛睬給我擠出一張床位，周圍都是陌生的同人，那麼淡漠地來招待我呵！我從謙和請教中去獲得指教，從他們的談話中瞭解了他們的愛好，上司的綽號……珍聞，要從他們的生活慣性中去溶合我，剛踏出校門的我是那樣的不習慣，他們就在這裏渡過了悠長的歲月，何等使我迷惑！

早上走進工務科辦公房先得簽個到，許多同人忙碌着眷寫翻宗卷或許是在看報談話，很明顯整個是和諧在一個重心上就是這科主管科長，當他不在的時候科裏好似活潑得多，可是當他在的時候，尤其他在煩惱中，好像煩惱窒息在每個人的心裏。

坐在生疏的辦公桌旁，眼看在桌上堆放着主管分配給我的工作。他不一定有很多的指示給我，可是我得順從猜測他的意見，還得找它的來源，從裝滿了宗卷檔案室裏調出了有關的宗卷，綜合意見提起毛筆簽寫簽呈蓋上你的大名。如果要修正的話，他會批示和面諭修正後，再呈批准。以後大都由科員擬稿分發，想起辦第一件公事的時候，心裏是驚慌着，尤其當上司好意的詢問，亦使我驚慌，可是這是我的開始！

工程上最多是報表要我來填寫，要運用起學校裏學習過的仿宋字阿剌伯字，複寫二份，或許要四五份；忙的時候就會把你的手指上結起老繭來！還要校校數字就拿起算盤（計算尺很難運用）那末多數字眞別扭啊！

工程師們繪好的草圖，就交給我，順從他們的意見，把它弄整齊上墨印在蠟紙（tracing-paper）上，要配合圖例圖題註字的美觀，還要學晒藍圖，配藥，刷紙，印影，雖是在大都市裏很少由印影公司來替我代勞。

很多的設計工作是依據標準圖樣或過去的宗卷，可是爲了要把計劃成爲現實，就要做預算，包括材料數量單價分析，還要估價，那就使我發窘，雖然我在學校裏會得分析解決問題，可是這些在實際工作上只不過是一個開頭呢，我祇能從實際經驗上累積起經驗來充實自已！

工程預算核准後，要開去就得做施工說明，發包的話，就做承攬書，訂合同，施工規範，最後監工而到繪製竣工圖表，會同驗收做記錄，蓋上一大串圖章工程才告結束。有時亦會先趕完工程倒過來做預算；更有時限定了工款做預算，實際上成爲敷衍，當然計劃是失去了它的本來面目，尤其在目前物價跳動，產生了這畸形的計劃，

在工程工作有很多機會要去奔波，出差，測量陪同驗收，監工……很多實際工作經驗要我們隨時記載加工累積起經驗來，在這種職務下有很多的機會勾引着我走向舞弊。

上司們很少和我們接近，他祇能從外表及印象中來判別我們。在他們雖是有着同學老鄉學生，親戚人事上的勾搭，結成了系統，但亦使他們傾軋，主要還是在權勢經濟上的爭奪，他們包庇着貪汚的經營，大家鑽營吸吸，雖然會計獨立，加上審計人員，只不過是多些分紅的人罷了。

服從遵守在官僚氣息蔓延中，變成了奉順拍馬，見了主官站起來是那麼的尊敬，可是上下是遠離着，大家在公文修辭中下功夫，敷衍搪塞，推諉了責任，把實際工作，在同人們體驗中形成了公式負債。每一件公事從收發到主官再分發給工作人員辦公而主官批示抄寫，用印分發。在每一部門轉圈，一星期的往來，完成了它的行程，已經是很高的効率。很多的公事在待辦卷宗夾裏休息，可是要到何時呢？

勤務（茶房）恭候着主官大爺們，對一個工務員懶得照顧，事務人員們處處討好他們，下級人員是委屈着蓄積起不平的氣憤，簡任荐任那樣的引誘人，大概就在這裏吧！

國家的機關是爲國爲民，可是大部份的經費哺養着這批人員，處處拉夫征工征料來幫忙。在機關裏聽不見爲民的氣息，雖然民主人民的世紀呼聲喊得那麼響亮，紀念周都已停開，可是黨部還是存在，很少見他們爲了同志們的福利而幫忙，或是創造起工作上的模範，所以同人90%是黨員，可是成了祇是担負黨費而已。

物價是在不斷的高漲，加薪是何等盼望着，報紙上祇要有一點音訊，就會引起那麼多的幻想，同人們在打聽探問着，在月底早就盼望着造册領薪，薪水早就支配得當，還債，伙食費，家裏開支…還有那些苛捐雜稅（會費，合作社股金，應酬……）不會再多幾個錢留在手裏，巴望下月吧！夢想加薪！時令變遷，爲着添一件制服而使人發愁，時常在橱窗外面估量着錢呢！

在技術部門工作人員，在悠長的歲月中受盡了傾軋，變動……經過那麼多的磨難，把現實的工作成爲文字上的修辭，責任的推諉，造成對工作失去了信心而卑視，稱它爲官樣文章吧！同人們的交誼亦變爲淡漠，在學校裏的學習興趣是喪失了苦悶單調生活着看不見前途，撈着錢的同人，打牌，酗酒狎妓，——從刺激中發洩他的鬱悶，大多數的同人們則在家庭的重荷下喘不過氣來，愁眉的渡過了這苦難的歲月，過去輝煌的期望是消失了，憤恨結集在胸中，在專制壓制下，抑壓着苦惱與牢騷的公務員，我們的命運是和多難的國家結合在一起！

追念一個技術人員的死

方　艾

也許你已經得到了周健生兄故世的噩耗了。臨死前的施救，因沒有適當的醫師照護而無效了。健生兄的死不是偶然的，他原來是一個最達觀的人，但是環境不允許他朝理想的方向走，他本來身體很弱，却於三十一年冬，無辜遭受了日本憲兵的毒刑，更摧殘了他的健康。他雖倖能受大學教育，但當他的老父，一個服務於文化界（申報館）多年的老前輩，一旦病故，他的家

庭生活，就得不到保障。由此他就漸漸染得了青年人最易染的病，肺病。

他本來是一個無線電專家，一個純粹的技術人員，他指引你裝修無線電不嫌疲倦，但見了陌生人就不大會說話，自然更不會與人爭論，但必須要担當起處理煩瑣的，並且不順手的家鄉瑣務。結果我們大概可以想像，他是處理得不頂順適的。

十六歲他就是一個業餘無線電家了，八年前的無線電雜誌上。可以常常看到他的名字。在他臨終前一個月，正設計好一架一九四七式十二燈收音機。沒有等把這架收音機裝起來，他就沒沒無聞的死了！他懂得怎樣設計無線電機，却不擅於考慮怎樣得到他應得的報酬，他就是這樣恨飲終生。

社會培植了一個有着一身本領的技術人員偏又要他放棄了他所學的本領不幹，逼着他走上最不擅走的路。

他至死也不明白，他學習現代最新的科學「無線電工程」却死在一個離開上海只數十哩的路程，連作一次X光檢查都不可能的鄉村。沒有公路可以通達他的家鄉。沒有醫生能化一整天下鄉，現代醫學，對於他一點沒有助力

無線電工程的發展，幫助原子炸彈的成功，但是對於一個技術人才的死，却無補於事。

他的死對於現代科學是一個有力的諷嘲。

他生前至友大概都因職務的關係，不能到他靈前致祭；他上有老母，下有寡妻孤兒，他們也都不能親去說幾句安慰的話。大家都每天忙碌着，漸漸的會遺忘了他的遺屬。

他的死，予我們頗多的教訓，並且帶給我們悲哀。技術人員在生活的邊緣上爭扎，偶然遭到一些意外，就向下坡路走，自已被折磨，家眷被遺棄。

安於本位的技術人員，瞪眼着安定的社會到來，希望能給他們保障，發揮他們的才能，技術人員沒有奢望，只要讓他們專心工作。只不知幾時才能到達理想的境界！

埋頭苦幹的發明家

祀　民

我讀完人物雜誌裏一個被殺壓的天才——記獨軌火車發明家盧鎔軒——一文之後，我連想到我們工程界的一位老大哥，黃如瑾工程師不也是受着生活重担的迫害，可是仍然充分利用他的時間，從事著作與發明嗎？

不久以前，他給我看他投向建設季刊的稿子閉門造車記，從這篇記述中，我看出他苦幹廿年如一日的精神，他從事鐵路建造工作十多年，由於宏富的經驗與深思的結果，他發明了自動視距儀，視距捷算器，地形繪算捷成器（已得經濟部專利證）……等儀器多種，可惜因他自已祇知忠實的工作，雖然幹了十多年人家眼紅的優厚待遇的差事，依然兩袖清風，孩子一大羣，生活重担一天天的加重，無法製造他發明的儀器，供我國測量界普遍應用；又不喜歡吹牛拍馬，使他的發明不能見重於時，而甘願喘息在米珠薪桂的日子裏掙扎。

在他的記載中，更有一事令人驚異，他的耐力與有恆的成績，以八年中的時日，除了工作時間以外，每日至少有四小時從事枯燥乏味的計算和抄寫工作，完成一部鐵路曲線表；共計三百多頁，乘除演算達七八萬次之多，不論是在結冰飄雪的嚴冬，或蚊蚋羣集的盛夏，都不停的演算。算盤，算表，鉛筆，紙張，成了他的莫逆，聽他說；對於製表，也是一種學問，也有很大研究的。他極不願參加社交應酬，使他的工作停滯；更不高興打牌，讓寶貴的時光虛度。人家認為他是書呆子。當他着手計算曲線表時，他的同事們譏笑他說；「著愚公移山哪」他不因譏諷而停止他的計劃，反而更加不斷的工作，最後心願，卒告完成。這時他的同事們對他這種成功，不能不驚訝而感佩他超人的毅力，勸他交書局排印，作為鐵路測量工作人員手册。可是不幸那時正逢湘桂戰事失利，他八年中的心血結晶，便在流亡道上，毀於炸彈之下了！當時他很傷心，但，勇敢的人，竟能逆來順受。等他生活稍為安定後，在貴陽又抽空續作曲線表；他從多數演算中，找得一個捷徑，用新的法子，不用對數表可以得到更簡捷精確的曲線計算法，過了兩年多才完成了現在的這本曲線表，但是他還認為不夠好，將擴充增編為一本最完善的實用測量學！他文中寫道「如果不是第一次稿本曲線表的遺失，我不致有此改進，現在想來，真是塞翁失馬，安知非福！」也祇有他才有這種不斷努力的精神，才能獲得精美的果實！

當他的測量學尚未完成之時，又想起另一件緊要待做的工作，便是演算一本視距捷算表，用來補助他發明視距捷算器的精確度。連他的兒女都參加了這個工作，花了幾個月的時間，現在算已完成了！

他在這兩年之內，並改進了他的兩種發明視距捷算盤與地形作業器，已在經濟部專利中，對於他發明最早的自動視距儀，也不斷的在研究，聽說已有新的發現了！

他的志願，並不僅僅限於他本身的發展。他是想促成中國發明事業的抬頭，在三十一年的時候，他曾經向經濟部貢獻過促進中國發明事業的意見，可惜所得到的答覆僅只「准予備查」四字便了，我作這篇文章的時候，正值中國技術協會徵求技術人員的生活素描，所以就把他摘在這裏。以祝黃君的萬里前程，並希望我國的發明事業，能有發揚光大的一天。

附註　查閉門造車記刊載在報國工業會出版的建設季刊一卷三期，但已更名為幾件測量儀器的自我製造。

不合理的制度阻礙了建設工作，要改進該馬上下決心！

中國建設工作的道路

——檢討現行制度加於建設工作之障礙——

粵漢區鐵路局正工程司

黄治明

中國自古以來的官方組織只有衙門。就是辦事業的機關，除去臨時機構如築長城挖運河等以軍事組織形態出之之外，其餘運糧運鹽即使是官商合辦，亦都由衙門管理。衙門裏面是大官小官，官和衙門的作風，想該是大家所了解的。

晚清末年中央和各省都曾自己辦過些事業，如工廠，造路，輪船等等，都是國家人民所急需要的事業，結果不是中道崩殂就是由腐敗而趨於失敗，到今天有些剩了點軀殼，有些居然連殘渣都找不到了。倒是洋人替我們辦的些事業，如同海關，郵局，鐵路，通訊及租界地裏面的市政衛生工程等等還有點成績。

北伐成功以後，許多洋人代辦的事業由我們收回了，許多客卿送走了，初期亦還蓬蓬勃勃，勵精圖治。等到抗戰軍興，以迄勝利接收而後，即以鐵路交通而論，雖然亦曾完成了些可泣可歌的任務，而對事業本身好多有識之士都認爲有些江河日下。

中國的政風，一向是認爲防弊重於興利，近二十年來，似乎這種趨勢更走極端。可是弊的花樣是愈來愈多，弊的數值是愈來愈大，弊的範圍却亦愈來愈廣。從事業方面看，是普遍的犯着遲鈍，麻木，欺騙，浪費，效率低劣的種種毛病。從制度方面看是法令多如牛毛，圖章有如印刷機，公文手續有如福特廠製造汽車的過程。從人事方面看。則組織龐大繁複，人員浮濫優閒，登庸選進，全依私人利害，苞苴奔競，已成一時風尚。從物質方面看，器材標準日益降低，使用及管理方法，漫無限制，從時間方面看則輾轉拖延已成習慣，從經濟方面看則浮支濫報，耗公益私已無處不然，從技術方面看不但新方法並無發明，即昔時已行之有效的舊方法，亦多湮沒失傳而且官愈大距技術問題亦愈遠，大部份技術人員，皆辦的是工程事務方面的事。眞正技術工作却操之於未受完備訓練之監工工匠之手。這些毛病我們自己，雖然已覺不大出來，可是從西半球來的些美國朋友們，已一再向我們呼籲，諍諫，規請改善了。

造成這種局面的人的因素，自然很大。可是不合理制度的鼓勵啓發與引導，亦無疑的佔了主要成份。戰時體制和通貨膨漲，又是推動這種制度的一部份原因。本文茲先就制度方面檢討如下：

現行制度各項法規之檢討

（甲）基本精神 推動現行制度的基本精神是什麽呢？簡括起來說，是由於防止官僚和衙門的遺毒。官僚是祇說不做，利已損人。衙門是舞文弄墨，兒戲公事。要想防止這些毛病，一班新官所想出的辦法不是徒然增加了許多無用的牽制考核機構，就是平添了些繁瑣愚笨的法令規章。這種精神滲入了建設事業，則成爲不論時間，不計成本，不講效率。至於一份官吏利用地位來貪污敲詐，尤其餘事了。這正是『中學爲體，西學爲用』的血的事實。亦正是目前一切國營事業的致命傷。

（乙）疊床架屋，駢枝雜出的機構 要想一個組織靈敏，必須縱的階層少，而横的聯繫密，如此方能構成一個整體。要想一種事業好，必須統屬專，配備齊，而上下協調。設如階層太多，則不但承轉費時，而上下隔閡，隨處比有，不易貫澈任務的危險。統屬不專，牽制太多，不但統制牽制各部份本身，已有浪費人力，物力，及時間之虞，結果使謹愿者不敢放手做事，奸巧者則藉機敲以取巧。

（丙）機關變成慈善事業 外國曾譏笑吾人寧肯用上兩個人看門，而不肯買一把門鎖。不知道因看門而找看門的人，還算好的，有許多眞是因爲有了看門的人，方才去修出許多門來。不要說眞的衙門機關了，請到許多事業機關來看，直接生產的人，佔多少百分比呢？有多少人是離開了，就會使機關工作停頓的呢？有多少人不在辦公時間看報，閒談，消遣的呢？漸漸已由沒有事，而養成不願意做事的風氣，而且不但無事可做的職員，不能隨意辭退，即工人亦都有工會來保障。

(丁)待遇祇够薪水　公務人員戰時僻處內地，生活雖較清苦，惟一因一般水準低下，一因尚有將來的希望，故大多數尚能勉强維持，掙扎到底。目今萑苻遍地，物價日漲，其待遇雖稍有調整，而杯水車薪，且多緩不濟急，遂致黠者多方貪污，而庸者終日惶惶，自好者亦不得不改立門戶，以圖餬口。於是幹練熟手去而之他，在職者亦多分身分心於其他事務，以求生活之維持。以致事更繁多，人更形少，乃至鬆弛之機構，更形渙沓。

(戊)人事銓叙抹煞眞才　自從科舉廢棄以後，近二十年來，又有了銓叙制度。全國大小官吏，皆須經由遠在千百里外的中央，由主辦人事的事人，以死板的公式，看看相片，查查籍貫，年齡，出身，經歷以核定其薪級及職務。經管幾百億工程的局長，竟無權力可作加減他部下某人五元薪水的決定。同時有些人的銓叙，竟會延遲到一二年，或更多的時間，不能批下。更進一層，國家用人，是用他的操守和才能，而絕不是用他的年齡籍貫出身和經歷等等。這樣衡量人才的結果，不但使傑出人才爲之喪氣，即可以造就的人才，亦慢慢變成昏庸腐朽了。

(己)標語教條，多而失效　雖有許多標語教條，爲上者不能以身作則不教而誅，古人所戒。現時中國的標語教條，不能謂少。各級官吏之以正式訓練出身者，已遍地皆是。但是對實際政治發生理想作用者，恐距預期結果猶遠。其中原因雖多，而他們的師長長官之督率不嚴，及不能以身作則，確爲主因。

(庚)章制法令不切實際　現在爲什麼普遍有弁髦法令的欺詐習慣，及彼此掣肘以期朋分漁利的現象呢？這都是因爲有了不合實際的章制，起先是雷厲風行的頒布下來，一旦發現不合實施條件，如果要求修改，旣不可能，若不遵守，定遭責斥。惟有公開朦蔽，上下默契，設或言語不順，系派不和，只有從身上多拔下些羊毛來，彼此分潤分潤。這類例證最多，在工程方面，如包商登記，材料購買，工事考核，出差旅費及其他報銷等等，皆已視造僞欺詐爲固然。

這些是人人知道的事實，我亦不預備多舉什麼事例了。

改善辦法及建議

那麼中國的各種事業，就這樣腐化下去以至於崩潰麼？當然，如果永遠這樣走下去，只有像秋深的樹葉，會日趨凋零的。然而按照窮則變，變則通的原則，而我們民族不自告暴業，國家不自甘落伍的話，現在內憂外患紛至沓來，遠親近鄰避不援手，可算是近於窮途末路了。假設我們能適時而變，通路還是會有的。古人說『周雖舊邦，其命維新』，在追求安定的問題上來看，雖然我們蹉跎了兩年多的光陰，但是天時，地利，人和，三者，還可勉强佔着兩項。如果人們能再和一點，眞是想不盡的偉大前途。怎樣纔可以和一點呢？依目下看來，實行民生主義和推動經濟建設，是主要的起點。但是以現在的這種制度，這種作風，在這個時期，來負担這種艱鉅任務，那眞會事倍而功半的。茲針對前述種種毛病，提出下列改善辦法。

(甲)剷除官僚衙門的作風　事業機關，一定要商業化。要講時間，講成本，講效率。對大家要講服務精神，對下級要盡提攜指導的責任。對從業員工不但要維持他們的生活，而且要使他們對工作發生興趣，對事業發生情感。

(乙)簡化行政階層及機構　縱的階層愈少愈好，現在的四級五級制度，要改成二三級纔好。考核，會計，稽核，審計等機構，如屬需要，最好合併爲一單位。否則亦萬不宜各立門戶，各要表報，各存檔卷，各列入正式行政之程序。至於與生產程序無關之工作與機構，應儘量減少與裁撤。

(丙)裁退不必要之人員　人都可以由勞働而換得生活的。如果主管人能開闢新事業，以容這些過剩的員工，那是上策，否則亦絕不該姑息已成局面，以拖垮事業。

(丁)逐漸恢復戰前待遇標準　吾國戰前待遇，較之世界各國同級情況，已甚低下。但仰事俯畜，尚可維持。目下折合戰前標準約爲三分之一至十五分之一。如以此爲慈善施捨，實已過多，若使此輩員工，能趕上世界前進國家水準，以從事生產事業，則合理辦法爲先使其能逐漸恢復戰前生活水準，始可使盡其材，以報効國家。(下接第41頁)

安全第一！秩序第一！

工廠中的安全運動

——安全工程大意——

欣 之

本年九月九日起，上海市的市政當局舉辦了一次交通安全週，我們看到了不少『安全第一』『秩序第一』的標語。這種運動，在中國可以說是一種人民的啓蒙運動，雖然其範圍僅限於陸上交通的安全，却沒有更擴大到工廠裏去，但在保障人民生命，增進社會福利的宗旨上，其功績是不可抹殺的。立在工程界人士的地位，我們要提出的是『安全工程』的重要性；這一個名詞，顧名思義，就是一種從『安全第一』的觀點上來研究，製造，運用及建造維持等適當方法的學問；照例，凡是有工業的地方，爲了要保障人民的安全，它必然居著極重要的地位，不過，『安全工程』這一項科學，在中國各大學的工學院功課表上還不曾發現過，也許是因爲中國的環境特殊，如工廠設備簡陋，雇主雇員之無智識，傳統的成見太深，政府社團的疏忽……等，均足以使人民對於安全問題漠不關心；當然更沒有人去仔細研究『安全工程』了。但是事實昭告我們，安全問題一經注意，非但在金錢上可以減少許多無謂的損失，而且更能防止許多不能以金錢計算的痛苦與不幸。試看歐美各國工廠中，廠方耗於機械及工場安全裝置的費用，對工人安全問題的教育費用，以及預防災害的各項費用等，每年何祇數百萬美金；在這種情形下，『安全工程』當然是一種很重要的智識。

此外，『安全問題』對於工廠的效率極有關係：一個時常鬧亂子出毛病的工廠，决不能有很好的效率。災害與禍殃足以造成種種無組織的混亂狀態，更會引起工作上的延宕與阻礙。危險的發生是滋長工作人員對廠方藐視和不滿態度的引火線，而安全的保障則可以增進工人與廠方的合作與工廠的效率。如果廠方有此卓見，毅然力行，决意費大量金錢於全體安全的保障與教育，便了解現代工廠對於每一個工作人員互有依存的關係，因此他的生命是非常重要的；那末工廠的安全與效率的增進一定使工廠的業務蒸蒸日上，這些結果，當然不是用金錢可以換得來的。

根據國外的調查統計，大約有百分之三十的工業災禍爲適當的安全裝置所防止，同時至少有百分之六十的災禍則是因爲工友們有了對安全問題的智識以後無形中消弭了。由此可見，安全問題的教育——使工友在工作時謹慎小心，教育他們注意個人和同伴們的安全並訓練他們莫去觸犯不必要的危險——是一種非常有用的防害方法。的確，『教育』是一般安全的唯一關鍵。如果中國工業日漸發達，工廠日行增多的話，『安全工程』這一個學科一定會是每一個工業學校或大學工學院的必修科目。現在的工程學生如能悉心研究這個問題，則他們畢業後負責工廠工作時，就會有許多安全的設施和對於工友們的普通安全教育了。所以，學校中的『安全工程』教育是工廠安全運動的發軔點

在這一篇不算太長的文章內，祇預備把安全工程的要點，即適用於一般製造工廠內的安全問題，提出來說一下，目的在使引起大衆的注意而已。至於，詳細的方法，此地不想討論，只是希望引起讀者一些反響，大家提出問題出來一共研究：

工廠中怎樣來保障安全？

機械的安全裝置——廠方最重要的責任就是在爲一切可能發生危險的機械和工作地點設備適宜而有效的安全裝置。各種機械須儘可能使之明淨清潔，爲了廠方和工友們自身的利益起見，一定要維持廠中的安全情形。否則，非但廠方有效率上的損失，工友們由於常常担心着有殘廢或喪失生命的危險，對於工廠的忠誠心和責任心也會大大減少的。

安全裝置的設計須視實際情形而決定。裝置應牢固，對於工人的保護必須有效；不切實際，不安全的保護物，還是不要裝置的好。如果發現安全裝置已經損壞或失效，則應立刻拆除而代以適當

的新裝置。此外，安全裝置當然以不能阻礙機件的運用爲佳。

拆除安全裝置只有在絕對需要的時候，如修理，更換試驗，加油及洗淨等；這種工作完畢後，仍須照舊裝妥。不論何時，安全裝置在一架機械上拆除之後，須在明顯的地位掛一塊禁止任何人開動這機械的牌子。除非裝上了保護罩，這架機器是不允許任何人使用的。

安全裝置的種類很多：如皮帶與皮帶盤，離合器（克拉子）及其他類似的易於發生危險的種種轉動機件，通常最好用角鐵搭成架子，上罩鐵網　鐵皮，或有孔鐵皮所製的保護罩（圖1）；這種罩子在適當地位應裝置有鉸鏈的小門，以便伸手到運動機件上去，則在平常檢視或修理時，不必拆除整個的罩子了。鐵絲網罩可以看見機件運動部份　鐵皮罩（圖2）則無此優點，但却適用於紗廠中的機械，因爲，鐵絲網容易留住大堆的廢花，（空氣中飄揚的都是棉花）增加引起火災的危險。此外，有孔鐵皮製成的罩也很有用。每種護罩的應用須適合廠中的環境與條件。普通最好避免使用木架製的護罩，因爲木架的製造既很拙劣、而又不安全之故。鐵絲網眼或鐵皮孔眼的大小應當適足以防止一只手或一個手指可以伸入爲度。

一切足以發生危險的機件如齒輪，鍊條，與鍊輪，皮帶與皮帶盤，地軸，短軸，接合器，飛輪及機械中的轉動機件或往復機件，全部都應該用安全罩保護起來。在地軸上則不應裝有凸出的制頭螺旋，鍵梢，或有凸出螺母及螺釘頭的種種聯軸節（考不令）。

圖1　皮帶的安全裝置，除了鐵鋼皮帶罩外還加上鐵欄杆的保護。

在一切危險機械的工作部份，如圓鋸機長鉋（Jointer）機，（參見圖3）小鉋床，輾機，截鐵機，剪機，衝孔機等有刀口的地方，應用適當的安全裝置保護，以防工人受傷。

用鋼管製成的欄柵較爲堅實耐用，所以最好不要用木製欄柵來保護機件。

每個製圖員應就安全問題上審查他所繪製的一切機件圖樣。聰明的顧客在購買機械時應向製造廠家要求供給關於安全裝置的各種規範書。

圖2　紡織廠用的鐵皮罩

政府在法律上必須制定：强迫每一個機械製造商在各種機械的齒輪，鍊輪及其他危險的轉動機件上裝置必要的保護罩。這一種制定，在準減不必需的事故上，當是一種很賢明的政策；這許多保護罩如果能早日裝好，可以省却廠方不少金錢，而成本上也是較爲便宜的。

危險警告記號——在警告工人注意危險的機械，器具或不安全的工作地方，『危險警告記號』的揭示無疑是一種很重要的方法。但是這種記號不可太多，如果在不很容易出毛病的機械上同樣也貼了『危險』記號，則使人對於眞正危險的地方反而減少注意的程度。所以只有在極易發生危險的機械設備上明顯地安上適當的警告記號，才是最好的方法。至於記號所用的文字，務須使工作人員都能看得懂，如有幾種國籍的工人就應設製幾種文字的警告記號。在危險的發生不易覺察的地方，尤須揭示這種警告記號。

像『危險』，『小心』之類的警告語句，或英文“Danger”一字，均應用粗大的字體寫出，則較爲醒目有效，而且不需加任何裝飾或畫上圖樣，因爲這樣，反引起工人欣賞圖畫的興趣，失去迅速注意危險警告的本意了。

很多地方都用一個紅色的圓盤作爲危險的標幟，但最好還是加上『危險』二字，因爲紅色僅能引起人家注意警告，有了『危險』二字，就顯得更有力了。

爲了特殊的警告用途，在標記牌上也可用別

圖3 長鉋機的安全裝置，刀口在台中央木板之下，壓在木板上的護罩T，可以作二個方向的調節，使刀口不會與手接觸

的字加入，或代替『危險』二字。這種字句以簡單而不失警告的效果爲原則。如『安全第一』，『危險！切勿碰觸！』『不准吸煙』等。字體的大小，須使工人在未近危險物之前，就能清楚地看到。

如果牌號二面都可以看見的，則二面都應寫上警告的語句。而且這種警告牌號應該多備幾塊，以便臨時應用。

好多年來，紅色一向被人目爲危險的顏色。如在紅色底版上寫白字，那是一種很明顯的對照。也有人認爲色盲的人不易辨別紅色，所以不應作爲警告之用。但是因爲這種顏色既已通用成例，還是不要改用別種顏色好。

衣着與服飾——在機械旁邊工作的工友們應使其明白：切勿穿着寬鬆，垂盪，破碎的衣服，飄動的襯衫或裙子，無鈕扣的短外褂，鬆散的背帶，手套，及飄動的領帶等。女工更應注意她們的頭髮不使鬆散，最好戴上帽子（圖4）。一切裝飾品如指環，頸串，手鐲之類切勿佩戴。因爲許多不幸的事件就是發生在工友們穿戴的服飾上，機器常常會抓住這類東西，把不幸者拖進去，遭受到致命的傷害。所以在工廠中要穿着較緊配的服裝。

另一樁重要的事，就是要令工人着適當的鞋子，鞋子的底不能太薄，那末可以避免不少傷害，如踏着地板上凸出的鐵釘，碎玻璃，鐵屑以及其他各種碎屑等，就不致使足部破傷，同時並能保護足部不致因酸類或其他化學藥品的沾染燙熱地板或什物的接觸而受傷起泡。翻砂廠裏的工人則應穿一種沒有鞋眼或鈕孔的皮靴（圖5），那末可以保護足部不致因濺出來的熔鐵而受傷。

工作地位的安全

發生事故的另一原因就是工場的狹隘，工作地位的擁擠。每架機器間或機器和牆壁間的餘地不够，就常會發生毛病。所以地位不應過分經濟以致影響到工人的安全。凡地板，通道，出口，扶梯，太平門等各處都不應堆積什物。機器的周圍須有足够的空隙容許工人安全地在旁行走機器不應過分擁擠地裝置在一起，以保安全。

工人的智識與安全

許多事故的發生完全由於工人對於他們所做工作的危險性不明瞭，或不知道工作環境的危險。關於這問題，廠方應給工友們相當的教育，就可以減少危險的發生。工人們非但要注意自己本身的安全，並且也要關心到同伴的安全。不要去觸犯種種不必要的危險，尤其在工作時間內要絕對禁止工人間的嬉戲。

圖4 安全的工人服裝

還有許多事故的發生是因爲工人的不小心，他們不能在事前預先考慮，以致出事之後，無藥可救，要訓練工人們集中心力和目光來工作。如果他們心不在焉，閒看工場的建築物，或如白天做夢的樣子，這種人一定頂容易闖禍的。管理一架危險機器的工人，只要他稍爲不注意機器的動作，即使是一剎那的時間，也可能給機器的運動機件損傷或致命。所以一定要使工人由實踐的過程中學會如何集中注意力於工作。此外，在工場中不應有奇異的聲音發生，如吵架，口哨，怒叱等，這種聲音，也

圖5 沒有鞋跟的翻砂工人用皮靴

會使工人分散注意力的。

要灌輸工人關於安全問題的智識，工頭應負責訓練他手下的工人如何使用機器，完成有效而安全的工作。對於新的工人更應使其明白工作中可能發生的危險和工作環境中可能遭到的不幸。否則工人就不會注意自己，或去觸犯那些易於避免的危險，所以這種訓練是工頭很重要的責任。對於他手下的工友，應常常勸告他們，或給於適當的警告。

使工人瞭解安全問題的最好方法是『說服』。這種方法比訓令式的告白有效得多。工頭應向工人指出，爲什麼要服從一個規則，如果違反了，對於他自己或其他工友將有什麼後果。他要用種種譬解的方法，使工人自願地接受各種規則，最要緊的，就是未得許可不准，將機器上的保護罩拆去，既除去後，在機器開動前，必須仍舊裝好。工頭於再三叮囑之後，就應考察他們是否眞的服從，如發現有人常常違反時，就應將他帶到廠長或經理處，予以嚴重的警告，如果工人有意地一再違反，則爲了維持工廠的安全與紀律起見，應加以斥退。

工人的健康與安全

由於過度的工作，與過長的工作時間，而使工人疲倦和神經衰弱，也是發生事故的重要原因。在危險的機器旁工作的工人，應使其工作時間越短越好。短的工作時間，如配合適當的管理方法，其效率只有比長時間工作高，因爲長時間的緊張，會傷害腦神經，使工人愚鈍起來，思想不敏捷，效率就反會低下。任何一個工人在過度疲勞之後，注意力就會鬆弛，對於他本人及其同伴的安全問題當然也置之腦後了。爲了保障工廠的安全起見，這種工作時間過長而使工人疲勞的情形，本不應該有的，但事實上還存在着，尤其在中國。

工人在工作時間中生起病來，常常會繼續工作下去。甚之患了病仍去上工的也有；這種情形在中國是很多的，因爲工人如果一天不工作，就一天沒有飯吃，所以只好抱病工作；可是工人在病中常常不能充分發揮其能力，神經也較爲遲鈍，這樣就容易發生危險。患病與疲倦都足以使工人不安全，所以工人如在工作時有患病的現象應立即停止工作，報告醫師診視。也有工人因偷懶而佯裝生病，但只要有適當的管理方法，這種情形可以避免的。

還有工人的飲酒問題，與工廠的安全也很有關係。飲酒之影響工人疏忽注意，雖與工廠無直接關係，但如果工人有酒癖，他的神經系統就會受傷，健康自然有妨礙，抵抗疾病的能力也大大減低，心智腦力都會衰退，當然就會產生如上面所說的種種後果了。因此廠方應設方減少工人飲酒的機會。除個別勸戒外，在管理方面應採取嚴峻的手段，如絕對禁止在工作前或中午時飲酒，如發現工人於隔夜酗酒過度，翌晨就應馬上停止他進廠工作。工廠附近應禁止開設任何酒店，工廠內部則應有清潔的餐室或俱樂部，俾便工友憩息。此外，對於不飲酒的工友則應特別提出予以獎勵，才會產生預期的效果。

工廠的檢查與觀察

要維持工廠廠房，防火設備，各種機械，安全裝置及工作場所的安全，唯一的方法就是常常請勝任能幹的工程師及專家來檢驗，視察。每一個大規模的工廠至少要聘請一位有訓練的檢驗工程師，他的全部時間與精力就是集中在這一項工作上。此外工人方面的代表，各部的工頭也應會同來做定期的檢查視察工作。

保險公司所派遣的檢驗員，往往是最優良的專家。他們對於這項工作非常嫻熟，而且都具有很豐富的經驗。他們知道弊病出在什麼地方，安全裝置要怎樣設備，廠方對於他們的建議自應鄭重加以考慮。

（下接第39頁）

玻璃世界的工業新材料

新塑料巡禮

得氟隆——聚合乙烯——改良苯乙烯——蜂巢形夾芯結構——泡孔塑料——低壓模塑及積層品

錢　儉

不能被王水或氟氫酸溶解的得氟隆

一九四六年工業上流行的新塑料，是美國杜邦公司的一種四氟乙烯的聚合物，商名得氟隆(Teflon)。

得氟隆沒有正確的熔點，在華氏608度到621度間，它起一種固相的變化，所以這個溫度就是它的臨界點，同時在此溫度時，它的熱漲係數大大的增加。得氟隆薄片在華氏零下150度時，可折屈而不致裂斷，所以這個塑料無論在高溫或低溫度時，都保持其優越的性質。

得氟隆具有極端的化學惰性，可以抵抗各種溶劑如高沸點酮類，沸騰燒碱液，王水，氟氫酸和發烟硝酸。因為它具有這種性質，所以就利用它來製造模塑塑料時電子加熱器中的粒子預熱容器。

得氟隆模塑品的吸水率可說等於零，更因它具有非常大的磨擦強度，所以用來製造填襯片(Gaskets)，封頭(Seals)，和凡而座等。

得氟隆的優良電氣性質，再加它的熱固定性，在電力工程方面有許多用途，它的介電常數是2.0，功率因數是0.02%，這二個數值自60週率到3000十萬週率間可說保持不變。

得氟隆因對於溶劑的抵抗非常大，同時軟化點也極高，所以要模塑各種形狀的製品，甚是困難，通常它總是押塑成桿狀，管狀，和冷壓法製成的片狀。

現在得氟隆的價格約為每磅十五美金，再加它的塑造困難，所以它的用途是有限的。製造成本的減低和模塑技術的改進，將是工業界十分期望的。

聚合乙烯——最輕的塑料，優良的絕緣體

聚合乙烯在戰爭期間為英人研究完成，用為高頻率器械中同心纜之絕緣體。它是世界上最輕的塑料之一，屬於熱塑性塑料一類，係聚合乙烯而成者。

聚合乙烯具有優良的抗水性，惟軟化點甚低(105°C)，它能抵抗各種強酸如氟氫酸等。

聚合乙烯尚可用於防潮包裝，淋浴幕等。它對於氣候變化的抵抗很好，惟不免有氧化的傾向，若欲得到外露固定性，(Outdoor Durability)則在製造時可加入抗氧劑以防制之。

聚合乙烯加入適當的潤滑劑後，在塗線(Wiring Coating)工業上大有用途。若將它加入丁基(Butyl 及 GR-S 人造橡皮以製造電氣器械，則可增進其拉力，伸長度，及其他電氣性能。

改良苯乙烯——受高熱不變形的塑料

聚合苯乙烯在一九四六年間有更大量的生產，這個事實適配合了增進苯乙烯塑料熱扭曲點的研究工作，這種研究工作引到製造苯乙烯苯二乙烯共聚合物，苯乙烯丙烯鐵共聚合物，和聚合二氯苯乙烯的路線上去。

聚合二氯苯乙烯為美馬梯孫製碱公司所研究完成，商名 DCS。它能抗抵高熱，可浸入沸水而永不變軟，且無扭曲現象發生。

DCS 沒有氣味，能抵抗強酸強碱，它的介電常數和功率因數在100週率到 3×10^9 週率間。保持不變。

現在DCS尚在半商業化的製造，還不能大量

供應工業需要。

改輕重量的結構材料——蜂巢形夾芯結構

蜂巢形夾芯結構 (Honeycomb-Sandwich Structures)具有很高的强度重量比值(Strength-Weight Ratio),它的構造是這樣的:內部由許多形如蜂巢的結構做芯子,這些芯子的材料包含下列各種東西如樹脂浸滲的棉布紙,玻璃布,和泡孔塑料。這種芯子粘合在不銹鋼片,鋁片,木夾板,或塑料片的中間,就形成强度高,質量輕,防水的構造用塑料積層板。在這種積層板中,芯子材料的選擇可由應用目的來决定,在商業上應用最廣的要算酚醛樹脂浸滲過的紙和布了。若要使電氣性質優良,則用聚合脂浸滲過的玻璃布就可以了。這種結構中芯子材料的重量可因製成品所負應力的大小而有所差異,標準的棉布芯結構,每立方呎重$3\frac{1}{2}$磅,而紙芯結構則每立方呎重1到$3\frac{1}{2}$磅。

這種結構的面層型式和厚薄,亦視負荷而不同。面層可以做成平坦並具有金屬的牢固度,同時它們也可以做成複雜的曲面。這種結構的製造甚是容易,也非常經濟,因它强度高,重量小,並且應用時經濟方便,所以在工業上有幾百種以上的用途。

美國聯邦積層板公司與馬丁飛機廠合作,將這種構造材料用來製造馬丁式202雙發動運輸機之地板,這樣可以節省35%之重量,而增加了30%之强度,克立斯萊電冰箱公司,用泡孔塑料做夾芯的這種夾板,製造最新型的電冰箱。鐵道客車及貨車,門戶,書架,桌面等等皆可用這種結構來製造。

海綿狀的泡孔塑料

高强度,輕質量物料之研究結果,發展了一種擴張狀塑料。它們的形式,像海棉一樣,具有許多封閉或開裂的泡孔,或軟或硬。它們的用途,對於熱絕緣體和高强力重量比的飛機結構方面特別有效。

在美國有二種泡孔塑料在製造着。(一)是杜邦公司的多孔醋酸纖維,簡稱CCA。它們有四種不同的密度。爲4—5,6—7,7—8,8—9磅/立方呎。這種材料,可用不銹鋼片,鋁片,鎂片爲面層做成蜂巢形夾芯板,用以製造飛機地板,裝配飛機尾部和翼部,冷藏器和活動屋。(二)是泡孔聚合苯乙烯,由陶化學公司製造成功,叫做Styrofoam 103.7它的密度爲1.3—2.0磅立方呎。這個物料也用以製造蜂巢形夾心板的芯子和低溫絕緣體。用Styrofoam塡充的浮船,廣用於游艇中,有各種的大小,可以保持永久的浮力,這樣可以免除金屬製船殼斷裂或腐蝕的危險了。

低壓模塑及積層品

這種技術,原非1946年之新進展,不過大量採用低壓積層品(Low Pressure Molding & Laminating)還是去年的事。有二大類樹脂用於低壓積層。(一)聚合酯類如多元醇多元酸縮合物,多元醇酸苯乙烯共縮合物和丙烯酯等。(二)酚醛縮合物。

低壓積層和高壓積層方法不同的地方是費用,工具,和技術。高壓積層時需要壓力爲1000—8000磅平方吋,而低壓積層時僅需$\frac{1}{2}$—15磅平方吋,故可減少高貴的設備。

低壓積層品可用低價的石膏模子或用具有抽空設備的橡皮毯子來模塑,只要在普通的烘爐中熱化好了。這種小型的設備因之減低了產品的成本。低壓技術固然使成本減輕,可是還有其最重要的優良地方,就是低壓模塑品形式的新奇和體積的大小,絕非普通模塑法所可照樣製造出來的。

美國固特立化學公司所製這種低壓塑料商名克力斯登(Kriston)杜邦公司出品叫做BCM,聯邦橡膠公司出品維物隆(Vibron)低壓塑料的用途爲燈錶透鏡,稜鏡,特種表計罩,指示晶(Indicator Crystals)燈罩,及照明器等。

工業用具上自航空運輸機的貨艙,下迄商輪冷藏設備,都可用低壓積層方法製造,與低壓樹脂混合應用的材料爲玻璃布,棉布,紙,人造絲,和石棉,而以玻璃布積層品之强度最高,在工業上亦最爲重要。

(自 Product Engineering 四月號)

中國技術協會的工作 是在社會建設過程中的 結網襲衆工作

工程畫刊

結網和製索工業

王樑編

這裏應用到我國的特產——麻

(本期圖照承英國新聞處贈刊)

←(1)浸製亞麻，亞麻爲自然纖維中最堅強者，纖維互相鈎結，爲植物自身所產之蠟所包裹，植物莖之外殼大部亦爲此種蠟所構成，浸製之目的即在除去莖之外殼，成束之亞麻在96°F之水內須浸製四十八小時，切須注意時間不可太長，否則在殼內包裹纖維之蠟亦將溶化，而使纖維散亂，

→(2)亞麻乾了後送到廠裏去，由一傳遞帶帶入機械內整理，機械之一端把桿切斷，另一端則把纖維析出，

※※※※※※※※※※※※
※※※※※※※※※※※※
※※※※※※※※※※※※

↓(3)整理好的亞麻於是分類，準備作爲紡製麻絲的原料。

←(4)原料於是裝在機械內，滾過輥子，使形成連綿的麻條，以便紡製。

↑(5)紡絲廠將麻紡成絲，進一步扭結成爲線。這是結網和製索的原料。

↓(6)結網廠所貯藏之原料線管，裏邊棉紗線，大麻線，亞麻線都有。

臨淵羨魚 不如退而結網

↑(7)麻線在膠池內上膠。經過軋光輥筒，便成爲圖中左邊所示的軋光麻線。

↓(9)結成的網經綳開。用魚油處理過後，便可裝上浮標及鉛錘。圖中兩女孩正在一細棉紗所結的鮭魚網上工作，

↑(8)軋光後的麻線可以送到織網機上去織網。該機爲一連串奇形偏突輪所傳動，能作打結所必需要的種種複雜運動。在機上經線排得很緊，完工的網綳開來有機上二十倍至三十倍的闊度。

堅强的繩索是細弱的紗線絞合而成的

→(10)圖中示一編條機，你看！好幾支細線環繞起來便成爲一根粗線了。這法子可以應用來將棉紗線包在需要絕緣的電銅線上。

↓(11)圖中正在將棉紗線併合起來，繞成一大棉紗團，以便製造捕捉鯨魚用的粗繩索。

↓(12)併合後的棉紗團裝在架子上沿長滑道推開去，好幾根頭子在另外一端被固定着並且用電動機扭轉着，這樣兩支或多支棉紗線便能絞合成爲一根長而緊的繩索。

←(13)各種長度的繩索在這裏包裝。

熱處理講話之一

鋼的結構組織

吳慶源

熱處理俗名淬火，是機械工作法中一個重要問題，鋼鐵製品的優劣，性質的决定，全仗這個方法控制，這裏的幾篇系統性通俗講話，僅可作爲入門用，精邃的探討，當待將來。現在先發表這一篇熱處理的基本原理，鋼的結構組織，惟文中許多譯名，國內尚無標準，如有未妥善處，望讀者來函指正。——編者

鋼究竟是什麽？

稍爲有些理工常識的人，大概都知道鋼和鐵的分別吧？鐵，是一種純粹元素；鋼却是一種合金(alloy)，其主要的成分乃是鐵和碳。此外還有錳和矽加在裏面，目的在去除氧化作用，還有小量的磷和硫，有的時候還有一些銅和鎳或鉻等元素。

在組成普通鋼的那些元素中，錳，矽，磷和硫通常約佔至1%；碳則自萬分之幾起，以至1.7%。

鋼並不像純銅或金那樣，它不是一種均勻的物質，比較起來，更像普通的青石。青石中的礦物有：石英，雲母，和長石。同樣，普通鋼由高溫度慢慢冷下來後，在顯微鏡下可以看出：鐵晶體(ferrite)，碳化鐵(cementite)，和兩者的混合物。

鐵晶體的性質怎樣？

鐵晶體是慢慢冷却以後的碳鋼中，在室溫時所存在的鐵的晶體。它的質地軟，有延性，力量比較弱。它的抗張强度約40,000至50,000磅/平方吋，伸長約40%。鐵晶體的布氏硬度(Brinell hardness)只有90，本身的硬度在工業上毫無用途。它有磁性，並且導電度很高。它其顯微鏡下的

圖 一

形狀如圖1所示。要證明它是晶體，可以看圖2，那是在9%硝酸中蝕鏤過的，慢慢冷却的鐵。

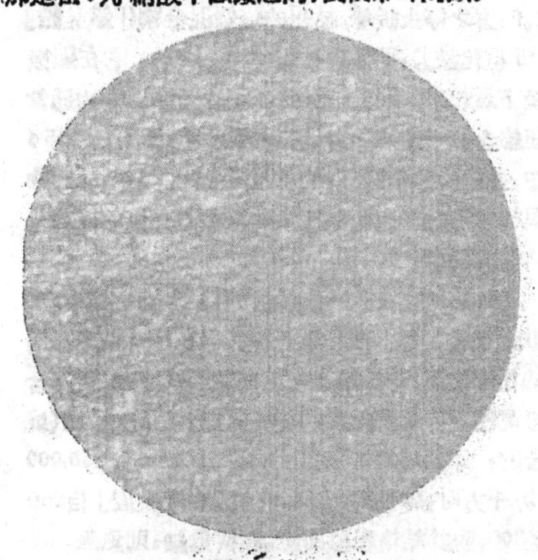

圖 二

碳化鐵的性質怎樣？

碳和鐵乃是鋼中最主要並且有影響能力的元素——尤其是碳。由高溫度慢慢冷却的鋼中，碳差不多完全與一定量的鐵化合成爲與Fe_3C相當的化合物。這種化合物含碳6.6%，含鐵93.4%，名叫碳化鐵。在普通鋼中，除了這「碳化鐵」以外，其餘部分差不多全部是不含碳的「鐵晶體」。關於碳化鐵的性質，我們知道得很少，只知道硬度很大，布氏硬度達650，並且很脆。它在慢慢冷却的鋼(含碳大於0.85%)中，普通形狀好像網絡似的，如圖3。

什麽叫珠粒體？

假定有一杯鹽水(含鹽量小於24%)漸漸冷却，冷到攝氏零度以下時，就有冰晶體析離出來，

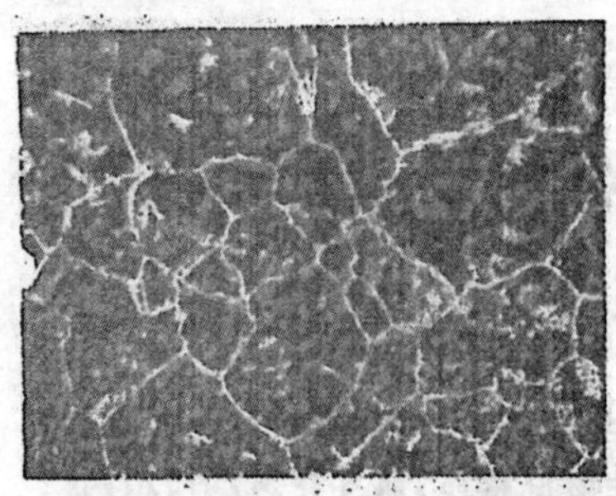

圖　三

直到鹽水中所含的鹽量達24%時，未曾凍結的部分就在某一溫度下一起結成固體。同樣，普通碳鋼在高溫度慢慢冷却時，其中一部分鐵晶體便先折離出來，直到其餘部分中碳化鐵的成分達到13.5%時方才停止折離。結果的這個混合物（「鐵晶體」與「碳化鐵」）稱做珠粒體（pearlite），它在顯微鏡下看起來，顯出一種珠粒樣的光澤。它的通常組織含有一層隔一層的鐵晶體和碳化鐵，如圖4中，黑的是碳化鐵，白的就是鐵晶體。這種混合物具有強烈的傾向含住定量的鐵晶體，使最後約含0.85%的碳。

如前所述，珠粒體普通在慢慢冷却的鋼中，形狀是成層的鐵晶體和碳化鐵。但在冷却速率不同的情形之下，珠粒體也會以別種形式存在，視所含鐵晶體與碳化間相對的排列而定。正常珠粒體（成層的，如圖4）的抗張強度約自125,000至150,000磅/平方吋，伸長約10%。它的「布氏硬度」自250至300，視其結構粗細而定。結構愈細，則愈強。

熱處理的意義

「熱處理」（Heat Treatment），普通就是用各種的加熱與冷却方法，來改變或調節鋼的結構。所謂「結構」的意思，是：(1)金屬成分（即前述各種）的性質與分佈狀況；(2)成分顆粒大小；(3)組織狀況。要瞭解這些變化的性質及其應用，自非對其發生的機構有一個淸楚的觀念不可。

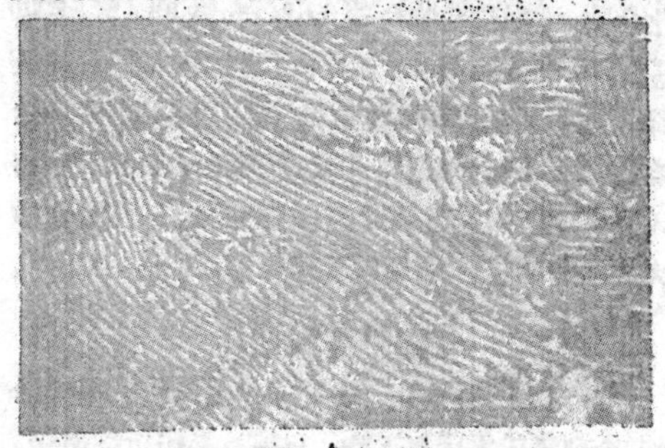

圖　四

熱處理中的兩個臨界點

大多數鋼的結構都會受各種熱處理所改變的，或者只改變一部分，或者竟完全變掉。鋼的這種結構變化都發生在固體的狀態下，發生時的溫度，就稱爲「臨界點」或「臨界溫度」。

如以0.4%碳鋼來講，以極慢的速率漸漸加熱時，起初它的組成毫無變化，直到720° C時，「珠粒體」的性質和結構便起了一個澈底的變化，變成一種完全新的組成，具有新的特性。這種東西普通在學術上稱爲固熔體（solid solution），在金相學上則叫做奧斯登體（austenite），這名稱是因紀念先進的金相學家奧斯登（Austen）而來的。至於其餘的「鐵晶體」則仍保持不變。這個溫度（720° C）就稱爲「第一臨界點」（lower critical point）

什麼叫固熔體？

爲更容易瞭解這個新組成的性質起見，我們不妨再研究一下鹽和冰之間的作用。當鹽和冰在適當溫度下放在一起時，它們便互相滲透，從兩個各別物體的混合物變成一個單獨物體，那便是鹽水溶液（brine solution）。在「珠粒體」的情形，也有同樣的過程，所不同的，結果的熔體是固體，而不是液體。這時珠粒體中所特有的一層一層鐵晶體和碳化鐵也互相滲透，形成一種新的物質——一種固熔體。除開它是固體而並非液體外，它的性質很像一種液體的溶液。因此稱做固體溶液，但既然「溶液」是液體，所以這裏另外給它一個固熔體的名稱，以免一般人誤認它是液體。

奧斯登體的吸收能力

正好像鹽水溶液在溫度增高時能够溶解更多的鹽或冰，這種鐵和碳化碳的固熔體也有着吸收更多的遊離鐵晶體或遊離碳化鐵的能力。因此，當溫度漸漸增高，超過第一臨界點以後，既然在這碳鋼（0.4%碳）中有着過多的鐵晶體，那末這固熔體（奧斯登體）便開始吸收鐵晶體了。這件事隨着溫度的增高而繼續進行，直到攝氏780度左右時。方才停止。這時過多的鐵晶體統統被奧登體吸收掉，所以在這溫度以上，這種鋼完全是由奧登體所組

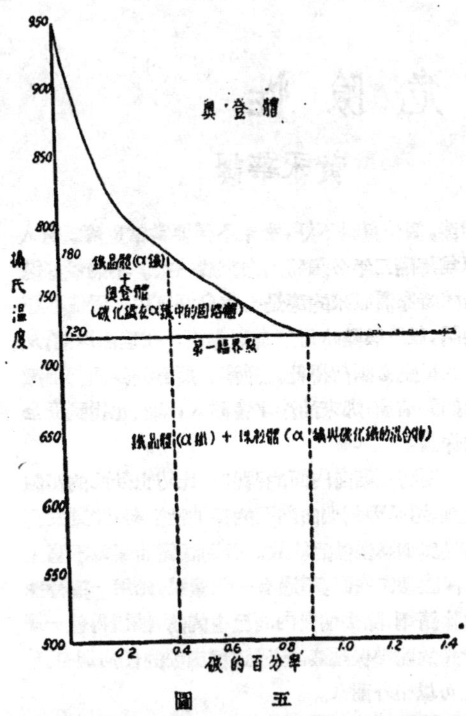

圖 五

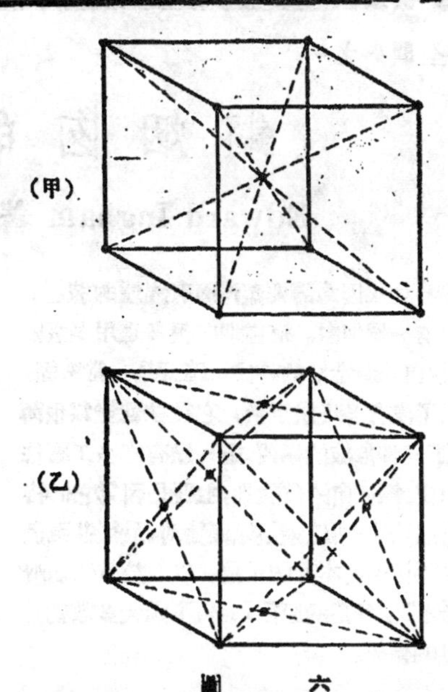

圖 六

成。這一個溫度（攝氏780度）便稱爲第二臨界點(upper critical point)。不過這第二臨界點並不像第一臨界點那樣固定在攝氏720度，却是隨鋼中碳量的多少而變的，可參閱圖5。

鐵的兩個同素異性體

隨着這種臨界變化的發生，鐵晶體本身也起了變化。鐵晶體在正常狀態下又稱爲α鐵(α iron。)它的特性是有延性和磁性。當溫度超過了第二臨界點時，鐵的結晶構造就起了一種變化，變成了所謂γ鐵(γ iron)。γ鐵的特性是能够吸收大量的碳或碳化鐵，α鐵却最多只能吸收住0.04%的碳(在第一臨界點時)。這兩種鐵的同素異性體之間的分別完全在於鐵晶體中原子的排列形狀。如圖6所示，(甲)表示α鐵，這種結構爲體中心(body centered)。(乙)表示γ鐵，這種結構稱爲面中心(face centered)。這些知識都是利用了X射線研究結晶構造，方才得到的。

鋼的冷却

當奧斯登體在第二臨界點以上開始慢慢冷却時，也發生和上面所說同樣的臨界變化，不過次序恰好相反而已。同時，因爲固體金屬和合金中原子有惰性的關係，上面所說的二個臨界點都不免要略爲降低些。而冷却的快慢也會大大的影響這降低的程度。不但如此，冷却的快慢還大大的影響到鋼的組織。如果冷却得非常之快，則鋼的組織就將和它在高溫度時的組織相仿。因此，我們倘使把鋼用某種速度加熱，然後用某種速度冷却，就可以得到各種不同組織的鋼了。

奥斯登體在第二臨界點以上被冷却時，如果冷却速度很快，則γ鐵固然變回到α鐵，但其中所含的碳化鐵來不及分離。就仍含在α鐵中，變成了另外一種組織，這樣的固熔體在金相學上稱爲馬登體(martensite)，乃紀念早年金相學家馬登(Martens)而定名。這馬登體只能在這種情形下產生，因爲α鐵自己沒有吸收碳化鐵的能力。它的硬度比奥斯登體還要硬。

冷却速度如果稍慢，則所成的組織硬度稍差，在金相學上稱爲「屈魯斯特體」(troostite)，也是紀念先進金相學家屈魯斯特(Troost)而定名的。

如果冷却的速度非常之慢，則鐵晶體有充裕的時間從γ鐵變回到α鐵，而與碳化鐵完全分開，則所成的鋼便比較來得軟了。

總之，鋼的軟硬，可以由冷却的速度來控制。在實際的熱處理工作中，大多先將鋼冷却得很快，使它變成馬登體，然後再行加熱方法，達到我們所需某種硬度的鋼。所有這些，當於以後再來討論。

工廠安全問題之一

鋼烟囱的危險性

Edward Ingham 著　　黃永華譯

工廠裏如果因爲需要蒸汽而有鍋爐的裝置，那末總要有一個烟囱。這種烟囱很多是用鋼鈑製成的。鋼烟囱在新造好的時候，確實是非常堅固，但是使用了沒有多時候以後，它往往就變爲很薄弱，而成了一件危險的東西。這一點有許多工廠往往加以忽視。鋼烟囱的危險性，主要是因爲它們特別容易腐蝕銹爛，所以鋼鈑漸漸變薄，最後甚至因爲不能再負担烟囱本身的重量，以至於整個崩潰而傾落。鋼烟囱傾落的原因雖多，不過大多數總是由於腐蝕的結果。

鋼烟囱爲什麼會腐蝕呢？

鋼烟囱的內外二面都不斷的受到侵蝕作用。外面全部當然受到風霜雨雪的作用；此外假使風將烟囱中出來的燃燒過的氣體，沿烟囱外部向下吹送，那末囱頂部外面也受到那些氣體的侵蝕作用。大約在烟囱口之下二十五呎內的地方，都有受到侵蝕的可能。烟囱的內部有燃燒過的氣體通過，這些氣體中含有二氧化碳和二氧化硫，以及數量不定的蒸汽。蒸汽如果凝結，所成的水份就與那些二氧化物化合，成爲腐蝕性極强的酸類，很快就會將鐵鈑或鋼鈑蝕壞。氣體在烟囱中上升愈高，溫度愈低，這時候蒸汽最容易凝結。假使氣體在進入烟囱底部的時候，溫度已經很低，那末蒸氣更容易凝結了。爲了減少鋼烟囱的腐蝕起見，顯然最好是使氣體在進入烟囱底部時，溫度要相當的高；不過這樣會使本來可以發生蒸汽的許多熱量損失掉了，以致減低了鍋爐的效率。

鋼烟囱在停止使用時，比較日常使用時腐蝕得更快。因爲在停用的期間內，雨雪落到烟囱內外各部，而供給腐蝕作用必需的水份。

怎樣保護鋼烟囱？

在烟囱外面的全部表面好好塗上油漆，可以保護鋼鈑的外面，不再銹爛。瀝青類以及氧化鐵類的油漆，通常最爲適宜，不過務必選用質料最好的油漆。假使質料不好，那末不免要常常重漆。有人認爲每隔二年必須將烟囱重漆一次。不過最好還是隨時察看原來的漆是否尚良好可用，假使不好的話，就應該隨時重新加以髹漆。在重漆以前，所有的鐵銹必須括得乾乾淨淨，所有的表面都要澈底的弄清潔，那末油漆才會耐久，烟囱也得到完全的保護。

要防止烟囱內面的腐蝕，比防止外面的腐蝕更難。這是因爲烟囱內面的保護性塗料，時刻受到高熱與烟霧侵蝕的緣故。普通認爲油漆並不適宜於保護烟囱內面。不過有一個廠家，先用一種特殊的除銹劑，除去烟囱內面已生的銹，然後再塗一層特殊的耐熱保護漆。經過這種處理的任何烟囱，據說可以格外耐久。

除了油漆以外，尚有好幾種別的保護烟囱內面的方法。其中最普通的方法是在烟囱內部加砌一層火磚。這個方法却不適用於細小的烟囱，並且砌了火磚以後，鋼鈑受到過分的負荷，也許會支持不住。烟囱下部的熱度較高，因此通常往往僅在下部砌些火磚就認爲足够了。其實烟囱的上部却是最容易腐蝕的地方，因爲腐蝕所必需的水份，大部份都是在烟囱上部凝結的。所以假使要完全避免烟囱內部的腐蝕，那末磚頭必須一直砌到烟囱上口，並且磚縫要做得良好緊密否則煙氣仍會鑽隙和鋼鈑接觸的。

如果不用火磚，可以用水泥或疏薄的混凝土來做保護塗料。使用水泥時，可以先在鋼鈑面上放一層鐵絲網，然後將水泥噴射在鋼鈑上，厚度約爲二吋。噴塗水泥時，務必小心設法使水泥密切附着在鋼鈑上。如果水泥和鋼鈑間有空隙，就容易腐蝕。

有一個使用得很成功的方法，是在烟囱內部塗以一層特殊的石棉泥，膠結在不漏氣的塑料中。據說某一家電力公司使用這個方法以後，他們的烟囱幾乎可以與鍋爐有同樣長的壽命，但是以前沒有這種保護的烟囱却祇能用五年就完了。

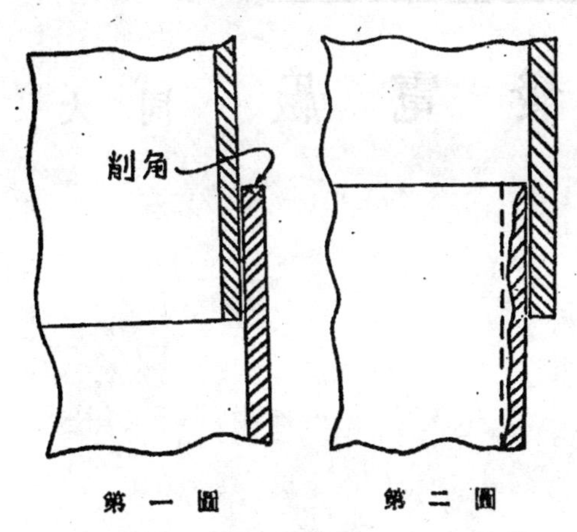

第一圖　　第二圖

烟囱當然也可以用特種不銹的鋼鈑來製造，計劃建造鋼烟囱者不妨加以考慮。

鋼烟囱應該怎樣鉚接？

大多數的鋼烟囱是用鉚釘連結而成，接縫處採用疊接式。如果橫接縫處像第一圖所示，那末雨滴或水份容易留住在外圈鋼鈑上部的四周邊緣上，使疊接處漸漸銹爛。普通所以都採用第二圖的式樣，不過這樣內部的凝結水份，都要留住在接縫處的內圈上部邊緣上，以致腐蝕鋼鈑，如圖所示。如果第一圖中的外圈鋼鈑邊緣做得向下傾斜，像圖中虛線所示，那末可以減少橫接縫處的銹爛。

鋼烟囱的定期檢驗

鋼烟囱的內外二面既然都會腐蝕銹爛，並且鋼鈑爛薄了以後烟囱就不再安全，所以每一個鋼烟囱每年必須檢驗一次，愈詳細愈好。除了用眼睛察看以外，還要用錘擊法仔細的驗過。假使發覺烟囱銹爛得已經相當嚴重，那末必須立即加以修理或拆除，不可猶豫。可惜大的烟囱如果要澈底檢查，既很麻煩，也很耗費，因此有許多廠家，就媽媽虎虎懶得去檢查。可是這樣一來，烟囱就隨時有崩壞傾落的危險了。

怎樣拆卸鋼烟囱？

風的力量會使烟囱傾倒。如果基礎朽壞，也會使烟囱傾倒。要使烟囱不致傾倒，可以用鋼絲繩繫住，或者把烟囱牢牢的安裝在堅固的基礎上。採用鋼絲繩時，不要將它們拉得過分緊直，否則烟囱會受到不必需的負荷。並且在遇到暴風時，最好讓烟囱有極微的擺動；如果鋼絲繩拉得太緊了，烟囱反而容易受損。

假使要把鋼絲繩拆去，必須預先仔細考慮拆去以後可能發生的情形，因爲祗要拿下了一根鋼絲繩，烟囱就不再穩固而有危險性了。在英國曾經出過一會不幸的事，是因爲不小心隨便拆下鋼絲繩而闖的禍。那事情的經過是這樣的：有一個80呎高的鋼烟囱要拆除，二個工匠在繫住在烟囱上的小吊架上工作，用氧炔焰將一節節的鋼鈑割下。在割去24呎以後，必須拆去四根鋼絲繩，於是把這些繩都放鬆了，內中一根並且完全拿下。可是就在這時，烟囱突然倒下，小吊架和上面的工匠也從56呎的高空跟著跌在地上，二個人都跌死了。那個烟囱本來安放在一塊生鐵底鈑上，有幾只螺絲的頭露在外面，那負責拆除烟囱的工頭就以爲烟囱是用那些螺絲旋緊在生鐵底鈑上的。那裏知道那些螺絲不過是用來將生鐵底鈑旋緊在下面的磚基上，而整個烟囱的穩定，完全依賴着四周牽住的鋼絲繩。由此知道假使要拆卸任何這類的烟囱，那末在拿下那些永久性的鋼絲繩之前，必須在較低的地方另外用幾根鋼絲繩暫時將烟囱牽住。像上面所說的慘禍，如果早當留意而採取這個保護方法後，那末根本也不會發生了。

有些鋼烟囱並不用鋼絲繩牽住，而祇用螺絲旋緊在基礎上。這種烟囱在建立時要注意使各只螺絲旋緊得很均勻，那末烟囱才可以保持絕對的垂直，否則祇要略爲傾側一點，這種烟囱就不很穩固了。

蘇北唯一動力廠

天生港發電廠

大同

南通大生紗廠及地方各工業在昔日各各自謀動力，旋覺殊不經濟，於是謀集中發電。民國九年春，籌設廠於天生港，向德國西門子廠訂購三千二百瓩之透平發電機兩部；英國 B&W 廠訂購水管鍋爐四座。十年春興工建築，不幸翌年遭水災，紗廠及各營業銳落，到滬機器無法付欵，而轉讓於昔戚墅堰震華電廠。

民國二十二年二月另勘定天生港口爲廠址，購通靖輪埠碼頭西首隙地三十畝以爲廠用。大興工程，至二十三年完成。其中以進水室深入江中工程最浩大。於二十一年十二月先後向英國B&W廠訂購鍋爐二座，向德國 AEG 廠訂購透平發電機一座及配電板全套。翌年又向英美德訂購輸電鋼桿銅線及配電所設備。二十二年六月鍋爐機件絡續運到，先於十月廠基完成之後，即行循序裝置。至二十三年十二月則全部完工。

電廠自發電後負荷日增，至民國二十五年冬已逾滿載，乃積極進行擴充，豈知翌年，抗戰軍興，因而中止，旣而地方淪陷，廠被日寇盤據，時越數年，幸而珠還合浦繼續進行。今年二月負荷又達滿載，且時代進步，蘇北電力之應用亟需擴充，刻不容緩。先後擬定二步計劃，初步計劃增設7500 KVA之全部設備，並擴充電路網，該項計劃明年底即可完成，已正在積極進行中。第二步計劃則擬增設一萬 KVA之全部機械，線路擴展整個蘇北，此項計劃祗須內戰早日平息不難完成也。

發電廠的設備

現有廠中之設備：鍋爐室有英國 B&W 公司製 CTM 式鍋爐兩座，規定汽壓爲每方公分二八・二公斤，汽溫攝氏四百度，蒸發量每小時二五噸，受熱面積六一二・五方公尺，每座鍋爐具汽包一隻，水管三六〇根過熱管二〇八根，撿煤器橫臥水管五五二根，燃煤由煤場用運煤車沿輕便鐵道運至鍋爐室下層，傾過網格以剔除太大煤塊，而後注入吊煤斗中，依次將煤運達鍋爐室，而傾入儲煤倉，然後下行循環往復，每小時運煤二十噸。倉內之煤，循管輸至鍋爐前方煤斗中，經閘門之調節，而以適當厚度舖於爐排上，送入爐中。每座鍋爐配有鏈式爐排兩隻，煤隨爐排前行即逐漸燃燒成灰，落入灰坑，再用灰車沿輕便鐵道運至灰場。廠中燃煤，戰前採用大通，中興等煙煤屑，比年煤斤供應短絀，故對煤質無選擇餘地，凡山東屑，博山屑以及南京土煤屑均加採用。煤荒最甚之時曾以棉籽殼餅茶餅等代替，棉籽殼質輕易燃；但不耐久燒，若負荷在八百瓩之上，則爐排速度不能適用，且棉籽殼在爐排上堆積過高，通風不易。棉餅較爲耐燒，曾用於負荷二千六百瓩之情形下，尙堪應付。茶餅熱力在棉餅之上，亦易着火，惟軋碎費事，價途易於漲塞。現在負荷在五千瓩之上祗能用煤。每日用煤達八十餘噸，除一小部份仰給於政府配給外，其餘皆自行以高價收買黑市煤，故發電成本不免因此增高。而際此燃料極端恐慌之秋，仍能維持日夜運轉誠匪易事矣。

發電室置有五〇〇〇瓩透平發電機一座，AEG廠製，爲橫臥單缸衝動反衝動合併式，速度每分鐘三千轉，附有急閉閥，當速度超過規定百分之十時，即自動關閉。蒸汽通過透平以後，引入凝汽器。凝汽器爲表面水冷式，內有銅管一六六八根，激冷水由器之下方引入，經過銅管內部曲折二次後，由上方流出，透平之廢汽接觸銅管表面凝結爲水。發電機與透平直連爲交流三相Y式，容量六二五〇千伏安；電壓六六〇〇伏；周波五〇。勵磁機容量五〇瓩，電壓一一〇伏；與發電機同軸。發電機鐵子線槽內在六處設有電阻，電阻値隨溫度高低而變化，由是可探知線圈之溫度。

輸電制度

控制室位於發電室之南樓下設六六〇〇伏滙電條及油開關。油開關之啓閉除二二〇〇〇伏輸電線爲電力遙方控制外；餘皆由裝於控制室內之手輪司之，且皆有過載釋放裝置。如因發生故障而致斷電之時，有自動調准開關，以直流電源供給廠內各處。直流電源常備無缺，乃由蓄電池三十四隻串聯供給，可得電壓六十餘伏，用熱陰極管整流器或直流發電機隨時充電備用。

主要發電室外，另有油電室，置有四五〇馬力柴油機一座，英國克勞斯累廠出品，爲直立六汽缸四衝程，無氣噴油式，以壓縮空氣啓動。柴油來源困難時期該廠曾一度以棉子油及菜子油替用，雖能運轉，惟以油質厚，又含纖維雜質，機器時需清理。與柴油機直連者爲瑞士卜朗比廠出品之三七五五千伏安三相交流發電機一座。電壓四四〇伏，此柴油發電機爲該廠透平啓動及停止時所需電力均由此供給民國二十五年負荷超過透平發電機容量，在尖頂負荷時以此柴油機輔助發電。

該廠所有之輸電線皆爲架空線三相三線制，電壓分二級：一爲二二〇〇〇伏，自廠中送往唐閘大生一廠，再轉通城，以達大生副廠，一爲六六〇〇伏自廠中送往平潮鎭。此線經天生港老港時，分出一路，以五〇千伏安變壓器一具將電壓降低至三相四百伏，供老港之用。另有四〇〇〇伏配電線，供任港之用，由施家廟配電所接出。更有二三〇〇伏配電線，爲供給蘆涇港單相之用，電壓由天生港低壓用單相變壓器升高而得。天生港新港低壓配電線，由廠內四百伏滙電條直接引出，主要市街及電力用戶附近採用三相四線佈電；冷僻處用單相二線；路燈則由另線供給之。

該廠有配電所三處：第一配電所設唐閘大生一廠內，港閘輸電線爲二二〇〇〇伏。送抵一廠後，經油開關至滙電條分配各變壓器，然後經油開關引出屋外輸往南通城，供給通明電燈公司之用。第二所設城郊施家廟，將電壓自二二〇〇〇伏特降低至四〇〇〇伏，供給通明電燈公司及各配電變壓器及任港線。第三所，設江家橋大生副廠內。爲二二〇〇〇伏輸電線之盡端。將電壓降低至四〇〇伏特，供大生副廠各工場及江家橋市鎭之用。

其他設備有化驗室修理工場，電氣試驗室等

廠的組織和福利工作

該廠對於員工之福利極爲重視，總務科下設人事福利股，專司其事，去年更有員工福利委員會之組織，由勞資雙方共同策劃以求完善。大概情形如下：員工宿舍建於廠內，計三幢，簡樸整潔，屋前及四周佈置花園，可供員工工作之暇得有優美環境，休養身心，廠之左近築有住宅，以爲員工家屬之用。廠址面臨長江，前更闢一花園，花卉樹木茂盛，中有涼亭，閒坐亭中可觀長江，心曠神怡，有過於上海之外灘公園。廠中聘有中西醫師，爲常年醫藥顧問，員工患病求治，則一律免費並給藥，廠內職員宿舍樓下，設有理髮室，理髮匠之工資則由廠方供給。廠內設有浴室數處，盆浴淋浴俱有。員工衣服有洗衣婦洗濯，洗衣婦之工資則由廠方供給可謂體貼入微者矣。廠中更有網球場及籃球場各一，乒乓室設於娛樂室內。娛樂室中備有各種樂器棋子及書報供員工公餘消遣。

廠中爲提高工人智識水準起見，特設補習班，按程度高低而分三班，利用晚間空暇上課，除學徒爲强迫入學外，其餘均係志願。教員由廠中職員義務擔任，所授科目有國語，英語，算術，珠算，常識，機械製圖等，並供給書籍文具等可稱完善者矣。

今歲美國工程顧問屈朗博士(Dr. Trone)來此參觀，許曰：「余遍歷中國各大工廠，惟此廠可稱設計最佳，經濟而效率高超。勞資雙方之調協，亦屬罕有也。」事實上此廠自開辦迄今從未有勞資之爭執及罷工等情發生，可爲中國之模範工廠矣。

新發明 與 新出品

★新型的高速度製皂法——肥皂的製造法已經有好幾個世紀的歷史，現在發明的一種製皂法，只有經過幾個鐘頭就可以製成，這方法是美國 Procter & Gamble 廠所發明，即在高壓高溫之下，用一種適當的觸媒，進行繼續性的反流水解（Countercurrent Hydrolysis），然後再經過蒸餾中加工諸手續，即告完成。因爲整個手續都是繼續性的，所以工作時間減少而產量又能增加，省下不少金錢，同時，即使原料色澤暗澀，亦能產生良好的肥皂。還有，副產品甘油的品質亦甚佳，且裝置設備的地面均可減小，人力亦可節省不少，這些都是這一個方法的優點。茲將這一個方法的要點，略述如後：

原料油脂混和至適當比例後，自貯藏筒抽至混和筒，筒中有預熱蒸汽蛇管，及混和葉片，使與乾性的觸媒劑，氧化鋅，混和拌勻。油脂混劑保存在供給箱，其溫度爲220 F°，水箱之溫度爲200°F，并使油脂及水均保持在高壓力之下。在未經過65呎高之水解塔前，先有900磅之蒸汽噴入，使水溫達480°F，油脂溫度達495°F；進入水解塔時之壓力達每平方時600吋，油脂進入水解塔底部，水則在上部，如此始可造成反流作用。此時若有甘油析出，可以水冲洗留下。油脂約於90分鐘內在塔中冲上，使油脂分成脂酸，脂酸則經過一噴口，進入一急驟蒸餾箱，使水蒸發，酸則因之冷却而包含在蒸汽之內，收集在供給箱中，再經過交熱器抽吸進入眞空蒸餾器內，在絕對壓力2—5公厘水銀柱之下完成蒸餾手續。蒸餾後之脂酸經過濃縮，冷至180°F，再在高速混和劑中用苛性鈉中和，再加入食鹽，使成肥皂。自中和器出來之肥皂在溫度200°F左右，打入混和箱內，再行精製手續，完成肥皂之加工。所有之設備，在高壓力之下者，應以不銹鋼製成，在低壓力之下者，則可以鋁製。（M.D.）

★公共汽車的安全保障設備——美國一家 P&W 線上的公共汽車，新近裝置了一種電設備，可以保險乘客的安全。這一種設備，可以在制動器或應急裝置失效時，使引擎關閉，并鳴警報器。如果駕駛員要將警報器停止，那必須拉住應急制動器；同時他可以用儀器板上的一個轉動開關，旋轉轉鈕後看小電燈何處發光就可查出究竟是什麼地方出毛病。轉鈕的小電燈通常表示五個地方的弊病，即空氣制動器，引擎的恒溫器（Thermostat）滑油管，應急制動器，及應急太平門，這幾個地方都是公共汽車容易發生危險的地方。（M.D.2—6—27）

★用電子管來控制的無縫襪針織機——爲了要針織無縫的襪子，美國 Fidelity 機械廠製造的400針針織機，是用電子管來控制的，這樣可以獲得圓滑的變速。這架機器是自動引入襪線，并在一個循環的各點上自動變速。襪線和襪針的停止非常穩定迅速，沒有絲毫振動現象，并且在開動機器後，除了照顧襪線的繼續供給外，簡直不需要別的關心。（M.D.2—6—10）

★合金粉噴射器 美國 K. F. 金屬公司的合金粉噴射器，溫度調節可由100°F. 至600°F，所需空氣每分鐘約3.5立方呎，壓力平均每平方吋30磅至40磅。其外部覆有黃銅罩以防止油膩塵埃之侵蝕，中爲發熱之鎳鉻線置於反射性極強之物質中。再以耐高溫之絕緣在四周保護之。

如果將欲噴射之合金置於器中之空腔內，則於二至十分鐘內即可全部溶解，而掀動手柄上之鍵鈕，溶解合金便作霧狀噴出。此種噴射器可以噴厚僅及0.0001吋之薄膜，普通噴射厚1/4密耳，面積4×6平方吋需時約爲一分鐘噴射器之容積分6立方吋，12立方吋，24立方吋等三種。其型式有垂直亦有水平。

12100

工程復員的一篇報告

青島第六碼頭修建完工之實況

何幼良

青島以氣候水文形勢地位種種具有天然優越條件，爲國內唯一良好之海港。自德人築港完成，巨型艦舶，可以直傍碼頭，工商業日趨繁盛，人口突增，一躍而爲東亞頭等商港，亦爲近代化之大都市。首次世界戰爭時，一度爲日寇所佔，後格於輿論，交還我國。及抗戰軍興，二度淪於敵手，直至日寇投降，又由我國收回。惟在淪陷時期，因缺乏保養，各碼頭險象環生，去秋，第五碼頭一部份，突告倒坍，中央鳥瞰全地方財力困難，爰於卅六年二月，專設青島港工程局，從事於改善及擴展新工。成立未久，奉令修建第六碼頭，蓋第六碼頭係敵佔時期修築，當時日寇因軍事需要，修建匆促，工程潦草，即用以堆鹽。接收後，仍作存鹽之用。惟因年久失修，坮基沉陷，致原基地較其他碼頭約低五公寸，漲潮時，常受海水侵襲，排水設備，亦後簡陋，每屆雨季，霪雨連綿，汪洋一片，每年損失鹽量甚鉅，實有修建之必要。山東省所產鹽量，年達四十五萬噸，海運裝卸，惟該碼頭是賴，其重要性誠不容忽視者也。

工程範圍與修築方法

碼頭西端，除一部份劃作軍事用地外，其堆鹽部份，平均長度爲三二〇公尺，寬度爲一八〇公尺。本工程範圍，爲清除原有水溝垃圾木板，填高碼頭基地，修築道路，砌築亂石水溝水槽，乾砌與整修亂石護坡，砌築亂石擋土牆，移建紅磚房，以及配置洋灰混凝土蓋板等工程。茲將各項工程修築方法，與完成數量，分述於後。

(1)填沙工程 碼頭原基地所填海沙，因日久沉陷，坎坷不平。本工程將存鹽區域，劃分爲二十五坨，每坨繞以溝渠，所填黃沙，其組織爲沙土混合物，沙粒粗細不一，粗者可達半公分，土內並含有石灰質，由青島市政府地政局指定在天門路空地採挖，距碼頭約六公里，用汽車轉運，每輛約載浮沙三・二立方公尺。填沙方法，先將原基地用十公噸壓路機，往來滾壓，黃沙勻散地面後，分層餔壓，每層二十公分，填沙高度，東西等高，而南北傾斜，南北岸新填坮面，高出岸壁五公寸，碼頭中間泥結碎石路面，高出八公寸。碼頭基地填沙，共計五六，〇八一・八五立方公尺。坮面填沙壓實後，爲避免局部沉陷，致患積水起見，每坨中心加填黃沙八〇立方公尺，二十五坨共填黃沙二，〇〇〇立方公尺。

(2)方塊石路工程 沿碼頭北岸道路，長二六五・六五公尺，寬十公尺。修築方法，先將路基原填海沙，挖除十五公分，並用十公噸壓路機往來滾壓堅實後，舖七公分石子一層，壓實至十公分，再舖海沙一層，厚十公分，然後砌方塊石厚十五公分，並用海沙填縫。各方塊石長十八公分，寬厚各十五公分，悉鑿平整，石質爲石灰岩，自勞山開採。支路一部長二〇・八公尺，亦用方塊石舖砌。全部方塊石路面，共計二・八八六・四九平方公尺。

第六碼頭北岸已完成之方塊石馬路

(3)人行道工程 傍方塊石路所修之人行道，寬五公尺，爲連接坮基土坡與方塊石路之土路。修築方法，與坮基同，土坡坡度，原擬一比二，後改爲一比四。

(4)泥結碎石路工程 碼頭中間新築道

已完成之亂石水溝　　亂石護坡建築情形

路，與連接北岸方塊石路之支路，共長四一〇。五五公尺，各寬六公尺，路面爲泥結碎石。修築方法，先用十公噸壓路機，將路基滾壓堅實後，舖七公分大小石子一層，壓實至十五公分，再舖二至四公分石子一層，壓實至五公分，並舖黃沙一層，厚約三公分，層層滾壓，隨時洒水，路拱坡度爲三十分之一。全部泥結碎石路面，共計二、五六七。六〇平方公尺。至路基原塡海沙，動工之始，經運沙車行駛，其基部積水，因毛細管作用而上升，車行浮動，旋將泥漿清除，塡以黃沙，後經運沙車行駛數千次，並用壓路機往來滾壓，遂使路基異常堅實，可免沉陷之虞，較諸國內用機械修築之泥結碎石路，殊無遜色。

(5)亂石溝渠工程　碼頭排水計劃，係自中間道路，分向南北流，所築溝渠，頂寬六公寸，底寬四公寸，深自三至五公寸，並分縱橫二種，橫溝渠用以洩水，其坡度爲二百分之一，縱溝渠用以導水，其溝底與地面平行。各溝渠均俟地面塡沙竣工，始行挖掘，先舖小石子一層，夯實至十公分，然後將亂石用一比三洋灰漿對縫舖砌，厚十五公分，並用洋灰漿勾縫，使表面光平整直，以暢排洩。各溝渠共長二，二三六。六公尺，溝渠挖方共計一，一六三。〇三立方公尺。

(6)亂石水槽工程　南岸各溝渠出口，以新砌護坡爲終點，所洩雨水，流經原有條石護坡，而入於海。北岸各溝渠出口，以水槽爲終點，所洩雨水，流經方塊石路，而入於海。惟雨水之一部，因受阻於北岸石壁，不易排洩，現將面對水槽之岸壁石塊，鑿穴流水，以增進宣泄效能。人行道共有水槽五處，共長二五公尺，其砌築方法，與溝渠同。各水槽寬一公尺，深十五公分，底部厚十五公分，邊牆厚二十公分，用一比三洋灰漿對縫舖砌，表面並用洋灰漿粉光，惟西端第二水槽，因常被貨車跨越，屢遭損毀，後將邊牆加厚至六公寸，並將各牆頂部改作橢圓形，嗣後貨車跨越，可不致受損矣。

(7)亂石擋土牆工程　碼頭西部與軍用地連接處，修築擋土牆一道，長二一四。六公尺，頂寬〇。七五公尺，底寬一。一五公尺，基脚埋入原地面約二公寸，頂部高出地面新塡沙一公寸，用大塊亂石和一比三洋灰漿疊砌，外露部份，用洋灰漿勾縫，頂部並用洋灰漿粉光，旁砌亂石水溝，係擋土牆之一部，其砌築方法，與其他水溝同，全部完成數量，共計二三二。八二立方公尺。

(8)新建與修補亂石護坡工程　碼頭南岸長三四六。一公尺，自新塡土坡頂部起，用大塊亂石乾砌護坡，厚二十公分，以與原有條石護坡相啣接，至原有條石護坡，其沉陷部份，並經修補，新建護坡，共計一，二一七，九八平方公尺，修補原有護坡，共計二三八平方公尺。

(9)移建紅磚房工程　碼頭北岸原有紅磚房，長七、七五公尺，寬四、〇五公尺，位於方塊石路中間，有礙交通，自商得青島市港務局與山東鹽務管理局同意後，即移建於碼頭東端。除紅磚紅瓦完整者與原有門窗屋頂木料，儘量利用外，地板與平頂，概用新料，牆基並用一比三洋灰混凝土修築，該屋結構，堪稱堅固。

(10)洋灰混凝土橋板工程　碼頭堆地四週所築水溝，車伕往來經過，必須跨越，匪特行人不便，且各水溝亦易損壞，爲便利行走，藉護水溝起見，在堆地四週，每邊添置洋灰混凝土橋板三塊，共計一四四塊，該項槛板，長一．二公尺，寬四公寸，厚一公寸，各槛板用一比二比四洋灰混凝土和拌，並埋置竹青四根，以代鋼筋。

施工程序

本工程原規定限九十工作天全部完成，碼頭面塡土溝渠及擋土牆，則限七十工作天完竣。自四月三日開工，分定工程進度，按期實施。各坨所原存舊鹽三萬餘噸，新鹽又陸續運到，須隨時移置，以便施工，故將碼頭西端南北岸十二坨塡沙與亂石水溝工程，先行着手，以備存鹽之用。其他如方塊石路與亂石擋土牆工程，亦相機趕進。全部工程，至六月十二日竣工，較原定完工期限，提前二十七天。

人工與車運統計

本工程所需人工，分木工瓦工石工及土工四種，木工作擋土牆與水溝定線之用，瓦工作砌築擋土牆溝渠及護坡之用，石工作舖砌方塊石路與修築泥結碎石路之用，土工在土場者，作採挖黃沙與裝車之用，在工地者，作卸車、運石、滾壓、洒水、及清除坨面碎石，與水溝垃圾之用。工人之配合，堪稱適宜，工具之配備，亦復無缺。至運輸工具，分木船牛車及汽車三種，自勞山開採之方塊石，用水運，亂石用牛車運，黃沙與海沙用汽車運。汽車每次可運浮沙三立方公尺，自天門路土場至碼頭，每小時可往返一次，每日約十次，參加運沙汽車，每日最多達八十四輛，運沙八四〇次。

物價與工資調查

工程時間較長，勢難免物價波動之影響。故發包之前，合同之規定，不嫌詳盡嚴密，務使預計工程進度，與實施程序相吻合。本工程完工時食糧工資及材料單價，較開工時，悉漲二倍以上。

工程之經費

本工程在三十五年十一月原預算爲十三億一千六百萬元，當時由青島市政府呈請行政院撥補半數，其餘半數由該府負担百分之五十五，山東鹽務管理局負担百分之四十五。嗣奉院令准予補助六億元，並飭由青島港工程局主辦，當先登報公告，舉行包商登記，於三月十日，由青島港工程局會同青島市港務局山東鹽務管理局及青島市工務局，將青島登記包商，舉行審查，計合格者九家，隨即就合格包商招標，於三月十七日，會同市府及鹽港兩局，當衆開標，並依法邀請審計部山東審計處派員蒞場監標，計投標包商共有八家，以字興營造廠所投標價國幣一、四一三、七六三、四五〇元爲最低，經會議詳細審査，決議由該字興營造廠承包，當飭取具殷實保證，於三月三十一日簽訂合同。標價而外，尙有水泥材料及工具管理等費，至移建紅磚房與加做洋灰混凝土檻板，係臨時增加，以應事實需要。竣工以後，計全部工程實需包工費一、四三九、一八八、四五五元，洋灰費六四、八七四、五一一元，洋灰運費八〇六、〇〇〇元，壓路機修理費四、三三四、〇〇〇元 管理費一五、一〇八、四六九元，共計一、五二四、三一一、四三五元，超出原預算二〇八、三一一、四三五元。

山東全省產鹽，幾以青島港爲出口，而第六碼頭，爲青島港之唯一鹽碼頭。目前由政府控制者，雖僅膠澳一場，而產量實佔全省各場之大半，往者因碼頭建築不善，坨基太低，每年溶侵之損失不貲，自此次翻建以後，同時約可容受存鹽二十五萬噸，諒無多時國庫之損耗，即可以減少矣。

工廠中的安全運動

——上接第22頁——

但他們的視察並非經常的，對於次要的危險有時不免疏忽，並不能毫無遺漏地把一切不安全的措置指點出來，因此廠方的檢察部仍應具備，因爲只有經常的，小心的檢查與視察，才能保障工作場所的安全。

工業安全的教育

工業的安全問題是一個社會性的問題，兒童在小學時就應灌輸他相當的智識，使自已不致發生種種危險。兒童安全的教育方法可用電影或幻燈的圖解演講，安全問題，衛生與健康等都可作爲資料．在中國這種教育還少，但將來工業發達之後，這種教育是很必需的。

除兒童外，這種教育還應普及到大學與專科學校去。那就是設立『安全工程』這一門功課。

關於民衆的安全教育，這是一種宣傳運動 當局及社會各團體應積極提倡，以各種標語，旗幟，掛圖或電影作爲工具，當可使民衆對於工業安全有普遍的認識，這樣才能減少危害，增進民衆的福利和安全。

工程材料漫話

高溫度和高電壓的絕緣材料——雲母

徐尚德

在聖誕樹上閃爍發光的人造雪，就是現在大家都熟識的雲母。有幾位也許曾經看見過它在小溪裏發出燦爛的光亮，把大自然點綴將更加美麗。

雲母是一樣用處很多的東西，但是在電氣方面，它被應用得最廣。這主要的是由於它底特性是不能爲其他材料——不論人造或天然——所可比擬的緣故。

例如生雲母即使分裂成極薄的薄片，它還有極高的阻力來抵抗電流的通過。一張最上品的雲母片可以捲在直徑一英分的圓棒上而不裂不斷，從此可見它的堅韌和富有彈性，當然，這樣的玩意兒你同樣的也可以拿紙條來一套，不過你要知道，那個雲母片捲成的圓筒可以加熱到1000°華氏，而還能作爲一個優良的絕緣物，去抵抗12000伏脫的高電壓。

因爲電和熱對於這一樣物質所產生的影響竟是如此之少，所以你的麵包烘焙器裏的電熱線就必得繞在一片雲母上。或者繞在幾片合在一起的雲母片上。你的電熨斗，也有如此的配備。

在發電機，馬達以及無線電真空管裏面，雲母所扮演的角色就更加的重要了。在這些用品裏面，雲母是不可缺少的，因爲它能把許多有電流通過的發熱部份分開來，因此避免了短路以及電力的損失。

在飛機的火花塞裏面，雲母就代替了本來用在汽車火花塞裏的瓷質。因爲飛機的引擎是在更高的溫度和壓力下工作，而且溫度的變化也比汽車裏的更激烈更突然。在這種致命的應變之下，瓷質無論如何是不能忍受下去的。

汽車工業也是雲母的一個大顧客。戰前光是在起動馬達和發電機的換向器裏面，每年就要應用250,000,000塊小雲母片。

往往在最奇怪的地方你能碰到雲母。你有時會發見它在某種牆紙上發出閃爍的亮光，同時在許多橡膠製品中也需混和大量的雲母來減少黏性。在某種屋頂板裏面，雲母也是主要成分之一。

世界上品質最好的雲母出在印度，巴西和高麗。美國在這方面無疑是落後的，因爲生雲母的製備需要大量的手工，而人工在美國却是頂貴的東西。在印度，廉價而熟練的勞動歷年來從不缺乏，因此現在印度就獨霸了世界的雲母市場。

在電氣工作方面，祇用到兩種雲母。第一是白的或者淡澈的那一種，原產於俄羅斯，所以它叫做『莫斯科肥脫』(Mscovite)。第二是琥珀色的或者紅棕色的那一種，我們叫它做『弗勞高必脫』(Phlogopite)。這個名字是從一個希臘字得來，原義爲『火焰的顏色』。

當這礦物掘出以後，就把附着的石塊清除掉，再按其用場而分裂成不同厚度的薄片。厚度的範圍通常自百分之一英吋起至千分之一英吋。分裂雲母片的工作大部份是靠手工完成的。一個本領大的工人每天約可撕裂三磅到四磅。

雲母是一種非金屬礦物，它的化學構造非常複雜。它包含鉀和鋁或鎂結合的矽以及其他如鐵，鈣，鈉或鋰等的鹽基。它的名字是從拉丁動詞(mico)得來，意義是閃爍，眨眼，發光。

生雲母的尺寸，小至鱗片，大至100平方英寸以上都有。其顏色自無色透明起至不能透過的黑色爲止，其間尚有綠色，琥珀色，紅色等。顏色之不同乃由於雲母中所含之礦物成分互異所致。

在歐洲，雲母被應用的歷史，還不到三百年，從前這種礦物祇被應用於窗上。印度人比歐洲人likely爲用得早一點。在印度這種透明的礦物原來是用於飾物，醫藥以及燈罩上面的。

在美洲，雲母在遠古的時候就開始應用。印地安人是很勤勉的開採雲母的礦工。光是一個印地安人的墳墓中就發掘出二十များ式樣的雲母飾物。

在墳墓建築者的區域中，印地安人好久以前就熟習製造『綜合珍珠』的方法了。他們很技巧地把雲母薄片一層層包裹在木珠上面。表面上塗滿雲母粉的泥珠他們也用作『珍珠』，至於面積很大的雲母片，他們都用作身體上的飾物。

在實驗室中，有許多人都曾企圖用人工的方法來產生雲母。最成功的方法，是德國在他們投降前二月所研究出來的。

德國人的方法開始先將矽，冰晶石(Cryolite)以及其他原料安置在石墨的鉗鍋裏面，去製出一種複雜的混合物。這種混合物包括五種含有氧，氟，鎂，鈉，鉀，鐵，鋅以及其他原素的化合物。

當這種混合物從1270°C冷却到1230°C的過程中，它須受到磁力處理，以使它在冷的時候能和天然雲母一樣的顯示出那種裂縫。據美國的研究者說，利用這種方法製造雲母，那末可造出十二吋見方甚至更大的雲母塊。

人造雲母究竟是否將和天然雲母競爭，祇有待於將來去解答。至於說它不能競爭，那還言之過早，因爲在礦物世界裏比這更奇怪的事也會發生過呢。

中國建設工作的道路 (自18頁接來)

(戊)用新人 一個有機體生命的維持，全靠著新陳代謝的作用，尤其在萎菌侵襲，肌肉腐爛的時候，更要靠著新血球纔能帶來生機。但是這些生力軍，不是胡亂拉來批至親好友的子弟，就可以的。古人說「選賢與能」，更明顯的說，目下擬選新人的標準，要操守重於學問，能力重於出身。

(己)施新教 十年戰爭流徙，降低了一切標準。而新時代任務的艱鉅，又遠非戰前可比。舊人日趨沒落，新人猶待培植，欲求能完成將來偉大任務，最有效的辦法，莫如育訓練於工作之中。新教的目標，是要人們能够「手腦並用」「智德雙行」。新教的精神，要使人們能够認識「事業重於生命」，「工作重於吃飯」。

(庚)行新法 在以上各項步驟完成之後，纔可以談到行新法。新法的著重點，就在於考核所教的，實行到什麼程度。更具體點說，是要以成績衡量工作，以法制推進業務。

能做到這種地步，物纔可以盡其用，人纔可以盡其才，地纔可盡其利，貨纔可以暢其流，不但建設工作的障礙可以免除，而國家民族纔可走向富強康樂之境。

——三十六年九月十五日於衡陽——

編輯室

這一期爲了紀念中國技術協會首屆年會本刊特爲編了一個特輯，乘這個機會，把這個包羅各種技術人員的團體，介紹給讀者，想來是讀者樂於接受的。

除了年會特輯以外，正文中最值得介紹的是粵漢路正工程司黃治明先生一篇專論，黃先生與敝刊本不熟悉，他寄來了這篇稿子，語短心長，發人深思，刻中時弊，所以趕在本期排出，「中國建設工作的道路」這一個題目是編者擅自加上的，請黃先生原諒，並且希望黃先生以後多多爲敝刊寫稿。

趁着安全運動的時期，我們發表了二篇有關工廠安全的文章，一篇是欣之先生的安全工程大意，還有一篇是黃永華先生譯的鋼烟囪的危險性，關於這方面文字，我們以後還可以經常刊登，希望讀者能供給一些稿件，或提出問題來討論。

本期稿擠，以致原定發表的機工小常識，航空談座等好幾篇文字不能排入，尤其是應用資料，原定本期奉送精印線解圖(可以代替計算尺之用)一大張，也因爲印刷製板種種困難關係，不能附入，希望讀者們原諒。

本刊預定十二期爲一卷，十二期適近今年年底，現編委會決定十一月休刊一期，二卷十二期準於十二月一日出版，隨刊附奉道林紙精印線解圖一大張。重要的文字有美國的電力事業，蘇聯的飛機引擎，上海市公用局公共汽車木質車身檢討以及切削多頭螺絲法，等文，請讀者注意。同時，下期還附有第二卷總目錄分類編排，可供讀者參考。

第二卷出滿之後，我們希望在三十七年一月號出版第三卷的時候，不論在內容或外表上都有改進的地方。愛護本刊的讀者諸君，又對於本刊如有所建議，希望在本年十一月三十日以前來函，俾便綜合各方面的意見，得到具體的改進。

銲術與電銲

錢冬生

摘自「工學通訊」南京版第二一七期
（三十六年九月五日出版）

銲術總論

甚麼叫做銲？銲乃是一種將原相分離的兩塊金屬局部地凝成一體的辦法，而在採用這種辦法時，高溫的作用常爲必需。銲術的種類很多，所運用的範圍也很廣。茲將一般常用的銲術臚舉如下：

（甲）「合金」銲法　利用「合金」可以降低熔點，使銲術易於實施，現今普通銅錫匠所用的「銲錫」，即其一例。但普通「合金」的缺點，在其力學强度的不足。牠們所能承受的拉應力，每方吋不過數千磅。

（乙）錘擊銲法　利用錘擊的壓力將要銲的金屬體打成一片，這是一班老鐵匠經常的手法，也是現代鐵工廠裏蒸氣錘（或空氣錘）的一項主要工作。這種辦法可以造成堅强的銲接。可是不適用於大件的處理，更不能搬到工地去應用。

（丙）電阻銲法　利用金屬面接觸處電阻較大的現象，在要銲的所在通過鉅量的電流，使其處發生高溫，同時加以壓力，使要銲的金屬體在溫度未達熔點前即行銲合。這便是電阻銲法的原理。這辦法最適用於在廠內製造機件。唯有在待銲各件情形相同而又爲數甚多時，才能經濟地採用。

（丁）鋁粉銲法　利用鋁粉與氧化鐵的化學作用，發生高溫而將所還原的鐵完全熔化，流注預製的模體以內，使於凝固後得將所接觸的鐵件凝成一體。這便是鋁粉銲法的原理。牠所最適用的範圍，莫過於鋼軌及鑄件等的拚銲。

（戊）氣銲法　利用氧炔吹管發生高熱，同時將銲條捺在要銲接的所在，使銲條與一部份的基鐵（或他種金屬）同時熔化，則在冷凝後即可形成一個良好的銲接。這辦法的實施因係以利用手工爲主，所以能適合各種環境，運用到各種結構之上。

（己）電弧銲法　電弧銲法最近的進步很快，因而這其中的分類也就很多。但其基本原則，總不外於利用電弧以發生高溫。電弧本也只是氣體傳電現像的一種，而要有這種現象發生，一則要有繼續不斷的電源的供給，再則要有可資氣化的電極（或即銲條）。電源以直流電爲佳，但交流電也未嘗不可用，所以在弧銲法中乃有「直流」與「交流」之分。又電弧中所夾在電路中的地位，其一端常爲須加銲接的基鐵，（或他種金屬），另一端則即所謂電極。電極可以採用炭極，也可以採用那供給銲鐵（或他種金屬）的銲條。這在「可資氣化」方面并無多大不同。所以在弧銲法中，乃有「炭極弧」與「金屬弧」的區分；而在實施方面，則前者必須在炭極外另加銲條以供給銲鐵（炭極弧僅供給高溫），後者則電極（即銲條）必須隨用隨添换隨，庶幾維持不斷。又電弧銲法在利用手工而外，還可利用機械而自動施銲，但其適用範圍，僅及於直線式的「俯銲」及特種課題，而且限於廠內工作，所以還不如手工法運用的普遍。

氣銲與電弧銲

（a）氣銲價昂而難行　原因乃是氣銲必需乙炔與純氧（純淨度應在百分之九十九點五以上），而這兩種氣體的價格皆不便宜。又氣銲所用銲條大抵乃是裸條（即在金屬條外別無包裹層），工人施銲時一手执吹管，一手持銲條，要使熔鐵在冷凝前得着吹管的還原燄的保護，這項手藝便自不易，其勢必須下一番功夫才成。

（b）電弧銲價廉而易施　主要的原因乃是電弧的熱力更比氣銲的火燄來得集中，只要較少的熱量就可以得着同樣的效果。又電銲機的能力來源，或用汽油發動，或用柴油發動，或用電力發動，而燃料及電力價格，原皆不算昂貴。至於金屬弧銲法施工的較易，則係因近年來銲條製造大有改進。只須銲匠略知基本原理，一手能抓牢銲條而不至顫抖，小心在意，即可造成很好的成績。

所以，在目前的結構界，電銲與氣銲雖同受歡迎，而電銲則常有更形飛揚擴充之勢。

讀者信箱

(14)中紡公司青島第一棧管廠魏玉泉先生的來函:——

編輯先生:最近為着訓練一班藝徒,費了不少功夫去尋求較為合適的書報,給他們一點新的知識,最後終于發現了貴刊,雖然其中內容不能全部利用,但卻使我省了許多力氣,這是不得不要向貴刊致謝的,我相信在中國一定有很多同樣情形的技術人員在受着貴刊的賜與。我是民二九年畢業於國立湖南大學機械工程系的,畢業後在戰爭的烽火下,盡着我對工程方面的一些綿薄之力,勝利後到青島中紡,幹的工作,倒仍沒有離開自己所學的,不過此地文化程度落後,要找書很不容易 即使是在上海容易購到的 Popular Mechanics,也很難見到,所以在公餘之暇常感到精神食糧的恐慌,更何況在這科學日進千里的時代中,如果長此以往,我很恐怕自己就會落伍,因此,我有幾件事,想請貴刊不吝給我一點指示:

(一)為謀得到一些志同道合的朋友和結識一些工程界的同道起見,我想加入中國技術協會,但不知手續如何?是否需要介紹人?

(二)在上海可能購到有關機械工程的英美雜誌有那些?是否能按期購到?目前的市價如何?

(三)關於 Machine Shop 和 Automobile 方面的英美機械書籍,在上海有些什麼?售價如何?何地可以出售?

(四)貴刊自創刊號起迄今各期均有存書否?航寄每期需價若干?

以上諸問題希望您們能詳為答覆為感,謹致 最敬禮,並頌撰安。 一位工程界的讀者魏玉泉上

覆函: 魏先生的來函,使我們編輯部同人都感到十分的興奮;因為經過了一年來的改進,本刊內容和編排方面,常常蒙到友人的謬加贊許,"但總不能引以為自滿,因為在中國這種經濟情形之下,要好好的辦成功一本像樣的刊物,是十分困難的事,如果足下對於本刊有興趣的話,我們很希望足下常常為本刊撰稿或提供意見,這是我們最樂予接受的。所提問題,敬答如下:

(一)中國技術協會的加入,照足下資格可以為機械組基本會員,手續甚簡單,祇需詳填入會書(來函本刊代索亦可),覓取會員二人為介紹人(若無適當介紹人,可由本刊介紹),寄該會審查,通過後,繳納入會費及常年會費即作為正式會員。若青島會員求多,可成立分會,那末就比較有些業餘的活動可做,如足下有意組織分會,可詳函技協交誼部,索取青島會員名錄。

(二)上海能定閱英美雜誌之書店,有南京路中美圖書公司,及四川中路東亞書社等數家,雜誌若非定閱,恐不易按期購到,有關機械工程之雜誌如:A.S.M.E. Transactions, S. A. E. Journal, Mechanical Engineering, Machinery, American Machinist, Product Engineering, American Automobile, Automobile Engineer(英),等均可由上述書店代定。價格請逕函該處可也。

(三)在上海能購到之英美原板機械書籍,名稱衆多,仍以上述二書店為主要出售所,價格以定價美金一元作國幣六萬至六萬五千元計算,外加郵包費,龍門聯合書局現尚有舊存之翻板書出售,惟數量已不多,茲擇要介紹數本新板之金工及汽車方面書籍如下:

Burghardt: Machine Tool Operation, Part I&II.

Jones: Machine Shop Training Course, Part I&II.

Colvin & Stanley: Running a Machine Shop

Jack Steele: How to Tune-up Your Automobile.

Dykes Automobile & Gasoline Engine Encyclopedia

(四)本刊除創刊倍大號已無存書外,餘自第一卷第一期起迄今均有存書,每期航寄費3000元,除二卷九期十期價為每册4000元外,餘均售3000元,敬請注意。(C.G.)

關於麵粉漂白機

★(15)漢口民生路132號漢陽縣銀行周任炭先生鑒:關於尊詢麵粉漂白機的問題,上海馬白路194弄8號厚仁機器廠專製麵粉機,請去函一詢可也。(C.G.)

鐵板的焊接問題

★(16)杭州拱宸橋杭州第一紗廠呂光文先生鑒:尊處擬將二塊 4'×8'×$\frac{3}{4}$" 之鐵板在 8' 方向以氧乙炔氣焊使成為八呎方之鐵板一塊,以避免彎曲為原則,可用先在二頭焊住二點,再燒中央一點,然後在二個空隙之中央位置各焊住一點,待已有相當牢固後,再將空隙燒補全,成為一整塊。注意,如尊處有電弧焊,則以採用電弧焊法較佳,其步驟仍以上述方法為是。(C.G.)

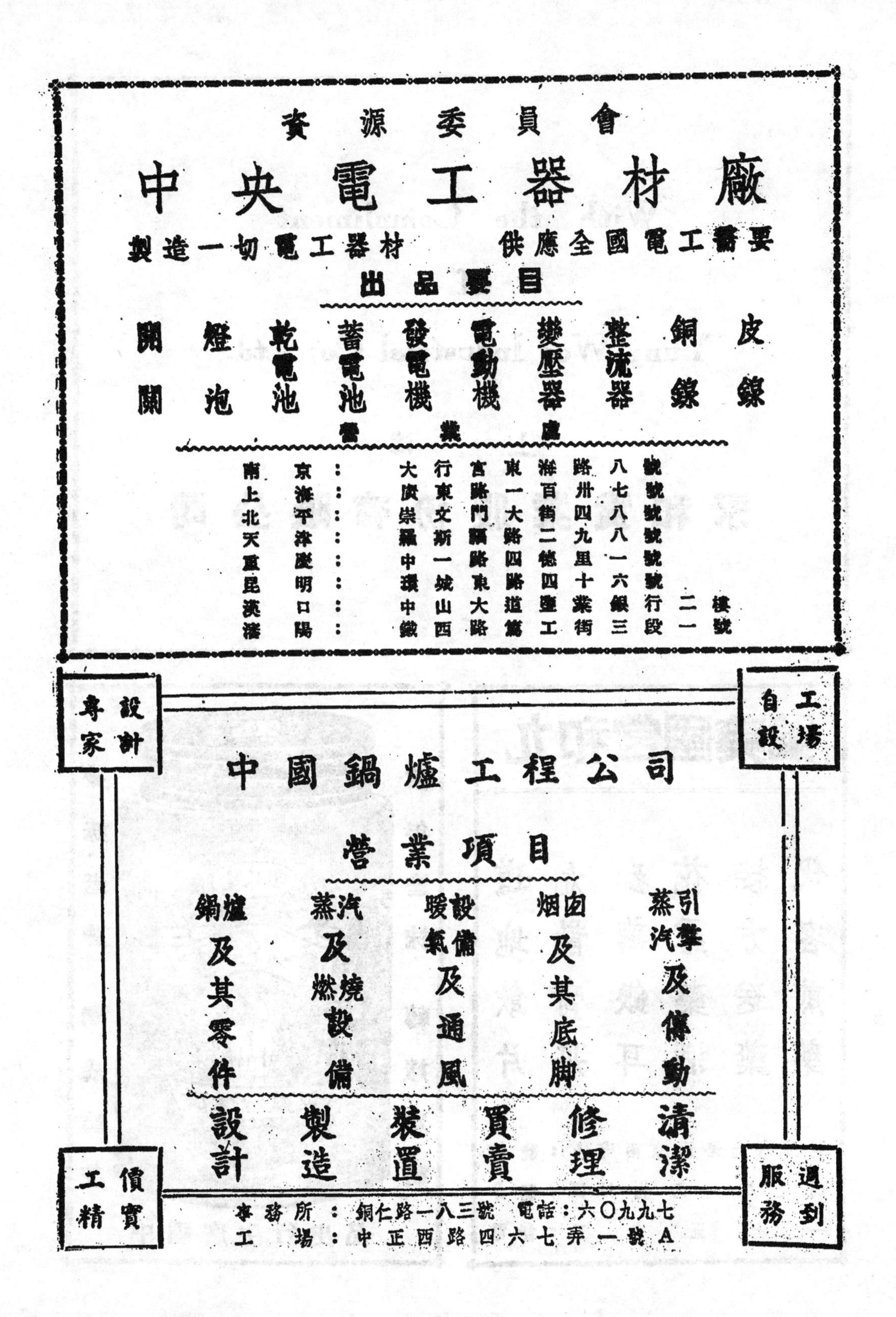
資源委員會
中央電工器材廠
製造一切電工器材　供應全國電工需要
出品要目
開關　燈泡　乾電池　蓄電池　發電機　電動機　變壓器　整流器　銅線　皮線
營業處
南京：大行宮東海路八號
上海：廣東路一百卅七號
北平：崇文門大街四八號
天津：羅斯福路二九八號
重慶：中一路四德里一號
昆明：環城東路四十六號
漢口：中山大道鹽業銀行二樓
瀋陽：中鐵西路篤工街三段一號
設計專家
工場自設
中國鍋爐工程公司
營業項目
鍋爐及其零件
蒸汽及燃燒設備
暖氣設備及通風
烟囱及其底脚
引擎蒸汽及傳動
設計　製造　裝置　買賣　修理　清潔
價實工精
週到服務
事務所：銅仁路一八三號　電話：六〇九九七
工場：中正西路四六七弄一號A

雙妹老牌 潤膚雪花
常年塗抹 轉媸為妍
雙妹嘜
雪花膏
FACE CREAM
TRADE MARK
註冊商標
廣生行監製
中國廣生行出品

榮豐紡織廠股份有限公司

業務：紡紗 織布 漂染 印花 刮絨 整理

出品：各種粗細棉紗 各種紗線坯布、各色加工布疋

商標：金橋 銀橋 熊蜂

附設造紙廠出品：有光 道林 白報 包紗 招貼 火柴 等類紙

第一廠 中正西路七十四號 電話 二一六八八 二四〇九九 二三九六四 二一八八六

第二廠 華德路一三八二號 電話 五〇三九九

事務所 天津路二三八號 電話 九八三三一——四（四線）

12113

大禾實業工廠

精製現代化

建築必需材料

省工省料

經久耐用

石棉板　石棉紙板

各式石棉屋脊

上海閘北橫浜路六五一號

天通庵車站向北經

同濟路卽到橫浜路

電話(〇二)六〇四二四

新中工程股份有限公司

SIN CHUNG ENGINEERING COMPANY LTD.

總辦事處：上海江西路三六八號
上海銀行大樓三〇九號
電話：一九八二四
電報掛號：七九一三

製造廠：上海中民路二五一號
電話：五〇七五七
閘北寶昌路六三二號
電話：〇二六一八二九

本公司出品之一——電動抽水機

專門製造：工礦灌漑給水消防用抽水機
行船發電碾米榨油用柴油引擎

鋼鐵建築　橋樑工程

工程試驗室：承接金屬材料試驗內燃機燃燒室試驗工具及工具機之檢驗螺紋齒形及型刀之檢驗

經理部：中國全國獨家經理美國 Massey-Harris Corp. 各種農業機械

益中福記機器瓷電公司

註冊商標

歷史悠久

出品項目

各種變壓器

高低油開關

配電版

高低壓保險絲具

各種電瓷電料

馬賽克磁磚

釉面牆磚

供應全國

事務所：上海漢口路一一〇號

電話一四四〇八

工廠：1 浦東凌家木橋

2 甯國路一一七號

國營招商局

總局 上海廣東路二十號 電話 19600轉接各部

自備海洋內河輪船行駛南北洋及全國沿江沿海各埠

COASTALPORTS 沿海口岸

Branches:	分局
Dairen	大連
Tientsin	天津
Tsingtao	青島
Haichow	海州
Ningpo	寧波
Taihoku	台北
Amoy	廈門
Swatow	汕頭
Canton	廣州
Hongkong	香港
Haikow	海口

Sub-Offices:	辦事處
Yingkou	營口
Hulutao	葫蘆島
Chinwangtao	秦皇島
Tangku	塘沽
Chefoo	烟台
Weihaiwei	威海衛
Wenchow	溫州
Foochow	福州
Keelung	基隆
Takao	高雄
Wuchow	梧州

RIVER PORTS 沿江口岸

Branches:	分局
Nanking	南京
Kiukiang	九江
Hangkow	漢口
Ichang	宜昌
Chungking	重慶

Sub-Offices:	辦事處
Chinkiang	鎮江
Wuhu	蕪湖
Anking	安慶
Ahangsha	長沙
Chasi	沙市
Wangsien	萬縣

AGENCIES: Haiphong 海防 Manila 馬尼拉

CHINA MERCHA NTS STEAM NAVIGATION CO.

Head Office: 20 Canton Road, Shanghai

Cable Address "MERCHANTS"

Telephone 19600

上海市公共交通公司籌備委員會

公共汽車路線表 卅六年十月

路別	行經路由	設站地點	里程(公里)	每班間隔時
1	沿民國路，中華路，分左右向舊城基環繞行駛。	老西門，尙文門，大南門，小南門，大東門，小東門，新開河，新北門，老北門，新橋街，小北門。	五.二	四分—五分
2甲	「上行」自老西門起沿民國路，經四川南路，四川北路，轉入武進路，北火車站朝北，經寶山路，天通庵至中正公園止。「下行」自中正公園起，經寶山路，北火車站，河南路，民國路，直達老西門止	「上行」老西門，小北門，新橋街，老北門，四川南路，中正路，福州路，南京路，四川路橋 塘沽路，武進路，北火車站，浙江路，寶昌路，寶興路，天通庵，中正公園。「下行」中正公園，天通庵，寶興路，寶昌路，虬江路，北火車站，塘沽路，北京路，南京路，福州路，中正路，老北門，新橋街，小北門，老西門。	「上行」七.九 「下行」六.四	十一分—十二分
2	自老西門起至寶山路虬江路口止。	同上	五.〇	五分—六分
3	自北京路外灘市輪渡碼頭起沿黃浦灘折入中正東路向西灣入靜安寺，經蝶來新邨，美麗園達番禺路止。	北京東路，南京東路，中正東路，河南中路浙江中路，西藏中路，黄陂北路，成都北路中正北一路，陝西北路，銅仁路，常德路，靜安寺，蝶來新邨，美麗園，江蘇路，武夷路，番禺路。	八.三	四分—五分
4	自北京路外灘起過外白渡橋沿東長治路，長陽路，達蘭州路止。	黄浦公園，武昌路，西安路，新建路，丹徒路，海門路，大連路，遼陽路，許昌路，蘭州路。	五.〇	三分—四分
4甲	自蘭州路至臨青路止。	蘭州路，臨青路。	一.一	十分
5	自徐家匯(交通大學)起沿華山路，靜安寺達曹家渡止。	徐家匯(交通大學)，林森西路，江蘇路，武康路，迪化中路，靜安寺，康家橋，武定路，曹家渡。	五.五	五分
6	自老西門起，經民國路，小北門，折入西藏路，威海衛路，中正北一路，江甯路，康定路，達曹家渡止。	老西門，小北門，金陵路，西藏路，黄陂路，成都路，中正北一路，南京路，江甯路，新閘路康定路，常德路，延平路，金司徒廟，曹家渡。	七.四	二分—四分
7	自中正東路外灘起，朝北經外白渡橋，天潼路，吳淞路，沈家灣，嘉興路橋，溧陽路，四川北路，至中正公園止。	中正東路(外灘)，南京路天潼路，塘沽路，海甯路，嘉興路，庫倫路，大同路，中正公園。	四.七	五分—六分
9	自南京路外灘起經南京路。中正北一路，中山中路，華山路，迪化路，至楓林橋止。	中山東一路，河南路 浙江路，新世界，黄陂路，成都路，南京路，威海衛路，中正北一路，陝西路，銅仁路，中正中路，常熟路，華山路，安福路，五原路，林森路，永嘉路，迪化路，楓林橋，	八.一	五分—八分
10	自南京路外灘起，經南京路，靜安寺，愚園路至中山公園止。	中山東一路，河南路，浙江路，西藏路，黄陂北路，成都北路，中正北一路，陝西北路銅仁路，靜安寺，江蘇路，中山公園。	七.七	二分—五分
11	自中正東路起，過外白渡橋經天潼路，漢陽路，唐山路，大連路，至平涼路之臨青路口止	青路口止。中正東路，南京路，天潼路，塘沽路，漢陽路橋，商邱路，高陽路，公平路，舟山路，唐山路，長陽路，大連路，通北路。許昌路，江浦路，蘭州路，眉州路，甯國路。臨青路。	八.三	四分—五分
12	自新閘橋北堍起經大統路新疆路，海甯路，浙江北路天目路，北火車站，河南北路，海甯路，周家嘴路，高陽路，唐山路，公平路，長治路，海門路至提籃橋止。	新閘橋(大統路口)，國慶路，西藏北路，新疆路，天目路，北火車站，海甯路，四川北路，吳淞路，鴨綠江橋，新建路，周家嘴路，高陽路，公平路，海門路，提籃橋。	六.九	五分—六分
13	自南碼頭起經國貨路，南火車站，陸家浜路，康周路西藏路，海甯路，浙江北路天目路，至北火車站止。	南碼頭中山南路，海潮路，國貨路，大興街斜橋，建國東路，合肥路，復興中路，淮海路，金陵路，中正東路，南京路，新閘路，西藏路橋，開封路，新疆路，浙江北路，天目路，北火車站。	七.六	五分—六分

上海市公共交通公司籌備委員會
公共汽車路綫圖
民國三十六年十月

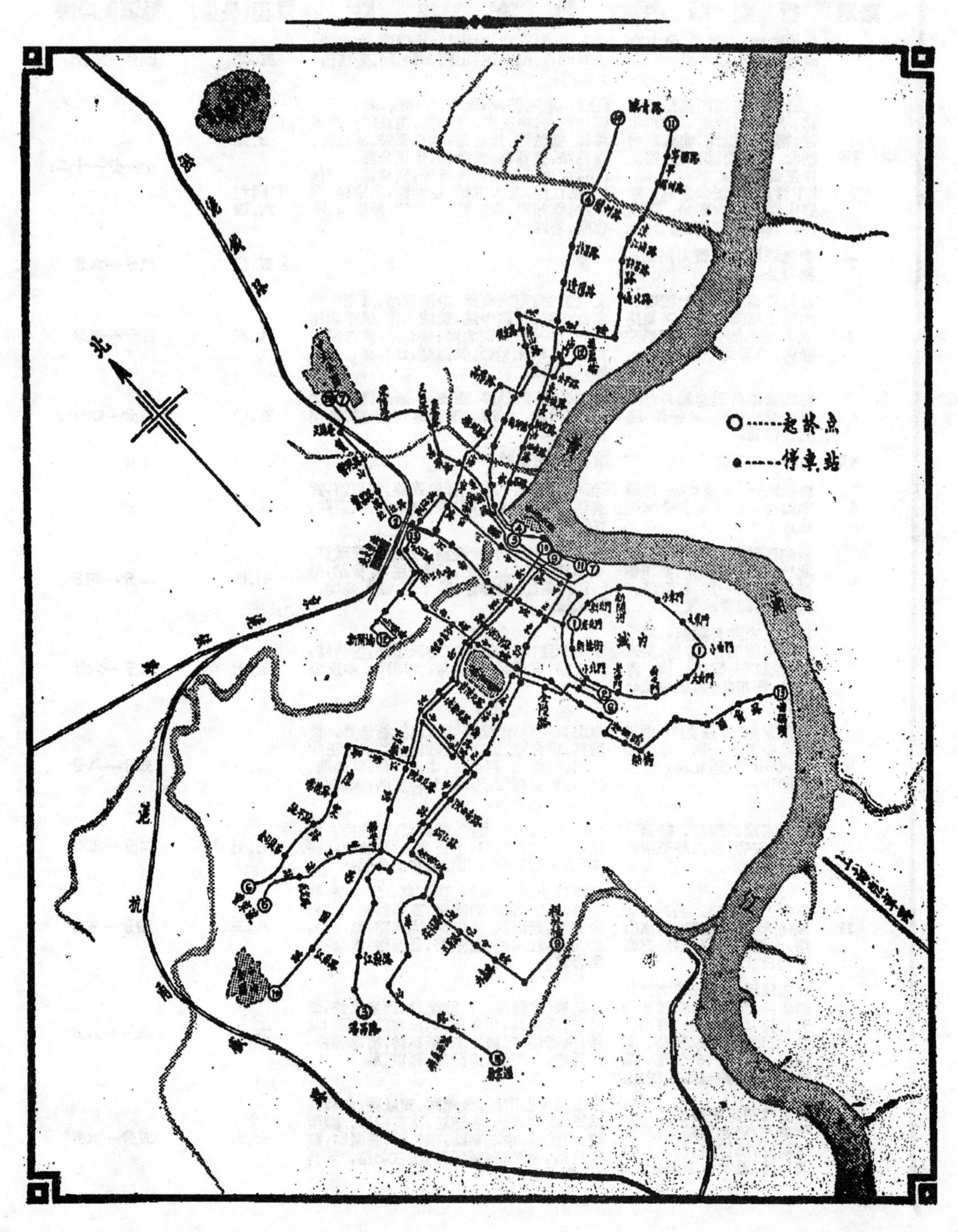

上海郵政管理局執照第二四六號
內政部登記京警滬字第一七二四號

本期定價六千五百元

第二卷　第十二期　　**三十六年十二月號**

上圖：在深山谷裏發現的陶土原料（參閱本期工程畫刊）

中國技術協會出版

同興窰業廠

出　品

高温火磚・耐酸火磚・耐酸陶器・坩堝

鎔銅坩堝・火泥・搪瓷爐灶材料

代打各式爐灶

廠址：閘北中山北路303號

電話：(02)60083

資源委員會
中央機器有限公司
瀋陽機器廠

主要產品

1. 客貨機車靭性鑄鐵件
2. 各種鍍鋅螺釘
3. 各種鉚釘及道釘
4. 機客貨車捲彈簧及板彈簧
5. 140 馬力柴油機及煤油機
6. 各種壓氣機
7. 各種低壓鍋爐及暖氣片
8. 各種抽水機
9. 鑛山用運輸車
10. 各種鑄鋼件
11. 各種麻花鑽銑刀及工具夾具
12. 各式砂輪油石
13. 養氣
14. 各種洋釘
15. 各種鍍鋅及琺瑯用品

本廠　瀋陽市鐵西區勸工街四段一號

電報掛號1201、0892　電話 (5)464 (5)374 (5)373

營業所　瀋陽市和平區中華大路四十號二樓二十六號

電話(3)535　(3)534

中國科學期刊協會聯合廣告（以筆劃多少爲序）

中國技術協會出版
工　程　界
通俗實用的工程月刊
·編輯發行·
工程界雜誌社
上海(18)中正中路517弄3號
·總經售·
中國科學圖書儀器公司
上海(18)中正中路537號

國內唯一之水產刊物
水產月刊
介紹水產知識
報導漁業現狀
民國廿三年創刊卅四年復刊
上海魚市場編印
發行處
上海魚市場水產月刊編輯部
上海江浦路十號

通俗性月刊
化學世界
普及化學知識
報導化學新知
介紹化工技術
提倡化工事業
售價低廉　學生另有優待
中華化學工業會主編
上海(18)南昌路203號
中國科學圖書儀器公司
上海(18)中正中路537號

全國工程界唯一的
連繫讀物
中華工程週報
工程消息　報導詳實
專家執筆　內容豐富
中國工程事業
出版公司
南京(2)中山東路
四條巷163號

中華醫學
雜　誌
中華醫學會出版
上海慈谿路41號

世界農村
介紹最新農業科學
設計建設農村切實辦法
全國唯一大型農業月刊
專家執筆　內容豐富
插圖精美　售價低廉
世界出版協社發行
主編人：常宗會
總經售處：世界書局及各分局

世界交通月刊
提倡交通學術
推進交通效率
世界交通月刊編輯部
南京白下路93號
各地世界書局經售

科　學
發行最久　內容最新
傳佈學者研究心得
報導世界科學動態
爲科學界
決不可少的刊物
每月一日出版　絕不脫期
中國科學社編輯
中國科學圖書儀器公司
上海(18)中正中路537號

大衆的科學月刊
科學大衆
闡述世界科學進展
介紹國內建設情況
專家執筆　圖文並茂
創刊一年　全國爭讀
中國大衆出版公司
出　版
上海博物院路131號323室

科學世界
科學專家　大學教授執筆
研討高深科學知識
介紹世界科學動態
出版十五年　銷路遍世界
中華自然科學社出版
總社：南京中央大學
上海分社
上海威海衛路二十號
電話　六〇二〇〇

理想的科學雜誌
科學時代
內容豐富　題材新穎
科學時代社編輯
發　行
上海郵箱4052號
利華書報聯合發行所經售

風行全國十五年
科學畫報
出版以來　從未間斷
讀者衆多　風行全國
專家執筆　內容充實
插圖豐富　印刷精美
楊孝述主編
中國科學圖書儀器公司
上海(18)中正中路537號

國內唯一之纖維工業雜誌
紡織染工程
中國紡織染工程研究所出版
上海江寧路
1243弄91號
中國紡織圖書雜誌社發行
上海大通路164號

現代鐵路
鐵路專家
集體寫作
曾世榮　洪紳　主編
現代鐵路雜誌社發行
上海(9)南京西路612/9
上海郵政信箱2453號

婦嬰衛生
月　刊
楊元吉醫師主編
以新奇，有趣，生動，通俗，之筆墨介紹衛生常識。
是婦女的良伴
是嬰兒的保姆
大德出版社發行
上海江寧路二九三號
大德助產學校

電　工
中國電機工程師學會會刊
中國工程師學會合作刊物
·登　載·
電工專門論文
電工學會消息
發刊十五年
第十六卷本年出版
中國電機工程師學會主編

電　世　界
介紹電工智識
報導電工設施
信　箱——解答疑難問題
資料室——供給參考資料
實驗室——介紹簡明實驗
中國電機工程師學會
上海分會主編
電世界社出版
上海九江路50號106室轉
中國科學圖書儀器公司
上海(18)中正中路537號

民國六年創刊
學　藝
中華學藝社編印
上海紹興路七號
上海福州路
中國文化服務社代售

民國八年創刊
醫藥學
黃勝白　黃蘭孫　主編
綜合性醫藥報導月刊
民國三十六年五月復刊
訂閱請函
上海(18)長樂路1236弄4號
醫藥學雜誌社
中國科學圖書儀器公司發行
上海中正中路537

紡織染界實用新型雜誌
纖維工業
纖維工業出版社出版
上海餘姚路698號
作者書社經售
上海福州路271號

中國技術協會第一屆年會宣言

三十六年十月十日中國技術協會假上海交通大學舉行第一屆年會，並爲普及技術教育促進工業建設起見，公開舉辦工業模型展覽會。全體到會會員基於本會成立之初旨及目前環境的需要，願就下列各點提供意見，就正於社會人士，並引起各界注意：

一·希望國家社會對學有專長的技術人員，尊重其地位，保障其生活，使他們各守崗位，學以致用。

技術的成就，由於千百年來人民的實際生活體驗所得，逐步改良，加上專家的研究和整理，成爲一種學問，所以這是一種改善人類生活的學問。但是在今天，技術要得到進一步的發展，却受到了阻礙；技術人員由於生活的艱難，很難安守崗位，發揮其才能；技術人員由於社會的培植，家庭的負担，個人的努力，才得到專門學識，是不能急切求得的。我們認爲在中國培植一個技術人員既非易事，而技術人員對於人類生活的改進，更有其偉大的貢獻，所以希望國家及社會人士對於學有專長的技術人員，尊重其地位，保障其生活，要剷除一切阻礙技術人員工作和發展的各項因素，務期「還技術於技術人員，還技術人員於技術」，還技術於技術人員所以使技術部門由技術人員來管理，還技術人員於技術所以求技術人員得到確切的生活保障，安於本位工作，以謀技術的發展與進步。

二·希望科學，技術，工業三界加緊聯繫，攜手合作，共謀中國民族工業生存及發展。

回溯抗戰初起，工廠內遷，顯現着科學技術工業三界空前未有之密切合作，科學家拋棄了只在書本和研究室裏用工夫的作風，着眼於本國資源的考察和工業代用品的研究，澈底從事於適應實際需要促進技術改進的工作，爲建立抗戰時期的民族工業盡力，這是一個很好的例子，我們並不否認科學技術界人士研究高深學問的價值，但在目前的環境下，我們希望他們從事的工作不要和中國人民的生活脫離相距過遠。

如果說：「科學技術工業是建設新中國的三和土」，那末這三和土主要的必須由工業家來善於運用，才能發揮它的效用，這是顯而易見的，反過來說，沒有三和土的工業界，就是沒有基礎的大建築，是不能持久的，因此我們要求工業家不要僅僅在金融市場裏用工夫，而應當重視並支持科學技術的研究和改進；同時，我們也要求科學技術界人士注意，不要過分自持而要切實瞭解工業界的困難，共同解救當前的危機好爲我國稚弱的民族工業求發展。

三·希望全國各地技術人員團結合作，發揮集體力量促進國家建設。

近代科學技術的範圍日趨廣博，各技術部門間的相互關係也日形密切，因此今日科學技術的發明進步，决不是一二個人或是某一部門的單獨努力所能竣功，而有賴於各種科學技術部門工作人員的通力合作。原子彈是以英美加三國政府的推動，再加上十數萬科學界和技術界工作人員的共同努力，始獲成功，便是一個顯著的例子，我們確切相信二十世紀的時代是一個集體工作的時代，而發展學術團體的組織，便是在技術上發揮集體效力的最好方法，眞正的學術團體活動，可以使每個會員有一切機會來發展他底能力，來表現其思想和意見，我們希望全國技術人員拋棄舊有在手工藝時代的孤立工作態度，而要發揮分工合作與人爲善的新精神，多多參加各種學術團體工作互相作技術知識上的研討，共同爲新中國的建設努力。

四·希望各大公私生產機構產業部門與技術人員團體保持密切聯繫關心並扶持其發展

一國工程技術團體事業之蓬勃與否，常可看出這個國家的工業生產的繁榮及萎縮情形；這是因爲一個技術團體的成立，乃在求技術人員探討學術交換經驗的便利，而以改進技術，推進建設爲目標，其有助於生產事業，是顯而易見的事，同時一個技術團體不能與生產部門保持聯繫，得到它們的關切和扶持，要想起大的作用和長久地生存發展，也是難於想像的，只有在生產部門與技術團體密切聯繫互依互存之下，我國的建設事業才能够加速推進。

中國技術協會是一個青年技術人員的團體，會員大多是各生產部門的中級幹部，担當着承上啓下的工作，在整個生產過程中，起着决定性的作用。他們在這個團體裏面，結識了許多新的技術同志，進修學問陶冶身心，更出其餘力推行普及技術教育的工作，爲中國培養更多新的技術幹部，其意義非但對整個國家建設有關，對各會員本身服務部門的效率的增加及技術的改進，也大有推動的作用。我們希望本會的事工有助於我國生產建設的推進，我們也希望本會能在各大公私生產機構工業部門的關切和扶持下，一天天地堅實茁壯起來。

·出版·發行·廣告·

工程界雜誌社

代表人 宋名適 鮑熙年

上海(18)中正中路517弄3號 (電話78744)

·印刷·總經售·

中國科學公司

上海(18)中正中路537號(電話74487)

·分經售·

南京 重慶 廣州 北平 漢口
各 地
中國科學公司

POPULAR ENGINEERING
Vol. II, No. 12, Dec. 1947
Published monthly by
THE TECHNICAL ASSOCIATION OF CHINA

本期零售定價一萬元

直接定戶半年六册平寄連郵五萬元
全年十二册平寄連郵十萬元

工程界

·通俗實用的工程月刊·

第二卷 第十二期 三十六年十二月五日

目錄

技協年會專題討論

——科·技·工合作問題——

（本刊專訊：）中國技術協會在本年雙十節舉行第一屆年會，會期第二天在交通大學工程館舉行『科學、技術、工業的合作問題』的專題討論。由技協會員盧于道（科學社總幹事）主持，分別請黃宗甄、孫雲霄、陳維稷、顏燿秋主講科、技、工三界情形。討論自下午二時起到七時天黑方止。會友紛紛發言，將當日結論提交第三日大會作為此次年會宣言之要點。

主席盧于道首先報告問題之提出，認目前為一非常沉悶之時代，各界均有苦悶。只見破壞不見建設當為主因。唯破壞之後，當有建設，則現在應該及時計劃，三界在將來建設中如何合作之問題。盧氏並稱，三者在目前中國，不分先後，均需發展。

黃宗甄報告科學界情形，謂目前所及，僅止於純粹科學，一時尚不能談現實問題，想到也做不到。惟科學工作者已深覺有團結之必要，且所研究者必須與現實民生有關，方有前途。

技術界先由孫雲霄發言，說技術界覺得一定要能自己製造，才有機會研究，也才需要工業。陳維稷更提出三點，即科學研究須實際，反對學院式；技術人員須接近實際工作，應破除障礙；工業之發展必須有允許發展民族資本之政治經濟條件。

顏燿秋代表工業界稱：工業並非一單純的出品工作，而為資本、技術、管理各方面之綜合運用，顏氏並列舉國外工業發展情形及其條件以說明。工業界前輩顧厥文亦力言工業界要自力更生，必須密切合作，且應就目前可能者作事業性之聯系。

與會之會員紛紛發言，就各自工作經驗，列舉實際問題，討論三界合作應行注意各點，如工頭制度之與工業管理及技術改進影響如何等，討論極為熱烈。聞技協今後將發起此類問題之座談，經常舉行云。

明年五月舉行

英國工業博覽大會

英國已定於明年由五月三日至十四日舉行戰後第二次全國性之大規模工業博覽會。現距會期雖尚有六個月，然各種準備已在積極進行中。參加明年博覽會之廠商在三千家以上，代表工業八十七種。據悉展覽品中皮革將佔一重要地位云。（英國新聞處）

鞍山鋼鐵廠近況

月產六千噸之國內唯一鋼鐵廠鞍山鋼鐵廠，每月需煤三萬八千噸，十一月份只能配給萬噸，因煤荒又減至八千噸，差額甚大，煉焦、鋼胎、鋼管等廠已被迫停工，煉鋼廠亦不易支持。國內鋼材由該廠供應者半數以上 若全部停工，影響甚大。

行總工礦器材將移交

行政院善後救濟總署工礦委員會定今年年底結束，其結束後所有未分配之工礦器材，將移交給經濟部、資源委員會、交通部、水利部四機關，會同繼續辦理未了事宜。以上各部會現已派代表駐行總工礦委會辦公。聯總運華全部工礦器材約值一億六千五百餘萬美金，現尚未到達與到達而尚未配出者約有二十餘萬噸，經濟部希望能分配得其中的十萬噸，俾扶植民營生產事業。

開灤煤礦爆炸慘劇

開灤趙各莊煤礦發生爆炸慘劇。該莊六道行、第八道石門九槽第一號眼，十一月十五日下午七時突發火爆炸，井中塌陷，罹難者共十九人。礦內工作仍照常進行未輟。

英紡織機械大量輸華

據工業界最近消息，英國紡織機械生產充分供應中國巨量需求之希望現已轉佳。英國最大之紡織機械製造廠現每星期已能製成梳棉機八十具。該廠在戰時專造飛機，甫於一年前轉回承平工業。英國在本年最初九個月中，輸往中國之紡織機械共值六十四萬四千五百鎊，反觀一九三八年同期僅十九萬二千鎊，一九四六年同期僅十七萬一千餘鎊。（英國新聞處）

國內製造第一條輸電鉛纜

資源委員會中央電工器材廠天津分廠，即將為冀北電力廠津分廠製造長六十公里輸電用之第一條鉛纜。據悉：該纜係由三十七條鉛線組成，每線直徑2.6厘米，較之鉛線質輕而效用同。工竣後，將裝於天津與唐山之間。此種鉛纜由國內製造，將屬創舉。

西北青新公路即將竣工

作為西北重要國防交通孔道，橫貫柴達木盆地，全長一千二百二十一公里之青新公路，十二月中旬可以全部竣工，開始通車。該路東段工程，係由青海省府負責興修，已於本年九月完成路基工程 并經試車。全線計發動一千餘民工，并有配備新式築路機之工兵一營參加。入冬以後，工地天氣酷寒，工程進行愈趨積極，夜晚寒氣逼人，不能安眠，員工均於日中假寐片刻 入夜高燒火炬，盡力工作，此種艱苦精神，殊堪欽敬。

靠了分析及理論的幫助，工程科學在飛速的發展！

怎樣研究工程科學和研究些什麼？

錢學森

錢學森先生在美國麻省理工學院執教多年，是該校航空系著名教授之一。今夏返國，本篇是八月間在上海交大航空系的演講記錄。　　陳國祥記錄

大家知道這十幾年以來科學和工程有着飛速的進展；譬如。飛機在十幾年以前，可說只是一種玩具，速度每小時不過一百哩，航程也只有幾百哩，但到今天，飛機速度最快可飛到每小時六百廿一哩，馬上就要超出音速，而航程可以達一萬哩了。這種成績在當時能預料嗎？還有，原子能的基本原理不過 $E=\frac{1}{2}mv^2$ 本來是人所熟知的牛頓第三定律，可是原子能的利用却還不過是剛剛的事情。爲什麼這幾年來工程上有如此輝煌的成就呢？難道其中有什麼奥妙不成？——不錯，在從前工程上的進展常要靠經驗或實驗而來，用理論分析的地方比較少。當然，經驗的累積是長時期的，所以進展就慢得多。現在工程的發展，却完全是分析及論理的幫助，所以進步是飛速的。還有從前以爲工程師只要有經驗就行，理論科學沒有用處；實際上，這是一個錯誤的觀念。經驗和理論應該是不可分的，這一點，祇要舉兩個例子便可明瞭：例如牛頓是一位大科學家，普通總以爲他不懂工程，可是在英國牛津城有一座橋，却就是他設計的。尤勒(Euler)也是科學家，可是他的柱體計算公式竟解決了土木工程上最重要的柱體問題。這種例子舉不勝舉，意思就是說，在從前科學和工程實際上並沒有分家；只是因爲在以後兩方面都發展得很快，範圍愈來愈廣博，學識也愈來愈高深；一人的能力有限，不能兼顧。所以實用的工程和理論的科學就分了家。有的人注重工程或製造的細節，而不注重一般的理論；而另外一些人則注重科學或基本的原理，忽略了實際的問題。這樣互相猜忌的結果，使兩派不能合作，例如流體力學中，有兩個基本的假定：一是水不能被壓縮；二是水無黏滯性，有了這兩個假定流體的性質才能研究，可是工程家覺得並不切合實用，因爲水其實可以有少許壓縮性，而黏滯性實在是有的。因此工程家便根據實驗的結果，這樣就有了水力學這一門實用的科學，所以水力學嚴格講起來，不過是一種經驗式和係數的集合，其中許多係數和改正值在理論家看來是不值一文的，這種地方，就是二派不能合作的原因；這種不合作，一直到廿世紀的開始，才慢慢的改觀；科學的理論也漸漸的應用到工程上去了。而這裏德國哥庭根大學的數學教授斐力克斯·克倫(Felix Klein)實在是一位功臣。他有一次參觀紐約博覽會以後，覺得美國是物產豐富的國家，如再加以人力，則歐洲一定無法與之競爭，惟有科學技術，才能占優勝的地位。回國後，便提倡將基本科學應用到實用科學上面，並創立一新學科，名叫應用力學(Applied Mechanics)因爲那時的工程問題，都屬機械性質的，所以先將這一門工程理論化。他的努力在學理上很有成就。那時聽講的學生，都成爲現代的專家，其中包括 Prandte, Von Karman, Timoshenko, Busemann, Ackeret。等，都是研究流體力學，空氣動力學，材料力學和超音速學的當代大師。雖然他的政治希望沒有成功(以上幾位專家現在大半在美國)，可是已奠定了實用科學的基礎。以下講的就是實用科學所研究的一些主要內容：

工程科學的研究方向

這裏有兩大類問題要從事研究：第一種是科學或工程的單純問題。第二是某種現象的普遍研究。前者的例是火箭的設計；後者例如亂流(turbulence)的問題，因爲亂流問題如解決了，不單只對於水力學有意義，而且對於空氣動力學，氣象學，引擎燃燒室的設計等都有直接的幫助。現在將這兩大類問題分開來討論：

第一工程發展的研究，這一個問題內需要做的工作有下面幾點：

首先，在研究一種新的意見時，要看是否合理。例如有人設計了一座橋幅一千呎的吊橋，如果先去問某大造橋公司，問他是否能做。在這種場合，總經理一定去問公司中經驗豐富的總工程師，可是他不能立即回答這問題，因爲他對於新的計劃，如果沒有做過，就缺少成功的把握，所以得讓研究部門去考慮這一個設計，是否合理？有沒有成功希望？要投多少資？可賺多少錢？等等，而且這種設計原理往往是比較新奇的東西，簡直就無先例可援，非要用基本科學原理去分析不可。即使理論通過了，能不能製造還成問題；沒有工廠經驗，這一點就不能決定。

其次，初步的研究，就是把最可行的各種進行方法找出來，可達到同一目的的方法可能有十幾種，要從這十幾種方法內挑出兩三種最可能或最容易走的途徑來。當然不能把一種一種的方法來試驗，一定要靠經驗和眼光來估計和比較，例如前面所說火箭可用的燃料，化學家可以開出一大批名字出來。用那一種最合式，就要靠理解了。

還有，要分析一種設計中可能有的弱點或困難之處，因爲，任何設計如果忽略了某種因素而失敗的情形，是非常多的，即使在美國，前些時也有一座吊橋竟會被風吹斷，這簡直可以說是一個大笑話，推究責任，却原來是設計時，工程師忘了搖擺影響強度很大的這一點最基本學識。這種問題如能預先估算，解決是並不困難的。

第二在基本科學上的研究，主要有下面二點：

(甲)某種基本現象的理解。這種研究的結果不僅是一項工程受益而已，例如前面講過的亂流問題到現在仍沒有完全解決。

(乙)研究某種科學的新部門以符合工程上的新發展。今日航空工程的發展並不是偶然的，飛得高，飛得快，超過一個限度所引起的一種現象，就不是普通空氣動力學或流體力學所能解釋的，須要科學家另闢新道路來研究。例如在一九三六年美國富蘭克林學院的柴姆 (Zalm) 教授就新倡一種學問叫做超等空氣動力學 (Super Aerodynamics)，就是在高空中的空氣動力學。因爲普通飛機在低空中飛行，都應用流體力學的理論。空氣在低空中因爲分子的平均活動距離 (Mean Free Path)相當小，約爲10^{-6}cm，所以還可稱爲流體。可是在一百哩的低氣壓中，空氣中的分子平均活動距離達 1cm，所以種種現象不能再用普通的空氣動力學去解釋了。還有超音速和遠超音速 (Supersonic and Hyper Aerodynamics) ——比音速大的速度叫做超音速，可是大得太多了就叫遠超音速，其理論各有不同——的問題，因爲飛機增加速度的需要，所以布斯滿 (Busemann) 和阿克拉(Ackeret)，對於這方面特別努力；並且已經稍有成績，可是離成功還遠。這種學問對於飛機和各種新武器的設計關係很大，所以要做準備工作。

現在把各種工程科學 (Engineering Science)所應該研究的方向都講過了，可是用什麼方法以及受那種訓練才可以從事這種研究呢？

研究的方法

(一)要將問題簡單化 有許多問題如果不加假定，簡直無法下手。例如以前提到的流體力學中兩種基本假定，就是不能壓縮及無粘滯性兩點，雖然不合實際，不能跟經驗完全符合，可是沒有這種假設，簡直就無法進行，有了假定才可以做出局部的結果，所以在研究問題時須先做一番整理工作，什麼需要考慮？什麼不需要加以考慮？這就要觀察整個的問題加以理解，而同時要參考實驗的結果；因爲理論和實驗要互相呼應，才能收效而幫助工程的發展。

(二)實驗家同理論家要密切合作 做實驗如果僅僅空泛的亂試，往往不得要領。如果問題複雜，則更不易得到肯定的結果。無論做實驗或做題目，都必須完全認識全面問題，爲推測一種可能的結果。做實驗的目的不過是校對以前的測定對不對。所以這「工作假定」，(Working Hypothesis)非常要緊。「工作假定」如何成立，並沒有一定的方法；完全要靠經驗和直覺，學識充足經驗豐富，就容易分辨，所以做問題的動機和種種假定並無科學的分析或根據在內，末了一步才用科學方法來證明這動機和假定準確不準確或者對不對。

什麼是工程科學的基本學識

上面講的是研究工程科學的方法，以下講的是研究所需用的基本學識。這裏有兩種基本的研究工具。一，實際經驗，二，基本科學，前者指製造技術和實際工作的經驗，而後者指近代的物理化學和數學的學識根基。例如從前因為解釋物質的性質而發現了分子原子和分子運動說。而原子炸彈的成功不過是更進一步證明以上學說的準確性。從前得到的結論就是現在研究的根據。這就是要讀理化的原因。數學也是研究工具之一，所謂數學，就是一種合理的推論(Logic Thinking)而已。除了工程學校所學到的幾種基本數學以外，還有幾種要學會的就是：一，分析(Analysis)二，局部微分(Partial Differentiation)和積分方程式(Integral Equation)三，計算機(Computing machine)前兩種數學，有很多工程問題中就要用到，而現代的計算機也不僅是加減乘除，還可以解答複雜的微分方程式，可以計算出彈道和射程來，所以也必須懂得。

這樣講起來，一位研究工程科學的人就要學很多東西了；在工程學校畢業的要補讀高等理化和數學，從理學院出來的補修工程知識和工廠經驗。雖然學習的時間是跟着時代而愈來愈長了；可是學好了以後，任何方面的問題都可以迎刃而解，成為一個標準的「博士」對於工程的進步可以有直接的貢獻，最近工程科學的發達，原子彈，雷達，火箭，及可塑體的發明，全是這班人的功勞。以下所講，就是研究工程科學時有那些部門可以着手，可以分成多少類？

研究些什麼？

一、流體力學　這裏面有許多題題還待解決。例如亂流(Turbulence)，穿音速(Transsonic Flow)，超音速(Supersonic)遠超音速(Hypersonic)，及所謂邊緣層(Boundary layer)，衝擊波(Shock Wave)，以及種種超空氣動力學(Super Aerodynamics)的問題都還沒有澈底了解。這些問題如能解決，火箭，飛機當又可進步不少。

二、彈性學　有許多學說還不大準確；所謂「熱力衝擊」(Thermo Shocks)也莫明所以。這類問題的研究將有助於熱力機，尤其是氣體渦輪中渦輪翼(Turbine Blade)的彈度問題等。

三、塑料學(Plasticity)　這種物體不受楊氏定理(Young's Formula)，管束可是還沒有有條理的結果出現，因為基本的試驗還沒有完成。

四、熱力學(Thermodynamics)，　種種物質與能的關係問題。

以上四種都屬於德人克倫教授所著「實用力學」的內容，可是因時代的進展又有下列幾種新的學問須要研究：

五、燃燒問題　如何決定燃燒速(Combustion Rate)？如何設計燃燒室？從前所靠的全是試驗和經驗，還沒有基本的理論。這種學問包括化學運動學(Chemical Kinetics)，氣體動力學(Gas Dynamics)和熱力學(Thermodynamics)。

六、電子學　這裏研究的是電子的運動，和距離與電量(Space-Charge)的種種問題。雷達，這次大戰中聯合國的功臣，就是這門研究的產物。

七、材料學　工程材料學現在所靠的全是試驗的結果，沒有一種理論方法能解決材料的強度，所以進展很慢。這種學問包括物理和經驗。

八、原子核的研究　這種學問包括現代的物理和化學，研究的中心就是物質與能力的變換及利用原子能的問題。

現代的科學可以算是網羅萬物，自然界的現象都可以解釋了；所以科學家剩下的問題全是實用不實用的問題，並不是可能或不可能的問題。原子能幾年以前大家以為是不可能的，可是美國化了三十億元美金，原子能就能利用了。工程科學的責任就是去解決任何有關科學進展的問題。

最後，美國著名的原子學家佑瑞(Urey)說過幾句話，對於從事工程科學是一個良好的座右銘他說：

「我們的責任就是要除去不安適不滿足和貧苦，我們要貢獻給人類的就是安適，閒暇及優美。」

"We purpore to eliminate discomfort, want, and misery from our society, and give comfort, leisure and the beauty to humanity"

—完—

從美國的繁榮，看出電力事業的重要性。

美國的電力事業

國　彬

無論任何國家，要求國內普遍的繁榮，人民生活的向上，少不了二個基本條件：第一是良好而合適的政治經濟制度，第二便是電力事業的發展，或電氣化的完成。美國現在成爲世界上最富足的國家，正因爲它有一個有力量的政治制度及自由企業的經濟體制，再加上高度發展的電力事業，所以，成爲資本主義世界中的最强國；而在經濟政治制度與美國絕異的蘇聯，他們的革命領袖也曾提出過一個公式，即：共產主義＋電氣化＝蘇維埃，在這個公式之下，他們建立了不會被德國擊敗的社會主義國家。我們如果要使這個貧弱的中國改造一下，一定需要創造國家資本，和改善人民生活，當然政治的清明，民生主義的實現，以及電力事業之建設與發展，是最重要的條件了。

這裏，爲了顯示電力事業對於國家人民的偉大貢獻起見，我們想提出美國的例子，作爲模範，使國人有個清楚的認識，但在介紹美國的電力事業之前，先請大家看一看美國現在的工業生產及人民生活的情形，因爲這個與電力事業的發達，很有關係：電力事業發達了，工業獲得充分而可靠的動力，可用機械來代替人工，使生產增加，成本減輕；同時人民的生活，也能大大的改善。在這種情況之下，滋長了工業界的利潤及人民的儲蓄，得向電力事業再投資，電力事業本身又可得到更大的擴充與發展。

科學的發展，改變了生產的方式，現代的生產都是依靠人力之外的工具和動力而突飛猛晉的，所以，現代的生產，如以公式來表示，那就是：

人力＋工具＋動力＝生產。

在美國，由於各種經濟條件的優越，生產力大大地發展，這就影響了動力的需要也急速增加，如以一人小時（Man-hour）爲生產單位，那末，從1900年到1940年進步是這樣的：

1900年：工人1名＋工具410美元＋1/10匹馬力＝每人小時得1個生產單位；

1940年：工人1名＋工具6000美元＋5匹馬力＝每人小時得3個生產單位。

生產方法的改進，也使工人在較少的工作時間中，獲得較多的工資，從1915年到1940年，每星期中，工人工作小時數的遞減及收入的增加，有如圖1所示。

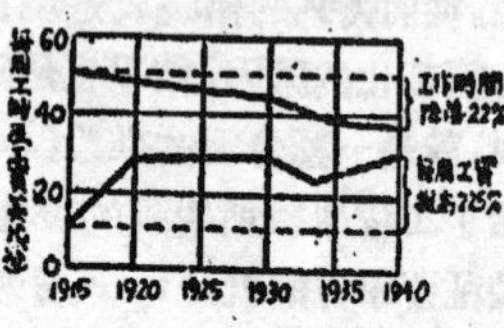

圖 1

美國工人的全年收入，與其他國家比較，在二次大戰以前，已超過英德法日諸列强，以數字爲證，即美爲588元，英爲457元，德爲389元，法爲276元，日爲54元。至於其他弱小國家，更是不必說了。

隨着美國資本的極度膨脹，生產方法的高度改進，再加上經濟政治方面的刺激，就出現了不少新的企業，產生新的工作機會，如在1900年時，美國有工人10,013,000人，到1941年，已增加到19,717,000人，計增90%。而各業工人總數，在1900年時，有27,378,000人，到1941年時，達51,434,000人，也近90%。而人口的增加，則爲75%，失業問題，當然暫時不致嚴重。并且美國人一般生活水準之高，更可以從下列的事實，作有力的證據：美國人只佔全世界人口的7%，但是保人壽險的佔全世界的64%，儲蓄存款佔30%，發電量佔39%，汽車佔79%，而電話用戶，佔世界的56%。——這許多生活上的提高，仍得歸功於電力事業的進展，站在工程界立場的技術人員也許祇是艷羨着美國的奇蹟，可是我們決不可以忘却這一種奇蹟，也正是跟我們一樣的人用雙手創造出來的，只是他們的工作制度有效率，可以發揮力量，建設了新天地！在這裏，我們是必需開始用我們的心智和勞力來攷慮如何建設新中國了！

現在，我們便可以進而看看美國的電力事業的具體現狀和將來的展望：

美國電力事業的現狀：

(1)發電容量：在1922年時,有14,313,000 KW.到1947年，達到50,250,000 KW，於二十五年中,增加三倍有餘,1947年的發電容量中,爲商業公司所發電的佔全部82%。如果以美商上海電力公司現有的全部發電機發電容量173,500 KW來比較,那末,美國現有的發電量，要抵得上三百個上海電力公司，假使在全中國有三百個上海電力公司樣子大小的電力公司分佈在各地，那末中國的工業生產及人民生活，當然可能全部改觀的,然而,在目前,這個相差實在太遠了。

(2)家庭用電量的增加：在1922年時,美國家庭用電,一年爲359瓩小時,平均每月得三十瓩小時,到1947年,就達到1325瓩小時,增加了三倍有餘,而用戶所付的電費，則並未增高,也就是說,在這二十五年中,電價降到原來的三分之一。

(3)用電戶數：也有增加，1922年時，有12,710,000戶,到1947年，增加到36,000,000.亦增加三倍許,並且已達到全美戶口數的85%。

(4)農村電氣化的成就：美國電力事業供電區域的發展,從1900到1947,約略如圖2a,b,c,d.所示,到現在,非但85%的美國家庭有電可用,而且農村電氣化,也有良好的成績。全美國到現在還剩一百五十萬戶農家,沒有電用,而目前正在進行中的建設計劃,是要使電力網無遠勿屆,通到每一個角落,美國國內四境縱橫的輸電網,佈滿全國,本身當然是一項鉅大的工程;但是因此而可以使發電廠造在最經濟的地位;輸送電力,亦可以達到最大的效率。

1922年到1947年,美國用電戶數的增加,更可從圖見之,農村電氣化,使農產物增加，也使農民的生活,大爲改善,不像中國的農民,依然生活得暗無天日。

(5)對於電力事業的投資：在過去二十五年中,約投下了九十億美元,在1922年時,投資量爲4,465,000,000美元，到年1947，單是商業性的電力公司,其投資已達13,500,000,000美元。

電力事業的投資,其主要目標在服務社會,而其利潤，不及其他工業優厚。與其他工業部門相較,更是不及,例如,在美國的汽車工業,只消六個月銷售額，就抵銷了全部資產；食品包裝業則更

圖2. 電力事業發展之步序

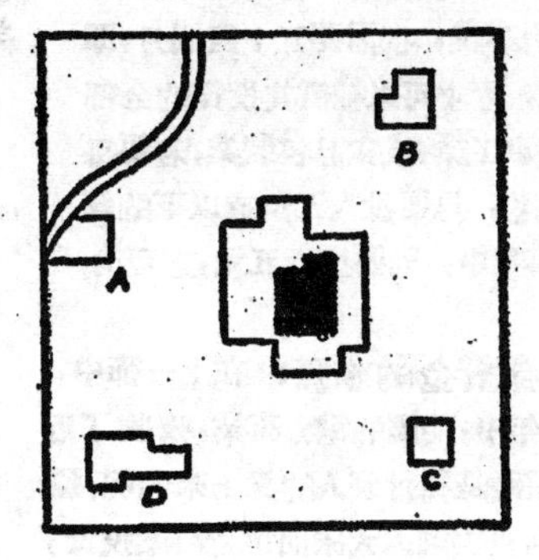

(a) 1900年 一地的電力廠,祇能供電於近處,且供電時間,只在黑夜

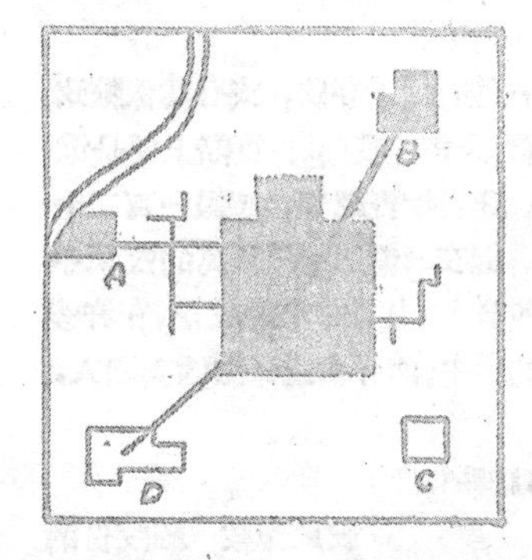

(b) 1920年 電力系統日見發展開始將電力廠接通及農村電氣化

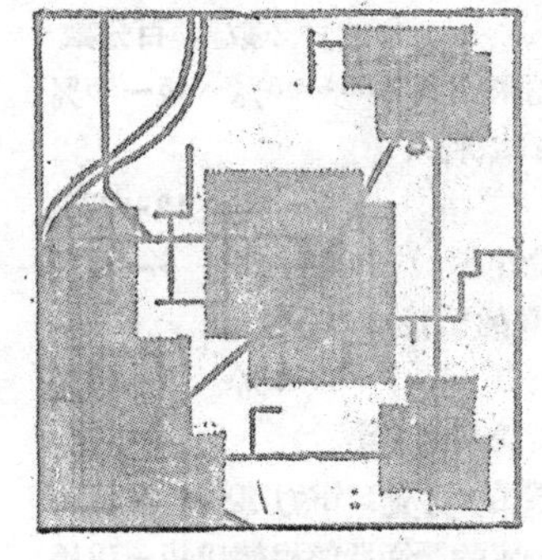

(c) 1930年 各個電力系統開始接通，農村電氣化順利進行

(d) 1947年 各電力系統供電於整個區域各電力系統之接通已告完成，供電之可靠程度亦十分完全,電價降低,全國電壓及周率亦告統一。

少，四個月的銷售額，就等於全部資產；重工業如鋼鐵工業，則需十二個月的銷售，可以抵償全部資產；但是電力事業，卻需要五十四個月，即四年半的銷售額，方才可以補償其投資的全部資產。換言之，汽車工業，或食品包裝業，若要每年中有一元的銷售，只要投入五角或以下的錢便是，但在電力事業中，則要投資五元，方可有同樣的銷售額。

(6)電力事業資金的來源：在上一節中，說起在此二十五年中，美國的電力事業，吸收了近九十億的資金，這錢是從什麼人的身上來的呢，這裏便是解答。也可見美國人大家向電力事業投資，也由大家來享受其賜予。

任何美國人，他有儲蓄存款，或有其保險政策，或握有任何電力公司的股票者，實際上便是電力公司的股東了，此項投資總額，超過一百二十億，半數的股權，握在一億二千三百萬的股東手中，每股約值 2000 美元，其他半數的股權，在許多銀行及保險公司的手中，而存款或保險的美國人，爲間接的股東。

股東的分佈，約略如下：

	股東總數的百分數	總股份的百分數
家庭或個人的儲蓄來投資者	85－90%	45－65%
團體或學校等投資以利人羣者	4－8%	12－20%
銀行及保險公司投資者（投資以保障人民的積蓄）	2－4%	8－17%
商業組織及其他股東（所獲利潤，再投資於其他工業者）	3－5%	5－10%

(7)電力事業的收支：電力事業，運營不息，其收支，亦有一定的平衡狀態根據1945－1946年全美的平均值，並以一元爲標準，其收入的來源，及其分配，如下所示：

普通住戶用電	0.34 元
農場用電	0.04 元
商業用電	0.27 元
工業用電	0.31 元
路燈	0.02 元
其他	0.02 元

一元的支出，其用途，有下列的分配：

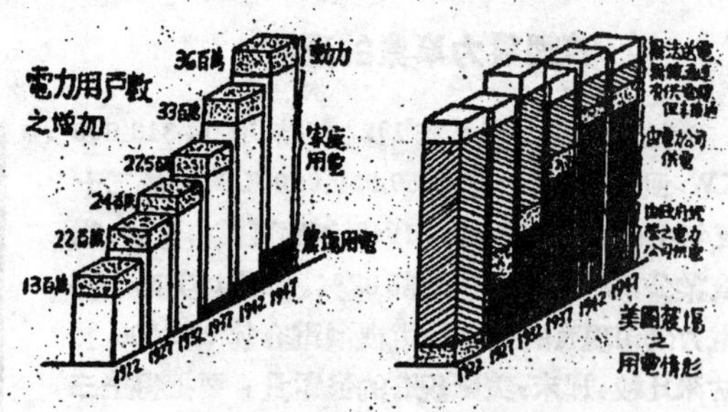

圖 3

捐稅	0.20 元
薪給	0.18 元
折舊	0.10 元
燃料	0.14 元
維護及管理	0.14 元
利息	0.08 元
分紅	0.12 元
積存	0.04 元

參照(5)，可知在電力事業中，54 個月的銷售等於全部資產，即投資 4½ 元，一年中方可做一元錢的買賣從上表最後三項，可知對於投資者言，作爲償款利息，紅利及積存者，約爲投資金的 5½%。

電力事業，要吸收大量資金，以擴充其事業，供給繼漲增高的電力需要，必須對於投資，給予相當的利潤。

同時也可看出，電力事業的稅款及薪金，佔去了純收入的 50% 左右，當然，這是美國的實在情形，其他國家，可能有所出入。

(8)電力事業對於人民國家的貢獻：電力用戶，一舉手之勞，開閉電鈕，即能獲得電能，來做各種工作，而在此事實的後面：有成千成萬的電力公司的工作人員，晝夜工作，以供給不竭的電力。運用繁複的電力系統，將電力從發電廠輸送到用戶家中，更需要成千成萬熟練的技師，活動於不同部門中。在其他的社會部門中，有如此重任者，實不多見。而在危急關頭，更要冒個人的危險，努力工作，恢復供電正常而後已。

在電力事業中，依美國的情形，平均化7000美元的工具或機械，供給工人，從事工作，而投資電力事業者，平均每人每年可獲利 133 元，工人用了此種工具來工作，每年可得工資 2650 元。

現代的電力事業，已經成了結合我們社會組織的水門汀了，在過去二十五年中，經濟的發展，大部得歸功於電力公司的供給電力。要是沒有那目光遠大，精神充沛的計劃，以供給各方面電力的需要，則許多新的工業，就無法存在或發展在美國，就因爲有可靠而便利的電力供給，便創造出許多新興的工業更培養出許多工作機會。這種新興工業，現在有：

1. 金屬精鍊
2. 電煉
3. 鋁金屬
4. 鎂金屬
5. 照相製版
6. 文房用機械
7. 代用玻璃(塑料)
8. 無綫電廣播
9. 無綫電及電視
10. 電影
11. 食品冰凍
12. 製冰冷藏
13. 空氣調節
14. 燈光設備等

同時，因爲許多電力公司，每年更要費去12.5億的美元，以購買燃料，或以材料從事維護及建築，因之連帶在別種工業如油公司，鋼鐵，煤，銅及運輸業等，創造出許多工作機會，及生意。

在美國，直接間接爲電力事業所創造或培養出來的工作位置，計有：發電方面280,000，電氣製造及建築方面300,000，大量批發的配電供電，75,000，零售配電，修理，服務電具300,000；以上總共得955,000個工作位置，這更可以解釋一個經濟事實；實業界的一位生產工人，可以創造出二個或三個工作機會，以分銷或服務其生產品，更因之而產生出其他工作，

除此之外，全美商業性電力公司，每年繳納了六萬萬元的稅：其中的四萬萬繳於聯邦政府，二萬萬繳給州政府及市政府，使能用此款項，以從事：公共福利，國防，法律保障，公共安全，公共衛生及國民教育等工作。

(9)電力系統的內容：上面各節，講了不少關於電力系統的東西，但是，什麼是電力系統，他本身包括些什麼東西呢？實在說來，電力系統，便是一個瓩小時的電力生產工廠，加上其輸送交貨的系統而已：其中包含了發電廠，輸電系統及配電系統，而達到電力用戶的用電器械。

現在的發電廠，計分三種，第一種是蒸汽發電，也是美國電力系統中的基本發電廠。有了燃料，在任何情形下，都可充分發電。每一瓩的發電容量，約須100美元的投資。

第二種是水力發電廠，其建築費用較蒸汽發電廠大二倍或三倍，而發電容量，依賴水流量及水頭。

第三種是內燃引擎發電廠，普通皆係小型發電廠，或水量不足以供給蒸汽發電廠或水力發電廠的地方。

發電廠的附近，更要有電力分站(Substation)以升高電壓，便利輸送，並減少輸電的損失。再利用輸電線(Transmission Lines)，則將發電廠與用電中心相連接，或與其他發電廠相連接，以增加供電之可靠程度，或與其他的電力系統相連接，以供應偶然的緊急需要，並且可以利用各個電力系統中用電的分散狀態，而增加其利用率。

在用電中心，更需有分站，以降低電壓，以便應用，

在用戶處，電壓更須降低到115至230伏特，以策安全。

用戶用電量的計算，以瓩小時爲單位這是一個能量的單位，相當於一個強壯的男子，勞力工作十二小時，若以家中日常工作來表示，一瓩小時的電能，可以用半個月的電鐘，燒六十杯咖啡，做四人够吃的飯菜，或開二個晚上的無線電收音機。

在電力事業中，建造發電廠，分站，輸電線，及有關設備，以供電於用戶，每瓩約須費250美元。

(10)電力事業的特點：電力事業與其他事業相比較，亦有其特點，參看(7)電力事業的收支，我們可以知道售電所入的每一元，倒有一半的樣子，要化在納稅及付給投資的利息，當然，這是美國的實情，他處容有變化。

電力也不能一刻儲藏，每天的二十四小時中必須依照用戶的需要，隨時發生並輸送電力圖(4)是一張複合負荷曲綫(Composite Load Curve)將全年的負荷曲綫疊合而成，說明，用戶電力的需要的隨時變化，而電力系統，則必須隨時隨地應付此項變化不斷的需要。

美國每年售電2,000億(200,000,000,000)瓩時給36,000,000用戶，必須用電表測量，更加計帳，送帳，其價格又依用電量之不同而有分別，可見業務的繁忙複雜。

在美國電力對於每個家庭，已不能缺少了，普通家庭平均每月只付電費3.5元，而其用於紙煙的費用，倒要三倍於此數，可見電價之低廉。

社會電力的需要逐年增長，電力公司要應付此種增長的需要，必須事前營造，約須趕早一二年，因爲新建設及新設置的完成需要相當時間。

美國電力事業的將來

(1)美國將來的電力需要：電的用途，在美國，過去二十五年中，增加了四倍，平均每年增加了55億單位，目前家庭，商店，辦事處，工廠等處的電的各種新用度以及電力系統的供電飽和狀態，表示此種增加趨勢，一定繼續，勢須有所擴張，根據現在的增加速度，在以後十年中，電力事業，必需要再多發50,000,000,000單位。此數超過1925年美國全國的需要，也超過1941年即大戰前一年的一半。

(2)發電資源的將來：要發電，必需有燃料或其他形式的能源，本段所述，是要將各種發電的能源略加分析。

1.水力：美國的水力發電供給目前電力需要的36%，依美國的情形，因爲最優良及最經濟的水力資源，差不多已全部開發了，所以其重要性日見減少。

圖4 複合負荷曲綫，表示電力系統，必須應付隨時變化之電能需要

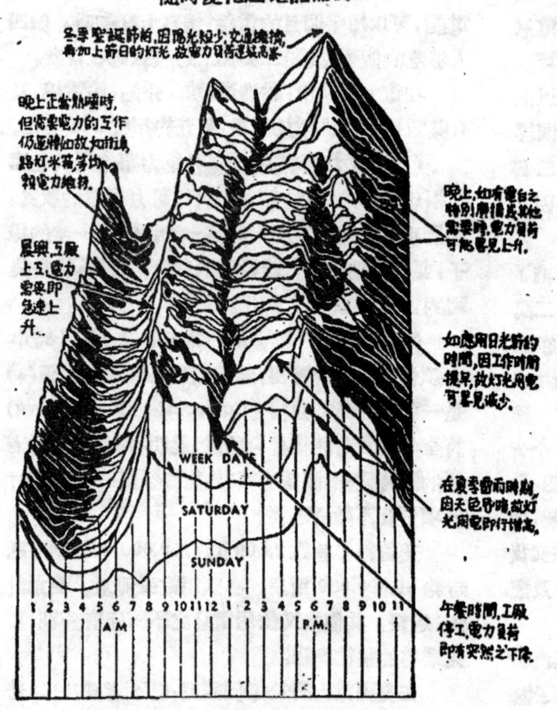

電力需要，天天不同：星期日的負荷減少，表示工業用電及商業用電之停止；星期六，商店依然開市，但電力的需要亦有降落，表示工業界正採用每週五日工作制，其他工作日，其負荷曲線的形式，約略相等。但根據氣候，濟經情形及其他因素而有不同的變化。

水力發電，實在並不便宜，第一，開發費用大，還要用輸電線將電力送到用電中心，費用亦極浩大，而且，美國的水力資源，68%在落磯山之西，而與90%的人口，有2000哩之遙，輸電費用及其電能的損失，阻礙將電能送到東部的重要電力市場。

若將重要河流的全部水力，加以開發，亦不能供給美國電力的種種需要，美國三條水力優良的河流，田納西河，哥倫比亞河，及哥羅拉多河已經加以控制開發，但也只佔美國全部裝置發電容量的7.5%，三個像約克哈得紐生路發電站大的蒸汽發電廠，即能供給整個田納西河計劃所能供給的電力。

2.自然瓦斯及油：供給現在電力的百分之十，大部份的液體及氣體燃料，用於蒸汽鍋爐內燃機發電廠的發電是尚不及全部的百分之一。一般而論，此種燃料，不能與煤相競爭，除非發電廠在油田的近旁，並且油的資源有限，國防上爲用無窮，經過二次大戰的大量消耗之後，美國大陸上油田的開發，將來勢必要加以限制，因此，油或自然瓦斯作發電資源，其重要性亦日見減少。

3.煤：供給目前電力需要的百分之五十四，所以用煤發電，仍佔首位，將來亦不致有大變化，技術上已將用煤的效率提高，故已能與水力發電相競爭，煤的儲量，十分充足，可以應付未來許多年數的需要，並且又巧妙地分佈在有很多人口的中心，及工業的中區，在密西西比河之東。

4.原子能發電：科學家們預料在以後的五年到二十五年中，原子能將應用到商業的用途，此一能量資源，將可以解決，固體液體氣體燃料儲藏量之涸竭問題，然而，因爲要原子能的發放，主要者是迅速將其轉至熱能，而且此種能的解放，危險而可需要將與高度的技術，所以，此一新的能源的廣泛利用，只能期望於電力廠，先將原子能用目前燃燒的相似方法，使之發電，再以電力，服務於大衆。 (下接第13頁)

攸關太湖下游水利的重要工程

白茆閘修復工程記

徐光通

白茆河起自常熟縣東南，承太湖渲洩之水，至白茆口滙注入長江，爲太湖下游通江要港，具有洩水航運之功。復以支流密佈常熟，嘉定，太倉，崑山等縣，爲該區灌溉幹渠，故白茆河之通淤，攸關太湖下游水利，至爲重要。然因長江江潮含沙甚多，潮水倒灌入江，遠達廿至卅公里，以致河身淤塞，渲洩受礙，造成泛濫横決之患。太湖流域下游，江湖間廣闊地區，史乘所載，患潦而不患旱，良有以也。揚子江水利委員會有鑒於斯，於民國廿五年建閘於離河口四公里之裁彎取直之新河部份，平時關閉閘門，阻江潮倒灌，且保持閘內航運水深，如遇內水盛漲，外水低落之時，或內水涸竭，亟須外水調節之時，則啓閘引水，兼收調節水量之功，旱潦無慮矣。

圖 1.　白茆閘全景

該閘爲一五孔懸吊式木門，鋼骨水泥吊架之單閘，共長44公尺，有人力手搖車五部以司啓閉磯引長部份，舖設鋼骨水泥橋面。復因地點係在裁彎取直之新河中，而新河之挖掘亦係同時進行，故上下游兩百公尺以內之河床，均係有規則之梯形斷面，河底高度(−2)。岸頂高度(5.7)，翼牆以內之河底，並舖塊石護底，另做洋灰鋼筋擋石樑各八道，横竪交接，組成網形，以防塊石冲動。全閘基礎，滿打洋松基樁，分負重量，上下游並圍打三夾板樁以免滲漏。建築之堅固，無與倫比。當時造價已達廿九萬餘元之巨。

白茆閘之破壞，在表面上固僅彈痕數點，但整個閘身，實已危在旦夕。白茆閘淪陷八年，閘門任意啓閉，管理無常，閘基上下游河底，受嚴重之冲刷，深者達九公尺，面積達一萬平公造成兩深淵，整個閘身，如置在土脊之上，隨時有傾覆之險，以河底建築之堅固，而今破壞之嚴重，可見敵僞摧殘民生之甚，不勝痛恨。其他兩岸岸邊，亦冲決無餘。

修復計劃，先應填復河底深淵，以保閘基。惟施工方法，如上下游築擋水壩抽水填土，經費太大。好在冲毀河底，近接閘身，將全部閘門關閉後，上游已形成靜水，下游部份當亦在回水（Back Water）範圍之內，水勢亦如靜止相彷，乃決定採用麻袋裝土，由水面拋填之法，以完成水下填土。土面之上，覆以稭料沉稍一層，沉稍之上，勻拋五十至百五十公斤大塊石厚一公尺，達河底原高度，後因經費短拙，深淵他端河底，乃填成一比五斜坡，以省土方，如圖2。其次重行規劃兩岸岸線，填築護岸，護岸在高度三公尺以下部份，用大塊石拋築，三公尺以上，護岸表面，概以60公分厚乾砌塊石護坡。

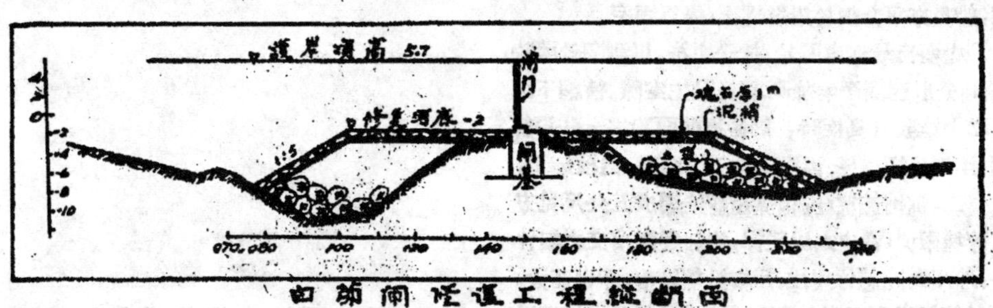

圖 2.　白茆閘修復工程縱斷面

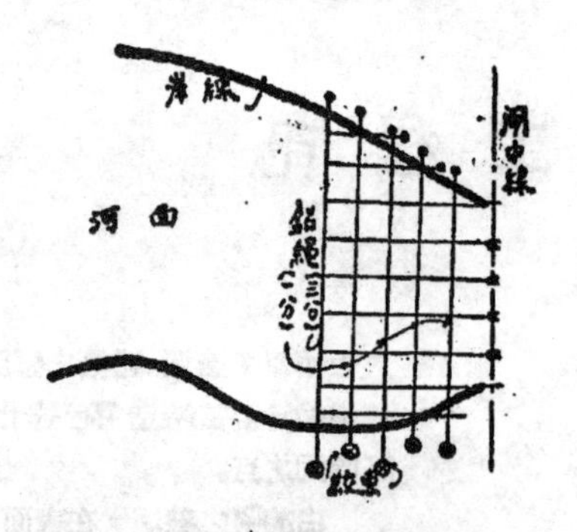

圖 3. 河面佈置情形

工程進行，分(1)抛填土袋，(2)沉放沉梢 (3)抛塡塊石，(4)塡築新岸四步，並無特殊之處。惟全部工程，除築岸一項外，均在水面以下，而均由水面以上盲目施工，於是發生(1)抛塡定位。(2)沉稍施沉。(3)方數量驗三點困難。

一、抛塡定位：河底施工範圍，幾屬閘身上下游七八十公尺以內之全部河面，其河寬最寬部份，達一百公尺以上，深度四公尺至十公尺，土袋在岸上裝，用船駁至河心，再行抛塡，塊石亦如此。在抛塡時，即發生下列困難；(1)船在水面，四不着邊，無法固定。(2)河底不能插標記，以示高度，而定是否需繼續抛塡。(3)抛投目標不準，無把握使塡入須塡之處。是項問題，施工人員頗感困難，經數度研究改進，採用下節施工方法，結果才算抛成相當平整之河底。

先在河面橫方向，每隔五公尺拉一分鉛絲繩四根，第五根拉以三分鉛絲繩，每繩之一端，用絞車絞住，俾便隨時絞緊。然後自閘身橋礅起，拉縱方向麻繩多根，全部縱橫繩，組成網形，並分別縱橫方向，編列號次，書大字懸示於岸邊及閘礅。如此在網格下河底之任何一點，均可依縱橫號碼，以表示其所在地。並可在網上繫一牌，以書需塡高度，船隻亦可繫纜於鉛絲繩上，得以固定。

抛塡自最深處開始，採平塡法，以測深錘隨時施測，分層逐漸平均加高，以免發生空隙。待網下河底塡土達設計高度時，則搬移前面四根一分鉛絲繩，至三分繩以後，再組成第二塊網形，繼續施工。

二、沉梢施沉：沉梢係用蘆柴編成五公尺見方之蓆塊兩塊，當中夾以柴桿，並加縱橫相交之細竹子，外用對開慈竹夾住，用細鉛絲綑紮。浮力甚大，經計算須堆石四五十公分，始足壓沉，且在下沉過程中，不許傾斜，否則堆石下滑，整個沉稍將再上浮，其力足可翻覆附近船隻，危險頗大。此次施沉，則仍賴橫拉河面之鉛絲繩，因兩繩間距，適爲沉梢寬，先令塊石船兩艘，分別在相隣兩鉛繩上，沿鉛繩之方向，相對繫纜於鉛繩上，工作人員計執繩施放者四人，抛石者六人，司號者一人，分別在兩船上。確定比張沉梢在該橫斷面上之位置後，乃在鉛絲繩上掛上葫蘆。再將沉梢引至該處，在沉梢之四角，已釘有小鐵圈各一個，每圈中穿過麻繩一根使圈適在繩之中點，不用打結，併齊此繩之兩頭，穿過葫蘆，形成雙股麻繩，將沉梢四角掛於鉛絲繩上之四個葫蘆。麻繩上附有尺度，繩頭由執繩施放之四人分執之。定好位置後，司號者發令，向沉梢投石，投石者須抛堆平均，不得一處過多，一處過少，見梢身已有下沉趨勢，司號者即令執繩者施放。就「一二三」之口號，執繩者同時放下五十公分，四角務須一律，如此直達河底，然後將繩之一端放去，繩子可拉出鐵圈，以備第二張

圖 4. 抛塡土袋

圖 5. 沉放沉稍

圖 6. 拋填石塊

圖 7. 築成後之岸線

之用。某次沉放時，曾因拋石不勻，放綑不等，而致堆石下滑，梢身上頂，幾乎傾覆在旁施工之堆石船。

三、土石方量驗：土方量驗，按合同量取土坑計算，然因挖土費時較少，裝袋拋河費時較多，故包商有挖取土坑之土方，偷拋散土入河之可能，為防患凡項流弊，施工人員曾作下列之自然防患法，每旬核對其方數。

在土質濕度適中之平地上，精確量出五公尺見方之取土坑一個，挖至一公尺深，隨時將挖出之土裝入麻袋中，裝至飽和狀態，縫好袋口。於是可計算每公方合土袋個數，當以此數規定包商，每方用袋數量，多用之麻袋，須按市價扣回。查當時土方單價，一方僅能抵袋價三隻至四隻，故土工當不致每袋少裝。亦即在實施時，由袋數核方數，決不會少於實際挖出方數。用以計算取土坑方數，誠爲一合理方法。

石方量驗，因採石地點，遠在工地七十里外之虞山，在石場收量後，經過一天半之船運，管理上不無困難。既到工地，設再起岸堆方，然後裝卸拋河，人力時間均不允許。乃決定在石場收方，凡參加運輸船隻，先經登記編號，再查驗其空載時之吃水深度，在船頭船尾左右舷下，釘上紅色之空載線。然後將業已決定方數之塊石，裝卸入船，達滿載時，計其裝下之方數，再在船頭尾左右舷下釘上白色之滿載吃水線，並量出每根水線在船舷某固定點以下之尺寸，用洋漆書於該點之旁，以免船戶中途改釘。復將編號，方數，書大字於船之顯著處，於是檢定工作完畢。乃將各項記錄抄寄工地，俾資複驗。工地在船到時，僅須複量滿載線，即可令原船拋填，俟拋空後，再驗空載線是否符合，如無問題，當照檢定方數收方。

修復工程於三十五年六月開工，計完成水下及護岸土方一萬五千餘公方，塊石護底，護脚，及乾砌一萬公方，沉梢二千二百餘平公方，等項。至三十六年一月，全部完工。嗣後閘身安全無虞，至少可增加閘之壽命五至十年。鄰近四縣，旱潦無憂矣。

（上接第10頁）

(3)電價的將來：電價並不由電力公司自家來決定的，而是由政府機關來加以調整的，使一般人民付出他應付的代價。

政府所決定的電價，一方面保障投資者的合法利潤，同時使用戶所出的錢，不超過合理的界限。

美國的電力公司，可以覺得驕傲的是，他們逐年所改低電費單價，使用電普遍，目前與1927年時比較，普通用戶，費錢相等，而可以購得加倍的電力，圖(5)出人意料之外的是發電的成本，只有現在所收電費的三分之一，技術方面，可以使將來的電費有多少的減低，但減低最大的，還是要靠(1)家庭中享受及利便方面用電的增加（多量購電）和(2)有效率的電力多供之運營（優良的管理）。

圖 5 電價及用電之變遷

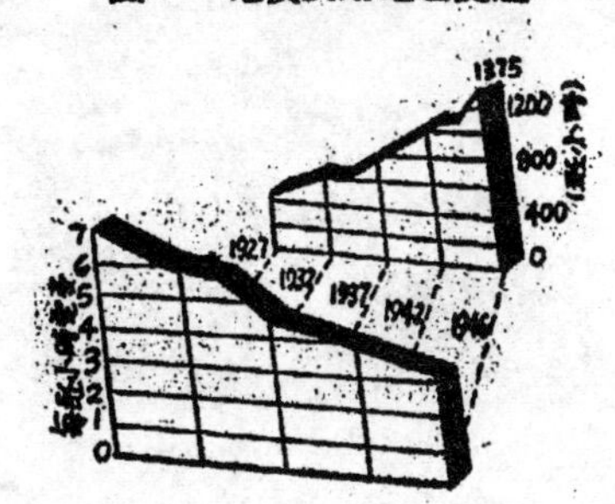

工程畫刊 讓我們看看陶瓷工業

王橡編

（本期畫刊照片承英國大使館新聞處贈刊，特此誌謝。）

原料產地 中國陶土及瓷石均由花崗石碎裂而成，陶土具有極大的黏塑性，瓷石則可增進堅固性與光彩，它們是製造陶瓷器的主要原料，平常在深山谷裏有得發見。以陶土來說，時與雲母屑混在一起；砂、土、雲母和水的混合物經採掘後集中到砂坑、讓砂沉澱，用吊車起至地面蔚成大砂堆；土漿則用幫浦打至地面（參閱本期封面）

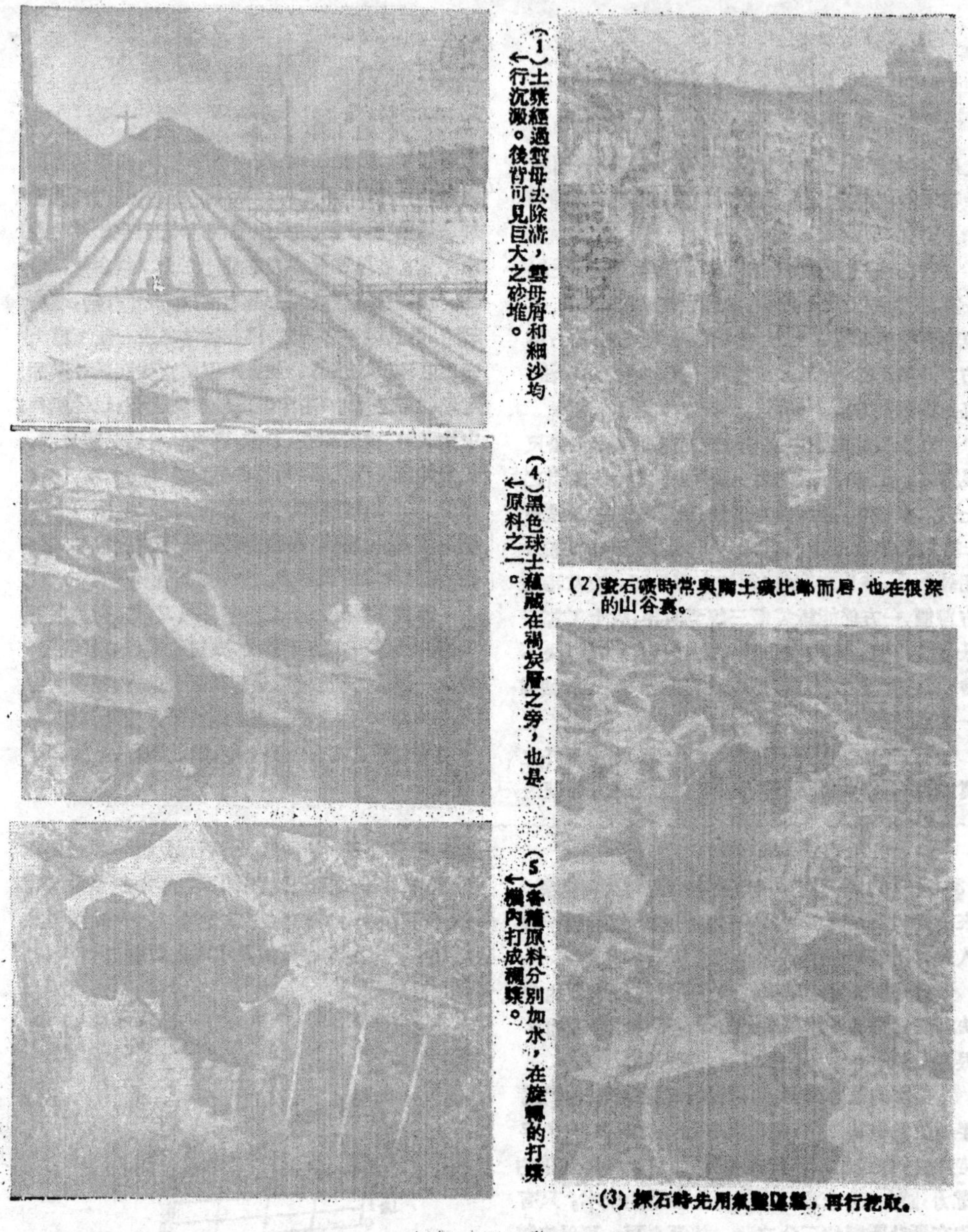

(1)土漿經過雲母去除淸，雲母屑和細沙均行沉澱。後背可見巨大之砂堆。←

(2)瓷石礦時常與陶土礦比鄰而居，也在很深的山谷裏。

(3)採石時先用炸藥爆裂，再行挖取。

(4)黑色球土蘊藏在褐炭層之旁，也是原料之一。←

(5)各種原料分別加水，在旋轉的打漿機內打成稠漿。←

我國往昔聞名之陶瓷業

製造方法

(2)各種液化的原料用幫浦打至配合室。在此衡量，以各種成分配合，以迎合各種需要。

(7)除澆鑄等製造方法需用液化原料外，普通將配合好的液化原料經過壓濾機，去除過量水分，以便應用。

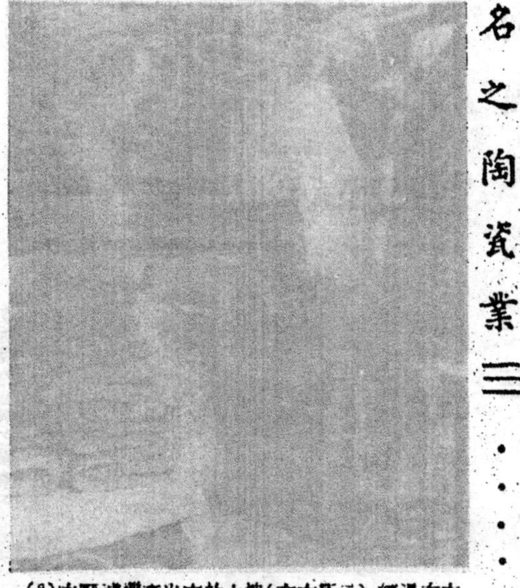

(8)在壓濾機裏出來的土塊(左方所示)，經過右方所示之攪和機，充分攪和，然後由一巨大之管內擠出如牙膏狀，此即陶瓷工所用之原料。

↑(9)旋製是製造杯，盤等好多種器皿常用的一種辦法。圖中右面在一旋轉砧上將原料攤成一薄餅，具有所需的厚度，然後在左面的旋轉砧上用一鐵件刮製外形，砧上早已安好與該器內形相脗合之石膏模。

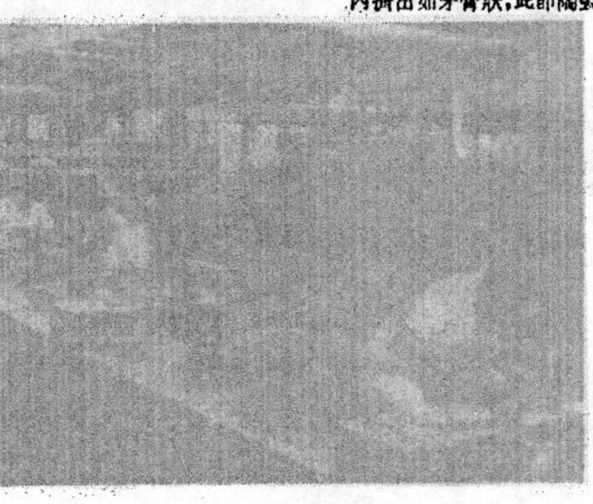

(10)←在陶瓷工的旋轆手輪上捏製是一種較老的辦法，完全憑陶瓷工的手藝，所以現在除一部份精細品外，已爲機械的方法代替了。

三在今日已被別國現代化三

生產過程

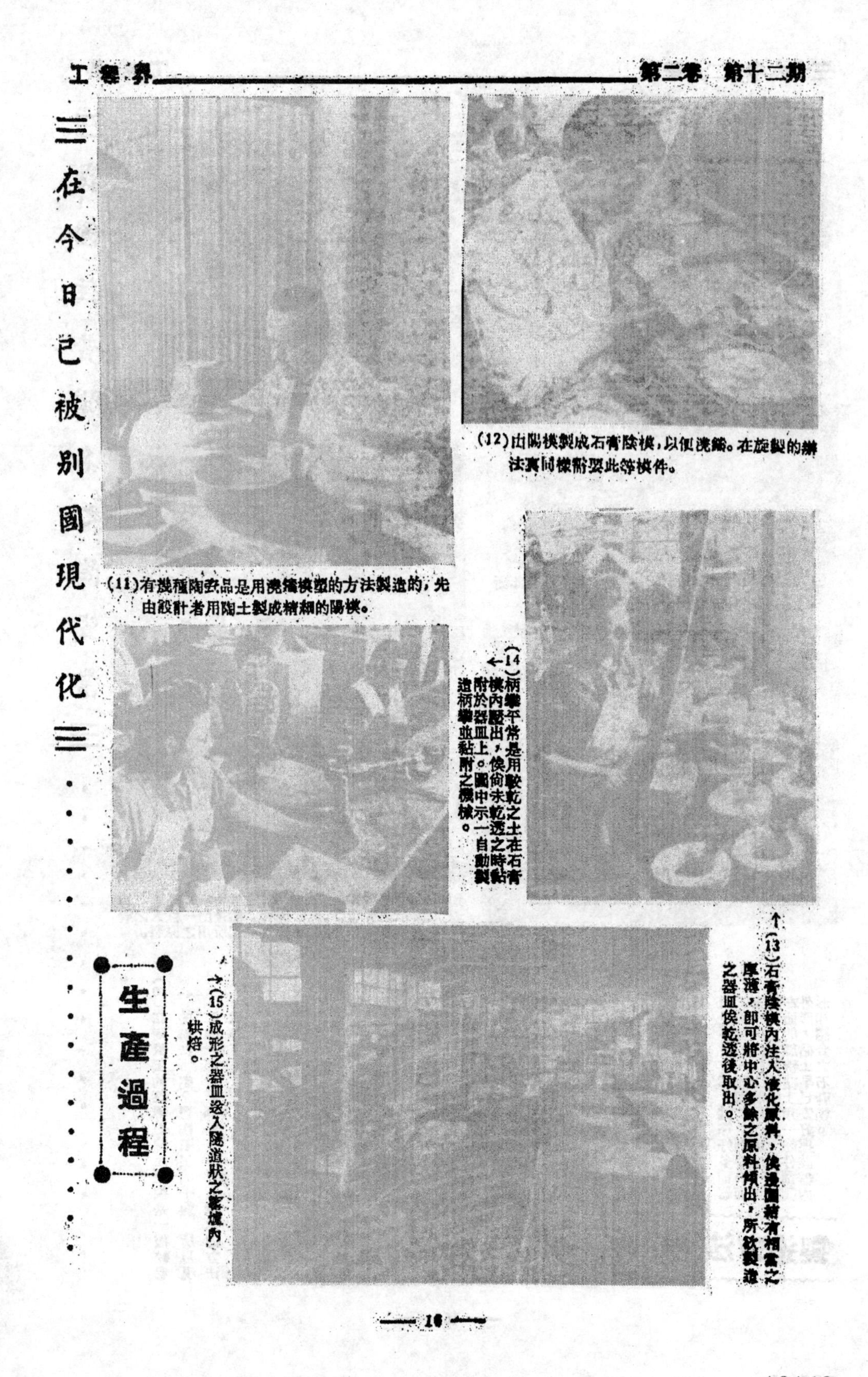

(11)有幾種陶瓷品是用澆鑄模塑的方法製造的，先由設計者用陶土製成精細的陽模。

(12)由陽模製成石膏陰模，以便澆鑄。在旋製的辦法裏同樣需要此等模件。

←(14)柄鑾平常是用較乾之土在石膏模內壓出，俟尚未乾透之時黏附於器皿上。圖中示一自動製造柄鑾並黏附之機械。

↑(13)石膏陰模內注入液化原料，俟邊圍結有相當之厚薄，即可將中心多餘之原料傾出，所欲製造之器皿俟乾透後取出。

↑(15)成形之器皿送入隧道狀之窰爐內烘焙。

(16)一隻新窰爐在建築中。

加工修飾

(18)用噴射的方法加上釉彩。

(19)自動上釉機，對於小件而大量生產者，甚爲適用。

(17)用浸製的方法加上釉彩，過後再須在一特製之窰內用較低之溫度烘焙一次。

←(20)電工方面所應用的絕緣器材是陶瓷工業對於工業的貢獻。

工業模型展覽特寫

交通大學的圖書館，你是熟悉不過的。你說最大的閱覽室有五十幾呎長，三十呎寬，最小的房間也有20×16。是的，這次全部展覽品就佈置着這樣五大二小七個房間。

你說可惜圖書館只有一個門，否則我們可以不必排隊等這末久了。不過，我勸你不必性急，今天你還得跟我走，要依着次序看去，才有意義。

多災多難的中國工業

第一間叫工程室，這裏是現實的描繪，你可以看到中國工業遭受到怎樣的災難，他們是怎樣在艱苦地奮鬬。

這牆壁上是關於黃河的圖照。黃河，你是知道的，是China's Sorrow 歷史上她的災禍且不說，單說廿七年夏，為了阻擋敵人攻勢而把它決口，淹沒了河南、安徽、蘇北二萬五千多方里的田地，使六百多萬人無家可歸。這裏都是行總實地攝取的災情，你看那水冲後的土地，都成了一窪一窪的；那在水中搶割禾苗的鏡頭，太慘了…

這張斷面圖，你看，平常的河道總在地面下的，可是黃河的河底，不僅高出地面，甚至比開封城牆還高出二公尺。河像一條背脊；平常全靠這些堤防，一旦毀壞，水像從天上下來，簡直不能想像。黃河的治理實在是一件太大的事，不是隨隨便便的。一定要環境安定，全面的來計劃。從這張用七種顏色畫的圖上就可以看出，黃河的七次變遷和每次為災時的朝代情形：可以說，黃河出毛病總是在政治腐敗，兵連禍結的時候。那時只顧破壞，沒有人管它嘍，當然糟糕了。

你說現在花園口堵口總算完成了，是的，這裏幾張都是堵口工程的照片。這次堵口費了多少人工器材，二次失敗，現在已經完成。不過黃河的病不僅在花園口，經過八年戰爭，黃河全身已是千瘡百孔，下游堤防早已全部打光。水從背脊上瀉下來，眞是防不勝防。據說現在下游好多處又在汎濫。

你說得對，黃河正和我們這個民族同一命運。中國的一切工業都是這樣。

你看第二個牆壁：這是遷川桂工廠聯合會的統計。戰前全國共有三千四百九十二家工廠，抗戰後內遷的四百四十三家，有一千一百六十一家在淪陷區被敵人毀滅。內遷的廠家，八年來在再不能更壞的物質條件下苦苦支持這僅存的民族工業；勝利了，大家希望復員後第一能接收敵偽工廠。結果有多少：優惠承購的二十二家，優先承購的三十一，優先承購物資的二十六。第二希望行總配給器材，結果幾乎等於零。第三希望敵人賠償，『?』。還要看將來……

你在歎氣嗎？唉！中國的技術，比任何國家落後，它遭受的困難比任何國家為多。不過，你看：『中國的技術人員，不怕窮困，不怕破壞；從窮困中滋長，從破壞中更生。』這牆上不是最好的例子嗎？范旭東怎樣艱苦地和外資奮鬬，創設永利化學公司，茅以昇又在怎樣困苦的條件下建造起錢江大橋。你說得對，中國的技術人員是能有所為的，只要環境安定。要是有更好的環境，范旭東，茅以昇，他們的成就一定更不至於此的。

技術改造了生活

我們站得太久了，妨礙別人看。到第二室去吧！這一間是機械室：有工業基本動力的模型，飛機和輪船模型，農業機械，手工藝和紡織程序的圖表模型。

你是機械專家，我們這一間可以看得快一點。

當心梯子，順着轉梯上三樓去。樓上有二間，樓下那邊三間，等一會順着下來看。

這一間最擠了，這裏完全是日用的化學工業品的製造程序模型和說明。你看那桌上排列着八只面盆，從這些瓶原料和一塊鐵坯看起，一只最普通的面盆，要經過這末多步驟才能製成。

雖然是這末一件小小的日用品，也要費技術人員不少心血。這只是技術改生活的一例；裏面一間『上海室』，就告訴我們技術怎樣改造了上海。

這不是博物館，這些七十年前，五十年前……的上海的照片，就是要讓你知道技術人員對於上海有多少貢獻。再看這二個模型，六十四年前上海自來水廠——那是現在的全景。唷，還有電話，頂老的到頂新的電話機；一張紙的電話簿到目前二吋厚的……。

這具桌上一套模型告訴你技術人員對現在的上海又在怎樣工作着：你看電怎樣從廠裏發出來，經過許多線

工業模型展覽特寫

會巡禮

本刊記者

路，方棚（變壓器），分別送到住家、商店、工廠去。

現在我們下樓去看看現實生活對技術人員又怎樣？

生活苦難着技術

這一間叫生活室。剛剛你看了永利和錢江大橋，就相信中國的技術人員是能有所為的。對的！可是沒有安定的生活，就不能推展技術的進步。中國的技術人員不僅要應付技術的困難，還要和生活掙扎。

這幾張照片和文字是講歸國投効無門而自殺的郝貞林，死得莫明其妙的俞再麟，墮機慘死的杜長明。死在勝利以後，實在是太大的損失。

這幾張是興築或築成中印公路奇蹟的照片；詹天佑開平綏路的故事，你是熟知的。

還有，不要忘記這些無名英雄，你看這些照片，開河、築路、造橋、建堤……都是千萬人的血汗。

你看這二條名言，『科學是老老實實的東西，它要許許多多人的努力累積起來的。』『技術來自千萬人的經驗，它必須為更多的人服務。』

建設首要在民生

技術應該為大多數人服務。『建設之首要在民生。』這間展覽室裏有二個最好的例子。美國的TVA和蘇聯的四個五年計劃。

美國的田納西河，和黃河一樣像一只野馬。自從TVA完成後，這條河是她流域裏居民最好的忠僕。這個包括二十六個閘壩的計劃，已提高了當地人民生活水準百分之七十五，造成六五〇哩的可航河道，魚產量增加四十倍，農作物家禽產量八倍，使十二萬農家得以使用電氣。TVA的機構，不僅是工程方面，它實際管理着田納西河分支流域的地區，採取民主分權制；總管理局只是一個聯絡機構。這裏又是一句名言，『全面的經濟建設，祇有誘導人民參加，工作才能完成。』

從TVA看YVA，你可以想像它完成後的供獻，和要怎樣才能完成它。讓我們細細看一看這計劃中的「揚城安」——三峽水庫的模型吧！可惜的是，勘測工作已奉令停止了。

你又歎氣了。你說現在談計劃也許太早嗎？固然，但事實上等到社會安定了再設計是太晚了。當然我們希望早日安定，使理想可以早日實現，這都要看我們大家的努力了。

再看看大上海的計劃吧！

這是一個將來上海鐵路終站的計劃模型：要點是實行水陸聯運，並發展浦東。北站以後將是客運中心；吳淞作為國際水陸聯運站，並且沿市區邊緣，做支線直達真如，貨運可以不經過市區。客車經過市區時，做立高架交道，並用汽油車或電氣車。

同樣滬杭線在日暉港設一個內河水陸聯運站，並從這裏過江到浦東去。

很累了吧！到外面一間坐一會，那裏陳列著的是技協一年來的文獻。

黃河徙移圖

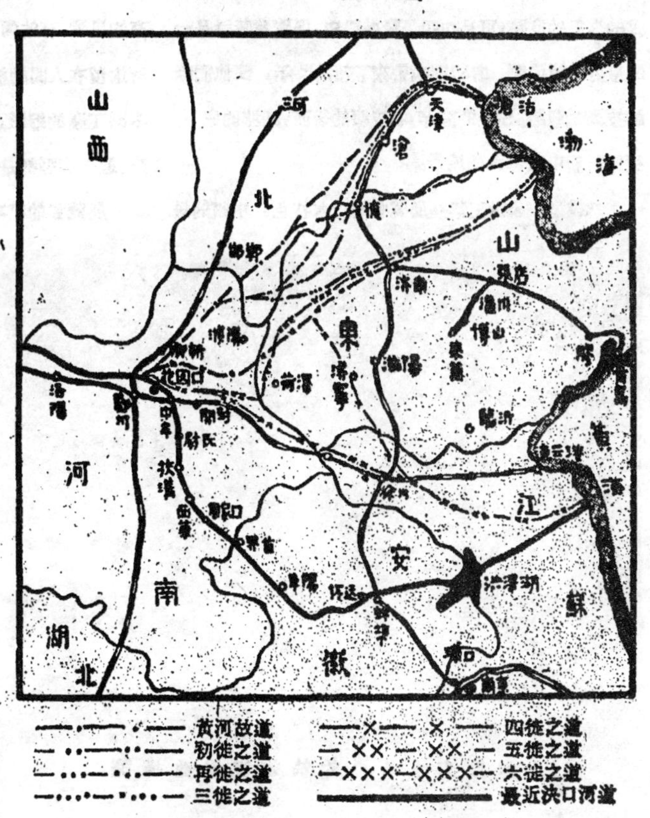

中華民國三十六年十月吉起中國技術協會第一屆年會主辦工業模型展覽會於上海徐家滙國立交通大學為期一週省予以雲評并聆書之簡冊亦依者情

蒐羅宏富陳列有序希望此模型展覽會中所有建設之事業日益精進計劃建設之各模型能早日實現俾吾國工業建設加緊推進以奠定復興建國之基礎

趙祖康 三十六年十月

工業模型展覽在中國是頗爲新鮮的，對於年青的中國技術協會却是個大胆的嘗試，不能說這是一個成功的嘗試，至少這是一種頗有意義的嘗試，因爲是嘗試，在展覽會整個演出中，免不了零亂，張慌．而展覽內容的比重上很有些輕重，照片，圖表亦留着不可隱諱的匆促的痕跡，可是在四下擊鼓聲中，展覽會無疑是一服最好的清涼劑，它給觀衆帶來了新的啓示，使他們瞭解技術的艱難，建設的苦辛，在破壞的後面，廢墟的底下，現露出新中國偉大的遠景。

拿模型來象徵工業是展覽會的一大特色。中國的民族工業在艱難中滋長，從破壞中更生，經過百折不撓的工業戰士幾十年來的艱苦奮鬥，中國開始有了自己的工業，亦有了自己的技術。砲火不能打退戰士們的意志，洪水不能侵吞戰士們的事業，天災也吧，人禍也吧．民族工業戰士是經得起熬煉的，他們撤退，他們重建，他們復員，雖然有的自殺，有的病亡，有的遭到意外，有的慘被殺害，可是所遺留在人間的總是不朽的！這裏的模型有多災多難的中國工業的縮影，也有工業建設的藍本，不論屬於過去將來，這些模型都是工業家技術家終身奮鬥的象徵！

展覽會的第二特色是歷史的敍述技術的改進，有照片，圖表，統計甚至模型。人類如果要在世界上謀求生活，就不能沒有技術，從原始的鑽木取火到最新式的原子能控制，沒有不包含了簡單或複雜的技術問題。技術是一種切合實際的科學，它與生活接近，並且爲大多數人所熟悉與運用；技術是一種適合大衆的科學，它來自千千萬萬的人，將爲千千萬萬人服役。今天「技術雖改善了生活」

工 模

上海自來水公司的快速沉澱池模型

12152

中國技術協會於卅六年二月十七日正式成立余與趙祖康先生力贊其事同時以身作則參加為會員並與張景門先生共同籌募基金以奠始基

卅六年度十月本會舉行第一屆年會並假交通大學圖書館展覽工業模型中外人士參觀者約六七萬人開為技術界有益之創舉

工模展覽會之最大特點為本會會員手製之模型如滬西大學會員所製之揚成安水力計劃模型及京滬路局會員所製之上海港埠總建模型希望能將技術所討中之計劃先用模型再由模型變成事實此外為本會會員共同努力之最後目標

以滬本會工模展覽希望能在本年內以上海之港埠計劃為港港為久穩積之說明及上海中區交通路建計劃及其模型均可利用展覽引導民眾使其瞭解設備而發為建設技術化新中國之原動力年來

茅以昇 卅六年十一月

「生活却苦離着技術」;

看許多技術部門不能充分成長,許多技術人員得不到切實保障,誰多會同意「還技術於技術人員」「還技術人員於技術」的吧;今天技術受到許多的阻礙,明天,它一定會在人類生活史上寫下更光明更燦爛的一頁!

展覽會雖然設在偏僻的徐家匯,但仍吸引了十萬觀衆;這說明了國人,尤其是中國的技術人員,對於中國工化業化這個問題是有莫大的關心的。這個問題,正要我們技術人員來共同研究討論,為了促進中國的工業化,展覽會雖然已經閉幕,這一個工作則無疑正在開始。

展 覽

——嘉言錄——

中國技術協會是建設新中國的幹部,現在的努力推廣技術教育,是替將來建設新中國奠定堅固的基礎。 ——李崇威

謝謝技術協會的先生們指導我們參觀了各部門的工業模型,可惜地方太小了,不能細細的看,希望技協不久再能有更好更多的資料介紹給我們! ——胡文巧

希望能再來看一次,並請招待者講解詳細些。 ——張 明

寓教育於實際展覽,勝於講堂教授。 ——莊冬生

觀揚子江水閘工程模型大為感動,希望早日促其實現。 ——袁恆通

希望YVA早日完成! ——三個交大生

希望快點造YVA! ——學電機學生

建設自安定來 ——惟 萊

技術人員的生活必須要有保障。 ——王 如

未來的揚子江大水閘

新發明與新出品

★**輕量蓄電池**——普通的鉛蓄電池內，因爲有鉛片電極的緣故，所以重量無法減輕；現在有英國某廠發明的蓄電池，改用輕質的鎂片電極，就重量減低不少。據說，用這種電池來引駛電動車，每小時可行五十哩，作用十分完美，同時在一輛車上可放的電池數量亦可以增加。(MGH-D847)

★**用衝壓機來製螺絲**——高速度的製螺絲方法，可以應用液力推動的衝壓機，或別種往復動作的機械，使齒條運動，轉動一齒輪，此齒輪再將一螺絲攻旋動。在一個來回的階段中，螺絲攻可以進出各一次，便將螺紋攻製完成。帶動螺絲攻的心子上，製有螺紋，恰像車床上的導螺杆一樣的作用(MGH-D847)

★**逆流電鍍精製法**——威斯汀好司廠最近有一種新型的電鍍方法，可以使精製工作的成本減少20%，同時製成後的表面又較優良。這一個方法是周期性的將電流逆向，這樣可使金屬的塊粒部分或不良部分除去，製成光滑的表面；就是電極的毀燒部分，或在尖銳處的種種突起物都能除盡，可以用了這一個方法，簡直不大再需要拋光的手續了。(MGH-D847)

★**輕便電動鋸 Portable electric Saw**——輕便電動鋸是 American Floor Surfasing Machine Co. 的新出品。鋸片闊8吋，用$1\frac{1}{2}$馬力電動機驅動，無載速率6500 r.p.m. 有螺旋一枚，可調節鋸割之深度，至最大$2\frac{3}{8}$吋。手柄二只，不論工作垂直平行，均可應付裕如。

★**內燃氣渦輪 (Turbodyne)**——內燃氣渦輪可說是近代氣渦輪中推動力最大的動力機。經過七年的研究與改良，至最近方由美國加洲 Northrop-

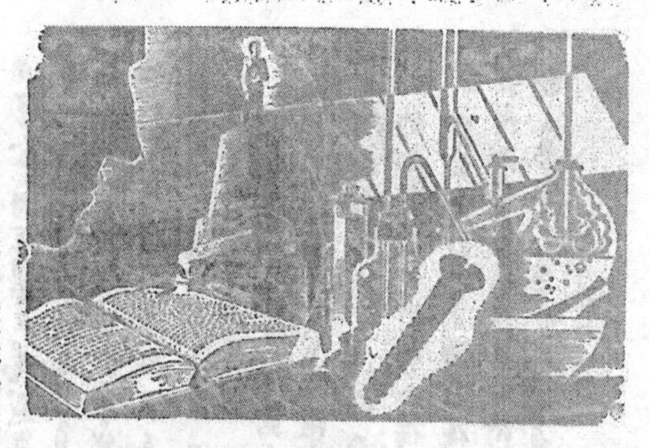

Hendy 公司正式製造成功。

內燃氣渦輪與通常柴油機相似；先吸取外界空氣，經過強力壓縮，在高壓下進入引擎中心，與燃料相混合。這樣一受點火，就發生極大的火力。這強大的爆力就用以推動渦輪的葉片 (blade) 而使機軸旋動。據說這種氣渦輪，噴口葉片在 1400°F 高溫下，能繼續工作500小時。它的燃燒效力有94—96%，壓縮率7:1。若在低速旋轉，能持久工作至10,000小時以上。煤油、汽油，煤粉均可作爲該機之燃料。沒有嚴格的限制，故頗稱便利。

圖中所示，右端即是空氣進口處。中部膨大部份是燃燒室，左端是噴嘴葉片推動機軸之旋轉部份。

現 Northrop-Hendy 公司正與 Union Pacific Rair Road合作將這種氣渦輪用作機車動力機。(稼)

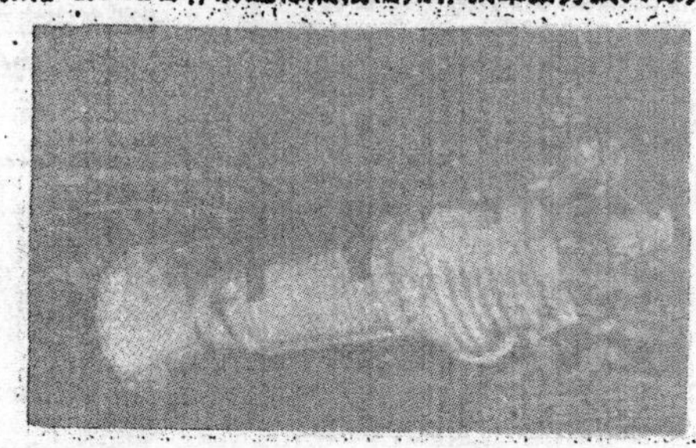

熱處理講話之二

鋼的熱處理(上)

台灣省鐵路管理局材料處副處長 吳慶源

鋼的結構組織，已經在上一期中大略談過了，以下便要研究到各種的加熱和冷却方法，也就是所謂『熱處理』(Heat-treatment)。

晶粒的粗細

在上一期中我們已經知道，將鋼加熱到臨界點以上時，對於鋼的結構組織有些怎麼樣的影響。在結束這個問題以前，還有關於晶粒(或絲縷)粗細的幾點，須得簡單地說明一下。假定鋼是在正常狀態之下，漸漸加熱，則至少要在溫度昇高到第一臨界點時，鋼的結構組織方才會起變化。在這一溫度時，原來的珠粒體(請注意：只是珠粒體，並非整個的鋼)完全變成了奧登體，它的晶粒(絲縷)由粗而變細了。但如果鋼的含碳量不是0.85%(那就是說，含有遊離的鐵晶體或遊離的碳化鐵)，則鋼的晶粒就整個而論並不會變細；因爲那遊離的鐵晶體或碳化鐵仍維持不變，於是那鋼幾乎仍保持它原來的晶粒粗細。直等到繼續加熱，熱到第二臨界點，整個鋼的晶粒才會完全由粗而變細。但是，如果再繼續加熱到第二臨界點以上，奧登體的晶粒却反而又會漸漸由細而變粗了。

晶粒的粗細和鋼的性質很有連帶關係。晶粒細，鋼的性質就堅韌，合乎建築用的材料。晶粒粗，則性質軟，合乎滾輾和冷敲用的材料。因此這實在是許多種熱處理工作的基礎，是我們不得不瞭解清楚的。

體積與體形也有關係

此外，鋼的體積和體形也有很大關係。因爲鋼被冷却時外部與內部並不能得到同樣的冷却速率，於是中心部分的晶粒就比表面的要粗一些了。體積小，這種冷却的差別還不大；體積大，則這種差體別就很可觀。中心部分的冷却旣然比表面部分慢，則它的鐵晶體有充分時間變成α鐵，而跟碳化鐵分開，因此內部的性質便比外部軟了。

再說到體形的關係。我們都知道，水凍結成冰時會膨脹；鋼被冷却而經過臨界點時，也會膨脹。但這種膨脹和平常鋼鐵或其他金屬的熱脹冷縮不同。這種膨脹與分子組織的改變有關。因此，鋼被冷却時外部冷却得快，分子組織來不及改變；內部冷却得比較慢，分子組織來得及改變。當溫度變化經過臨界點時，內部便發生膨脹。這一膨脹，有時足以使外皮破裂。所以，鋼件如果具有尖銳的稜角，或其截面的大小相差很多的話，則各部分冷却的差別很大，因內部膨脹而使外部破裂的可能性也比較大了。

熱處理普通有那幾種？

鋼的性質本來要受它的結構組織所支配。但結構組織並不是不可改變的，改變的方法可以有冷熱兩種。冷作的研究不在本文範圍之內，不去說它。用熱的方法來改變鋼的力學結構，便是所謂『熱處理』。

熱處理的普通方法有下面這幾種：

(一)退火(Annealing)，

(二)正常化(Normalizing)，

(三)淬火(Quenching)，

(四)回火(Tempering)，

(五)表面硬化(Case-hardening)。

現在分別說明其大概如下。

什麽叫退火？

所謂退火(annealing)，主要目的是在改善鋼的延性，不過同時不免減低它的强度。換句話說，便是使鋼變得柔軟一些，適於被加力。就晶粒說來，退火使得鋼的晶粒比較上由細而變粗。

退火方法是把鋼品加熱到相當的溫度(不一定在臨界點以上)，維持相當的時間(數小時甚或數天)使上面所說的目的得以達到；然後慢慢地冷却，有時就把鋼品留在爐子裏，直等到爐子自已冷

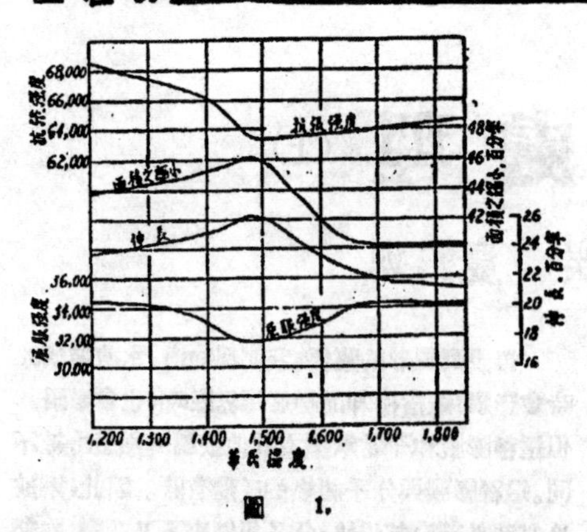

圖 1.

掉，冷到和外面空氣同樣的溫度。加熱的程度，要看最後需要的晶質而定，平常總在第二臨界點以上。不論鋼品的化學成分或物理情況怎樣，緩慢、謹慎、而均勻的加熱總是值得採取的。

退火時結構組織的變化怎樣？

在上面已經說過，普通碳鋼加熱時，在第一臨界點以下它的組織並沒有變化。那就是說，它的晶粒並不會變細。

當溫度超過第一臨界點以後，便有一個完全的變化，珠粒體變成了固熔體，使奧登體的晶粒變到最細的程度。

溫度倘再繼續增高，多餘的鐵晶體便漸漸被固熔體所吸收，吸收的完成或者在第二臨界點，或者在第二臨界點以上。如果這一時期的加熱速率相當緩慢，則多餘鐵晶體的吸收在達到第二臨界點時便可以完成了。

當鋼品的溫度超過第一臨界點後，其中便有無數的微小奧登體核心形成。當它再超過第二臨界點時，結構組織已經完全是奧登體，晶粒完全地由粗而變細了。倘使溫度再昇高，奧登體的晶粒卻又漸漸變粗，等到溫度充分昇高時，晶粒會達到極粗極粗的程度。這對於鋼的物理性質便有很大的影響，可參閱圖1。

晶粒的變粗還有其他的好處，例如在毛刀切削時容易施工等等。但這種結構組織對於衝擊的抵抗力很弱，而且晶粒愈粗，抵抗力便愈弱。

圖2示 0.40%碳鋼先加熱10分鐘，再加爐子裏冷却以後放大40倍的情形。(a)圖只是加熱到第二臨界點以下的情形，(b)圖則是加熱到第二臨界點

圖 2. a

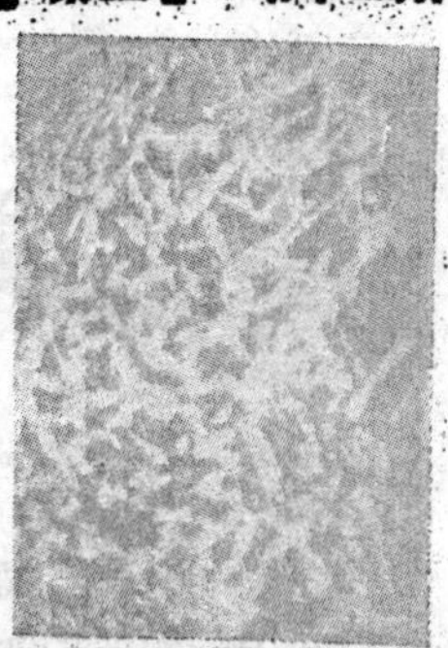

圖 2. b

以上的情形，晶粒粗得多了。

什麼叫正常化？

所謂正常化(nor alizing)，是在不十分犧牲鋼硬度的條件之下，使鋼得到相當的延性，也使是使它相當地堅韌。就晶粒說來，正常化使鋼的晶粒由粗而變細。正常化還可以使鋼中因加熱過度或因截面大小不同而發生的一切不良影響除掉。

方法是把鋼品加熱到高溫度，高到第二臨界點以上，維持相當時間，然後在空氣中冷却。加熱的溫度，也要看鋼的種類而異。

正常化時結構組織的變化怎樣？

普通碳鋼在加熱到第一臨界點以上時，奧登體便漸漸吸收多餘的鐵晶體，已如前述。為了使吸收迅速起見，溫度愈高愈妙，然而奧登體的晶粒卻又要變得很粗。如果冷却速率慢的話，冷却以後這種粗的結構便將保存在鋼的組織中。所以，加熱以後的冷却不妨讓它在空氣中施行，使冷却的速率

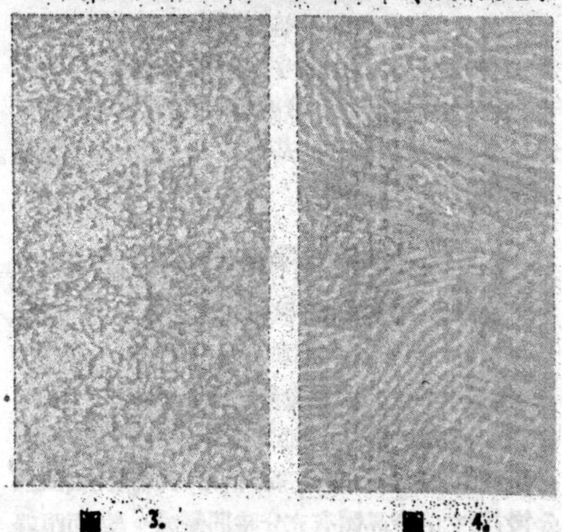

圖 3.　　圖 4.

（下接第25頁）

機械養護的最好範本

高效率的公共汽車養護

任何成功的工作制度必須包括一個有效的工作計劃，準確的記錄和完善的技工訓練。此地所介紹的GMC公共汽車養護制度，就能做到這三點。

凡　　夫

公共汽車的養護是機械養護的最好範本，正和一切工作制度一樣，它必須考慮三個問題：即需要一個有效的工作計劃，停車場和工具的配置要完全合理化；其次是一種準確的工作記錄，這記錄不但可以作爲工作者的參攷和借鏡，同時又是每輛汽車的歷史報告，最後是透澈而熟練的技工訓練，使工作效率極爲增高。這三點，很難完全配合，可是美國的通用汽車公司的公共車輛部，却產生了一種完全的制度，可以符合這三點要求。

在這一個制度中，公司方面根據了每日的檢查工作和行走相當哩數後的檢驗工作，使每輛公共汽車保持在最佳的機械運轉情形。每日必需檢查的是：各處安全部分，燃料經濟情形，和車身外觀情形三大類，包括加油，車胎，車輛下部，排檔，引擎全部，車身內外，以及各項控制機件等。這一項檢查工作是由一位或一組檢查員來完成的，規定的次序務使檢查不再重複，而這一種每日檢查報告，就是整個制度的基礎。同時，因爲訓練得好，所以檢查所費的時間甚少，大概在加油所費的一點時間內，就可以把車子全部檢查完竣。

車子行走了1,500哩，3,000哩及15,000哩時，每一輛車子還要經過一次詳細的檢查。在這一次檢查中，電路，車輛，制動系統，引擎和變速箱，及潤滑系統等都要經過檢查。在整個工作中，規定的程序，使工作不致浪費損失。例如，電路的檢查是全部未經每日檢查的部分；車輛及制動系統亦較仔細，如空氣氣管，車輪，推動軸，轉向系統，制動器，及車輪的校正都包括在內。引擎和變速箱亦較仔細，尤其是潤滑系統方面，因爲公共汽車的失事，常常是由於潤滑的失效關係。

這些檢查的記錄格式必須簡單而有效。在準備檢查手續的時候，最重要的就是簡明性，伸縮性和準確性了。每一次檢查應該在一張工作單上計劃一下，可作爲工匠的參攷，那末可以保證每一部分的檢驗和修理。這種工作單的正面載明工作步驟，汽車的種類，檢查的類別和汽車的歷史；反面是檢查的詳細情形。

在整個制度中的檢查工作訓練方面也是佔着重要的地位。訓練技工應用很多新的方法，他們有七種幻燈片指導修理檢查的工作法，還有許多圖書的小册子一步一步的說明工作方法，以及詳細的文字，分發給技工，作爲參攷。

（上接第24頁）

比較快一些，結果所成的結構便較細。

當鋼中的奧登體冷到第二臨界點以下時，它便開始析出多餘的鐵晶體，直到多餘的鐵晶體全部析出在奧登體周圍爲止。如果這冷却的速率慢鐵晶體有充分的時間結成網狀的組織，把含0.85%碳的奧登體包在裏面。如果這冷却的速率快，析出的鐵晶體來不及結起來，仍分散在鋼中各部分，便比較來得均勻。

冷却到第一臨界點和低時，如果速率極慢，碳化鐵便會收縮，縮成一粒一粒的模樣，被鐵晶體圍繞着，如圖3。如果速率不是這樣慢，那奧登體終於會分裂成一層隔一層的鐵晶體和碳化鐵，如圖4。不過冷却愈快，則每一層愈薄，結果所成的組織晶粒便比較細膩了。（未完，下期續完）

編者致歉：上期所刊之『鋼的結構組織』一文，吳先生之姓氏在目錄頁中被誤植爲『何』，編者一時未及察出，謹此致歉。

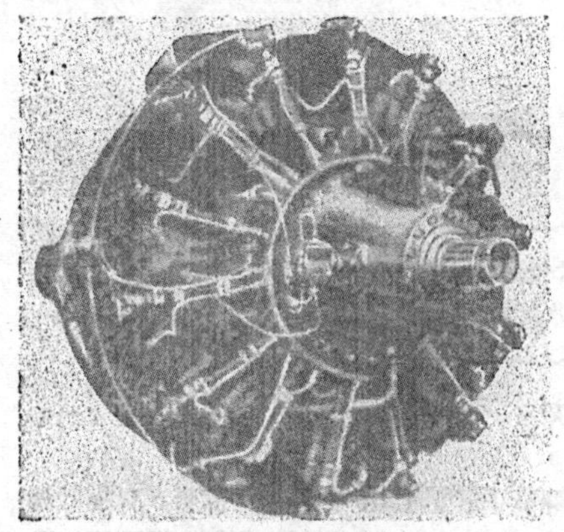

和美國飛機引擎相頡頏的——

蘇聯的飛機引擎

·黎　飛·

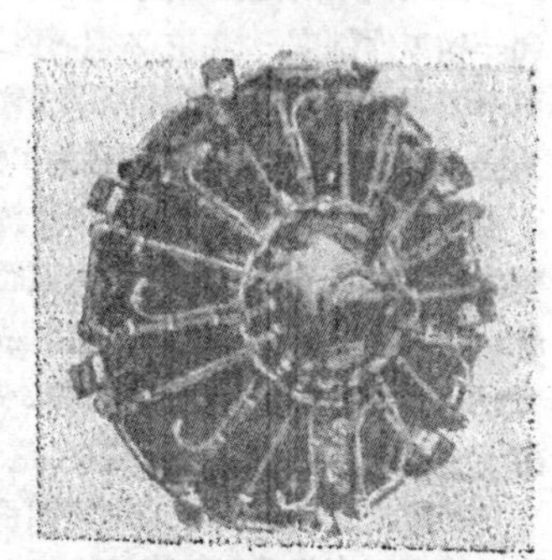

圖1(下左)　M-11F,145 馬力氣冷式飛機引擎。

圖2(下右)　M-63,起飛馬力1,100,裝有雙速增壓器。

圖3(上)　M-82FNW,1,850 馬力的巨型戰鬥機引擎

蘇聯的飛機引擎情況一向很少爲世人所知,悉因爲它們大部分用之於國防方面,而製造情形和引擎的性能皆是秘密中的秘密,但自從這次大戰以後,關於蘇聯飛機的性能也部分地爲世人所了解,只可惜關於這方面的數字甚少,新聞報道亦多語焉不詳最近有美國威爾金生(P.H. Wilkinson)氏的調查發表於美國的航空周報(viation week)四十七卷第四期上,其中尙多工程方面的有用數字,頗有參考的價值,現在摘要的介紹如後:

根據他底調查說,現在蘇聯飛機引擎尙在生產中的大都是依據美國,法國及德國的最好引擎式樣,加以改良而製造的。他們的設計,更爲堅牢,構造亦更簡明,這可從他們的氣閥和增壓器(Supercharg r)構造上看得出來。

現在的紅色空軍所用的往復式飛機引擎共有七種基本式樣(圖1至圖7)此外尙有二種型式,在研究中。至於噴射式引擎的大量生產則尙未有明顯的徵象,即使有恐怕亦和德國或英國所製的不相上下吧?

氣冷式飛機引擎

在蘇聯的氣冷式引擎中,最小的恐怕就是M-6型　,這是一種五汽缸輻射式的引擎,有些像法國造的勞蘭5P型。屬於這一型的引擎,有110馬力的M-11E和145馬力的M-11F(圖1),這些引擎原來是裝在初級教練機U-2及UT-2上的。較大的M-5型類的飛機引擎,有七汽缸,220馬力的M-21型及九汽缸320馬力的M-31型二種,引擎的另件均類似,但現在的應用甚少。

現在生產的九汽缸輻射式,祇有M-63(圖2)一種,它是根據美國萊脫R-1820旋風式改良而製造的。M-63有一具二個速率的增壓器,起飛馬力爲1,100匹,應用在高級教練機上如I-15-3,以及雙引擎運輸機如PS-84(頗似道格拉斯DC-3)等。還有一種1000馬力的M-62型,與M-63相似,是應用在雙引擎飛船,如MDR-6上,以及GST式飛機上的。

巨型輻射式引擎

M-82型引擎(圖3)是較新式的14汽缸輻射式,其生產程序是到二次大戰結束階段纔完成的,目的在對抗德國的BMW-801式,這種引擎頗似英國萊脫R-2600旋風式,亦裝有二速率的增壓器,起飛馬力爲1,850匹,這種蘇聯式的引擎是應

用德國Deckel式的噴油泵直接噴油進入每一只汽缸的。屬於M-82型的引擎有二種，如111式及212式，都裝有下向式化氣器。M-82型引擎應用在新式的蘇聯戰鬥機如LA5及LA7，或雅克-7型上。在轟炸機如雙引擎的IL-4及TU-2，四引擎的TB-7上，還有雙引擎的運輸機如IL-12上均裝此式引擎。

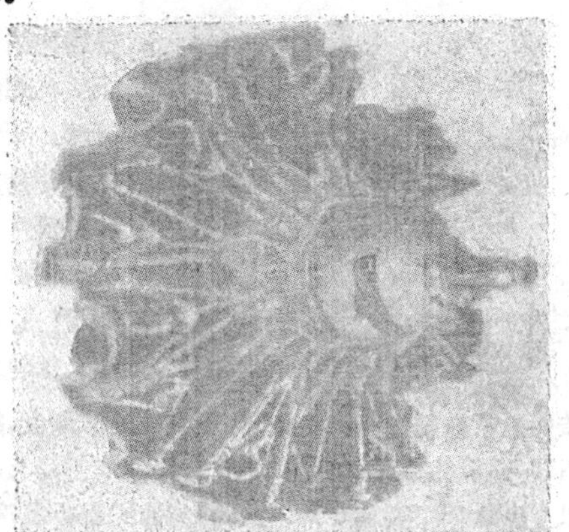

圖4 M-88B，14汽缸，1,100馬力氣冷式，蘇聯的B-29型機引擎

還有一種M-88(圖4)型的十四汽缸輻射式引擎，原來是根據法國的引擎Gnome-Rhone 14N式改良造成的。它裝有雙速增壓器，及上向化氣器，起飛馬力爲1,100匹，可應用在IL-4及SU-2二種轟炸機上面。較新式的是M-89型，它有直接噴油泵，起飛馬力爲1300匹，裝在最新式的轟炸機SU-2上面，有時這種引擎還裝在新式的四引擎IL-18型上面，其性能和道格拉斯最出名的B-29型相彷。

水冷式飛機引擎

在水冷式的各種引擎方面，蘇聯致力於V-12式的製造。最通用的是12汽缸M-105型(圖5)。屬於這一種的有M-105P和M-105PA，起飛馬力爲

圖5 M-105P，V-12式水冷引擎，起飛馬力1,100，螺旋漿中藏有大砲

1,100匹，在螺旋槳軸的中心是一個20公厘砲筒，可發射砲彈。還有M-105PF一種和M-105P相似，但馬力較高，在2600呎高度時有1,260馬力，適合於低空飛行的地面攻擊用飛機，如雅克-1B，雅克-9T，和雙引擎的PE-2等。另有M-105R一種，是沒有砲的，常裝在AR-2，ER-2及雅克-4這幾種雙引擎的攻擊轟炸機上應用。

較M-105性能更佳的新型M-107引擎，它

圖6 M-107A，每汽缸有四只氣閥，馬力1,600

基本設計和汽缸的排氣量都相同，但是起飛馬力卻有1,600匹，且能在5,600呎高度時，維持這一個動力；這是因爲每只汽缸用到四只氣閥(原來只有三只)的關係。現有製成的有M-107A(圖6)，應用於雅克-9D和雅克-11二種戰鬥機上面，據說紅色空軍尚有其他新型飛機亦用此型引擎爲動力機。

在蘇聯最大的水冷式汽油飛機引擎是AM-38型(圖7)，它底遠祖是美國的寇的斯征服式和德國的BMW VI型，但美德二型引擎的排氣量要小許多。AM-38A是這一型的一種，馬力有1900匹，還有一種AM-38F，馬力達1700匹，它們都有像寇的斯式的四只化氣器設置在二排汽缸之間。現在新型的IL-2「斯島瑪維克」式的鐵甲地面攻擊機，就用這種AM-38A來發動的。

柴油飛機引擎在蘇聯有特殊的進展，如M-40型，就是一種12汽缸直式水冷柴油引擎，有着3,800立方吋的排氣量，和1,500匹起飛馬力，在19,700呎高度亦有到1,250匹馬力，這種引擎亦被廣泛地應用在很多的蘇聯飛機上。

圖7 AM-38F，馬力1,700，最大的水冷引擎

機工小常識

怎樣切削多頭螺絲？

·任之·

當你用細牙螺絲，要想旋進得較快時，可以應用多頭螺絲(multiple threads)來達到目的，這就是把原來的旋距(lead distance)切做二個三個，或者更多的螺紋。我們日常應用的物件中，自來水筆的筆套，就是一個很好的例子，——因爲你需要很快地將筆套旋緊，但這又不便用粗牙螺絲。其他如照相機及雙眼鏡(雙眼望遠鏡或雙眼顯微鏡)的焦點調準儀，也是應用多頭螺絲的。

旋距和螺距

圖1所示，是一切螺絲上所用的二個名詞——旋距(lead)和螺距(pitch)。旋距就是螺絲旋轉一

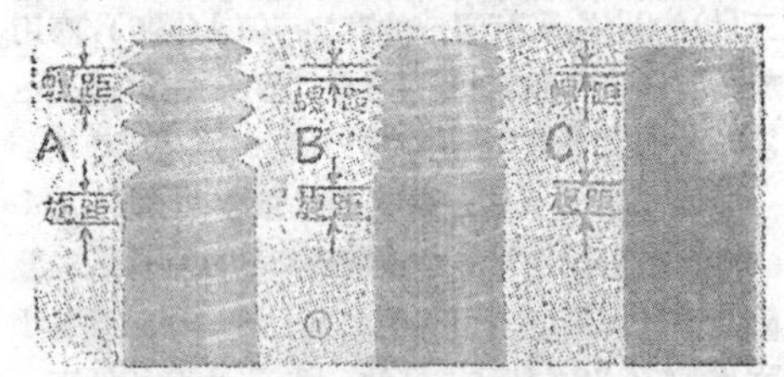

週時所前進的距離，螺距則是兩螺紋間的距離。以單螺絲論，如圖1A所示，旋距與螺距兩者相同，B爲一雙頭螺絲(double threads)的情形，其螺距等於旋距之半。C示一四頭螺絲(4-star thread)，其螺距爲旋距之1/4。一切多頭螺絲其旋距與螺絲頭數的乘積，即爲螺距。例如：一雙頭8-旋距(8-lead)的螺絲，其螺距爲16，也可說每吋有16牙，所以螺紋間的距離爲1/16"。8-旋距的意思是：螺絲前進一吋，須旋轉8次，所以螺絲每旋轉一週時，其前進的距離爲1/8吋。

用車床桃子軋頭來切削多頭螺絲

應用車床上的桃子軋頭(dog)以切削多頭螺絲，在金屬割切法中，是很普通的。例如，倘你要切削一個8-旋距16-螺距的雙頭螺絲時，先依照所需要的旋距，而配裝車床頭部的齒輪，或在齒輪箱上覓得所需的位置。但請記住，當你配齒輪時，或

移動齒輪箱上手柄的位置時，祇要顧到你所需要的旋距就行，不必管螺距是多少。切削方法與車單螺絲方法完全相同，不過螺牙的深度，須照16-螺旋的螺牙深度而切削。我們從第三表上可以查出螺牙深度爲0.047吋，倘使你採用標準29°角螺紋時，則深度爲0.054吋。圖2即表示第一個螺紋車成時的情形。當第一個螺紋按其深度車成功後，拉開車床尾架，並將桃子夾頭的曲尾放置與原來位置相對的槽中，如圖3所示。再從頭開始切削第二個螺紋，一如切削第一個螺紋然。假使你採用標準29°角以車切螺紋，則如圖4所示，你可以看到，第二個螺紋沿着第一個螺紋開始車削，繼續的工作可以完成這個螺絲。如果再能應用車床花盤

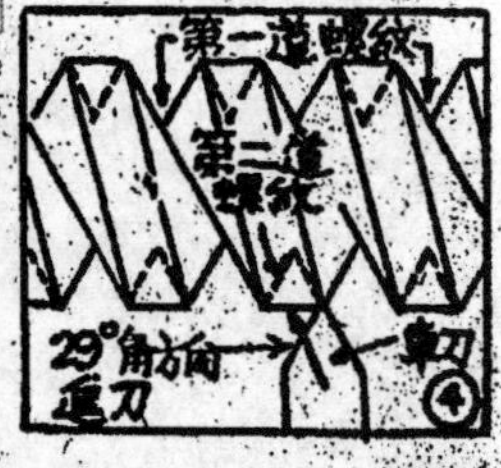

(faceplate)上的四個槽子，你就能够車削四頭複螺紋。還有你如需要車削三頭複螺紋，那末可以在花盤上鑽三個位置互相對稱的圓孔，裝上三個螺絲，再備一個有直尾的桃子夾頭就能完成你的工作。

如何應用分度盤

大部份新式的小車床，均裝有分度盤或稱螺絲表(dial)，我們可以利用他來切削很多種的多頭螺絲。表一中所示，爲全部有用之複螺紋之範圍，即如可用分度盤以車切之各種螺距(pitch)。圖5示一標準分度盤。除出其面上所刻有之分線外，還可按圖中虛線位置加刻分線。表二爲吾人可用分度盤以車削多頭複螺紋之種類。現有二種不同標準之分度盤。本表則根據多數小車床所用8-螺距之導螺桿(lead screw)爲標準。

表一	複螺紋之有用範圍																					
螺紋頭數	旋距																						
	1½	2	2½	3	3½	4	4½	5	5½	6	6½	7	8	9	10	11	11½	12	13	14	16	18	20
2頭	3	4	5	6	7	8	9	10	11	12	13	14	16	18	20	22	23	24	26	28	32	36	40
3頭	4½	6	7½	9	10½	12	13½	15	16½	18	19½	21	24	27	30	33	34½	36	39				
4頭	6	8	10	12	14	16	18	20	22	24	26	28	32	36	40								
5頭	7½	10	12½	15	17½	20	22½	25	27½	30	32½	35	40										
6頭	9	12	15	18	21	24	27	30	33	36	39												
8頭	12	16	20	24	28	32	36	40															
10頭	15	20	25	30	35	40																	
12頭	18	24	30	36																			

注意
1. 表中數字，除3,5,6,10,12頭螺紋，及4頭與8頭之16, 32旋距之外，均用可分度盤切削。
2. 較巡之螺距，自1.5至3.5，在普通牙齒表上雖不表出，但仍可以組合齒輪之方法得之。

圖6所示，爲一6-旋距，12-螺距之雙頭螺絲正在車削時之一例。參照表二，可注意到，其中B所示之位置，正好適用。先按照6-旋距之所需要，配組齒輪。次將分度盤，使對準外緣上刻有1字之任何位置，即開始車削第一個螺紋。然後在不變動工具複進刀(Compound infeed)之情形下，使分度盤對準外緣刻有2字之任何位置，再車削第二個螺紋。如此反復進行，吾人即可獲得一完美之雙頭螺絲矣。用此方法時，可不必注意螺絲之最小直徑(minor diameter)，因削切工作之進行，通常削致至螺紋嵴之尖銳

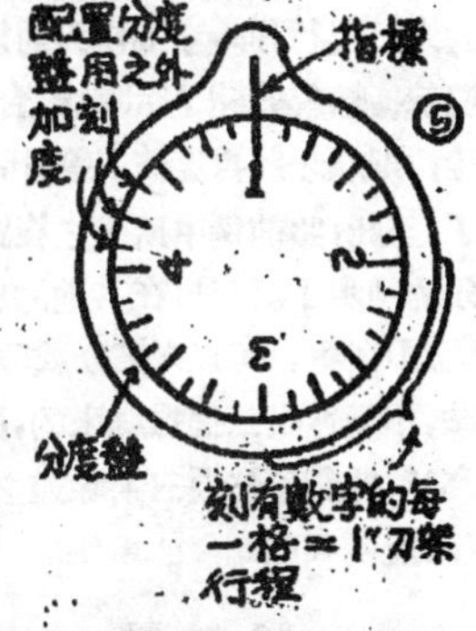

表二	複螺紋車製時之分度盤配置																				
頭數	旋距																				
	4	12	20	2	6	10	14	18	3	5	7	9	11	13	1½	2½	3½	4½	5½	6½	11½
2頭	8	24	40	4	12	20	28	36	6	10	14	18	22	26	3	5	7	9	11	13	23
4頭	—	—	—	8	24	40	56	72	12	20	28	36	44	52	6	10	14	18	22	26	46
8頭	—	—	—	—	—	—	—	—	24	40	56	72	88	104	12	20	28	36	44	52	92

表內數字為螺距

第一式　Ⓐ　Ⓑ　Ⓒ　Ⓓ

第二式

12161

而後止也。但爲便利計，仍有車好最小直徑者。最小直徑之决定法如次，即由螺絲外徑減去表三上所列螺紋深度之雙倍即可。

分度盤之作用

分度盤究竟如何會使螺紋間的距離分開，這是一個基本的問題，我們應該了解的；在分度盤上，如圖5所示，其所刻着數字的每一格，即代表走刀架(Carriage)移動一吋之距離。一格之半，即代表移動半吋之距離，餘依此類推。吾人可由圖5中之所示，由分度盤上每格中虛線的表示，可以將走刀架的行程(travel)等分至1/8吋。如以前述數字爲例，其旋距爲6，當走刀架行程是一吋時，車刀與第一及第六個螺牙相吻合，行程爲1/2吋時，則車刀將觸及第三個螺牙，但是，倘使你配置在1/4吋的走刀架行程時，則車刀將觸及第 $1\frac{1}{2}$ 螺牙處，這就使螺絲分開了距離。配合在1/8吋之拖鈑行程時，則螺牙將再度被二等分，即成爲一四頭螺絲了。至此，照前例中所述之旋距，當已分至不能再分的地步了。但是，在其他的旋距時，如表二中之C及D所示，可以再被分成8頭螺絲的。但用這方法，不能伸出三個螺絲來的，因爲分度盤上的格數爲32，此數不能爲三所除盡之故。圖7爲又一個例子，說明四頭螺絲的車法。

車削螺絲的一例

圖八至圖十四爲表示將圖七中所示之工作，一步步地車切內螺絲(internal thread)及外螺絲(external thread)以至於完工之情形。通常總是先車外螺絲的，因其爲最大直徑(Major diameter)。車內螺絲時，先從表三中尋出最小直徑(minor diameter)，再加上螺牙深度之半。你須了解有此餘隙之故，因爲我們是不能車出完全理論上計算所得的螺牙之故。

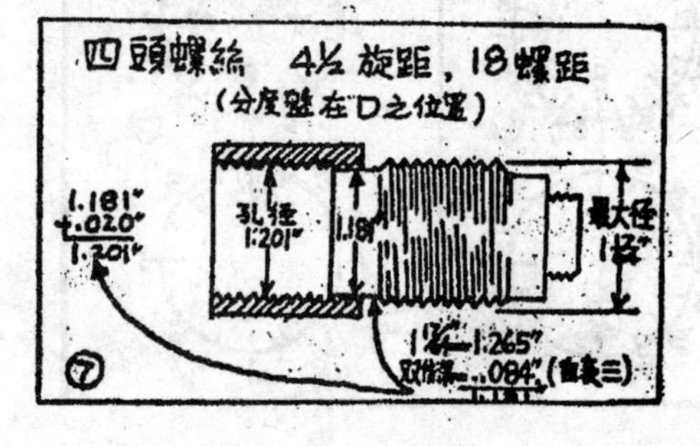

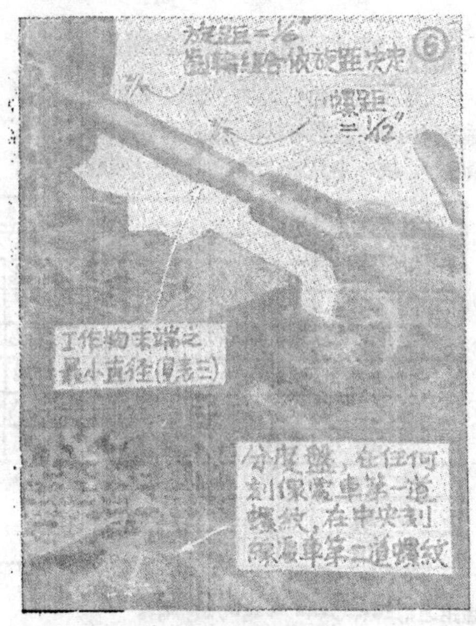

應用螺絲攻法

用螺絲攻(taps)切單螺絲(single threads)，是車床工作上的一件老把戲，而此法亦可推廣之應用於複螺紋之割切者。你事前須準備好一套多點割螺後工具(multiplepoint threadingtool)，就可以用他一次完成二個，三個或更多個的螺紋了。例如，圖15所示，正在使用一個18-螺距之螺絲攻的情形，倘使你要割切一個雙頭螺絲時，你可將齒輪箱或齒輪組依照9-旋距之螺絲的需要而配置。再將分度盤(dial)置在適合於9-旋距之位置，則螺絲攻一次便可割切好一個雙頭螺絲了。再由工具臺的橫線進刀，直至完工爲止。

如圖16所示。就用這同一螺絲攻，你可以用他來割切三頭螺絲或四頭螺絲，祇要你依照6-旋距及4-旋距以配置齒輪組好了。無論如何，用這個方法割切出來的各種螺絲，他們的螺距(pitch)都是同螺絲攻的一樣的，在本刊中，則均爲18-螺距。

倘使用螺絲攻以割切內螺絲時，則必須先將螺絲攻上割口之踵部(heel)磨去，如圖17中所示，以獲得所需之空隙。螺絲攻不宜吃刀太深，故須緩緩地進刀，並且多多地加油。在此情形下，螺絲攻較製件上之孔徑爲小，而祇有一組牙齒直接工作。

圖18所示，爲應用螺絲攻之另一方法。在此方法中，採用具有所需要之旋距之螺絲攻，而以分度盤來分裂螺紋。螺絲攻上原

表三	螺紋之深度(吋)			
螺距	每牙距離	螺紋深	双倍深	在29°時之進刀
3	.333	.253	.506	.292
4	.250	.190	.380	.216
4½	.222	.169	.338	192
5	.200	.152	.304	.174
6	.167	.127	.254	.146
7	.143	.108	.216	.124
7½	.133	.101	.202	.114
8	.125	.095	.190	.108
9	.111	.084	.168	.096
10	.100	.076	.152	.087
10½	.095	.072	144	.082
11	.091	.069	.138	.079
12	.083	.063	.126	.072
13	.077	.059	.118	.068
13½	.074	.058	.116	.067
14	.071	.054	.108	.062
15	.067	.051	.102	.057
16	.063	.047	.094	.054
16½	.061	.046	.092	.053
18	.055	.042	.084	.047
19½	.051	.039	.078	.045
20	.050	.038	.076	.043
21	.048	.036	.072	.041
22	.045	.035	.070	.039
23	043	.033	066	.037
24	.042	.032	.064	.036
25	.040	.030	.060	.035
26	.038	.029	.058	.034
27	.037	.028	.056	.032
28	036	.027	.054	.031
30	.033	.025	.050	.029
32	.031	.024	.048	.027

來之螺紋，可以被分爲雙頭或四頭，但不許分成爲三個頭。圖19及圖20所示之例，係用一11-旋距之螺絲攻。再分11-旋距時，可得22螺距之雙頭螺紋。製件上孔徑之大小，須適合於22螺距之螺紋，並須

顧及必要之餘隙。在此情形下，螺絲攻上的各齒均直接工作的。

用複式精密工具檯來決定螺距

此法在若干場合下，頗有用處，尤其當粗車三頭、五頭或六頭螺絲，以便再用適當螺距之螺絲攻以光整的場合。如圖21中所示，複式工具臺是平行安置的。假定粗車一個六頭4-旋距的螺絲時，其螺紋爲24-螺距。依照4-旋距之需要配好齒。輪組，車一單螺紋，使其深度却爲24-螺距之深度再將複式工具臺向後移動一小距離，使此距離等於24-螺距螺絲上的螺紋間之英吋距離。由第三表中，可查知其距離爲 .042吋，這樣即可割切第二個螺紋。用此方法割切成功的螺絲，其螺距可能是不大準確的，但用一24-螺距之螺絲攻光整後，即很完整了。

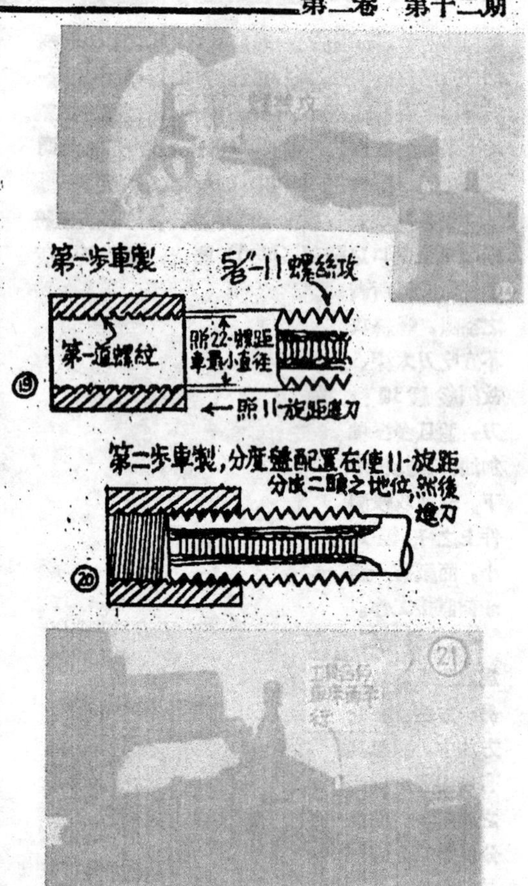

編　輯　室

本刊自第二卷復刊至今，到三十六年年底，剛好出版了十二期，根據讀者的批評和意見，決自三十七年元旦出版第三卷第一期起，內容方面，大加革新。一月號擬介紹中國鑛冶特產「鎢」，二月號爲農業機械特輯，三月號爲航空工程特輯。但各期中各科（化工電機機械土木）均將有固定頁數，不偏偏廢，以符本刊命名之旨。

本期突錢學森先生的演講紀錄，和國彬先生的美國的電力事業兩篇長文，都是值得一口氣讀完的有價值的文字。讀者如能根據錢先生的意見，對於工程科學的研究方法加以討論，一定能獲益匪淺。工業模型展覽特寫，也許能彌補外埠讀者未能目睹斯會盛況的遺憾。工程應用資料的算解圖，因稿擠暫停，望讀者原諒。

第二卷已告完卷，本刊同人一直隨着中國技術協會整個團體的發展而發展，扶持這一本出版物。如果技協的進展快，這一本出版物也必需迎頭趕上去。根據技協第二屆理事會的決議，演講，教育，研究圖書，服務以及各生產事業機構都將有所作爲，本刊在出版工作方面，配合各部科工作，決不落後。最精警的演講稿，必先饗本刊讀者；供給技協職業學校教材的工作，也將自下期始。編者衷心以普及技術教育，協助工程知識的研究和交流爲宗旨，是始終不侈的，隨着技協的發展，只有加緊努力，希望讀者支持這一個工作，好爲新中國的建設，打下一些基礎。

讀者信箱

(17)廣東順德縣胡俊先生：所詢鐵工廠地址謹覆如下：中華鐵工廠廠址在上海陸家浜路迎勳路口1060號，營業部在江西中路396號永進機器製造有限公司廠址戈登路489號，大隆鐵廠廠址西光復路造幣廠橋，前爲資源委員會上海機器廠，現在該廠尙未開工暫無出品。(L.)

(18)浦東周浦六灶鎭張洪仁先生：你在業餘之暇不斷進修，眞是値得欽佩。你說業餘只能修些數學，物理，化學方面的知識，希望介紹各種工具書籍及機械常識，謹略答如下：

中文的工具機械書籍，坊間罕有佳作，出版有：一、商務大學叢書之工具機學，二、商務職業學校敎科書金工，三、作者書社經售鐵工機藝學，四、世界書局出版金工工作法，其中工具機學一書內容較爲豐富，鐵工機藝學較爲通俗，普通可以參閱。(S.)

(19)蕪湖縣淸水河湖南鄉合作社方東白先生鑒。一、本會年會特輯並不贈閱，每册售價六千五百元，欲購請卽來函。二、工業模型展覽會並無刊物出版三、目前上海並無機械模型出售，機械模型刊物亦無出版，先生對於何種機械模型感有興趣，可詳告，本會可代爲籌製。四、關於中國發明學會通訊地址近正分頭探訊中詳細情形及地址當在下期奉告(S.)

(20)南京浦口小河南海軍浦口工廠甘忠義先生：你說對於土木工程繪圖頗爲醉心並且對於機械繪圖學習已經數年，想要進一層學習些土木繪圖知識，實際繪圖，機械與土木並沒有最多的差別，土木的繪圖簡單說來分爲房屋與造橋兩種，這方面的書籍有作者書社經售的建築圖學，商務印書館職業學校敎科書建築學，英文方面有Architecture Drawing.(施)

(21)湖南沅陵湘西電廠文星朗先生台鑒。所詢各項問題謹簡略如下：

一、S.A.E. 所規定之機油分類標準如下：

S.A.E. 粘度	10	20	30	40	50	60	70
Saybolt粘度(130°F)(秒)	90-115	120-180	180-2 0	255-			
Saybolt粘度(210°F)(秒)				-75	75-100	105-120	125-150

Saybolt 粘度是200cc.機油在一定溫度流過Saybolt測粘器所需之時間(秒)。是項測定粘度標準之測粘計除Saybolt,(美國)外，更有 Engler,(德國)Redwood(英國)等數種。

S.A.E. No. 10及20之機油適用於冬季寒冷之處，No.30機油應用最爲普通，No. 40至60大部用於天氣炎熱或則速度甚高之處。

二、蒸汽機所用之潤滑油當視蒸汽之溫度，壓力及過熱程度等情形而定，普通所謂汽缸油係一黑色黏性之礦物油有時間或有若干成分(5—25%)之不揮發油之混入。其常用之粘度如下：

蒸汽情形	Saybolt粘度 210°F	混合油成分 %
飽和蒸汽壓力在150磅/平方吋以下	95—135	5—8
飽和蒸汽壓力在150磅/平方吋以上	125—165	3—6
含有多量水份之蒸汽	95—135	8—10
過熱之蒸汽	145—200	0—3

如有不揮發油之成份當須注意其不走入鍋爐以至損害鍋爐，普通對於機油不外試驗其黏性，揮發性，酸性，黏膠性，及固體物質等，是種測驗有以化學方法，亦有以物理方法進行之。普通汽缸油之閃點(Flash Pt.)約在550°F左右，內SO_3含量不得超過0.3%，揮發性不得超過5%，加熱至480°F需仍不變顏色，而不含任何固定雜質。三、透平油爲精煉精濾之礦物性油，呈中性，其內聚性(Cohesion)極低而外聚性(Adhesion)極高，所用油之黏度視加油系統及溫度而定，常用粘度列后：

油環潤滑軸承（有或無水套）　150—200秒Saybolt100°F.

油環潤滑軸承（受甚大之輻射熱）　300—500秒Saybolt100°F.

環流系統(普通情形)：　140—200秒Saybolt100°F.

環流系統(有減速齒輪者)250—350秒Saybolt100°F.

透平油之比重約爲0.86-0.88(60°F)閃點在334°F，着火點(Fire Pt.)約爲375°F，不能含有1%以上之固體雜質。

四、變壓器油通常有礦物性油與合成油有二種，其特性如下：

性能	礦物油	合成油
比重	0.88	1.56
粘度Saybolt32.7°C	57—59	54
閃點°C	130—135	—
絕緣程度 KV./0.1吋在25°C	30	45

變壓器油之有無水份當視其絕緣性能而定，通常卽以變壓器油作一高壓試驗定之，試驗方法將變壓器油少許注入容器內有兩一吋直徑之電極中距1/10吋，將兩端電壓逐步加高至油最後被高電壓擊穿爲止。至於變壓器油之絕緣程度，當以變壓器之電壓而定。常用之標準，配電用變壓器其耐壓達五萬伏者已可。(W.)

工程界第二卷總目錄

按下列各類編排，作者名後為期數，括弧內為頁碼

1. 工程專論

2. 一般工程與工業

3. 國家建設及工業計劃

4. 土木工程及水利建設

5. 建築工程及結構工程

6. 鋼鐵與冶金

7. 工程材料

8. 化學工程

9. 機械工程

10. 動力工程

11. 汽車工程及公路運輸

12. 機工小常識

13. 航空工程

14. 電機工程及電子學

15. 工程新知識

16. 新發明與新出品

17. 工廠參觀及工業報導

18. 工程名人傳

19. 工程文摘

20. 工程另訊提要

21. 讀者信箱提要

22. 工程畫

23. 工程界應用資料

24. 中國技術協會首屆年會特輯

中國技術協會出版

工程界第二卷合訂本

發行者　工程界雜誌社
代表人　宋名適
總經售　中國科學公司
定價　每冊國幣十二萬元
中華民國三十六年十二月

民國紀元前五年創設

浙江興業銀行

辦理一切銀行信託儲蓄業務

備有詳章函索即奉

以穩健營業為方針

以顧客利益為前提

總行——上海北京東路二三〇號

本埠支行：大名路二六九號　林森中路九六九號　南京西路一一四六號　東門路六一至六三號

外埠分支行：南京　無錫　蘇州　杭州　漢口　天津　北平　重慶　昆明　香港

上海倉庫——北蘇州路七〇號

代客買賣
有價證券
代理集團
證券套利

和新紗廠股份有限公司

主要出品　粗細棉紗

荷心商標

總管理處　上海中正東路一一〇號　電話一一一三三號

廠址　上海平涼路八三三號　電話五〇五四五號

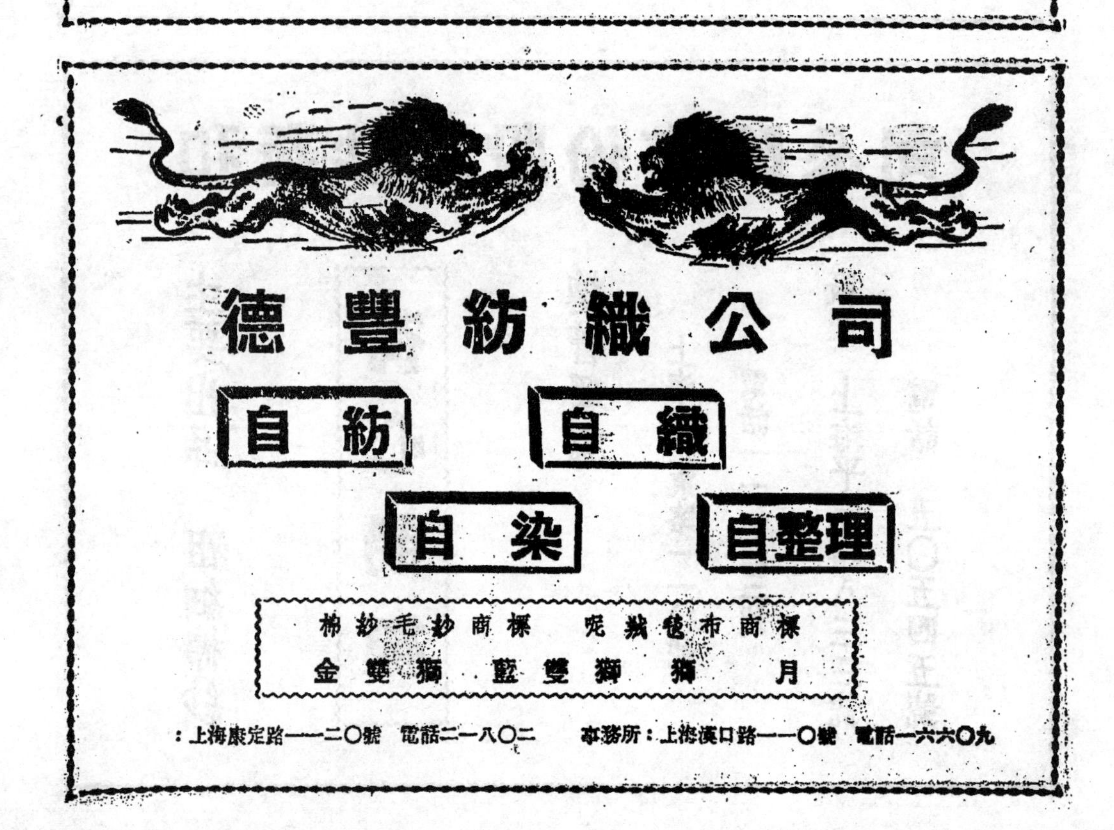

德豐紡織公司
自紡
自織
自染
自整理
棉紗毛紗商標　呢絨毡布商標
金雙獅　藍雙獅　獅　月
：上海康定路一一二〇號　電話二一八〇二　事務所：上海漢口路一一〇號　電話一六六〇九

建亞水泥廠
龍鳳牌水泥
品質優越
製造精良
風行遐邇
信譽夙著
總事務所 上海南京東路大慶里廿六號
電話 九一五八七
製造廠 上海梵王渡路二四五五號
電話 二三四零九

是科學界人士創辦

爲科學界人士服務

中國科學圖書儀器公司

★服務科學界已歷二十年★

總公司　上海(18)中正中路五三七號(福煦路慕爾鳴路口)　電話七四四八七轉接各部　電報掛號SCIENCORP

分公司　南京太平路二六七號　漢口江漢一路三號　廣州漢民北路二〇四號　重慶中山一路三一八號　北平琉璃廠一五五號　杭州英士街一〇二號

印刷部

自備高速度米利印機，自動糊印三色版機，英文自動排鑄機，湯姆生鑄字機，設備全，管理密，機器新，技術精，承印各項中西書版零件，尤以各種科學上新造字及數學公式，均能排出。各種鉛字祇用一次，字體清晰美觀。

圖書部

特約專家編譯大學用書，中學教科書，科學及技術參考書籍，內容充實，校對精確，印刷優美。發行五大科學技術雜誌，各月出一期。批發部供應全國書店，郵購部服務全國讀者，備有詳細圖書目錄，函索即奉。

儀器部

經售歐美名廠出品，代辦向國外定貨手續。自製物理儀器，化學玻璃儀器，生物儀器，測量儀器，繪圖儀器，生物切片，標本模型，化學藥品，精修儀器，代製標本，詳細目錄備索，外埠函購，代裝代運，服務全國，信用卓著。

THE CHINA SCIENCE CORPORATION

Printers, Publishers and Manufacturers & Importers of Scientific Apparatus & Chemicals

SERVES SCIENCE SIENCE 1928

537 Chung Cheng Road (C.)(Ave. Foch), Shanghai (18) Tel. 74487

每月科學新書

民國三十六年十一月份

機構學

（大學用書）

原著者　I.H. Prageman

譯述者　曹鶴蓀

27開本　300面　基價 400

著者教授機構學有年，以其多年講義，編成本書，取材新穎，講解簡明，所用數學，不過代數，幾何，三角，插圖甚多，清楚明晰，尤爲特色。凡機構學上之重要事項，均有敍述，除適於大學應用外，高級職業學校亦極適用。（ME1）

比較無機化學

原著者：薩伏雷（T.H. Savory）

譯者：袁秀順

27開本　160面　基價240

本書以比較方式，敍述無機化學之事實，理論適當，脈絡分明，大學及高中學生，若參考本書修習無機化學，當得事半功倍之益。

化學非徒賴記憶之科學。治化學者當以養成思考力及推想力爲要務，化學事實雖繁多，但學習得其途徑，即無雜亂之苦，本書即爲良好之學習指導也。全書計十六章，凡初等無機化學之重要事項及其相互關係，均有敍述。（C15）

人體寄生原蟲學

（大學用書）

再版增訂本

陳超常著

18開本　110面　基價550

本書初版發行以來，未及一載，即告售罄，茲乘再版機會，重行增訂，內容更見完善，(1)原蟲之形態學，生物學及分類(2)根足蟲綱(3)鞭毛蟲綱(4)胞子蟲綱 (5)纖毛蟲綱。〔新增材料〕(6)未明寄生原蟲，(7)我國原蟲病之流行病學（分論變形蟲性痢疾，黑熱病及瘧疾）(8)重要參考文獻(9)索引　（MH2）

實用小工藝

化學工藝

（科學畫報叢書）

科學畫報部編

32本開　130面　基價140

介紹化學工藝一百餘種，例爲安全玻璃，玻鏡，簡易感光紙及藍印圖，蠟香紙，墨水，防雨布，化學醬油，簡易烟火等之製法，又如玻璃鏤蝕法，鍍金屬法，金屬鏤蝕法，油漆及塗料調配法，毛皮鞣製法等，趣味深長，切合實用，便於製造。（PS29）

（以上各書，照基價180倍發售）

請將大名，通訊處，及擅長或愛讀科目惠示，本公司接到來函後，當列入本公司基本讀者名錄，以便將新書廣告及優待券等，陸續寄奉。

十二月份新書預告

電話學（大學用書）　陳湖、王天一合著

應用力學（大學用書）　Poorman著　曹鶴蓀譯

材料力學（大學用書）　Poorman著　蔣鴻逵譯

家常巧作（科學畫報叢書）　科學畫報部編

中國科學圖書儀器公司

總發行所：上海中正中路537號　電話74487

分發行所：南京太平路五八號　廣州漢民北路二〇四號　重慶中山一路三一八號　北平琉璃廠一五五號　漢口江漢一路三號

第三卷 第一期 三十七年一月號

[illegible]出版

華通電業機器廠股份有限公司

WHA TUNG ELEC. & GEN. ENG. WORKS LTD.

註册商標

製造……………變壓器　鐵路號誌
發電機　開關台
油開關　電動機
風扇　電爐

裝置……………一切電氣工程

廠　址　上海西康路五九六號　電話六〇三一一，六〇七四八　電報掛號一五五八

事務所　上海福州路五三號　電話一八六九五轉一三分機

分公司　南京中山路五三號　電話二二八五四　電報掛號〇二〇五號

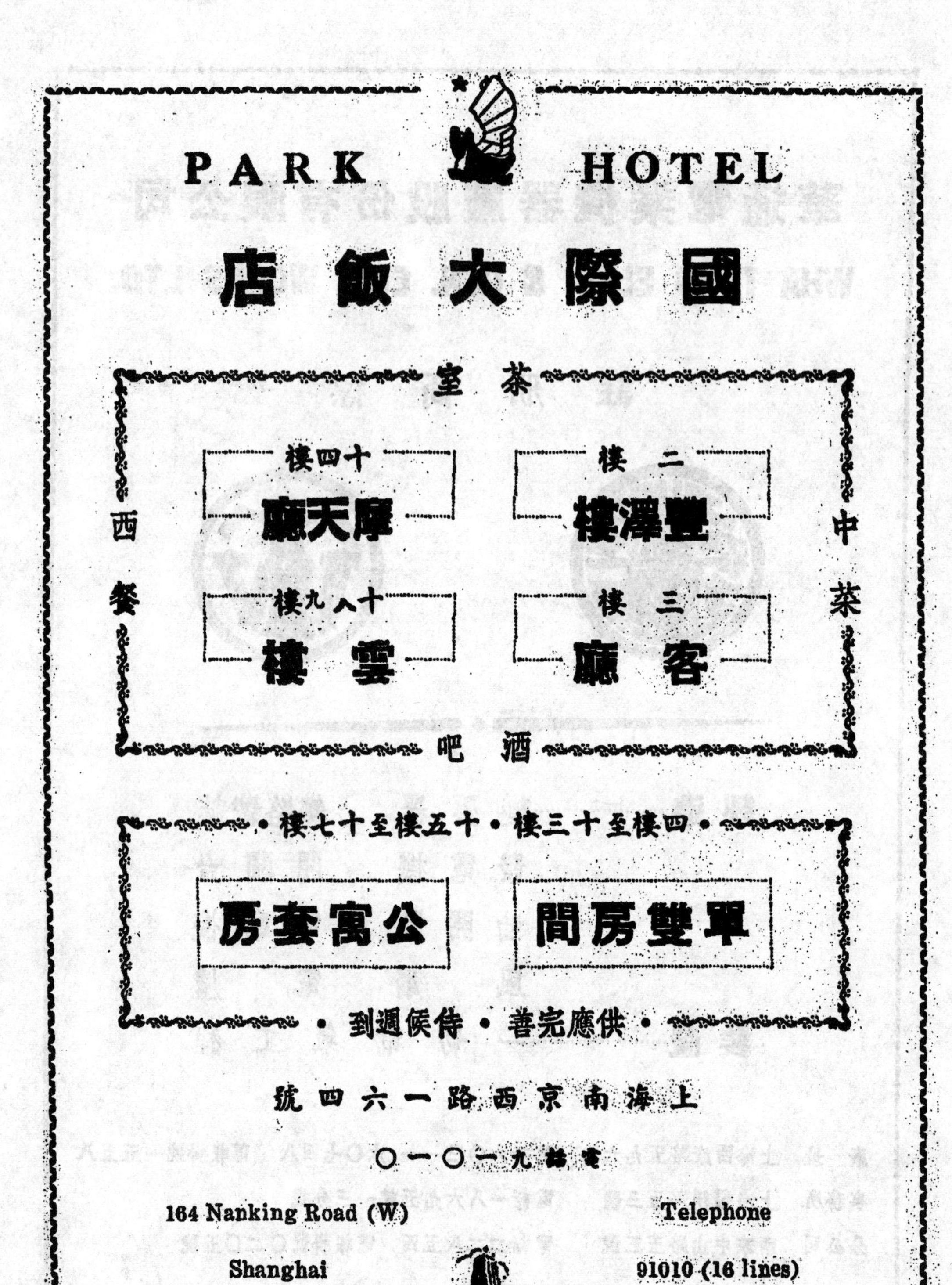

PARK HOTEL
國際大飯店
茶室
二樓
豐澤樓
十四樓
摩天廳
中菜
西餐
三樓
客廳
十八九樓
雲樓
酒吧
四樓至十三樓・十五樓至十七樓
單雙房間
公寓套房
・供應完善・侍候週到・
上海南京西路一六四號
電話九一〇一〇
164 Nanking Road (W)
Shanghai
Telephone
91010 (16 lines)

紅金
適口芬芳
愈吸愈香
PROSPERITY
紅金
★中國福新煙公司出品★

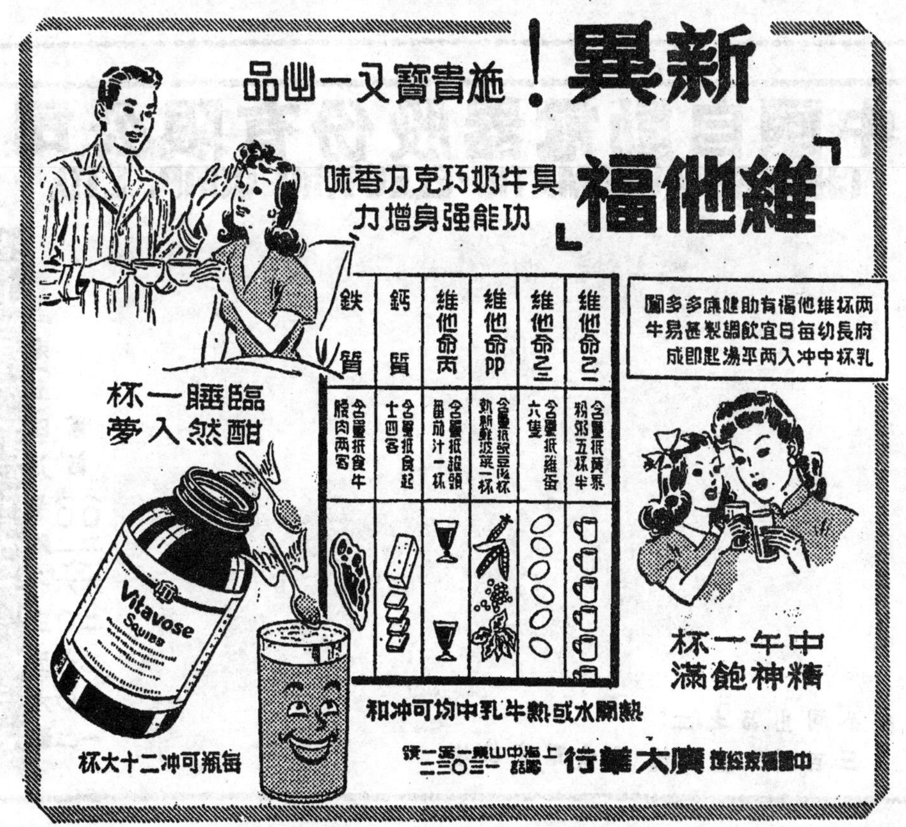
新異！施貴寶又一出品
「維他福」
具牛奶巧克力香味
功能強身增力
兩杯維他福有助健康多多闔府長幼每日宜飲調製甚易牛乳杯中冲入兩平湯匙即成
維他命乙二
含量抵雞蛋六隻
維他命甲
維他命丙
含量抵罐頭番茄汁一杯
鈣質
含量抵食起士四客
鐵質
含量抵食牛腰肉兩客
臨睡一杯
甜然入夢
中午一杯
精神飽滿
Vitavose
Squibb
熱開水或熱牛乳中均可冲和
每瓶可冲二十大杯
中國獨家經理 廣大華行

中國自動電器股份有限公司
CHINESE AUTOMATIC-ELECTRIC CORP. LTD.
設計製造修理經銷各種電信器材
上海(五)四川北路一三五六號
電話(〇二)六〇七〇二
(〇二)六二二七一
本公司出品之二:
三百門三座位複式共電交換機

·出版·發行·廣告·

工程界雜誌社

代表人　宋名適　鮑熙年

上海(18)中正中路517弄3號（電話78744）

·印刷·總經售·

中國科學公司

上海(18)中正中路537號（電話74487）

·分經售·

南京　重慶　廣州　北平　漢口

各地

中國科學公司

本期零售定價貳萬元

直接定戶半年六册平寄連郵十萬元

全年十二册平寄連郵二十萬元

POPULAR ENGINEERING

Vol. III, No. 1, Jan. 1948

Published monthly by

CHINA TECHNICAL ASSOCIATION

517-3 CHUNG-CHENG ROAD.(C).

SHANGHAI 18, CHINA

·通俗實用的工程月刊·

第三卷　第一期　三十七年一月號

目錄

12187

日紡織工業謀加速復興

日本政府爲加速復興紡織工業，現擬於今年九月以前，有四百萬錠紡錘開動，以實現政府擬訂之紡織復興計劃。（四百萬錠乃盟國許可日棉織業之最大限度）復興棉織業計劃之初步實現業已達到，因十家較大之紡織公司，目前開動之紡錠約共三百萬錠，盟軍總部之指令許可十家較大之紡織公司得開動366萬5千錠，另以33萬5千錠分配與較小之公司。

東北礦廠多停工

資委會各礦刻成爲瀋陽之衞星，均孤立失卻聯繫，棋佈兩遼之紡織，造紙，水泥，煉油等工廠，因無煤無電停工，各礦糧食資金奇缺，如鞍山本溪僅足敷日糧，阜新北票則賴空投鈔票維持，而烟台煤礦逃出之員工不暇救濟，尤爲痛心現象。展望工礦，滿目瘡痍，迄今後問題非生產問題而爲生存問題矣！

資委會副委員長孫越崎視察瀋陽月餘後抵平接見記者，就各礦廠情形談稱：撫順僅可發電三萬瓩，惟正遭遇經濟破產，工程危險嚴重；本溪陷孤立，其第二發電所最近修竣，發電共達萬瓩；鞍山已被困，存貨先已運出一部，現因缺煤，僅部分工作，煉鋼已停；瀋陽機車廠所產之五輛機車，百輛貨車，已現鈔售與交部，現又製成二機車；阜新礦人員全困在內，北票人員已到錦州，大凌河紙廠於此次戰役被燬。

浙贛鐵路全綫復修

浙贛路饒（上饒）南（南昌）段現已釘道至南昌，係於下埠集站附近接軌，橋樑方面除梁家渡大橋須於一月中旬完成外，其餘各橋均可行駛，局方定二月一日舉行通車儀式。

我鐵礦輸往日本

盟總管理下之日本貿易局，已與我國簽訂協定，由海南島輸出「最高級」鐵礦25萬噸，定今年二月起運，年內運畢。

浙江水利局建灌溉水站

浙省水利局鑒於杭縣，海寧一帶，每值旱天缺水，農田受害頗烈，決在本年二月開始在閘上建築水站，汲取錢塘江水，灌溉附近農田。該站將裝置225匹馬力之抽水機，所需工程費爲七億四千萬元，預定六月底完成。

經濟部決擴展工業試驗

經濟部爲加強工業試驗工作，現決擴展工業試驗機構。經部原在京，滬設有工業試驗所，現決以蘭州，北平，重慶三辦事處均改爲試驗所。同時考慮在台北，長春增設試驗所。其組織共分四項：(1)工業原料之研究，(2)工業技術之改進，(3)工業成品之獎勵，(4)工業示範與推廣。現各所工作正積極推進中，并另增設試驗室及試驗廠，以資加強工作。又爲適應各地之情況，各所就其需要，分別研究下列各類別。如化學分析，染織，染造，陶瓷器，纖維，油脂，紡織，木材，電工，電木，熱工，機械，造紙，製糖，製碳等項。

長春豆餅暫充燃料

長春生產動力問題，日趨嚴重，電力局因燃煤缺乏，現改燃豆餅發電，惟所需豆餅數量龐大，每日使用一百噸，僅可維持對少數重要機關及百餘家糧食加工業之供電，當局已動員市府及科學技術學會技術人員，着手研究製作畜力之碾米機器。

華北水泥公司停頓

資委會華北水泥公司面臨嚴重難關，該公司之錦西與琉璃河二廠，皆因戰事影響，原料缺乏，陷於停頓，該公司產品昔多銷於華中。

西北發現大油田

阿爾金山南麓之圓山，頃發見一大油田，油砂岩及瀝青露出地面者極多，岩石中滴流旺盛，地質構造極好。此係甯新邊區調查隊所發見者，該隊於去年十二月初綠柴達木兩端之鐵木里克登梶崙山後，轉至札哈，循青新公路而進入阿爾金山。

編餘贅語

「工程另訊」刊載到現在，已有一年多了！讀者對於本欄的意見，都認爲雖能反映每月工業建設的梗概，還嫌瑣碎而無系統。有的希望多刊建設的光明一面的消息。編者完全接受讀者這一批評，今後除整理該項材料時特別注意外，還想提醒讀者一件事：就是今日中國的工業建設，那一項是在有計劃的狀態下推進的？公共工程方面，大都是些搶修工作，工廠生產方面，也只是接收敵僞工廠，恢復生產，却沒有聽說擴充增產等消息。我們不欲將較小的工程建設來炫耀，對於三十七年的建設前途，怎可能作較高的估計呢？

——要有關各「工業」密切聯繫，「科學」「技術」與「工業」攜手合作——

英國工業的合作研究

趙曾珏

最近吾讀英國的貿易週報，覺得英國人眞努力，鼓勵國人努力生產并盡量應用科學去改進生產，增加輸出，挽救國家的危機。英國的工業當然先進且始終居第一流，但尙自感落伍，所以政府不斷地呼籲，要求民族工業努力奮鬥，務必與科學研究打成一片，以期相輔相成，精益求精，値得吾人的敬佩。他們所提倡的有一句口號，叫「合作研究」(Co-operative Research)，以求人力，物力，財力的經濟。這個口號，和吾們所提倡的「建敎合作」相彷，但又更進一層。因爲他們不但注重工作配合，而更注重在科學研究。他們不但「建」與「敎」有聯繫，更進而求同業者橫的聯繫。譬如電機的同業及其有關工業聯合起來，合作研究成立所謂英國電機及有關工業研究協會(British Electri al & Allied Industries Research Association)簡稱 E.R.A.，每年至少有百萬鎊的研究費，最重要的支持者爲各大電機製造廠商。這個協會便是合作研究機構，由廠商自動組織，研究適應顧主的問題，長期合作研究的問題，及有共同點的某一製造專題。此外政府爲國防需要，工業標準與材料規範的制定，另設專門研究所，與民營的研究機構，密切配合，以達到最高的效能。

電機工程的合作研究，不過一端。此外英國最重要的工業如棉紡織工業，則有棉製品工業研究協會(British Cotton Industry Research Association) 及世界著名之休萊研究所 (Shirley Institute)，專門研究分析，各種紡織的纖維。休萊研究所雖有政府補助，但完全由紡織廠商主持，集中研究工作，其研究的結果，舉世所稱，不但英國引以爲榮，即美國紡織工業亦刮目相看，認爲世界唯一合作研究的模範。休萊研究所的監督指揮操之於理事會，研究的政策則決定於研究委員會，研究的節目則由技術小組提出，技術小組乃係具有實際經驗之科學家組織之。休萊研究所所倡之纖維本性與紡撚價値之相互關係，乃世所公認之棉花客觀估値之標準方法。二次世界大戰時，休萊研究所曾參加極有價値之研究，如對於尼龍之「紋」，「紡」，「織」，及「整理」方法，使英國廠家得能製造優良之降落傘。休萊研究所並進而研究改進每人一小時之出品量，所謂 P.M.H. (Production per Man-hour) 經該所研究而有長足的進展。

至於羊毛工業，其研究機關則爲羊毛工業研究協會(Wool Industies Rescarch Association) 吾人於此可見科學研究對於解決工業問題之一斑。羊毛有彎曲之特性，此點可稱羊毛優良特性，但亦爲其缺點。因具有此項特性，毛織品衣服於滌洗之後必致短縮。但經該會研究之結果羊毛經某種化學處理後，可使之不彎，非但不彎，且可柔滑如絲，而可製成內衣，並再經研究改進，此種處理之羊毛可作坐墊，被褥之心子，且可將此項墊褥洗滌，其心子一無損壞。此項改良羊毛品，不期成爲戰時極大之供獻，緣若干軍用被服須常經洗滌，不變形質，而此種羊毛恰能適合此條件。可見平時之研究恰得戰時之用，科學研究在戰時每較平時爲緊張，但其達成任務，實有賴於平時之素養。

人造絲之起源，最初並不在用於紡織，但因研究電燈燈絲而產生。如英人斯篁(Swan)氏在製造電燈燈絲而發現人造絲，但當時並非欲利用之爲紡織原料。更如斯鱉勒氏(Arnold Spoiller)在一八八五年，曾在製造燈絲之試驗時，將棄路路溶於氮化銅(Cuprammoniun)而獲得燈絲，但初未計及斯鱉勒之纖維，可供紡織之需要。直至歐洲大陸繼起研究，此項人造絲之製造始有商業價値。在英國雖屢有同樣之發明，但利用化學物質以製合於紡織之人造絲，直至第一次大戰告終，始有長足之進展。關於人造絲之研究，至饒趣味，如不因牛奶之不足，今日或將無乳酪纖維 (Casein fibre) 之人造絲，因其具有保暖之特性。目前人造絲可別爲兩大類，即一爲第一次大戰後所推行之黏汁所製人造絲，稱之爲 Viscose，其一即爲第二次大戰時所發明之尼龍 (Nylon)。英人最近研究人造絲而引以爲榮之發現，乃在發現特種顏料，能使人造絲

美國的工程學術團體做些什麽工作？

邱慶銘

正當中國技術協會爲擴展事業擴大會所而籌募經費的時候，我們很高興地看到了這一篇關於美國學術團體的事業和活動的報告，文情并茂，亟爲刊出，并正告愛護中國技術協會的讀者，如果要了解技協做的工作比較美國學術團體的工作如何，可以參閱本會最近出版的中國技術協會概況。——編者

工程(Engineering)這一個名詞，可以解釋作：「爲人類的幸福而組織並領導人們統馭各個生產力及天然富源的一種藝術(Art)。」至於工程師日常的任務，應該是應用科學以最經濟的方法，爲滿足人類的需求而努力（註一）而促使工程師發展其天才的最佳機構，莫過於工程學術團體。

在美國，工程師們的工作是生氣勃勃的：他們改變了社會經濟，轉移了風俗習慣。就以羅斯福的新政來說，新政的貢獻是修直了美國社會經濟的道路，緩和了資本主義制度的內在矛盾。(註二)但促進新政的成功，美國工程師們却貢獻了大部分的心力，的確，美國的工程師常是一個理想者，却又是一個實踐者；同時還富於合作精神。我們在這篇文章中主要就在從他們的學術團體工作來看出這許多特點：

工程師的訓練

一般說來，美國的工程師都很優秀。他們大抵都經過專科或大學的階段。出了校門，還須經過專門的技術訓練。

一個青年，在高中畢業以前，就必須決定他的旨趣所在。假使喜歡數學及理化等，而自認可能成爲一個工程師的話，他便投入理工學院。畢業後，倘有志再求深造，則進研究院。否則便可以參加實際工作。目前因技術人才缺乏，所以儘可以選擇自己所願意做的工作。

經過四年，甚至到八年的就業經驗，成績昭著，獲得僱主（或上司）的信任，担任主管的工作之後，他才能向當局申請工程師登記。獲准後，便可以成爲職業工程師；接受顧客的委託或提供建議。

——上接第 3 頁——

——纖路珞醋酸(Cellulose acetate)——特別優美的吸收。而英國人造絲研究協會(British Rayon Research Association)卒於一九四六年十一月成立。此項組織之促成，由於一九四三年英國人造絲產業聯合會之成立，進而企求集體合作之研究。急起直追，爭雄於世。

他如在謝飛爾大學所設玻璃製造技術系 (Dep't of Glass Technology, Sheffield Univ)，其研究純從科學立場(甲)化合各種物質，觀察其能否製成玻璃；(乙)由此製成之玻璃具有何種特性。如光學玻璃之採自鋇(Barium glass)，低澀度玻璃之應用硼矽酸 (Borosilicate glass)，以至於防空用之特種玻璃，莫不由試驗室研究而得。而最有趣味者，即平凡如日用必須品之皮鞋亦有其研究協會，名英國靴鞋及附業研究協會 (British Boot Shoe & Allied TradesResearch Assoc.)即此皮鞋工業一項，亦有標準規範書 B. S. 953一種，爲英國標準局所採用。吾人於此可見其對於任何工業，有技術規範之訂定，提倡研究之熱烈，可見一斑，總計全英國現已有三十五種不同工業研究協會之設立。而其目的在使「工業」與「技術」與「科學」携手並進，共向光明發揚之路。

在吾國人才有限，設備貧乏，各廠研究經費未見充裕，更值得效法英國，提倡工業的「合作研究」。最近聽到吳蘊初先生捐資贊助中國技術協會所主辦的中國化驗室值得欽佩，正可作爲吾國工業合作研究的先導。技協同志，盍興乎起。

工程學術團體的組織

遠在十九世紀以前，正當美洲殖民地時代，由於職業上的關係，凡是對科學上有共同旨趣的人，常自願地會集一起，互相交換意見及經驗。到了十九世紀上半葉，這些不論科學的，教育的，及文化的團體，都取得合法的地位，爲法律所承認，成爲『非以營利爲目的的社團』。(註三)

在1940年時，根據戶籍部之統計，美國有工程師245,700人，差不多在570人中即有一個工程師，他們所參加的社團，不論是全國性的，或是本州的甚或是地方性的，總計有300個以上。全國有133個研究機關，17個學系。據估計，到1948年將有二萬以上的青年學子可以獲得工程師的學位呢。

工程師之責任及其工作態度

每一個工程學術團體，都各具其目標，有的注重純粹理論的研討，有的則求技術的改進，也有理論研究及技術介紹兼施並舉的。一般說來，無非爲了大衆的福利，或是改進技術，或是提高學術，或是普及工程知識，以資倡導。總之，他們的目標可以分爲六個要點：——

I. 推進工程技術，普及工程知識：

(1) 推進工程之學理及技術；

(2) 鼓勵研究；

(3) 設立圖書館；

(4) 對工作者有成績者，給予榮譽獎，或相當的補助。

II. 提高教育水準：

(1) 助長工程教育；

(2) 灌輸哲學及歷史上之學識，使瞭解技術人員對社會之作用及其應盡之義務；

(3) 鼓勵青年工程師，不論在人格上，抑且在工作上不斷地求上進。

III. 提高工程師的素質：

(1) 提高工程師登記之資格；

(2) 不論在學理上，或技術上，維持較高之水準，以獲社會上之贊許。

IV. 增强工作之效能：

(1) 與其他技術團體合作；

(2) 實行分工；

(3) 對工作的目的，爭取廣大羣衆的認識與信任；

(4) 爭取公允之補償。

V. 改進工程師之社會關係：

(1) 維持較高之道德標準；

(2) 提高職業地位；

(3) 揭發不稱職之工作。

VI. 爲公衆福利服務：

(1) 鼓勵工程師達到較高之公民水準；

(2) 鼓勵工程師參加公共事業；

(3) 與政府機關合作；

(4) 發展國際間之合作。

社團的活動

每一個工程團體，爲了貫澈它的目的，所以都經常出版刊物，舉行會議，提出論文，集體討論。最近美國有一個集會，曾繼續舉行討論會達63次之多，出席人數在5000人以上，且有300位以上之作家參加，眞是盛況空前。

有些社團則每年舉行四五次集會不等。

關於入會的限制，許多工程團體對其會員的資歷，都很重視；像「國家職業工程師學會」(National Society of Professional Engineers 成立於1934年）便規定祗少須在一個州以上登記爲工程師以後，才得准其入會。其他的工程團體，也有重視會員之經驗或學識的。

有幾個工程團體，允許在校學生參加爲會員的。這可以使他們在未出校門以前，便獲得與經驗豐富之年老工程師接觸的機會。將來進入社會時，當可具有更高的素質。

爲了便利會員間之聯絡；以及有時因地域關係，會員不能出席總會，於是支會之設立，便因地制宜而遍設各地。這些支會，也經常舉行會議，並與當地其他工程團體合作，以解決各種工程上的重要問題。青年工程師也可以藉此機會，得與經驗豐富的年老工程師時相過從，交換經驗，討論問題；這對年青工程師是很有裨益的——尤其對於剛從學校畢業出來的，他即使有工程上基本的知識，但因缺乏經驗，很少使人信服的能力；所以他必須有職業上多方面的接觸。

工程上的專門化，顯然是非常重要；這表現在許多專門小組之設立。例如「美國土木工程師學會」，便分組爲13個技術小組。其他如「美國機械工程師學會」，有19個職業小組會議；「美國電機工程師學會」有19個技術委員會；以及「自動機工程師學會」也有11個研究委員會。這些小組的設立，不但可以獲得深邃的專門知識，並且可以增强研究興趣。結果，對每個問題都很容易把握住了。

除了經常出版刊物，舉行會議，通過論文，以及專題討論外，有些工程學術團體尚替會員們解決「求才」、與「求職」的困難；辦理登記，使會員們迅速地獲得合適的工程師，或是理想的工作機會。有幾個團體更爲此項需要而專設機構，完全義務地替會員們服務。（註四）

推進團體間的合作

在十九世紀末葉，美國工程界的領袖們，深感工程團體間有密切合作之必要。在1902年，乃有『佛列芝獎章』(John Fritz Medal)之舉辦；實開合作之先河。每年由「美國土木工程師學會」，「美國礦冶工程師學會」，「美國機械工程師學會」，「美國電機工程師學會」等四權威團體，頒給獎章；以鼓勵致力於應用科學，或純粹科學之研究。他們這次的合作，可以說是促使美國的工程學術向前推進了一大段的里程碑。

至1907年，美國的「工程協會大廈」在紐約落成。各工程學術團體得以集合一處。聯合圖書館也在那裏成立。藏書174,000種。內容既充實，管理又有條不紊。對於時人學者莫不稱便，所以現在這所大廈已感到有不敷應用之苦，他們亦在準備再行擴展了！

美國的工程師是進取的，他們都能自動地工作，熱誠地爲社會的幸福而努力。但是，單靠一個人的力量去幹，成效畢竟有限！不但不能收「集思廣益」之功，而且稍遇挫折，即信心動搖。所以是失敗多而成功少！到了1932年，乃成立所謂「工程師工作促進會」（簡寫爲 E.C.P.D.）。其目的係在提高工程教育及實務之水準，增强職業上之聯繫；同時並討論社會經濟及技術諸問題。至1940年，加拿大工程學會也參與爲組成份子。

還有我們似乎不能忘懷了在1920年所成立的「美國工程學會聯盟」（簡寫爲F.A.E.S.）。此係美國工程界各學術團體，爲促進社會福利，普及技術知識，以及工程上的經驗起見，而聯合組織成功的一個團體。嗣後又更名爲「美國工程會議」（簡寫爲A.E.C.）。可是在1940年却因意見的分歧而停止活動了！

由於事實上的需要，所以在翌年，又出現所謂「工程師聯合討論會」，至1944年復改爲「工程師聯席會議」（簡寫爲E.J.C.）。它在戰爭中對政府頗多貢獻，比較重要者，有『解除德國工業武裝』及『解除日本工業武裝』等二項文獻。

目前他們仍繼續對(1)工程上之組織；(2)國際間之合作；(3)聯邦立法之協助；以及(4)經濟狀况之考察等方面而努力。相信他們對人類的幸福，世界的和平，將會提供有價值的建議；同時發生偉大的影響！

結論

純粹學術的研究，固然沒有倫理道德的因素；但是學術的運用，畢竟是爲了改進人民的生活。所以學術必須與人民的生活發生關係。美國工程學術團體對這方面很爲努力。這從他們漸次擴展的活動中，可以洞察無遺。

由學術的昌明，更促進社會的進步與人民生活水準的提高。可是欲貫澈這個願望，勢必促進國際合作，才能發揮建設性的作用。美國工程界在這方面的努力，是值得敬仰的。但願我們中國的工程界亦能急起直追，相互攜手，好使『天下一家』的理想早日實現！

註一：這是美國機械工程師學會的總書戴維斯（C. E. Davies）所下的定義；請參閱氏撰的 "Organizations of Engineers in the United States of America" 一文（刊於 Mechanical Engineering — Vol. 69, No. 1, 1947）。

註二：參閱：J. Davis-Capitalism and its Culture, (1935), pp. 509–18

註三：美國著名的32個工程學術團體的名稱，成立年份及會員人數，請參閱本刊第二卷第十期第四頁。

註四：美國土木工程師學會，美國礦冶工程師學會，美國機械工程師學會，以及美國電機工程師學會等四大權威團體，設有專門機構，義務爲會員服務。該機構定名爲 "The Engineering Societies Personnel Service, Inc."；並在紐約，舊金山，芝加哥等處設立辦事處，頗具規模。

飲水思源，上海西區居民的自來水那裏來的？

滬西給水緊急工程之計劃與實施

南　波

滬西區域，係指舊公共租界越界築路部份包括蘇州河以南，虹橋路以北，膠州路華山路以西，以及哈密路以東之地區。面積十二·四方公里。居民三十五萬。自勝利以來，工廠林立，日趨繁榮，奈於自來水一項，却未能普遍供應。該區主要各路，雖有英商自來水廠所敷水管，惟以距離水廠過遠，埋管過細，故於水量水壓均感不足；大都居民，均無法接水；其水荒之嚴重，實爲大上海市政設施之恥辱。(關於該區水荒問題可參閱去年四月份工程界第二卷第六期「不容忽視的滬西區給水問題」一文)。

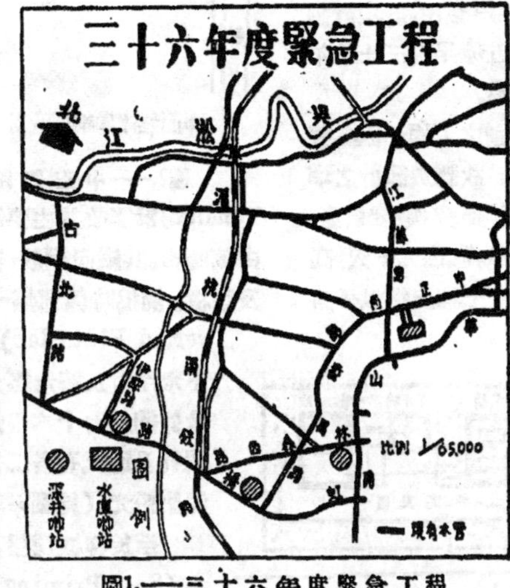

圖1.——三十六年度緊急工程

解決滬西水荒的緊急計劃

三十五年冬，滬西區水荒嚴重，應即設法解救，市公用局當即成立滬西自來水設計處，負責解決滬西給水問題。經該處就滬西區之地位及現狀，詳加研討。擬定二項緊急工程計劃（圖1）先行搶救，冀於三十六年度內全部完成，其大要如下：

(甲)開鑿自流井以解決滬西區南部水荒——南部地帶，如虹橋路，華山路，林森西路，番禺路，法華路等處，因距水源(膠州路唧站)太遠，除另闢水源以充沛該區水量水壓外，實屬別無他法，乃決定於，林森西路，交通大學背後，虹橋路虹橋公墓西首，以及虹橋路伊犁路口三處，各開鑿八吋徑自流深井一座，配具蓄水池及唧機馬達等設備；(圖2)每處出水量爲每分鐘二五〇加侖，每日工作十小時，總計三處共可出水四十五萬加侖，約供二萬人之飲用；如此則南部一帶水荒情形當可改善。

(乙)建造中正西路水庫唧站，以解決中部一帶水荒——中部包括中正西路西段，江蘇路南段武夷路，以及凱旋路等處，每當夏令時節，二層樓以上，即無滴水，爲解決該區水荒情形起見，當即在中正西路七三〇號空地內，建造再唧站乙處，內建六十五萬加侖大蓄水庫一座，唧站間房屋一所，配具唧機，馬達三套；(圖3)將英商原備與法商之水（藉十二吋專管，沿中正西路移輸於此。再用唧機提高水壓，注入原有水管網中。蓋法商水廠設備之容量，與用戶耗水量之比例，可達自給自足，毋需英商供水補救；今將此項水量，轉加利用，以濟滬西居民燃眉之急，實爲良策。此站每小時出水可達九萬加侖；如此龐大水源，加入滬西後，其中部用水情形，當可改善甚多。以上兩項計劃，其中心工作，雖爲解救滬西區中南二部水荒，然完成兩項計劃後，其對於滬西區北部，如愚園路以北地帶，均將因此而改善。蓋中南二部用水，現因新水源之增闢後，需用英商水廠之水量，爲之減少。於是北部一帶居民，能運用其餘量，水量水壓當自然改善。

工程一瞥

工程計劃既經確定後，當局即於三十六年六月中旬先行實施開鑿自流井工程，同時進行建造蓄水池及唧機間。蓄水池容量，爲六千加侖；全部用鋼筋混凝土搗成。唧機間，地上部份用磚砌，地平線以下用防水鋼筋混凝土澆搗。(見圖4,5)自流井爲八吋徑，開鑿工程近達千呎(見圖6)旋因石層過厚，穿鑿匪易，遂採用五百呎左右沙層。三處自流井之地層情形因相距較近，故大致相同。回憶以前一日一時開鑿工程之艱鉅，眞可謂一點一滴皆思來處不易也。井管用引總配給之鋼管，井上置一直立式電發動透平唧機，此項唧機係仿美國Pomona式，馬力十五匹，地軸一百二十呎係中國機器廠出品。唧機將自流井內清水吸灑至蓄水池，在唧機間內另有十匹馬力之離心唧機；將蓄水池內清水加高壓力，唧入原有管線，輸送住戶應用。此項計劃包括接管水電等費用約計二十五億早於三十六年十一月底完成並已正式出水供應。

關於中正西路水庫唧站計劃之工程，因其蓄水庫之蓄水量達六十五萬加侖，故對於設計之準則，與假設。其式樣與結構，幾經研究，數度更易，始作最後決定。該庫採用圓柱形，直徑九十呎，高十五呎，埋入地下爲四呎，俾使挖土堆土得以平衡

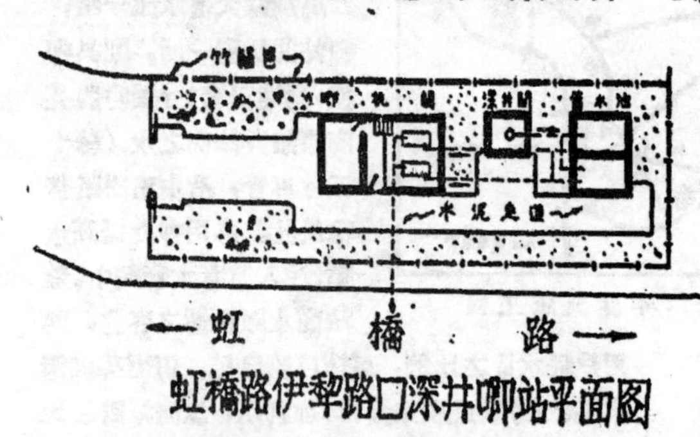

圖3.——深井唧站平面圖

也。全部用鋼筋混凝土澆成，四周堆土上舖草皮（見圖7）蓄水庫結構，分爲三個單位，即(一)頂板部份，(二)四週庫壁，(三) 橫樑柱頭及底板；此三項單位，在設計上各自獨立外，在施工上亦不相連繫。關於頂板部份之設計，中嵌縱橫伸縮縫(Expansion Joints)分成一十三塊(Panels)每塊即以二向鋼筋板(Two Way Slab) 計算，排以縱橫鋼筋，四周庫壁，係十二吋厚，依據圓周張力 (Hoop

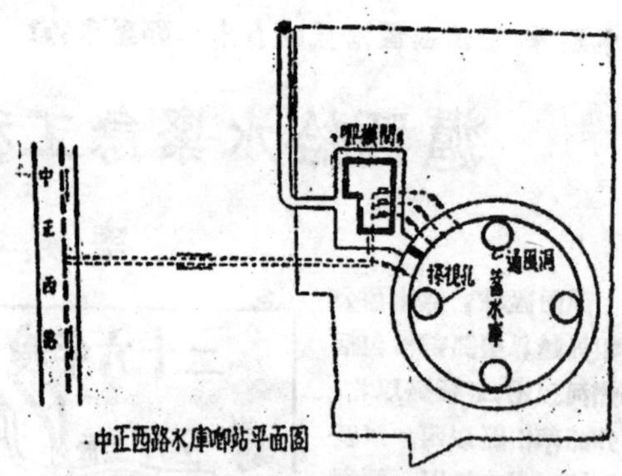

圖2.——中正西路水庫唧站平面圖

Tension)計算故其主要鋼筋均爲橫向。自上而下，由疏而密。其縱向鋼筋，僅爲輔助性質。橫樑，柱頭及底板，澆搗時係渾然一體。底板依倒平板 (Inverted Flat Slab)計算總厚十三吋，以承地下水浮力及蓄水壓力。全部橫樑，支撑頂板重量係擱於七十六根柱頭上。水庫頂板開有探視孔及通風孔各二個，庫內用半吋厚避水水泥漿粉光。(見圖8-10)

至於唧機房屋，因將來唧機需要自動引水，(Self-Priming)故開掘極深；然該處地面甚低，而無排水系統，地下水位甚高。故唧機房屋，除地上部份，用磚牆外，地下部位完全用十二吋防水鋼筋混凝土之牆牆及地坪。屋頂爲柏油毛毡鋼筋混凝土平頂，全部鋼窗，假石粉面，設計頗爲精美(圖11)。裝有20匹馬達及每分鐘500加侖之高壓唧機三套。兩項工程進行時一則限於時日，一則場面太大，而工程步驟尤須連繫，故管理十分困難。尤以抽水工作，必須日以繼夜，因此場地工作人員，非常辛苦。蓄水庫混凝土之拌搗，完全用機動拌車；而因混凝土之澆搗，必須連續不斷；故該項工作，非至能告一段落時，不能停止，往往通宵工作。在此極短之

圖4.——進行中的唧站工程

圖5.——蓄水池紮排鋼筋

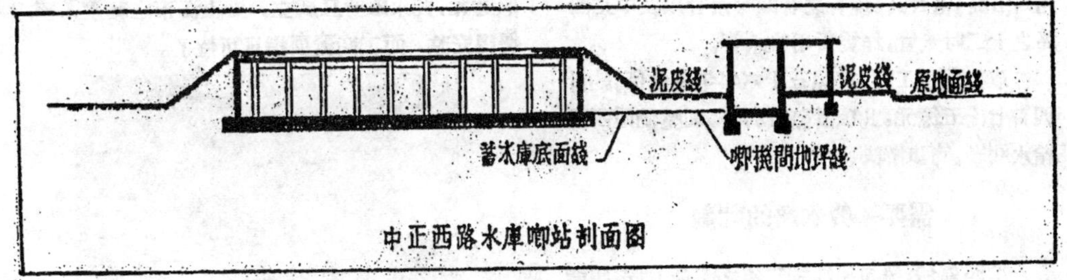

圖6.——中正西路水庫喞站剖面圖

三個月內，得能將全部工程(包括敷排水管在內)完成，誠非易事。

三十七年度之緊急工程計劃

滬西區域，中南二部，如華山路，虹橋路，番禺路一帶，因上年度實施深井水庫喞站等工程以後，其水量水壓，雖可改善至相當程度。惟仍未能盡善。進一步計劃，擬利用內地自來水廠多餘水量，用專管輸至滬西喞站，加壓後，再行分送。內地水廠，各項設備之實際容量，約為每日 170,000立公方，除最大耗水量，及儲備水量外，其淨餘容量，達每日 15,000 立公方，現即利用該項水量，供給滬西區域；共主要計劃概述如次：

(甲)宛平路排管工程——內地水廠現有18"吋輸水幹管，自水廠，沿斜土路至謹記路口爲止。現計劃由該處起，沿謹記路，宛平路，接排十八吋水管至建國西路口。中間包括跨河水管橋一座，及文氏水表一所。

(乙)斜土路增喞站——斜土路原有之十八吋水管，因輸水量過巨，故於斜土路，新橋路附近，加建增喞站乙所，藉以提高輸水管內之水壓，而便灌輸；此站將配具喞機馬達三套。

(丙)加建蓄水庫工程——中正西路水庫喞站原有水庫座；如接通內地水廠後，將不敷應用，設計到於該處添造一百萬加侖蓄水庫一座，另建喞站房屋；配具高壓喞機，馬達三套。每日出水量達三百五十萬加侖，可供十萬人之用。

(丁)興國路水管工程——自宛平路起，經建國西路，興國路，江蘇路，而達中正西路水庫喞站，全部敷排十六吋水管，總長二五〇〇公尺，如此則內地餘水，得自水廠起，經斜土路，謹記路，宛平路，建國西路，興國路，江蘇路，直達滬西。在此項工程未完成前，將先利

圖8.——抽水工作

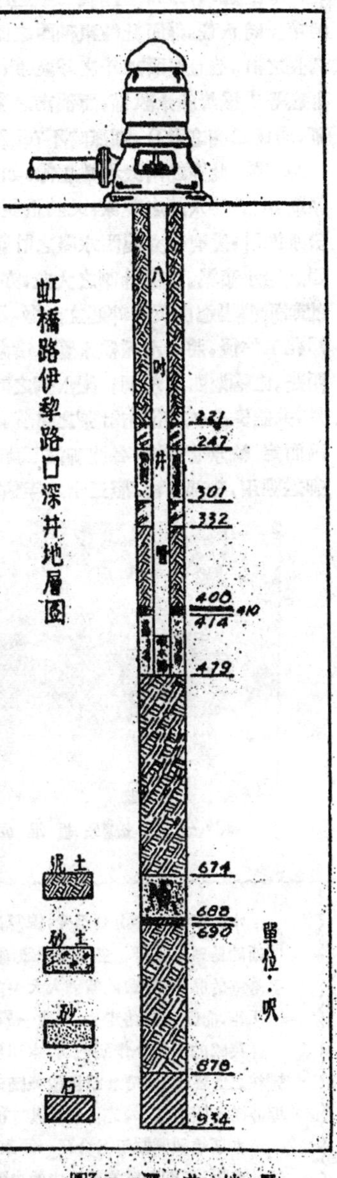

圖7.——深井地層

12195

用衡山路，富民路。現有之廿四吋水管以及中正西路之十二吋水管，作爲暫用輸水管。

以上四項工程，按照三十六年年底估價，約計四百七十五億元。此項計劃實行後，則整個滬西區給水問題，可以解決。

需要一勞永逸的計劃

滬西區域，雖可因連續二年之緊急工程，得能消解一時水荒。然而此種東補西之饋水計劃，終非久長之計。並且滬西以外之郊區，諸如漕涇，七寶，北新涇等處猶無給水設備，而都市之發展，交通之伸延，居民工商之聚合，則無時不在漸向西移；十年八載以後，此區之繁榮不難想像。如無完善之給水系統，則屆時水荒之現象，又將重視。當局爲圖一勞永逸計，爰有建立滬西水廠之計劃，以謀確定滬西之給水事業。該項計劃之大概，亦經擬就。爲於龍華飛機場迤南黃浦畔建立水廠。汲取江水，經過淨化工作後，將清水循輸水管，沿滬杭公路，中山西路，直輸滬西配水網，配水網之計劃，除原有者外，其餘完全依據都市計劃之路線，工商住宅之分區而定。輸水管盡端，各建唧站二處，加高水壓後，唧送應用，全部工程，照三十六年估計，約需三千餘億元，此水廠一旦成立，則上海市之給水系統，便得完整，而工商發展指日可待了。

圖9.——澆搗底板混泥土

圖10.——唧站中之馬達

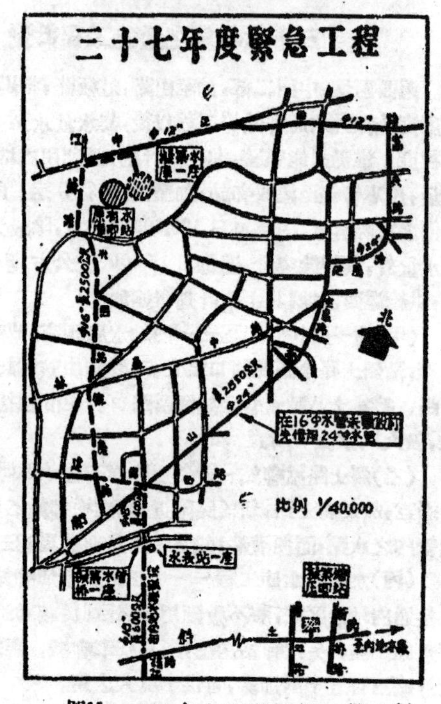

圖11.——三十七年度緊急工程計劃

編輯室

本刊革新內容復刊至今，總算出版了十二期，合訂成册。第三卷起，適逢三十七年元旦，照例應該有一個新的希望或獻辭。然而我們眼看未來的一九四八年不會比前一年好，如果要對這剛開始的一年，寄予太多希望的話，那就會使我們大大失望。但是由於團體——中國技術協會的囑托，本刊同人確信都能堅持這一工作，向改進的路走去，單憑一股熱誠，是不足以來支持這本刊物的。我們可以告慰於讀者的，僅止於此。

英國的工業合作研究所，本刊已在二卷四期介紹過；趙曾珏先生更專文引證，技術人員讀之，都會有心嚮往之的感覺吧！讀者請再讀美國的工程團體做些什麼一文，當可想像今日中國的技術人員憧憬着一個能專心從事研究工作，充份發揮其才能的環境，而竟不可得的苦楚吧！

本期起我們擬每月介紹一個事業機構，此次介紹的華昌煉銻廠，承華昌貿易公司供給我們很多資料，特此致謝！下期介紹在茁長中的中國農具機械公司已承該廠總廠長陳錫祥先生等賜稿，望讀者拭目以待。

利用廢料來產生動力

無　名

廢料包括工廠的廢屑，廢木料，和垃圾等等。它們的堆積不僅無價值，而且占有大塊的地方，甚至有害於健康。因此，如果我們能把這些廢料作適當的處理，對於健康的保護和廢物的去除都是必須而有利的。

早在數十年前，就有利用煉鋼廠的廢氣作爲鍋爐燃料之用的消息。近年來在歐美各國，也多研究和使用廢料作爲燃料來產生蒸汽。最近氣渦輪機的發展，使廢料燃燒所生的氣體可以供給氣渦輪機循環，這設計在今年美國機械工程師協會開會時報告爲最近動力廠的一主要發展。

在中國雖然還沒有關於廢料處理的研究，然而垃圾的堆積和工廠廢料的處置確已成爲市政上重要的問題。上海公平路的垃圾焚化器雖已裝置好，但因爲焚化垃圾所用的成本太大，所以仍在擱置着。木材工業的廢木屑到處可見。垃圾的氣味到處可聞。

因此，我們在這兒提供一些關於廢料如何處理的材料：有那幾種廢料可以利用？廢料怎樣作爲鍋爐的燃料？廢料用於氣鍋輪機的最新設計是怎樣的？希望能引起一般的注意和研究。

廢料有那幾種？

廢料大多含有大量的濕氣，它的成分隨季節氣候而變化。大別可以分爲四類：

一、木料——一般說起來，廢木材燃料可以分做木屑，木段，和木球。木屑包括從鋸木廠來的鋸屑，鉋屑，樹頭，和邊皮。木段是碎木塊分別大小而堆積起來的。木球是把木屑風乾，再壓成球或團。它們的熱值高的可以超過每磅一萬英熱單位，低的也在五千英熱單位以上。是適宜的家用燃料。

二、蔗渣——把甘蔗壓榨取糖後剩下的纖維質叫做蔗渣。它含有多量的濕氣和一些蔗糖。乾的蔗渣的熱值約自每磅8000到8700英熱單位。若放在空氣中吹乾到剩下10%到15%的濕氣，可以作成球。這種蔗球也可以作機車的燃料。第二次大戰中曾有建議用古巴的蔗糖代替燃料油的一部分。它可以儲存起來不怕有自燃的危險，在夏威夷有時能保存到一年以上。

三、紙廠的廢料——用酸性亞硫酸鹽法製紙的工廠中，亞硫酸鹽液中含有在造紙過程中融解的有機物質，須除去使它還原。這些有機物質主要是木質纖維和碳水化合物。美國啓茲氏（G. Keeth）曾發表過一種方法，經過沈澱和過濾可以得一種木纖維塊。它所含的濕氣量可用加壓力的方法減少到15%至18%。然後用作燃料。目前大多數造紙工廠的廢液都丟掉了，這實在是很可惜的。

四、廢物——腐肉及其他有機廢物，垃圾及其他工廠的廢屑，都可以歸於這一類。消滅它們的主要方法是用來填塞地土和焚化。有機物質的分解是一個緩慢的過程，因此當它們堆積在地上時。顯著的氣味有時延長到一兩年以上。這些廢物所含的濕氣量和它的成分，隨氣候所生的變化最大。當作燃料時需要將纖維質的廢物和有機廢物等按照相當的成分配合，以保持它的濕氣含量，達到可以燃燒的水準。濕的廢物的熱值約自每磅8000到8600英熱單位。

下面的表是各種含多量濕氣的燃料的樣品分析（百分率）舉例：

分析成分 ＼ 廢料名稱		木屑	蔗渣	紙廠廢料	廢物
一般分析	a. 溼氣	47.0	50.0	45.97	49.35
	b. 揮發物質	39.7	——	——	34.45
	c. 固定碳	11.7	——	——	6.76
	d. 可燃物質（包括b,c）	——	25.5	29.64	——
	e. 灰分	0.7	1.5	10.40	9.34
元素分析	碳 C	50.3	45.0	46.68	29.0
	氫 H_2	6.2	6.0	4.11	6.0
	氧 O_2	43.1	45.6	23.28	40.0
	氮 N_2	0.04	0.4	0.53	4.0
	其　他	0.37	3.0	21.28	21.0

註：廢物指含65%有機物，35%垃圾的混合物

用廢料燃燒的鍋爐

因爲廢料含有很多的濕氣，所以在用作燃料以前必須先把濕氣除去。一般說起來，用輻射熱和對流熱都可以使燃料乾燥。如果鍋爐用燕渣傾斜流向一個荷蘭灶式的燃燒室，此室具有一個低的耐火磚拱門，或者不用也可以；爐子或者是開的，或者用爐柵，有的也用具有懸掛拱門的長的傾斜柵。例如埃根灰斯 (J. Eigenhuis)所舉的例，燕渣經由一個在頂部的60°傾斜柵，向下流，遇到個別的空氣流（主空氣流和副空氣流），受乾燥後再供燃燒。

即使在用預熱空氣的地方，也可以用具有點火拱門的荷蘭式灶來燃燒鋸木屑或者切好的木段。

美國阿得來打(Atlanta)廠裝置的許多用廢料的鍋爐，和丹麥用一個焚化器連接一個三鼓彎管鍋爐的裝置相似。如圖一

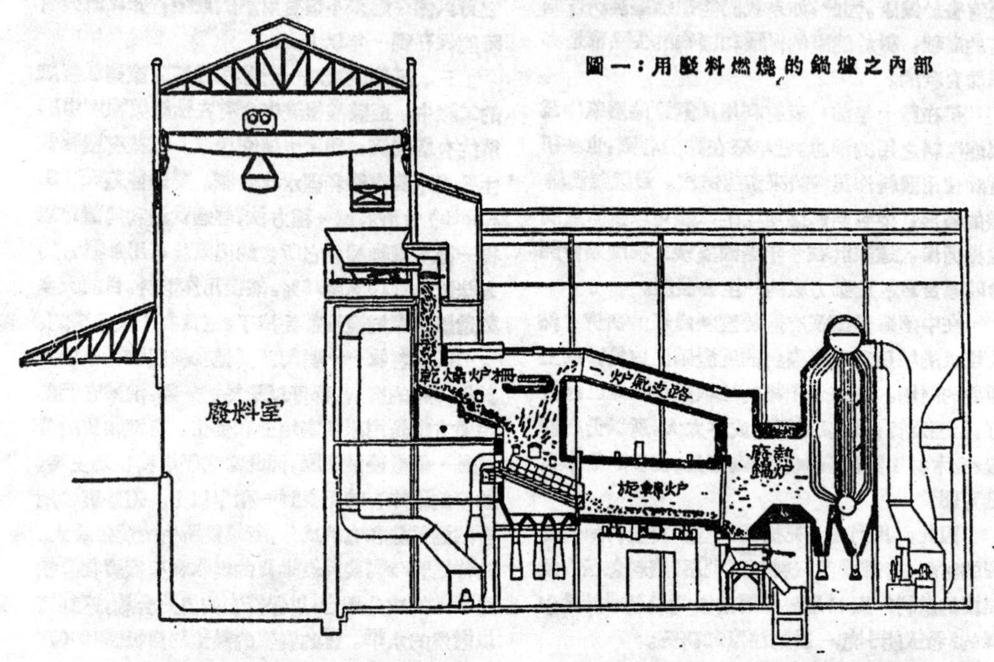

圖一：用廢料燃燒的鍋爐之內部

其中濕的廢料從廢料室中運入加燃料的斗，倒入乾燥爐柵，用從爐火來的輻射熱在柵上蒸發濕氣。然後向下流到點火拱門，在那兒完成大部的燃燒。那些燃燒較慢的物質進入一個旋轉爐，在其中燃燒。最後落入近鍋爐進氣口的一個灰斗。這鍋爐可產生每方吋175磅表壓力的蒸汽，供給本地之用。

美國威斯康新州亞爾高瑪(Algoma.)的一個木廠利用廢木料來產生蒸汽動力。以一座750瓩的渦輪發電機爲主。蒸汽由三個水管水壁鍋爐在每方吋200磅的壓力下操作。每座鍋爐有一只荷蘭灶式爐子，有效的燃燒用特殊割切機切成小段的廢木料。

鉋床鉋下的木屑和鋸木屑可以經由一個旋轉式分離器，利用離心力和重力的作用，將固體的木料分離，從高處落入爐中。

細木屑燃燒系可以裝有電眼，使它當這燃料混合物的密度達到一定量時自動賍開一個活門，將它們放入一個特殊的木屑燃燒器。

爐子備有燃料油燃燒器以備輔助高峯負載之用。

利用廢料收回能力的方法和程度，依地方和經濟情形而定。在近焚化器區缺乏蒸汽或電力的地方，或煤缺乏的區域，宜於利用廢料來產生蒸汽。這需要市政機關和公用事業的合作。例如美國Providence R. I. 地方的動力由一市政機關產生而爲另一市政機關所用。廢料焚化器燃燒一種65%的有機廢物和35%的纖維質垃圾的混合物，它

的熱值平均每磅3600英熱單位。用這燃料供給兩座廢熱鍋爐，它的容量各爲每小時23,700磅，產生每方吋225磅表壓力的蒸汽。動力由一座1250瓩的渦輪發電機產生，用來開動污水清潔廠的機械，所得的清水可以供給渦輪發電機凝結器的環流。

歐洲使用廢料焚化器早已頗有成績，因爲一般燃料價格高昂，所以大大促進這一方面的發展。據說在巴黎每年由焚化器產生的動力有70,000,000瓩。它的鍋爐加有過熱器和經濟器。所生的蒸汽用來開動渦輪發電機。

廢料用於氣輪機

胡德華德氏(Mr. Woodward)和包德氏(J. H. Potter)設計的應用廢料燃燒所生的氣體供給氣渦輪機循環，曾在美國機械工程師協會開會時報告過並已得到專利。它的氣流循環裝置如圖二。

圖二：廢料氣輪機氣流循環

空氣進入(1)處的壓氣機A，壓氣是兩級式，有中間冷却B；然後到熱交換器C，在其中增加溫度，它的T-S圖解如圖三。照正常的情形，它離開熱交換的溫度(5')足够高可以用到氣渦輪機的入口；如果不够，可以用一個輔助燃燒系來補充它。經過適當排列的活門，壓縮的空氣可以進入燃燒器E，在其中燃燒輔助的油燃料。氣渦輪機D供給壓縮空氣和產生電能的動力。

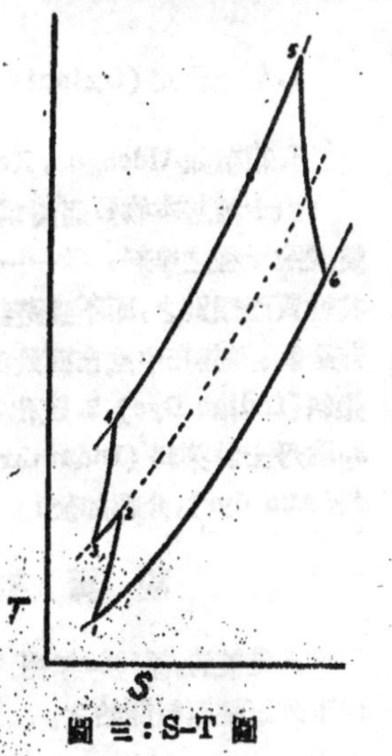

圖三：S-T圖

離開渦輪的空氣仍有相當高的溫度。有的氣渦輪機循環中裝一回熱器在渦輪後面來利用它。這兒的渦輪出口氣體却是從渦輪送到爐子F作爲預熱空氣。活門(8)使受過熱的空氣可能從支路放入大氣，以控制爐子的空氣量。冷空氣可由(9)引入，副空氣由(10)引入。爐子的燃燒產物送入熱交換器，在那兒放熱給氣渦輪循環。用過的爐氣由(12)放入乾燥器或由支路放入烟囱。

濕的燃料經一適當的斗引入乾燥器，與自爐子來的燃燒產物混合而減少它所含的濕氣量。然後供給爐子的燃燒。

此循環的主要因素爲熱交換器。照應用這設計的技術情形看，用直的管子在這裝置中工作良好。

爐氣的溫度紀錄，約自華氏1800度到2500度。因爲要除去垃圾的臭味，必須超過華氏1400度。

除掉通常必須計算的傳熱和壓力降低度等等以外，濕煤的乾燥和燃燒也必須計及。因爲每種特殊情形需要特殊的處理方法，所以無法作出一般的解答。

結論

根據種種產生蒸汽設備的經驗，用各種廢料作爲鍋爐燃料對於實用上是可能的而且有相當重要的價值。利用廢料是否經濟，依地方需要情形，燃料的價格，公用事業的合作而定。這種動力的實際成本基於收回熱能設備的成本，並不基於整個的成本。輔助燃料和養護操作費用須包括在收熱能成本之內。這種設備特別適宜於市政用動力設備，它的自給自足性頗能引人入勝。同時，由於冶金學的進步，使氣渦輪循環的效率提高，因爲它能受得住較高的入口溫度。而且，氣渦輪的逐漸標準化，將使收回熱能的設備成本減低。因此這種種利用廢料設備的發展和改進，必將日漸光大無疑。

從煤膏裹煉出來的色彩！

染料工業概要

吳興生

染料工業與顏料工業不同，染料者，大都爲有機化合物，而顏料則爲無機化合物；染料大都爲水溶性的，而顏料則不溶於水中；染料爲印染絲綢毛布，而顏料則與油類混和製油漆用。然今日上海舊式顏料商行。除經售顏料栲皮外常兼營大宗染料，故使一般人士，對於顏料與染料不能分別清楚。

染料之最早發現者，爲Woulf氏。彼在1771年以靛青氧化而得苦味酸。在1856年，Perkin氏以粗製苯胺氧化而得苯胺紫，此爲染料工業之始祖。1856年至於今日，僅九十餘載耳，其染料工業之在英美德法俄日諸國，均已登峯造極，我國遣派學生出國學習化學者，亦已有三十餘年歷史，而對染料工業，似尚無何建樹。

染料工業之惟一原料，爲煤，故無煤，即無染料可言。然自煤間提出可以作爲染料原料者亦甚少。今試以試管一枚，內盛煤粉稍許，置於火燄中熱之，能有約22%之氣體逸出，72%之焦煤留於管底，僅6%之油膏狀物附於管壁。此百分之六之油膏狀物，即染料之來源。故非有化學家之細心觀測此微量又臭又穢之物，决不能製出如許艷如虹，麗若花，種種之彩色染料。

已知染料之原料爲煤膏，然煤膏爲一種副產品，惟有利用煤氣或焦煤時，方能產生之。煤氣可爲家用或工業用，然用量猶非最大，惟有煉鋼煉鐵，須用大量焦煤，則大量之煤膏副產物亦隨之而得。故染料工業之發達，須先有煉鋼工業之基礎，鋼鐵工業發達之國家，其染料工業未有不發展者。

煤膏爲一混合物，須經提煉方可以製染料。其提煉方法，則以蒸餾法爲最普通。在不同之溫度下，可以蒸出不同之物質，有如下表：

1. 輕油 110°C，1%（包括Benzene，Toluene，Xylene。）
2. 中油 200°C，12%（包括Phenol，Naphthalene，Pyridine，Cresol）
3. 重油 250-290°C，1.4%（包括Carbazol，Phenenthrene，Anthracene）
4. 瀝青 60%

上列十項不同物品，有爲酸性，有爲中性，有爲碱性，用種種方法以分離之，即成製造染料之基本物質。用此十種物品，經過下述八種化學作用，又可製成近三百種之中間物（Intermediate）。再以此三百種之中間物，遂製成逾千種之染料。

八項化學作用與其產物分述如下：

化學作用	中間物
1. 鹵化作用（Halogenation）	（苯環）Cl
2. 硝化作用（Nitration）	NO_2（苯環）
3. 胺化作用（Amination）	NH_2（苯環）
4. 偶氮化作用（Diazo reaction）	Naphthol Fast blue salt
5. 磺化作用（Sulfonation）	NH_2（苯環）SO_2OH
6. 水解作用（Hydrolysis）	（萘環）OH
7. 氧化作用（Oxidation）	（苯環）COOH

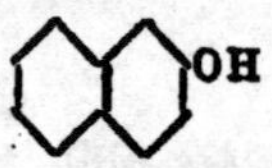

8. 雜項如Aldehyde，Ketone，Quinone，等。

由十種基本物質而變爲三百種之中間物，更製成逾千種之染料，欲一一記憶，實爲不必，若依其性質而類別之，即不致茫無頭緒。茲今所述，乃非全豹，擇其在中國市面最流行者四種，即1. 靛青染料（Indigo Dye），2. 硫化染料（Sulfur Dye），3. 陰丹士林染料（Indanthrane Dye），4. 偶氮染料（Azo dye），介紹如後：

靛青染料

人造靛青，係1880年德人Bayer氏所發明。彼以下列三種原料開始之。

(1)苯 Benzene,

(2)甲苯 Toluene,

(3)萘 Naphthalene。

德國大德染料廠耗 \$5,000,000 之資金，歷十七年之研究，方臻工業上之成功。故在1914年，天然靛青，本在四元一磅之價格，被競爭而下跌至於一角五分。德國每年本須購進 \$3,000,000 之靛青者，在十四年後，反可一年售出 \$12,000,000。其與自然奮鬥之精神，實可爲我人取法。

國人習於勤儉兩字，但着衣習慣則偏於儉而不勤於洗，蓋亦以經濟使然，尤其在勞働階級，不尙淺色，喜着藍黑兩種。藍色其能耐久不變者，惟靛青，黑色則爲硫化元。是以在中國染料銷場最佳，首推靛青，次爲硫化元。茲據海關統計，在1930年進口之染料價值分述如下：

1. 各式苯胺染料 (Aniline dye) 6,308,262 美元

2. 靛青 Indigo 5,872,415

3. 硫化染料 (Sulfur dye) 3,126,041美元

德國所產之靛青量，輸入遠東者，亦占其大半，約有六成之多。在中日戰後，靛青之銷路，乃大不如昔。其在大都市者，早被陰丹士林(Indanthrane)所代替，而內地農村，則交通不便，辦貨非易，同時德貨來源斷絕，存量日枯，於是靛青之交易日少。然其用法簡易，要非陰丹士林所能比擬，因染陰丹士林須用機械，而染時亦須特別技術。是以今後之趨勢，靛青用量必日漸減少，陰丹士林日漸增加，然决非靛青即可爲陰丹士林所全部代替！至於靛青之製造，技術上亦甚複雜，在戰前之日本工廠，亦賴政府津貼研究，始能出貨競爭。在一般染料製造書，均曾述及，在1945年十二月十日美國 Chemical and Engineering News 上有德國靛青製造之連續法一篇，紹介詳盡。以下則用方程式示其製法大概：

(甲)自苯(Benzene)而苯胺(Aniline)者：

Aniline ($C_6H_5NH_2$) + Chloroacetic acid ($ClCH_2COOH$) → Phenylglycine ($C_6H_5NHCH_2COOH$) $\xrightarrow[220-240°C]{NaNH_2}$ Sodium Indoxylate (C_6H_4<C(ONa)/NH>CH_2...) $\xrightarrow{O_2}$ Indigo (C_6H_4<CO/NH>C=C<CO/NH>C_6H_4)

(乙)自萘(Naphthalene)製成者：

Naphthalene $\xrightarrow{HgSO_4}$ Phathlic anhydride ($C_6H_4(CO)_2O$) $\xrightarrow{NH_3}$ Phthamide ($C_6H_4(CO)_2NH$) $\xrightarrow[NaOH]{NaOCl}$ Sodium anthranilate ($C_6H_4(COONa)NH_2$)

$\xrightarrow[HCl]{CH_2O+KCN}$ Phenylglycine-0-Carboxylic acid ($C_6H_4(COOH)NH\cdot CH_2-COOH$) $\xrightarrow[250-270°C]{NaOH}$ C_6H_4<C(ONa)/—NH>CH $\xrightarrow{O_2}$ Indigo (C_6H_4<CO/NH>C=C<CO/NH>C_6H_4)

硫化染料

(甲)硫化元——自和平以來，在內戰中而能暴富者，爲呢絨商，紡織廠，橡膠業與染料行。而硫化染料一項，製造既簡，銷路又大，故操此業者，其盈餘金額，殆非局外人所能意料。硫化染料之在戰前，在青島與上海兩地，已有數廠製造。上海有大中，中孚，華元，華安四廠，其間以大中產量爲最多，且出貨亦最早，據云一月可千餘担。設備則以

中学最講究。和平以後，華元中学最早在市區復工，中一則最早製造各式偶氮染料，繼以硫化染料。事後以此業有利可圖，相繼創立，至今約有二三十廠，主要爲中央，中孚，天泰，華元，中一，……等數家。

各國染料之製造，類以硫化染料爲起點，以其法簡，而用大，日本則尤爲特殊，其所產之染料中，硫化元竟占半數以上。即在1941年出產18,351噸中，硫化元占9,673噸(約合十九萬担)之多。今日上海染廠之總產量或可達十萬担一年，但因原料不體，未能充量製造，大約年產三四萬担，已有可能。玆將其工作過程約述如下：

1. 硝化工作，

2. 水解工作，

3. 加硫煎煮工作，

4. 乾燥工作，

5. 染色工作，

6. 混合工作，

7. 裝箱工作。

如以其化學方程式表示之則如下述

1. mono chlorobenzene (Cl) $+ H_2SO_4 + HnO_3 \longrightarrow$ (Cl, NO_2, NO_2) 2:4 dinitrochlorobenzene

或 (Cl) $+ NaNO_3 + H_2SO_4 \longrightarrow$ (Cl, NO_2, NO_2)

2. (Cl, NO_2, NO_2) $+ NaOH \longrightarrow$ (CH, NO_2, NO_2) 2:4 dinitrophenol 或 (ONa, NO_2, NO_2)

3. (ONa, NO_2, NO_2) $+ Na_2S + S \longrightarrow$ Salfur Black T

(Cl, NO_2, NO_2) 俗名白料，簡稱DNCB，(CH, NO_2, NO_2) 俗名黃料，爲黃色針狀形結晶。硫化元有靑紅光之別，靑光全由黃料與硫化鈉及硫黃製成而紅光則需用一半苦味酸以代替黃料。苦味酸可用石炭酸製之，亦可用 DNCB 製之，其方程式如下：

石炭酸 (OH) $+ H_2SO_4 + HNO_3 \longrightarrow$ (OH, NO_2, NO_2, NO_2) 苦味酸

白料 (Cl, NO_2, NO_2) $+ HNO_3 + H_2SO_4 \longrightarrow$ (Cl, NO_2, NO_2, NO_2) $\xrightarrow{NaOH}$ (OH, NO_2, NO_2, NO_2)

普通用白料一份可出硫化元三份。其身骨僅及美國693硫化元之七折，即693為200倍時，今粗製者為140倍。上海製品，類都不再精製，因精製成品，其實價反不若粗製品之合算。（戰前大中即有精製之設備）。所謂硫化膏子者，約含有四成之水份，並過常量之硫化鹼，熱時為漿狀，冷則凝固若柏油，所以便於農村家庭小規模染色之用。

硫化元製造所要注意者，在其配量之適合，原料之純粹，煎者之濃度與時間及加溫之速率。至於配量，則硫黃不可過多，過多則粉質太輕，體積膨大，溶解度小，乾燥時易於引火。硫化鹼太多，則溶解度大。而身骨減低。硫化鹼太少，則煎煮難透。

（乙）硫化藍

德貨靛青來源既絕，美貨陰丹士林藍又自給不暇，故貨稀價昂，用戶不得不在硫化藍方面着想，其可能自製者為 Thion Blue.

此物即用 DNCB 為之，即以白料與 p-amino-phenol在酒精及醋酸鈉中行疊合作用製成 4-nitro-2-amino-4-hydroxy-diphenylamine，再與 CS_2 在酒精作用成 thiourea之衍生物，更與硫黃及硫化鹼煎煮而得硫化藍。

如有 diphenyl-amine 時，則可與 p-nitroso-phenol 硫化鹼及酒精合成 Pyrogen Indigo，亦為一種有名之硫化藍。

Navy Blue 是以 O-toluidine與p-nitro-so-phenol 先成 4-amino-3-methyl-4'-hydroxyl-diphenylamine，然後與硫化鹼及硫黃煎煮之。

Hydron Blue即海昌藍，但其原料不易取得，須用 Carbazol 與 p-nitroso-phenol 合成之。

——未完，下期續完

他山之石可以攻玉！

捷克斯拉夫的工業復興

在二次大戰以前，捷克斯拉夫的工業一向是聞名於世界的，自一九三九年後，捷克遭到了納粹的魔手，以致變成了納粹的軍火庫之一，消費品嚴格限制生產，煤和木料的生產則盡量地被納粹榨取，完全不去顧及將來，主要的生產都是軍火，因此捷克的生產數字似乎是增加的，卻是一種畸形的發展，談不上工業二個字。現在，捷克已恢復了它底自由，工業復興正在邁進中。

一切的鋼鐵工業和原動力廠都已國家化，大規模的企業也都由政府經營，其中包括紡織業，玻璃製造業，化工業和造紙業等。政府有十一個工業指導部門，每一家工廠都在相當的部門之下，受到完全的控制。指導部負責的是生產的重新組織，例如將機械或全廠自邊疆地區遷出的工作，拆毀工廠的任務，還有勞工的指揮等等都是他們的責任。在這樣一種系統的工業組織之下，捷克開始變成一個嶄新的工業國。

除了工業以外，即使銀行和保險機關也變為國有的了，每一種商業都隸屬於九個中心商會之一，因此，國家的權力可以使金融穩定，市場組織健全，市價也可以易於控制。

在捷克，最感到的困難，卻是人力的不足和技術人員的缺乏，尤其在煤礦，紡織和玻璃數種工業方面，這因為在過去德國佔領時期的工人大部分是德國人的緣故。在解放以後，煤的產量有驚人的進展，現在已達1937年的生產水平，但是情形還很嚴重，因為生產量和人口的比例有減小的傾向，而非生產者與生產者的比例則有增高的現象。所以政府當局，現已制定了兩年經濟復興計劃，以謀工業及農業的進展。一般而言，工業的平均生產數字恰好是戰前數字的一半。

聯總的救濟物資，對於捷克是絕大的幫助。捷克一共可收到價值六千八百萬英磅的救濟品，其中二千五百萬磅是食物。除了這項物資外，捷克在1947年首先五個月內的進口貨物共值一千二百萬英磅，出口貨物是一千五百萬英磅。比起1937年，大約小了五倍。（1937年，進口總值約七千二百萬英磅，出口八千萬英磅）。捷克的主要進口國家為瑞士和蘇聯，英國的商業關係也在逐漸進展中（譯自 Overseas Engineer, 20—233，欣）

事業介紹

國人在國外創辦世界上獨一無二的

華昌煉鎢廠

撰稿：敬學、同善
設計編輯：樹畏

華昌煉鎢廠並非直接開掘鎢礦而加以提煉，它的原料從世界各國如中國，玻利維亞，阿根廷，秘魯，巴西，墨西哥，比屬剛果，安南，暹羅，緬甸，馬來亞，葡萄牙，西班牙，加拿大，以及美國諸州運來。積存數量之多，可以傲視世界，而種類之複雜，使提煉程序無法固定，非視分批檢驗原料所得結果而充分加以應變不可。所以該廠有一設備非常完善之學實驗室，並另設一研究部，內備各種小型之鎢砂提煉機械，由王寵佑博士主持。至該廠常用之原料多爲鎢錳鐵礦(Wolframite)，錳酸鈣礦(Scheelite)，鎢酸錳礦(Hubnerite)及鎢鐵礦(Ferberite)等，此等礦內時混有錫石(Cassiterite)，鎢酸鉍(Bismutite)，鉬鎢鈣(Powellite)及其他之礦物質。

第二次世界大戰與鎢

中心人物——世界鎢工業權威李國欽先生

華昌貿易公司董事長兼總工程師李國欽先生(Mr. K.C, Li)，中國湖南長沙籍，秉性溫雅，堅毅信實，自幼從事於礦業，刻苦研究，慘澹經營，其所領導之華昌今日方有如許卓越之地位。遠在三十年前李氏首先發現鎢礦於中國之湖南，并爲中國鎢砂輸往美國之第一人。史丹丁紐斯(E.R St:ttinius, Jr.)任美國國防委員會(Council of National Defense)委員長時，李氏以專家資格被聘爲顧問，曾建議鎢爲國防上所必需之金屬，甚爲美國國會所重視，結果鎢被列入十二種以上備戰所必需搜羅之金屬內。(請參閱本刊二卷四期『德國工業備戰的故事』一文)。

時法本國業已崩潰，美日談判正醞釀決裂，而中國政府在法屬安南存有鉅量鎢砂，如法屬安南一旦對軸心國屈服，此項寶貴物資勢將落於日寇之手，李氏鑒於局勢緊張，爲防患未然計，乃資爲中國政府將此項軍需物資交售與美國政府，盡力搶運，終未爲日寇染指，此批鎢砂之數量，足供美國平時消費二年之用。

圖一　華昌創辦人李國欽工程師。

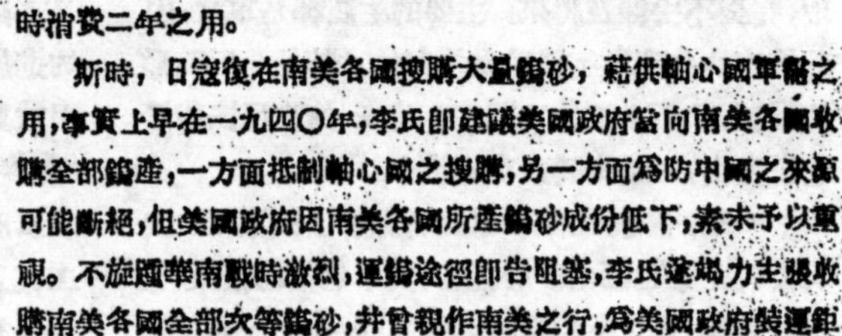

斯時，日寇復在南美各國搜購大量鎢砂，藉供軸心國軍需之用，事實上早在一九四〇年，李氏即建議美國政府當向南美各國收購全部鎢產，一方面抵制軸心國之搜購，另一方面爲防中國之來源可能斷絕，但美國政府因南美各國所產鎢砂成份低下，素未予以重視。不旋踵華南戰時激烈，運鎢途徑即告阻塞，李氏遂竭力主張收購南美各國全部次等鎢砂，并曾親作南美之行，爲美國政府裝運鉅量鎢砂，充實國防存底。

是項次等鎢砂因成份較低，未能即入熔爐熔煉，李氏乃創建一煉鎢工廠以精煉是項次等鎢砂。該廠於一九四〇年設於紐約之斯丹登島(Staten Island)，二年後擴充廠址，遷至紐約之長島(Long Island)，即今華昌貿易公司管理之華昌煉鎢廠(National Reconditioning Co.)。珍珠港事件爆發後，美國軍需工業煅煉鎢鋼，製造軍火，供聯合國作戰所需之純鎢大部均由華昌煉鎢廠所供給，斯時華昌之工作，日以繼夜，未嘗或懈，聯合國戰事卒告勝利，李氏亦與有力焉。

李氏對鎢工業之前途抱有絕大希望，嘗謂：『鎢工業猶在孩提現代，請勿以鎢工業之經二次世界大，戰而奠定其基礎，卽以爲鎢是一種戰爭用物料。實則，試擧其例，如衆口交稱之超速飛機能在十四小時內由紐約飛至重慶，此項飛機之製造卽需用大量之鎢合金，所以高度純鎢對於世界之進化上，實有莫大之貢獻。」

在李氏領導下華昌煉鎢廠蒸蒸日上，譽滿全球，爲國人爭光不少。聞李氏更有熱忱來祖國創設煉鎢廠，以資挽回利權而建設起我國重工業之基礎，第不知祖國的環境能容李氏，發揮其抱負否？

圖二　華昌的貨棧，堆積着世界各地運來的鎢砂，數量之多與種類之繁，都是無出其右。

煉鎢廠設備

其煉鎢廠之提煉工場包括下列各單位：

A. 磁力分離部(Magnetic Seperation Plant)

包括新穎設計之巨型磁力分離機六架，每日產量六十噸。

B. 靜電分離部(Electrostatic Seperation Plant)

包括新穎設計之巨型靜電分離機兩架，每日產量二十噸。

C. 烤煉部(Roasting Plant)

圖三　化驗室是煉鎢廠的靈魂，提煉之前要看原料的成分，決定如何煉法；煉後要看出品的品質如何。這裏聘用十五位化學師，三班輪流，每天要做上150至175次的分析試驗。

包括"Herroshoff"式烤爐兩隻，每日產量三十噸。

D. 瀝濾部(Leaching Plant)

包括瀝濾池八只，調勻池兩只，以及各種濾鼓，沉澱池，壓濾機，每日產量三十噸。

E. 浮選部(Flotation Plant)

包括一球磨機，傾瀉池，獨選池，濾鼓，壓濾機，每日浮選廿五噸。

F. 熔煉部(Fusion Plant)

包括鍋爐，儲鎢池，結晶器，乾燥機，每日產量十噸。

G. 壓碎選粒部(Sizing & Crushing Plant)

此部對所進原料作初步處理，以應烤煉，瀝濾，熔煉，分離等其他各部門之需要。

壓碎，選粒，提煉，烘乾及包裝時飛揚之塵土備有聚塵機三座完全加以吸收。

H. 除上述各部外，並設有巨大之棧房一座，內裝自動秤，搬運機，另立一探樣間。

煉鎢廠以外，華昌後來並添設了一座還原精煉廠及一座鎢絲廠。

圖四 軋碎 Crushing

圖五 分級 Sizing

提煉前之準備工作

鎢砂來廠時先經過磅及採樣之手續，成份不大可能合乎標準，提煉之步驟當親最初化驗及小規模提煉之報告爲依歸，然後決定將每批鎢砂送經某一或某數單位部門提煉，通常之提煉步驟另見附表。

一般而論，採用機械方法提煉遠較化學方法提煉經濟。爲使讀者易于明瞭華昌提煉鎢砂之程序起見，本文所附之綜合之提煉程序表，對於較普通之幾種礦砂，提煉上有無不同處，閱表可得一比較。

富集礦塊先用聚塵器(Dust collector)吸去灰塵，在進一步去除雜質之前，必須經過軋碎和分級兩步手續。通常將粒子的大小分成不到20，20/40，40/60，60/80，過80篩孔五種(所謂20篩孔，即每方吋有20×20=400個眼子)，而在送往磁力分離器時，給與五種不同的送料速度，這樣可使分離器的效率更高，工作更好。

二提煉鎢砂之主要工作爲去除鎢砂內混合之有害礦質如硫,磷,銅,錫,砷,銻,鉍,鉬,鉛,鉭及鋼等,此項雜質有時影響甚大,如鉬之含量超過十萬分之一時,卽可能爲若干製造商所拒用,所以不能不愼爲剔除:各種雜質對於成品及提煉工作之影響見另表。

圖六　磁力分離 Magnetic Seperation

華昌自行設計之精確磁力分離器有五座,每座之總運輸皮帶有18吋闊,分級皮帶有六條之多。將變阻器及極隙加以變換,可得不同的磁場強度。磁性較強之礦石如 Magnetite 及 Pyrrohotite,便在第一,二級皮帶上析出;而磁性次強的如 Siderite 及 Rhodo-chrosite 可在再次之皮帶上析出;略帶磁性之鎢礦石可在末級皮帶上析出;至若不含磁性之 Scheelite, Cassiterite 硫化物及渣滓等,則在總運輸皮帶上帶出作爲尾渣。

提煉之原理及步驟

有種稱爲黑色鎢砂的(鎢錳鐵礦砂),內常含少量硫化物,電氣石(Tourmaline),黄晶(Topaz),磷灰石(Apatite)及鎢酸鈣(Scheelite),此等黑色雜質通常結在一起,形成相當大的晶粒,而鎢錳鐵礦砂本身則多少含有磁性,所以很易應用磁力把它們分開。大部份鎢鐵礦砂(Ferberite),鎢錳鐵礦砂(Wolframite)及鎢酸錳礦砂(Huberite)均係在產地先用重力法富集,至廠再用磁力分離法富集。經磁力分離後之尾渣內常含鎢酸鈣,錫石(Cassiterite)及硫化物,可再用靜電分離法及浮選法收集鎢質。最後尙

圖七　靜電分離 Electrostrostatic Seperation

總運輸皮帶上帶出之雜物在震檯上震去渣滓後,內中尙含有過80而不到120篩孔 Scheelite 之較粗微粒,可引用靜電作用在此機上析出,其餘再經過磨細的手續,用浮選法挑選,但此等經磨細後而浮選出來的極微粒,因易在熔爐內飄揚,不爲煉鋼業所歡迎。

華昌這一事實，證明中國要辦工業，不愁沒有工業人才，就怕沒有安定的工業環境。

圖八　浮選 Flotation

浮選者為將礦石末磨細，和以較輕之油類或其他有效之化學藥液，然後以水攪拌，使金屬末浮起，雜石下沉，兩者得以分離的一種辦法。

圖為浮選部所用之裝置。

所謂安定的工業環境，包括社會安定，動力充份，交通運輸便利，金融經濟寬裕等等條件而言。

圖九　烤爐 Roasting Furnace

Herreshoff 式之烤爐兩只，用來去除錫礦石中之硫質及砷質。

圖十 瀝濾 Leaching

所謂瀝濾，即用化學藥品把所需去除之雜質溶化，所欲提煉之鎢沉澱，溶有雜質之廢液傾出，而沉澱物以水冲洗後，倒入攪動池內，進入濾機瀝濾而出，經烘乾以取得較純之鎢。

華昌有十隻 8'×8' 之鋼質圓筒，內襯橡皮，以備用酸瀝濾之用。

有硫，砷，鉍，磷，錫等雜質需用瀝濾，烤煉或兩者並用以去除之。

經強磁力分離之礦砂如磁鐵礦砂(Magdetite)及磁黄鐵礦砂(Pyrrhotite)內中往往含有鎢質甚豐，可再用低磁力分離鎢質。但若鎢與鎢為鐵質所包覆時，則應先用硫酸或鹽酸瀝濾，烘焙，而後再行低磁力分離。

經磁力分離出來的鎢錳鐵礦砂，常混有鐵及碳酸錳，後兩者之磁性僅較前者稍強，此時可先用震檯分離其粗粒，而後用酸瀝濾分離其細粒。鎢錳鐵礦砂內含有可溶性之雜質或可用烤煉使其成為可溶性之雜質(如鉍烤後成為氧化鉍)時，亦需用酸瀝濾去除其雜質。此外用浮選法富集之鎢質內常含有方解石(Calcite)及白雲石(Dolomete)，亦常用酸瀝濾去除之，至硫化濾及硫化錫則用燒鹼瀝濾之。

用鹽酸瀝濾鎢酸鈣時，處理務須慎密，因濾池內之酸性稍有過高，即有溶解三氧化鎢 WO_3 之危險；但雖有此項

圖十一 熔煉部 Fushion and Melting Plant

不可能用上列各法選礦的礦石以及收聚來的灰塵，廢棄品都放在此地熔煉，用高熱加化學藥品燃燒，使鎢質熔解，化合為液狀之鎢酸鈉(Na_2WO_4)。

圖即係鎢酸鈉之熔解池。

情形，濾池內之鹽酸必保持1至2%之自由酸度，始能溶解磷，遇鉍則酸度更須提高，否則將變爲氧氯化物而沉澱。又鎢酸鈣在鹽酸中亦有可溶性，程度視其晶粒之粗細及其所含雜質之特性而異；供如，鎢酸鈣中常有多量方解石，溶解時產生大量熱力，使池中溫度增高，鎢酸鈣多溶而損失。

圖十二　還原爐 Reduction Furnace
由鎢酸鈣製成三氧化鎢(WO_3)，再在此爐內用氫還原，即得純鎢。

鎢砂所含雜質對於製成品或提煉之影響

雜質	影響
硫	硫化砷鐵使鋼『熱脆』。
磷	使鋼『冷脆』。
銅	引起『熱脆』並使13%鎢鋼之微粒變粗。
錫	減低高速鋼之割切效能，即使少量存在亦能在室溫時減低鋼之韌度。
砷及銻	引起出奇之『熱脆』及『冷脆』，使刀口脆弱非凡。銻比砷更劣能減低工具刀之使用壽命。
鉬	易使鎢絲汽化及氧化因而減短壽命。
鉭及鈳	如用碳酸鈉熔煉或用燒碱瀝濾而提煉鎢酸(WO_3)時，鉭之存在，不成問題，但若用鉀鹽熔煉或瀝濾而不先將鉭質去除時，因鉭鉀有可溶性，其氧化物與氧化鎢同時沉澱，無法分離。
鉛	鉛及砷在熔煉時所生之蒸氣有毒。
鉍	鉍，錫，銻，砷及磷使鎢酸之微粒粗細及其他物理性質之控制發生困難，因而影響由此等鎢酸還原而成之鎢粉之品質。
矽酸鹽及氧化鋁	此等雜質及碱金屬並碱土金屬之氧化物使鎢之晶體粗織控制發生困難，因而使製成品脆弱。

各種鎢砂提煉步驟表

需經提煉之礦砂	所採提煉步驟
(1)鎢錳鐵礦砂(Wolframite Ore)	重力，磁力分離，烤煉。
(2)鎢錳鐵錫石混合礦砂(Wolframite & Cassiterite Ore)	重力，磁力分離，簸極，烤煉。
(3)鎢錳鐵鎢酸鈣混合礦砂(Wolframite & Scheelite Conc.)	磁力分離，靜電分離，浮選。
(4)鎢錳鐵，錫石，鉍混合礦砂(Wolframite, Cassiterite & Bismuth Conc.)	磁力分離，靜電分離，瀝濾。
(5)鎢錳鐵，鎢酸鈣，錫石混合礦砂(Wolframite, Scheelite & Cassiterite Ore)	重力，浮選，磁力分離，靜電分離。
(6)鎢錳鐵，輝鉬混合礦砂(Wolframite & Molybdenite Ore)	重力，磁力分離，浮選。
(7)鎢錳鐵，鎢酸鈣，砷黃鐵，黃鐵礦及其他硫化物混合礦砂(Wolframite, Scheelite, Arsenopyrit, Pyrite & Other Sulphide Ores)	重力，浮選，烤煉，磁力分離。
(8)鎢酸鈣礦砂(Scheelite, Simple Ore)	重力，浮選，靜電分離。
(9)鎢酸鈣，錫石混合礦砂(Scheelite & Cassiterite Conc.)	靜電分離，重力。
(10)鎢酸鈣，含磷灰石，方解石，硫化銅混合礦砂	重力，浮選，瀝濾。
(11)各種混合礦砂，礦泥等	重力。

圖十三　製造鎢棒

鎢粉用水壓機壓成鎢棒，再如圖用電流加強熱，使鎢粉熔結，變成強有力之鎢棒。

華昌有附設的鎢絲廠，精製鎢絲，供應全世界。

圖十四　拉製鎢絲

鎢棒再經好幾道擠壓，經過鎢碳模子或金剛鑽模子，抽成鎢條，鎢絲，供白熾電燈之用。

華昌煉鎢廠煉鎢順序表

需鎔提煉之鎢砂

鎢酸鈣砂　鎢錳鐵砂　含錫鎢砂　高成份鎢砂

循環轉運桶

3'×5'双層震動篩

或　-20篩孔　20/40篩孔　-40篩孔　砂塵　+20篩孔

輾軸

8'直徑"HERRESHOFF"焙爐

鎢砂　氣體

聚塵機

砂塵　氣體

或　或

噴霧聚塵機

純鎢砂　廢渣

震動篩

40/60篩孔　60/80篩孔　80/120篩孔　-120篩孔　砂塵

或

高度磁力分離機

磁鐵磁黃鐵　黃鐵磁黃鐵　鎢錳鎢鐵 鎢酸錳鐵　尾渣　粗鎢粒　砂塵

或　或　或

純鎢砂

低度磁力分離機

鎢砂　廢渣

"RAYMOND"粉化機

純鎢砂粉

+80篩孔　-80篩孔

酸濾池

鎢砂　濾液　廢渣

震枱

石英　鎢粒　砂塵　廢渣

旋轉乾燥機

氣體

聚塵機

氣體　砂塵

廢料

靜電分離器

鎢酸鈣砂　鎢錳酸鈣硫化物

浮選部

鎢酸鈣　硫化物　錫砂　礦泥

或　廢液 或 熔爐　熔爐

乾燥器

純鎢砂

瀝濾部

濾池

鎢酸鈣　濾液

過濾鼓　傾洗池

乾燥器　礦泥　洗液

純鎢砂　廢渣

聚塵機

混合砂塵　氣體 廢料

熔解部

含錫礦渣　Na_2WO_4或$CaWO_4$

熔爐　純鎢砂

怎樣修理日常應用的電熱器

許萃䃥

近代家庭中電熱器的應用很多，最普通的如電熨斗、電爐、烘麵包器、咔咖壺、熱水器等等，此類電熱器時常容易損壞，每次都要請教電匠修理，亦不勝其煩，而電熱器的修理十分簡單，祇要有一把旋鑿及一把鉗子也就够了，所以我們何不自己來動動手以免許多麻煩及金錢消耗呢！

電熱器的構造

電熱器的原理很簡單，由於電流通過一根電阻線，而產生熱量，所以電熱器的最主要部分就是電阻線。日常應用的電熱器中，電阻線都是鎳鉻線(Nichrome Wire)此線由鎳鉻的合金製成，很像銀子，而且最初合金電阻線由德國製成，所以有的書上就叫做德銀線(German Silver Wire)，五金電料店均有出售，商人名之曰茄門鋼絲，大概因爲「德國」英文叫做 German 的緣故吧！

一個電熱器的優劣，全靠這鎳鉻線的質料，如果質料不好這電熱器就很容易壞了。鎳鉻線的成本較貴，所以市上常有一般劣質的鎳鉻線出售，以應貪便宜顧客的需要，名謂「鎳鉻線」事實上非鎳和鉻的合金所造成。但是電阻線爲什麽一定要鎳和鉻造成而別的金屬就不行呢？因爲電阻線使用時的溫度很高，如用別種金屬就很容易氧化而蝕斷，鎳和鉻都富有金屬光澤，且不易氧化，如果電熱器的電阻線很光亮，大概就是鎳鉻線無疑了，不過一般商人刁滑得很，有時竟會用一根鐵絲或鋼絲外面塗了一層鎳來冒充，此線亦頗富光澤，魚目混珠，你買回去用了一次或二次，鎳就要脫殼，這是因爲兩種金屬膨脹不同的關係，脫殼了之後，當然其中的鐵和鋼不一會就因氧化而斷了要辨別這種線，外表是看不出的，我們祇有用一把刀或一把鉗子把牠切斷一點頭子，看看他切斷面的顏色，就可以了。還有一種電阻線，比上述的冒充貨要好些，牠的光澤，並不如何雪亮，有如鉛絲一樣，因爲牠的成分不是鎳和鉻，而是另一種難氧化合金製成此種線價錢便宜，但尙可應用，因爲牠還算能够抵抗高溫，它的缺點是新買的時候很柔軟，易於彎曲，但是一經用過，受熱冷却後就發脆而硬了，一曲即斷，這是因爲這種合金受熱後onaxis結晶的關係，所以斷了要接續的話，就十分困難了。

電熱器損壞的原因

電熱器電阻線的損壞，除質料不佳外，唯一原因就是應用不當，若燒開水時鍋中水太滿，沸騰而潑於電阻線上，則高溫的電阻線，受水的驟冷，內外收縮不同而局部脫殼，一經脫殼則此處電阻電流特大，同一電流通過電阻線而在脫殼處所生的熱量就特大，溫度愈高，易於損壞，所以電熱器的電阻線不能潑水或其他流質，而且一經局部損壞，而損壞處之溫度即高，更易損壞。

還有一種損壞的原因，就是使用的電壓錯了，一定電壓一定瓦特數的電阻線有一定的粗細長短，如果太短了通過的電流就過多，發生的熱量很大，甚至將線鎔化。

電熱器的其他損壞情形與別的電器一樣無非是短路斷線等等。

電阻線斷了怎樣銲接？

我們的電熱器損壞了，拆開來發現電阻線燒斷了，這麽辦呢？有人說這很簡單祇要把兩根線絞起來接一接就好了。這方法固然不錯，不過有時電阻線質地粗劣性，硬而脆，一曲就斷了，如何絞接呢？即使電阻線質佳很柔軟，絞接好了，用的時候發現在接的地方特別熱熾而白亮，因爲絞接處有"接觸電阻"而發熱特多，溫度特高，如此則絞接處不久又燒斷了，所以這種接法是不耐用的，有人說何不銲接，而減少接觸電阻呢？這倒要請教用什麽銲劑了，如果用銲錫吧！還不是等到電阻線一發熱，溫度一高就此鎔化大吉，所以銲錫是用不得的，其他銲劑亦想不出，即使有此種銲劑，在我們這種簡單的設備亦是無法應用的。現在我來介紹一種辦法；將接續處的熱量發散面積增加不使此處之溫度太高，如果電阻線已經硬脆了，可以用一片紫銅將兩線端軋牢在一處(圖一)，如是一則可

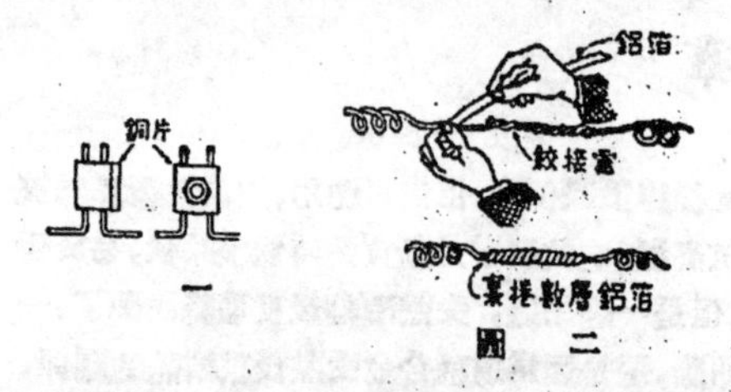

一

圖　二

使兩線接續。銅片之傳熱面積大，不使溫度過高，此種方法接好後，用起來時候較長，但日久銅片氧化亦能損壞。還有一種辦法簡便而壽命較長，如電阻線柔軟能絞接或勉強絞接，接好後用鋁箔裁成條裹在接續處的外面，(圖二)以增加牠的散熱面積。鋁箔就是我們香煙匣中的俗稱『錫紙』此物到處可以取得，而鋁箔捲起來極而易舉，如日久後鋁箔成灰，重捲上一層亦很便當。

電阻線經接續後壽命終久不長，因為接續後電阻線長度縮短，電阻減小，通過電流多，溫度高易於損壞愈多損壞愈多接續，愈多接續，則線愈短，電阻更小，溫度更高接續到某一程度，就不能再接續而縮短了，到那時非得重換一根新的不可，如果要買一根新的電阻線時，電阻線的長短，粗細如何決定呢？固然有時我祇要量一量原有舊線的多少長短及用線規量一量粗細好了，但是有時因為幾經修理和接續原來的長度無法量得，線規在我們家庭中亦不備的，無法量得，其粗細在這種情形時祇須用下述的計算法決定之。

怎樣選用電阻線

表一　電熱器所需圓形鎳鉻線之大小和長度

瓦　特	110 至 120 伏特		220 至 250 伏特		32 伏特	
	線號 B&W 規	線　長	線號 B&W 規	線　長	線號 B&W 規	線　長
25	34	29′-4″	38	47′-3″	30	6′-4″
50	32	23′-7″	34	59′-0″	27	6′-5″
75	30	24′-7″	33	49′-8″	25	6′-9″
100	29	23′-7″	32	47′-2″	24	6′-4″
125	28	23′-10″	31	47′-3″	23	6′-5″
150	27	24′-11″	30	49′-2″	22	6′-9″
175	27	21′-5″	30	42′-7″	22	5′-10″
200	26	23′-6″	29	47′-2″	21	6′-5″
250	25	23′-10″	28	47′-8″	20	6′-6″
300	24	24′-10″	27	49′-10″	19	6′-9″
350	24	20′-5″	27	42′-10″	19	5′-10″
400	23	22′-10″	26	47′-0″	18	6′-5″
450	22	25′-7″	25	49′-3″	18	5′-8″
500	22	23′-0″	25	47′-8″		
550	21	26′-7″	25	43′-5″		
600	21	24′-4″	24	49′-8″		
650	20	28′-5″	24	44′-10″		
700	20	26′-5″	24	40′-10″		
750	20	24′-8″	24	39′-0″		
800	19	29′-0″	23	45′-8″		
850	19	27′-5″	23	42′-10″		
900	19	25′-14″	22	51′-2″		
950	19	24′-6″	22	48′-8″		
1000	18	29′-2″	22	46′-0″		

在電熱器換線之前,當先明瞭該器電功率(Power)之大小,及電壓,然後可決定該器所用鎳鉻線之電度粗細。電熱器之容量,以每小時所耗瓦特(Watt)數表示之,英文以W代表之。例如通常家用之電熨斗,差不多均爲550瓦特,此數值可從電熱器的銅牌上找到。

瓦特爲量度電功率之單位即等於電熱器的電壓伏特(Volt 簡寫作 V)數與電流之安培(Ampere 簡寫 A)數兩者之乘積如果一電熱器的瓦特數和伏特數爲已知時,牠的電流安培數祇須以瓦特數除以伏特數即得,例如有電熨斗一隻其耗電功率爲550瓦特當應用於110伏特的電路中,則通過位叫歐爲$\frac{550}{110}=5$安培。發生熱量之電阻,牠的單的電流姆(Ohm 簡寫作Ω)此値祇須將伏特數被除於安培數即得例如:

$$電阻值=\frac{110}{5}=22歐姆$$

電熱器的瓦特數已知,可從表一或表二中找出應用鎳鉻線的長度與粗細,鎳鉻線有兩種形狀,一爲圓線,一爲扁線,表一中所示之値爲圓線,表二中所示之値爲扁線,假如上述例中電熨斗內所用的是扁線,從表二中可檢得其粗細爲喆吋闊,厚薄爲B&W 規36號,所需之長度爲11呎11吋。

五金電料店中常有將此電阻線,按各種瓦特數及電壓繞好現成粗細及長短出售,如是祇須告知所需瓦特數及電壓,即可購得了。

當我們需將上例中之電熨斗換線時,新線業已購好,則須將舊線從雲母片上拆下,換上新線,繞好後將新線之兩端小心彎曲之,夾牢於接線螺旋之襯圈中,在連接鎳鉻線的工作中必須注意,千萬勿可用銲錫其理由前已述及裝接妥當後再把外殼裝上,如圖三所示,不過在裝合時要特別注意絕緣避免短路及鎳鉻線與外殼通連而引起危險。

修理的方法

日常所用的電爐修理起來更加簡易,因爲電阻線並不密閉在容器中,有時上面亦有一塊花孔的蓋板。電爐如用作烹飪上面使用生鐵鍋子燒菜最不好,因爲炒菜時溫度較高生鐵鍋外表面易有碎鐵屑落入電爐而鎔化,將電阻線損壞,故最好用鋁鍋(即鋼精鍋子)可免此弊,如所用之電爐電阻

表二 110 伏喆吋闊鎳鉻線(扁形)應需之粗細及長度

瓦特	厚薄 B&W	所需長度
400	40	9呎10吋
425	39	10呎 9 吋
440	39	10呎 5 吋
450	38	11呎 7 吋
475	37	12呎 5 吋
500	37	11呎 8 吋
525	36	12呎 6 吋
550	36	11呎11吋
575	35	12呎10吋
600	35	12呎 3 吋
625	34	12呎11吋
650	33	13呎11吋
660	33	13呎10吋
675	32	15呎 0 吋
700	32	14呎 7 吋
750	31	15呎 1 吋

線瓷盤上沒有花孔蓋板,則務必使所用的鍋子不能與電阻線接觸,必須將電阻線深嵌入凹槽內,不使高出槽外,否則鍋子就要碰到電阻線而傳電,如人觸及鍋子就有觸電危險,如若鍋子底下有兩處與電阻線接觸則形成短路而將電阻線損壞。電爐在燒粥或開水時遇到沸溢時,千萬不要隨即去開鍋蓋或將鍋子從電爐上取下,因爲在沸溢時水是傳電的電流從電阻線由水而傳及鍋子如人觸及鍋子即有觸電危險,須先將插頭拔去與電源脫離關係方可觸及鍋子。

圖三

容量較大的電爐均有溫度調節開關,此開關爲將電爐中之電阻線之連接法,變更串聯之或並聯之,如圖三所示,此種開關因電爐的電流較大,若在使用時開關則極易損壞,故最好將電源插撲拔去後再行開關,否則此種開關燒壞了,就無法自己修理。設備較好一些的電熨斗亦有溫度調節器,此調節器的作用亦如一開關,用作變更電阻線的電阻,此種開關亦易損壞,最好將撲落拔去,與電源脫離關係後再撥動,不過爲便利起見,往往不肯這樣做,以後常有損壞發生了。

有幾種電熱器鎳鉻線上塗有硬凝土（Cement）此種電熱器如發覺鎳鉻線燒斷，當先將硬凝土用刀刮去，將新線換上後，再塗上一層新的硬凝土——此硬凝土即牙醫所用鑲牙之硬凝土——塗好後，在未裝入鐵殼及通入電流之前，必須置於乾燥處經兩三天後待其完全乾透始能使用。

電熱器的試驗

修好後之電熱器或購入之舊電熱器要試驗其中之鎳鉻線是否與外殼通連，其方法很簡單。不過事前先要準備如圖四所示之電燈一盞，燈頭引出絕緣良好之皮線兩根，將線頭各括出一段，試驗時祇須將一線與外殼相觸，另一端與插撲座相觸如圖五所示，若燈不亮，則絕緣優良。否則電燈須大放光明其內部繞線必與鐵殼相觸，須拆出重加改良始可應用。

圖 四

損壞的電熱器或買來的舊電熱器，要試驗牠的鎳鉻線是否中斷，可用類似前述之方法如圖六所示，祇須將上述試驗用的電燈工具，以兩線端觸及電熱器插撲之兩端，如電燈發亮則內部線不斷，需否則加修理。

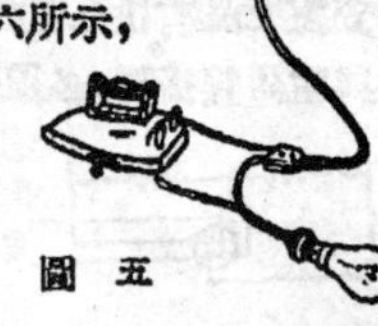

圖 五

又往往電熱器經上述之試驗及修理後，仍有不生熱効者，則其弊病不在電熱器的內部而在花線或撲落有中斷現象，試驗的方法如圖七，將電燈線兩端插入撲落孔中，同時將花線上之另一插頭插入電源，如花線及撲落完好則電燈發亮，否則花線之一根或兩根必有中斷或者撲落之接線處螺絲已鬆脫。花線中斷之處，常在近撲落或插頭處可剪去一斷再接上。倘若剪去一斷接好後再經試仍舊不行，那麼這根花線需要重換一根了。

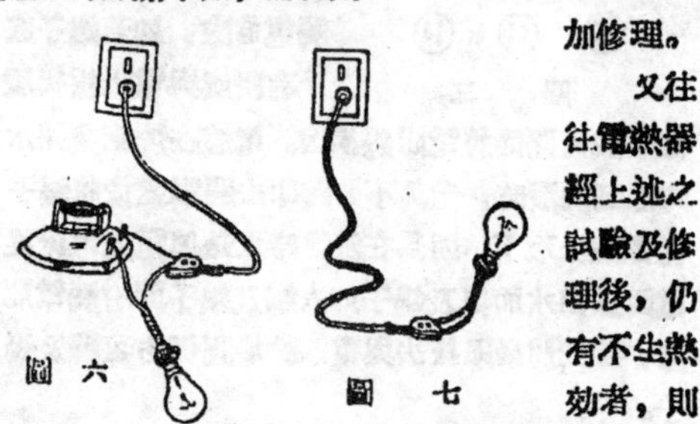

圖 六　　圖 七

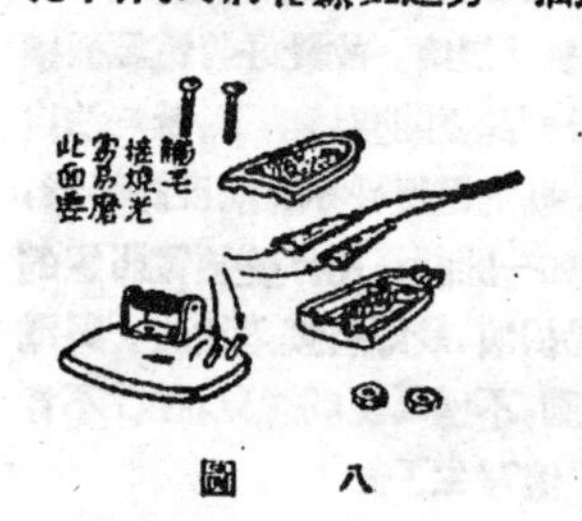

圖 八

插頭和撲落的線頭鬆脫，則祇須拆開一看就知道了，重接一下就行。不過有時因爲插頭和撲落的銅夾彈力不够，使接觸不緊密，如是接觸處發生火花，嗤嗤有聲。將接觸處燒毛，而增加接觸電阻發生高熱量，如果插頭或撲落的外殼是電木做的電木就要呈燒焦現像，這樣情形發生的時候，就須將已燒毛的接觸面（圖八）用砂紙打光滑，插頭的開口槽把旋鑿頭子將牠張大一些（圖九）如此可增加彈力使接觸面緊密。如係撲落則亦須拆出，用砂紙磨光，用鉗子將銅夾鉗合攏一些，使彈力增加接觸緊密。

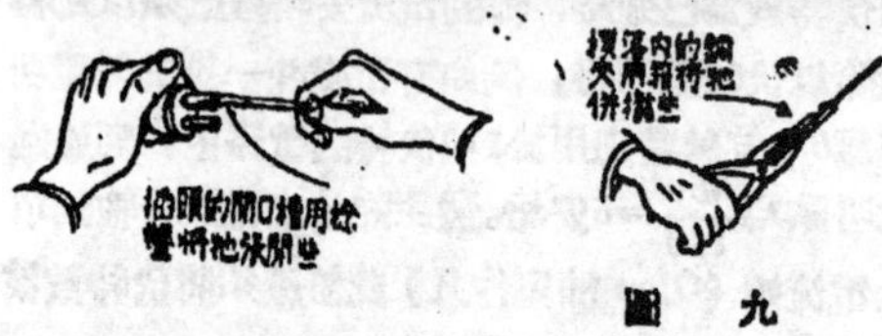

圖 九

電熱器所用的插頭及撲落其容量安培數必須稍大於電熱器所需的安培數，例如一1000瓦特之220伏特電爐所需的電流爲 $\frac{1000}{220}=4.5$ 安培則所用的插頭及撲落必須5安培方可，如果其容量小於4.5安培則必發熱而燒壞，插頭及撲落上均有註明其容量爲幾安培，不過滑頭廠家的出品所註的安培數與其眞實的容量不符，若貪便宜就吃虧了。電熱器所用的插頭及撲落最好是瓷質的，因爲發生的熱度較高，尤其是靠近電熱器的撲落，如果電木的質料好的還可以，劣質的就極易燒損了。

（完）

鋼的熱處理(中)

台灣省鐵路管理
局材料處副處長　吳慶源

什麼叫淬火(Quenching)?

『淬』字有猝然驟然的意思，而『淬火』也就是把鋼加熱後使它驟然冷却的方法，或者投入水中，或者投入油中，所需要的冷却速率而定。要瞭解淬火的機能，須先明白鋼被加熱時和冷却時所發生的作用。而其實加熱的手續不過是冷却手續的準備，前者的工作要是不會弄得適當的話，由後者所得的結果是徒勞無功的。冷却手續充其量不過把加熱手續所得到的特性保存下來而已。

加熱時鋼的結構變化

普通0.4%的碳鋼被加熱到各種不同的溫度時，它的結構組織起些什麼變化，在第一講中已經大略談過了。現在，這些變化可以從圖1的許多顯微鏡下照片得到一些大概的印象。圖1a的右方是原來的結構，含着深色的珠粒體和白色的遊離鐵晶體。我們可以看得出，晶粒是相當地粗，這是把鋼加熱到第一臨界點以下驟然冷却後的放大圖。在a圖的中間，結構上便有了一個顯明的變化，那是加熱到第一臨界點再驟然冷却後的情形，本來深色的珠粒體部分大多變成了固熔體，但其餘的遊離鐵晶體(也是白色的)則保持不變；a圖中左方是加熱到第一臨界點以上再驟然冷却後的情形，全部珠粒體都變成固熔體了。

圖1b顯示第一臨界點與第二臨界點間一半處的結構。遊離鐵晶體的量在接近第二臨界點時很明顯地減少了。圖1c是在極接近但還不到第二臨界點時的情形，這裏最後一部分未被吸收的鐵晶體已快要看不到了。圖中黑色的輪廓便是本來遊離鐵晶體的所在，由此可知，雖然鐵晶體是被吸收入固熔體了，還不會有充裕的時間擴散到全體。

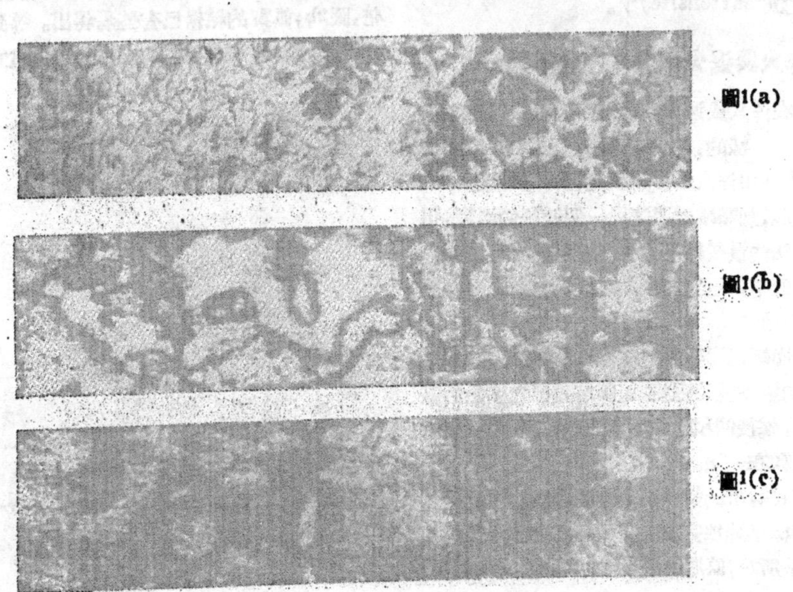

圖1(a)

圖1(b)

圖1(c)

圖1(d)

圖1(e)

擴散和均勻的必要

圖1d的鋼是剛剛在第二臨界點以上，鐵晶體已經全部被吸收了。不過鐵晶體雖已熔在固熔體中，那熔體還不曾均勻，這是從圖中可以看得出的，如果拿這種鋼來再加熱煆煉，則其中鐵晶體多的部分立即會成爲遊離鐵晶體重行析出的中心；於是，晶粒又會變得粗起來，所需求的細膩程度便得不到了。

因此很顯然的，我們得給它一個飽和的時間，讓它來得及擴散和均勻才行，這樣，第二臨界點以上高溫度的效果，才能够在鋼中發展而由淬火手續保存下來。如此處理以後就像圖1e所示，成爲均勻的馬登體(martensite)了。

淬火與退火到底有什麽不同？

無論在淬火或退火，加熱手續中結構組織所起的變化是一樣的，加熱以後究竟是由緩冷而使鋼柔軟，抑或由淬火以使鋼硬化，都不成問題。在後者的情形，加熱雖然要達到一個較高的溫度，但這兩種方法的最後結果，主要分別還在經過臨界點的冷却速率，這對於冷却以後鋼中所保存的結構組織大有影響。

緩冷而經過臨界點的結果，已在退火方法中談過了；簡單地說，奥登體即固熔體把它多餘的鐵晶體析出，然後體積膨脹而變成珠粒體，和析出的鐵晶體混和在一起。

然而在驟冷的情形，奥登體即固熔體的變化却并不那樣迅速地完成，而另外產生幾種別的東西。那就是所謂『原屈魯體』(primary troostite)和『馬登體』(martensite)；而使得鋼變『硬』的，正就是它們。

所以我們可以說，淬火的作用就在阻止奥登體的分解和珠粒體的分離出來，並且在迫使它變成硬的馬登體。

不過純粹馬登體是很少的。普通淬火過的鋼總多少帶有些未變的奥登體，有的帶有一部分原屈魯體，這本身也是很硬的。

原屈魯體又是什麽？

所謂原屈魯體，現在已知道實際上就是一種極細膩的珠粒體，內中熔合着碳化鐵和鐵晶體。圖2a是原屈魯體放大200倍的情形。如果放大1000倍，圖2b，眞實的結構已有些看得出。等到放大了4000倍，圖2c，那珠粒體的結構便確確實實得到證明了。

圖2(a)

圖 2 (b)

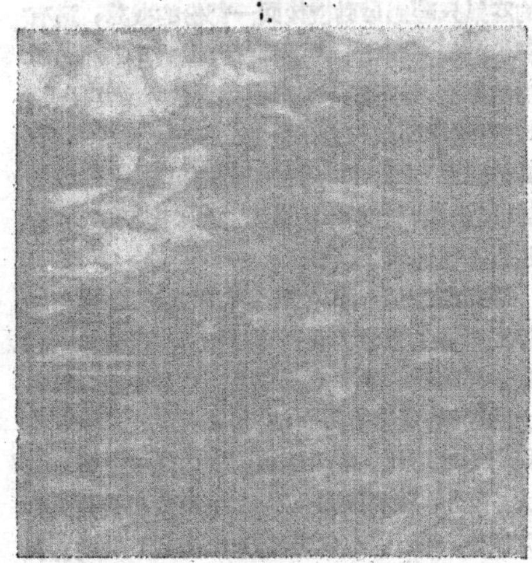

圖 2 (c)

鋼結構的各種硬度

在室溫時0.85%碳鋼的各種結構，硬度各不相等，大略的情形如下：

鋼的結構	布氏硬度
鐵晶體	90
奧登體——無從測定，大約	150
正常化的粗珠粒體	175
正常化的細珠粒體	300
原屈啓體	450
馬登體	675-725
碳化鐵	650左右

各種液體的淬火能力

淬火用的液體不外乎下面這幾種：

(1) 油，

(2) 水，

(3) 鹽水，

(4) 特殊溶液，如硫酸，氫氧化鈉等。

各種液體的淬火能力並沒有數目字可求，這須得從整個冷却曲綫上去比較。從1320°F時把碳鋼冷却，所得到各種液體的淬火能力，大概次序如下：

(1) 210°F的水。

(2) 175°F的水和68°的各種油類。

(3) 140°F的水。

(4) 70°F的95%硫酸。

(5) 105°F的水。

(6) 70°F的水。

(7) 70°F的10%鹽水，10%硫酸，5%氫氧化鈉。

什麼叫回火(Tempering)?

當一塊含碳工具鋼被加熱到適當的溫度，以相當快的速率冷下來後，結果就成爲一種完全硬化的鋼，具有馬登體的組織，已如上述。這種鋼旣硬且脆，因而很不適於應用。除了幾種特殊用途以外。)在這種情形之下把這塊鋼再行加熱，就可以產生兩種結果：(1)除去硬性；(2)使馬登體繼續分解。

如果這重行加熱的溫度能調節得適當，就可以任意得到所需的馬登體分解程度；因此，使硬而脆的馬登體有恰當的量變爲軟而韌的成分，便可以得到各種物理性質的鋼了。這種熱處理方法，就叫做回火。

次屈啓體和索拜體

如果鋼品已經過完全的硬化，並且差不多全都是馬登體，則回火到400°F左右時，『次屈啓體』(secondary troostite)便開始生成了。回火溫度如果繼續提高，次屈啓體的量便漸漸增加，直到750°F時它才開始變成『索拜體』(sorbite)。次屈啓體的性質介於馬登體和索拜體之間，索拜體比次屈啓體更軟，——下接第47頁飛機能飛得多少高？飛機爲什麽不能直升和在天空中停着？

影響擧力的因素

凌之鞏

因爲空氣經過那有一定斷面形狀的機翼，便產生擧力，擧力大於飛機重量的時候，飛機便爬高，已經說明白。那麽，飛機究竟飛得多麽高呢？是不是飛機可以無限量的爬高？現在來答覆這個問題。

空氣就是百份之七十八氮、百份之二十一氧、百份之一氬、及很少很少的二氧化碳、氖、氦、氪、和氙的混合體。它包圍着地球的外表，人們居住在它的下層，一直到六百二十英里的上空還有空氣。但因爲空氣是很容易壓縮的東西，所以一半重量的空氣都在一萬八千英尺以下，百份之九十七重量的空氣都在十八英里以下。擧力大小是與空氣的密度成正比的，到一定高度，空氣稀薄到相當程度，在一定發動機馬力之下，機翼所發生的擧力只能等於飛機的重量了，到那高度飛機便不能再爬高。

現在的飛機，有的已經能够飛到三萬五千英尺以上，那就是在同溫層飛行。同溫層就是大約在三萬五千英尺以上的一層空氣（註一），溫度常在攝氏零度下五十五度，那裏沒有氣候的變化。在那裏飛行，沒有風，雪、雨、霧等的障礙，只要飛機的設備能適合這樣高空的低溫度和低氣壓，在同溫層飛行是最理想的了。尤其是在長距離飛行，對飛行地帶的氣象還未預測清楚，或者是在戰時，好像超級空中堡壘去炸日本，沒有辦法得到敵人區域的氣象報告，在同溫層飛行，就可以不管下面氣候怎樣惡劣，飛機也不致於遇着危險。

在同溫層飛行，因爲氣壓低，人體受不住，像超級空中堡壘，它的座艙就要有加壓設備，使密封的座艙裏有溫暖的新鮮空氣在低空氣壓之下常常流轉。普通飛機都有養氣裝置，在一萬英尺以上高度的飛行都應該用養氣，在八千英尺以上高度停留在四小時以上的飛行，也應該用養氣，晚間作戰飛行，離開地面就應該用養氣了。坐艙的加溫設備，可以利用發動機在攝氏八百度至九百度的廢氣來熱空氣，或先熱水，水再熱空氣，然後調整加熱後的空氣通進座艙，使座艙得到最舒適的溫度。

飛機爲什麽不能直升和在天空停着？因爲擧力的大小和空氣速度的平方成正比，發動機發動後，空氣被螺旋槳撥往後方的速度並不大，而且往後的空氣只經過發動機後面一部份的機翼，這有效部份的機翼面積，因這樣低速度的空氣經過所發生的擧力，是不能等於飛機的重量的。所以起飛的時候，飛機要被拉力在跑道上拖着跑一段，到有相當的速度，擧力才能等於飛機的重量，把飛機抬起。知道飛機爲什麽不能直升，飛機不能在天空停着也就不言而喻了。（註二）

想詳細知道一點這個『到有相當速度，擧力才能等於飛機的重量』，我們可以把所有影響擧力的因素一同來看。除了空氣密度，和空氣速度，影響擧力的因素，還有機翼面積，和擧力係數。機翼面積與擧力成正比。擧力係數因衝角（註三）變大而加大，不同的機翼斷面有不同的變化，但衝角大到一定限度，擧力係數會突然變小。普通飛機的機翼面積都是固定的，高度不變的時候，空氣密度也是不變的，於是擧力係數大一點，空氣速度就可以小一點，也能發生同樣的擧力，到那擧力係數最大，空氣速度就可以到最小。飛機在天空一定要維持這個空氣速度，不然擧力就不能等於飛機的重量了。也就是說，飛機起飛的時候，一定要到這個空氣速度才能離地，降落的時候，在着地之前，也要維持這個空氣速度。

起飛和降落的速度如果可以減小，飛機在道跑上的距離就可以縮短，駕駛員也容易操縱在跑道跑的飛機，因此，工程師便想出了一隻襟翼（參看二卷十期工程界28頁圖十）。襟翼放下來的時候，擧力係數可以增大，使飛機速度可以再變小。但因爲襟翼放下來，阻力也增大，所以有些飛機，降落的時候放下襟翼，起飛的時候不放，或只放下一半。在天空飛行的時候，襟翼當然是收起的。

這樣看來，飛機起飛和降落的時候，我們總高興逆風。因爲起飛的時候，假如空氣速度要達每小時九十英里才能起飛，有每小時十五英里的逆風，飛機對跑道跑的速度，只要有每小時七十五英里便可以起飛了。降落的時候也一樣，飛機着地時對跑道的速度，等於飛機在空中對靜止空氣一定要維持的速度，減去逆風的速度。所以有逆風就可以減少飛機起飛和降落在跑道上跑的距離，在跑道上跑的時候，駕駛員更容易操縱飛機。舉一個例子來看：載重五千一百磅共重二萬六千磅，有二千四百匹馬力，九百九十五平方英尺(連副翼)機翼面積，單翼雙發動機的『天空列車(Skytrain)』(C47B)飛機，在地平高度三合土的跑道上起飛，沒有風，要跑一千三百英尺才能離地，有每小時二十英里的逆風，就跑八百英尺，有每小時四十英里的逆風，就只跑四百英尺。降落的時候，空氣速度如果是每小時八十五英里，着地之後不加刹車，飛機要走一千五百五十英尺才能停止，有逆風，這個距離當然縮短，最後講一個笑話來結尾：我們向朋友話別有時說一句『一路順風』，意思是祝他路上平安，但是如果那朋友坐飛機旅行，飛機起飛和降落的時候，順風就沒有逆風來得安全了。

註(一)：在地球兩極，同溫層離地面大約四英里，在地球赤度，同溫層離地面大約十一英里，那麼平均同溫層離地面大約七英里，差不多是三萬五千英尺的樣子。

註(二)：有一種飛行器叫做直升機，它能直升，也能在天空停着，但它不是利用機翼來發生舉力的。

註(三)：衝角指機翼對風的角度。

機械設計工作的三個基本步驟

黄采華

(1)概念——這是發明者或理論家認爲辦得到的一個概念，通常很是簡單，不過是希望如何去做一樣東西來完成某種目的而已。如果設計者的實際經驗很豐富，那末他所幻想的東西大概是能成功的。但是即使能成功，也不要忘記它是否合乎經濟原則。

(2)將概念化爲實際計劃——從最初簡略的草圖，漸漸設計得可以實地去製造。最好能先做一個簡陋能動的模型，或做一個像真模型，那末對於各機件的立體佈置法，可以更爲清楚，然後再加以詳細的研究。假使那具最初的工作模型不能眞的工作，那末必須將它的各部份加以有系統的改良，直到它能滿意的工作爲止。

在這一個階段，所做成的機械也許是很繁複而不大合傳統的良好規則，不過這些在此刻還沒有關係。在這個過程中，往往可以發覺原來的基本假定根本是不對的，或是不可能的，或者必須要用到很耗費的材料或製法才能製造成功的，因此全部的計劃不得不加以放棄。這好像是損失太大了。其實失敗爲成功之母，正可由此得到不少寶貴的經驗，以作下次設計的參考，所以還是合算的。

(3)改良——現在要將試驗成功的工作模型細加研究，而把它設計改良得更爲簡單。不論使用的性能，各部份的尺寸、製造的成本，以及外觀的美醜等，都要加以澈底的改進，使它盡善盡美。在這一個過程中往往能想出更新的發明，因此成績甚至優良得非始料所及。

以上的三個步驟就是：先想出簡單的輪廓，再將簡單的輪廓化爲繁複的實際東西，然後再將繁複的東西化爲簡單。

這些步驟好像並沒有法子可以逃過的，在最後成功之前，流點汗辛苦工作好像也是必需的。除非是眞正的天才，方才曉得省力的捷徑。在這樣辛苦改良而成的製品，也許竟是如此簡單和容易明白，以至於不識好歹的人也許會說：『這樣的東西有什麼希奇呢？誰都會想得出的！』

新發明與新出品

1948年

派卡 (Packard) 汽車問世

—145馬力7:1壓縮比引擎，

120吋輪距，205吋全長的最新式流線型汽車—

隨着新年的到來，工業上的新出品更是層出不窮，最明顯的當是汽車了。汽車年年有改進，年年有新的式樣，除了戰爭時期的幾年以外，差不多每年都有新的汽車問世。這當然一則是工程技術

車身之外狀

的進步，同時也是爲了商業的競爭。現在1948年的新式汽車是怎樣的呢？在這一頁上，我們有個簡單的介紹：

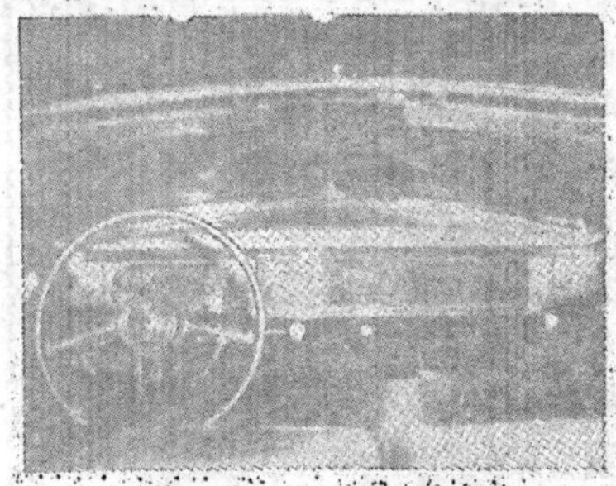

車座及儀器板

汽車的種類太多了，各式車子都有其特點；我們舉一種美國的派卡篩式蓬車 (Convertible) 來說：

1948年的派卡車，其車窗、車頂、和前車座都用液力控制，每一個乘客旁都有撳鈕，以便控制；但是在左面門上，駕駛者旁邊另有一塊控制總鈕。車身內部的座位襯墊之類均用塑料製造。車前水箱二側有通氣管二支，通入駕駛室儀器板的下面，使新鮮空氣得以流通。車身的流線與前後保險桿的線條相配，渾成一體，頗爲美觀。

引擎是八汽缸，L式汽缸頭，壓縮比從6.85:1增加到7.0:1。進氣歧管的設計也大加改良，使汽油的分配非常平均。打水泵的軸特別縮短，使彎形和磨損都能減少。氣閥直徑也增大了，同時桃子軸是用誘導電熱法淬火的，所以強度也增進不少；氣閥的導管是用燐酸錳鍍過的，這樣可以不必在裝配時費許多功夫去密配。線圈是裝在引擎遠離熱面的地方。爲了易於轉彎起見，轉向齒輪的變速比，從20.4改到26.2:1了。

引擎各部分

這一種1948年引擎的性能是如此的：汽缸排氣量爲327立方吋，在3,600 R.P.M.時有145匹馬力出量；最大轉距是在2,000 R.P.M.時的266呎

磅。這都比過去的引擎要大，(1947年引擎，排氣量282立方吋，在3,600R.P.M.時有125匹馬力，最大轉距是在1.750R.P.M.時的234呎磅)。同時後軸減速比也從3.9:1改成了4.1:1。引擎機軸的直徑從2"改到了$2\frac{1}{4}$"，目的是在減少載荷，增加强度。軸承合金是一種新型的銅鎳合金并混入鉛的一種材料。

1948年派卡車的儀器板是全車的特色：在中央是自動撳鈕式的無線電收音機，轉向盤祇有二根輻子，這樣可以增加駕駛者對於他前面各種儀器的視界，儀器上的各種數字或指針之類都塗有螢光漆，但是儀器燈仍砉裝在裏面，不過加上了濾光器，因此，可以減少許多眩目的反射光線。(欣)

★工作機上的霓虹管——現在美國Fosdick Machine Tool Co., Cincinnati, Ohio, 所出品的橫臂鑽床上採用一種新的方法來照明工作物。如圖所示，橫臂的一端有個凹口，中間裝了一支霓虹管，如六呎的鑽床則用4呎的霓虹管，這樣，橫臂不論搖到什麼位置，對於工作物的照明都可以有滿意的成績，所以工作物的調整時間就可減少了。(欣)

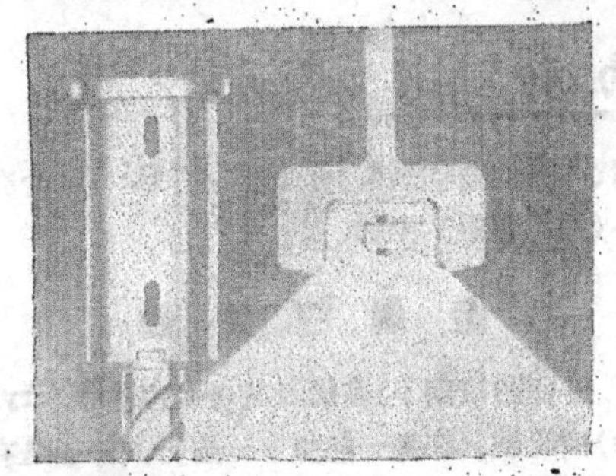

★自動鋸銼(Saw filer)——自動鋸銼是美國Speed Corp. of Portland的新出品。這個裝置會使一般工人感到莫大的便利。他們利用了這就能很敏捷的且很準確的磨利他們的鋸齒。如圖所示，將銼刀放在鋸上，當拉動時，銼刀會自動的控制它適當的地位而移動。上有二個調節器能適合任何形式的鋸齒。(稼)

★可變曲線尺 製圖的朋友們，常常為了要畫一條很大半徑的或不規則的曲線而感到麻煩。這裏所介紹的可變曲線尺，就解决了這個困難。圖示正在運用情形。它能適合半徑從10吋到無限大的任何曲線，應用非常便利。是美國Albert.G. Daniels最近設計成功的。(稼)

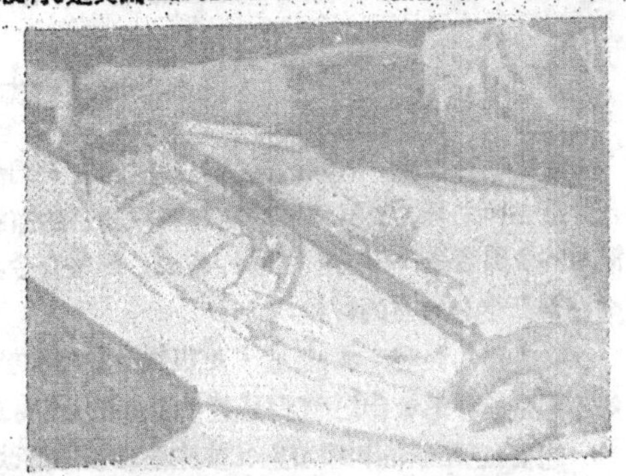

★可焊性的防銹抗酸鐘用彈簧合金——愛爾近鐘錶廠近又發明了一種適合做表上發條用的合金，具有防銹抗酸的性能，并且非常硬韌，每平方吋的抗牽强度有368,000磅，主要的成份是鈷、鉻、鎳、鉬、鐵、錳、鈹和碳，其商品名稱是"Elgiloy"。

製成狹帶狀的Elgiloy放入一架倒切機，可割切至需要的寬度，其誤差不會超過0.0001吋。切好了的條帶再經過磨光，然後加工，這一次是製造心子和彈簧盒上的二個鈎子。全部完工後，再經熱處理，檢驗的步驟，始將彈簧向相反方向繞緊，其目的在在增加彈簧的强度。這樣製成的彈簧厚度祇有0.0043吋，可在一種特殊設計的樣板內用點焊的方法來和一根0.0035吋厚的夾帶焊成一起；下面的電極是銅製的樣板嵌入一個銅製的槽子，上面的電極則與普通的錐形點無異。電焊部分焊成後無須再加熱煉卽可應用。(欣MGD-8-47)

★能够自動分析合金成分的機械——利用電子管的原理，一種新型的分析合金各種金屬成份的分光機，現在已由美國Baird Associates發明成功，全機大小是5×12×5呎，各種金屬的光譜線分別隔離開來，其强度則由電子放大光電管測出；每一光電管的電流出量，使一只蓄電器充電，蓄電器本身則在適當的時間放電，但表示金屬成分多少的一個儀器直接顯出所含的成分數量。因為在這機械中不包含攝影的過程，所以不致於產生因顯影時藥膜濃淡而引起的種種錯誤，這種分析機是非常準確的。(MGD-8-47)

歡迎投寄獨出心裁短小精悍的
工程實用新發明稿件！

關於金屬材料(上)

孫士宏譯

我們很可以說，人類的文明，是開始在人們懂得應用金屬的時候。他們發現金屬的性質，非常適合製造各種工具，武器和早期簡單機械所需的原料之用。經過了許多世紀的時間，人們更學會了製造簡單的金屬合金——幾種金屬的合成，那些合金具有原來元素所沒有的性質。且發明了許多方法，製造這些變化繁多的材料。

當人類的發明天才，創造了更複雜的機器和結構後，這種製造合金的藝術變得更加重要了。但這始終不過是一種藝術而已，直到最近的百年間，金屬及其性質的研究，才進而成爲科學的一個部門。

起初，這門新的科學着重在使生產和製造的改進，尤其在使產品控制得更均勻而更精美這方面。後來，金屬智識的基礎確定建立以後，方才能够進而着手許多具體的問題，而且能够發明許多種合金以供特殊的用途——例如許多種的合金鋼(alloy steels)，各種輕金屬 (light metals) 及各種抗銹合金(corrosion-resistant alloys)等。在過去的25年中，工業技術的進步，尤其在動力和化工方面，使我們不得不轉移目標，去注意於那些在受應力的情形下能够耐高溫的合金類。可是，要瞭解高溫下金屬材料的情況，我們非先溫習一下金屬材料的基本概念，和受到應力時起些什麼作用不可。

金屬材料的特性?

我們現在先要問：究竟什麼是金屬和合金?它們在不同的情況下起些什麼作用? 設計者和製造者在決定某種金屬是否適合某種特殊用途時，要找尋那些性質呢?這些性質又是怎樣去衡量的呢?

金屬和合金

96種元素中，有很多種是金屬，其中幾種在商業用途上佔着重要的位置。鐵及其化合物因爲天然產量豐富，而且有我們所需要的强度和製造性質，所以幾世紀來一直被廣泛地利用着。銅，鉛，錫和鋅，也有相當悠久的歷史。鎳和鋁，還算是近代的材料，因爲它們直到最近才有商業上的用途。

普通金屬常以其純粹的元素形式而被應用，但是由各種的金屬互相結合，或與非金屬元素結合所產生的合金，其用途範圍，便大大地擴展了。因如此的結合，性質可以被改變得適合特殊的需要，而且還可以發展出完全新的特性來。有幾種合金如黃銅和青銅，在很古時候就已經被應用了，但有很多種類的合金，到近年才被製造出來，以應近代工業的迫切需要。合金普通分爲：(1)含有鐵的，(2)不含鐵的兩種。

金屬的特性

在固體狀態下，金屬及其合金由晶體(crystals)所組成。在每一晶體中，全部的分子是有規

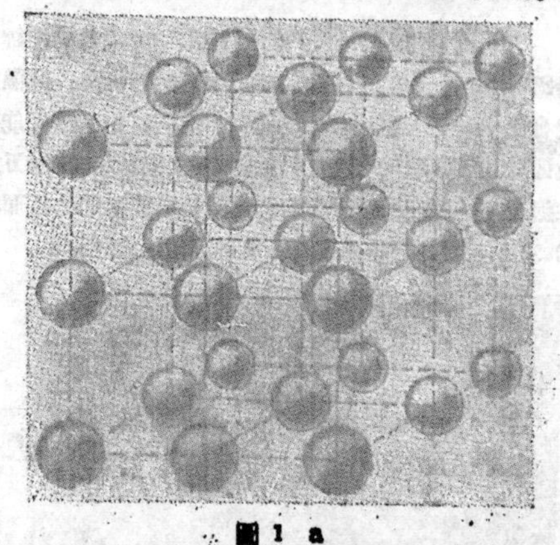

圖 1 a

律地排列着的，圖1a，這是一個特性。在一定的溫

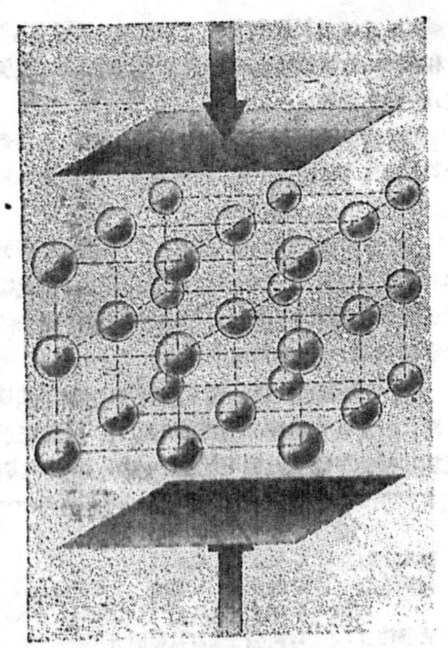

圖 1 b

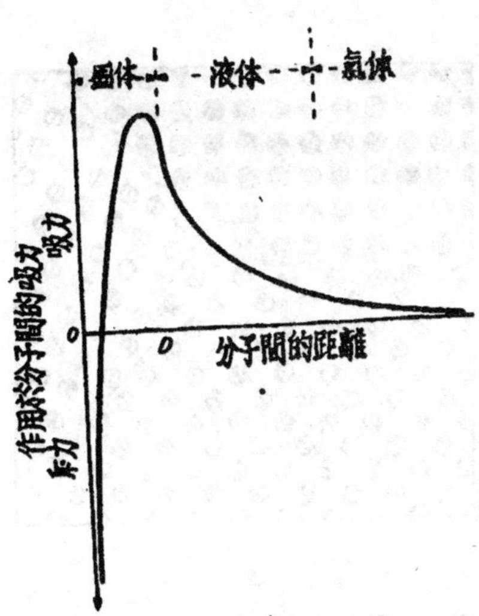

圖 2

度下，各分子相互間保持一定的距離，它們之間相互作用的力是平衡的。如果晶體的相對兩面受到壓縮，如圖1b，分子互相移近一點，這時在分子之間就有很大的力量發生，以抵抗這種移動，因此需要很多的能量去推動各分子同時改變它們原來的平衡位置。假使相對兩面被拉開而使晶體拉長時，則各分子就互相移遠，這時，分子間又有很大的吸力來阻止這種離開平衡位置的作用。圖2表示作用於分子間的力與分子間的距離之一般關係，這種關係可能隨各種物態而不同

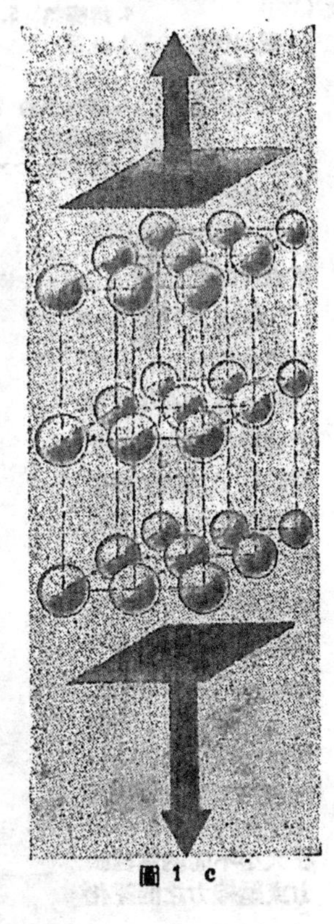

圖 1 c

金屬中晶體的形成，基於金屬的性質和製成方法，而有許多種形狀和大小。晶體，普通亦稱晶粒(grain)，可以在放大100倍以上的顯微鏡下看得很清楚，如圖3。分子，自然，在顯微鏡下看起來，是更微小了，任何一個晶粒，包含幾百萬個分子。一個晶粒中分子自己排列所依據的軸線與其鄰近晶粒中的軸線並不平行，它們可以作任何角度的偏斜，如圖4的簡圖所示。

合金的結構　合金，含有二種或多種的元素，是在熔融狀態下混合而成的。元素在熔融時，通常是可以互相熔合在一起的。有時它們在變硬而成了固體後，仍保持熔合的狀態，但在大多情形中，凝固時或一部或全部分離開來，形成各元素及

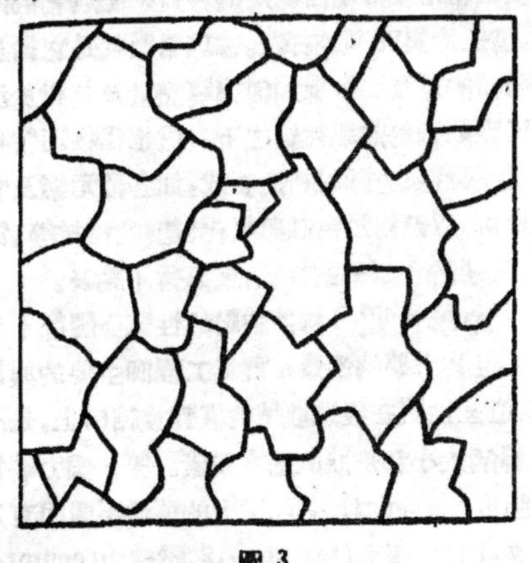

圖 3

混合體的各個晶體。

金屬在固熔體 (solid solution) 中形成完全

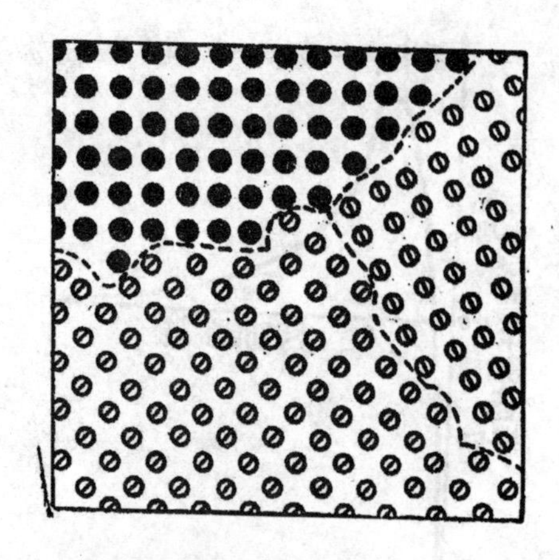

圖 4

新的分子和性質，例如比重和熱膨脹，完全與所組成的元素不同。固熔體和化合物不同，它的各組成元素之間比例並不固定，而是上下很大的。在合金中，凡沒有形成固熔體的元素，都分離出來，成爲各個晶體而形成一種混合物。

合金的製造目的是在改進主要金屬元素的某些特性。它們往往較其所組成的元素爲硬，而且較耐磨耗，但却往往比較不易延展。除了很少的例外，固熔體的比重總比較其各元素比重的算術平均數來得大。

金 屬 的 性 質

爲便利設計及製造者比較許多種不同的金屬和合金，何者更適合他們種種不同的用途起見，習慣上常用某種明白規定的性質來記述它們的行爲。這些性質詳列於右表。物理常數就是它對於所佔體積的重量。金屬如何傳導熱量及其對於溫度的反應則列於熱學性質之下，這也爲物理常數之一。化學性質有關材料的製成，如各種元素及它們的比例，以及對於腐蝕與氧化侵襲的抵抗等。電學的，光學的和磁學的性質，這裏暫不論及。

力學性質 雖然金屬的性質全體都不可忽略，但其力學的性質，實爲工程師主要的興趣所在。這些性質在製造機械的機件或結構上，是決定金屬的大小和形狀的基本要素。第一個力學性質是强度(strength)，因受力的情形不同而有六種之多，即：1.張力(tension)，2.壓縮力(compression)，3.剪力(shear)，4.扭力(torsion)，5.疲乏(fatigue)，6.萎乏(creep)。

張力使材料反對其分子間的吸力而分開，圖1c和圖5a，金屬依受力的方向伸長，而如果力量够大，即發生裂斷。

壓縮力壓使材料反對其分子間的斥力而縮小其體積，圖1b與圖5a，金屬依其受力的方向縮短，若力量很大，則被壓碎。

剪力使金屬的相鄰兩面作平行而反方向的移動，圖5b表示一水平金屬片在模子中被軋住後受衝頭所加於其上的剪力，這金屬片會沿模子的兩邊被切斷，如虛線所示的情形。

扭力是加於旋轉的軸上的。在這根軸上的任何點，對於使它旋轉的力都發生阻力，因此在垂直於其軸的平面上有發生剪裂的趨勢，如圖5d。與

金 屬 的 性 質

物理常數：	1.密度	2.比重	
力學性質：	1.強度	2.韌性	3.延展性
	4.硬度		
化學性質：	1.組織	2.抗腐蝕力	
	3.抗氧化力		
熱學性質：	1.傳熱度	2.膨脹	3.比熱
	4.熔解熱	5.熔點	
電學性質：	1.比阻		
光學性質：	1.反射度		
磁學性質：	1.導磁係數	2.磁性飽和	
	3.磁滯損失	4.變換溫度	

剪力所不同的地方，就是扭力使相鄰兩面互相反向而旋轉。

疲乏要看負載的性質如何而定，所謂負載，就是產生上述各種變形的力量。正常的張力，壓縮力，剪力和扭力的大小都是相當穩定的。但在許多實際情形中，常常遇到週而復始的反復力(repetitive force)在這種情形下，力量可以一忽兒是張力，一忽兒又變成壓縮力地變化着，如圖5e，或在大小不同的兩種張力或壓縮力之間變化

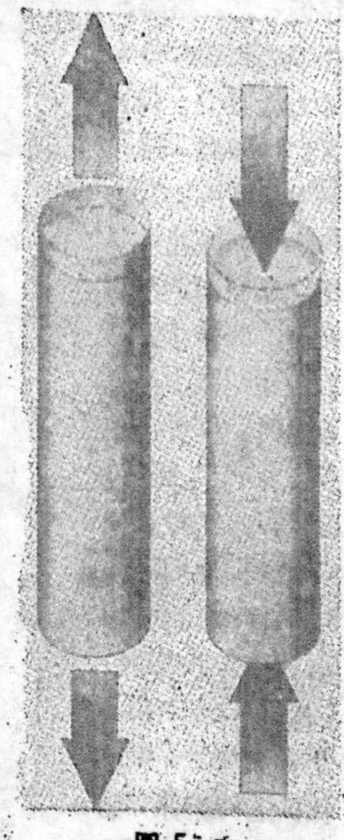

圖 5 a

12226

落。因爲任何材料中都有微隙存在，反復的力量使它發生裂痕，而且繼續擴大至材料全部時，就發生最後破壞(ultimate failure)。這種破裂，名叫疲乏破裂(fatigue failure)。其產生的原因由於所加力量的反復，甚於單單是所加力量的大小。雖然我們以張力和壓縮力作爲例子，但反復發生的剪力和扭力也同樣會使材料疲乏破裂的。

圖 5 b

萎乏發生在高溫度下連續加力於金屬上的時候。在普通溫度之下，所加的力若小於使材料破裂的力時，不過使金屬作有定的變形而已。這種變形在作用力存在時，一直保持不變。但在高溫度情形下，加以一定的力量時，則發生連續的遲緩的變形，就是萎乏，直到破裂爲止。有幾種非常軟的金屬，如鉛，即使在室溫情形下，也會有萎乏現象，但就大多數强度很高的金屬而講，則在750F°以下時，是不會有顯著的萎乏變形的。

其他力學性質 上面所講的各種强度性質，都可由試驗而得到證明，試驗時將力量逐漸而平穩地加於金屬之上，所加的力，自零起以至最大。實際上我們知道，如果將力急驟加上時，則以較小的力(比產生最後破裂爲小的力)，也足以使金屬破裂。材料對於這種衝擊力的抵抗程度，稱爲韌性(toughness)，如圖5f，而這種因素常常是設計機件時的一種限制。

延性和展性(ductitity or malleability)，這種性質使金屬可以受彎曲，拉長(deep drawing)，繞纒(spinning)及敲頭(cold heading等加工而不致於破裂或必需過大之力，如圖5c.。

硬度(hardness)表示金屬對於磨耗的抵抗力。這種性質是相對的，所以很難由試驗來表明它的實在性能。硬度的性質可以由很多方法來表明，大多數用承受負載(load)的圓球或錐尖透入被試驗的金屬中，看它的深度如何來表明，如圖5g。金屬較硬，則透入較淺。

(未完待續)

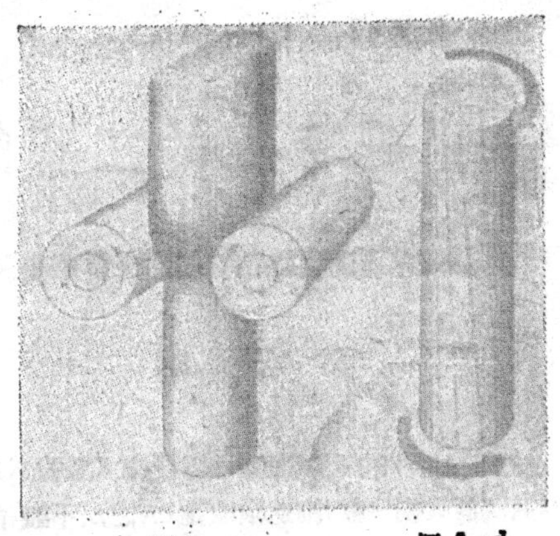

圖 5 c　　圖 5 d

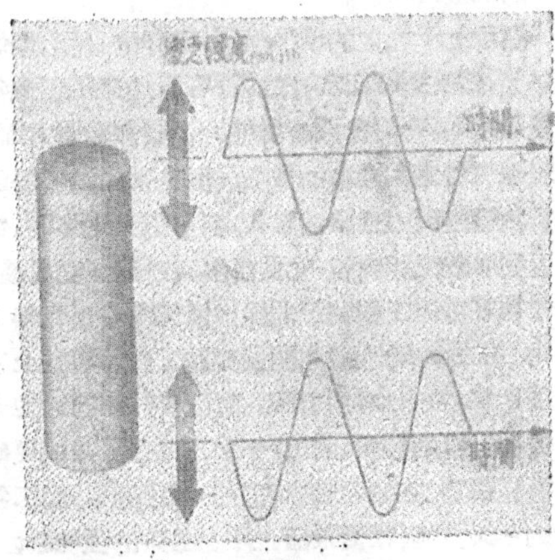

圖 5 e

圖 5 f　　圖 5 g

一位劃時代的工程師

·介紹鐵路建設事業的功臣杜鎮遠先生·

黃 治 明

近五十年的中國工程師，算起來人數誠不爲少。其間能獨樹一幟，創造環境，職人之所不識，能人之所不能的，自詹天佑先生而後，杜鎮遠可算得一時的風雲人物了。

這位五十九歲的老工程師，魁胖的身軀，炯炯的目光，緩慢週到而和藹的語調，看起來絕不像年近花甲的人。有時你亦會從他的步履和聽覺方面，發現他有着走入老境的象徵，但是卻絕無礙於這位富於倔强進取性格的巨人。回首這三十多年，他一直固守着交通崗位，尤其自國民政府成立以後，更雄據在鐵路工程的最前線，領導着許多青年工程師，用去多少心血，作開發交通工作。事實上中國的進步，並未如他的希望，而環境并沒有給他充分發展才能的機會。看吧！一千二百多公里的破破粵漢鐵路，能在勝利後六個月內修復通車，而二年後的今天，雖因物價飛漲，外滙困難的種種原因，他未能完成粵漢路應有的最低安全設施。然而他的確盡了最大的努力，至今仍保持着中國鐵路工程界最優良的紀錄。——用費省，完工快，儘量的自己解決經濟問題。

杜鎮遠作了三十年的工程師，二十年的鐵路局長，到粵漢路亦有五六年了。粵漢是中國目前唯一暢通的幹線，擁有一千二百公里以上的路線，二萬五千多的員工；一年數千億的管理用費，但是因爲國內政治和經濟的不安，正如同其他部門，許多事都未能做到合理標準。但是他儘量吸收人才，爲國家保存原氣。他目前的助手，如：茅以新，林詩伯，陳思誠，劉傳書等，皆一時知名之士。他常鼓勵他們說：『如果我們辦鐵路辦不好，請問中國還有什麼人能辦的好些呢？』他無論對上級或對同仁，公開演講或私人談話，紙是勸人固守崗位。『人人守住崗位，國家自然會好的』，而他自己便是以鐵路工程爲終身事業。

杜氏是苦幹出來的人。民國三年畢業於唐山工程學院，民國八年奉交通部選派赴美國留學，十一年得康乃爾大學土木工程碩士學位。先後就任美國鄂慈堡，及阿利翁，他得里等鐵路公司工程司。十三年奉交通部令派他考查歐美各國鐵路工程及材料，由美歷加拿大及英，法，意，瑞，比，德，蘇，諸國，經西比利亞中東，南滿等鐵路，於十五年返國。在外八載，專心於鐵路事業的研習，他常對同仁們轉述外國鐵路從業人員的服務精神。『就以我在那做工程司而論，對於行車規章的條文，亦要熟習到從頭一個字，背到最末一個字。』

他扛起了築路籌款劃時代的大纛

翻開中國鐵路史，很明顯的看出列强鐵路侵略的血跡，初期鐵路建築，多按所謂勢力範圍由列强借款派人主持。不但條件苛刻，喪失權利，同時因來款充裕，工程方面，亦未免稍形糜費。自國府定都南京以後，交通建設之聲，洋溢全國，但是因爲大亂初平，威信未立，國外借款，一時無法辦到。當時浙江省主席張靜江氏，以杭江鐵路局局長兼總工程司的職務，約他担任。許多朋友勸他說：『沒有工欵的不必就。』亦有人譏笑他『不自量力，必遭失敗』。但是憑他卓越的識見，以爲(一)中國築路之不可或緩，(二)中國資本之可予利用(三)工程和技術的標準可以酌予變更，以求造價的低廉，遂毅然允就。

說來亦算奇蹟罷，他以六萬元的測量費，和二十萬元的工程費，開始了跨越三省長逾一千公里的浙贛路建築。

這點錢來築鐵路，眞是一下就光的。中間連發動這個工程的浙江省政府，都打了退堂鼓，數度命令他停工或改修公路。但是杜氏仍立定脚跟，堅持原議。等到商得中國銀行董事長張嘉璈先生的同意，訂立借款和約後，工款有着，同仁們勇氣倍增，於是杭州金華蘭谿段的二百公里，得於二十一年三月完成。

該段通車以後，杜氏鑒於借款之不易，合同之嚴酷，及前途之困難，乃極力撙節開支。如架枕木以爲站屋。借民房以作宿舍，同時儘量擴展業務，如改良三等客車，使有軟枕靠椅及衛生設備，以招徠旅客。辦理負責運輸，以便利客商，於是得有盈餘，始可以逐步實施改善工程，并按期還本付息，樹立信譽。遂相繼獲得中國銀行領導之銀行團。担任國內建築用款，英商怡和洋行及德商禪臣洋行，以信用貸款方式，供給材料，自是國內築路籌款，纔有了個新途徑，而全部得於二十六年夏完成通車。於是湘粵浙贛聯成一氣，使東南西南之交通，不因日寇封鎖長江而致斷絕，裨益國防及經濟者不少。

其能以一個人的識見與毅力，創造環境，排除萬難。白手成家，寫出中國築路史中劃時代的一頁，誠然值得慶幸。但是玉杭段通車前夕，杜氏因積勞咯血，幾致不起，經年餘之休養，始得復健康，亦纔見得他的成功，的確是付了相當代價的。

一日一公里創鐵路工程新紀錄

自二十六年京滬撤守以後，政府，人民，及大。量物資，均須向西南遷移，再加上西南各省部隊之調動，軍用品之轉移，均提起了當局提前籌建西南鐵路的決心。且顧及港粵繼上海後再遭封鎖，亦必早籌一國際通路，以求注入新血輪。於是決定先建湘桂路，以期通達越南。杜氏奉命長衡桂段工程局

這次工款雖無問題，但限期極爲迫促，杜氏乃建議中央，決定與湘桂兩省合資經營。由兩省各自征用民工，修築轄境路基土方，其所需枕木，亦由兩省代爲徵購，此種辦法在我國嘗乏先例。管理若不週到，糾紛必定甚多。杜氏幸能部署適當，聯繫密切，以獲得兩省當局之竭誠合作，發動大量人力物力，於二十六年九月開工，翌年九月完成衡桂間三百六十公里全段通車，創造平均每日築成鐵路一公里之最速紀錄。樹立民工築路之基礎，爲國際所稱譽。

蠻烟瘴雨深入不毛

八年抗戰之中，一大部份國力，是用於國際交通線之爭奪戰。應運而生的滇緬鐵路，可爲中華民族抵抗强寇及征服自然的代表作。中央很明快的於二十八年夏，選了擇了杜氏領導這個工作。

滇緬鐵路起自昆明，與滇越鐵路相聯，西行經祥雲，南至中緬交界之滾弄止。另由滾弄延伸至臘戍，與緬甸鐵路銜接。計國境內路線長八百公里，緬境一百五十公里。

雲南爲我國高原地帶，有無量山，點蒼山等大山脈。及元江，瀾滄江等大河流。忽然直上雲霄，倏爾下墜深谷。鐵路跨越此種區域，工程實極艱鉅。加以雲南迤西一帶，氣候惡劣，夙稱瘴區。祥雲滾弄間，更爲人跡罕到之地。不但無工可征，即從遠道運來工人，所有食糧，菜蔬，住房，等等起碼生活必需品，皆須臨時籌措，施工尤爲困難。杜氏動員民工數萬人，費時三年多，深入不毛，備嘗艱苦。惟其間英法緬三國借款，數談無成。加以滇越鐵路運料的困難，滇緬公路之一度封鎖，工程進行甚爲遲緩。雖杜氏於三十年曾飛美接洽材料車輛，終以太平洋大戰爆發，越南，緬甸，相繼陷入敵手，致外洋材料無法輸入。這已有雛形的鐵路，便不能不停止進行。但是在軍事上它既已達到牽制日寇西進，以與英法衝突之目的，在交通方面，爲西南鐵路系統，奠一基石，亦可算是不無成就。

六個月完成六百公里的西祥公路

二十九年冬，政府因鑒於滇緬公路內運物資，遶道貴陽以達重慶，路線迂曲過長，費款耗時誤事。便派杜氏兼領西祥公路工程局，自祥雲起修達西昌止，與東西公路銜接入川，以縮短內運物資的里程。杜氏就移調了滇緬鐵路大半員工，并商請地方政府征調民伕，晝夜趕築。沒滿六個月，便完成西祥全段六百公里的工程，也創造了公路工程中的新紀錄。

半年內修復了殘破的粵漢路

三十一年起，杜氏奉調接長粵漢鐵路局。其時南北兩段或已拆毀或早淪陷，所餘惟株韶間勉可行車。此路首尾既斷，中間經濟價值較少，以致營業不旺，入不敷出。經他號召員工自力更生，擴展業務，不久就能自給而有餘了。三十三年六月，敵傾全力猛犯長沙，陷衡陽，未幾全路隨軍事轉變而破壞。

抗戰勝利後，粵漢奉令改稱區局，廣九廣三及海南島支線皆併入管轄，并限期於六個月內趕修幹綫通車。

粵漢經數度慘重破壞，接收時祇武昌至岳陽，源潭至廣州，及廣州至九龍間可以勉通火車。岳陽衡陽間僅通軌道汽車。其餘皆已徹底破壞。就是能通車各段，亦大部殘破，亟待整理。時值復員初期，人力，物力，財力，皆不充足，幸能招集舊日員工，劃全路為數十單位，分頭搜集料具，并規定簡單原則，個別限期，利用就地材料，趕辦各項工程。實行以來，竟能按預訂計劃，於半年內完成武廣間二千二百餘公里之初步通車。三十五年七月一日全綫通車的一天，政府迭電獎勉，是為復員後吾國交通界的第一件盛事。

先求其通後求其備

杜氏在十七年就提出『先求其通，後求其備』的口號和辦法，很受了不少正統工程司們的反對與譏評。但是二十年後，吾國勝利復員，這個口號竟由中央採取了，作為全國交通政策。

有些人說：杜氏用錢太緊，太小心謹慎，太注意不必要的規章，不合非常時期通權達變的需要。這雖是厚愛於杜氏的言論，但在中國這個窮而且亂的國家，太通權達變起來，怕亦不一定會好。

看吧，出於杜氏之門的有多少人才，侯家源，鵬繼成，張澍平，吳祥麒，王節堯，譚擎泉，顧啓文，曾世榮等，都替國家負了各方面責任，在抗戰建國中有所建樹。

二十年來，杜氏領導新築鐵路三，修復鐵路一，共長三千六百餘公里。新築公路一，計長六百公里。役工最多時，日達十五萬人。用款最多時，月逾百億元。生平不嗜烟，酒，不求享受。亦不治產業，專心致志於鐵路事業的發展。今建國即將開始，這位劃時代的工程師，必定又可以創造些人們意想不到的紀錄。

編餘漫評

工程界是讀者的！

三點希望

——多通訊——多介紹——多投稿——

一卷好過，正當三十七年新的元旦，又是本刊新的第三卷開始與讀者見面。在這『更始』的階段，編輯之餘，趁著盥濯未乾，照例要來說幾句由衷之話：

過去一年，是工程界的革新年，全仗了讀者，作者，編者三方面的通力合作，總算在極艱難的時期中維持著這本刊物的生命，沒有間斷過；尤其值得高興的便是讀者對於本刊的關係一天天地密切起來，每天總有幾十封從國內各地寄來的信件或稿子，更有的是定閱的信和介紹的信，對於工程界，這些信件不啻是一服強心劑，使這本刊物的脈搏跳動著，活躍地生存下去。

為什麼讀者對於工程界是這樣的愛護呢？從許多的來信中普遍地反映著國內很少有這樣一本『通俗實用的工程月刊』，對於現時現地的中國恰正需要有這樣一本刊物；它報導著中國的工程情況和世界的工程進展，它提供了適合工廠員工自修應用的知識，它更介紹了新穎的工程技術……；因此在不論那一個角度上，中國的工程界需要這本刊物：專研學術的技術專家需要它，初入門徑的工廠員工更需要它。

話雖如此，做成一本適合讀者全般要求的刊物，可真不容易。不論如何努力，裏面的材料，總還難免有或深或淺之弊。所以，從第三卷起，本刊希望讀者與『工程界』真能打成一片，也許能使『工程界』慢慢地符合大部分讀者要求。

如何能打成一片呢？編者謹就觀感所及，提出三點希望：

第一，希望讀者多與『工程界』通訊，不論是建議也好，問題也好，我們都願意接受。而且，除了有公開答覆價值的通訊另在讀者信箱欄內發表外，其餘的來信，概由編輯委員會直接答覆讀者，務使讀者有迅速收到覆音的便利。

第二，希望讀者多替『工程界』介紹。如果尊處圖書館中還沒有陳列『工程界』的，請你介紹給他們，（若有正式機關具名蓋章的信函來本刊，當免費試閱一期。）如果你底工程界朋友中還沒有看到『工程界』的 請你也介紹給他們，本刊自本期起有聯合優待訂閱辦法，可資利用，如需贈送親友，請特別申明，本刊亦可遵照讀者的意旨，辦理應有的手續。

第三，希望讀者多替『工程界』撰稿。工程界的園地絕對公開，只要是有價值的稿件，本刊無不樂予發表，一則是鼓勵工程界從業人員的發表自我心得，同時也為了符合本刊通俗實用的原則；可是，由於製版上印刷編排上種種困難起見，希望讀者能遵守本刊新訂投稿簡約，否則，難免遷延時日，甚至使出版脫期。（投稿簡約見本期第6頁）

新年進步！希望讀者們的知識長新不老，并推動工程界與時俱進！

現行制度對於建設事業所生障礙之檢討

凌鴻勛

原文載大公報，爲中國工程師學會十四屆年會之專題討論，對於建設工作，極有貢獻，茲摘錄如後。

緒　言

建設事業，無論爲生產工程或公用諸端，對於物質時間之運用，必求其經濟迅速。而財力人力之配備，尤企能靈活允洽，方可得到最大之効果，此遵近代科學之極則。然我國近年生產或建設事業，每因現行制度如會計審計人事等手續法規之限制與束縛，致未能依合理程序進展。甚且「法與世弊」叢繁之科條，浸演而成錮固死板之羅網，主事者「搖手觸禁」，迫而朝夕以因應各項章則之表面規定爲課題，反不能以事業本身物質技術之問題爲對象。如此既非國家用人之道，亦失國家立法之意。此實有關於整個建設之前途，豈容忽視。所幸近年來政府當軸及社會賢達，已多注意及此。每有商討建議，表現對於現行制度要求改進之傾向，至爲殷切。惟政府當軸對此雖已有原則上之改進，然而如何普遍實施，尚待共同檢討。

障礙於建設之事例及其改善辦法

(一) 財務方面

審計手續過繁——各機關收付款項及執行預算前，皆須先經審計人員簽署，往往因手續繁複而稽延時日，阻滯業務效率。其實審計法中已有事後審計與稽察等項，似不必再有事先之審計。且現行之事前審計制度中，會計審計工作重複，未免有繁贅之感。

審計會計權限有時侵越工程範圍——工程行政每因審核而被干預詰問，故會計部門不宜獨立，而由機關主管直接指揮，以免牽制延緩及互相摩擦之弊。

審計人員少而缺乏專門人員，未能與審計工作配合——審計人員不諳工程之性質與緩急，隨意吹毛求疵，推宕延擱，有時竟強減工款。但高度技術或專門性質之事業，決難以普通常識判斷之。爲求審核稽察工作得以準確起見，應多用具有專門知識了解工程之人員。

撥付工款不僅手續遲緩，且多無理折減——領款手續繁瑣遲緩，請領機關領到款項時，往往因物價波動而失其運用時效。工程尚未動手，而經費常追加不已。有時工款更被盲目折減，影響工程進展。亟應簡化領款手續，並准各機關多存現金，備購緊急材料之用，最好准以工物數量作爲編列預算標準，則可使工程不受物價騰漲之影響。

報銷責任期限過久——主管工程者往往永無解除責任之日。工程報銷應簡化，審核手續不可苛求，最好採用巡迴審核制，事先由機關主管負責執行預決算，俾能達工程最後之目的，事後卽由審計部派員分赴各地作巡迴審核，於工程完成後三個月內辦理之。

報銷不論情由必須單據——工程用款往往在鄉僻之所，臨時雇工或購料，無法受得單據，因此不能報銷。在此種情形下，宜准以付款證明單代替。

工程司終日應付財務手續殆無餘力及於專門問題——主管工程司耗費大部份精力於應付手續，每斤斤於如何可使請求者不遭駁同，而於工程之技術問題，反不能專心應付。倘能將各項手續簡化，俾工程師所思所爲，偏重技術，則於工程之安全經濟迅速各方面，必多供獻也。

(二) 工程物料方面

低價得標形式各項弊端——現因限於法規，須以最低標額爲取擇之標準，因此予狡猾商人以投機取巧之機會。最好選擇標額較低而信譽卓著之承包商三家之再用會議方式邀請有關各方作一縝密之審定。

(三) 人事方面

人事銓敍辦法不盡合理——薪給職務皆以死板之公式，根據出身經歷而核定，如此不但不能提拔傑出人才，而僅養成一般因循腐庸之人員。宜使機關主管有全權處理人事任用及銓敍，以利工作推進。

工作人員待遇過於菲薄無法生活不易維繫——技術人員努力本身工作，不善鑽營趨附，政府應特示優異，厚給其薪俸，安定其生活，使專心工作。否則因生活困難，不能安心工作，効率低減，或時懷去志。

階級與職位不分——年資長久而官階高者未必皆適於高職位，而職位低者又不准有高官階，故年資優越之人員常無法安置，必須將階級與職位劃分方可。

結　論

（一）經建事業之組織，以儘量能採取企業化方式或公司組織爲原則。以期避免政潮之影響，使逐漸型成企業特性。而一般從業人員，亦得養成專業化永業化之習慣，於安定中求得事業之進步與創造，而造成事業性之良好風氣。

（二）政府對於經建事業，有不可減免之稽核審計會計等制度之設立時，其法規制定之精神，應多重於積極性，以扶助倡建事業爲目的，而不可偏在消極方面，以監督或步步設範牽掣爲能事。

（三）經建事業一切業務之推進，貴在事前有通盤之籌劃，事後作嚴密之考核。而在事業之過程中應以責成慎選之人員爲原則；使其全責全權處理之。遇有非常之事態，並得爲通權達變之處置。凡上級機關所派審計稽察工作，只宜行之事後。

（四）普通行政之法規，不宜行之於經建事業範圍內，普通行政系統，亦應與經建事業系統明白劃分。經建事業之制度法規手續，宜簡單切實，以適合環境之實在性，及事業之機動性爲主。

（五）經建事業之人事制度，宜使資位與職位劃分，方可適合專業與永業化之原則。此外能力成績應重於資歷，主管並可保舉特殊人才。

（六）專門事業或高度技術之工程機關，其制度習尙及風氣應以能崇尙及尊重技術爲主。其中專門人員或主管人員，尤須能有擺脫外來羈絆之自由，而保持其技術第一之精神，使對其事業本身，隨時有全力深入研討之趨向，並能隨時發揮其學養上之本能與判斷，方可以最經濟之方法，處理其事業上之金錢物料人力與時間。

（七）經建事業組織中之會計，人事，或如交通機構之有警務組織者，其事務系統雖另有統屬聯系，而其人事之任免賞罰，應仍屬之事業機關之首腦。若主管人僅有指揮監督之空泛字句，而實際上毫無控制之權力，則無以管理並推進整個之事業。（華）

記美國機械工具展覽會

史超禮

原文載觀察三卷十期，爲史君之美國通訊，關於該展覽會之詳情，美國 Product Engineering 一九四七年十月號試載頗詳，American Machinist 同年十九號且出專刊，可以參閱。

去年九月十七到廿六的十日間，在芝加哥舉行過一次全美機械工具展覽。機械工具或工作母機原是一切工業生產的基本。在這次展覽會裏，各種工作母機充分表現了它們龐大的生產効能，使我們至少可以部份地了解，爲什麼美國在戰時創造了工業生產的奇蹟，在平時也成爲全世界工業生產量最大的國家。

主辦這次展覽會的是「美國機械工具製造家協會」，參加者共有二百九十五家公司，全美各州都有公司參加。展覽會設在芝加哥近郊的「道奇工廠」。雖祇用了那廠五分之一的面積，約四十萬方呎，但站在川流不息的人羣和轉動不停的機器中間，也還是令人有茫然若失之感。

全場的排列大致有點像四川趕場的形式。每一家公司佔據一定的地面，地面的大小和公司的大小約略成正比。在這塊地面上，你可儘量把你的法寶獻出來。結果雖然是些鋼鐵機器之類粗線條的硬性角色，經過近心的佈置，也還顯得五光十色，相當可觀。

大的機器公司多半排在會場的中部，佔很大一塊面積，成爲展覽的重心。每家公司的機器靠着邊沿一層層排進去，衆星拱月似的圍着那公司設在會場的臨時辦事處。辦事處週圍圍着櫃檯，檯上擺着各種機器的說明書和單頁宣傳品。檯外每架機器旁守着一個熟練工人，一方面操作機器，一方面答覆觀衆的問題，比較艱難的問題則由負責的工程師回答。機器並非空轉，都有材料裝在上面工作。

美國的工業發展趨向專門化，工作母機的製造當然也不例外。參加展覽的公司中，有三分之二以上專長製造某一種或某幾種，甚至某一種裏面的某一類工作母機。因此每一個廠家的出品都各有其特色。有些較小的公司專製工具或配件，而並不製造整個的工作母機。這樣分工後可使有限的財力人力能充分利用。

美國機械工具製造業這次至少表現了三個特點：

第一，工作母機開始採用電子能操縱設備。其優點在準確精細，許多人爲的誤差可以消除，同時効率也可提高。不過這種裝置現在尙未普遍。

第二，工作母機分工的精細和特種機械的發展。工作母機因需要和作用的不同，由簡單逐漸發展爲複雜，愈分愈細，最後製造某種機件就需要某種特別的機器。在大量生產的工業部門中，有時僅爲適應某一個操作的需要，就可能發展一種特殊的機器。

第三，工具製作技術和材料的進步。好的工作母機少不了好的工具。美國一般製造工具的廠家，與機器廠之鍊鋼廠都有聯絡，互相合作，以求技術和材料的改進。除了高速鋼以外，炭精鎢鋼工具的應用也已很普遍。工具製造廠家也分工很細，有的專製某一種工具，所以出品自然更爲精良了。

僅由上面三個特點看來，便可知道美國工作母機之所以具有龐大的生產効能，實在並非偶然了。

這次展覽會並非第一屆，第一屆遠在十二年前（1935年）就已經舉行過。這次擇在今年舉行的緣故，主要是因爲美國的機械工具製造業目前正當最景氣的高潮。國內生產旣好，國外銷路也是與日俱增。

這個展覽會最主要的任務並非爲了教育，而是爲了宣傳和廣告。宣傳和廣告的目的則在做生意。到這兒來看的多半是與工業有關的人。這些人來參觀，一方面看，一方面比較研究，看到合用的機器就買。結果這展覽會差不多等於一個競賽會，每家公司儘量把自己的優點表現出來，好招徠主顧，而買主也正好一家家看，問，比較。研究，找出最合他理想的機器。

除了美國自己工業界的代表以外，其他國家也有代表趕來看展覽會，尤其以南美各國爲多。觀衆前後共有十五萬人。「美國機械工具製造家協會」花了一百萬美金佈置會場，還花了更多的錢把機器從各地運來芝加哥。可是僅在這展覽的十天內，參加的各家公司就做了約三萬萬美金的生意！（華）

鋼的熱處理

——上接第33頁——

而它的延性雖然比不上珠粒體性的鋼，它的抗張強度和屈服強度都非常之高，所以要這三種性質（延性，抗張強度，和屈服強度）兼顧的鋼，在索拜體性的鋼中比在珠粒體性的鋼中容易得到。

至於次屈督體和索拜體在結構組織上，倒並沒有十分多的區別，只不過索拜體中的碳化鐵比較更簇集成球而已。

回火的溫度和顏色

要知道回火手續已達到怎樣的程度，可以從所生成的氧化鐵膜的顏色來決定。如果把一塊淬火鋼用砂皮光過，然後在空氣中漸漸加熱，那光過的表面便會顯出各種所謂『回火顏色』來。這起初是很淡的淡黃，漸漸隨溫度的增高而變成黃色、棕色、紫色，以至藍色。這許多顏色和溫度間有着一定的關係，大致如下表所示：

華氏溫度	顏色	華氏溫度	顏色
420	很淡的黃色	510	褐色
430	黃白色	520	褐紫色
440	淡黃色	530	淡紫色
450	淡草黃色	540	紫色
460	草黃色	550	深紫色
470	深黃色	560	淡藍色
480	深草黃色	570	藍色
490	黃褐色	600	深藍色
500	褐黃色	625	藍中帶綠

（未完，下期續完）

工程界 投稿簡約

（一）本刊各欄園地，絕對公開，凡適合下列各欄之稿件，一律歡迎投寄：

1. 工程零訊（須注明時期及出處）；
2. 工程專論（以三千字爲度）；
3. 各項工程技術之研究或介紹（包括機電土化礦冶紡織水利等）；
4. 新發明與新出品（須註明發明者或出品者及出處）；
5. 工程文摘（剪報或雜誌摘錄，每篇以一千字爲度）；
6. 工程界名人傳（能附照片最佳，以三千字爲度）；
7. 各項工程小常識（歡迎實用新穎之材料，稿酬特豐）；
8. 工程界應用資料（以實用參攷圖表爲主，圖照必須清晰）。

（二）文字以淺顯之文體爲主，必需橫寫，行內標點，西文專門名詞，除譯名外，務必另附原文。本刊備有特種稿箋，如投稿需用，請來函登記，俾酌量贈送。

（三）如文中附有圖照，請儘量採用白底黑字者，圖中英文，請以軟鉛筆書譯名於適當之地位；過於複雜之圖版，請事先與編輯部接洽。凡有原書之圖版，請附寄原書，以便翻製。

（四）來稿無論登載與否，概不退還，本刊并對於來稿有刪改取捨之權；但事先申明需退還或不願刪改者例外。來稿之署名聽便，惟稿末需附眞實姓名及通訊處與印鑑，以便通訊及核發稿費等用。

（五）來稿一經刊登，其版權卽歸本刊所有（事先聲明保留者例外），除寄贈登載該稿之本刊一册外，并致奉每千字五萬元至十萬元之稿酬。

（六）稿件或其他有關編輯事務之通訊，請逕函：上海（18）中正中路517弄3號本社。

★讀者信箱

·航輪之載重馬力與速率·

(22)徐州江蘇學院周承聖先生台鑒：所詢問題三則簡答如下：

一、甲.馬力與載重量之間並無直接間接固定之關係存在，因馬力決定因數爲「船阻」和「速率」，而船阻又隨速度而變。速率愈大，其船阻「增加率」愈大，故速率須先有規定。

乙.若速率與載重量已規定，其條件尚不足，還須知載貨種類及船體對船之設備式樣需要情形如何而定，例如載棉花和載鐵，雖同一噸數而其體積不同。所需船身材料若干和強度均不同，此爲決定空船（卽不載時之排水量）本身之重。將此重加載重量之和卽得該船「載重排水量」，既知速率與載重排水量，卽可由紀錄簿（Data Book）選擇一種速率，載重排水量，以及其他情形均相去不遠之船隻作爲參攷，由經驗與學理可以求得馬力大概，但此馬力僅可作爲參攷和估價之用。

丙.實際上準確馬力之因素甚多，如長，闊，吃水之比例，船型曲線，重心之前後，以體型係數 C_B, C_P, C_φ……等大小均有明顯的影響，若無詳密設計，雖同一載重量與速率而所耗馬力往往相差很大。

合理計算馬力是經考慮得知長，闊，吃水……等後，可用 D.W. Taylor 氏或 Froude 氏之比較法，以及其他經驗公式求得表面阻力，渦阻等之總和卽R. 設速率爲V. 則

$$E.H.P. = \frac{V \times R}{550}$$ V是 ft./Sec. R 爲 lbs.

I.H.P.(Indicated Horse Power) $\times C_1 =$ E.H.P.(Engine Horsepower) C_1 約爲 0.45—0.5

而 B.H.P. (Brake Horse power) $= C_2 \times$ I.H.P. C_2 約爲 0.8

通常 C_1, C_2 須由工人技術，材料強弱，機器好壞，車軸長短等原因不同而定。

二、甲.20 B.H.P. 不夠所需條件。

乙.40000斤相當19.7 tons(以2240磅等於1噸計，每小時20公里約相當 10.79里，要達到此條件，假設船身重爲20噸，則此船載重排水量約爲40噸，故其所需馬力約爲100至140 B.H.P.。至於準確馬力須知詳細條件後才知。

三、柴油機連拖動離心式抽水機技術上並無困難，但須先知彼此的每分鐘轉數是否有補救餘地以符實際水量之須要等。又抽水機是高速的還是低速的。因爲低速和高速其內部葉瓣設計有向前式和向後式之不同，以達高效率也。

挖泥方法有多種，所指不知是那一種須悉情形而定。

四、目前物價變動，旦夕難測，且船式樣裝潢等出入亦大，只能告以普通大概造價每艘爲國幣八九十億。主機副機除外。(高智熹)

·大砲牌機車結構·

(23)蘇州胥門外乾大順木號季善初先生台鑒：所詢大砲牌機車其結構甚爲複雜，用圖說明決非信箱內所能容納 至於其日常之修理無事會不能述其一二，幸者本刊編輯仇欣之君所著之機器脚踏車結構學正在編著中，不日出版當卽奉告，所詢華英文雜誌，坊場所見不多，除廠商印行之目錄外，簡直可說無他種出版物。

機器脚踏車之倒脫邊座車與機車之有無倒車排擋無甚關係。此覆 祝健 (成威)

·工 學 通 訊·

(24)武昌國立武漢大學機械系袁業勤先生：「氣焊與電焊」一文原載工學通訊南京版第二一七期爲工作與學習社所發行該社總社暫設南京中山路202號二樓，上海編輯室設四川北路克明里五號三十四室(W.)

·小型工具機及模型發動機·

(25)蘇州葉工航先生台鑒：滬上能購得各種樣式小型工具機及模型發動機，欲購上述機械必需加以詳細說明，否則不能辦到。欲向國外廠商訂購亦可，惟時下結匯不易，而洋商何時可以交貨亦一大問題也。(威)

·鋸條·鑽頭·手工具·

(26)南京陳勳華先生台鑒：所詢簡答如下：

一、所詢鐘錶油之差別其主要之厚薄，錶油薄，鐘油較厚，前者可用於後者。反之則不可。

二、鋸條大小普通以長度，闊度，及每吋齒數爲標準。

鑽頭之大小，除普通以分數計算者外，以小數計算者其號數分爲兩種例表如後。見本刊本期應用資料頁。（前述分數計算卽鑽頭直徑之尺寸，常以 $\frac{1}{8}$ 吋爲一分 $\frac{1}{16}$ 吋爲半分餘類推。）

三、手工具書籍出版不多，較詳可見 Machine Tool Operation Part I.(林)

·七十萬油渣發動機·

(27)廈門郭景村先生台鑒：所詢售價約七十餘萬之油渣發動機並無所聞，讀者有此消息者請函告(L.)

請依此線剪下保存作為日常參考應用

扭形鋼鑽號數與字母之直徑

No.	直徑(吋數)	No.	直徑(吋數)	No.	直徑(吋數)	No.	直徑(吋數)	字母	直徑(吋數)	字母	直徑(吋數)
1	0.2280	21	0.1590	41	0.0960	61	0.0390	A(15/64)	0.234	N	0.302
2	.2210	22	.1570	42	.0935	62	.0380	B	.238	O(5/16)	.316
3	.2130	23	.1540	43	.0890	63	.0370	C	.242	P(21/64)	.323
4	.2090	24	.1520	44	.0860	64	.0360	D	.246	Q	.332
5	.2055	25	.1495	45	.0820	65	.0350	E(1/4)	.250	R(11/32)	.339
6	.2040	26	.1470	46	.0810	66	.0330	F	.257	S	.348
7	.2010	27	.1440	47	.0785	67	.0320	G	.261	T(23/64)	.358
8	.1980	28	.1405	48	.0760	68	.0310	H(17/64)	.266	U	.368
9	.1960	29	.1360	49	.0730	69	.02925	I	.272	V(3/8)	.377
10	.1935	30	.1285	50	.0700	70	.0280	J	.277	W(25/64)	.386
11	.1910	31	.1200	51	.0670	71	.0260	K(9/32)	.281	X	.397
12	.1890	32	.1160	52	.0635	72	.0250	L	.290	Y(13/32)	.404
13	.1850	33	.1130	53	.0595	73	.0240	M(19/64)	.295	Z	.413
14	.1820	34	.1110	54	.0550	74	.0225				
15	.1800	35	.1100	55	.0520	75	.0210				
16	.1770	36	.1065	56	.0465	76	.0200				
17	.1730	37	.1040	57	.0430	77	.0180				
18	.1695	38	.1015	58	.0420	78	.0160				
19	.1660	39	.0995	59	.0410	79	.0145				
20	.1610	40	.0980	60	.0400	80	.0135				

CMSNC
國營招商局
總局：上海(〇)廣東路二〇號・郵政信箱一七二二號・電報掛號〇〇〇一・電話一九六〇〇轉接各部
發展中國航運 促進對外貿易
竭誠服務社會
歡迎各界批評
七十五週年來之進展
國營招商局航綫圖
售票處：上海(〇)四川路一一〇號 電話一九六四六 ★ 船期問訊處：電話一四一八八
南北洋線：甯波 溫州 福州 基隆 高雄 廈門 汕頭 香港 廣州 湛江 海州 青島 烟台 天津 秦皇島 葫蘆島 營口
長江線：鎮江 南京 蕪湖 安慶 九江 長沙 漢口 沙市 宜昌 萬縣 重慶
海外線：海防 馬尼剌 新加坡 盤谷 仰光 加爾各答

上海郵政管理局執照第一四二六號
內政部登記證京警滬字第一四七四號

本期定價弍萬元